機率與統計一第三版

PROBABILITY AND STATISTICS
FOR ELECTRICAL ENGINEERING
3rd Edition

Alberto Leon-Garcia　　原著

陳常侃　　編譯

 全華圖書股份有限公司　印行

 Pearson

原著序

這本書以一種具啓發性、易懂、和有趣的方式爲電機和電腦工程師介紹機率與統計。在實際的工程應用中,我們所遭遇到的系統是很複雜的,因此我們需要對機率有清楚的認知,並且也要熟悉如何使用分析機率的工具。因此,本入門課程的目標在教導基本理論的概念和解決實際應用問題的技巧。除了保留本書先前版本已有的特色之外,本書的第三版達到了這個目標。本書先前版本已有的特色爲:

- 介紹和工程應用的相關性。
- 對機率做清楚易懂的介紹。
- 有大量的電腦練習題以增進讀者對隨機性的直覺。
- 涵蓋大量各式各樣的習題。
- 豐富的題材選擇,課程深具彈性。
- 對於隨機程序的概念有仔細的引導過程。

本書的第三版更加入了兩個新的特色:

- 介紹統計學。
- 大量的使用 MATLAB©/Octave。

介紹和工程應用的相關性

在機率的入門課程裡,激起學生的學習動機是最主要的挑戰。指導老師必須向學生說明機率理論和工程應用的相關性。在第一章中,爲了激起學生的學習動機,我們將討論在工程設計中,機率模型所扮演的角色。在電機工程和計算機工程中的實際應用將被運用來說明平均值和相對次數的概念如何提供適當的工具來處理隨機系統的設計。這些應用包含了無線和數位通訊、數位媒體和信號處理、系統可靠度、電腦網路、和網路系統。本書的例子和問題涵蓋了這些領域。

對機率做清楚易懂的介紹

機率理論本質上是一門數學課程,所以概念要以仔細,簡單,和漸進的方式來做呈現,以清楚仔細的方式推導機率的公設和推論。在討論有關於離散和連續樣本空間的機率法則時,引入了模型建立的觀點。單一離散隨機變數的概念被完整的建立,讓學生可以不用做複雜的分

析即可聚焦在基礎的機率概念上。同樣地，隨機變數對和向量隨機變數會在不同的章節中來討論。

最重要的隨機變數和隨機程序是以一種有系統的方式，使用模型建立的論述來逐步建立的。例如，我們在每章的一開始都會討論硬幣投擲問題和 Bernoulli 試驗，透過 Gaussian 隨機變數，中央極限定理，直到本書最後章節中會提到的信賴區間。我們教導學生的目標不只是介紹機率方法的基本概念，還有認識關鍵模型和了解它們彼此之間的關係。

有大量的電腦練習題以增進讀者對隨機性的直覺

讀者需要發展出對變化性和隨機性的直覺，才算是真正的了解機率。要發展出這樣的直覺，我們可以借助於隨機資料的引進和分析，經由使用經實證過的資料可以強化重要的應用概念和學習動機。每一章將會介紹一個或多個數值或模擬技巧，使學生可以運用和驗證這些概念。這些主題包含：隨機數、隨機變數、和隨機向量的產生；線性轉換和 FFT 的應用；統計檢定的應用。

電腦數值計算方法的部份是可以做選擇性學習或教授的。然而，我們發現由電腦所產生的資料可以有效引起對每一個新主題的學習動機，而且計算機方法可以併入到學生現有的課程中。電腦練習題可以使用 MATLAB 或 Octave 來做。我們選擇在例題中使用 Octave，因為用它來呈現我們的練習題就夠了，而且它是免費的，可以很容易地在網路上得到。能取得 MATLAB 的學生則可使用 MATLAB。

在機率模型與真實世界之間做連接的統計學

統計學是在機率模型與真實世界之間做連接的關鍵角色。就是因為這個原因，在大學部的機率入門課程中，傾向於在課程中包含對統計學的介紹。此版本包含全新的一章，涵蓋統計學的全部重要主題：取樣分佈，參數估計，最大概似估計，信賴區間，假設檢定，Bayesian 判定法，和適合度檢定。因為有了前幾章隨機變數的基礎，我們可以用嚴謹的方式導入統計學的方法，而不是像「食譜」那樣的講解方式。該章也證明了 MATLAB/Octave 在產生隨機資料和應用統計學的方法上是極度有用的。

範例和習題

在每一章節中，我們使用大量的範例來說明分析和解決問題的技巧，使用簡化的情況來推導概念，並說明了許多的應用。這本書包含的習題量幾乎達之前版本的兩倍。許多新的習題需要使用 MATLAB 或 Octave 以獲取數值和模擬的結果。習題是以節次做分類的，便於授課教授選擇做為家庭作業。有一些習題需要用到前面章節的知識才能完成，我們把它們放在每一章的最後。有完整的習題解答可供授課教授們索取。

主題豐富具彈性

這本書的設計給予教書者在選擇主題上有最大的彈性。除了在一般入門課程中會介紹的機率，隨機變數，和統計學等一般主題之外，這本書還包含了以下的主題：模型化，電腦模擬，可靠度，估計，和熵。

建議的課程綱要

這本書提供大學部和研究所學生各式各樣的課程綱要。目錄也提供了每一章內各節的詳細描述。

前五章(沒有星號，即不是選讀)為大學一學期對機率介紹的基礎課程內容。從第五章到第七章前三節和第八章是著重在機率與統計的課程內容。從第五章到 6.1 及 7.1 至 7.3 等是機率與隨機程序簡介的入門課程內容。許多其它的課程綱要可以使用不同的可選擇性章節。

初級的研究所隨機程序的課程內容是先快速地複習機率公設和隨機變數的概念，包括一些有星號的章節：事件類別(2.8)，Borel 場，和機率的連續性(2.9)，隨機變數的正式定義(3.1)，和 cdf 的極限特性(4.1)。接下來是進入第六章的向量隨機變數，包括它們的聯合分佈，和它們的轉換。在第七章討論的是中央及限定理和收斂的概念。統計信號處理的課程會強調的章節為隨機變數的估計(6.5)，最大概似估計，Cramer-Rao 下限(8.3)，和 Bayesian 判定法(8.6)。排隊理論課程會強調的章節為更新程序(7.5)。

第三版所做的改變

這個版本經歷了數個重要的改變：

- 對於隨機變數這個概念的介紹現在分成兩個階段：單一隨機變數(第三章)和連續隨機變數(第四章)。
- 隨機變數對和向量隨機變數現在分別在不同的章(第五章和第六章)中做介紹。第六章會涵蓋更多進階的主題，例如：一般轉換，聯合特徵函數。
- 第八章是新的一章，著重在對統計學所有基本主題的介紹。

致謝

我想要感謝為第三版的準備工作提供協助的許多人。首先也是最重要的，我要感謝前二版的使用者，無論是教授還是學生，他們所提供的建議有很多已經併入在此版中。我尤其要感謝數年來我在世界各地所遇到的學生，他們所提供的正面評價鼓勵了我進行這次的改版。我也要感謝我的研究生和研究所後研究生在各方面提供的回饋與協助，尤其是 Hadi Bannazadeh, Nadeem Abji, Ramy Farha, Khash Khavari, Ivonne Olavarrieta, Shad Sharma, 及 Ali Tizghadam, 和 Dr. Yu Cheng。我在通訊組裡一起工作的夥伴，Frank Kschischang, Pas Pasupathy, Sharokh

Valaee, Parham Aarabi, Elvino Sousa 和 T.J. Lim 等諸位教授，提供了實用的意見和建議。Delbert Dueck 提供了尤其有用和深入的意見。我特別要感謝 Ben Liang 教授，因爲他對初稿提供了仔細且有價值的回饋。

以下的審稿者對第三版的意見和建議也對我很有幫助：William Bard (University of Texas at Austin), In Soo Ahn (Bradley University), Harvey Bruce (Florida A&M University and Florida State University College of Engineering), V. Chandrasekar (Colorado State University), YangQuan Chen (Utah State University), Suparna Datta (Northeastern University), Sohail Dianat (Rochester Institute of Technology), Petar Djuric (Stony Brook University), Ralph Hippenstiel (University of Texas at Tyler), Fan Jiang (Tuskegee University), Todd Moon (Utah State University), Steven Nardone (University of Massachusetts), Martin Plonus (Northwestern University), Jim Ritcey (University of Washington), Robert W. Scharstein (University of Alabama), Frank Severance (Western Michigan University), John Shea (University of Florida), Surendra Singh (The University of Tulsa), and Xinhui Zhang (Wright State University).

我要感謝 Scott Disanno，Craig Little，和 Laserwords 印刷公司的整個生產團隊，因爲他們的努力，這本書能準時印刷出版。最重要的是，我想要感謝我的夥伴 Karen Carlyle，給我的愛，支持，與夥伴情誼，如果沒有她的協助，就不會有這本書的存在。

譯者序

這是一本探討機率與統計的書籍，但是和坊間的類似書籍不太一樣。

本書的作者以精確而淺顯生動的文字來解釋複雜的名詞和概念，和一般的書籍只對特定主題做一鱗半爪的解說不同。本書對機率與統計採用全面性，系統性的說明，這些說明足以讓讀者可以清楚的回答機率與統計其最基本的一直到最複雜的問題。

本書最適合以下兩種讀者閱讀：

1. 想修習機率與統計的學生或一般人士，可以將本書當成入門書籍。書中清晰的說明和範例可以讓讀者在不知不覺中就建立許多重要又清楚的概念。書中的每一章都提供有大量經過分門別類的習題，做完之後足以讓讀者應付各種型態的考試。
2. 對於專業人士，本書也提供有許多具深度的課題，本書絕對是您在書架上應有的一本有關於機率與統計之優良的參考書籍。

最後，希望讀者在每次翻閱本書後，都可以獲得新的斬獲。

致謝

翻譯這本書是一種協同合作的工作，雖然封面會出現譯者的名字，但是，光靠譯者是無法完成這本譯著的。

首先，感謝全華圖書公司再次提供機會，讓我得以翻譯本人深感興趣主題的書籍。其中，要特別感謝編輯部的曾鴻祥先生，若沒有他在背後提供的協助，完成這本譯著只會是一個夢想。

在翻譯本書期間，受到北臺灣科學技術學院電子工程系同仁的鼓勵與支持，在此地一併致謝。

最後，我要感謝我的家人。因為他們必須容忍當我需要專注於處理家庭事務時，腦袋中還會思考「原文書的那一句話，要如何詮釋作者的意思才好？」。感謝我的家人在我翻譯本書期間對我的關懷，諒解，與支持。

陳常侃

於北臺灣科學技術學院電子工程系

編輯部序

「系統編輯」是我們的編輯方針，我們所提供給讀者的，絕不只是一本書，而是關於這門學科的所有知識，由淺入深並循序漸進。

本書譯自 Alberto Leon-Garcia 所著之 Probability, Statistics, and Random Processs for Electrical Engineering (3/E)，從機率的基本概念開始，內容涵蓋離散隨機變數、單一隨機變數及統計等一般機率的教材範圍，取材全面性且系統性，足以讓讀者學習到機率與統計從最基本到最複雜的問題解決概念，同時嘗試應用到電子電機等工程領域。本書適合作為公私立大學、科技大學與技術學院等，電子電機工程、資訊工程或工業資訊管理等相關科系之「機率統計」課程使用，亦可供作高中數理資優生的數學進階參考教材。

此外，受限於篇幅，經諮詢教學經驗豐富的老師及學者等意見後，**原著第 9 章之後的章節(9 至 12 章)於此次中譯本中未加以翻譯**，如對讀者或教師造成不便，敬請見諒。若對本書內容及其他方面有任何意見，歡迎來函聯繫，我們將竭誠為您服務。

目 錄

Contents

第 6 章　向量隨機變數　　　　　　　　　　　　　　　6-1

第 7 章　隨機變數的和與長期平均　　　　　　　　　7-1

※　原著 9 至 12 章未於此次中譯本翻譯。

電機與電腦工程中的機率模型

電機和電腦工程師在現代的資訊與通訊系統中扮演了關鍵的角色。這些系統雖處於高度變化與混亂的環境中，但卻已達到高度可信與可預期的成功：

- 無線通訊網路在具有嚴重干擾的環境中提供語音與資料的通訊給行動用戶。
- 大量的媒體信號，語音，聲音，影像，和視訊是以數位的方式處理。
- 大型的 Web 伺服器群集(server farms)傳送大量具高度特定性的資訊給使用者。

由於這些成功，今日的設計者面對著更巨大的挑戰。他們建造的系統在規模上是空前的，他們所要操控的混亂環境是一片未開發的領域：

- 網路資訊被加速地創造和刊登；未來的研究應用必須更具辨識力，能從大量的資訊中正確地找出想要的回應。
- 電腦駭客入侵電腦和運用電腦資訊以達到非法的目的，所以必須要能夠分辨和遏制這些威脅。
- 機器學習系統不能只是做瀏覽和採購的應用程式，必須超越它們以做到健康與環境的即時觀測和監控。
- 高度分散式的系統是以同儕(peer-to-peer)和格子運算(grid computing)的群體出現，並且改變了媒體傳送、玩遊戲和社交互動的本質和模式。我們尚不了解或知道如何控制和處理這樣的系統。

機率模型是可以讓設計者理出這些混亂，並且成功地建立出有效率，可信賴，和具成本效益的系統的工具之一。這本書介紹了機率模型，以及發展這樣的模型所需使用的基本技術。

這章介紹機率模型，並且說明它們和廣泛地使用在工程應用中的確定模型兩者之間差異。我們會發展機率概念的關鍵特性，各式各樣的電機和電腦工程的例子，在其中機率模型扮演了關鍵的角色，將會被討論到。在 1.6 節中提供了本書的概要。

1.1 以數學模型做為分析和設計的工具

任何複雜系統的設計或改良率涉到從可用的選項中做出選擇，依據的是基本的標準，例如成本，可靠度，和效能。這些基本標準的定量評估很少是透過對可用的選項做實際的實現

和做實驗性的評估。取而代之的是，它們反而都是得自於對可用的選項使用模型做評估的結果。然後，我們根據這些評估做出最後的裁決。

一個**模型(model)**就是實際情況的一種近似的呈現。一個模型企圖要用一組簡單易懂的規則來解釋被觀察到的行為。這些規則可以用來預測在某特定的實際情況之下的實驗結果。一個有用的模型說明了在某特定情況下所有相關的狀況。這樣的模型可以取代實際的實驗來回答在某些特定情況下的問題。模型因此使工程師免除了實驗的成本，也就是說，節省了勞力，設備，和時間。

當所觀察的現象已經有可測量的特性時，則**數學模型(Mathematical models)**就可以被使用。一個數學模型是一組有關於一個系統或實際程序是如何運作的假設，這些假設是用數學關係式來描述的，關係式中包含有此系統的重要參數和變數。這個系統的部份實驗結果決定了數學關係式中的「給定」。這些關係式的解答使我們可以預測當我們真正去做實驗時會得到的測量結果。

數學模型被工程師們廣泛地運用在系統的設計和改良上。以直覺和基本法則來預測複雜且新穎的系統其運作方式未必是可靠的，而且，在系統設計的初期，要做實驗通常是不可能的。再者，在現存的系統中做大規模的實驗其成本經常過高。把複雜的系統元件和它們互動的相關知識做結合，所建立出的適當模型，可以使科學家和工程師為複雜的系統發展出整體的數學模型。如此一來，若要快速地而且符合成本效益地回答出有關於複雜系統其運作結果的相關問題，是有可能的。事實上，為了解出數學模型而發展出來的電腦程式，是很多電腦輔助分析和設計系統的基礎。

為了要達到實用目的，模型必須要符合某特定情況的實際狀況。因此，一個模型的開發程序必須包含一連串的實驗和模型改良，如圖 1.1 所示。每一個實驗是研究某個欲調查之特定現象的一小部份，並且牽涉到在某些特定的條件之下進行觀察和測量。模型被使用來預測實驗的結果，並且這些預測的結果會和由真正的實驗觀察所得來的結果做比較。如果有重大的差異，這個模型就需要做修改以嘗試修正差異。此一模型建立過程會一直持續直到研究者滿意為止，即被觀察到的行為必須能以想要的精確度被預測出來為止。模型建立過程何時停止是根據研究者的直接目的來決定的。因此，適合某種應用的模型可能完全不適合於另一種情況。

在未與實驗測量的結果相驗證之前，數學模型的預測結果應該只被視為是假設性的。在系統的設計上出現了兩難的情況：模型無法由實驗驗證，因為真實的系統根本不存在。在這樣的情況下，**電腦模擬模型(Computer simulation models)**扮演了有用的角色，因為它提供另外一種方法來預測系統行為，並且查核數學模型所做出的預測。電腦模擬模型是模擬或模仿系統動態的電腦程式，該程式含有「測量」相關表現參數的指令。一般而言，模擬模型比數學模型能更仔細地呈現系統。然而，模擬模型比起數學模型較沒彈性，而且通常需要較多的計算時間。

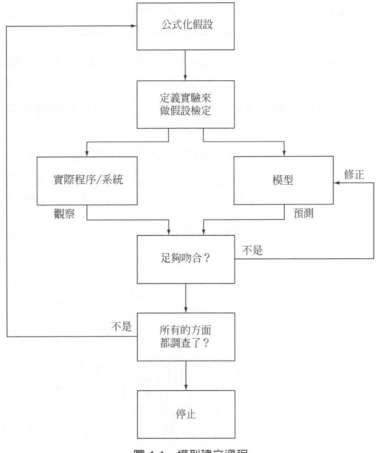

圖 1.1　模型建立過程

　　下面兩節我們要討論數學模型的兩種基本型態，確定模型(deterministic models)和機率模型(probability models)。

1.2　確定模型

　　在**確定模型(deterministic models)**中，實驗的條件完全決定了實驗的結果，一組數學方程式的解答詳細地說明了實驗的精確結果。電路理論就是確定模型的例子。

　　電路理論模擬了電路元件之間的聯接，而那些元件具有理想化的電壓電流特性。這個理論主張這些理想元件完全遵守 Kirchhoff 的電壓和電流定律。例如，歐姆定律指出一個電阻的電壓電流關係為 $I = V/R$。在任何只有電池和電阻相連接的電路中，我們可以套用 Kirchhoff 定律和歐姆定律來找出一組線性聯立方程式，然後我們解出該聯立方程式，因而求得電壓和電流。

　　如果測量一組電壓的實驗在相同條件下重複做了很多次，電路理論預測觀察的結果會完全一樣。實際上，因為測量誤差和不可控制的因素，觀察的結果會有一些差異。然而，只要這個預測值的差異很細微，確定模型還是適當的。

1.3　機率模型

　　許多我們感興趣的系統呈現了不可預測的隨機性現象。我們對**隨機實驗(random experiment)**的定義是，當實驗在相同條件下重複執行，實驗結果有不可預測的變化。因為確定模型預測重複的實驗會有相同的結果，所以確定模型不適用於模擬隨機實驗。本節我們介紹針對隨機實驗設計的機率模型。

　　先舉一個隨機實驗的例子，假設一個甕裝著三顆相同的球，這三顆球分別標示著 0，1，和2。先搖一搖甕以隨機變換球的位置，選出一顆球並記下號碼，然後把球放回甕裡。這個實驗的**結果(outcome)**是一個數，該數所有的可能值集合為 $S = \{0, 1, 2\}$。我們稱集合 S 為**樣本空間(sample space)**。圖 1.2 列出由電腦模擬這個甕實驗 100 次(試驗)的結果。我們可以看出這個實驗的結果是無法持續正確預測的。

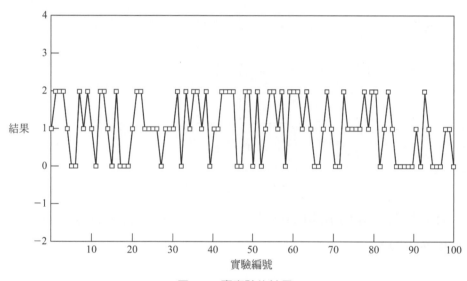

圖 1.2　甕實驗的結果

1.3.1　統計的規律性

為了要實用，模型必須要使我們能夠預測一個系統的未來行為，而且，為了要為可預測，一現象必須要展示出它的行為中的規律性。許多工程用的機率模型是根據一個事實：在長期重複(試驗)隨機實驗所得到的平均會一致性地產生出近似相同的值。這個特性稱為**統計的規律性(statistical regularity)**。

　　假設前面提到的甕實驗在相同條件下重複 n 次。令 $N_0(n)$，$N_1(n)$，和 $N_2(n)$ 分別為 0 號球，1 號球，和 2 號球出現的次數，並令結果 k 的**相對次數(relative frequency)**被定義為

$$f_k(n) = \frac{N_k(n)}{n} \tag{1.1}$$

根據統計的規律性，我們指的是當 n 的值變大時，$f_k(n)$ 以一個常數值爲中心所做的變動愈來愈小，即

$$\lim_{n \to \infty} f_k(n) = p_k \tag{1.2}$$

這個常數 p_k 就被稱爲是結果 k 的**機率(probability)**。式(1.2)說明了一個結果的機率是多次重複的測試中次數的長期比例。我們將在整本書中看到式(1.2)提供了從實際量的測量到機率模型之間的關鍵連結。

　　圖 1.3 和圖 1.4 說明了在上述的甕實驗中，當實驗的次數 n 增加時，三個結果出現的相對次數。很清楚地，所有的相對次數均收斂到 1/3。這三個結果是等機率的，跟我們的直覺是相符的。

　　假如我們改變上述的甕實驗，在甕中放入第四顆相同的球，標示爲 0，則現在出現 0 號球的機率爲 2/4，因爲四顆球當中有二顆 0 號球。出現 1 號球和 2 號球的機率也分別降至 1/4。這說明了機率模型的一個關鍵的特性，亦即：**隨機實驗的條件決定了實驗結果的機率。**

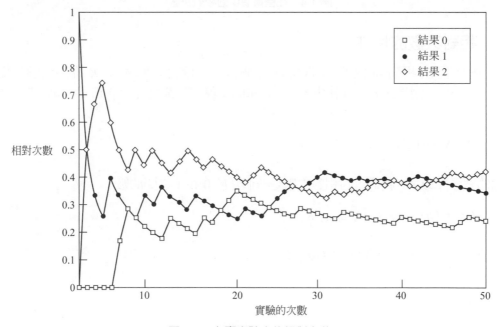

圖 1.3　在甕實驗中的相對次數

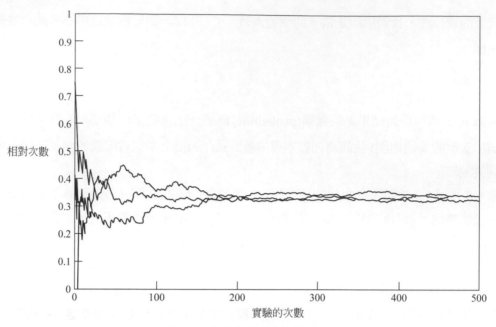

圖 1.4　在甕實驗中的相對次數

1.3.2　相對次數的特性

我們現在要提出相對次數的幾個特性。假設一個隨機實驗有 K 個可能結果，即 $S = \{1,\ 2,...,\ K\}$。因為在 n 次實驗中，任何結果的出現次數都是介於 0 和 n 之間的數，我們得到

$$0 \le N_k\left(n\right) \le n, \quad k = 1,\ 2,...,\ K$$

把上面的式子除以 n，我們得到相對次數是一個介於 0 和 1 之間的數：

$$0 \le f_k\left(n\right) \le 1, \quad k = 1,\ 2,...,\ K \tag{1.3}$$

所有可能結果的出現次數總和一定是 n：

$$\sum_{k=1}^{K} N_k\left(n\right) = n$$

如果我們把上面的式子兩邊都除以 n，我們發現所有相對次數的總和為 1：

$$\sum_{k=1}^{K} f_k\left(n\right) = 1 \tag{1.4}$$

　　有時候我們感興趣的是一個實驗結果伴隨的**事件(events)**。例如，在上述甕實驗中，考慮這個事件：「偶數號的球被選出」的相對次數是多少？每當 0 號球或 2 號球被選出時，這個事件就發生。有偶數號球結果的實驗次數因此為 $N_E\left(n\right) = N_0\left(n\right) + N_2\left(n\right)$。這個事件的相對次數因此為

$$f_E(n) = \frac{N_E(n)}{n} = \frac{N_0(n) + N_2(n)}{n} = f_0(n) + f_2(n)$$

這個例子指出一個事件的相對次數就是其伴隨結果相對次數的總和。更一般的說，令 C 爲事件「A 或 B 發生」，其中 A 和 B 不能同時發生，那麼 C 發生的次數爲 $N_C(n) = N_A(n) + N_B(n)$，所以

$$f_C(n) = f_A(n) + f_B(n) \tag{1.5}$$

式(1.3)，式(1.4)和式(1.5)是相對次數的三個基本特性，從這些基本特性我們可以推導出許多其他有用的結果。

1.3.3　機率理論的公設

由式(1.2)可知我們是以長期的相對次數來定義一個事件的機率。然而，以這個機率的定義來發展機率的數學理論會有一些問題。首先，我們不清楚在式(1.2)中的極限何時存在以及是以何種數學的意義存在。第二，我們無法執行一個實驗無限多次，所以我們不可能知道精確的 p_k 值。最後，用相對次數來定義機率會排除一些我們無法做重複實驗的情況。因此，爲了合乎實際，我們所發展的機率數學理論必須不是根據任何特定的應用，也不是根據任何特定的機率概念。在另一方面，我們必須堅持的是，只要情況允許，我們所發展的理論應該允許我們使用直覺以及把機率解讀爲相對次數。

爲了與相對次數的解釋一致，「一個事件的機率」其任何定義必須滿足式(1.3)到(1.5)的特性。現代的機率理論始於建立一組公設，規定了機率的指派必須要滿足這些特性。我們假設了：(1)一個隨機實驗已經被定義，所有可能結果的集合 S 已經確認；(2)被稱之爲事件的 S 的子集合的一種類別(class)已經被指定；(3)每一事件 A 已經被指派一個數 $P[A]$，指派的方式滿足以下的公設：

1.　$0 \leq P[A] \leq 1$。

2.　$P[S] = 1$。

3.　若 A 和 B 是兩個不能同時發生的事件，則 $P[A$ 或 $B] = P[A] + P[B]$。

這三個公設與式(1.3)到(1.5)的相對次數特性之間的有明顯對應。這三個公設可以導出許多實用而有力的結果。我們將利用這本書的剩餘部分來介紹這些結果。

請注意，機率的理論並不關注於機率是如何獲得的，或者它的意義是什麼。任何滿足上述公設的機率分配就是合法的機率。我們把權力留給理論的使用者和模型的建構者來決定機率指派應該怎麼做，以及在任何特定的應用中決定機率應該如何做解讀才合理。

1.3.4　建立一個機率模型

讓我們思考如何將現實的隨機問題轉換成問題的**機率模型(probability model)**。理論上，我們需要指出上述公設的要件，包括(1)定義應用本身存在的隨機實驗，(2)指出所有可能結果的集合 S

以及我們感興趣的事件，(3)指出機率指派方式，使得所有我們感興趣的事件其機率可以被計算出來。具挑戰之處在於我們所發展出來的最簡單的模型必須能解釋現實問題的所有相關事宜。

舉例來說，假設我們要測試一段電話對話以決定某通話者是正在講話中，還是沉默。平均來說，典型的通話者在講話中的時間只佔通話時間的 1/3；其餘的時間是聆聽他方講話或是處於在字句之間的暫時沉默。我們可以把這個情況模型化，模型成一個放有兩顆白球(沉默)和一顆黑球(講話中)的甕，本實驗就如同我們從甕中選出一顆球。我們把這個問題簡化得很屬害，畢竟不是所有的通話者都一樣，所有的語言也未必有相同的沉默與主動講話的行為，等等。但當我們開始遭遇系統設計的問題時，簡化的實用性與功能性是很明顯的，例如：48 位獨立的通話者中，超過 24 位通話者同時正在講話的機率是多少？這個問題等同於：上述的甕實驗獨立重複做了 48 次，超過 24 顆黑球被選出的機率是多少？在讀完第二章之前，你將能夠回答後者的問題，和回答所有可以簡化成這個問題的現實問題！

1.4　一個詳細的例子：封包式語音傳輸系統

本章一開始我們曾提過，機率模型是一種工具，使設計者能夠成功地設計出能在隨機環境中運作的系統，而且必須是有效率，可靠，和符合成本效益。在本節中，我們將提出這樣系統的一個詳細的例子，目的就是要使你相信機率理論的功能與實用性。這個例子意圖要你利用你的直覺，許多推演的步驟現在看起來似乎不精確，但在後來的章節中將會證明那是精確的。

假如一個通訊系統必須同時將 48 個對話以語音資訊「封包」從 A 點傳到 B 點。每一個通話者所說的話會轉換成電壓振幅，接著先被數位化(即轉換成一串二進位數字)，然後每 10 毫秒(ms)的語音段會被包裹成資訊封包。在語音封包傳輸之前，它的來源和目的地地址會附在封包上(如圖 1.5)。

此通訊系統的最簡單設計是每 10 毫秒就往每個方向傳輸 48 個封包。然而，這是一個不夠有效率的設計。既然平均約有 2/3 的封包是沉默的，因此沒有言談資訊在裡面。換句話說，每 10 毫秒 48 個通話者只產生約 48/3 = 16 個主動講話(非沉默)的封包。因此，我們考慮另一個系統，每 10 毫秒只傳輸 $M < 48$ 個封包。

每 10 毫秒，這個新系統會決定那些通話者已產生主動講話的封包。令這個隨機實驗的結果為 A，在給定的 10 毫秒時間裡所產生的主動講話封包數。A 的數值可能是介於 0(所有的通話者都沉默)到 48(所有的通話者都主動講話)。如果 $A \leq M$，則全部的主動講話封包都被傳輸。但是如果 $A > M$，則此系統無法傳輸全部的主動講話封包，以致於有 $A - M$ 個主動講話封包會被隨機選出捨棄。捨棄主動講話封包會導致言談資訊的消失，所以我們必須控制被捨棄的主動講話封包的比例維持在一個水準，使得通話者不會感覺到怪怪的。

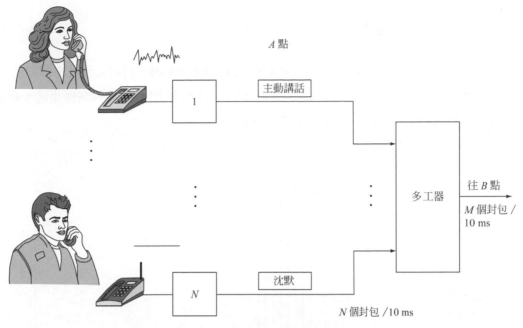

圖 1.5　一個封包式語音傳輸系統

　　首先考慮 A 的相對次數。如果上述的實驗重複 n 次，令 A(j) 是第 j 次試驗的結果。令 $N_k(n)$ 為主動講話封包數是 k 的試驗次數。在前 n 次試驗中，結果 k 的相對次數 $f_k(n) = N_k(n)/n$，我們假設它收斂到機率 p_k：

$$\lim_{n \to \infty} f_k(n) = p_k \qquad 0 \le k \le 48 \tag{1.6}$$

在第二章中，我們將推導 k 位通話者正在講話的機率 p_k。圖 1.6 指出 p_k 和 k 的關係。我們可以看到正在講話的通話者最常出現的次數是 16，正在講話的通話者次數很少高於 24 左右。

　　接著，考慮主動講話封包的產生率。每 10 毫秒中所產生的主動講話封包平均數是由主動講話封包樣本數的**樣本平均值(sample mean)**所給定：

$$\langle A \rangle_n = \frac{1}{n} \sum_{j=1}^{N} A(j) \tag{1.7}$$

$$= \frac{1}{n} \sum_{k=0}^{48} k N_k(n) \tag{1.8}$$

第一個表示式把在前 n 次試驗中的主動講話封包的數量依觀察順序做個加總。第二個表示式先記數在這些試驗中有多少個實驗是有 k 個主動講話封包的，對每一個可能的 k 值都做記數後做紀錄，然後計算總和[1]。當 n 變大時，在第二個表示式中的比值 $N_k(n)/n$ 會趨近於 p_k。因此，每 10 毫秒中所產生的主動講話封包平均數會趨近於

---

[1]　假設你從你的口袋中拿出以下的零錢：1 個 1/4 元，1 個 1 角，1 個 1/4 元，1 個 5 分。式(1.7)指出你的總金額是 25 + 10 + 25 + 5 = 65 分。式(1.8)指出你的總金額是(1)5 +(1)10 +(2)25 = 65 分。

$$\langle A \rangle_n \to \sum_{k=0}^{48} k p_k \triangleq E[A] \tag{1.9}$$

右邊的表示式將在第 3.3 節被定義為 A 的**期望值(expected value)**。$E[A]$完全是由機率 p_k 所決定，而且我們將在第三章證明 $E[A] = 48 \times 1/3 = 16$。式(1.9)指出每 10 毫秒所產生的主動講話封包之長期平均數為每 10 毫秒 $E[A] = 16$ 位通話者。

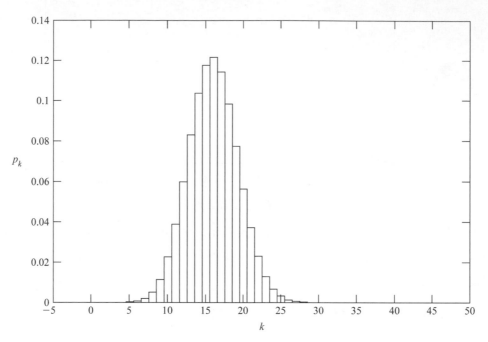

圖 1.6　一組 48 位通話者中有 k 位通話者正在講話的機率

　　由機率 p_k 所提供的資訊使我們可以設計既有效率又有好音質的系統。例如，我們可以在每 10 毫秒內把傳輸量減少一半只傳 24 個封包，而且捨棄的主動講話封包數可以控制在無法察覺的範圍內。

　　讓我們總結這一節所做的事。我們給了一個例子，系統行為本質上是隨機的，而且系統表現測量的陳述是用長期平均數來指出。我們已經證明這些長期的測量是如何地導致出牽涉到結果機率的表示式。最後，我們已經指出，在某些情況中，機率理論讓我們可以推導出這些機率。我們因此可以預測各種量值的長期平均數進而進行系統的設計。

1.5　其他的例子

　　在本節中，我們將進一步舉出電機和電腦工程的例子。在這些例子中，機率模型被用來設計在隨機環境中運作的系統。我們的意圖是要說明在很多系統中，機率和長期平均數自然而然地會被當成是系統效能的度量。然而，我們要在這裡聲明的是，這本書的本意是要教導

機率理論的基本概念，而不是列舉詳細的應用。對於有興趣的讀者，本章和其它章的末端都有提供參考書目可供做進一步的閱讀。

1.5.1　在不可靠通道中的通訊

許多的通訊系統是以下面的方式運作。每 T 秒，發射器接受一個二進位輸入，也就是說，一個 0 或一個 1，並且傳輸一個相對應的訊號。在 T 秒的最後，接收器依據它所接收到的訊號判定輸入是什麼。用這種角度來看，大部分的通訊系統都是不可靠的，因為接收器的判定未必和發射器的輸入一樣。在圖 1.7(a)的通道機率模型中，傳輸錯誤是隨機發生的且發生的機率為 ε。如在圖中所示，輸出和輸入不相等的機率為ε。因此，ε 是接收端位元發生錯誤的長期比例。在某些情況中，若這樣子的錯誤發生率是不可接受的，那麼我們必須使用錯誤控制的技術以減少傳送資訊的錯誤發生率。

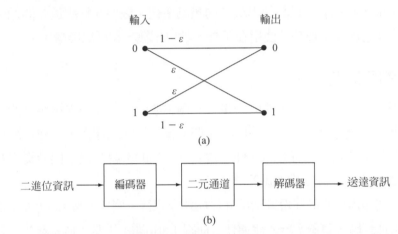

圖 1.7　(a) 二元通訊系統通道的一個模型，(b) 錯誤控制系統

一個減少傳送資訊錯誤發生率的方法是使用錯誤更正碼，如圖 1.7(b)所示。作為一個簡單的例子，考慮一個重複傳送碼，其中每個資訊位元被傳輸 3 次：

$$0 \rightarrow 000$$
$$1 \rightarrow 111$$

如果我們假設解碼器做判定的方式是採用接收端接收到 3 個位元中的多數決，那麼只有當其中出現 2 個或 3 個位元錯誤時，解碼器才會做出錯誤的判定。在範例 2.37 中，我們將會證明這個解碼器會做出錯誤判定的機率為$3\varepsilon^2 - 2\varepsilon^3$。因此，假設在沒有編碼的情況下這個通道的位元錯誤率為10^{-3}，那麼經過上述簡單的編碼解碼過程，位元錯誤率將會是3×10^{-6}，錯誤率大小減少了 3 個次方！然而，這個好處不是沒有成本的：傳輸率下降至每 $3T$ 秒傳送 1 個位元。但是藉由使用長度更長，更複雜的編碼方式，在不像本例中驟降傳輸率的情況下，而使得錯誤發生率降低，是有可能的。

用無線傳輸或是在有雜訊的通道中做通訊時，錯誤偵測法和錯誤更正法在建立可靠的通信系統上扮演關鍵的角色。機率所扮演的角色是判定可能會發生的錯誤型態，因而給予更正。

1.5.2 信號的壓縮

隨機實驗的結果未必是一個單一的數字，結果也可能是一個時間函數。例如，一個實驗的結果可能是對應到語音或音樂的電壓振幅。在這些情況中，我們感興趣的是訊號本身和該訊號已處理過的版本，這兩者的特性。

例如，我們感興趣的是壓縮一個音樂信號 $S(t)$。這牽涉到把該信號用一連串的位元來表示。壓縮技術是用預測的方式以提供有效率的表現方式，其中的下一個信號的值是使用過去的編碼值來做預測。只有在預測中的錯誤才需要被編碼，所以位元數可以降低。

爲了要讓這個預測系統可以運作，我們需要知道信號彼此之間是如何相關的。假如我們知道這個相關結構，我們就可以設計出最佳的預測系統。機率在解決這些問題中扮演了關鍵的角色。壓縮系統已經十分成功地使用在手機，數位相機，和攝錄影機中。

1.5.3 系統的可靠度

可靠度是設計現代化系統的一個主要的考量。一個主要的例子就是支援銀行間電子轉帳交易的電腦和通訊網路系統。當子系統故障時，這個系統仍可持續運作，這種可靠度是十分重要的。關鍵的問題是：如何從不可靠的元件中建立可信賴的系統？機率模型提供我們工具，使我們可以用定量分析的方式來對付這個問題。

一個系統的運作需要它的部份或全部元件能運作才行。例如，圖 1.8(a)顯示出當一個系統的全部元件都可運作時，這個系統才能運作，而圖 1.8(b)顯示出當一個系統中，只要至少有一個元件可以正常運作，這個系統就能運作。只要結合這兩種基本的配置就可以得到更複雜的系統。

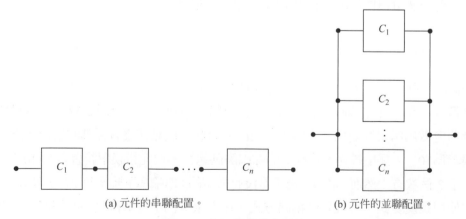

(a) 元件的串聯配置。　　　　　　　(b) 元件的並聯配置。

圖 1.8　有 n 個元件的系統

從經驗我們可以得知我們不可能精確地預測何時一個元件會故障。機率理論使我們可以估計一些可靠度的度量，例如從現在開始到故障之間的平均時間，以及經過某特定時間之後，一個元件仍然正常運作的機率。除此之外，我們可以在第 2 章和第 4 章中看到，機率理論使我們可以根據一個系統中個別元件的機率和平均來決定整個系統的機率和平均。這使得我們可以根據它們的可靠度來評估系統配置，因而選擇可靠的系統設計。

1.5.4　資源分享的系統

許多的應用程式牽涉到分享不穩定且需求是隨機的資源。客戶端會在兩個相當長的閒置週期之間點綴一個短服務週期的需求。只要把足夠的資源分配給每一個個別的客戶，客戶端的需求就可以被滿足，但是這個方式可能會相當浪費，因為當一個客戶端閒置時，資源就沒有被使用了。一個比較好的配置系統方式是經由動態資源分享來滿足客戶端的需求。

例如，許多 Web 伺服器系統運作方式如圖 1.9 所示。在任何給定時間點上，這些系統允許 c 個客戶端可以連接至伺服器。客戶端提交查詢給伺服器。查詢被放置在等待佇列中，然後由伺服器處理。在接收到伺服器的回應之後，每個客戶端會花一些時間思考，才再提出下一個查詢。在一段暫停週期過後，這個系統會終止一個正在使用的客戶端連線，另外開啓和另一個新的客戶端的連線。

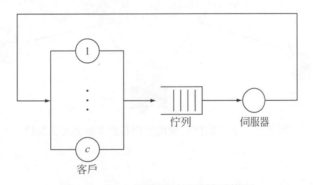

圖 1.9　Web 伺服器系統的簡易模型

系統需要被配置來提供快速的回應給客戶端，以避免提早終止連線，並可有效利用電腦運算的資源。這需要對以下的量做機率的描述：查詢處理時間，每次連線客戶端按下滑鼠左鍵的次數，和在按下兩次滑鼠左鍵之間的時間(思考時間)。有了這些參數之後，系統就可以根據它們決定出最佳的 c 值以及暫停週期時間。

1.5.5　具 Internet 大小的系統

今日主要的挑戰之一就是設計具 Internet 大小的系統，而這種系統已經從圖 1.9 的客戶－伺服器系統進化成巨型的分散式系統，如在圖 1.10 中所示。在這些系統中，前者可以有成千成萬個使用者同時上網，而在點對點的同儕系統中，則可以有數百萬個使用者同時上網。

　　Internet 使用者之間彼此的互動比起客戶端與伺服器之間的互動要複雜很多。例如，在網頁中指向其它網頁的連結會產生大量的相互連接文件網。發展圖形技術和映射技術來表現這些邏輯的關係，是了解使用者行為的關鍵。各式各樣的 Web 爬行搜尋(crawling)技術已經可以產生這樣的圖形[Broder]。機率的技術可以評估在這些圖形中節點的相對重要性，而且事實上，在搜尋引擎中扮演中核心的角色。新的應用，例如點對點的(P2P)檔案分享和內容散佈，產生一些新的群體，它們擁有屬於它們自己的互連型態和圖形。這些群體的使用者行為對 Internet 的數量，型態，和資訊流量有重大的影響力。在理解這些系統，與在發展可靠且可預測的管理與控制資源的方法上，機率方法扮演了重要的角色[15]。

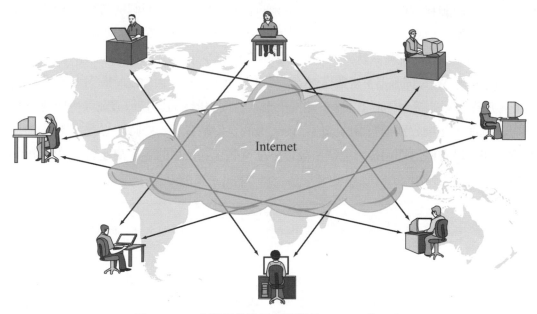

圖 1.10　一大群組的使用者橫越過 Internet 做互動

1.6　本書的概要

　　本章我們已經討論過機率模型在具隨機性的系統設計中的所扮演的重要角色。**這本書主要的目標是要向學生介紹機率的基本概念，使學生可以理解使用在電機和電腦工程中的機率模型**。這本書並未意圖要涵蓋應用本身，因為有太多的應用了，而每個應用都需要詳細的討論。另一方面，我們從相關的應用領域中選取例子，並意圖使這些例子能和讀者的領域有關。

　　這本書的另一個目標是教導發展機率模型所需用到的基本技術。在本章中所做的討論已經很清楚的表達出用在模型中的機率必須由實驗印證。要做到這樣，需要用到**統計技術**，所以我們也介紹了基本而且必要的統計技術。我們也間接地提到印證機率模型時所要用的**電腦模擬模型**。幾乎每一章都會有一節介紹某個電腦數值方法。這些章節是選擇性的，可以略過

而不影響整體教材的連貫性。然而，我們鼓勵學生去探索這些技術。它們很好玩，而且可以使我們更能洞察隨機性的本質。

這本書剩餘的部份是如以下的方式做規劃：

- 第 2 章介紹機率理論的基本概念。我們從 1.3 節的機率公設開始和討論它們的推論。一些基本的機率模型也在第 2 章中介紹。

- 一般而言，機率理論未必要求隨機實驗的結果是數字，所以結果可以是物體(例如，黑球或白球)或是狀況(例如，電腦系統運行或是失效)。然而，我們通常對結果是數字的實驗感興趣。隨機變數的概念說明了這種情形。第 3 章和第 4 章分別討論了離散集合的實驗和連續集合的實驗，而實驗結果都是單一一個數字。在這兩章中，我們發展數種極度有用的問題解決技術。

- 第 5 章討論隨機變數對，和介紹一些方法以說明隨機變數間相互依賴的相關性。第 6 章將這些方法延伸至處理向量隨機變數。

- 第 7 章提出一些數學的結果(極限定理)。對於一個實驗獨立地重複執行所形成的一個非常長的數列，這些結果解釋此種數列的行為，而且使我們大量地使用相對次數來講解機率概念的手段顯得非常合理。

- 第 8 章提供基本統計方法的一個入門。

▶ 摘要

- 數學模型使用數學的關係式來關聯重要的系統參數和變數。當實驗不可行或成本太高時，它們允許系統設計者使用方程式來預測系統的表現。

- 電腦模擬模型是預測系統表現的另外一種手段。他們可以被使用來驗證數學模型。

- 在確定模型中，實驗的條件決定了確切的結果。確定模型中的方程式預測了確切的結果。

- 在機率模型中，隨機實驗的條件決定了可能結果的機率。在機率模型中，方程式的解所產生的是結果和事件的機率，以及各種形式的平均值。

- 隨機實驗的機率和平均可以經由大量的重複執行隨機實驗，計算相對次數和樣本平均，以實驗的方式來獲得。

- 在許多實際的系統中，系統效能的度量牽涉到相對次數和長期平均。在設計這些系統的過程中，機率模型扮演了重要的角色。

▶ 重要名詞

確定模型	隨機實驗
事件	相對次數

期望值　　　　　　　　　　樣本平均值

機率　　　　　　　　　　　樣本空間

機率模型　　　　　　　　　統計規律性

▶ 參考文獻

參考文獻[1]到[5]在一個工程的環境中討論機率。參考文獻[6]和[7]為傳統的教科書，它們對機率模型基礎的建立有極佳的討論。參考文獻[8]介紹錯誤控制碼。參考文獻[9]討論在通訊系統中的隨機信號分析，而參考文獻[10]和[11]討論各種方面的隨機信號分析。參考文獻[12]和[13]介紹了電腦通訊的效能觀點。

1.　A. Papoulis and S. U. Pillai, Probability, *Random Variables, and Stochastic Processes*, 4th ed., McGraw-Hill, New York, 2002.

2.　D. P. Bertsekas and J. N. Tsitsiklis, *Introduction to Probability*, Athena Scientific, Belmont, MA, 2002.

3.　T. L. Fine, *Probability and Probabilistic Reasoning for Electrical Engineering*, Prentice Hall, Upper Saddle River, N.J., 2006.

4.　H. Stark and J. W. Woods, *Probability and Random Processes with Applications to Signal Processing*, 3d ed., Prentice Hall, Upper Saddle River, N.J., 2002.

5.　R. D. Yates and D. J. Goodman, *Probability and Stochastic Processes,Wiley*, New York, 2005.

6.　H. Cramer, *Mathematical Models of Statistics*, Princeton University Press, Princeton, N.J., 1946.

7.　W. Feller, *An Introduction to Probability Theory and Its Applications,*Wiley, New York, 1968.

8.　S. Lin and R. Costello, *Error Control Coding: Fundamentals and Applications*, Prentice Hall, Upper Saddle River, N.J., 2005.

9.　S. Haykin, *Communications Systems*, 4th ed., Wiley, New York, 2000.

10.　A. V. Oppenheim, R. W. Schafer, and J. R. Buck, *Discrete-Time Signal Processing*, 2d ed., Prentice Hall, Upper Saddle River, N.J., 1999.

11.　J. Gibson, T. Berger, and T. Lookabough, *Digital Compression and Multimedia*, Morgan Kaufmann Publishers, San Francisco, 1998.

12.　L. Kleinrock, *Queueing Theory*, Volume 1: Theory,Wiley, New York, 1975.

13.　D. Bertsekas and R. G. Gallager, *Data Networks*, Prentice Hall, Upper Saddle River, N.J., 1987.

14.　Broder et al., "Graph Structure in the Web," *Proceedings of the 9th international World Wide Web conference on Computer networks: the international journal of computer and telecommunications networking*, North-Holland, The Netherlands, 2000.

15.　P. Baldi et al., *Modeling the Internet and the Web,*Wiley, Hoboken, N.J., 2003.

▶ 習題

1.1. 考慮以下的 3 個隨機實驗：

實驗 1：投擲一個硬幣。

實驗 2：投擲一個骰子。

實驗 3：一個甕裝有 10 個球，編號 1 到 10，從中隨機選擇一個球。

(a) 指出每一個實驗的樣本空間。

(b) 以上每一個實驗都重複執行非常多次。求出每一個實驗其每一個結果的相對次數。解釋你的答案。

1.2. 解釋以下的實驗如何地等同於隨機甕實驗：

(a) 投擲一個公正的硬幣 2 次。

(b) 投擲一對公正的骰子。

(c) 一副已充分洗勻的牌，由 52 張不同的牌所構成，從該副牌中抽 2 張牌，在第一次抽牌後放回該張牌。以第一次抽牌後不放回該張牌再做一次。

1.3. 解釋在什麼情況下以下的實驗會等同於一個隨機硬幣投擲實驗。在該實驗中正面的機率為何？

(a) 觀察在一張掃描的黑白文件中的一個圖素(點)。

(b) 在一個通訊系統中接收一個二元信號。

(c) 測試一個裝置是否可用。

(d) 決定你的朋友 Joe 是否在線上。

(e) 在一個具雜訊干擾的通訊通道中做傳輸，判定是否已經發生一個位元錯誤。

1.4. 一個甕裝有 3 個有電子式標記的球，標記分別為 00、01 和 10，需用標記掃瞄器來讀取。Lisa、Homer 和 Bart 被要求要陳述以下這個隨機實驗：隨機選擇一個球和讀出其標記。Lisa 的標記掃瞄器是好的；Homer 的標記掃瞄器其最高位元的輸出卡在 1；Bart 的標記掃瞄器其最低位元的輸出卡在 0。

(a) Lisa、Homer 和 Bart 所描述的樣本空間為何？

(b) 每人的實驗都重複執行非常多次。Lisa、Homer 和 Bart 所觀察到的相對次數為何？

1.5. 一個隨機實驗的樣本空間 $S = \{1, 2, 3, 4, 5\}$，機率為 $p_1 = 1/4$ ， $p_2 = 1/4$ ， $p_3 = 1/8$ ， $p_4 = 1/8$ ， $p_5 = 1/4$ 。

(a) 描述這個隨機實驗如何地可以用投擲一個公正的硬幣來模擬。

(b) 描述這個隨機實驗如何地可以用一個甕實驗來模擬。

(c) 描述這個隨機實驗如何地可以用一副 52 張不同的牌來模擬。

1.6. 一個甕裝有 2 個黑色球和 1 個白色球。一個隨機實驗為從該甕中連續選出 2 個球。

(a) 指出此實驗的樣本空間。

(b) 假設本實驗被修改成在第一次取球後馬上放回該顆球。現在樣本空間爲何？

(c) 實驗重複執行非常多次。結果(白色，白色)的相對次數爲何？(a)和(b)的情況各做一次。

(d) 在(a)和(b)的情況中，從甕中做第二次取球的結果會以任何的方式取決於第一次取球的結果嗎？

1.7. 令 A 爲一個隨機實驗的一個事件，和令事件 B 被定義爲「事件 A 不會發生」。請證明 $f_B(n) = 1 - f_A(n)$。

1.8. 令 A、B 和 C 爲 3 個事件，它們兩兩之間不會同時發生，3 個也不會同時發生，和令 D 爲事件「A 或 B 或 C 發生」。請證明

$$f_D(n) = f_A(n) + f_B(n) + f_C(n)$$

1.9. 一連串隨機實驗產生出數值結果數列 $X(1), X(2), \cdots, X(n)$。它們的樣本平均值被定義爲

$$\langle X \rangle_n = \frac{1}{n} \sum_{j=1}^{N} X(j)$$

請證明樣本平均值滿足以下的遞迴公式：

$$\langle X \rangle_n = \langle X \rangle_{n-1} + \frac{X(n) - \langle X \rangle_{n-1}}{n}, \quad \langle X \rangle_0 = 0$$

1.10. 假設信號 $2 \sin 2\pi t$ 在隨機的時間點上被取樣。

(a) 求出長期樣本平均值。

(b) 求出事件「電壓爲正的」；「電壓小於 -2」的長期相對次數。

(c) 若取樣的時間點是具週期性的且每 τ 秒取樣一次，在(a)和(b)中的答案會改變嗎？

1.11. 爲了要產生隨機數的一個隨機數列，你在電話簿中任挑一行電話號碼，輸出一個「0」假如電話號碼的最後一個數字是偶數，輸出一個「1」假如電話號碼的最後一個數字是奇數。討論我們如何可以判定所產生的數列是「隨機的」。要對單一結果的相對次數做什麼樣的測試？要對一對結果的相對次數做什麼樣的測試？

機率理論的基本概念

這一章提出機率理論的基本概念。在本書的剩下部份,我們將會進一步的發展或陳述在這裡所提出的基本概念。當你完成本章的閱讀後,假如你對這些基本概念有一個很好的了解,那麼你將已經準備好要處理本書的剩下部份了。

以下的基本概念將會提出。第一,使用集合理論來指定樣本空間和指定一個隨機實驗的事件。第二,機率的公理指定一些規則來計算事件的機率。第三,條件機率的概念讓我們可以決定一個實驗結果的部分資訊是如何地影響事件的機率。條件機率也讓我們可以公式化「獨立」事件和「獨立」實驗的概念。最後,我們考慮「循序」隨機實驗,它是由執行一連串的簡單隨機子實驗所構成的。我們將說明在這些實驗中的事件機率如何可以由較簡單的子實驗機率那兒被推導出來。本書從頭到尾都有的一個概念為:複雜的隨機實驗可以藉由把它們分解成簡單的子實驗來簡化分析。

2.1 描述隨機實驗

考慮某個實驗。當該實驗是在相同的條件下被重複執行時,但所得的結果卻是以一種無法預測的方式來做變化的,這樣的實驗就是一個隨機實驗。**一個隨機實驗是藉由陳述一個實驗的程序和一組一個或多個的量測或觀察來指定的。**

範例 2.1

實驗 E_1:一個甕內含有編好號的球,從 1 號到 50 號。從一個甕中取出一個球,紀錄球的號碼。

實驗 E_2:一個甕內含有編好號的球,從 1 號到 4 號。假設 1 號球和 2 號球是黑色的,3 號球和 4 號球是白色的。從一個甕中取出一個球,紀錄球的號碼和顏色。

實驗 E_3:投擲一個硬幣 3 次,紀錄正面和反面出現的順序。

實驗 E_4:投擲一個硬幣 3 次,紀錄正面出現的次數。

實驗 E_5:在一個 10-ms 的時段中,從一組 N 位通話者所產生的語音封包中,計數沉默的封包數。

實驗 E_6:一段資訊在一個受雜訊干擾的通道上被重複地傳送,直到該段資訊無誤差的送達接收端為止。計數所需要傳送的次數。

實驗 E_7：隨機在 0 和 1 之間挑出一個數。

實驗 E_8：在一個 Web 伺服器量測 2 次網頁請求之間的時間。

實驗 E_9：在一個指定的環境中，量測一個給定的電腦記憶體晶片的生命期。

實驗 E_{10}：在時間 t_1 決定一個聲音信號的值。

實驗 E_{11}：在時間 t_1 和 t_2 分別決定一個聲音信號的值。

實驗 E_{12}：隨機在 0 和 1 之間挑出 2 個數。

實驗 E_{13}：隨機在 0 和 1 之間挑出一個數 X，然後隨機在 0 和 X 之間挑出一個數 Y。

實驗 E_{14}：一個系統元件在時間 $t = 0$ 被安裝。對於 $t \geq 0$，只要該元件正常運作，令 $X(t) = 1$；在該元件失效後，令 $X(t) = 0$。

　　一個隨機實驗的規格必須明確地指出到底是什麼東西被量測或觀察，不能模稜兩可。舉例來說，隨機實驗可能由相同的程序構成，但是所做的觀察不同，如 E_3 和 E_4 所示範。

　　一個隨機實驗可能包含多於一個的量測或觀察，如 E_2，E_3，E_{11}，E_{12} 和 E_{13} 所示範。一個隨機實驗甚至可能是有關於一個連續的量測，如 E_{14} 所示範。

　　實驗 E_3，E_4，E_5，E_6，E_{12} 和 E_{13} 是循序實驗的範例，它們可以被視為是由一序列簡單的子實驗所構成的。對這些實驗你可以指出其中包含的子實驗嗎？請注意在 E_{13} 中，其第二階的子實驗取決於第一階子實驗的結果。

2.1.1　樣本空間

因為隨機實驗不會產生一致相同的產出，我們必須要決定可能產出的集合。我們定義一個隨機實驗的一個**結果(outcome)**或**樣本點(sample point)**是一個不能被分解成其它產出的一個產出。當我們執行一個隨機實驗時，一個且只有一個結果會發生。因此結果它們為相互互斥的，因為它們不能同時發生。一個隨機實驗的**樣本空間(sample space)**S 被定義為是所有可能的結果所形成的集合。

　　我們將會把一個實驗的一個結果用符號 ζ 來表示，其中 ζ 是 S 中的一個元素或一個點。一個隨機實驗的每一次執行可以被視為是從 S 中隨機選擇一個單一點(結果)。

　　樣本空間 S 可以藉由使用集合符號來簡潔地指定。我們可以藉由畫出表格，圖形，實數線的區間，或平面的區域來觀察樣本空間。有 2 種基本方式可以指定一個集合：

1.　列舉出所有的元素，由逗點分開，包含在一對大括弧中：

　　　$A = \{0, 1, 2, 3\}$

2.　給出一個可以指定集合元素的規則：

　　　$A = \{x : x \text{ 是一個整數且 } 0 \leq x \leq 3\}$

請注意項目列舉出現的順序並不會改變集合，即 $\{0, 1, 2, 3\}$ 和 $\{1, 2, 3, 0\}$ 是相同的集合。

範例 2.2

使用集合符號，在範例 2.1 中每一個實驗的樣本空間給定如下：

$S_1 = \{1, 2, \ldots, 50\}$

$S_2 = \{(1, b), (2, b), (3, w), (4, w)\}$

$S_3 = \{HHH, HHT, HTH, THH, TTH, THT, HTT, TTT\}$

$S_4 = \{0, 1, 2, 3\}$

$S_5 = \{0, 1, 2, \ldots, N\}$

$S_6 = \{1, 2, 3, \ldots\}$

$S_7 = \{x : 0 \leq x \leq 1\} = [0, 1]$　　　　參見圖 2.1(a)。

$S_8 = \{t : t \geq 0\} = [0, \infty)$

$S_9 = \{t : t \geq 0\} = [0, \infty)$　　　　　參見圖 2.1(b)。

$S_{10} = \{v : -\infty < v < \infty\} = (-\infty, \infty)$

$S_{11} = \{(v_1, v_2) : -\infty < v_1 < \infty \text{ 及 } -\infty < v_2 < \infty\}$

$S_{12} = \{(x, y) : 0 \leq x \leq 1 \text{ 及 } 0 \leq y \leq 1\}$　參見圖 2.1(c)。

$S_{13} = \{(x, y) : 0 \leq y \leq x \leq 1\}$　　　　參見圖 2.1(d)。

S_{14}＝函數 $X(t)$ 的集合，對於 $0 \leq t < t_0$，$X(t) = 1$；對於 $t \geq t_0$，$X(t) = 0$，其中 $t_0 > 0$ 為元件失效的時間。

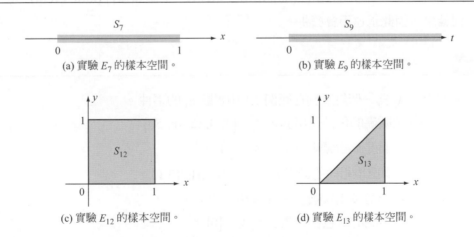

(a) 實驗 E_7 的樣本空間。　　　　(b) 實驗 E_9 的樣本空間。

(c) 實驗 E_{12} 的樣本空間。　　　　(d) 實驗 E_{13} 的樣本空間。

圖 2.1　實驗 E_7，E_9，E_{12} 和 E_{13} 的樣本空間

　　有相同實驗程序的隨機實驗可能會有不同的樣本空間，如實驗 E_3 和 E_4 所示。因此，一個實驗的目的會影響樣本空間的選擇。

　　在一個樣本空間中的結果數目有 3 種可能性。一個樣本空間可以是有限的(finite)，可數無限的(countably infinite)，或不可數無限的(uncountably infinite)。我們稱 S 為一個**離散的樣本空間(discrete sample space)**假如 S 是可數的；也就是說，它的結果可以被一對一對應(one-to-one correspondence)到正整數。我們稱 S 為一個**連續的樣本空間(continuous sample space)**假如 S 不是可數的。實驗 E_1，E_2，E_3，E_4 和 E_5 具有限離散的樣本空間。實驗 E_6 有一個可數無限離散的樣本空間。實驗 E_7 到實驗 E_{13} 有連續的樣本空間。

因為一個實驗的一個結果可以由一個或多個觀察或量測所構成，所以樣本空間 S 可以是多重維度的。舉例來說，在實驗 E_2，E_{11}，E_{12} 和 E_{13} 中的結果是二維的，在實驗 E_3 中的結果是三維的。在某些例子中，樣本空間可以被寫成是其它集合的 Cartesian 乘積[1]。舉例來說，$S_{11} = R \times R$，其中 R 是實數集合，$S_3 = S \times S \times S$，其中 $S = \{H, T\}$。

有些時候，令樣本空間包括有些不可能的結果是滿方便的。舉例來說，在實驗 E_9 中，把樣本空間定義成正的實數線很方便，雖然事實上一個裝置不可能有一個無窮的生命期。

2.1.2 事件

我們通常對特定結果的發生不感興趣，而是對某個事件的發生感興趣(也就是說，是否結果滿足某特定的條件)。這個要求我們需考慮 S 的子集合。我們稱 A 是 B 的一個子集合假如 A 的每一個元素也均屬於 B。舉例來說，在實驗 E_{10} 中，我們量測一個電壓，我們可能對事件「信號電壓是負的」感興趣。事件的條件定義了樣本空間的一個子集合，即，在 S 中滿足給定條件的點 ζ 的集合。舉例來說，「電壓是負的」對應到集合 $\{\zeta : -\infty < \zeta < 0\}$。該事件發生若且唯若該實驗的結果 ζ 落在這個子集合中。就是因為這個理由，**事件(events)**對應到 S 的子集合。

有兩個特殊的事件值得一提：**必定發生的事件(certain event)**，S，它是由所有的結果所構成的，因此必然發生。**不可能的事件(impossible event)**或稱**虛無事件(null event)**，$\varnothing$，它沒有包含任何結果，因此永遠不會發生。

範例 2.3

在以下的範例中，A_k 為一個對應到在範例 2.1 中實驗 E_k 的事件。

$\quad E_1$：「一個偶數號碼的球被選出」，$A_1 = \{2, 4,\ldots, 48, 50\}$。

$\quad E_2$：「球是白色且是偶數號碼的」，$A_2 = \{(4, w)\}$。

$\quad E_3$：「3 次投擲均出現相同的結果」，$A_3 = \{HHH, TTT\}$。

$\quad E_4$：「正面次數等於反面次數」，$A_4 = \varnothing$。

$\quad E_5$：「沒有主動講話的封包被產生」，$A_5 = \{0\}$。

$\quad E_6$：「需要傳送的次數少於 10 次」，$A_6 = \{1,\ldots, 9\}$。

$\quad E_7$：「選擇的數是非負的」，$A_7 = S_7$。

$\quad E_8$：「網頁請求之間所經過時間小於 t_0 秒」，$A_8 = \{t : 0 \le t < t_0\} = [0, t_0)$。

---

[1] 集合 A 和集合 B 的 Cartesian 乘積是由所有的有序對 (a, b) 所構成的集合，其中第一個元素是從 A 那兒來的而第二個元素是從 B 那兒來的。

E_9 ：「晶片持續時間多於 1000 小時但是少於 1500 小時」，

$A_9 = \{t:\ 1000<t<1500\} = (1000,\ 1500)$ 。

E_{10} ：「電壓的絕對值小於 1 伏特」，$A_{10} = \{v:\ -1<v<1\} = (-1,\ 1)$ 。

E_{11} ：「2 個電壓有相反的極性」，$A_{11} = \{(v_1,\ v_2):(v_1<0\ 且\ v_2>0)\ or\ (v_1>0\ 且\ v_2<0)\}$ 。

E_{12} ：「兩數的差小於 1/10」，$A_{12} = \{(x,\ y):(x,\ y) \in S_{12}\ 且\ |x-y|<1/10\}$ 。

E_{13} ：「兩數的差小於 1/10」，$A_{13} = \{(x,\ y):(x,\ y) \in S_{13}\ 且\ |x-y|<1/10\}$ 。

E_{14} ：「系統在時間 t_1 時是正常運作的」，$A_{14} = S_{14}$ 的子集合其中 $X(t_1)=1$ 。

一個事件可能是由單一一個結果所構成的，如 A_2 和 A_5 。一個離散樣本空間的一個事件如果是由單一一個結果所構成的，該事件被稱為是一個**元素事件(elementary event)**。事件 A_2 和 A_5 為元素事件。一個事件也可能是由整個樣本空間所構成的，如 A_7 。虛無事件，$\varnothing$，發生在當沒有任何一個結果滿足該事件所指定的條件，如 A_4 。

2.1.3　集合理論的複習

在隨機實驗中，我們感興趣的是事件的發生，它們可用集合表現出來。我們可以使用集合運算來結合一些事件以獲得其它的事件。我們也可以把複雜的事件用簡單事件的組合表現出來。在我們進一步的討論事件和隨機實驗之前，我們從集合理論中提出某些本質上的概念。

一個集合就是一些物件的一個搜集，我們將會用大寫字母 $S,\ A,\ B,...$ 來表示它們。在一個給定的設定或應用中，我們定義 U 為**宇集合(universal set)**，它是由所有的可能的物件所構成的集合。在隨機實驗的環境中，所謂的宇集合就是樣本空間。舉例來說，實驗 E_6 的宇集合就是 $U = \{1,\ 2,...\}$ 。一個**集合(set)** A 就是從 U 的物件中搜集一些物件所形成的，這些物件被稱為是集合 A 的**元素(element)** 或**點(point)**，將會我們將會用小寫字母，$\zeta,\ a,\ b,\ x,\ y,...$ 來表示它們。我們並使用以下的符號：

$x \in A$ 　或是　$x \notin A$

來分別指出「x 是 A 的一個元素」或「x 不是 A 的元素」。

當討論集合時，我們常使用**文氏圖(Venn diagram)**。一個文氏圖是集合和集合間相互關係的一種圖形的表示。宇集合 U 通常是用一個矩形中所有的點來表示，如在圖 2.2(a)中所示。集合 A 則是用在矩形中的一個封閉區域中的點來表示。

我們稱 A 是 B 的一個**子集合(subset)** 假如 A 的每一個元素也都屬於 B，也就是說，若 $x \in A$ 則 $x \in B$ 。我們稱「A 包含於 B」並記為：

$A \subset B$

假如 A 是 B 的一個子集合，那麼文氏圖會顯示 A 的區域是在 B 的區域之中，如在圖 2.2(e)中所示。

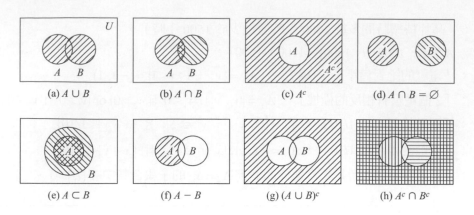

圖 2.2　集合運算和集合關係

範例 2.4

在實驗 E_6 中，考慮 3 個可能的集合：$A = \{x: x \geq 10\} = \{10, 11,...\}$，需要大於等於 10 次傳送；$B = \{2, 4, 6,...\}$，傳送次數是一個偶數；和 $C = \{x: x \geq 20\} = \{20, 21,...\}$。這些集合中，誰是誰的子集合？

很清楚的，C 是 A 的一個子集合 $(C \subset A)$。然而，C 不是 B 的子集合，而 B 不是 C 的子集合，因為這兩個集合都包含有另一個集合沒有包含的元素。類似地，B 不是 A 的子集合，而 A 不是 B 的子集合。

空集合(empty set) $\varnothing$ 被定義成是沒有元素的集合。空集合 $\varnothing$ 是每一個集合的一個子集合，也就是說，對於任的集合 A，$\varnothing \subset A$。

我們稱集合 A 和 B **相等**，假如它們包含相同的元素。因為在 A 中的每一個元素也是在 B 中，那麼若 $x \in A$ 則 $x \in B$，所以 $A \subset B$。類似地，在 B 中的每一個元素也是在 A 中，那麼若 $x \in B$ 則 $x \in A$，所以 $B \subset A$。因此：

$A = B$　若且唯若 $A \subset B$ 且 $B \subset A$

證明兩個集合 A 和 B 是相同的有兩種方法。第一種方法方法為證明 $A \subset B$ 且 $B \subset A$。第二種方法就是列舉出在 A 中所有的項目和列舉出在 B 中所有的項目，然後證明兩者項目是相同的。第二種方法的一個變形就是使用一個文氏圖來指出對應到 A 的區域，然後證明 B 的文氏圖也佔有相同的區域。我們稍後會對這兩種方法提供範例。

我們將會使用 3 種基本的集合運算。**聯集(union)**運算和**交集(intersection)**運算套用在兩個集合上並產生第三個集合。**補集(complement)**運算套用在一個單一集合上以產生一個其它的集合。

2 個集合 A 和 B 的**聯集**被記為是 $A \cup B$，被定義為是在 A 中的結果或是在 B 中的結果，或兩者中共同的結果所形成的集合：

$$A \cup B = \{x\colon x \in A \quad 或 \quad x \in B\}$$

$A \cup B$ 運算對應到集合 A 和集合 B 兩者特性的邏輯「或(or)」，也就是說，x 在 $A \cup B$ 中假如 x 滿足 A 的特性，或是 x 滿足 B 的特性，或是 x 滿足兩者的特性。$A \cup B$ 的文氏圖是由在圖 2.2(a) 中的斜線區域所構成。

2 個集合 A 和 B 的**交集**被記為是 $A \cap B$，被定義為是在 A 中而且在 B 中都有的結果所形成的集合：

$$A \cap B = \{x\colon x \in A \quad 且 \quad x \in B\}$$

$A \cap B$ 運算對應到集合 A 和集合 B 兩者特性的邏輯「及(and)」。$A \cap B$ 的文氏圖是由在圖 2.2(b) 中的雙重斜線區域所構成。2 個集合被稱為是**不相交(disjoint)**或**相互互斥(mutually exclusive)** 假如它們的交集是虛無集合，$A \cap B = \varnothing$。圖 2.2(d)顯示了 2 個相互互斥的集合 A 和 B。

集合 A 的**補集(complement)**被記為是 A^c，被定義為是不在 A 中之所有元素的集合：

$$A^c = \{x\colon x \notin A\}$$

運算 A^c 對應到集合 A 特性的邏輯「非(not)」。圖 2.2(c)顯示了 A^c。請注意 $S^c = \varnothing$ 和 $\varnothing^c = S$。

集合 A 和集合 B 的**相對補集(relative complement)**或**差集(difference)**被定義為是在 A 中但不是在 B 中元素的集合：

$$A - B = \{x\colon x \in A 且 x \notin B\}$$

A–B 的獲得方式是從 A 中把所有也在 B 中的元素移除，如在圖 2.2(f)中所示範。請注意 $A - B = A \cap B^c$。也請注意 $B^c = S - B$。

範例 2.5

令 A，B，和 C 為在範例 2.4 中實驗 E_6 的事件。求出以下的事件：
$A \cup B$, $A \cap B$, A^c, B^c, $A - B$, 以及 $B - A$

$$A \cup B = \{2,\ 4,\ 6,\ 8,\ 10,\ 11,\ 12,\ldots\}$$
$$A \cap B = \{10,\ 12,\ 14,\ldots\}$$
$$A^c = \{x\colon x < 10\} = \{1,\ 2,\ldots,\ 9\}$$
$$B^c = \{1,\ 3,\ 5,\ldots\}$$
$$A - B = \{11,\ 13,\ 15,\ldots\}$$
$$B - A = \{2,\ 4,\ 6,\ 8\}$$

這 3 個基本的集合運算可以再做結合以形成其它的集合。以下列出一些集合運算的特性，在為集合的組合推導新的表示式時，它們頗為有用：

交換(Commutative)律：

$$A\cup B = B\cup A \quad 和 \quad A\cap B = B\cap A \tag{2.1}$$

結合(Associative)律：

$$A\cup(B\cup C) = (A\cup B)\cup C \quad 和 \quad A\cap(B\cap C) = (A\cap B)\cap C \tag{2.2}$$

分配(Distributive)律：

$$A\cup(B\cap C) = (A\cup B)\cap(A\cup C) \quad 和 \quad A\cap(B\cup C) = (A\cap B)\cup(A\cap C) \tag{2.3}$$

藉由套用以上的特性，我們可以推導出新的恆等式。**狄摩根定律(DeMorgan's rules)** 就是一個重要的例子：

狄摩根定律：

$$(A\cup B)^c = A^c\cap B^c \quad 和 \quad (A\cap B)^c = A^c\cup B^c \tag{2.4}$$

範例 2.6

請使用文氏圖和集合的恆等式來證明狄摩根定律。

首先，我們將會使用文氏圖來證明第一個恆等式。在圖 2.2(g)中的斜線區域為 $A\cup B$ 的補集，也就是恆等式的左邊。在圖 2.2(h)中的十字斜線區域則為 A^c 和 B^c 的交集。這 2 個區域是相同的，所以所代表的集合是相同的。請自行嘗試繪出在式(2.4)中第二個恆等式的文氏圖。

接下來，我們以證明集合恆等式來證明狄摩根定律。這個證明有 2 個部份：首先，我們證明 $(A\cup B)^c \subset A^c\cap B^c$；然後，我們證明 $A^c\cap B^c \subset (A\cup B)^c$。這兩結果在一起意味著 $(A\cup B)^c = A^c\cap B^c$。

首先，假設 $x\in(A\cup B)^c$，那麼 $x\notin A\cup B$。所以，我們有 $x\notin A$，這意味著 $x\in A^c$。類似地，我們有 $x\notin B$，這意味著 $x\in B^c$。因此，在 A^c 和 B^c 兩者中都有 x，也就是說，$x\in A^c\cap B^c$。我們已經證明出 $(A\cup B)^c \subset A^c\cap B^c$。

欲證明相反方向的包含於，假設 $x\in A^c\cap B^c$。這意味著 $x\in A^c$，所以 $x\notin A$。類似地，$x\in B^c$，所以 $x\notin B$。因此，$x\notin(A\cup B)$，所以 $x\in(A\cup B)^c$。我們已經證明出 $A^c\cap B^c \subset (A\cup B)^c$。至此，兩方向都證明完畢，我們有 $(A\cup B)^c = A^c\cap B^c$。

欲證明第二個狄摩根定律，我們可以套用第一個狄摩根定律到 A^c 和 B^c 以獲得：

$$\left(A^c\cup B^c\right)^c = \left(A^c\right)^c \cap \left(B^c\right)^c = A\cap B$$

其中我們使用了恆等式 $A = \left(A^c\right)^c$。現在，對以上的恆等式兩邊都取補集：

$$A^c\cup B^c = (A\cap B)^c$$

範例 2.7

對於實驗 E_{10}，令集合 A，B，和 C 為

$A = \{v: \ |v| > 10\}$，「v 的大小大於 10 伏特」

$B = \{v: \ v < -5\}$，「v 小於 -5 伏特」

$C = \{v: \ v > 0\}$，「v 是正的」

你應該驗證以下運算：

$A \cup B = \{v: \ v < -5 \text{ or } v > 10\}$

$A \cap B = \{v: \ v < -10\}$

$C^c = \{v: \ v \leq 0\}$

$(A \cup B) \cap C = \{v: \ v > 10\}$

$A \cap B \cap C = \varnothing$

$(A \cup B)^c = \{v: \ -5 \leq v \leq 10\}$

聯集運算和交集運算的運算元可以是任意的數目的集合。因此，n 個集合的聯集為

$$\bigcup_{k=1}^{n} A_k = A_1 \cup A_2 \cup \cdots \cup A_n \tag{2.5}$$

這個集合是由在 A_k 中所有的元素所構成的，k 最少有一個值。相同的定義可套用到一組可數但有無限多個集合的聯集：

$$\bigcup_{k=1}^{\infty} A_k \tag{2.6}$$

n 個集合的交集為

$$\bigcap_{k=1}^{n} A_k = A_1 \cap A_2 \cap \cdots \cap A_n \tag{2.7}$$

這個集合是由在所有的集合 $A_1,\ldots, A_n$ 中都有的元素所構成的。相同的定義可套用到一組可數但有無限多個集合的交集：

$$\bigcap_{k=1}^{\infty} A_k \tag{2.8}$$

後面，我們將會看到集合的可數聯集和可數交集在處理無限樣本空間時是重要的運算。

2.1.4 事件類別

　　我們已經介紹了樣本空間 S，它是隨機實驗所有可能的結果所形成的集合。我們也已經介紹了事件，它是 S 的子集合。機率理論也要求我們陳述事件的類別 $\mathcal{F}$。只有在這個類別中的事件才會被指派給機率。我們預期對在 $\mathcal{F}$ 中的集合所做運算將會產生一個集合，它也是一個在 $\mathcal{F}$ 中的事件。特別的是，我們堅持在 $\mathcal{F}$ 中事件的補集，以及在 $\mathcal{F}$ 中事件的可數聯集和可數交集，也就是，式(2.1)和式(2.5)到式(2.8)，會產生在 $\mathcal{F}$ 中的事件。當樣本空間 S 是有限的或是可數的，我們可以簡單地令 $\mathcal{F}$ 是由 S 所有的子集合所構成的，我們就可以往下做其它處理而無須再去考量 $\mathcal{F}$。然而，當 S 是實數線 R 時(或是一段實數線時)，我們無法簡單地令 $\mathcal{F}$ 為 R 的所有可能的子集合並仍然滿足機率的公理。考慮實數線區間，即$(a, b]$或$(-\infty, b]$。幸運的是，藉由令 $\mathcal{F}$ 為實數線區間的補集，實數線區間的可數聯集，和實數線區間的可數交集，我們可以獲得所有在實務上可用的事件類別。我們將會稱此一事件類別為 Borel 場(Borel field)。在本書剩下的部份，我們將偶而會參考到這個事件類別 $\mathcal{F}$。對於機率入門水準的課程，在本段文字中的資訊就已足夠，你不需要知道多於此處的內容。

　　當我們談及一個事件的類別時，我們指的是把事件做個搜集(集合所構成的集合)，也就是說，我們正在談及一個「集合的集合」。我們把一個類別視為是集合的搜集，以提醒我們類別的元素就是集合。我們使用書寫體大寫字母來表示一個類別，即 $\mathcal{C}$，$\mathcal{F}$，$\mathcal{G}$。假如類別 $\mathcal{C}$ 是由集合 $A_1,..., A_k$ 的搜集所構成，那麼我們記為 $\mathcal{C} = \{A_1,..., A_k\}$。

範例 2.8

令 $S = \{T, H\}$ 為投擲一個硬幣的結果。令 S 的一個子集合為一個事件。求出 S 所有可能的事件。

　　一個事件是 S 的一個子集合，所以我們需要求出 S 所有可能的子集合。它們為：

$$\mathcal{S} = \{\varnothing, \{H\}, \{T\}, \{H, T\}\}$$

請注意 $\mathcal{S}$ 包含了空集合和 S。令 i_T 和 i_H 為二進位的數字，其中 $i = 1$ 代表 S 其對應的元素是在一個給定的子集合中。藉由列出所有可能的 i_T 和 i_H 配對值，我們就可以產生所有可能的子集合。因此 $i_T = 0$，$i_H = 1$ 對應到集合 $\{H\}$。很清楚的，一共有 2^2 種可能的子集合，正如以上所列。

　　對於一個有限的樣本空間，$S = \{1, 2,..., k\}$，[2] 我們通常讓 S 的每一個子集合都是一個事件。這個事件的類別被稱為是 **S 的冪集合(power set)**，我們將會把它記為 $\mathcal{S}$。我們可以利用二進位的數字 $i_1, i_2,..., i_k$，來索引 S 所有可能的子集合，且我們發現 S 的冪集合有 2^k 個元素。就是因為這個原因，S 的冪集合也被記為是 $\mathcal{S} = 2^S$。

　　在 2.8 節我們會討論事件類別的某些細節。

---

[2] 　這個討論可以套用到具任意物件 $S = \{x_1, ..., x_k\}$ 的有限樣本空間，但是為了符號簡潔起見，我們考慮 $\{1, 2,..., k\}$。

2.2　機率公理

　　機率是指派給事件的數字，當一個實驗被執行時，該數字指出事件發生「可能性」的大小。一個隨機實驗的**機率規則(probability law)**就是一套指派機率的規則，只要實驗的事件屬於事件類別 $\mathcal{F}$，它會指派機率給該實驗事件。因此一個機率規則就是一個會指派一個數字給集合(事件)的函數。在 1.3 節中，我們發現一些相對次數的特性，那些特性任何的機率定義都應該要滿足。機率公理正式地陳述出一個機率規則，此規則必須要滿足那些特性。在這一節中，我們發展出一些從這組公理衍生出來的結果。

　　令 E 爲一個隨機實驗，具樣本空間 S 和事件類別 $\mathcal{F}$。實驗 E 的機率規則就是一套規則，它爲每一個事件 $A \in \mathcal{F}$ 指派一個數字 $P[A]$，稱爲是 A 的**機率(probability)**，並滿足以下的公理：

　　　公理 I　　　$0 \le P[A]$
　　　公理 II　　　$P[S]=1$
　　　公理 III　　若 $A \cap B = \varnothing$，則 $P[A \cup B]=P[A]+P[B]$
　　　公理 III'　　若 $A_1, A_2, \ldots$ 爲一個事件數列使得對所有的 $i \ne j$，$A_i \cap A_j = \varnothing$，則

$$P\left[\bigcup_{k=1}^{\infty} A_k\right]=\sum_{k=1}^{\infty} P[A_k]$$

　　公理 I，II 和 III 已經足夠來處理具有限樣本空間的實驗。爲了處理具無限樣本空間的實驗，公理 III 需要被換成公理 III'。請注意公理 III'視公理 III 爲一個特例，只要令 $A_k = \varnothing$，$k \ge 3$ 即可。因此我們事實上只需要公理 I，II 和 III'。雖然如此，我們還是會從公理 I，II 和 III 開始來洞察機率的特性。

　　公理讓我們把事件視爲是擁有某個特性(也就是，機率)的物件。該特性有類似物理質量的屬性。公理 I 指出了機率(質量)是非負的，公理 II 指出了我們有一個固定的總機率(質量)，即 1 個單位。公理 III 指出了在 2 個不相交物件中的總機率(質量)爲個別機率(質量)的和。

　　公理提供我們一組一致的規則，任何合法的機率指派都必須要滿足此組規則。我們現在發展出一些源自於這組公理的特性，這些特性設在計算機率時很有用。

　　第一個結果指出了假如我們把樣本空間分割成 2 個相互互斥的事件，A 和 A^c，那麼這 2 個事件的機率加起來爲 1。

推論 1

$$P\left[A^c\right]=1-P[A]$$

證明：因爲一個事件 A 和它的補集 A^c 相互互斥，$A \cap A^c = \varnothing$，我們從公理 III 可知

$$P\left[A \cup A^c\right]=P[A]+P\left[A^c\right]$$

因為 $S = A \cup A^c$，藉由公理 II，

$$1 = P[S] = P\left[A \cup A^c\right] = P[A] + P\left[A^c\right]$$

在解出 $P\left[A^c\right]$ 後推論便得證。

接下來的推論指出了一個事件的機率永遠小於或等於 1。用推論 2 再配合公理 I，我們可以初步的檢查機率的正確性：假如你求出的機率是負的或是大於 1，那麼在你的解題過程中必定在某處有錯誤！

推論 2

$P[A] \leq 1$

證明：從推論 1，

$$P[A] = 1 - P\left[A^c\right] \leq 1$$

因為 $P\left[A^c\right] \geq 0$。

推論 3 指出了不可能的事件其機率為 0。

推論 3

$P[\varnothing] = 0$

證明：在推論 1 中令 $A = S$ 和 $A^c = \varnothing$：

$$P[\varnothing] = 1 - P[S] = 0$$

推論 4 提供我們為一個複雜的事件 A 計算機率的標準方法。此方法牽涉到把事件 A 分解成不相交事件 $A_1, A_2, \ldots, A_n$ 的聯集。A 的機率為 A_k 機率的和。

推論 4

假如 $A_1, A_2, \ldots, A_n$ 兩兩之間相互互斥，則

$$P\left[\bigcup_{k=1}^{n} A_k\right] = \sum_{k=1}^{n} P[A_k] \quad n \geq 2$$

證明：我們使用數學歸納法(mathematical induction)。公理 III 本身說明了當 $n=2$ 時為真。接下來我們需要證明：若當 n 時為真，則當 $n+1$ 時亦為真。有了這個，再配合當 $n=2$ 時為真的事實，就意味著對於 $n \geq 2$ 為真。

假設對於某 $n>2$ 為真；也就是說，

$$P\left[\bigcup_{k=1}^{n}A_k\right] = \sum_{k=1}^{n}P[A_k] \text{，} \tag{2.9}$$

考慮 $n+1$ 的情況

$$P\left[\bigcup_{k=1}^{n+1}A_k\right] = P\left[\left\{\bigcup_{k=1}^{n}A_k\right\}\bigcup A_{n+1}\right] = P\left[\bigcup_{k=1}^{n}A_k\right] + P[A_{n+1}] \text{，} \tag{2.10}$$

其中我們有套用公理 III 到第二個表示式，因為事件 A_1 到 A_n 的聯集和 A_{n+1} 相互互斥，理由如下：利用分配律可得

$$\left\{\bigcup_{k=1}^{n}A_k\right\}\bigcap A_{n+1} = \bigcup_{k=1}^{n}\left\{A_k\bigcap A_{n+1}\right\} = \bigcup_{k=1}^{n}\varnothing = \varnothing$$

把式(2.9)代入式(2.10)可給出 $n+1$ 的情況

$$P\left[\bigcup_{k=1}^{n+1}A_k\right] = \sum_{k=1}^{n+1}P[A_k]$$

若 2 個事件不一定是相互互斥，推論 5 為它們的聯集給出一個表示式。

推論 5

$$P[A\bigcup B] = P[A] + P[B] - P[A\bigcap B]$$

證明：首先，我們把 $A\bigcup B$，A，和 B 分解成不相交事件的聯集。從在圖 2.3 中的文氏圖，

$$P[A\bigcup B] = P\left[A\bigcap B^c\right] + P\left[B\bigcap A^c\right] + P\left[A\bigcap B\right]$$
$$P[A] = P\left[A\bigcap B^c\right] + P\left[A\bigcap B\right]$$
$$P[B] = P\left[B\bigcap A^c\right] + P\left[A\bigcap B\right]$$

把在下面的 2 個式子 $P\left[A\bigcap B^c\right]$ 和 $P\left[B\bigcap A^c\right]$ 代入到最上面那個式子，我們就可以獲得本推論。

檢視在圖 2.3 中的文氏圖，你將會看到 $P[A] + P[B]$ 重複計算集合 $A\bigcap B$ 的機率(質量)2 次。在推論 5 中的表示式做出適當的修正。

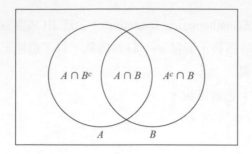

圖 2.3　把 $A \cup B$ 分解成 3 個不相交的集合

推論 5 可以很容意地被延伸至 3 個事件的情況，

$$P[A \cup B \cup C] = P[A] + P[B] + P[C] - P[A \cap B]$$
$$- P[A \cap C] - P[B \cap C] + P[A \cap B \cap C] \tag{2.11}$$

在一般 n 個事件的情況，我們在推論 6 中說明。

推論 6

$$P \left[\bigcup_{k=1}^{n} A_k \right] = \sum_{j=1}^{n} P[A_j] - \sum_{j<k} P[A_j \cap A_k] + \cdots + (-1)^{n+1} P[A_1 \cap \cdots \cap A_n]$$

證明 可使用數學歸納法(參見習題 2.26 和 2.27)。

因為機率是非負的，推論 5 意味著 2 個事件聯集的機率不會大於個別事件機率的和

$$P[A \cup B] \leq P[A] + P[B] \tag{2.12}$$

有一個事實為：一個集合的子集合必須要有較小的機率。以上的不等式為這個事實的一個特例。這個結果經常被使用來獲得機率的上限。在典型的情況中，我們感興趣的事件 A 其機率可能難以求出；所以我們找出一個事件 B，它的機率可以被求出，而且 A 是它的一個子集合。

推論 7

若 $A \subset B$，則 $P[A] \leq P[B]$。

證明：在圖 2.4 中，B 是 A 和 $A^c \cap B$ 的聯集，因此

$$P[B] = P[A] + P[A^c \cap B] \geq P[A]$$

因為 $P[A^c \cap B] \geq 0$。

　　以上所提的公理和推論提供了一組規則讓我們可用其它事件的機率來計算特定事件的機率。然而，我們仍然需要為事件的某個基本集合做一個**初始的機率指派(initial probability assignment)**，有了這些初始機率，所有其它的事件機率都可以被計算出來。這個問題我們在接下來的 2 個小節來處理。

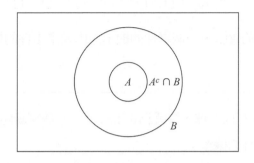

圖 2.4　若 $A{\subset}B$，則 $P[A]{\leq}P[B]$

2.2.1　離散的樣本空間

在這一節中，我們將證明：**對於一個具可數樣本空間的實驗，藉由給定其元素事件的機率，我們就可以指定其機率的規則**。首先，假設樣本空間是有限的，$S=\{a_1, a_2,..., a_n\}$，並令 $\mathcal{F}$ 是由 S 所有的子集合所構成的。所有不同的元素事件是相互互斥的，所以藉由推論 4，任何事件 $B=\{a_1', a_2',..., a_m'\}$ 的機率為

$$P[B] = P\Big[\{a_1', a_2',..., a_m'\}\Big] = P\{a_1'\} + P\{a_2'\} + \cdots + P\{a_m'\} \tag{2.13}$$

也就是說，一個事件的機率等於在事件中結果機率的和。因此我們可以說：對於一個具可數樣本空間的實驗，藉由給定其元素事件的機率，我們就可以指定其機率規則。

　　假如樣本空間有 n 個元素，$S=\{a_1,..., a_n\}$，有一個特別的機率指派方式就是處理**具相同可能性的結果(equally likely outcomes)**的情況。在此情況下，元素事件的機率為

$$P\Big[\{a_1\}\Big] = P\Big[\{a_2\}\Big] = \cdots = P\Big[\{a_n\}\Big] = \frac{1}{n} \tag{2.14}$$

對於任意一個事件，是由 k 個如此的結果所構成，如 $B=\{a_1',..., a_k'\}$，其機率為

$$P[B] = P\Big[\{a_1'\}\Big] + \cdots + P\Big[\{a_k'\}\Big] = \frac{k}{n} \tag{2.15}$$

因此，**若結果是具相同可能性的，則一個事件的機率等於在該事件中的結果數除以在樣本空間中的總結果數**。在 2.3 節中我們討論計數方法，對於具相同可能性結果的實驗，該方法在求事件機率上頗為有用。

　　考慮一個情況，其中樣本空間是可數但無限的，$S = \{a_1, a_2, ...\}$。令事件類別 $\mathcal{F}$ 為 S 所有的子集合所形成的集合。請注意 $\mathcal{F}$ 現在必須滿足式(2.8)，因為事件可以由集合的可數聯集所構成。公理 III'意味著一個事件，如 $D = \{b_1, b_2, b_3, ...\}$，的機率為

$$P[D] = P\left[\{b_1', b_2', b_3', ...\}\right] = P\left[\{b_1'\}\right] + P\left[\{b_2'\}\right] + P\left[\{b_3'\}\right] + ...$$

一個具可數無限樣本空間的實驗，一個事件的機率是由元素事件的機率來決定。

範例 2.9

一個甕中包含有 10 個完全相同的球，編號為0, 1,..., 9。一個實驗隨機從甕中選出一個球並記錄球的號碼。求出以下事件的機率：

　　　　$A = $「選出球的號碼為奇數」

　　　　$B = $「選出球的號碼為 3 的倍數」

　　　　$C = $「選出球的號碼為小於 5」

和 $A \cup B$，和 $A \cup B \cup C$。
　　樣本空間為 $S = \{0, 1, ..., 9\}$，所以對應到以上事件的結果集合為

$$A = \{1, 3, 5, 7, 9\}, \quad B = \{3, 6, 9\}, \quad 和 \quad C = \{0, 1, 2, 3, 4\}$$

假如我們假設結果具相同可能性，那麼

$$P[A] = P\left[\{1\}\right] + P\left[\{3\}\right] + P\left[\{5\}\right] + P\left[\{7\}\right] + P\left[\{9\}\right] = \frac{5}{10}$$

$$P[B] = P\left[\{3\}\right] + P\left[\{6\}\right] + P\left[\{9\}\right] = \frac{3}{10}$$

$$P[C] = P\left[\{0\}\right] + P\left[\{1\}\right] + P\left[\{2\}\right] + P\left[\{3\}\right] + P\left[\{4\}\right] = \frac{5}{10}$$

從推論 5，

$$P[A \cup B] = P[A] + P[B] - P[A \cap B] = \frac{5}{10} + \frac{3}{10} - \frac{2}{10} = \frac{6}{10}$$

其中我們有使用的事實為 $A \cap B = \{3, 9\}$，所以 $P[A \cap B] = 2/10$。從推論 6，

$$P[A \cup B \cup C] = P[A] + P[B] + P[C] - P[A \cap B] - P[A \cap C] - P[B \cap C] + P[A \cap B \cap C]$$

$$= \frac{5}{10} + \frac{3}{10} + \frac{5}{10} - \frac{2}{10} - \frac{2}{10} - \frac{1}{10} + \frac{1}{10} = \frac{9}{10}$$

你應該藉由列舉在事件中的結果來驗證 $P[A \cup B]$ 和 $P[A \cup B \cup C]$ 的答案。

　　對於相同的樣本空間和事件，只要改變其機率指派的方式，許多的機率模型可以被發展出來；在有限樣本空間的情況中，我們所需要做的事情就只有確定元素事件機率是 n 個非負的數，且全部的數加起來為 1。當然，在任何特別的狀況中，機率的指派應該儘可能的反應實驗的觀察。以下的範例說明了在有些情況中，可能有多於 1 個的「合理」機率指派方式，在其中我們需要有實驗的證據來判定那個才是適當的指派方式。

範例 2.10

假設一個硬幣被投擲 3 次。假如我們觀察正面和反面的出現順序，則有 8 種可能的結果 $S_3 = \{HHH, HHT, HTH, THH, TTH, THT, HTT, TTT\}$。若我們假設 S_3 的結果是等機率的，則每一種可能的元素事件的機率為 1/8。考慮在 3 次投擲中獲得 2 次正面的機率。藉由推論 3，這種機率指派方式意味著該機率為

$$P[\text{"3次投擲有2次正面"}] = P\big[\{HHT, HTH, THH\}\big]$$
$$= P\big[\{HHT\}\big] + P\big[\{HTH\}\big] + P\big[\{THH\}\big] = \frac{3}{8}$$

　　現在假設我們還是投擲一個硬幣 3 次，但是我們計數在 3 次投擲中獲得正面的次數而不是觀察正面和反面出現的順序。現在樣本空間為 $S_4 = \{0, 1, 2, 3\}$。若我們假設 S_4 的結果是等機率的，則每一種可能的元素事件的機率為 1/4。這一種機率指派方式預測在 3 次投擲中獲得 2 次正面的機率為

$$P[\text{"3次投擲有2次正面"}] = P\big[\{2\}\big] = \frac{1}{4}$$

　　第一種機率指派主張在 3 次投擲中獲得 2 次正面的機率為 3/8，而第二種機率指派預測在 3 次投擲中獲得 2 次正面的機率為 1/4。因此這 2 種指派方式彼此之間不一致。就理論的考量而言，這 2 種指派方式都是可接受的，就看我們要判定那一種指派較為適當。在本章稍後，我們將會看到只有第一種指派方式會吻合硬幣是公正的且投擲是「獨立的」的假設。在一個實際的硬幣投擲實驗中，第一種指派方式會正確的預測出所觀察到的相對次數。

　　最後，我們考慮一個具可數無限樣本空間的範例。

範例 2.11

一個公正的硬幣被重複地投擲直到第一個正面出現為止；本實驗的結果為直到第一個正面出現為止所需要投擲的次數。為這個實驗求出一個機率規則。

　　我們可以料想到直到第一個正面出現為止，所需要的投擲次數是一個任意的數，所以樣本空間為 $S = \{1, 2, 3, ...\}$。假設該實驗被重複執行 n 次。其中在第 j 次投擲產生第一個正面的

實驗的次數為 N_j。假如 n 非常的大，我們預期 N_1 會近似 $n/2$，因為硬幣是公正的。這意味著大約有 $n - N_1 \approx n/2$ 次實驗必須要做第二次投擲，再次地我們預期大約有一半，也就是 $n/4$ 次，將會產生正面，以此類推，如在圖 2.5 中所示。因此對於大 n，相對次數為

$$f_j \approx \frac{N_j}{n} = \left(\frac{1}{2}\right)^j \quad j = 1, \ 2,\ldots$$

我們因此可以說這個實驗的一個合理的機率規則為

$$P[\text{第 } j \text{ 次投擲產生第一個正面}] = \left(\frac{1}{2}\right)^j \quad j = 1, \ 2,\ldots \tag{2.16}$$

藉由使用 $\alpha = 1/2$ 的幾何級數的公式，我們可以驗證這些機率全部加起來為 1：

$$\sum_{j=1}^{\infty} \alpha^j = \left.\frac{\alpha}{1-\alpha}\right|_{\alpha=1/2} = 1$$

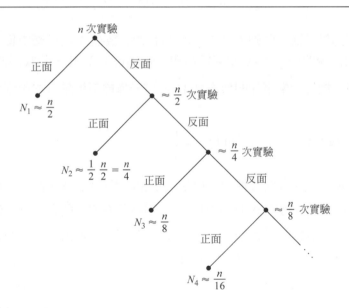

圖 2.5　在 n 次實驗中，大約有 $n/2$ 次正面出現在第一次投擲時，大約有 $n/4$ 次正面出現在第二次投擲時，以此類推

2.2.2　連續的樣本空間

在某些實驗中，可能的結果為一連續的數值，在這種情況中就會有連續的樣本空間，所以我們令樣本空間 S 為整個實數線 R(或是實數線的某區段)。我們可以考慮令事件類別是由 R 所有的子集合所構成的。但是事實發現這樣子的類別「太龐大」，不可能為 R 所有的子集合指派機率。幸運的是，我們只要為一個較小的類別中的事件指派機率即可，因為在實務上，

該較小類別已經包括了所有有用的事件。這個類別記為 $\mathcal{B}$，被稱為是 **Borel 場(Borel field)**，它包含實數線上所有的開區間和閉區間，以及所有可由可數的聯集，可數的交集，和補集所獲得的事件。[3] 公理 III′再次是計算事件機率的關鍵。令 A_1, A_2,... 為一相互互斥事件的數列，它們其中每一個都是由實數線區間所表示，那麼

$$P\left[\bigcup_{k=1}^{\infty}A_k\right]=\sum_{k=1}^{\infty}P\left[A_k\right]$$

其中每一個 $P\left[A_k\right]$ 都是由機率規則所指定。**就是因為這個理由，在具連續樣本空間的實驗中，機率規則指定一套規則來為實數線的區間指派數字。**

── 範例 2.12 ──

考慮隨機實驗「隨機在 0 和 1 之間挑出一個數 x」。這個實驗的樣本空間 S 為單位區間[0,1]，它是不可數的且無限的。若我們假設 S 所有的結果具相同的可能性，則我們會猜想結果在區間[0,1/2]中的機率會等於結果在區間[1/2,1]中的機率。我們也會猜想結果剛剛好等於 1/2 的機率為 0，因為我們有一個不可數且無限多個的結果具相同的可能性。

　　考慮以下的機率規則：「結果落在 S 的一個子區間中的機率等於該子區間的長度」，也就是說，

$$P\left[[a,\,b]\right]=(b-a)\qquad 0\le a\le b\le 1 \tag{2.17}$$

其中 $P\left[[a,\,b]\right]$ 代表對應到區間 $[a,\,b]$ 的事件機率。很清楚的，公理 I 被滿足，因為 $b\ge a\ge 0$。公理 II 也被滿足，因為 $a=0$ 和 b=1 時 $S=[a,\,b]$。

　　我們現在證明此一機率法規吻合先前我們對事件[0,1/2]，[1/2,1]和{1/2}的機率所做的猜測：

$$P\left[[0,\,0.5]\right]=0.5-0=.5$$
$$P\left[[0.5,\,1]\right]=1-0.5=.5$$

除此之外，若 x_0 是在 S 中任意一點，則 $P\left[[x_0,\,x_0]\right]=0$，因為個別的點其寬度為 0。

　　現在假設我們希望求出一個事件的機率，該事件為一些區間的聯集；舉例來說，「和單位區間中心點之間的距離最少有 0.3 的結果」，也就是說，$A=[0,\,0.2]\cup[0.8,\,1]$。因為這兩個區間不相交，由公理 III 我們有

$$P[A]=P\left[[0,\,0.2]\right]+P\left[[0.8,\,1]\right]=.4$$

---

[3]　2.9 節會更詳盡的討論 $\mathcal{B}$。

接下來的範例示範了一個初始的機率指派，它指定了**半無限區間(semi-infinite intervals)**的機率，也指定了所有事件的機率。

假設量測一個電腦記憶體晶片的生命期，我們發現「晶片的生命期超過 t 的比例是以一個參數 α 做指數型態的遞減」。求出一個適當的機率規則。

令這個實驗的樣本空間為 $S = (0, \infty)$。假如我們把題意解讀成「一個晶片其生命期超過 t 的機率是以一個參數 α 做指數型態的遞減」，則我們可以把以下的機率指派給形式為 (t, ∞) 的事件：

$$P\big[(t, \infty)\big] = e^{-\alpha t} \quad 對於 \quad t>0 \tag{2.18}$$

其中 $\alpha>0$。請注意對於 $t>0$，該指數是一個在 0 和 1 之間的數，所以公理 I 被滿足。公理 II 也被滿足，因為

$$P[S] = P\big[(0, \infty)\big] = 1$$

生命期在區間 $(r, s]$ 中的機率求法如下：請注意圖 2.6，$(r, s] \bigcup (s, \infty) = (r, \infty)$，所以由公理 III，

$$P[(r, \infty)] = P[(r, s]] + P[(s, \infty)]$$

整理以上的方程式，我們獲得

$$P[(r, s]] = P[(r, \infty)] - P[(s, \infty)] = e^{-\alpha r} - e^{-\alpha s}$$

我們因此可以獲得在 S 中任意區間的機率。

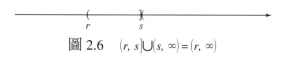

圖 2.6　$(r, s] \bigcup (s, \infty) = (r, \infty)$

在範例 2.12 和範例 2.13 中，結果恰為一個特定值的機率為 0。你可能會問：若一個結果(或事件)的機率為 0，不是意指它不會發生嗎？然後你可能會問：在一個樣本空間怎麼所有的結果其機率都是 0？藉由使用機率的相對次數解讀，我們可以解釋這個詭論。在無限多次的測試中，若一個事件只發生一次，該事件的相對次數將會是 0。因此，一個事件或結果其相對次數為 0 的事實並不意味著它不會發生，而是意味著它發生的非常不頻繁。在連續樣本空間的情況中，可能的結果的集合實在是太大了，所以某特定結果發生的很不頻繁，使得它的相對次數為 0。

我們用一個事件為平面中區域的範例來結束這一節。

範例 2.14

考慮實驗 E_{12}，隨機在 0 和 1 之間挑出 2 個數 x 和 y。樣本空間為在圖 2.7(a)中所示的單位正方形。若我們假設在單位正方形中所有的數對均具相同的可能性，則「數對落在單位正方形中任何區域 R 中的機率等於 R 的面積」這個機率指派規則滿合理的。求出以下事件的機率：$A=\{x>0.5\}$，$B=\{y>0.5\}$ 和 $C=\{x>y\}$。

圖 2.7(b)到 2.7(d)展示了對應到事件 A，B 和 C 的區域。很清楚的，每一個區域的面積都是 1/2。因此

$$P[A]=\frac{1}{2} \ , \quad P[B]=\frac{1}{2} \ , \quad P[C]=\frac{1}{2}$$

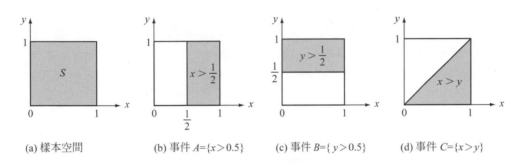

(a) 樣本空間　　　(b) 事件 $A=\{x>0.5\}$　　(c) 事件 $B=\{y>0.5\}$　　(d) 事件 $C=\{x>y\}$

圖 2.7　一個二維樣本空間和 3 個事件

我們重述如何從一個問題陳述進行到它的機率模型。問題陳述隱含式地或是明白地定義了一個隨機實驗，它指出一個實驗程序和一組量測和觀察。這些量測和觀察決定了所有可能結果的集合，因此決定了樣本空間 S。

接下來，我們必須決定一個初始的機率指派來指出特定事件的機率。這個機率指派必須滿足機率公理。假如 S 是離散的，則我們只要指定元素事件的機率即足夠。假如 S 是連續的，則我們只要指定實數線區間的機率或區域平面的機率即足夠。其它事件的機率則可以從初始的機率指派以及機率公理和它們的推論來決定。有可能存在有許多種機率指派的方式，所以機率指派的選擇必須反應實驗的觀察和(或)先前的經驗。

*2.3　使用計數方法來計算機率 [4]

在許多具有限樣本空間的實驗中，結果可以被假設成為是等機率的。一個事件的機率則等於在該事件中的結果數除以在樣本空間中的總結果數(式(2.15))。機率的計算因此簡化成計數在事件中的結果數目。在這一節中，我們發展一些有用的計數(組合(combinatorial))公式。

---

[4]　這一節和所有有打星號的節次都可以被跳過，不會損及教材的連貫性。

　　假設一份選擇測驗有 k 個問題。對於問題 i，學生必須從 n_i 個可能的答案中選擇其中的一個。回答完整份測驗的方式總數為多少？回答問題 i 可以被視為是為一個 k 元素組合指定第 i 個元件，所以上述的問題等效為：假如 x_i 是從一個具 n_i 個不同元素的集合中所挑出的元素，會有多少個不同的有序 k 元素組合 $(x_1,..., x_k)$？

　　考慮 $k = 2$ 的情況。假如我們排出 x_1 和 x_2 所有可能的選擇，分別沿著一個表的兩邊，如圖 2.8 所示，我們可以看到有 $n_1 n_2$ 種不同的有序配對。對於 3 元素組合，我們可以沿著一個表的垂直邊排出 $n_1 n_2$ 種可能的有序配對 (x_1, x_2)，再沿著一個表的水平邊排出 x_3 的 n_3 種選擇。很清楚的，所有可能的有序 3 元素組合總數為 $n_1 n_2 n_3$。

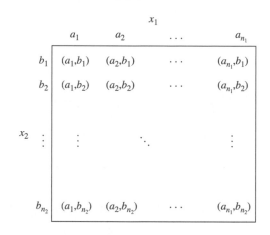

圖 2.8　假如 x_1 有 n_1 種不同的選擇，x_2 有 n_2 種不同的選擇，則總共有 $n_1 n_2$ 種不同的有序配對 (x_1, x_2)

　　一般而言，若 x_i 是從一個具 n_i 個不同元素的集合中所挑出的元素，則不同的有序 k 元素組合 $(x_1,..., x_k)$ 的總數為

$$\text{不同的有序 } k \text{ 元素組合的總數 } = n_1 n_2 .. n_k \tag{2.19}$$

　　許多的計數問題可以被視為是取樣問題，其中我們從「甕」中選出「球」，或從「母體」中選出「物件」。我們將會使用式(2.19)來為各式各樣不同型態的取樣發展出組合的公式。

2.3.1　具補充和順序的取樣

一個集合 A 有 n 個不同的物件，假設我們以具補充(with replacement)的方式從 A 中選擇出 k 個物件，也就是說，在選擇出一個物件並在一個有序排列中記錄下該物件之後，該物件會被放回到集合 A 中，接下來再做下一個選擇。我們將會稱集合 A 為「母體(population)」。本實驗產生一個有序的 k 元素組合

$$(x_1,..., x_k)$$

其中 $x_i \in A$ ，$i = 1, ..., k$ 。把 $n_1 = n_2 = \cdots = n_k = n$ 代入式(2.19)中可得

不同的有序 k 元素組合的總數 $= n^k$ (2.20)

範例 2.15

一個甕包含有 5 個球，編號 1 到 5。假設我們以具補充的方式從甕中選擇 2 個球。有多少種不同的有序配對？2 個球有相同號碼的機率爲何？

式(2.20)指出了有序配對的總數爲 $5^2 = 25$ 。表 2.1 展示了 25 種可能的配對。25 種結果中有 5 種結果 2 個球有相同號碼；假如我們假設所有的有序配對具等機率，那麼 2 個球有相同號碼的機率爲 $5/25 = 0.2$ 。

表 2.1　一個甕裝有 5 個球，編號 1 到 5。從甕中以各種不同的型態取出 2 個球，所產生出可能的結果

(a) 具補充取樣的有序配對。

(1, 1)	(1, 2)	(1, 3)	(1, 4)	(1, 5)
(2, 1)	(2, 2)	(2, 3)	(2, 4)	(2, 5)
(3, 1)	(3, 2)	(3, 3)	(3, 4)	(3, 5)
(4, 1)	(4, 2)	(4, 3)	(4, 4)	(4, 5)
(5, 1)	(5, 2)	(5, 3)	(5, 4)	(5, 5)

(b) 無補充取樣的有序配對。

	(1, 2)	(1, 3)	(1, 4)	(1, 5)
(2, 1)		(2, 3)	(2, 4)	(2, 5)
(3, 1)	(3, 2)		(3, 4)	(3, 5)
(4, 1)	(4, 2)	(4, 3)		(4, 5)
(5, 1)	(5, 2)	(5, 3)	(5, 4)	

(c) 無補充取樣的無序配對。

	(1, 2)	(1, 3)	(1, 4)	(1, 5)
		(2, 3)	(2, 4)	(2, 5)
			(3, 4)	(3, 5)
				(4, 5)

2.3.2　無補充但具順序的取樣

假設我們從一個有 n 個不同物件的母體以無補充(without replacement)的方式連續的選擇出 k 個物件。很清楚的，$k \le n$ 。在第一次選擇中可能的結果數是 $n_1 = n$ ；在第二次選擇中可能的結果數是 $n_2 = n - 1$ ，即所有的 n 個物件減去在第一次選擇中已選走的那個物件；以此類推，一直到最後一次選擇 $n_k = n - (k - 1)$ 。代入到(2.19)中，我們有

不同的有序 k 元素組合的總數 $= n(n-1)...(n-k+1)$ (2.21)

範例 2.16

一個甕裝有 5 個球，編號 1 到 5。假設我們以無補充的方式連續選出 2 個球。有多少種不同的有序配對？第一個球的號碼比第二個球的號碼大的機率為何？

式(2.21)指出了不同的有序配對的總數為 5(4)=20。這 20 種可能的有序配對如在表 2.1(b) 中所示。在表 2.1(b)中有 10 組第一個球的號碼比第二個球的號碼大；因此這個事件的機率為 10/20 = 1/2。

範例 2.17

一個甕裝有 5 個球，編號 1 到 5。假設我們以具補充的方式抽出 3 個球。3 個球有不同號碼的機率為何？

從式(2.20)可知有 $5^3 = 125$ 種可能的結果，我們假設它們具等機率。3 個球有不同號碼的總數可以由式(2.21)給定：5(4)(3) = 60。因此，3 個球有不同號碼的機率 60/125 = 0.48。

2.3.3 n 個不同物件的排列

考慮無補充取樣，$k = n$。這個實驗簡單地從一個裝有 n 個不同物件的甕中一直取出物件，直到甕空了為止。因此，n 個不同物件的可能順序(安排，排列)的總數等於無補充取樣的有序 n 元素組合的總數，$k = n$。從式(2.21)，我們有

$$n \text{ 個物件的排列總數} = n(n-1)\ldots(2)(1) \triangleq n! \tag{2.22}$$

我們稱 $n!$ 為 n 階乘(n factorial)。

我們將會發現 $n!$ 出現在許多的組合公式中。對於大 n，**Stirling 公式(Stirling's formula)** 非常的有用：

$$n! \sim \sqrt{2\pi}\, n^{n+1/2} e^{-n} \tag{2.23}$$

其中 $\sim$ 這個符號指出當 $n \to \infty$ 時，兩邊的比值會傾向於 1 [Feller，p.52]。

範例 2.18

求出 3 個不同的物件 {1, 2, 3} 的排列數。由式(2.22)，$3! = 3(2)(1) = 6$。這 6 個排列為

     123   312   231   132   213   321

範例 2.19

假設 12 個球被隨機放在 12 個格子中，其中格子可以放的球數不限。每個格子都有球的機率為何？

　　把一個球放在一個格子中可以視為是在 1 到 12 之間選擇一個格子號碼。式(2.20)告訴我們把 12 個球放在 12 個格子中一共有12^{12}種可能的放置方式。為了讓所有的格子都有球，第一個球從 12 個格子中任意選擇一個，第二個球從剩下的 11 個格子中任意選擇一個，以此類推。因此，所有的格子都有球的放置方式有 12!種。假如我們假設所有的12^{12}種可能的放置方式為等機率的，我們發現每個格子都有球的機率為

$$\frac{12!}{12^{12}} = \left(\frac{12}{12}\right)\left(\frac{11}{12}\right)\dots\left(\frac{1}{12}\right) = 5.37\left(10^{-5}\right)$$

　　這個答案滿另人驚訝的，假如我們把這個問題再次地詮釋如下。假設一年中有 12 架飛機會隨機地發生意外事故，每一個月恰好有一個意外事故發生的機率為何？以上的結果顯示了這個機率非常的小。因此，若一個模型假設事故隨機發生在時間中，並不預測它們的發生有均勻分佈在時間中的傾向[Feller，p.32]。

2.3.4　無補充且無順序的取樣

假設我們從一個有 n 個不同物件的集合中挑出 k 個物件，不做補充而且我們也不關心它們出現的順序。(你可以想像是把每一個選擇的物件放到一個罐子中，當 k 個選擇完成時，我們無法知道罐子中選擇的順序為何。)我們稱此一 k 個選擇物件的子集合為一個「大小為 k 的組合」。

　　從式(2.22)可知，在罐子中的 k 個物件有 $k!$個可能的選擇順序。因此，假如C_k^n代表從一個大小為 n 的集合取出大小為 k 的組合數，則$C_k^n k!$必須為 k 個物件不同的有序樣本數，它必須等於式(2.21)。因此

$$C_k^n k! = n(n-1)\dots(n-k+1) \tag{2.24}$$

所以，**從一個大小為 n 的集合取出大小為 k 的組合數，$k \le n$，為**

$$C_k^n = \frac{n(n-1)\dots(n-k+1)}{k!} = \frac{n!}{k!\,(n-k)!} \overset{\Delta}{=} \binom{n}{k} \tag{2.25}$$

符號 $\binom{n}{k}$ 被稱為是一個**二項係數(binomial coefficient)**，讀成「n 選擇 k」。

　　請注意從一個大小為 n 的集合取出大小為 k 的組合等同於取出剩下 n-k 個物件的組合。因此我們有(也請參見習題 2.60)：

$$\binom{n}{k} = \binom{n}{n-k}$$

範例 2.20

求出從 $A = \{1, 2, 3, 4, 5\}$ 中取出 2 個物件的方式數，不管出現順序。

式(2.25)給出

$$\binom{5}{2} = \frac{5!}{2! \ 3!} = 10$$

表 2.1(c)展示出 10 種組合配對。

範例 2.21

求出 k 個白球和 $n\text{-}k$ 個黑球的不同的排列數。

這個問題等效於以下的取樣問題：把 n 張令牌分別編上 1 號到 n 號，放到一個甕中，其中每一張令牌代表在球排放中的一個位置；挑出 k 張令牌的一組合，把 k 個白球放在對應的位置上。每一個大小為 k 的組合會導致出一種不同的 k 個白球和 $n\text{-}k$ 個黑球的安置(排列)。因此，k 個白球和 $n\text{-}k$ 個黑球的不同的排列數為 C_k^n。

看一個特定的範例，令 $n=4$ 和 $k=2$。從一個大小為 4 的集合取出大小為 2 的組合數為

$$\binom{4}{2} = \frac{4!}{2! \ 2!} = \frac{4(3)}{2(1)} = 6$$

以 2 白(用 0 表示)和 2 黑(用 1 表示)所形成的 6 種不同的排列為

| 1100 | 0110 | 0011 | 1001 | 1010 | 0101 |

範例 2.22   品質控制

一批 50 項其中包含 10 個瑕疵品。假設 10 項被隨機選擇並作測試。剛好有 5 項目是瑕疵品的機率為何？

從一批 50 項中隨機選擇出 10 項的方式數就是從一個大小為 50 的集合取出大小為 10 的組合數：

$$\binom{50}{10} = \frac{50!}{10! \ 40!}$$

從一批 50 項中選擇 5 個瑕疵品和 5 個非瑕疵品的方式數為乘積 $N_1 N_2$，其中 N_1 就是從一個大小為 10 的瑕疵品集合中取出 5 個瑕疵品的組合數，N_2 就是從一個大小為 40 的非瑕疵品集合中取出 5 個非瑕疵品的組合數。因此，剛好有 5 項目是瑕疵品的機率為

$$\frac{\binom{10}{5}\binom{40}{5}}{\binom{50}{10}} = \frac{10!\ 40!\ 10!\ 40!}{5!\ 5!\ 35!\ 5!\ 50!} = .016$$

範例 2.21 說明了無補充之無順序的取樣等同於把具 n 個不同物件的集合分割成 2 個集合：B，包含從甕中挑出的 k 項；和 B^c，包含剩下的 $n-k$ 項。假設我們把具 n 個不同物件的集合分割成 $\mathcal{J}$ 個子集合 $B_1, B_2, ..., B_{\mathcal{J}}$，其中 $B_{\mathcal{J}}$ 含有 $k_{\mathcal{J}}$ 個元素且 $k_1 + k_2 + \cdots + k_{\mathcal{J}} = n$。

在習題 2.61 中，我們會證明不同的分割數為

$$\frac{n!}{k_1!\ k_2! .. k_{\mathcal{J}}!} \tag{2.26}$$

式(2.26)被稱為是**多項係數(multinomial coefficient)**。二項係數是多項係數在 $\mathcal{J} = 2$ 的情況。

範例 2.23

一個 6 面骰子被投擲 12 次並做紀錄。每一面恰好出現 2 次的數列有幾種(數列中的每一個數字為{1, 2, 3, 4, 5, 6})？這種數列出現的機率為何？

每一面恰好出現 2 次的不同數列數等同於把集合{1, 2,..., 12} 分割成 6 個大小為 2 的子集合的分割方式數，即

$$\frac{12!}{2!\ 2!\ 2!\ 2!\ 2!\ 2!} = \frac{12!}{2^6} = 7,484,400$$

從式(2.20)，一個 6 面骰子被投擲 12 次有 6^{12} 個可能的結果。若我們假設它們有相同的機率，則每一面恰好出現 2 次的機率為

$$\frac{12!/2^6}{6^{12}} = \frac{7,484,400}{2,176,782,336} \approx 3.4\left(10^{-3}\right)$$

2.3.5　具補充但無順序的取樣

假設我們從一個有 n 個不同物件的集合中挑出 k 個物件，挑出後回補，但是我們不關心它們出現的順序。這個實驗可以想像如下：假設某一表格有 n 個欄位，每個欄位對應到一個不同的

物件。現在我們填此一表格。每次一個物件被選出，一個「x」被放置在對應的欄位內。舉例來說，假如我們從 4 個不同的物件中挑出 5 個物件，某一填完表格可能看起來如下：

物件 1　　　　　物件 2　　　　　物件 3　　　　　物件 4
xx　　　/　　　　　　/　　x　　　　/　　xx

其中斜線符號(/)被使用來分開在不同欄位中的內容。請注意以上這個形式也可以由以下數列來表示

xx//x/xx

其中 $n-1$ 個斜線符號/指出在欄位之間的線，若在連續的斜線符號/之間沒有任何東西，表示對應的物件沒有被選到。5 個 x 和 3 個斜線符號/的每一種不同的放置代表一種不同的取樣結果。假如我們把 x 看成是「白球」和把斜線符號/看成是「黑球」，那麼這個問題會是有如在範例 2.21 中的問題，不同的放置數為 $\binom{8}{3}$。

在一般的情況中，這個表格將會有 k 個 x 和 $n-1$ 個斜線符號/。因此，**從一個有 n 個不同物件的集合中挑出 k 個物件，挑出後回補且不管出現順序**，不同的挑法總數為

$$\binom{n-1+k}{k}=\binom{n-1+k}{n-1}$$

2.4　條件機率

我們常常希望判定 2 個事件，A 和 B，之間是否相互有關係，判定的準則為已知道其中一個，譬如 B，的發生，是否會改變另外一個，A，其發生的概似(likelihood)。這個需要我們求出**條件機率(conditional probability)**，$P[A|B]$，即在給定事件 B 已經發生的情況下，事件 A 的機率。條件機率的定義為

$$P[A|B] = \frac{P[A \cap B]}{P[B]} \qquad P[B] > 0 \tag{2.27}$$

知道事件 B 已經發生意味著該實驗的結果現在是在集合 B 中。在計算 $P[A|B]$ 時，我們因此可以把該實驗視為現在有一個精簡的樣本空間 B，如在圖 2.9 所示。事件 A 發生在精簡後的樣本空間中若且唯若結果 ζ 是在 $A \cap B$ 中。若 B 已知發生，式(2.27)簡單地重新正規化事件發生的機率。假如我們令 $A = B$，式(2.27)給出 $P[B|B] = 1$，正如預期的答案。我們很容易證明對於固定的 B，$P[A|B]$ 滿足機率公理。(參見習題 2.74。)

假如我們用相對次數來解讀此機率，則 $P[A|B]$ 應該是在 B 已經發生的那些實驗中 $A \cap B$ 事件的相對次數。假設實驗被執行 n 次，假設事件 B 發生了 n_B 次，事件 $A \cap B$ 發生了 $n_{A \cap B}$ 次。我們感興趣的相對次數為

$$\frac{n_{A\cap B}}{n_B} = \frac{n_{A\cap B}/n}{n_B/n} \rightarrow \frac{P[A\cap B]}{P[B]}$$

其中我們隱含地假設 $P[B] > 0$。這個結果吻合式(2.27)。

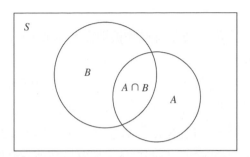

圖 2.9　若 B 已知已經發生，則 A 可發生唯若 $A\cap B$ 發生

範例 2.24

一個甕裡面有 2 個黑色球，編號 1 和 2，和 2 個白色球，編號 3 和 4。從甕中選擇一個球，紀錄球的號碼和顏色，所以樣本空間為 $\{(1, b), (2, b), (3, w), (4, w)\}$。假設這 4 個結果具相同的可能性，求出 $P[A|B]$ 和 $P[A|C]$，其中 A，B，和 C 為以下的事件：

$$A = \{(1, b), (2, b)\}，「選出黑球」$$
$$B = \{(2, b), (4, w)\}，「選出偶數號碼的球」$$
$$C = \{(3, w), (4, w)\}，「球的號碼大於 2」$$

因為 $P[A\cap B] = P\big[(2, b)\big]$ 和 $P[A\cap C] = P[\varnothing] = 0$，式(2.24)給出

$$P[A|B] = \frac{P[A\cap B]}{P[B]} = \frac{.25}{.5} = .5 = P[A]$$

$$P[A|C] = \frac{P[A\cap C]}{P[C]} = \frac{0}{.5} = 0 \neq P[A]$$

在第一個情況中，知道 B 已發生不會改變 A 的機率。在第二種情況中，知道 C 已發生意味著 A 不會發生。

假如我們把 $P[A|B]$ 的定義左右兩邊都乘以 $P[B]$，我們可得

$$P[A\cap B] = P[A|B]P[B] \tag{2.28a}$$

類似地，我們也有

$$P[A\cap B] = P[B|A]P[A] \tag{2.28b}$$

　　在接下來的範例中，我們示範這個式子在循序實驗中求機率很有用。這個範例也介紹了**樹狀圖(tree diagram)**的概念，該概念是計算機率的利器。

一甕包含 2 個黑色球和 3 個白色球。2 個球被隨機地從甕中選出，不做補充且紀錄顏色的數列。求出 2 個球都是黑色球的機率。

　　這個實驗是由 2 個循序子實驗所構成的。我們可以想像我們實驗的運作方式如在圖 2.10 中的樹狀圖所示，從樹的最高節點到樹的其中一個最低節點：假如第一次抽取的球是個黑球，我們到達節點 1；然後接下來的子實驗是從一個包含 1 個黑色球和 3 個白色球的甕中選擇一個球。在另一方面，假如第一次抽取的球是個白球，那麼我們到達節點 2，然後接下來的子實驗是從一個包含 2 個黑色球和 2 個白色球的甕中選擇一個球。因此，在第一次抽取之後，假如我們知道到達那一個節點，則我們可以陳述在接下來子實驗中結果的機率。

　　令 B_1 和 B_2 分別為第一次抽取是個黑球的事件和第二次抽取是個黑球的事件。從式 (2.28b)，我們有

$$P[B_1 \cap B_2] = P[B_2 | B_1] P[B_1]$$

用在圖 2.10 中的樹狀圖，$P[B_1]$ 是到達節點 1 的機率而 $P[B_2 | B_1]$ 是從節點 1 到達底部最左節點的機率。現在 $P[B_1] = 2/5$，因為第一次抽取是從一個包含 2 個黑色球和 3 個白色球的甕中選擇一個球；$P[B_2 | B_1] = 1/4$ 是因為：給定 B_1 已發生，第二次抽取是從一個包含 1 個黑色球和 3 個白色球的甕中選擇一個球。因此

$$P[B_1 \cap B_2] = \frac{1}{4} \ \frac{2}{5} = \frac{1}{10}$$

一般而言，任何顏色數列其機率的獲得，可先在圖 2.10 的樹狀圖中決定一條路徑，把在路徑中對應到節點轉移的機率相乘即可得。

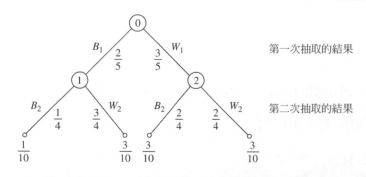

圖 2.10　從一個甕無補充的取出 2 個球的實驗，從頂部節點到一個底部節點的路徑
對應到之可能的結果。一個路徑的機率為節點轉移機率的乘積

範例 2.26　**二元通訊系統**

許多的通訊系統模型可以用以下的方式模擬。第一，使用者輸入一個 0 或一個 1 到系統中，一個對應的信號被傳送出。第二，接收端基礎於它所接收到的信號，判定輸入到系統的是什麼。假設使用者送出 0 的機率為 $1-p$，送出 1 的機率為 p，和假設接收端誤判的機率為 ε。對於 $i=0$，1，令 A_i 為事件「輸入為 i」，和令 B_i 為事件「接收端判定為 i」。求出機率 $P\left[A_i\bigcap B_j\right]$，$i=0$，1 和 $j=0$，1。

這個實驗樹狀圖顯示在圖 2.11 中。我們可以容易地獲得想要的機率

$$P\left[A_0\bigcap B_0\right]=(1-p)(1-\varepsilon)$$
$$P\left[A_0\bigcap B_1\right]=(1-p)\varepsilon$$
$$P\left[A_1\bigcap B_0\right]=p\,\varepsilon$$
$$P\left[A_1\bigcap B_1\right]=p(1-\varepsilon)$$

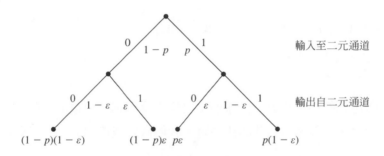

圖 2.11　在一個二元的通訊系統中，輸入-輸出配對的機率

令 B_1, B_2,..., B_n 為相互互斥的事件，它們的聯集等於樣本空間 S，如圖 2.12 所示。我們稱這些集合為 S 的一個**分割(partition)**。任何事件 A 可以表示成相互互斥事件的聯集，用以下的方式：

$$A=A\bigcap S=A\bigcap\left(B_1\bigcup B_2\bigcup\cdots\bigcup B_n\right)=\left(A\bigcap B_1\right)\bigcup\left(A\bigcap B_2\right)\bigcup\cdots\bigcup\left(A\bigcap B_n\right)$$

(參見圖 2.12。)藉由推論 4，A 的機率為

$$P[A]=P\left[A\bigcap B_1\right]+P\left[A\bigcap B_2\right]+\cdots+P\left[A\bigcap B_n\right]$$

把右手邊的每一個項都套用式(2.28a)，我們獲得**全機率定理(theorem on total probability)**：

$$P[A]=P[A|B_1]P[B_1]+P[A|B_2]P[B_2]+\cdots+P[A|B_n]P[B_n] \tag{2.29}$$

當實驗可以被視為是由 2 個循序子實驗所構成時，如在圖 2.10 的樹狀圖所示，這個結果特別的有用。

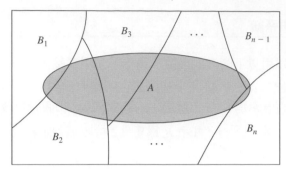

圖 2.12 把 S 分割成 n 個不相交的集合

範例 2.27

在範例 2.25 的實驗中,求出事件 W_2,即第二個球是白球,的機率。

事件 $B_1 = \{(b, b), (b, w)\}$ 和 $W_1 = \{(w, b), (w, w)\}$ 形成樣本空間的一個分割,所以套用式(2.29) 我們有

$$P[W_2] = P[W_2 \mid B_1]P[B_1] + P[W_2 \mid W_1]P[W_1]$$
$$= \frac{3}{4}\frac{2}{5} + \frac{1}{2}\frac{3}{5} = \frac{3}{5}$$

請注意在本例中所得到的機率和第一個球抽出白球的機率相同,這滿有趣的。這個結果很合理,因為當我們計算第二個球是白球的機率時,我們假設我們對於第一個球抽出的結果毫無所悉。

範例 2.28

一個製造過程會產生「好的」記憶體晶片和「劣的」記憶體晶片。好晶片的生命期正如在範例 2.13 中所介紹的指數規則,具失效率 α。劣晶片的生命期也遵循指數規則,但是失效率為 1000α。假設好晶片的比例為 $1-p$,而劣晶片的比例為 p。隨機選擇一個晶片,求出在 t 秒後仍然正常運作的機率。

令 C 為事件「在 t 秒後晶片仍然正常運作」,令 G 為事件「晶片是好的」,和令 B 為事件「晶片是劣的」。藉由全機率定理,我們有

$$P[C] = P[C|G]P[G] + P[C|B]P[B] = P[C|G](1-p) + P[C|B]p$$
$$= (1-p)e^{-\alpha t} + pe^{-1000\alpha t}$$

其中我們有使用的事實為 $P[C|G] = e^{-\alpha t}$ 和 $P[C|B] = e^{-1000\alpha t}$。

2.4.1　貝氏定理(Bayes' Rule)

令 $B_1, B_2, \ldots, B_n$ 爲樣本空間 S 的一個分割。假設事件 A 發生；事件 B_j 的機率爲何？藉由條件機率的定義，我們有

$$P\left[B_j \mid A\right] = \frac{P\left[A \cap B_j\right]}{P[A]} = \frac{P\left[A \mid B_j\right] P\left[B_j\right]}{\displaystyle\sum_{k=1}^{n} P\left[A \mid B_k\right] P\left[B_k\right]} \quad, \tag{2.30}$$

其中我們使用全機率定理來替換 $P[A]$。式(2.30)被稱爲是**貝氏定理(Bayes' rule)**。

　　貝氏定理經常應用在以下的狀況中。我們有某個隨機實驗，在其中我們感興趣的事件形成一個分割。這些事件的「一個事前(priori)機率」，$P\left[B_j\right]$，爲在實驗被執行之前事件的機率。現在假設實驗被執行，而我們被告知事件 A 發生；「一個後驗(posteriori)機率」爲在給定這個額外資訊的情況下，在分割中事件的機率，即 $P\left[B_j \mid A\right]$。以下的 2 個範例示範了這個情況。

範例 2.29　二元通訊系統

考慮範例 2.26 的二元通訊系統，在給定接收端的輸出爲 1 的情況下，求出那一個輸入比較有可能。假設一個事前機率爲：輸入是 0 或 1 的可能性相同。

　　令 A_k 是輸入爲 k 的事件，$k = 0, 1$，那麼 A_0 和 A_1 爲輸入－輸出配對樣本空間的一個分割。令 B_1 爲事件「接收端輸出是一個 1」。B_1 的機率爲

$$P[B_1] = P[B_1 \mid A_0] P[A_0] + P[B_1 \mid A_1] P[A_1] = \varepsilon\left(\frac{1}{2}\right) + (1-\varepsilon)\left(\frac{1}{2}\right) = \frac{1}{2}$$

套用貝氏定理，我們獲得後驗機率爲

$$P[A_0 \mid B_1] = \frac{P[B_1 \mid A_0] P[A_0]}{P[B_1]} = \frac{\varepsilon/2}{1/2} = \varepsilon$$

$$P[A_1 \mid B_1] = \frac{P[B_1 \mid A_1] P[A_1]}{P[B_1]} = \frac{(1-\varepsilon)/2}{1/2} = (1-\varepsilon)$$

因此，若 ε 小於 1/2，則當接收端的輸出是一個 1 被觀察到時，輸入 1 比輸入 0 具更高的可能性。

範例 2.30　品質控制

考慮在範例 2.28 所討論的記憶體晶片。憶及有一個比例 p 的晶片是劣的，劣的晶片其失效的速度比起好的晶片要快速許多。假設爲了「淘汰」劣的晶片，每一個晶片在出廠前都被測試 t

秒。失效晶片被丟棄而剩下的晶片被送至客戶手上。求出 t 的值使得送至客戶手上的晶片有 99% 是好晶片。

令 C 為事件「在 t 秒後晶片仍然正常運作」，令 G 為事件「晶片是好的」，和令 B 為事件「晶片是劣的」。這個問題要求我們求出 t 的值使得

$$P[G|C] = .99$$

我們可套用貝氏定理來求出 $P[G|C]$：

$$P[G|C] = \frac{P[C|G]P[G]}{P[C|G]P[G] + P[C|B]P[B]} = \frac{(1-p)e^{-\alpha t}}{(1-p)e^{-\alpha t} + pe^{-\alpha 1000t}} = \frac{1}{1 + \dfrac{pe^{-\alpha 1000t}}{(1-p)e^{-\alpha t}}}$$

$$= .99$$

以上的方程式可以用來解出 t：

$$t = \frac{1}{999\alpha} \ln\left(\frac{99p}{1-p}\right)$$

舉例來說，假如 $1/\alpha = 20,000$ 小時和 $p = .10$，那麼 $t = 48$ 小時。

2.5　事件的獨立

假如知道一個事件 B 的發生不會改變某個其它事件 A 的機率，則很自然的我們會宣稱事件 A 獨立於事件 B。用機率來說，這個狀況發生在當

$$P[A] = P[A|B] = \frac{P[A \cap B]}{P[B]}$$

以上的方程式有個問題為當 $P[B] = 0$ 時右手邊沒有被定義。

我們將會定義 2 個事件 A 和 B 為**獨立的(independent)**假如

$$P[A \cap B] = P[A]P[B] \tag{2.31}$$

式(2.31)的成立意味著以下兩式皆成立

$$P[A|B] = P[A] \tag{2.32a}$$

和

$$P[B|A] = P[B] \tag{2.32b}$$

也請注意當 $P[B]\neq 0$ 時，式(2.32a)可以推出式(2.31)；而當 $P[A]\neq 0$ 時，式(2.32b) 可以推出式 (2.31)。

範例 2.31

一個甕裡面有 2 個黑色球，編號 1 和 2，和 2 個白色球，編號 3 和 4。從甕中選擇一個球，紀錄球的號碼和顏色。令 A，B，和 C 為以下的事件：

$$A = \{(1, b), (2, b)\}，「選出黑球」$$
$$B = \{(2, b), (4, w)\}，「選出偶數號碼的球」$$
$$C = \{(3, w), (4, w)\}，「球的號碼大於 2」$$

事件 A 和 B 獨立嗎？事件 A 和 C 獨立嗎？

　　首先，考慮事件 A 和 B。式(2.31)所需要的機率為

$$P[A] = P[B] = \frac{1}{2}$$

和

$$P[A\cap B] = P\big[\{(2, b)\}\big] = \frac{1}{4}$$

因此

$$P[A\cap B] = \frac{1}{4} = P[A]P[B]$$

所以事件 A 和 B 為獨立的。式(2.32b)可以使我們在獨立的意義上有更多的感覺：

$$P[A\,|\,B] = \frac{P[A\cap B]}{P[B]} = \frac{P\big[\{(2, b)\}\big]}{P\big[\{(2, b), (4, w)\}\big]} = \frac{1/4}{1/2} = \frac{1}{2}$$

$$P[A] = \frac{P[A]}{P[S]} = \frac{P\big[\{(1, b), (2, b)\}\big]}{P\big[\{(1, b), (2, b), (3, w), (4, w)\}\big]} = \frac{1/2}{1}$$

這 2 個式子意味著 $P[A] = P[A\,|\,B]$，因為 A 發生在 S 中結果的比例值等於 A 發生在 B 中結果的比例值。因此，知道 B 的發生不會改變 A 發生的機率。

　　事件 A 和 C 不是獨立的，因為 $P[A\cap C] = P[\varnothing] = 0$ 所以

$$P[A\,|\,C] = 0 \neq P[A] = 0.5$$

事實上，A 和 C 是相互互斥的，因為 $A\cap C = \varnothing$，所以 C 的發生意味著 A 一定不會發生。

一般而言，若 2 個事件有非零機率且相互互斥，則它們不會獨立。若假設它們是獨立的且相互互斥； 則

$$0 = P[A \cap B] = P[A]P[B]$$

這意味著最少必有一個事件其機率為 0。

範例 2.32

隨機在 0 和 1 之間挑出 2 個數 x 和 y。令事件 A，B，和 C 被定義如下：

$$A = \{x > 0.5\}, \quad B = \{y > 0.5\}, \quad \text{和} \ C = \{x > y\}$$

事件 A 和 B 獨立嗎？事件 A 和 C 獨立嗎？

圖 2.13 展示了以上的事件在單位正方形中所對應到的區域。使用式(2.32a)，我們有

$$P[A \mid B] = \frac{P[A \cap B]}{P[B]} = \frac{1/4}{1/2} = \frac{1}{2} = P[A]$$

所以事件 A 和 B 為獨立的。再次地，我們有：A 發生在 S 中結果的「比例值」等於 A 發生在 B 中結果的「比例值」。

使用式(2.32b)，我們有

$$P[A \mid C] = \frac{P[A \cap C]}{P[C]} = \frac{3/8}{1/2} = \frac{3}{4} \neq \frac{1}{2} = P[A]$$

所以事件 A 和 C 不是獨立的。事實上，從圖 2.13(b)中我們可以看到 x 大於 y 的已知會增加 x 大於 0.5 的機率。

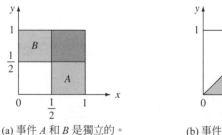

(a) 事件 A 和 B 是獨立的。　　(b) 事件 A 和 C 不是獨立的。

圖 2.13　獨立事件和非獨立事件的範例

要滿足什麼條件才可以使得三個事件 A，B 和 C 是獨立的？首先，它們應該兩兩獨立，也就是說，

$$P[A \cap B] = P[A]P[B], \ P[A \cap C] = P[A]P[C], \ \text{和} \ P[B \cap C] = P[B]P[C]$$

除此之外，已知任何 2 個事件的聯合發生，譬如 A 和 B，應該不會影響第三個事件的機率，也就是說，

$$P[C \mid A \cap B] = P[C]$$

為了讓這個式子成立，我們必須有

$$P[C \mid A \cap B] = \frac{P[A \cap B \cap C]}{P[A \cap B]} = P[C]$$

此式接下來意味著我們必須有

$$P[A \cap B \cap C] = P[A \cap B] P[C] = P[A] P[B] P[C]$$

其中我們有使用的事實為 A 和 B 為兩兩獨立的。因此我們可以說 **3 個事件 A，B 和 C 為獨立的，假如任何一對事件且三個事件的交集機率等於個別事件機率的乘積。**

　　以下的範例示範了若 3 個事件為兩兩獨立的，並不一定可得出 $P[A \cap B \cap C] = P[A] P[B] P[C]$。

範例 2.33

考慮在範例 2.32 中所討論的實驗，我們隨機在 0 和 1 之間挑出 2 個數。令事件 B，D 和 F 被定義如下：

$$B = \left\{ y > \frac{1}{2} \right\}, \quad D = \left\{ x < \frac{1}{2} \right\}$$

$$F = \left\{ x < \frac{1}{2} \text{ 且 } y < \frac{1}{2} \right\} \cup \left\{ x > \frac{1}{2} \text{ 且 } y > \frac{1}{2} \right\}$$

這 3 個事件顯示在圖 2.14 中。我們可以容意地驗證出這些事件兩兩之間是獨立的：

$$P[B \cap D] = \frac{1}{4} = P[B] P[D]$$

$$P[B \cap F] = \frac{1}{4} = P[B] P[F]$$

$$P[D \cap F] = \frac{1}{4} = P[D] P[F]$$

然而，這 3 個事件不是獨立的，因為 $B \cap D \cap F = \varnothing$，所以

$$P[B \cap D \cap F] = P[\varnothing] = 0 \neq P[B] P[D] P[F] = \frac{1}{8}$$

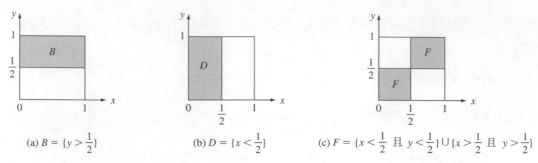

圖 2.14 事件 B，D 和 F 為兩兩獨立的，但是 B，D，F 這 3 個不是獨立的事件

為了讓 n 個事件為獨立的，已知其中某些事件已聯合發生，並不會改變其他事件發生的機率。這個要求自然地會導致以下的獨立定義。事件 A_1, A_2,..., A_n 為**獨立(independent)**的假如對於 $k = 2,..., n$，

$$P\left[A_{i_1} \cap A_{i_2} \cap \cdots \cap A_{i_k}\right] = P\left[A_{i_1}\right] P\left[A_{i_2}\right] \ldots P\left[A_{i_k}\right] \tag{2.33}$$

其中 $1 \le i_1 < i_2 < \cdots < i_k \le n$。對於 n 個事件，我們需要驗證所有的 $2^n - n - 1$ 個可能的交集機率，看看是否可以用一種正確的方式來分解。

以上的獨立定義看起來好像很麻煩，因為需要檢查許多的條件是否成立。然而，獨立概念最常見的應用是在假設分開實驗的事件是獨立的。我們稱如此的實驗為**獨立的實驗 (independent experiments)**。舉例來說，我們常常假設某次硬幣投擲結果和該硬幣先前所有的投擲結果是獨立的，也和該硬幣之後所有的投擲結果是獨立的。

範例 2.34

假設一個公正的硬幣被投擲 3 次，我們觀察正面和反面出現的數列。求出元素事件的機率。

這個實驗的樣本空間為 $S = \{HHH, HHT, HTH, THH, TTH, THT, HTT, TTT\}$。硬幣是公正的假設意指單一次投擲的結果是等機率的，也就是說，$P[H] = P[T] = 1/2$。假如我們假設硬幣投擲的結果為獨立的，則

$$P\left[\{HHH\}\right] = P\left[\{H\}\right] P\left[\{H\}\right] P\left[\{H\}\right] = \frac{1}{8}$$

$$P\left[\{HHT\}\right] = P\left[\{H\}\right] P\left[\{H\}\right] P\left[\{T\}\right] = \frac{1}{8}$$

$$P\left[\{HTH\}\right] = P\left[\{H\}\right] P\left[\{T\}\right] P\left[\{H\}\right] = \frac{1}{8}$$

$$P\left[\{THH\}\right] = P\left[\{T\}\right] P\left[\{H\}\right] P\left[\{H\}\right] = \frac{1}{8}$$

$$P\left[\{TTH\}\right] = P\left[\{T\}\right] P\left[\{T\}\right] P\left[\{H\}\right] = \frac{1}{8}$$

$$P\big[\{\text{THT}\}\big] = P\big[\{\text{T}\}\big] P\big[\{\text{H}\}\big] P\big[\{\text{T}\}\big] = \frac{1}{8}$$

$$P\big[\{\text{HTT}\}\big] = P\big[\{\text{H}\}\big] P\big[\{\text{T}\}\big] P\big[\{\text{T}\}\big] = \frac{1}{8}$$

$$P\big[\{\text{TTT}\}\big] = P\big[\{\text{T}\}\big] P\big[\{\text{T}\}\big] P\big[\{\text{T}\}\big] = \frac{1}{8}$$

範例 2.35　系統可靠度

一個系統是由一個控制器和 3 個週邊單元所構成的。系統被稱為是「運作中」假如控制器和最少有 2 個週邊是正常運作的。求出系統是在運作中的機率，假設所有元件的失效是獨立的。

　　定義以下的事件：A 為「控制器正常運作」，B_i 為「週邊 i 正常運作」，其中 $i=1$，2，3，和 F 為「2 個或多個週邊單元正常運作」。假如所有的 3 個單元正常運作或假如恰好有 2 個單元正常運作，則 F 發生。因此

$$F = \big(B_1 \cap B_2 \cap B_3^c\big) \cup \big(B_1 \cap B_2^c \cap B_3\big) \cup \big(B_1^c \cap B_2 \cap B_3\big) \cup \big(B_1 \cap B_2 \cap B_3\big)$$

請注意在以上聯集中的事件是相互互斥的。因此

$$\begin{aligned}
P[F] &= P[B_1] P[B_2] P\big[B_3^c\big] + P[B_1] P\big[B_2^c\big] P[B_3] \\
&\quad + P\big[B_1^c\big] P[B_2] P[B_3] + P[B_1] P[B_2] P[B_3] \\
&= 3(1-a)^2 a + (1-a)^3
\end{aligned}$$

其中我們假設每一個週邊具失效機率 a，所以 $P[B_i] = 1-a$ 和 $P\big[B_i^c\big] = a$。

　　事件「系統運作中」則為 $A \cap F$。假如我們假設控制器失效機率為 p，那麼

$$\begin{aligned}
P[\text{"系統運作中"}] &= P[A \cap F] = P[A] P[F] = (1-p) P[F] \\
&= (1-p)\big\{3(1-a)^2 a + (1-a)^3\big\}
\end{aligned}$$

　　令 $a = 10\%$，則有 $(1-a)^3 = 72.9\%$ 的時間所有的 3 個週邊正常運作，和有 $3(1-a)^2 a = 24.3\%$ 的時間有 2 個週邊正常運作而一個「失效」。因此，有 97.2% 的時間 2 個或多個週邊單元正常運作。假設控制器不是非常的穩定，譬如 $p = 20\%$，那麼系統只有 77.8% 的時間是在運作中的，之所以會那麼低比例的原因大部份是因為控制器的失效。

　　假設有一個完全相同的控制器具 $p = 20\%$ 被加入至系統中，系統被稱為是「在運作中」假如至少有一個控制器正常運作且最少有 2 個週邊是正常運作的。在習題 2.94 中，你被要求要

證明有 96%的時間最少有一個控制器正常運作，和有 93.3%的時間系統是在運作中的。比起只有單一控制器的系統，這個新系統增加了 16%的運作中時間。

2.6 循序實驗

許多的隨機實驗可以被視為是循序實驗，是由一序列較簡單的子實驗所構成的。這些子實驗可能是或可能不是獨立的。在這一節中，我們討論一些方法來獲得在循序實驗中事件的機率。

2.6.1 獨立實驗序列

假設一個隨機實驗是由執行實驗 E_1, E_2,..., E_n 所構成。這個實驗的結果將會是一個 n 個元素組合 $s = (s_1,..., s_n)$，其中 s_k 是第 k 個子實驗的結果。此循序實驗的樣本空間被定義為是包含以上 n 個元素組合的集合，它被記為是個別的樣本空間的 Cartesian 乘積：$S_1 \times S_2 \times \cdots \times S_n$。

因為實際的考量，在任何子實驗的結果不能影響其它子實驗結果的情況下，我們通常可以決定子實驗是獨立的。令 A_1, A_2,..., A_n 為事件，其中 A_k 只關心第 k 個子實驗結果。假如子實驗為獨立的，則假設以上的事件 A_1, A_2,..., A_n 為獨立是合理的。因此

$$P[A_1 \cap A_2 \cap \cdots \cap A_n] = P[A_1] P[A_2] \cdots P[A_n] \tag{2.34}$$

這個表示式讓我們可以計算在循序實驗中所有事件的機率。

範例 2.36

假設從區間[0,1]中隨機選擇 10 個數。求出前 5 個數小於 1/4 和後 5 個數大於 1/2 的機率。令 x_1, x_2,..., x_{10} 為此 10 數的數列，那麼我們考慮的事件為

$$A_k = \left\{ x_k < \frac{1}{4} \right\} \quad k = 1,..., 5$$
$$A_k = \left\{ x_k > \frac{1}{2} \right\} \quad k = 6,..., 10$$

若假設每一個數的選擇都是獨立的，則

$$P[A_1 \cap A_2 \cap \cdots \cap A_{10}] = P[A_1] P[A_2] \cdots P[A_{10}] = \left(\frac{1}{4}\right)^5 \left(\frac{1}{2}\right)^5$$

我們現在將為那些是由獨立子實驗序列所構成的實驗推導出一些重要的模型。

2.6.2　二項機率法則

　　一個 **Bernoulli 測試(Bernoulli trial)**牽涉到執行一個實驗一次，並留意是否某個特別的事件 A 發生。假如 A 發生，則 Bernoulli 測試的結果被稱為是「成功」，否則，被稱為是「失敗」。在這一節中，我們希望求出在 n 次獨立的 Bernoulli 測試中，有 k 個成功的機率。

　　我們可以把單一 Bernoulli 測試的結果看成是投擲一個硬幣的結果，其中正面(成功)的機率為 $p = P[A]$。在 n 次 Bernoulli 測試中有 k 次成功的機率就會等同於在 n 次硬幣投擲中有 k 次正面的機率。

範例 2.37

假設一個硬幣被投擲 3 次。若我們假設投擲為獨立的，且正面的機率為 p，則正面和反面序列的機率為

$$P\big[\{\text{HHH}\}\big] = P\big[\{\text{H}\}\big]P\big[\{\text{H}\}\big]P\big[\{\text{H}\}\big] = p^3$$
$$P\big[\{\text{HHT}\}\big] = P\big[\{\text{H}\}\big]P\big[\{\text{H}\}\big]P\big[\{\text{T}\}\big] = p^2(1-p)$$
$$P\big[\{\text{HTH}\}\big] = P\big[\{\text{H}\}\big]P\big[\{\text{T}\}\big]P\big[\{\text{H}\}\big] = p^2(1-p)$$
$$P\big[\{\text{THH}\}\big] = P\big[\{\text{T}\}\big]P\big[\{\text{H}\}\big]P\big[\{\text{H}\}\big] = p^2(1-p)$$
$$P\big[\{\text{TTH}\}\big] = P\big[\{\text{T}\}\big]P\big[\{\text{T}\}\big]P\big[\{\text{H}\}\big] = p(1-p)^2$$
$$P\big[\{\text{THT}\}\big] = P\big[\{\text{T}\}\big]P\big[\{\text{H}\}\big]P\big[\{\text{T}\}\big] = p(1-p)^2$$
$$P\big[\{\text{HTT}\}\big] = P\big[\{\text{H}\}\big]P\big[\{\text{T}\}\big]P\big[\{\text{T}\}\big] = p(1-p)^2$$
$$P\big[\{\text{TTT}\}\big] = P\big[\{\text{T}\}\big]P\big[\{\text{T}\}\big]P\big[\{\text{T}\}\big] = (1-p)^3$$

其中我們使用的事實為投擲是獨立的。令 k 為在 3 次測試中正面的次數，則

$$P[k=0] = P\big[\{\text{TTT}\}\big] = (1-p)^3$$
$$P[k=1] = P\big[\{\text{TTH, THT, HTT}\}\big] = 3p(1-p)^2$$
$$P[k=2] = P\big[\{\text{HHT, HTH, THH}\}\big] = 3p^2(1-p)$$
$$P[k=3] = P\big[\{\text{HHH}\}\big] = p^3$$

　　在範例 2.37 中的結果是二項機率法則(binomial probability law)在 $n=3$ 的情況。

定理

令 k 是在 n 次獨立的 Bernoulli 測試中成功的次數，那麼 k 的機率是由**二項機率法則(binomial probability law)**所給定：

$$p_n(k) = \binom{n}{k} p^k (1-p)^{n-k} \qquad k = 0, \ldots, n \tag{2.35}$$

其中 $p_n(k)$ 為在 n 次測試中有 k 次成功的機率，而

$$\binom{n}{k} = \frac{n!}{k!\,(n-k)!} \tag{2.36}$$

為二項係數。

在式(2.36)中的 $n!$ 被稱為是 n 階乘，被定義為 $n! = n(n-1)\ldots (2)(1)$。請注意我們定義 $0!$ 為 1。

我們現在證明以上的定理。由範例 2.34，我們知道每一個具 k 次成功和 $n-k$ 次失敗的序列有相同的機率，即 $p^k(1-p)^{n-k}$。令 $N_n(k)$ 為所有不同的具 k 次成功和 $n-k$ 次失敗的序列數，則

$$p_n(k) = N_n(k) p^k (1-p)^{n-k} \tag{2.37}$$

表示式 $N_n(k)$ 就是在 n 個位置中挑出 k 個位置來放置成功的方式總數。我們可以證明[5]

$$N_n(k) = \binom{n}{k} \tag{2.38}$$

把式(2.38)代入到式(2.37)中，定理得證。

範例 2.38

驗證式(2.35)可以給出在範例 2.37 中所求出的機率。

在範例 2.37 中，令「投擲結果為正面」對應到一個「成功」，則

$$p_3(0) = \frac{3!}{0!\,3!} p^0 (1-p)^3 = (1-p)^3$$

$$p_3(1) = \frac{3!}{1!\,2!} p^1 (1-p)^2 = 3p(1-p)^2$$

$$p_3(2) = \frac{3!}{2!\,1!} p^2 (1-p)^1 = 3p^2(1-p)$$

$$p_3(3) = \frac{3!}{0!\,3!} p^3 (1-p)^0 = p^3$$

它吻合我們先前的結果。

---

[5]　請參見範例 2.21。

在一個初等微積分的課程中，你應該學過二項係數，當時應是討論**二項定理(binomial theorem)**：

$$(a+b)^n = \sum_{k=0}^{n} \binom{n}{k} a^k b^{n-k} \qquad (2.39a)$$

假如我們令 $a = b = 1$，則

$$2^n = \sum_{k=0}^{n} \binom{n}{k} = \sum_{k=0}^{n} N_n(k)$$

它吻合的事實為：在 n 次測試中，有 2^n 個不同的成功和失敗可能序列。若我們在式(2.39a)中令 $a = p$ 和 $b = 1 - p$，則我們可以獲得

$$1 = \sum_{k=0}^{n} \binom{n}{k} p^k (1-p)^{n-k} = \sum_{k=0}^{n} p_n(k) \qquad (2.39b)$$

它確認了二項機率的機率總和為 1。

　　當 n 遞增時，$n!$ 變大的非常快速，所以當我們直接使用式(2.35)來計算 $p_n(k)$ 時，就算是使用不太大的 n 值，我們也會遇到數值方面的問題。以下的遞迴公式可以避免直接去計算 $n!$，因此當我們在計算 $p_n(k)$ 時，會遇到數值方面問題的 n 值可以變大，因而擴展了可計算範圍：

$$p_n(k+1) = \frac{(n-k)p}{(k+1)(1-p)} p_n(k) \qquad (2.40)$$

在本書的稍後，對於 n 很大的情況，我們會提出 2 種近似法來計算二項機率。

範例 2.39

在一群 8 位非互動的(也就是，獨立的)通話者中，令 k 為講話中(非沉默)的通話者數。假設一位通話者在講話狀態中的機率為 1/3。求出在講話中的通話者數大於 6 的機率。

　　對於 $i = 1, \ldots, 8$，令 A_i 表示事件「第 i 位通話者在講話狀態中」。在講話中的通話者數就是在 8 次 Bernoulli 測試中成功的次數，成功機率 $p = 1/3$。因此，在講話中的通話者數大於 6 的機率為

$$P[k=7] + P[k=8] = \binom{8}{7}\left(\frac{1}{3}\right)^7\left(\frac{2}{3}\right) + \binom{8}{8}\left(\frac{1}{3}\right)^8 = .00244 + .00015 = .00259$$

範例 2.40 錯誤更正碼

一個通訊系統傳送二元資訊，但是其傳送通道會引入隨機的位元錯誤，具錯誤機率 $\varepsilon = 10^{-3}$。發射器傳送每一個資訊位元 3 次，而一個解碼器使用接收到位元的多數決來判定欲傳送的位元為何。求出接收端做出一個錯誤判定的機率。

接收端可以更正單一一個錯誤，但是假如通道引入 2 個或更多的錯誤，它將會做出一個錯誤判定。假如我們把每一位元的傳送視為是一個 Bernoulli 測試，在其中一個「成功」對應到引入一個錯誤，那麼在 3 次 Bernoulli 測試中有 2 個或更多的錯誤的機率為

$$P[k \geq 2] = \binom{3}{2}(.001)^2(.999) + \binom{3}{3}(.001)^3 \approx 3(10^{-6})$$

2.6.3 多項機率法則

二項機率法則可以被一般化來處理在實驗中有多於一個事件發生的情況。令 B_1, B_2,..., B_M 為某隨機實驗其樣本空間 S 的一個分割，並令 $P[B_j] = p_j$。事件為相互互斥，所以

$$p_1 + p_2 + \cdots + p_M = 1$$

假設實驗被獨立的重複執行 n 次。令 k_j 為事件 B_j 發生的次數，則向量 $(k_1, k_2,..., k_M)$ 指出每一個事件 B_j 發生的次數。向量 $(k_1, k_2,..., k_M)$ 的機率滿足**多項機率法則(multinomial probability law)**：

$$P[(k_1, k_2,..., k_M)] = \frac{n!}{k_1! \, k_2! .. k_M!} p_1^{k_1} p_2^{k_2} .. p_M^{k_M} \tag{2.41}$$

其中 $k_1 + k_2 + \cdots + k_M = n$。二項機率法則是多項機率法則在 $M = 2$ 的情況。多項機率法則的推導和二項機率法則的推導完全相同。我們只需要注意事件 B_1, B_2,..., B_M 有發生次數數列 $k_1, k_2,..., k_M$ 之不同序列的總數是由在式(2.26)中的多項係數所給定。

範例 2.41

一個飛鏢朝目標擲出 9 次。目標是由 3 個區域所構成的。每一次投擲分別有機率 0.2，0.3 和 0.5 會命中區域 1，區域 2，和區域 3。求出飛鏢在每一個區域均命中 3 次的機率。

這個實驗由 9 次獨立的子實驗所構成，每次子實驗有 3 種可能的結果。每一個結果有指定發生次數的機率是由多項機率公式所給定，參數為 $n = 9$，$p_1 = .2$，$p_2 = .3$ 和 $p_3 = .5$：

$$P[(3, 3, 3)] = \frac{9!}{3! \, 3! \, 3!}(.2)^3(.3)^3(.5)^3 = .04536$$

範例 2.42

假設我們隨機從一本電話簿中挑出 10 個電話號碼，和留意每一個電話號碼的最後那個數字。從 0 到 9 每一個數字都出現一次的機率爲何？

　　每一個數字有指定發生次數的機率是由多項機率公式所給定，參數爲 $M = 10$，$n = 10$，和 $p_j = 1/10$，假設從 0 到 9 每一個數字都具相同的可能性。挑出 10 個從 0 到 9 每一個數字都出現一次的機率爲

$$\frac{10!}{1!\ 1!...1!}(.1)^{10} \approx 3.6\left(10^{-4}\right)$$

2.6.4　幾何機率法則

考慮一個循序實驗，在其中我們重複執行獨立的 Bernoulli 測試，直到第一次成功發生爲止。令這個實驗的結果爲 m，即直到第一次成功發生所執行的測試數。這個實驗的樣本空間爲正整數的集合。若需要 m 次測試才能達到目的，這意味著前 m-1 次測試的結果爲失敗而第 m 次測試的結果爲成功。[6] 令 $p(m)$ 爲此一結果爲 m 的機率，爲

$$p(m) = P\left[A_1^c A_2^c...A_{m-1}^c A_m\right] = \left(1 - p\right)^{m-1} p \qquad m = 1,\ 2,... \tag{2.42a}$$

其中 A_i 爲事件「在第 i 次測試發生成功」。用式(2.42a)所指定的機率指派方式被稱爲**幾何機率法則(geometric probability law)**。

　　在式(2.42a)中的機率總和爲 1：

$$\sum_{m=1}^{\infty} p(m) = p\sum_{m=1}^{\infty} q^{m-1} = p\frac{1}{1-q} = 1 \tag{2.42b}$$

其中 $q = 1 - p$，且其中我們有使用幾何級數的總和公式。在第一次成功發生之前需要多於 K 次測試的機率有一個簡單的形式：

$$P\left[\{m>K\}\right] = p\sum_{m=K+1}^{\infty} q^{m-1} = pq^K \sum_{j=0}^{\infty} q^j = pq^K \frac{1}{1-q} = q^K \tag{2.43}$$

範例 2.43　　**藉由重傳做錯誤控制**

電腦 A 送出一個訊息給電腦 B，傳送通道是一個不太可靠的無線電鏈結。在傳送過程中，錯誤可能被引入到訊息中。訊息因此被編碼使得 B 可以偵測到錯誤。假如 B 偵測到錯誤發生，它會要求 A 重傳一次。假如一個訊息傳送中發生錯誤的機率 $q = 0.1$，一個訊息傳送次數多於 2 次的機率爲何？

---

[6]　參見在 2.2 節中的範例 2.11，該範例對幾何機率法則是如何產生的有一個相對次數的解讀。

每一次一個訊息的傳送是一個 Bernoulli 測試，具成功機率 $p = 1 - q$。此一 Bernoulli 測試被重複執行直到第一次成功發生爲止(無錯誤傳送)。需要多於 2 次傳送的機率是由式(2.43)所給定：

$$P[m>2] = q^2 = 10^{-2}$$

2.6.5 相依實驗序列

在這一節中，我們考慮子實驗的一個序列或一個「鏈」，在其中某個給定子實驗的結果決定接下來那個子實驗會被執行。我們首先舉一個簡單的範例說明這樣的一個實驗，和說明如何可以使用圖形來指定樣本空間。

範例 2.44

一個循序實驗牽涉到重複地從 2 個甕的其中一個取出一個球，記錄在球上的號碼，記錄完再放回到它的甕中。0 號甕包含一個號碼 1 的球和 2 個號碼 0 的球，1 號甕包含 5 個號碼 1 的球和 1 個號碼 0 的球。由丟一個公正的硬幣來選擇是從那一個號碼的甕開始。假如結果是正面，從 0 號甕開始；假如結果是反面，從 1 號甕開始。之後，就看在前一次子實驗中取出球的號碼來決定甕的號碼。

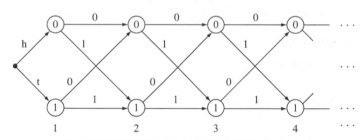

(a) 每一個結果數列對應到一個穿越這個籬柵圖的路徑。

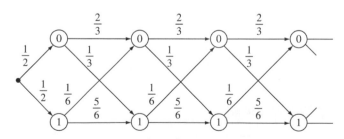

(b) 一個結果數列的機率爲沿著伴隨路徑機率的乘積。

圖 2.15 一個馬可夫鏈的籬柵圖

這個實驗的樣本空間是由 0 和 1 的數列所構成。每一個可能的數列對應到一個穿越「籬柵(trellis)」圖的路徑，如在圖 2.15(a)中所示。在圖中的節點代表使用在第 n 次子實驗中的甕，在分支上的標記代表某一個子實驗的結果。因此路徑 0011 對應到以下的情形：硬幣丟出正面，

所以第一次是從 0 號甕開始取球；第一次取出的球是 0 號，所以第二次是從 0 號甕取球；第二次取出的球是 1 號，所以第三次是從 1 號甕取球；第三次取出的球是 1 號，所以第四次是從 1 號甕取球。

現在假設我們希望計算一個特別的結果數列的機率，稱該數列為 s_0, s_1, s_2。把這個機率記為 $P\left[\{s_0\}\bigcap\{s_1\}\bigcap\{s_2\}\right]$。令 $A=\{s_2\}$ 和 $B=\{s_0\}\bigcap\{s_1\}$，則因為 $P[A\cap B]=P[A\,|\,B]P[B]$，我們有

$$\begin{aligned} P\left[\{s_0\}\bigcap\{s_1\}\bigcap\{s_2\}\right] &= P\left[\{s_2\}\,|\,\{s_0\}\bigcap\{s_1\}\right]P\left[\{s_0\}\bigcap\{s_1\}\right] \\ &= P\left[\{s_2\}\,|\,\{s_0\}\bigcap\{s_1\}\right]P\left[\{s_1\}\,|\,\{s_0\}\right]P\left[\{s_0\}\right] \end{aligned} \tag{2.44}$$

現在請注意在以上的甕範例中機率 $P\left[\{s_n\}\,|\,\{s_0\}\bigcap\cdots\bigcap\{s_{n-1}\}\right]$ 只取決於 $\{s_{n-1}\}$，因為最近一次的結果決定了那個子實驗被執行：

$$P\left[\{s_n\}\,|\,\{s_0\}\bigcap\cdots\bigcap\{s_{n-1}\}\right]=P\left[\{s_n\}\,|\,\{s_{n-1}\}\right] \tag{2.45}$$

因此，對於我們感興趣的數列，我們有

$$P\left[\{s_0\}\bigcap\{s_1\}\bigcap\{s_2\}\right]=P\left[\{s_2\}\,|\,\{s_1\}\right]P\left[\{s_1\}\,|\,\{s_0\}\right]P\left[\{s_0\}\right] \tag{2.46}$$

滿足式(2.45)的循序實驗被稱為是**馬可夫鏈(Markov chains)**。對於這些實驗，一個數列 $s_0, s_1,\ldots, s_n$ 的機率為

$$P\left[s_0, s_1,\ldots, s_n\right]=P\left[s_n\,|\,s_{n-1}\right]P\left[s_{n-1}\,|\,s_{n-2}\right]\ldots P\left[s_1\,|\,s_0\right]P\left[s_0\right] \tag{2.47}$$

其中我們有簡化符號，把大括弧略去了。因此一個數列 $s_0,\ldots, s_n$ 的機率的求法是把第一個結果 s_0 的機率和往後所有子序列的轉移機率相乘，也就是 s_0 的機率乘以 s_0 到 s_1 的機率，再乘以 s_1 到 s_2 的機率，以此類推。

範例 2.45

求出在範例 2.44 的甕實驗中數列 0011 的機率。

憶及 0 號甕包含一個號碼 1 的球和 2 個號碼 0 的球，1 號甕包含 5 個號碼 1 的球和 1 個號碼 0 的球。我們可以很容易地計算出結果數列的機率，只要把在籬柵圖中的分支用子序列轉移的機率做標示即可，如在圖 2.15(b)所示。因此數列 0011 的機率為

$$P[0011]=P[1\,|\,1]P[1\,|\,0]P[0\,|\,0]P[0]$$

其中轉移機率被給定如下

$$P[1|0] = \frac{1}{3} \quad 和 \quad P[0|0] = \frac{2}{3}$$

$$P[1|1] = \frac{5}{6} \quad 和 \quad P[0|1] = \frac{1}{6}$$

初始的機率被給定如下

$$P(0) = \frac{1}{2} = P[1]$$

假如我們把這些值代入到 $P[0011]$ 的表示式中，我們獲得

$$P[0011] = \left(\frac{5}{6}\right)\left(\frac{1}{3}\right)\left(\frac{2}{3}\right)\left(\frac{1}{2}\right) = \frac{5}{54}$$

在範例 2.44 和範例 2.45 中的這個雙甕實驗是馬可夫鏈模型之最簡單的例子。在這裡所討論的這個雙甕實驗被使用來模擬只有 2 個結果的情況，且在其中結果有突然發生一陣子的傾向。舉例來說，這個雙甕實驗已經被使用來模擬語音封包的「突發」行為。通常由一位通話者所產生的語音封包其中有講話的封包會突然的發生，且被相當長的沉默時間段所分開。這個模型也被使用在當我們一行一行的掃描一張黑白影像時所產生的黑點和白點的序列。

*2.7　合成隨機特性的電腦方法：隨機數產生器

這一節，我們介紹如何使用電腦來產生一個「隨機」數數列的基本方法。若希望用電腦來模擬一個具隨機性的系統，不可避免的必須要有一個方法來產生隨機數數列。這些隨機數必須滿足它們正在模擬之程序其長期平均特性。在這一節中，我們聚焦的問題為產生「均勻分佈」在區間[0,1]中的隨機數。在接下來的章節中，我們將會示範這些隨機數如何可以被使用來產生具有任意機率法則的數。

欲產生一個在區間[0,1]中的隨機數，第一個我們必須面臨的問題為在該區間中事實上有不可數之無限多個點，但是電腦受限於只可以表現出具有限精確度的數。因此，我們必須要侷限於從某有限的集合中，譬如{0, 1,..., $M-1$} 或 {1, 2,..., M}，來產生具相同可能性的數。藉由把這些數除以 M，我們就可以獲得在單位區間中的數。只要把 M 變得非常的大，就可以增加這些數在單位區間中的密度。

接下來的步驟就是求出一個機制來產生隨機數。直接的方式就是執行隨機實驗。舉例來說，我們可以產生在範圍 0 到 $2^m - 1$ 中的整數，藉由丟一個公正的硬幣 m 次，把正面和反面的數列換成 0 和 1 的數列以獲得一個整數的二進位表示。另一個例子為從一個甕取出一個球，該甕包含有編號 1 到 M 的球。電腦模擬牽涉到要產生長數列的隨機數。假如我們使用以上的

機制來產生隨機數，則我們必須要執行非常多次的實驗，並儲存所得結果在電腦中，以便於模擬程式來做存取。很清楚的，這個方式非常麻煩，而且不切實際。

2.7.1　虛擬隨機數產生

用電腦產生隨機數之較佳的方式就是使用可容易及快速執行的遞迴公式。這些虛擬隨機數產生器所產生的數列其中的數字看起來好像很隨機，但是事實上它們會在一個非常長的週期之後做重複。目前較受歡迎的**虛擬隨機數產生器(pseudo-random number generator)**就是所謂的 Mersenne Twister，它是基礎於一個**二元場(binary field)**上的一個**矩陣線性遞迴關係(matrix linear recurrence)**。這個演算法所產生的數列有一個極長的週期，$2^{19937} - 1$。Mersenne Twister 產生 32 位元的整數，所以 $M = 2^{32} - 1$，其中 M 為我們先前所討論過的符號。藉由把 32 位元的整數除以 2^{32}，我們就可以獲得在單位區間中的數。這樣子的數所形成的數列應該會均勻分佈在具非常高維度的單位體中。Mersenne Twister 已經被證明滿足這個條件到 632 維度。除此之外，該演算法運算起來很快速且在儲存方面也很有效率。

　　Mersenne Twister 的軟體實現在很多地方都可以獲得，在數值套裝軟體如 MATLAB$^{®}$和 Octave 中都有它的身影。[7] MATLAB 和 Octave 都提供一個方法來從單位區間中產生隨機數，即使用 rand 命令。rand(n, m) 運算會傳回一個 n 列 m 行的矩陣，其元素都是從區間[0,1) 來的隨機數。這個運算子是產生所有型態的隨機數的起跑點。

範例 2.46　從單位區間中產生隨機數

首先，從單位區間中產生 6 個隨機數。接下來，從單位區間中產生 10,000 個隨機數。畫出 10,000 個隨機數的直方圖和實驗的分佈函數。

　　以下的命令可從單位區間中產生 6 個隨機數。

```
rand(1,6)
ans =
Columns 1 through 6
0.642667 0.147811 0.317465 0.512824 0.710823 0.406724
```

以下的這組命令將會產生 10,000 個隨機數，和產生如在圖 2.16 中所示的直方圖。

```
>X-rand(10000,1);        % 傳回一個 10,000 個元素的行向量 X。
>K=0.005:0.01;0.995;     % 產生行向量 K，它是由在單位區間中 100 個寬度
                         % 為 0.01 的子區間的中心點所構成的。
```

---

[7]　MATLAB$^{®}$和 Octave 是互動式的電腦程式，專門用來計算牽涉到矩陣的數值計算。MATLAB$^{®}$是一個商用產品，由 The Mathworks,Inc 所販售。Octave 是一個免費的，開放原始碼的程式，在計算上它和 MATLAB 絕大的部分相容。Long[9]提供一個對 Octave 的介紹。

```
>Hist(X,K)                      % 產生在圖 2.16 中想要的直方圖。
>plot(K,empirical_cdf(K,X))     % 畫出在 X 中元素小於或等於 k 的比例，
                                % 其中 k 是 K 的一個元素。
```

實驗的分佈函數如在圖 2.17 所示。很明顯的，這些隨機數均勻地分佈在單位區間中。

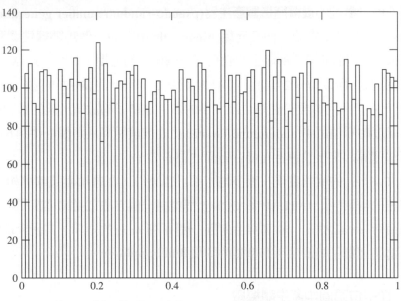

圖 2.16　在單位區間中產生 10,000 個隨機數，它們的直方圖

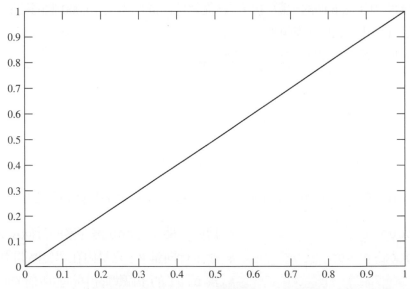

圖 2.17　在單位區間中產生 10,000 個隨機數，它們的實驗分佈函數圖

2.7.2　隨機實驗的模擬

　　MATLAB®和 Octave 提供了一些函數，它們在執行常見分佈的機率數值計算上非常的有用。MATLAB®和 Octave 也提供了一些函數可產生具特定機率分佈函數的隨機數。在這一節中，我們考慮 Bernoulli 測試和二項分佈。在第 3 章中，我們再考慮具離散樣本空間的實驗。

範例 2.47　Bernoulli 測試和二項機率

首先，產生 8 次 Bernoulli 測試的結果。接下來，重複執行一個隨機實驗 100 次。該隨機實驗計數在 16 次 Bernoulli 測試中成功的次數，成功的機率為 1/2。畫出在 100 次實驗中結果的直方圖，把它和具 $n = 16$ 和 $p = 1/2$ 的二項機率做比較。

以下的命令將會產生 8 次 Bernoulli 測試的結果，如接下來的答案所示。

```
>X=rand(1,8)<0.5;   % 產生一列 Bernoulli 測試，p=0.5
X =
 0 1 1 0 0 0 1 1
```

假如由 rand 所產生的數小於 $p=0.5$，則對應的 Bernoulli 測試結果為 1。

　　接下來的這組命令可以產生 100 次重複執行隨機實驗的結果，其中每一次的隨機實驗做 16 次 Bernoulli 測試。

```
>X=rand(100,16)<0.5;              % 產生100列的16次 Bernoulli 測試結果，
                                  % p=0.5。
>Y=sum(X,2);                      % 把每一列的結果相加以獲得每一次隨機
                                  % 實驗的成功次數。Y 包含 100 個結果。
>K=0:16;
>Z=empirical_pdf(K'Y));           % 求出在 Y 中結果的相對次數。
>Bar(K'Z)                         % 產生相對次數的一個長條圖。
>hold on                          % 為接下來的命令保留圖形。
>stem(K,binomial_pdf(K,16,0.5))   % 和對應的相對次數在一起，畫出二項
                                  % 機率。
```

圖 2.18 顯示了在相對次數和二項機率之間有個不錯的吻合。

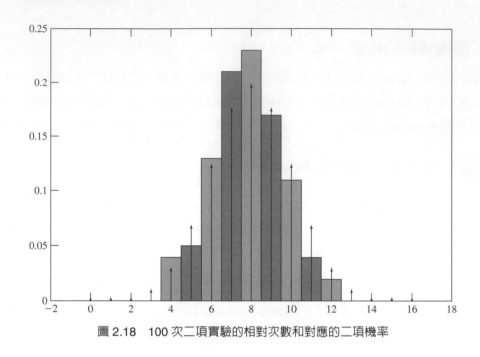

圖 2.18　100 次二項實驗的相對次數和對應的二項機率

*2.8　細節：事件類別 [8]

假如樣本空間 S 是離散的，則事件類別可以由 S 所有的子集合來構成。在一些情況中，我們可能希望或被迫要令事件類別 $\mathcal{F}$ 是 S 其子集合的一個較小的類別。在這些狀況中，只有屬於這個類別中的子集合才是要考慮的事件。在這一節中，我們解釋這些情況是如何發生的。

令 $\mathcal{C}$ 爲在一個隨機實驗中的事件類別。對 $\mathcal{C}$ 中的事件做任何的集合運算所產生的集合也會是在 $\mathcal{C}$ 中的一個事件，這是合理的預期。然後我們可以問任何有關於隨機實驗事件的問題，把它用集合運算來表示，並獲得一個在 $\mathcal{C}$ 中的一個事件。以數學的語言來說，我們要求 $\mathcal{C}$ 是一個場(field)。

一個集合的集合 $\mathcal{F}$ 被稱爲是一個**場(field)**，假如它滿足以下的條件：

(i)　$\varnothing \in \mathcal{F}$　(2.48a)

(ii)　若 $A \in \mathcal{F}$ 且 $B \in \mathcal{F}$，則 $A \bigcup B \in \mathcal{F}$　(2.48b)

(iii)　若 $A \in \mathcal{F}$ 則 $A^c \in \mathcal{F}$。　(2.48c)

使用狄摩根定理我們可以證明(ii)和(iii)可以推出：若 $A \in \mathcal{F}$ 且 $B \in \mathcal{F}$，則 $A \bigcap B \in \mathcal{F}$。條件(ii)和(iii)意味著對在 $\mathcal{F}$ 中的事件做任何的有限聯集或有限交集會產生一個也是在 $\mathcal{F}$ 中的事件。

---

[8]　「細節」這一節會詳盡的陳述一些概念，和說明一些不同的地方，這些教材在一個入門的課程中是不需要的。在這一節中的教材不一定是「很數學」，但通常不會在機率的初級課程中被提及。

範例 2.48

令 $S = \{\text{T, H}\}$。某類別是由 S 的元素事件所構成的：$C = \{\{\text{H}\}, \{\text{T}\}\}$。求出由對 C 中事件做集合運算所產生出的場。

令 $\mathcal{F}$ 為由 C 產生的類別。首先，注意 $\{\text{H}\} \cup \{\text{T}\} = \{\text{H, T}\} = S$，這意味著 S 在 $\mathcal{F}$ 中。接下來，我們發現 $S^c = \varnothing$，這意味著 $\varnothing \in \mathcal{F}$。任何其它的集合運算都不會產生不是已經在 $\mathcal{F}$ 中的事件。因此

$$\mathcal{F} = \{\varnothing, \{\text{H}\}, \{\text{T}\}, \{\text{H, T}\}\} = \mathcal{S}$$

請注意，我們已經產生 S 的冪集合和證明它是一個場。

以上的範例可以被一般化到任何有限的或可數無限的集合 S。藉由對元素事件做所有可能的聯集和它們的補集，我們可以產生冪集合 $\mathcal{S}$，而 $\mathcal{S}$ 形成一個場。請注意在範例 2.1 中，這個包括了隨機實驗 E_1，E_2，E_3，E_4 和 E_5。**古典機率處理有限的樣本空間，並令事件類別為冪集合，如此就已經足夠來進行指定一個機率模型的最終步驟，即提供一個規則來指派機率給事件。**

以下的範例示範了在某些情況中事件的場 $\mathcal{F}$ 並不需要包括樣本空間 S 所有的子集合。在這個情況中，S 的子集合中，只有那些在 $\mathcal{F}$ 中的子集合才會被考慮為是有效的事件。**就是因為這個理由，對一給定隨機實驗所伴隨的場 $\mathcal{F}$，只有在 $\mathcal{F}$ 中的集合我們才會把它看成是「事件」。**

範例 2.49　Lisa 和 Homer 的甕實驗

一個甕包含 3 個白球。一球有一個紅點，另一個球有一個綠點，第三個球有一個藍綠色(teal)點。實驗為隨機選擇一個球並留意球的顏色。

當 Lisa 做實驗時，她有樣本空間 $S_L = \{\text{r, g, t}\}$，她的冪集合有 $2^3 = 8$ 個事件：

$$\mathcal{S}_\mathcal{L} = \{\varnothing, \{\text{r}\}, \{\text{g}\}, \{\text{t}\}, \{\text{r, g}\}, \{\text{r, t}\}, \{\text{g, t}\}, \{\text{r, g, t}\}\}$$

當 Homer 做實驗時，他有一個較小的樣本空間 $S_H = \{\text{R, G}\}$，因為 Homer 無法分辨綠色和藍綠色！Homer 的冪集合有 4 個事件：

$$\mathcal{S}_H = \{\varnothing, \{\text{R}\}, \{\text{G}\}, \{\text{R, G}\}\}$$

Homer 不了解出了什麼問題。他可以對 $\mathcal{S}_H$ 中的事件處理任何的聯集，交集，或補集。

當然，問題發生在當 Lisa 所感興趣的集合包括了有關於藍綠色的問題。Homer 的事件類別 $\mathcal{S}_H$ 不能處理這些問題。Lisa 如下的推敲發生了什麼情況。她留意到 Homer 如下地分割了 Lisa 的樣本空間 S_L (參見圖 2.19b)：

$$A_1 = \{r\} \quad \text{和} \quad A_2 = \{g, t\}$$

在 Homer 的實驗中的每一個事件都關聯到在 Lisa 的實驗中的一個等效事件。在 Homer 的事件類別中的每一個聯集，補集，或交集對應到 A_k 的聯集，補集，或交集。舉例來說，事件「結果是 R 或 G」會導致如下：

$$\{R\} \cup \{G\} \text{ 對應到 } A_1 \cup A_2 = \{r, g, t\}$$

你可以嘗試對 Homer 的實驗中的事件做聯集，交集，和補集的組合，和對應到在 A_1 和/或 A_2 的運算，將會產生在場中的事件：

$$\mathcal{F} = \big\{ \emptyset, \{r\}, \{r, g\}, \{r, g, t\} \big\}$$

這個場 $\mathcal{F}$ 並不包含在 Lisa 的冪集合 $\mathcal{S}_L$ 中所有的事件。這個場 $\mathcal{F}$ 只足夠對付牽涉到在 S_H 中結果的事件。對於牽涉到在綠色和藍綠色之間做分辨的問題，必須訴諸於 $\mathcal{S}_L$ 的子集合，如 $\{r, t\}$，但它不是在 $\mathcal{F}$ 中的事件，所以是在 Homer 的實驗範圍之外。

Lisa 把狀況解釋給 Homer 聽，如預測的，他的回應為「喔」！

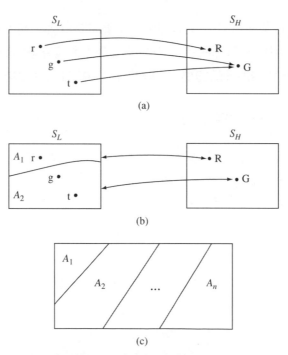

圖 2.19　(a) Homer 的映射，(b) 分割 Lisa 的樣本空間，(c) 分割一個樣本空間

場 $\mathcal{F}$ 指定了我們感興趣的事件，在場 $\mathcal{F}$ 中的集合被稱為是可測量的(measurable)。任何 S 的子集合，若它不是在 $\mathcal{F}$ 中，則該子集合不是可測量的。在以上的範例中，集合 $\{r, t\}$ 對於 $\mathcal{F}$ 而言不是可測量的。在以上範例中的狀況經常發生在實務中，其中我們常常要決定要限縮有關於一個隨機實驗的問題範圍。事實上，這個是模型建立程序的一部分！

　　在一般的情況中，原來隨機實驗的樣本空間 S 被分割成相互互斥的事件 $A_1,..., A_n$，其中對於 $i \neq j$，$A_i \bigcap A_j = \varnothing$　且

$$S = A_1 \bigcup A_2 \bigcup .. \bigcup A_n$$

如在圖 2.19(c)所示。事件 $A_1,..., A_n$ 的集合形成 S 的一個**分割(partition)**。當實驗被執行時，我們觀察的是在分割中那一個事件發生，而不是觀察是那個特定的結果 ζ 發生。若問題(事件)只牽涉到在分割中事件的聯集，交集，或補集，都可以從這個觀察做回答。在分割中的事件就好像是元素事件。藉由對在分割中的事件 $A_1,..., A_n$ 做不同組合之聯集和它們的補集，可以產生出場 $\mathcal{F}$。在這個情況中，任何 S 的子集合若不是在 $\mathcal{F}$ 中，則該子集合不是可測量的，因此不被認定是一個事件。

範例 2.50

在實驗 E_3 中，一個硬幣被投擲 3 次，正面和反面出現的序列被記錄。樣本空間為 $S_3 = \{TTT, TTH, THT, HTT, HHT, HTH, THH, HHH\}$，而對應的冪集 $\mathcal{S}_3$ 有 $2^8 = 256$ 個事件：

$$\mathcal{S}_3 = \{\varnothing, \{TTT\}, \{TTH\}, ..., \{HHH\}, \{TTT, TTH\}, ..., \{THH, HHH\}, ..., S_3\}$$

　　在實驗 E_4 中，一個硬幣被投擲 3 次，但是只有正面的次數被記錄。樣本空間為 $S_4 = \{0, 1, 2, 3\}$ 而對應的冪集合 $\mathcal{S}_4$ 有 $2^4 = 16$ 個事件：

$$\mathcal{S}_4 = \left\{ \begin{array}{l} \varnothing, \{0\}, \{1\}, \{2\}, \{3\}, \{0, 1\}, \{0, 2\}, \{0, 3\}, \{1, 2\}, \{1, 3\}, \\ \{2, 3\}, \{0, 1, 2\}, \{0, 1, 3\}, \{0, 2, 3\} \{1, 2, 3\}, S_4 \end{array} \right\}$$

實驗 E_4 分割樣本空間 S_3 如下：

$$A_0 = \{TTT\}，A_1 = \{TTH, THT, HTT\}$$
$$A_2 = \{THH, HTH, HHT\}，A_3 = \{HHH\}$$

在 $\mathcal{S}_4$ 中所有的事件對應到 A_0，A_1，A_2，和 A_3 的聯集，交集，和補集。由這 4 個事件的聯集，交集，和補集所產生的場 $\mathcal{F}$ 有 16 個事件，可以對付伴隨於實驗 E_4 的所有的問題。

　　藉由限縮事件—只關心正面出現次數而不是詳細的正面和反面序列，我們看到事件空間被大幅地簡化，大小被精簡了。隨著投擲數的增加，這個簡化的效果會更加的明顯。舉例來說假如我們擴展 E_3 成 100 次硬幣投擲，則 S_3 有 2^{100} 個結果，一個非常巨大的數，然而 S_4 只有 101 個結果。

　　現在假設 S 是可數但無限的。舉例來說，在實驗 E_6 中，我們有 $S = \{1, 2,...\}$，而我們可能感興趣的條件為「傳送次數大於 10」。這個條件對應到集合 $\{10, 11, 12,...\}$，它是元素集合的

一個可數的聯集。很清楚的，對於在我們感興趣類別中的事件，我們現在應該要求事件的一個可數的聯集應該也是一個事件， 也就是說：

(i) $\emptyset \in \mathcal{F}$ (2.49a)

(ii)   若 $A_1\ A_2,\ ... \in \mathcal{F}$ 則 $\displaystyle\bigcup_{k=1}^{\infty} A_k \in \mathcal{F}$ (2.49b)

(iii) 若 $A \in \mathcal{F}$ 則 $A^c \in \mathcal{F}$ 。 (2.49c)

滿足式(2.49a)~(2.49c)的一個集合的類別 $\mathcal{F}$ 被稱為是一個 **sigma 場(sigma field)**。正如之前，(ii)和(iii)和狄摩根定理意味著事件的可數交集 $\bigcap_{k=1}^{\infty} A_k$ 也是在 $\mathcal{F}$ 中。

　　接下來考慮樣本空間 S 不是可數的情況，如在實驗 E_7 中實數線的單位區間，或在 E_{12} 中實數平面的單位正方形。(參見圖 2.1(a)和(c)。)很清楚的，實驗的結果恰好為 S_{12} 中的單一一點的機率為 0。但是這個結果不是非常的有用。取而代之的是，我們可以稱事件「結果(x, y)滿足 $x>y$ 」的機率為 1/2，因為 S_{12} 的一半面積滿足該事件的條件。類似地，任何事件若對應到在 S_{12} 中的一個矩形區域，其機率就是該矩形區域的面積。把在 S 中是一個矩形區域的事件集合在一起，再由對那些事件做可數的聯集，交集，和補集，我們可以建立出一個事件的場。從先前使用積分來計算在平面中面積的經驗可知，使用矩形的聯集並使矩形愈來愈精細，我們可以近似出任何合理的形狀，也就是所謂的事件，如在圖 2.20(a)所示。很清楚的，在計算積分，量測面積，和指派機率給事件之間，有一個很強的關係存在。

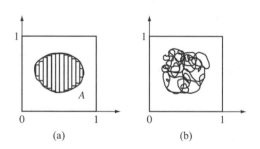

圖 2.20　若 $A \subset B$ 則 $P[A] \leq P[B]$ 。

　　我們最終可以定性地(qualitatively)解釋當樣本空間是不可數無限的時候，為什麼我們不能讓 S 其所有的子集合都為事件。在本質上，會有一些子集合非常的不規則(參見圖 2.20(b))使得我們不可能去定義積分來量測它們。我們稱這些子集合是不可測量的。證明這個需要用到高等的數學，我們在這裡將不會進一步的處理這個。好消息是我們可以建立一個 sigma 場，藉由把在 R 中的區間或在 R^2 中的矩形做可數的聯集，交集，和補集來建立出這個場，使得我們有良好定義的積分，因此我們可以指派機率。這個就是我們熟悉的領域了。在本書剩下部份，我們將會把在 R 和 R^2 上的 sigma 場稱為 **Borel 場**。

*2.9　細節：事件數列的機率

在這個可跳過的節次中，我們將更詳細的討論 Borel 場，並示範區間的數列如何可以產生許多具實際應用的事件。我們然後爲一個事件的數列在機率函數的連續性上提出一個結果。我們示範這個結果如何可以被應用來求出一個 Borel 事件數列其極限的機率。

2.9.1　事件的 Borel 場

令 S 爲實數線 R。考慮實數線的半無限區間事件：

$$(-\infty,\ b]=\{x:\ -\infty<x\leq b\}$$

我們感興趣的是 **Borel 場** $\mathcal{B}$，它是由具 $(-\infty,\ b]$ 形式的事件做可數的聯集，可數的交集，和補集而產生的 sigma 場。我們將會證明以下形式的事件也在 $\mathcal{B}$ 中：

$$(a,\ b),\ [a,\ b],\ (a,\ b],\ [a,\ b),\ [a,\ \infty),\ (a,\ \infty),\ (-\infty,\ b),\ \{b\}$$

因 $(-\infty,\ b]\in\mathcal{B}$，則它的補集是在 $\mathcal{B}$ 中：

$$(-\infty,\ b]^c=(b,\ \infty)\in\mathcal{B}$$

以下的交集必須在 $\mathcal{B}$ 中：

$$(a,\ \infty)\bigcap(-\infty,\ b]=(a,\ b]\qquad a<b$$

我們現在宣稱 $(-\infty,\ b)\in\mathcal{B}$。那麼以下的補集和交集也在 $\mathcal{B}$ 中：

$$(-\infty,\ b)^c=[b,\ \infty)\ \text{和}\ (a,\ \infty)\bigcap(-\infty,\ b)=(a,\ b)\quad a<b$$
$$[a,\ \infty)\bigcap(-\infty,\ b]=[a,\ b]\ \text{和}\ [a,\ \infty)\bigcap(-\infty,\ b)=[a,\ b)\quad a<b$$
$$\text{和}\quad [b,\ \infty)\bigcap(-\infty,\ b]=\{b\}$$

更進一步，$\mathcal{B}$ 包含以上形式事件之所有的補集，可數的聯集，和交集。特別的是，$\mathcal{B}$ 包含所有的單一點集合(元素事件) {b}，因此也包含離散的和實數可數的樣本空間之所有的事件。

讓我們證明以上的宣稱 $(-\infty,\ b)\in\mathcal{B}$。藉由定義，所有的事件具形式 $(-\infty,\ b]\in\mathcal{B}$。考慮事件數列 $A_n=(-\infty,\ b-1/n]=\{x:\ -\infty<x\leq\ b-1/n\}$。請注意 A_n 是一個遞增數列，也就是說，$A_n\subset A_{n+1}$。所有的 $A_n\in\mathcal{B}$，所以由式(2.49b)，它們的可數聯集也在 $\mathcal{B}$ 中：

$$\bigcup_{n=1}^{\infty}A_n=\bigcup_{n=1}^{\infty}\{x:\ -\infty<x\leq b-1/n\}=(-\infty,\ b)$$

我們宣稱這個可數的聯集等於 $(-\infty, b)$。為了證明最右邊 2 個集合間的等號，首先假設 $x \in \bigcup_{n=1}^{\infty} A_n$。我們可以找到一個足夠大的索引 n 使得 $x < b - 1/n < b$（也就是說，x 嚴格地小於 b），這意味著 $x \in (-\infty, b)$。因此我們已經證明 $\bigcup_{n=1}^{\infty} A_n \subset (-\infty, b)$。

現在假設 $x \in (-\infty, b)$，則 $x < b$。我們因此可以求出一個整數 n_0 使得 $x < b - 1/n_0 < b$，所以 $x \in A_{n_0}$ 和所以 $x \in \bigcup_{n=1}^{\infty} A_n$。因此 $(-\infty, b) \subset \bigcup_{n=1}^{\infty} A_n$。結合兩方向的包含於，我們可以說 $\bigcup_{n=1}^{\infty} A_n = (-\infty, b)$。因此 $(-\infty, b) \in \mathcal{B}$。

2.9.2 機率連的續性

公理 III′讓我們可以把機率和指派給相互互斥事件其聯集的機率。在這一節中，我們提出 2 個由公理 III′所衍生出的結果，它們在處理事件數列的機率方面非常的有用。

令 $A_1, A_2, \ldots$ 為從一個 sigma 場來的一個事件的數列，使得，

$$A_1 \subset A_2 \subset \ldots \subset A_n \ldots$$

該數列被稱為是一個**遞增的事件數列(increasing sequence of events)**。舉例來說，區間 $[a, b-1/n]$ 的數列，其中 $a < b-1$，是一個遞增數列。數列 $(-n, a]$ 也是遞增數列。我們定義一個遞增數列的極限為在數列中所有事件的聯集：

$$\lim_{n \to \infty} A_n = \bigcup_{n=1}^{\infty} A_n$$

此一聯集包含在數列中所有事件的所有元素，沒有其它的元素。請注意事件的可數的聯集也是在 sigma 場中。

我們稱數列 $A_1, A_2, \ldots$ 是一個**遞減的事件數列(decreasing sequence of events)**假如

$$A_1 \supset A_2 \supset \ldots \supset A_n \ldots$$

舉例來說，區間 $(a-1/n, a+1/n)$ 數列是一個遞減數列，數列 $(-\infty, a+1/n]$ 也是。我們定義一個遞減數列的極限為在數列中所有事件的交集：

$$\lim_{n \to \infty} A_n = \bigcap_{n=1}^{\infty} A_n$$

此一交集包含在數列中所有的每一個事件都含有的元素，沒有其它的元素。假如在數列中所有的事件都是在一個 sigma 場中，則事件的可數的交集將也會在 sigma 場中。

推論 8　**機率函數的連續性**

令 $A_1, A_2, \ldots$ 為在 $\mathcal{F}$ 中的一個遞增或遞減的事件數列，則：

$$\lim_{n \to \infty} P[A_n] = P\left[\lim_{n \to \infty} A_n\right] \tag{2.50}$$

我們首先示範此一連續性結果如何被套用來解含有 Borel 場事件的問題。

範例 2.51

對於以下的 Borel 場事件數列，求出機率的一個表示式：$[a, b-1/n]$, $(-n, a]$, $(a-1/n, a+1/n)$, $(-\infty, a+1/n]$。

$$\lim_{n \to \infty} P\left[\{x:\ a \le x \le b - 1/n\}\right] = P\left[\lim_{n \to \infty}\{x:\ a \le x \le b - 1/n\}\right] = P\left[\{x:\ a \le x < b\}\right]$$

$$\lim_{n \to \infty} P\left[\{x:\ -n < x \le a\}\right] = P\left[\lim_{n \to \infty}\{x:\ -n < x \le a\}\right] = P\left[\{x:\ -\infty < x \le a\}\right]$$

$$\lim_{n \to \infty} P\left[\{x:\ a - 1/n < x < a + 1/n\}\right] = P\left[\lim_{n \to \infty}\{x:\ a - 1/n < x < a + 1/n\}\right] = P\left[\{x = a\}\right]$$

$$\lim_{n \to \infty} P\left[\{x:\ -\infty < x \le a + 1/n\}\right] = P\left[\lim_{n \to \infty}\{x:\ -\infty < x \le a + 1/n\}\right] = P\left[\{x:\ -\infty < x \le a\}\right]$$

為了要證明一個遞增事件數列的連續性特性，我們先建構以下的相互互斥事件的數列：

$$B_1 = A_1, \quad B_2 = A_2 - A_1, \ldots, B_n = A_n - A_{n-1}, \ldots \tag{2.51a}$$

事件 B_n 包含了出現在 A_n 中的結果集合，但是不包含已經出現在 $A_1, A_2, \ldots, A_{n-1}$ 中的結果，如在圖 2.21 所示範，所以很容易證明 $B_j \bigcap B_k = \varnothing$ 而且

$$\bigcup_{j=1}^{n} B_j = \bigcup_{j=1}^{n} A_j \quad n = 1, 2, \ldots \tag{2.51b}$$

以及

$$\bigcup_{j=1}^{\infty} B_j = \bigcup_{j=1}^{\infty} A_j \tag{2.51c}$$

因為該數列正在擴張，我們也有：

$$A_n = \bigcup_{j=1}^{n} A_j \tag{2.51d}$$

我們套用公理 III′ 到式(2.51c)：

$$P\left[\bigcup_{j=1}^{\infty} A_j\right] = P\left[\bigcup_{j=1}^{\infty} B_j\right] = \sum_{j=1}^{\infty} P\left[B_j\right]$$

我們把總和表示成一個極限，並套用公理 II：

$$\sum_{j=1}^{\infty} P\left[B_j\right] = \lim_{n\to\infty} \sum_{j=1}^{n} P\left[B_j\right] = \lim_{n\to\infty} P\left[\bigcup_{j=1}^{n} B_j\right]$$

最後，我們使用式(2.51b)和(2.51d)：

$$\lim_{n\to\infty} P\left[\bigcup_{j=1}^{n} B_j\right] = \lim_{n\to\infty} P\left[\bigcup_{j=1}^{n} A_j\right] = \lim_{n\to\infty} P\left[A_n\right]$$

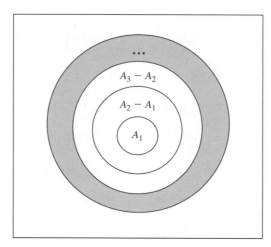

圖 2.21　事件的遞增數列。

這個證明了遞增數列的連續性：

$$\lim_{n\to\infty} P\left[A_n\right] = P\left[\bigcup_{n=1}^{\infty} A_n\right] = P\left[\lim_{n\to\infty} A_n\right]$$

對於遞減數列，我們留意到一個遞減數列的補集數列是一個遞增數列。我們因此可以套用連續性結果到遞減數列 A_n 的補集：

$$P\left[\bigcup_{j=1}^{\infty} A_j^{\ c}\right] = \lim_{n\to\infty} P\left[A_n^{\ c}\right] \tag{2.52a}$$

接下來，我們套用狄摩根定理：

$$\left(\bigcup_{j=1}^{\infty} A_j^{\ c}\right)^c = \bigcap_{j=1}^{\infty} \left(A_j^{\ c}\right)^c = \bigcap_{j=1}^{\infty} A_j$$

和套用推論 1 以獲得：

$$1 - P\left[\bigcap_{j=1}^{\infty} A_j\right] = P\left[\bigcup_{j=1}^{\infty} A_j^{\ c}\right]$$

我們現在使用式(2.52a)：

$$1 - P\left[\bigcap_{j=1}^{\infty} A_j\right] = P\left[\bigcup_{j=1}^{\infty} A_j^{\ c}\right] = \lim_{n\to\infty} P\left[A_n^{\ c}\right] = \lim_{n\to\infty}\left(1 - P[A_n]\right)$$

它給出想要的結果：

$$P\left[\bigcap_{j=1}^{\infty} A_j\right] = \lim_{n\to\infty}[A_n] \tag{2.52b}$$

▶ 摘要

- 一個機率模型的指定是藉由指出樣本空間 S，我們感興趣的事件類別，和一個初始機率指派，一個「機率規則」，從那兒所有事件的機率都可以計算出。
- 樣本空間 S 是所有可能的結果的集合。若它有有限的或可數的元素，則 S 是離散的；否則，S 是連續的。
- 事件為 S 的子集合，它是在實驗中滿足某些特定條件所產生的結果。若 S 是離散的，事件是由元素事件的聯集所構成的。若 S 是連續的，事件是由實數線上區間的聯集或交集所構成的。
- 機率公理指定一組特性，所有的事件機率都必須滿足此組特性。從公理所衍生出的推論也提供一些規則，讓我們可用相關事件的機率來計算某一事件的機率。
- 一個初始的機率指派指定出必須要事先決定之特定的事件機率，它是建立模型的一部分。假如 S 是離散的，指定元素事件的機率就已足夠。假如 S 是連續的，指定區間機率或是半無限區間的機率就已足夠。
- 若實驗具有相同可能性且有限個數的結果，則組合公式常被使用來計算這類實驗的機率。
- 若已知有關於某實驗結果的部分資訊，條件機率量化了此一資訊在事件機率上的效應。在循序實驗中，子實驗的結果構成了「部分已知的資訊」，在此時條件機率特別的有用。
- 貝氏定理給出一個事件的一個後驗機率，在給定另一個事件已經被觀察到的情況下。它可以被使用來建構判定規則，在看到一個觀察之後，嘗試決定最有可能的「起因」。

- 2 個事件為獨立的假如已知其中一個發生不會改變另外一個的機率。2 實驗為獨立的假如它們所有的個別事件為獨立的。若實驗含有非互動式的子實驗，則在計算此類實驗的機率時，獨立的概念很有用。
- 許多實驗可以被視為是由一序列獨立的子實驗所構成的。在本章中我們提出二項，多項，和幾何機率法則來當作這類實驗的模型。
- 一個馬可夫鏈是由一序列的子實驗所構成的，在其中一個子實驗的結果決定接下來要執行那個子實驗。在一個馬可夫鏈中，一個結果數列的機率是由第一個結果的機率和所有的子序列轉移機率的乘積來給定的。
- 電腦模擬模型使用遞迴方程式來產生虛擬隨機數數列。

▶ 重要名詞

機率公理	獨立的實驗
貝氏定理	初始的機率指派
Bernoulli 測試	馬可夫鏈
二項係數	相互互斥事件
二項定理	虛無事件
特定的事件	結果
條件機率	分割
連續的樣本空間	機率法則
離散的樣本空間	樣本空間
元素事件	集合運算
事件	全機率定理
事件類別	樹狀圖
獨立的事件	

▶ 參考文獻

機率和統計的入門教科書不下好幾十本。在這裡所列舉出的書籍是我最愛書籍的其中一些。它們從最初的概念開始說起，它們利用直覺來思考，它們點出了在表面之下那兒存在有神秘的複雜性，而且它們讀起來很有趣！參考文獻[9]介紹了 Octave 的使用，而對於隨機系統的電腦模擬方法，[10]給我們一個很棒的入門。

1. Y. A. Rozanov, *Probability Theory: A Concise Course*, Dover Publications, New York, 1969.
2. P. L. Meyer, *Introductory Probability and Statistical Applications*, Addison-Wesley, Reading, Mass., 1970.

3. K. L. Chung, *Elementary Probability Theory*, Springer-Verlag, New York, 1974.

4. Robert B. Ash, *Basic Probability Theory*, Wiley, New York, 1970.

5. L. Breiman, *Probability and Stochastic Processes*, Houghton Mifflin, Boston, 1969.

6. Terrence L. Fine, *Probability and Probabilistic Reasoning for Electrical Engineering*, Prentice Hall, Upper Saddle River, N.J., 2006.

7. W. Feller, *An Introduction to Probability Theory and Its Applications*, 3d ed., Wiley, New York, 1968.

8. A. N. Kolmogorov and S. V. Fomin, *Introductory Real Analysis*, Dover Publications, New York, 1970.

9. P. J. G. Long, 「Introduction to Octave,」 University of Cambridge, September 2005, available online.

10. A. M. Law and W. D. Kelton, *Simulation Modeling and Analysis*, McGraw-Hill, New York, 2000 .

▶ 習題

第 2.1 節：描述隨機實驗

2.1. 丟一個骰子並記錄所出現的點數。

    (a) 樣本空間為何？

    (b) 求出對應到事件 A =「出現偶數點」的集合。

    (c) 求出事件 A^c。

2.2. 一個骰子被投擲 2 次，記錄每一次投擲所出現的點數並留意發生的順序。

    (a) 求出樣本空間。

    (b) 求出集合 A 對應到事件「第一次擲出的點數不小於第二次擲出的點數」。

    (c) 求出集合 B 對應到事件「第一次擲出的點數為 6」。

    (d) 若 A 則 B 嗎？若 B 則 A 嗎？

    (e) 求出 $A \cap B^c$ 並用文字描述這個事件。

    (f) 令 C 對應到事件「投擲 2 次的點數差異為 2」。求出 $A \cap C$。

2.3. 丟 2 個骰子並記錄所出現的點數總和。

    (a) 求出樣本空間。

    (b) 求出集合 A，它對應到事件「出現的點數總和是偶數」。

    (c) 把在這個實驗中的每一個元素事件表示成習題 2.2 其元素事件的聯集。

2.4. 某二元通訊系統傳送一個信號 X，它不是一個 +2 伏特的電壓信號就是一個 −2 伏特的電壓信號。一個惡意的通道會降低接收信號的大小，降低量為投擲一個硬幣 2 次出現正面的次數。令 Y 為產生的信號。

    (a) 求出樣本空間。

(b) 求出對應到事件「傳送信號必定是+2」的結果集合。

(c) 用文字描述對應到結果 $Y = 0$ 的事件。

2.5. 一個桌子抽屜包含 5 支筆，其中 3 支乾掉了。

(a) 筆被隨機地一支一支的選出直到一支好的筆被找到爲止。我們注意測試結果數列。樣本空間爲何？

(b) 假設在(a)中我們只留意測試次數，而不是測試結果數列。樣本空間爲何？

(c) 假設筆被一支一支的選出和測試直到 2 支好的筆都被找到爲止。我們注意測試結果數列。樣本空間爲何？

(d) 假設在(c)中我們只留意測試次數，而不是測試結果數列。樣本空間爲何？

2.6. 3 位朋友(Al，Bob 和 Chris)把他們的名字放在一個帽子中，每一位從帽子抽出一個名字。(假設 Al 先抽，然後 Bob 抽，最後 Chris 抽。)

(a) 求出樣本空間。

(b) 求出集合 A，B 和 C，它們分別對應到事件「Al 抽出他的名字」，「Bob 抽出他的名字」和「Chris 抽出他的名字」。

(c) 求出集合對應到事件「沒有人抽出他自己的名字」。

(d) 求出集合對應到事件「每一個人都抽出他自己的名字」。

(e) 求出集合對應到事件「一位或多位抽出他自己的名字」。

2.7. 令 M 爲在實驗 E_6 中訊息傳送次數。

(a) 求出集合 A 對應到事件「M 是偶數」。

(b) 求出集合 B 對應到事件「M 是 5 的倍數」。

(c) 求出集合 C 對應到事件「需要傳送小於或等於 6 次」。

(d) 求出集合 $A \cap B$，$A - B$，$A \cap B \cap C$ 和用文字描述對應的事件。

2.8. 從單位區間隨機選出一個數 U。令事件 A 和 B 爲：$A=$「U 和 1/2 的差異大於 1/4」和 $B=$「$1-U$ 小於 1/2」。求出事件 $A \cap B$，$A^c \cap B$，$A \cup B$。

2.9. 一個實驗的樣本空間爲實數線。令事件 A 和 B 對應到以下的實數線子集合：$A = (-\infty, r]$ 和 $B = (-\infty, s]$，其中 $r \le s$。用 A 和 B 求出事件 $C = (r, s]$ 的一個表示式。證明 $B = A \cup C$ 和 $A \cap C = \varnothing$。

2.10. 使用文氏圖來驗證在式(2.2)和(2.3)中的集合恆等式。你將需要使用不同的顏色或不同的陰影來清楚地表示出各種不同的區域。

2.11. 證明：

(a) 若事件 A 推得 B，且 B 推得 C，則 A 推得 C。

(b) 若事件 A 推得 B，則 B^c 推得 A^c。

2.12. 證明若 $A \cup B = A$ 且 $A \cap B = A$，則 $A = B$。

2.13. 令 A 和 B 爲事件。求出事件「事件 A 和 B 其中恰好有一個發生」的一個表示式。畫出這個事件的一個文氏圖。

2.14. 令 *A*，*B* 和 *C* 爲事件。求出以下事件的表示式：

(a) 3 事件中恰好有一個發生。

(b) 恰好有 2 個發生。

(c) 大於或等於 1 個事件發生。

(d) 不多於 1 個事件發生。

(e) 沒有事件發生。

2.15. 圖 P2.1 展示 3 個元件，C_1，C_2 和 C_3 的 3 種系統。圖 P2.1(a)是一個「串聯」系統，在其中系統正常運作唯若所有的 3 個元件正常運作。圖 2.1(b)是一個「並聯」系統，系統正常運作只要 3 個元件中最少有一個正常運作。圖 2.1(c)是一個「3 個中的 2 個」系統，該系統正常運作只要 3 個元件中最少有 2 個元件正常運作。令 A_k 爲事件「元件 *k* 正常運作」。對這 3 種系統配置，用事件 A_k 表示出事件「系統正常運作」。

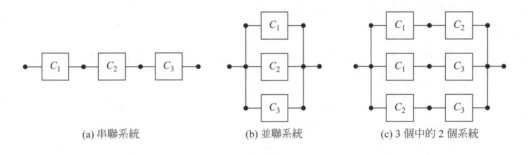

(a) 串聯系統　　　　　(b) 並聯系統　　　　　(c) 3 個中的 2 個系統

圖 P2.1

2.16. 一個系統有 2 個關鍵子系統。系統「運行」假如它的 2 個子系統均正常運作。我們配置三重重複系統以提供高的可靠度。整體系統正常運作只要 3 個系統之一爲「運行」即可。令 A_{jk} 對應到事件「在系統 *j* 中的子系統 *k* 正常運作」，*j* = 1，2，3 和 *k* = 1，2。

(a) 爲事件「整體系統正常運作」寫出一個表示式。

(b) 解釋爲什麼以上的問題等效於在圖 P2.2 中所示的開關網路問題。

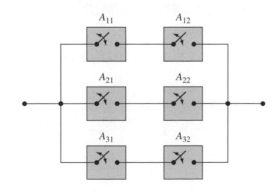

圖 P2.2

2.17. 在一個指定的 24 小時週期中，一個學生在時間 T_1 起床和在某稍後時間 T_2 回家睡覺。

(a) 假如這個實驗的結果是由 (T_1, T_2) 配對所構成的，求出樣本空間，和把它畫在 x-y 平面上。

(b) 集合 A 對應到事件「學生在 9 點鐘時是清醒的」。把它畫在 x-y 平面上。

2.18. 一條馬路和一條鐵軌在一個陡峭的山坡頂端做交叉。火車是不可能為汽車停止的，而汽車若看到火車就為時已晚。假設一台火車在時間 t_1 開始穿越馬路，汽車在時間 t_2 開始穿越鐵軌，其中 $0<t_1<T$，$0<t_2<T$。

(a) 求出這個實驗的樣本空間。

(b) 假設火車要花 d_1 秒才能穿越馬路而汽車要花 d_2 秒才能穿越鐵軌。求出對應到一個碰撞發生的集合。

(c) 差 1 秒或差少於 1 秒碰撞就會發生，求出對應的集合。

2.19. 一個隨機實驗有樣本空間 $S = \{-1, 0, +1\}$。

(a) 求出 S 所有的子集合。

(b) 一個隨機實驗的結果是由 S 的結果配對所構成，其中配對的元素不能相同。求出這個實驗的樣本空間 S'。S' 有多少個子集合？

2.20. (a) 一個硬幣被投擲 2 次，記錄每一次投擲所出現的正面和反面順序。令 S 為這個實驗的樣本空間。求出 S 所有的子集合。

(b) 一個硬幣被投擲 2 次，記錄正面出現的次數。令 S' 為這個實驗的樣本空間。求出 S' 所有的子集合。

(c) 假如硬幣被改成投擲 10 次，再次考慮(a)和(b)。S 和 S' 有多少個子集合？若為每一個可能的子集合做二進位數編碼，需要多少位元？

第 2.2 節：機率公理

2.21. 丟一個骰子並記錄所出現的點數。

(a) 求出元素事件的機率，假設骰子的每一面均具相同的可能性。

(b) 求出事件的機率：$A=\{$大於 4 點$\}$；$B=\{$偶數點$\}$。

(c) 求出 $A\bigcup B$，$A\bigcap B$，A^c 的機率。

2.22. 一個骰子被投擲 2 次，記錄每一次投擲所出現的點數並留意發生的順序。

(a) 求出元素事件的機率。

(b) 求出事件的機率：A，B，C，$A^c\bigcap B^c$ 和 $A\bigcap C$，如在習題 2.2 中定義。

2.23. 一個隨機實驗有樣本空間 $S=\{a, b, c\}$。假設 $P\big[\{a, c\}\big]=5/8$ 和 $P\big[\{b, c\}\big]=7/8$。使用機率公理求出元素事件的機率。

2.24. 用 $P[A]$，$P[B]$，和 $P[A\bigcap B]$ 求出以下事件的機率：

(a) A 發生且 B 不發生；B 發生且 A 不發生。

(b) A 或 B 中恰好有一個發生。

(c) A 和 B 均不發生。

2.25. 令事件 A 和 B 有 $P[A]=x$，$P[B]=y$，和 $P[A\cup B]=z$。使用文氏圖求出

$P[A\cap B]$, $P\left[A^c\cap B^c\right]$, $P\left[A^c\cup B^c\right]$, $P\left[A\cap B^c\right]$, $P\left[A^c\cup B\right]$。

2.26. 證明

$$P[A\cup B\cup C]=P[A]+P[B]+P[C]-P[A\cap B]-P[A\cap C]-P[B\cap C]+P[A\cap B\cap C]$$

2.27. 使用習題 2.26 的論點用數學歸納法證明推論 6。

2.28. 一個 8 進位字元是由 3 個位元所構成的。令 A_i 為事件「在字元中第 i 個位元為 1」。

(a) 求出以下的事件的機率：A_1，$A_1\cap A_3$，$A_1\cap A_2\cap A_3$ 和 $A_1\cup A_2\cup A_3$。假設位元的值是由投擲一個公正的硬幣來決定的。

(b) 假如硬幣是有偏誤的，重做(a)。

2.29. 令 M 為在習題 2.7 中訊息傳送次數。求出事件的機率 A，B，C，C^c，$A\cap B$，$A-B$，$A\cap B\cap C$。假設成功傳送的機率為 1/2。

2.30. 使用推論 7 證明以下的不等式：

(a) $P[A\cup B\cup C]\le P[A]+P[B]+P[C]$

(b) $P\left[\bigcup_{k=1}^{n}A_k\right]\le \sum_{k=1}^{n}P[A_k]$

2.31. 使用推論 7 證明以下的不等式：

$P\left[\bigcap_{k=1}^{n}A_k\right]\ge 1-\sum_{k=1}^{n}P\left[A_k^c\right]$。

第二個表示式被稱為是**聯集界限(union bound)**。

2.32. 令 p 為在本書中一個單一字元正確出現的機率。使用聯集界限來分析在具 n 個字元的一頁中有任何錯誤的機率。

2.33. 丟一個骰子並記錄所出現的點數。

(a) 假如奇數點出現的機率是偶數點出現的機率的 2 倍，求出元素事件的機率。

(b) 重做習題 2.21(b)和(c)。

2.34. 旋轉一個時鐘的分針。假設我們留意分針最終停下來的分鐘數。

(a) 假設分針非常的鬆弛，所以分針會等可能性地停在任何一個分鐘數上。求出元素事件的機率。

(b) 現在假設分針有一點緊，所以分針停在第 2 分鐘的可能性為停在第 1 分鐘的可能性的 1/2，停在第 3 分鐘的可能性為停在第 1 分鐘的可能性的 1/3，以此類推。求出元素事件的機率。

(c) 現在假設分針非常的緊，所以分針停在第 2 分鐘的可能性為停在第 1 分鐘的可能性的 1/2，停在第 3 分鐘的可能性為停在第 2 分鐘的可能性的 1/2，以此類推。求出元素事件的機率。

(d) 在(a)，(b)和(c)中分別求出分針停在最後一分鐘的機率，並做比較。

2.35. 在區間[-1,1]中隨機選擇一個數 x。令事件 $A = \{x < 0\}$，$B = \{|x - 0.5| < 1\}$ 和 $C = \{x > 0.75\}$。

    (a)   求出 B，$A \cap B$ 和 $A \cap C$ 的機率。

    (b)   求出 $A \cup B$，$A \cup C$ 和 $A \cup B \cup C$ 的機率，首先，直接計算集合和它們的機率，第二，使用適當的公理或推論。

2.36. 在區間[-1,1]中隨機選擇一個數 x。從子區間[0,1]取數的機率為從子區間[-1,0]取數機率的 2 倍。

    (a)   對完全在[-1,0]中的區間求出機率。對完全在[0,1]中的區間求出機率。對部份在[-1,0]中，部份在[0,1]中的區間求出機率。

    (b)   用(a)的結果重做習題 2.35。

2.37. 一個裝置的生命期有在範例 2.13 中的行為，參數 $\alpha = 1$。令 A 為事件「生命期大於 5」，和 B 為事件「生命期大於 10」。

    (a)   求出 $A \cap B$ 和 $A \cup B$ 的機率。

    (b)   求出事件「生命期大於 5 且小於或等於 10」的機率。

2.38. 考慮一個實驗，其樣本空間為實數線。一個機率規則指派機率給形式為 $(-\infty, r]$ 的子集合。

    (a)   證明當 $r < s$ 時，我們一定有 $P[(-\infty, r]] \leq P[(-\infty, s]]$。

    (b)   用 $P[(-\infty, r]]$ 和 $P[(-\infty, s]]$，求出 $P[(r,s)]$ 的一個表示式。

    (c)   求出 $P[(s, \infty)]$ 的一個表示式。

2.39. 在區間[0,1]中隨機選擇 2 個數(x,y)。

    (a)   求出數對在單位圓中的機率。

    (b)   求出 $y > 2x$ 的機率。

*第 2.3 節：使用計數方法來計算機率

2.40. 一個鎖的組合是從集合 $\{0, 1, ..., 59\}$ 挑出 3 個數。求出可能的組合數。

2.41. 7 個數字的電話號碼，第一個數字不能是 0 或 1，有多少種可能？

2.42. 投擲一對骰子，丟一個硬幣 2 次和從一副 52 張不同的牌中隨機選擇一張牌。求出可能的結果數。

2.43. 一個鎖有 2 個按鈕：一個「0」號按鈕和一個「1」號按鈕。若要開啟一個門，你需要按出一個預先設定的 6 位元字串。有多少可能的字串？假設你隨意按出一個 6 位元字串；可開啟該門的機率為何？ 假如第一次嘗試開啟該門失敗，你再嘗試其它的字串；可開啟該門的機率為何？

2.44. 一個 Web 網站要求使用者產生一個密碼，用以下的規格：

    ●   有 8 個到 10 個字元。

    ●   最少包含一個特殊字元。

            $\{!, @, \#, \$, \%, \^, \&, *, (,), +, =, \{, \}, |, <, >, \backslash, \_, -, [,], /, ?\}$

- 　不能有空白。
- 　可以包含數字(0–9)，小寫的和大寫的字母(a–z，A–Z)。
- 　對大小寫敏感。

有多少可能的密碼？假如一個密碼可以在 1 微秒被測試完畢，測試完所有的密碼要花多少的時間？

2.45. 一個選擇測驗有 10 個問題，每一問題有 5 個選擇。該測驗有多少種可能的答案？2 份答案紙有相同答案的機率為何？

2.46. 一位學生有 5 種不同的 T 恤和 3 件牛仔褲(「全新的」，「有破洞的」，和「完美的」)。

(a) 在每天的 T 恤和牛仔褲組合不重複的情況下，該位學生可以撐上幾天？

(b) 在每天的 T 恤和牛仔褲組合不重複的情況下，而且不能連續 2 天穿相同的 T 恤，該位學生可以撐上幾天？

2.47. 訂一個「豪華」比薩意指你可以從 15 種食材中選擇 4 種。假如食材可以被重複選擇，有多少可能的組合？假如食材不可以被重複選擇，有多少可能的組合？假設食材選擇的順序不重要。

2.48. 一個講堂有 60 張椅子。45 位學生有多少種坐椅子的方式？

2.49. 對 2 個不同的物件；3 個不同的物件；4 個不同的物件列出所有可能的排列。驗證所得的排列數是 $n!$。

2.50. 一位小朋友從書架上取出 4 冊的百科全書，在被斥責之後，隨意地把它們放回書架。書以正確的順序被放回的機率為何？

2.51. 5 個球被隨機地放在 5 個桶子中。每一個桶子都有一個球的機率為何？

2.52. 對 2 個不同的物件；3 個不同的物件；4 個不同的物件列出所有可能的組合。驗證所得的組合數是二項係數。

2.53. 一個晚餐派對有 4 位男士和 4 位女士參加，餐桌是圓的。這 8 個人有多少種不同的坐法？ 如果男士旁邊一定要坐女士，女士旁邊一定要坐男士，有多少種不同的坐法？

2.54. 一個熱狗攤販為你的熱狗提供洋蔥，風味醬，芥末，蕃茄醬，第戎蕃茄醬，和辣糊椒這幾種佐料。若只加一種佐料，有多少種不同口味的熱狗？若加 2 種佐料，有多少種不同口味的熱狗？若佐料隨意加，不加，加一些，或全加都可以，有多少種不同口味的熱狗？

2.55. 一批貨中有 100 個品項，其中包含有 k 個瑕疵品。隨機選出 M 項來做測試。

(a) 發現 m 個瑕疵品的機率為何？這個被稱為是**超幾何分佈(hypergeometric distribution)**。

(b) 該批貨會被接受假如 M 項測試中只檢查到 1 個或 0 個瑕疵品。該批貨被接受的機率為何？

2.56. 一個公園內有 N 隻浣熊，其中 10 隻曾經被捉住過和對牠綁上標籤。假設 20 隻浣熊被捉住。求出其中 4 隻浣熊有綁標籤的機率。這個機率，取決於 N，把它記爲 $p(N)$。求出可以最大化這個機率的 N 值。提示：把比值 $p(N)/p(N-1)$ 和 1 做比較。

2.57. 一批貨中有 50 個品項，其中包含有 40 個好的和 10 個壞的。

   (a) 假設我們檢定 5 個樣本，每檢定一個後，馬上放回。令 X 爲樣本中的瑕疵品數目。求出 $P[X=k]$。

   (b) 假設我們檢定 5 個樣本，每取出後不放回。令 Y 爲樣本中的瑕疵品數目。求出 $P[Y=k]$。

2.58. 有 4 個紅球，2 個白球和 3 個黑球，有多少種不同的排列方式？

2.59. 一班有 28 位學生，求出一星期的每一天都恰好是 4 位同學的生日的機率。

2.60. 證明

$$\binom{n}{k} = \binom{n}{n-k}$$

2.61. 在這個習題中，我們推導多項係數。假設我們把一個具 n 個不同物件的集合分割成 J 個子集合 $B_1, B_2,..., B_J$，大小分別爲 $k_1,..., k_J$，其中 $k_i \geq 0$，且 $k_1 + k_2 + ... + k_J = n$。

   (a) 當第 i 個子集合被選擇時，令 N_i 表示可能的結果數。證明

$$N_1 = \binom{n}{k_1}, \ N_2 = \binom{n-k_1}{k_2},..., N_{J-1} = \binom{n-k_1-...-k_{J-2}}{k_{J-1}}$$

   (b) 證明分割數爲：

$$N_1 N_2 .. N_{J-1} = \frac{n!}{k_1! \, k_2! .. k_J!}$$

第 2.4 節：條件機率

2.62. 一個骰子被投擲 2 次，記錄每一次投擲所出現的點數並留意發生的順序。令集合 A 對應到事件「第一次擲出的點數不小於第二次擲出的點數」，集合 B 對應到事件「第一次擲出的點數爲 6」。求出 $P[A|B]$ 和 $P[B|A]$。

2.63. 使用條件機率和樹狀圖求出定義在習題 2.5(a)到(d)中隨機實驗其元素事件的機率。

2.64. 在習題 2.6 中(名字在帽子中)，求出 $P[B \cap C|A]$ 和 $P[C|A \cap B]$。

2.65. 在習題 2.29 中(訊息傳送)，求出 $P[B|A]$ 和 $P[A|B]$。

2.66. 在習題 2.8 中(單位區間)，求出 $P[B|A]$ 和 $P[A|B]$。

2.67. 在習題 2.37 中(裝置的生命期)，求出 $P[B|A]$ 和 $P[A|B]$。

2.68. 在習題 2.33 中，令 A={分針停在最後 10 分鐘上}和 B={分針停在最後 5 分鐘上}。求出 (a)，(b)和(c)的 $P[B|A]$。

2.69. 在區間[-2,2]中隨機選擇一個數 x。令事件 $A=\{x<0\}$，$B=\{|x-0.5|<0.5\}$，和 $C=\{x>0.75\}$。求出 $P[A|B]$，$P[B|C]$，$P[A|C^c]$，$P[B|C^c]$。

2.70. 在習題 2.37 中，令 A 為事件「生命期大於 t」，B 為事件「生命期大於 $2t$」。求出 $P[B|A]$。答案取決於 t 嗎？請評論之。

2.71. 一班有 20 位學生，求出大於或等於 2 位學生有相同生日的機率。提示：使用推論 1。若大於或等於 2 位學生有相同生日的機率為 1/2，班上學生應該要幾位才行？

2.72. 一個密碼混雜(cryptographic hash)函數把一個訊息當做輸入和產生一個固定長度的字串當做輸出，稱為數位指紋。所謂的蠻力攻擊(brute force attack)率涉到為相當大數目的訊息計算混雜函數輸出，直到有一對不同的訊息但產生相同的混雜被找到為止。求出所需要計算的次數使得獲得匹配的機率為 1/2。假如數位指紋為 64 位元長，需要多少次嘗試才能找到匹配配對？假如是 128 位元長，需要多少次嘗試才能找到匹配配對？

2.73. (a) 若 $A\cap B=\varnothing$；若 $A\subset B$；和若 $A\supset B$，分別求出 $P[A|B]$。

(b) 證明若 $P[A|B]>P[A]$，則 $P[B|A]>P[B]$。

2.74. 證明 $P[A|B]$ 滿足機率公理。

(i) $0\le P[A|B]\le1$

(ii) $P[S|B]=1$

(iii) 若 $A\cap C=\varnothing$，則 $P[A\cup C|B]=P[A|B]+P[C|B]$。

2.75. 證明 $P[A\cap B\cap C]=P[A|B\cap C]P[B|C]P[C]$。

2.76. 一批貨中有 100 個品項，抽出 2 項做測試，該批貨被退貨假如任一項被發現為瑕疵品。

(a) 若一批貨中有 5 個瑕疵品，該批貨被接受的機率為何？若有 10 個瑕疵品呢？

(b) 若改成抽出 3 項做測試，3 個中若最多只有 1 項是瑕疵品，接受該批貨。重新計算(a)中的機率。

2.77. 一個不對稱的二元通訊通道如圖 P2.3 所示。假設輸入為「0」的機率是 p，為「1」的機率是 $1-p$。

(a) 求出輸出是 0 的機率。

(b) 給定輸出為 1 的情況下，求出輸入是 0 的機率。給定輸出為 1 的情況下，求出輸入是 1 的機率。那個輸入的可能性較高？

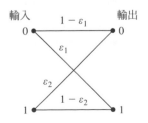

圖 P2.3

2.78. 在習題 2.4 中的發射器等機率地送出 $X = +2$ 和 $X = -2$。一個惡意的通道會降低接收信號的大小，降低量為投擲一個硬幣 2 次出現正面的次數。令 Y 為產生的信號。

(a) 用樹狀圖求出可能的輸入-輸出配對的集合。

(b) 求出輸入－輸出配對的機率。

(c) 求出輸出值的機率。

(d) 給定 $Y = k$，求出輸入 $X = +2$ 的機率。

2.79. 隨機選擇 2 枚硬幣的其中之一並投擲 3 次。第一枚硬幣出現正面的機率為 p_1，第二枚硬幣出現正面的機率為 $p_2 = 2/3 > p_1 = 1/3$。

(a) 求出正面次數為 k 的機率。

(b) 給定 k 次正面被觀察到，求出投擲的是硬幣 1 的機率，$k = 0$，1，2，3 分別做一次。

(c) 在(b)中，當 k 次正面已經被觀察到時，那一枚硬幣比較有可能？

(d) 一般化在(c)中的解來面對以下的情況：若選出的硬幣被投擲 m 次。特別的是，求出一個臨界值 T 使得當 $k > T$ 次正面被觀察到時，硬幣 1 比較有可能；當 $k < T$ 次正面被觀察到時，硬幣 2 比較有可能。

(e) 假設 $p_2 = 1$ (也就是說，硬幣 2 兩面都是正面)而 $0 < p_1 < 1$。我們無法確定是硬幣 1 還是硬幣 2 的機率為何？

2.80. 一電腦製造商使用 3 種來源的晶片。來源 A，B 和 C 的晶片分別有瑕疵率 0.001，0.005 和 0.01。假如一個隨機選擇的晶片被發現是瑕疵品，求出該晶片來自來源 A 的機率；求出該晶片來自來源 C 的機率。

2.81. 一個三元通訊通道如圖 P2.4 所示。假設輸入符號 0，1 和 2 的發生機率分別為 1/2，1/4，和 1/4。

(a) 求出輸出符號的機率。

(b) 假設觀察到一個輸出 1。輸入是 0 的機率為何？輸入是 1 的機率為何？輸入是 2 的機率為何？

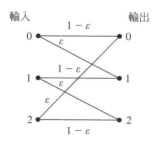

圖 P2.4

第 2.5 節：事件的獨立

2.82. 令 $S = \{1, 2, 3, 4\}$ 及 $A = \{1, 2\}$，$B = \{1, 3\}$，$C = \{1, 4\}$。假設結果具相同可能性。A，B 和 C 為獨立的事件嗎？

2.83. 令 U 為從單位區間中隨機選出。令 $A = \{0 < U < 1/2\}$，$B = \{1/4 < U < 3/4\}$，和 $C = \{1/2 < U < 1\}$。這些事件中有那些是獨立的？

2.84. 證明若 A 和 B 為獨立的事件，則 A 和 B^c，A^c 和 B 以及 A^c 和 B^c 也都是獨立的。

2.85. 證明事件 A 和 B 為獨立的若 $P[A|B] = P[A|B^c]$。

2.86. 令 A，B 和 C 為事件分別具機率 $P[A]$，$P[B]$ 和 $P[C]$。
   (a) 求出 $P[A \cup B]$ 若 A 和 B 為獨立的。
   (b) 求出 $P[A \cup B]$ 若 A 和 B 為相互互斥的。
   (c) 求出 $P[A \cup B \cup C]$ 若 A，B 和 C 為獨立的。
   (d) 求出 $P[A \cup B \cup C]$ 若 A，B 和 C 為兩兩相互互斥的。

2.87. 有 2 個甕，隨機挑出其中一個甕，然後從該甕中隨機選出一個球，並記錄它的顏色(黑或白)。令 A 為事件「甕 1 被選擇」，B 為事件「觀察到一個黑球」。在何條件下 A 和 B 是獨立的？

2.88. 求出在習題 2.15 中 3 種系統「運行」的機率。假設在系統中所有單元的失效是獨立的，且型 k 元件的失效機率為 p_k。

2.89. 求出在習題 2.16 中系統「運行」的機率。假設在系統中所有單元的失效是獨立的，且型 k 子系統的失效機率為 p_k。

2.90. 一個隨機實驗被重複執行很多很多次，我們留意事件 A 和 B 的發生。你如何判定事件 A 和 B 是否獨立？

2.91. 考慮一個非常長的 16 進位數字數列。你如何判定在 16 進位數字中的 4 個位元的相對次數是否吻合硬幣的獨立投擲？

2.92. 考慮在範例 2.35 中的系統。當第二個控制器被加入到系統中時，計算系統「運行」的機率。

2.93. 在範例 2.26 中的二元通訊系統，求出 ε 的值使得通道的輸入獨立於通道的輸出。這樣的一個通道可以被使用來傳送資訊嗎？

第 2.6 節：循序實驗

2.94. 一段 100 位元的資料被傳送通過一個二元的通訊通道，具位元錯誤機率 $p = 10^{-2}$。
   (a) 假如該段資料有 1 或 0 個錯誤，則接收端接受該段資料。求出該段資料被接受的機率。
   (b) 假如該段資料有多於 1 個錯誤，則該段資料被再次傳送。求出需要再次傳送 M 次的機率。

2.95. 某一個生產線的產出有 10% 是瑕疵品。在一批 n 個成品中，瑕疵品數大於 1 的機率為何？

2.96. 一位學生需要 10 個特定型態的晶片來完成一個電路。已知這種晶片有 5% 是瑕疵品。應該要買多少晶片才能使得完成一個電路的機率大於 90%？

2.97. 在一個給定的時間槽中，n 台終端機的每一個送出一個訊息的機率為 p。

(a) 求出剛好只有一台終端機做傳送訊息的機率，如此訊息會被所有的終端機接收而無碰撞。

(b) 求出 p 的值使得在(a)成功傳送的機率可以最大化。

(c) 求出當 n 變大時，成功傳送機率的漸近值。

2.98. 一台機器在一特定的運算中出錯的機率為 p。有 2 種型態的錯誤。型態 1 錯誤的比例為 α，型態 2 錯誤的比例為 $1 - \alpha$。

(a) 在 n 次運算中有 k 次錯誤的機率為何？

(b) 在 n 次運算中有 k_1 次型態 1 錯誤的機率為何？

(c) 在 n 次運算中有 k_2 次型態 2 錯誤的機率為何？

(d) 在 n 次運算中有 k_1 次型態 1 錯誤和 k_2 次型態 2 錯誤的聯合機率為何？

2.99. 一個變動長度編碼器(run-length coder)把一二元的資訊數列分段成一段一段的字串，每一字串有一個「變動長度」的 k 個「0」，最後由一個「1」做結束，k = 0,..., m−1；或一個有 m 個「0」的字串。$m=3$ 的情況為：

字串	變動長度 k
1	0
01	1
001	2
000	3

假設資訊的產生是藉由一個 Bernoulli 測試數列而來，具 P[「1」] = P[成功]= p。

(a) 在 $m=3$ 的情況中，求出變動長度 k 的機率。

(b) 對於一般的 m，求出變動長度 k 的機率。

2.100. 汽車停在停車場的時間遵循一個具參數 1 的指數機率法則。停車場的收費標準為每半小時 1 美元，不足半小時以半小時計。

(a) 求出一輛汽車付 k 美元的機率。

(b) 假設收費的上限是 5 美元。求出一輛汽車付 k 美元的機率。

2.101. 一個有偏的硬幣被重複地投擲直到正面出現 3 次為止。求出需要投擲 k 次的機率。提示：證明{「需要投擲 k 次」} = $A \cap B$，其中 A={「第 k 次投擲是正面」}而 B={「在 k-1 次投擲中有 2 次正面發生」}。

2.102. 在範例 2.45 中，令 $p_0(n)$ 和 $p_1(n)$ 為在第 n 次子實驗中甕 0 或甕 1 被使用的機率。

(a) 求出 $p_0(n)$ 和 $p_1(n)$。

(b) 用 $p_0(n)$ 和 $p_1(n)$ 表示出 $p_0(n+1)$ 和 $p_1(n+1)$。

(c) 計算 $p_0(n)$ 和 $p_1(n)$，n = 2，3，4。

(d) 求出在(b)中遞迴關係式的解，初始條件請使用在(a)中的答案。

(e)　當 n 趨近於無窮大，甕機率為何？

*第 2.7 節：合成隨機特性的電腦方法：隨機數產生器

2.103. 一個甕實驗被使用來模擬一個隨機實驗具樣本空間 $S = \{1, 2, 3, 4, 5\}$，機率分別為 $p_1 = 1/3$，$p_2 = 1/5$，$p_3 = 1/4$，$p_4 = 1/7$，和 $p_5 = 1 - (p_1 + p_2 + p_3 + p_4)$。甕應該含有多少球？請一般化這個結果來證明一個甕實驗可以被使用來模擬任何具有限樣本空間和有理數機率的隨機實驗。

2.104. 假設我們感興趣的是用投擲一個公正的硬幣來模擬一個隨機實驗，在其中有 6 個具相同可能性的結果，$S = \{0, 1, 2, 3, 4, 5\}$。我們提出以下的「丟棄法(rejection method)」版本：

    1.　投擲一個公正的硬幣 3 次，獲得一個二進位數，其中正面為 0 和反面為 1。

    2.　假如在步驟 1 所獲得的二進位數其十進位意義是一個在 S 中的數，則輸出該數。否則，返回步驟 1。

(a)　求出在步驟 2 中產生一個數的機率。

(b)　證明在步驟 2 中所產生的數是具相同可能性的。

(c)　請一般化以上的演算法來證明硬幣投擲如何可以被使用來模擬任何的隨機甕實驗。

2.105. 使用在 Octave 中的 rand 函數在單位正方形中產生 1000 組數對。畫出一個 x-y 分散點狀圖來確認所產生的點均勻分佈在單位正方形中。

2.106. 考慮套用在上面所介紹的丟棄法產生均勻分佈在特定區域中的點。本習題的特定區域為在單位正方形中 $x > y$ 的部份。使用 rand 函數在單位正方形中產生一個數對。假如 $x > y$，則接受該數對；否則，選擇另外一個數對。用那些被接受的數對畫出 x-y 的分散點狀圖來確認所產生的點均勻分佈在本習題的特定區域中。

2.107. 重複執行一個實驗 n 次所得到的數值結果為 $X(1), X(2),\ldots,X(n)$。它們的樣本均方值 (sample mean-squared value)被定義為

$$\langle X^2 \rangle_n = \frac{1}{n}\sum_{j=1}^{n} X^2(j)$$

(a)　當 n 變得非常大時，你預期這個表示式會收斂到什麼？

(b)　求出 $\langle X^2 \rangle_n$ 的一個遞迴公式，類似在習題 1.9 中的那個。

2.108. 樣本變異量被定義為是以樣本平均值為中心，樣本變化的均方值

$$\langle V^2 \rangle_n = \frac{1}{n}\sum_{j=1}^{n} \left\{ X(j) - \langle X \rangle_n \right\}^2$$

請注意 $\langle X \rangle_n$ 也取決於樣本值。(因為技術上的理由，習慣上我們會把在分母的 n 換成 n-1。該理由將會在第 8 章討論。現在，我們將會使用以上的定義。)

(a) 證明樣本變異量滿足以下的表示式：

$$\left\langle V^2 \right\rangle_n = \left\langle X^2 \right\rangle_n - \left\langle X \right\rangle_n^2$$

(b) 證明樣本變異量滿足以下的遞迴公式：

$$\left\langle V^2 \right\rangle_n = \left(1 - \frac{1}{n}\right)\left\langle V^2 \right\rangle_{n-1} + \frac{1}{n}\left(1 - \frac{1}{n}\right)\left(X(n) - \left\langle X \right\rangle_{n-1}\right)^2$$

初始值 $\left\langle V^2 \right\rangle_0 = 0$。

2.109. 假設你有一個程式可以產生一個數列 U_n 均勻分佈在[0,1]中。令 $Y_n = \alpha U_n + \beta$。

(a) 求出 α 和 β 使得 Y_n 均勻分佈在區間[a,b]中。

(b) 令 $a = -5$ 和 $b = 15$。使用 Octave 產生 1000 個 Y_n 和計算樣本平均值和樣本變異量。把所得的樣本平均值和樣本變異量分別和 $(a+b)/2$ 和 $(b-a)^2/12$ 做比較。

2.110. 使用 Octave 來模擬重複執行隨機實驗 100 次，在每次隨機實驗中一個硬幣被投擲 16 次和計數正面出現次數。

(a) 確認你的結果和在圖 2.18 中的結果類似。

(b) 用 $p = 0.25$ 和 $p = 0.75$ 再次執行該實驗。結果如預期嗎？

*第 2.8 節：細節：事件類別

2.111. 在範例 2.49 中，Homer 把 Lisa 樣本空間的結果 $S_L = \{r, g, t\}$ 映射到一個較小的樣本空間 $S_H = \{R, G\}$：$f(r) = R$，$f(g) = G$，和 $f(t) = G$。

定義反向映射事件如下：

$$f^{-1}(\{R\}) = A_1 = \{r\} \quad \text{和} \quad f^{-1}(\{G\}) = A_2 = \{g, t\}$$

令 A 和 B 為在 Homer 樣本空間中的事件。

(a) 證明 $f^{-1}(A \cup B) = f^{-1}(A) \cup f^{-1}(B)$。

(b) 證明 $f^{-1}(A \cap B) = f^{-1}(A) \cap f^{-1}(B)$。

(c) 證明 $f^{-1}(A^c) = f^{-1}(A)^c$。

(d) 證明對於一個一般的函數 f，從一個樣本空間 S 映射到一個集合 S'，(a)，(b)，和(c) 皆成立。

2.112. 令 f 為一個函數，從一個樣本空間 S 映射到一個有限的集合 $S' = \{y_1, y_2, \ldots, y_n\}$。

(a) 證明反向映射 $A_k = f^{-1}(\{y_k\})$ 的集合形成 S 的一個分割。

(b) 證明 S' 的任意一個事件 B 可以被關聯為 A_k 的一個聯集。

2.113. 令 A 為 S 的任意一個子集合。證明集合類別 $\{\emptyset, A, A^c, S\}$ 是一個場。

*第 2.9 節：細節：事件數列的機率

2.114. 求出以下數列事件的可數聯集：

(a)　$A_n = [a+1/n,\ b-1/n]$。

(b)　$B_n = (-n,\ b-1/n]$。

(c)　$C_n = [a+1/n,\ b)$。

2.115. 求出以下數列事件的可數交集：

(a)　$A_n = (a-1/n,\ b+1/n)$。

(b)　$B_n = [a,\ b+1/n)$。

(c)　$C_n = (a-1/n,\ b]$。

2.116　(a)　證明 Borel 場可以用開區間(a,b)的補集，可數交集，和可數聯集產生出。

(b)　請提出可以產生出 Borel 場的其它的集合類別。

2.117. 求出在習題 2.114 中事件機率的表示式。

2.118. 求出在習題 2.115 中事件機率的表示式。

進階習題

2.119. 2 位玩家各投擲 3 枚公正的硬幣。他們獲得相同次數的正面的機率為何？

2.120. 隨機選擇 2 枚硬幣的其中之一，選出後投擲 3 次。第一枚硬幣出現正面的機率為 p_1，第二枚硬幣出現正面的機率為 p_2，其中 $p_1 > p_2$。

(a)　給定 k 次正面被觀察到，求出投擲的是硬幣 1 的機率，$k=0$，1，2，3 分別做一次。

(b)　在(a)中，當 k 次正面已經被觀察到時，那一枚硬幣比較有可能？

(c)　請一般化在(b)中的解來面對以下的情況：若選出的硬幣被投擲 m 次。特別的是，求出一個臨界值 T，使得當 $k>T$ 次正面被觀察到時，硬幣 1 比較有可能；當 $k \le T$ 次正面被觀察到時，硬幣 2 比較有可能。

2.121. 假設在範例 2.43 中，電腦 A 送出一個訊息給電腦 B 是同時使用 2 個不可靠的無線鏈結。當錯誤發生在任意鏈結中時，電腦 B 都可以偵測到。令鏈結 1 和鏈結 2 的訊息傳送錯誤機率分別為 q_1 和 q_2。電腦 B 會一直要求重新傳送，直到從任意一鏈結接收到一個無誤的訊息為止。

(a)　求出需要傳送的次數多於 k 次的機率。

(b)　求出在最後那次傳送中，在鏈結 2 上的訊息是無誤訊息的機率。

2.122. 為了讓一個電路可運作，7 個完全相同的晶片必須在運作狀態。為了增加可靠度，電路板上設計有一個額外的晶片，當 7 個晶片中的任何一個失效時，可隨時替換上。

(a)　求出該電路可運作的機率 p_b。假設每一個個別晶片的運作機率為 p。

(b)　假設有 n 個如此的電路並聯運作。假設我們希望有 99.9%的機率最少有一個電路是正常運作的，需要多少塊這樣的電路板才行？

2.123. 考慮一副已充分洗勻的牌，由 52 張不同的牌所構成，其中有 4 張 A 和 4 張老 K。

(a)　求出在第一次抽取中可獲得一張 A 的機率。

(b) 從該副牌中抽一張牌和看抽出什麼牌。在第 2 次抽取中可獲得一張 A 的機率爲何？假如你在第一次抽牌時沒有看抽出什麼牌，答案會改變嗎？

(c) 假設我們從該副牌中抽出 7 張牌。7 張牌中有 3 張 A 的機率爲何？7 張牌中有 2 張老 K 的機率爲何？7 張牌中有 3 張 A 及/或 2 張老 K 的機率爲何？

(d) 假設一整副牌分給 4 位玩家各 13 張。每位玩家都有一張 A 的機率爲何？

離散隨機變數

在大部分的隨機實驗中，我們對實驗結果的數值屬性感興趣。一個隨機變數被定義為是一個函數，它會指派一個數值給實驗的結果。在本章中我們將介紹隨機變數的概念，並發展一些方法來計算含有隨機變數事件的機率。我們聚焦在最簡單的情況，也就是離散隨機變數，並介紹機率質量函數。我們定義一個隨機變數的期望值，並把它和直覺的平均概念建立關聯。我們也介紹條件機率質量函數，它被使用在已知隨機變數有部份給定的資訊已經發生的情況下。這些概念和它們在第 4 章中所延伸的概念提供我們一些有用的分析工具。當我們設計的系統牽涉到隨機性時，這些工具可用來估算系統的機率和平均。

在本章中我們會介紹重要的隨機變數和討論它們一般的應用。我們也提出一些方法來產生隨機變數，這些方法常被使用在電腦模擬中。我們常用這些方法來模擬複雜的現代系統其行為和效能的模型。

3.1 一個隨機變數的概念

一個隨機實驗的結果不一定是一個數。然而，我們通常對結果本身不感興趣，而是對結果其數值屬性的某些量測感興趣。 舉例來說，投擲一個硬幣 n 次，我們可能只對有幾次正面感興趣，而不是對正面和反面的確切發生順序感興趣。在一個隨機點選的 Web 文件中，我們可能只對該文件的長度感興趣。在這些例子中，**某種度量會指派一個數值給隨機實驗的每一個結果**。因為結果是隨機的，所以度量的產出也會是隨機的。因此所謂的機率就是探討某些產出數值的機率。我們用一個隨機變數的概念來正式化這個想法。

一個**隨機變數(random variable)** X 是一個函數映射，它會指派一個實數，$X(\zeta)$，給一個隨機實驗其樣本空間中的每一個結果 ζ。其實，一個函數簡單來說就是一個規則，是為某一個集合中的每一個元素皆指派一個對應數值的規則，如圖 3.1 所示。一個隨機實驗其結果的度量方式恰好在樣本空間上定義了一個函數，因此也定義了一個隨機變數。隨機變數的定義域(domain)為樣本空間 S，而集合 S_X 為 X 之所有的可能值所形成的集合，是隨機變數的值域(range)。因此 S_X 為實數集合的一個子集合。我們將使用以下的記號：大寫字母代表隨機變數，如 X 或 Y，而小寫字母代表隨機變數的可能值，如 x 或 y。

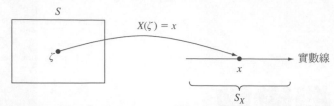

圖 3.1 一個隨機變數指派一個數 $X(\zeta)$ 給隨機實驗其樣本空間中的每一個結果 ζ。

範例 3.1　硬幣投擲

一個硬幣被投擲 3 次，出現正面和反面的順序被記錄下來。本實驗的樣本空間為 $S = \{$HHH, HHT, HTH, HTT, THH, THT, TTH, TTT$\}$。令 X 為 3 次投擲中出現正面的次數。X 為在 S 中的每一個結果 ζ 指派一個數值，這些數值的集合為 $S_x = \{0, 1, 2, 3\}$。以下的表列舉了 8 個結果和它們對應的 X 值。

ζ :	HHH	HHT	HTH	THH	HTT	THT	TTH	TTT
$X(\zeta)$:	3	2	2	2	1	1	1	0

所以，X 是一個隨機變數，它的可能值集合為 $S_X = \{0,1,2,3\}$。

範例 3.2　一個賭博遊戲

一位玩家每次付\$1.50 來玩以下的遊戲：投擲一個硬幣 3 次並計算正面的次數 X。若 $X = 2$ 則玩家會收到\$1，若 $X = 3$ 則玩家會收到\$8，但是其它的 X 值則不會收到任何錢。令 Y 為玩家的報酬。Y 是隨機變數 X 的一個函數，它的結果可以和隨機實驗的樣本空間做關聯：

ζ :	HHH	HHT	HTH	THH	HTT	THT	TTH	TTT
$X(\zeta)$:	3	2	2	2	1	1	1	0
$Y(\zeta)$:	8	1	1	1	0	0	0	0

所以，Y 是一個隨機變數，它的可能值集合為 $S_Y = \{0, 1, 8\}$。

以上的範例說明了一個隨機變數的一個函數產生出另一個隨機變數。

對於隨機變數而言，給每一個結果指派數值的函數或是規則是固定且是確定的 (deterministic)，舉例來說，就好像「丟 2 個骰子，計算點數和」的這個規則是固定且是確定的。這個實驗的隨機性在 2 個骰子被丟出之後就已經結束了。計算點數和的這個過程是無隨機性的。因此一個隨機變數 X 其值的分佈取決於隨機實驗其結果 ζ 的機率。換句話說，在 X 其觀察值中的隨機性是由潛在的隨機實驗所引出的，因此，我們一定要能夠用潛在結果的機率來計算出 X 其觀察值的機率。

範例 3.3　硬幣投擲和賭博

令 X 為投擲一個公正的硬幣 3 次出現正面的次數。求出事件 $\{X = 2\}$ 的機率。求出玩家在範例 3.2 中贏\$8 的機率。

請注意 $X(\zeta) = 2$ 若且唯若 ζ 在 $\{HHT,HTH,THH\}$ 中。因此

$$P[X = 2] = P\big[\{HHT, HTH, HHT\}\big] = P\big[\{HHT\}\big] + P\big[\{HTH\}\big] + P\big[\{HHT\}\big] = 3/8$$

事件 $\{Y=8\}$ 發生若且唯若結果　ζ 為 HHH，因此

$$P[Y = 8] = P\big[\{HHH\}\big] = 1/8$$

若欲求出牽涉到隨機變數 X 的事件機率，範例 3.3 說明了一個一般的技巧。令潛在的隨機實驗有樣本空間 S 和事件類別(event class) $\mathcal{F}$。欲求出 R 的一個子集合 B 的機率，如 $B = \{x_k\}$，我們需要求出在 S 會中映射至 B 的結果，也就是說，

$$A = \{\zeta : X(\zeta) \in B\} \tag{3.1}$$

如在圖 3.2 中所示。若事件 A 發生則 $X(\zeta) \in B$，所以事件 B 發生。反過來說，若事件 B 發生，則值 $X(\zeta)$ 意味著 ζ 是在 A 中，所以事件 A 發生。因此，X 在 B 中的機率為：

$$P[X \in B] = P[A] = P\Big[\{\zeta : X(\zeta) \in B\}\Big] \tag{3.2}$$

我們稱 A 和 B 為**等價事件(equivalent event)**。

圖 3.2　$P[X$ 在 B 中$]=P[\zeta$ 在 A 中$]$。

在某些隨機實驗中，結果 ζ 本身就已經是我們所感興趣的數值形式了。在這種情況中，我們簡單地令 $X(\zeta) = \zeta$，也就是說，我們使用恆等函數(identity function)來獲得一個隨機變數。

*3.1.1　細節：一個隨機變數的正式定義

從式(3.1)到式(3.2)，事實上我們需要檢查事件 A 是否在 $\mathcal{F}$ 中，因為只有在 $\mathcal{F}$ 中的事件才有機率指派給它們。在第 4 章，有一個隨機變數的正式定義將會明顯地陳述這項需求。

假如事件類別 $\mathcal{F}$ 是由 S 之所有的子集合構成，則集合 A 將一定在 $\mathcal{F}$ 中，所以從 S 到 R 之任意函數將會是一個隨機變數。然而，若事件類別 $\mathcal{F}$ 不是由 S 之所有的子集合構成，則某些從 S 到 R 之函數可能不是隨機變數，我們在以下的範例說明。

範例 3.4 一個不是隨機變數的函數

這個範例說明了為什麼一個隨機變數的正式定義需要檢查集合 A 是否在 $\mathcal{F}$ 中。一個甕裝有 3 顆球。一顆球被打上標籤 00，另一顆球被打上標籤 01，第 3 顆球被打上標籤 10。這個實驗的樣本空間為 $S = \{00, 01, 10\}$。令事件類別 $\mathcal{F}$ 是由事件 $A_1 = \{00, 10\}$ 和事件 $A_2 = \{01\}$ 之所有的聯集，交集，和補集所構成的。在本事件類別中，結果 00 和結果 10 是無法區分的。舉例來說，這可能是起因於一個壞掉的標籤讀碼器，它無法分辨 00 和 10。事件類別中有 4 個事件 $\mathcal{F} = \{\varnothing, \{00, 10\}, \{01\}, \{00, 01, 10\}\}$。假設對在 $\mathcal{F}$ 中的事件其機率指派為 $P\big[\{00, 10\}\big] = 2/3$ 和 $P\big[\{01\}\big] = 1/3$。

考慮以下之從 S 到 R 的函數 X: $X(00) = 0$, $X(01) = 1$, $X(10) = 2$。若欲求出 $\{X = 0\}$ 的機率，我們需要 $\{\zeta: X(\zeta) = 0\} = \{00\}$ 的機率。然而，$\{00\}$ 不是在類別 $\mathcal{F}$ 中，所以 X 不是一個隨機變數，因為我們無法決定 $X = 0$ 的機率。

3.2 離散隨機變數和機率質量函數

一個**離散隨機變數 X (discrete random variable X)**被定義成是一個隨機變數，它的可能值是一個可數集合(countable set)的元素，也就是說，$S_X = \{x_1, x_2, x_3, \ldots\}$。一個離散隨機變數被稱為是**有限的(finite)**假如它的範圍是有限的，也就是說，$S_X = \{x_1, x_2, \ldots, x_n\}$。我們希望求出牽涉到一個離散隨機變數 X 的事件機率。因為樣本空間 S_X 為離散的，我們只要獲得其潛在隨機實驗之事件 $A_k = \{\zeta: X(\zeta) = x_k\}$ 的機率即可。牽涉到 X 之所有事件的機率可以從 A_k 的機率求得。

一個離散隨機變數 X 的機率質量函數(pmf)被定義為：

$$p_X(x) = P[X = x] = \mathrm{P}\ \{\zeta: X(\zeta) = x\} \qquad x \text{是一個實數} \tag{3.3}$$

請注意 $p_X(x)$ 是定義在實數線上的一個 x 的函數，而且 $p_X(x)$ 只有在 $x_1, x_2, x_3, \ldots$ 上才可以有非零值。對於在 S_X 中的 x_k，我們有 $p_X(x_k) = P[A_k]$。

事件 $A_1, A_2, \ldots$ 形成 S 的一個分割，如在圖 3.3 中所示。現在我們證明之。我們首先證明事件兩兩不相交。令 $j \neq k$ 則

$$A_j \bigcap A_k = \big\{\zeta: X(\zeta) = x_j \text{ 且 } X(\zeta) = x_k\big\} = \varnothing$$

因為每一個 ζ 被映射至 S_X 中的一個而且只有唯一一個的值。接下來，我們證明 S 為 A_k 的聯集。在 S 中的每一個 ζ 被映射至某個 x_k，所以每一個 ζ 屬於在分割中的某個事件 A_k。因此：

$$S = A_1 \bigcup A_2 \bigcup \ldots$$

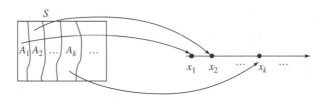

圖 3.3　伴隨一個離散隨機變數之樣本空間 S 的分割。

　　牽涉到隨機變數 X 之所有的事件可以被表示成事件 A_k 的聯集。舉例來說，假設我們對事件 X 在 $B = \{x_2, x_5\}$ 中感興趣，那麼

$$P[X在B中] = P\Big[\{\zeta: X(\zeta) = x_2\}\bigcup\{\zeta: X(\zeta) = x_5\}\Big] = P[A_2\bigcup A_5] = P[A_2] + P[A_5]$$
$$= p_X(2) + p_X(5)$$

　　pmf　$p_X(x)$ 滿足以下 3 個特性，若欲計算牽涉到離散隨機變數 X 的事件機率，這 3 個特性可提供所有需要的資訊：

(i)　對於所有的 x 皆使得 $p_X(x) \geq 0$　　　　　　　　　　　　　　　　　　　　(3.4a)

(ii) $\displaystyle\sum_{x\in S_X} p_X(x) = \sum_{\text{all } k} p_X(x_k) = \sum_{\text{all } k} P[A_k] = 1$　　　　　　　　　　　　　(3.4b)

(iii) $\displaystyle P[X \text{ 在 } B \text{ 中}] = \sum_{x\in B} p_X(x)$ 其中 $B \subset S_X$　　　　　　　　　　　　　(3.4c)

特性(i)為真，因為 pmf 之值被定義成是一個機率，$p_X(x) = P[X = x]$。特性(ii)為真，因為事件 $A_k = \{X = x_k\}$ 形成 S 的一個分割。請注意在式(3.4b)和式(3.4c)中的總和可能會有有限項或是無窮多項，取決於該隨機變數是有限的還是無窮的。接下來考慮特性(iii)。牽涉到 X 之任何事件 B 為元素事件(elementary event)之聯集，所以由公理 III′我們有：

$$P[X \text{ 在 } B \text{ 中}] = P\Bigg[\bigcup_{x\in B}\{\zeta: X(\zeta) = x\}\Bigg] = \sum_{x\in B} P[X = x] = \sum_{x\in B} p_X(x)$$

　　X 的 pmf 告訴我們在 S_X 中所有元素事件的機率。S_X 其任何子集合的機率可由把對應的元素事件的機率相加獲得。事實上，對於在 S_X 中的結果，我們已經有足夠的資訊和原理可以指出它的機率規則。但是，假如我們只對 X 的事件感興趣，那麼我們可以忘記其潛在的隨機實驗和其伴隨的機率規則，只需和 S_X 以及 X 的 pmf 一起工作即可。

範例 3.5　**硬幣投擲和二項隨機變數**

令 X 為獨立投擲一個公正的硬幣 3 次出現的正面次數。求出 X 的 pmf。

　　如同在範例 3.3 中的處理，我們發現：

$$p_0 = P[X = 0] = P\big[\{\text{TTT}\}\big] = (1 - p)^3$$

$$p_1 = P[X=1] = P\big[\{HTT\}\big] + P\big[\{THT\}\big] + P\big[\{TTH\}\big] = 3(1-p)^2\,p$$

$$p_2 = P[X=2] = P\big[\{HHT\}\big] + P\big[\{HTH\}\big] + P\big[\{THH\}\big] = 3(1-p)\,p^2$$

$$p_3 = P[X=3] = P\big[\{HHH\}\big] = p^3$$

請注意：$p_X(0) + p_X(1) + p_X(2) + p_X(3) = 1$

範例 3.6　　一個賭博遊戲

一位玩家玩以下的遊戲：投擲一個硬幣 3 次並計算正面的次數。若 2 次正面則玩家會收到\$1，若 3 次正面則玩家會收到\$8，但是其它情況玩家不會收到任何錢。令 Y 為玩家的報酬。求出 Y 的 pmf。

$$p_Y(0) = P\big[\zeta \in \{TTT,\ TTH,\ THT,\ HTT\}\big] = 4/8 = 1/2$$

$$p_Y(1) = P\big[\zeta \in \{THH,\ HTH,\ HHT\}\big] = 3/8$$

$$p_Y(8) = P\big[\zeta \in \{HHH\}\big] = 1/8$$

請注意：$p_Y(0) + p_Y(1) + p_Y(8) = 1$

　　圖 3.4(a)和(b)分別展示出在範例 3.5 和範例 3.6 中隨機變數的 $p_X(x)$ 圖形，橫軸為 x。一般而言，一個離散隨機變數的 pmf 圖中會有一些垂直的射線位於 S_X 中的 x_k 處，其高度為 $p_X(x_k)$。我們可以把全部的機率看成是一單位的質量，而 $p_X(x)$ 為機率質量散佈在每一個離散點 $x_1,\ x_2,\ldots$ 上面的量。在不同的點上，pmf 的相對值指出了該點會發生與否的相對可能性。

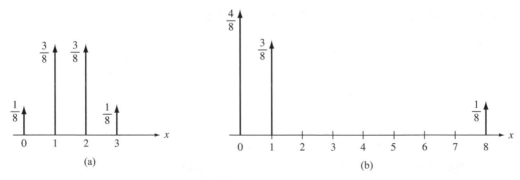

圖 3.4　(a)3 次硬幣投擲的 pmf 圖，(b)賭博遊戲的 pmf 圖

範例 3.7　　隨機數產生器

一個隨機數產生器會從整數集合 $S_X = \{0,\ 1,\ 2,\ldots,\ M-1\}$ 中隨機選出一個元素當做是 X 的值，且每一個元素都有相同的可能性。求出 X 的 pmf。

對於在 S_X 中的每一個 k，我們有 $p_X(k) = 1/M$ 。請注意

$$p_X(0) + p_X(1) + \ldots + p_X(M-1) = 1$$

我們稱 X 爲在集合 $\{0, 1, \ldots, M-1\}$ 中的**均一隨機變數(uniform random variable)**。

範例 3.8　　Bernoulli 隨機變數

令 A 爲在某隨機實驗中我們所感興趣的事件，譬如，一個裝置沒有瑕疵。當我們執行該實驗時，若 A 發生了，則我們說一個「成功」發生。Bernoulli 隨機變數 I_A 的值如下：假如 A 發生，則 I_A 爲 1；否則，I_A 爲 0。I_A 可由 A 的**指示器函數(indicator function)**來給定：

$$I_A(\zeta) = \begin{cases} 0 & \text{若 } \zeta \text{ 不在 } A \text{ 中} \\ 1 & \text{若 } \zeta \text{ 在 } A \text{ 中} \end{cases} \tag{3.5a}$$

求出 I_A 的 pmf。

$I_A(\zeta)$ 是一個有限的離散隨機變數，它的值域爲 $S_I = \{0, 1\}$，pmf 爲：

$$\begin{aligned} p_I(0) &= P\big[\{\zeta: \zeta \in A^c\}\big] = 1 - p \\ p_I(1) &= P\big[\{\zeta: \zeta \in A\}\big] = p \end{aligned} \tag{3.5b}$$

我們稱 I_A 爲 **Bernoulli 隨機變數(Bernoulli random variable)**。請注意 $p_I(1) + p_I(0) = 1$。

範例 3.9　　訊息傳送次數

令 X 爲一個訊息正確地傳送至目的地所需要傳送的次數。求出 X 的 pmf。求出 X 是一個偶數的機率。

X 是一個離散隨機變數，它的值域爲 $S_X = \{1, 2, 3, \ldots\}$。事件 $\{X = k\}$ 發生在若隨機實驗在 k-1 次連續的錯誤傳送(「失敗」)之後，有一次無誤的傳送(「成功」)：

$$p_X(k) = P[X = k] = P[00\ldots01] = (1-p)^{k-1}\,p = q^{k-1}p \quad k = 1, 2, \ldots \tag{3.6}$$

我們稱 X 爲**幾何隨機變數(geometric random variable)**，而且我們說 X 是幾何式地分佈的。在式(2.42b)中，我們知道幾何機率的總和爲 1。

$$P[X \text{ 是偶數}] = \sum_{k=1}^{\infty} p_X(2k) = p\sum_{k=1}^{\infty} q^{2k-1} = p\frac{1}{1-q^2} = \frac{1}{1+q}$$

範例 3.10 傳輸錯誤

一個數位通訊通道在傳輸一個位元時會使該位元發生錯誤的機率為 p。令 X 為 n 次獨立傳送中錯誤的次數。求出 X 的 pmf。求出發生一個錯誤或無錯誤的機率。

X 的值域為集合 $S_X = \{0, 1,\ldots, n\}$。在這個例子中，若沒有錯誤發生的話，則傳輸會導致一個「0」，若有錯誤發生的話，則傳輸會導致一個「1」，$P[\text{``1''}] = p$ 而 $P[\text{``0''}] = 1-p$。在 n 個位元傳送中有 k 個錯誤的機率等於在一個**錯誤樣式(error pattern)**中有 k 個 1 和 $n-k$ 個 0 的機率：

$$p_X(k) = P[X=k] = \binom{n}{k} p^k (1-p)^{n-k} \quad k = 0, 1,\ldots, n \tag{3.7}$$

我們稱 X 為**二項隨機變數(binomial random variable)**，具參數 n 和 p。在式(2.39b)中，我們看到二項機率的總和為 1。

$$P[X \leq 1] = \binom{n}{0} p^0 (1-p)^{n-0} + \binom{n}{1} p^1 (1-p)^{n-1} = (1-p)^n + np(1-p)^{n-1}$$

最後，讓我們考慮在相對次數和 pmf $p_X(x_k)$ 之間的關係。假設我們執行 n 次獨立的試驗以獲得離散隨機變數 X 的 n 個觀察樣本。令 $N_k(n)$ 為事件 $X = x_k$ 發生的次數並令 $f_k(n) = N_k(n)/n$ 為其對應的相對次數。當 n 變大時，我們預期 $f_k(n) \to p_X(x_k)$。因此相對次數的圖形應該會逼近 pmf 的圖形。圖 3.5(a)展示出相對次數圖和對應的 pmf 圖，在(a)中我們的實驗是從集合$\{0, 1,\ldots, 7\}$ 中產生 1000 個均一隨機變數的數值。圖 3.5(b)也是展示出相對次數圖和對應的 pmf 圖，在(b)中我們的實驗是一個幾何隨機變數其 p = 1/2，我們做 n = 1000 次實驗並紀錄其結果。在這 2 種情況中我們看到相對次數的圖形確實逼近 pmf 的圖形。

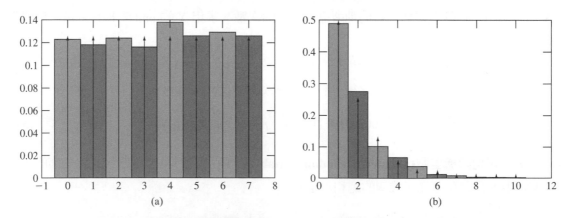

圖 3.5 (a) 相對次數和對應的均一 pmf，(b) 相對次數和對應的幾何 pmf

3.3　離散隨機變數的期望值和動差

若要完全描述一個離散隨機變數的行為，一個完整的函數，也就是 $p_X(x)$，必須被給定。在某些情況中，我們只對某些參數感興趣，那些參數可以總結 pmf 所提供的資訊。舉例來說，圖 3.6 展示出某一個實驗重覆做許多次所產生的結果，它產生了 2 個隨機變數。隨機變數 Y 以 0 為中心做變化，而隨機變數 X 以 5 為中心做變化。除此之外，也可以清楚的看出 X 比起 Y 分散得比較開。在本節中我們介紹可以定量分析這些特性的參數。

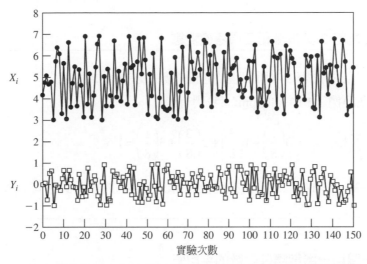

圖 3.6　一個實驗重覆 150 次所產生的結果，它產生了 X 和 Y。隨機變數　Y 以 0

為中心；而隨機變數 X 以 5 為中心。除此之外，也可以清楚地看出 X 比

起 Y 分散得比較開

一個**離散隨機變數(discrete random variable)** X 的**期望值(expected value)**，也稱為**平均值 (mean)**，被定義為

$$m_X = E[X] = \sum_{x \in S_X} x p_X(x) = \sum_k x_k p_X(x_k) \tag{3.8}$$

若以上的總和絕對收斂的話，期望值 $E[X]$ 才有定義，所謂的絕對收斂為

$$E[|X|] = \sum_k |x_k| p_X(x_k) < \infty \tag{3.9}$$

有些隨機變數代入式(3.9)中是不會收斂的。在這種情況中，我們說它的期望值不存在。

假如我們把 $p_X(x)$ 視為是質量在實數線上的點 $x_1, x_2,\ldots$ 上面的分佈，則 $E[X]$ 代表這個分佈其質量的中心。舉例來說，在圖 3.5(a)中，我們可以看到一個離散隨機變數的 pmf，它均一地分佈在 $\{0,\ldots, 7\}$ 中，而它的質量中心位於 3.5 處。

| 範例 3.11 | Bernoulli 隨機變數的平均值 |

求出 Bernoulli 隨機變數 I_A 的期望值。

從範例 3.8，我們有

$$E[I_A] = 0p_I(0) + 1p_I(1) = p$$

其中 p 為在 Bernoulli 測試中成功的機率。

| 範例 3.12 | 硬幣的 3 次投擲和二項隨機變數 |

令 X 為投擲一個公正的硬幣 3 次所出現的正面次數。求出 $E[X]$。

由式(3.8)和在範例 3.5 中 X 的 pmf，我們有：

$$E[X] = \sum_{k=0}^{3} k p_X(k) = 0\left(\frac{1}{8}\right) + 1\left(\frac{3}{8}\right) + 2\left(\frac{3}{8}\right) + 3\left(\frac{1}{8}\right) = 1.5$$

請注意以上為 $n=3$，$p=1/2$ 之二項隨機變數的情況，我們將會看到它有 $E[X] = np$。

| 範例 3.13 | 一個均一離散隨機變數的平均值 |

令 X 為在範例 3.7 中的隨機數產生器。求出 $E[X]$。

從範例 3.5 中，我們有　$p_X(j) = 1/M$，$j = 0,\ldots, M-1$。所以

$$E[X] = \sum_{k=0}^{M-1} k \frac{1}{M} = \frac{1}{M}\{0 + 1 + 2 + \ldots + M - 1\} = \frac{(M-1)M}{2M} = \frac{(M-1)}{2}$$

其中我們使用了 $1 + 2 + \ldots + L = (L+1)L/2$ 這個恆等式。請注意對於 $M= 8$，$E[X]=3.5$，它吻合了我們在圖 3.5(a)中對質量中心所做的觀察。

使用「期望值」這個術語並是不意味著當我們執行產生 X 的實驗時，我們期望要觀察到 $E[X]$這個值。舉例來說，一個 Bernoulli 測試的期望值為 p，但是它的結果不是 0 就是 1。

$E[X]$其實就是在大量的 X 觀察值中對應之「X 的平均值」。假設我們執行 n 次獨立重複的實驗，該實驗產生出 X，我們紀錄觀察到的值 $x(1)$, $x(2),\ldots, x(n)$，其中 $x(j)$為第 j 次實驗的觀察結果。令 $N_k(n)$ 為 x_k 被觀察到的次數，並令 $f_k(n) = N_k(n)/n$ 為其對應的相對次數。這些觀察值的算數平均，也就是**樣本平均值(sample mean)**，為：

$$\langle X \rangle_n = \frac{x(1)+x(2)+\ldots+x(n)}{n} = \frac{x_1 N_1(n) + x_2 N_2(n) + \ldots + x_k N_k(n) + \ldots}{n}$$

$$= x_1 f_1(n) + x_2 f_2(n) + \ldots + x_k f_k(n) + \ldots = \sum_k x_k f_k(n) \tag{3.10}$$

第一個分子是把那些觀察值依照它們所發生的順序加總起來，而第二個分子是先算出每一個 x_k 發生的次數，然後才把它們加總。當 n 變大時，我們預期相對次數會逼近機率 $p_X(x_k)$：

$$\lim_{n \to \infty} f_k(n) = p_X(x_k) \quad 對於所有的 k \tag{3.11}$$

式(3.10)則意味著：

$$\langle X \rangle_n = \sum_k x_k f_k(n) \to \sum_k x_k p_X(x_k) = E[X] \tag{3.12}$$

因此我們預期當 n 變大時，樣本平均值會收斂到 $E[X]$。

範例 3.14　一個賭博遊戲

一位玩家每次付\$1.50 來玩以下的遊戲：投擲一個硬幣 3 次並計算正面的次數 X。若 $X = 2$ 則玩家會收到\$1，若 $X = 3$ 則玩家會收到\$8，但是其它的 X 值則不會收到任何錢。令 Y 為玩家的報酬。求出 Y 的期望值。淨獲利的期望值為何？

報酬的期望值為：

$$E[Y] = 0 p_Y(0) + 1 p_Y(1) + 8 p_Y(8) = 0 \left(\frac{4}{8} \right) + 1 \left(\frac{3}{8} \right) + 8 \left(\frac{1}{8} \right) = \left(\frac{11}{8} \right)$$

淨獲利的期望值為：

$$E[Y - 1.5] = \frac{11}{8} - \frac{12}{8} = -\frac{1}{8}$$

玩家每玩一次遊戲平均會輸 12.5 分錢，所以莊家長期下來會有一個不錯的獲利。在範例 3.18 中，我們將會看到某些工程設計也「打賭」使用者會有一種特定的行為模式。

範例 3.15　一個幾何隨機變數的平均值

令 X 為在一個訊息中位元組(bytes)的數目，假設 X 有一個幾何分佈，其參數為 p。求出 X 的平均值。

X 的值可以任意的大，因為 $S_X = \{1, 2, \ldots\}$。期望值為：

$$E[X] = \sum_{k=1}^{\infty} kpq^{k-1} = p\sum_{k=1}^{\infty} kq^{k-1}$$

計算這個表示式不難，只要對下式的級數左右做微分

$$\frac{1}{1-x} = \sum_{k=0}^{\infty} x^k \tag{3.13}$$

可以獲得

$$\frac{1}{(1-x)^2} = \sum_{k=0}^{\infty} kx^{k-1} \tag{3.14}$$

再令 $x=q$，我們可得

$$E[X] = p\frac{1}{(1-q)^2} = \frac{1}{p} \tag{3.15}$$

我們看到，只要 $p>0$，X 會有一個有限的期望值。

　　對於特定的隨機變數，若大數值發生的非常頻繁，會導致期望值不存在。我們用以下的範例來說明這種情況。

範例 3.16　聖彼得堡詭論(St. Petersburg Paradox)

一個公正的硬幣被重複地投擲，直到出現第一個反面為止。若需要 X 次投擲才可達到目的，則賭場會付給玩家 $Y = 2^X$ 元。玩家將願意付出多少錢來玩這種遊戲？

　　假如玩家玩這種遊戲非常多次，則他的報酬應該為為 $Y = 2^X$ 的期望值。若硬幣是公正的，$P[X=k] = (1/2)^k$ 因而 $P[Y=2^k] = (1/2)^k$，所以：

$$E[Y] = \sum_{k=1}^{\infty} 2^k p_Y(2^k) = \sum_{k=1}^{\infty} 2^k \left(\frac{1}{2}\right)^k = 1+1+\ldots = \infty$$

事實上，這個遊戲對玩家而言是一個非常好的甜美交易，所以玩家理論上應該願意付出任何金額的錢來玩這個遊戲！矛盾之處在於一個神志正常的人不會願意付出很多錢來玩這個遊戲。習題 3.35 討論一些方法來解析這個詭論。

　　具有無界限(unbounded)期望值的隨機變數並不是不常見的。對於某一些模型，如果其結果有很大的值，而且該很大的值的出現並非非常罕見的話，那麼就會有無界限的期望值。一

些例子像是在 Web 傳送中檔案的大小，在大型文件中文字的出現次數，和各式各樣經濟和財務的問題都是屬於此類。

3.3.1　一個隨機變數其函數的期望值

令 X 為一個離散隨機變數，並令 $Z = g(X)$。因為 X 是離散的，$Z = g(X)$ 的值域將會是一個可數的集合，其元素的形式為 $g(x_k)$ 其中 $x_k \in S_X$。我們把 $g(X)$ 函數值域的集合記為 $\{z_1, z_2,...\}$。求出 Z 的期望值的一種方式為使用式(3.8)，但是它要求我們先要求出 Z 的 pmf。另一個方式是使用以下的結果：

$$E[Z] = E\big[g(X)\big] = \sum_k g(x_k) p_X(x_k) \tag{3.16}$$

若要證明式(3.16)，我們把 x_k 的項做分類，把映射至 z_j 的 x_k 放在一塊：

$$\sum_k g(x_k) p_X(x_k) = \sum_j z_j \left\{ \sum_{x_k:g(x_k)=z_j} p_X(x_k) \right\} = \sum_j z_j p_Z(z_j) = E[Z]$$

在大括弧中的總和為使得 $g(x_k) = z_j$ 之所有的 x_k 的機率，它恰為 $Z = z_j$ 的機率，也就是，$p_Z(z_j)$。

範例 3.17　平方率裝置

令 X 為一個雜訊電壓，它均一的分佈在 $S_X = \{-3, -1, +1, +3\}$ 中，對於在 S_X 中的 k，$p_X(k) = 1/4$。求出 $E[Z]$，其中 $Z = X^2$。

使用第一種方法，我們先求出 Z 的 pmf：

$$p_Z(9) = P\big[X \in \{-3, +3\}\big] = p_X(-3) + p_X(3) = 1/2$$
$$p_Z(1) = p_X(-1) + p_X(1) = 1/2$$

所以

$$E[Z] = 1\left(\frac{1}{2}\right) + 9\left(\frac{1}{2}\right) = 5$$

使用第二種方法：

$$E[Z] = E\big[X^2\big] = \sum_k k^2 p_X(k) = \frac{1}{4}\big\{(-3)^2 + (-1)^2 + 1^2 + 3^2\big\} = \frac{20}{4} = 5$$

式(3.16)告訴我們一些非常有用的結果。令 Z 為以下的函數

$$Z = ag(X) + bh(X) + c$$

其中 a，b，和 c 為實數，那麼

$$E[Z] = aE\big[g(X)\big] + bE\big[h(X)\big] + c \tag{3.17a}$$

從式(3.16)我們有：

$$E[Z] = E\big[ag(X) + bh(X) + c\big] = \sum_k \big(ag(x_k) + bh(x_k) + c\big)p_X(x_k)$$

$$= a\sum_k g(x_k)p_X(x_k) + b\sum_k h(x_k)p_X(x_k) + c\sum_k p_X(x_k)$$

$$= aE\big[g(X)\big] + bE\big[h(X)\big] + c$$

從式(3.17a)，把其中的 a，b，和/或 c 設定為 0 或 1，會有以下的表示式：

$$E\big[g(X) + h(X)\big] = E\big[g(X)\big] + E\big[h(X)\big] \tag{3.17b}$$
$$E[aX] = aE[X] \tag{3.17c}$$
$$E[X + c] = E[X] + c \tag{3.17d}$$
$$E[c] = c \tag{3.17e}$$

範例 3.18　　平方律裝置

在前一個範例中的雜訊電壓 X 被放大和移位以獲得 $Y = 2X + 10$，在取平方後可產生 $Z = Y^2 = (2X + 10)^2$。求出 $E[Z]$。

$$E[Z] = E\Big[(2X + 10)^2\Big] = E\big[4X^2 + 40X + 100\big]$$

$$= 4E\big[X^2\big] + 40E[X] + 100 = 4(5) + 40(0) + 100 = 120$$

範例 3.19　　語音封包多工器(Voice Packet Multiplexer)

如在第 1.4 節中所討論的情況一般，考慮 $n=48$ 位獨立的通話者在一個 10 毫秒期間中的狀況。令 X 為主動講話之語音封包的數目。X 是一個二項隨機變數，具參數 n 和機率 $p = 1/3$。假設一個封包多工器在一個 10 毫秒期間最多可以傳送 $M = 20$ 個主動講話之語音封包，任何超過 M 的主動講話語音封包將會被丟棄。令 Z 為被丟棄的封包數。求出 $E[Z]$。

在一個 10 毫秒期間，被丟棄的封包數為以下之 X 的函數：

$$Z = (X - M)^+ \triangleq \begin{cases} 0 & \text{若 } X \le M \\ X - M & \text{若 } X > M \end{cases}$$

$$E[Z] = \sum_{k=20}^{48} (k - 20)\binom{48}{k}\left(\frac{1}{3}\right)^k\left(\frac{2}{3}\right)^{48-k} = 0.182$$

在每 10 毫秒期間，平均有 $E[X]=np=16$ 個主動講話封包會被產生，所以被丟棄的主動講話封包數的比例為 $0.182/16 = 1.1\%$，使用者還可以忍受。這個範例說明了工程系統也玩「賭博」遊戲，其中一些對工程有利的統計量被利用，使得整體資源可以更有效率的運用。在本範例中，多工器在每 10 毫秒期間最多傳送 20 個封包而不是傳送全部的 48 個封包，降低了 $28/48 = 58\%$ 的比例。

3.3.2　一個隨機變數的變異量

期望值 $E[X]$，就它本身而言，只能提供我們有關於 X 之有限的資訊。舉例來說，假如我們知道 $E[X]=0$，則有可能是 X 在所有的時間恆為 0。然而，也有可能是 X 有極大的正值和極大的負值。因此，我們感興趣的不只是一個隨機變數的平均值，也對該隨機變數以平均值為中心做變化散佈的範圍有興趣。令隨機變數 X 以它的平均值為中心所產生的偏移量為 $X - E[X]$，該偏移量的值可正可負。因為我們只對偏移量的大小感興趣，所以使用偏移量的平方很方便，$D(X)=(X-E[X])^2$，它是一個恆正的值。期望值是一個常數，所以我們把它記為 $m_X = E[X]$。**隨機變數 X 的變異量(variance)** 被定義成是 D 的期望值：

$$\sigma_X{}^2 = \text{VAR}[X] = E\left[(X-m_X)^2\right]$$
$$= \sum_{x\in S_X}(x-m_X)^2 p_X(x) = \sum_{k=1}^{\infty}(x_k-m_X)^2 p_X(x_k) \tag{3.18}$$

隨機變數 X 的標準差(standard deviation) 被定義為：

$$\sigma_X = \text{STD}[X] = \text{VAR}[X]^{1/2} \tag{3.19}$$

上式只是取變異量的平方根。標準差的單位和 X 的單位是一樣的。

變異量的另外一個有用的表示式可以用以下的方式獲得：

$$\begin{aligned}\text{VAR}[X] &= E\left[(X-m_X)^2\right] = E\left[X^2-2m_X X+m_X{}^2\right]\\ &= E\left[X^2\right]-2m_X E[X]+m_X{}^2\\ &= E\left[X^2\right]-m_X{}^2\end{aligned} \tag{3.20}$$

$E[X^2]$ 被稱為是 **X 的第二階動差(second moment of X)**。X 的第 **n** 階動差(nth moment of X) 被定義為是 $E[X^n]$。

利用式(3.17c)，式(3.17d)，和式(3.17e)可以推出以下有用的變異量表示式。令 $Y = X + c$，則

$$\text{VAR}[X+c] = E[(X+c-(E[X]+c))^2] = E\left[(X-E[X])^2\right] = \text{VAR}[X] \tag{3.21}$$

把一個常數加到一個隨機變數不影響其變異量。令 $Z = cX$ ，則：

$$\text{VAR}[cX] = E\left[\left(cX - cE[X]\right)^2\right] = E\left[c^2\left(X - E[X]\right)^2\right] = c^2 \text{ VAR}[X] \qquad (3.22)$$

把一個隨機變數乘以 c 倍會使得變異量變成 c^2 倍而使標準差變成 $|c|$ 倍。

現在令 $X = c$ ，也就是一個隨機變數等於一個常數的機率為 1，則

$$\text{VAR}[X] = E\left[\left(X - c\right)^2\right] = E[0] = 0 \qquad (3.23)$$

一個常數隨機變數其變異量為 0。

範例 3.20 3 次硬幣投擲

令 X 為投擲一個公正的硬幣 3 次出現正面的次數。求出 VAR[X]。

$$E\left[X^2\right] = 0\,\frac{1}{8} + 1^2\,\frac{3}{8} + 2^2\,\frac{3}{8} + 3^2\,\frac{1}{8} = 3$$
$$\text{VAR}[X] = E\left[X^2\right] - m_X^2 = 3 - 1.5^2 = 0.75$$

從前面可知這是一個 $n = 3$，$p = 1/2$ 的二項隨機變數。在後面我們會看到二項隨機變數的變異量為 npq。

範例 3.21 Bernoulli 隨機變數的變異量

求出 Bernoulli 隨機變數 I_A 的變異量。

$$E\left[I_A^2\right] = 0p_I(0) + 1^2 p_I(1) = p \quad \text{所以}$$
$$\text{VAR}[I_A] = p - p^2 = p(1 - p) = pq \qquad (3.24)$$

範例 3.22 幾何隨機變數的變異量

求出幾何隨機變數的變異量。

把在式(3.14)中的 $\left(1 - x^2\right)^{-1}$ 那項微分可得

$$\frac{2}{(1-x)^3} = \sum_{k=0}^{\infty} k(k-1)x^{k-2}$$

令 $x = q$，並把左右兩邊都乘以 pq 可得：

$$\frac{2pq}{(1-q)^3} = pq\sum_{k=0}^{\infty}k(k-1)q^{k-2} = \sum_{k=0}^{\infty}k(k-1)pq^{k-1} = E\left[X^2\right] - E\left[X\right]$$

所以第二階動差為

$$E\left[X^2\right] = \frac{2pq}{(1-q)^3} + E\left[X\right] = \frac{2q}{p^2} + \frac{1}{p} = \frac{1+q}{p^2}$$

而變異量為

$$\mathrm{VAR}\left[X\right] = E\left[X^2\right] - E\left[X\right]^2 = \frac{1+q}{p^2} - \frac{1}{p^2} = \frac{q}{p^2}$$

3.4　條件機率質量函數

在許多的情況中，我們有有關於一個隨機變數 X 的部份資訊，或是已知有關於其潛在隨機實驗的部份結果。我們感興趣的是這項資訊會如何地改變牽涉到隨機變數 X 的事件機率。條件機率質量函數專門為離散隨機變數處理這樣的問題。

3.4.1　條件機率質量函數

令 X 為一個離散隨機變數，pmf 為 $p_X(x)$，令 C 為一個事件它有非零的機率，$P[C]>0$。參見圖 3.7。X 的**條件機率質量函數(conditional probability mass function)**被定義為是以下的條件機率：

$$p_X(x|C) = P[X = x|C] \quad x是一個實數 \tag{3.25}$$

套用條件機率的定義我們有：

$$p_X(x|C) = \frac{P\left[\{X = x\}\bigcap C\right]}{P[C]} \tag{3.26}$$

以上的表示式有一種不錯的直覺解讀方式：事件 $\{X = x_k\}$ 的條件機率是由結果 ζ 的機率除以 $P[C]$而得，其中 $X(\zeta) = x_k$ 和 ζ 都在 C 中。

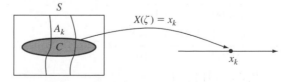

圖 3.7　給定事件 C，X 的條件 pmf。

條件 pmf 滿足式(3.4a)到式(3.4c)。考慮式(3.4b)。事件 $A_k = \{X = x_k\}$ 的集合為 S 的一個分割，所以

$$C = \bigcup_k (A_k \cap C) \text{，代入到下式}$$

$$\sum_{x_k \in S_X} p_X(x_k \mid C) = \sum_{\text{all } k} p_X(x_k \mid C) = \sum_{\text{all } k} \frac{P[\{X = x_k\} \cap C]}{P[C]}$$

$$= \frac{1}{P[C]} \sum_{\text{all } k} P[A_k \cap C] = \frac{P[C]}{P[C]} = 1$$

類似地，我們可以證明：

$$P[X \text{ 在 } B \text{ 中} \mid C] = \sum_{x \in B} p_X(x \mid C) \text{ 其中 } B \subset S_X$$

範例 3.23　一個隨機的時鐘

一個時鐘的分針快速的轉動，而結果 ζ 為該分針停下來時「分」的位置。令 X 為該分針停下來時「時」的位置。求出 X 的 pmf。求出給定 $B = \{$前 4 個小時$\}$ 的條件下，X 的條件 pmf。求出給定 $D = \{1 < \zeta \leq 11\}$ 條件下，X 的條件 pmf。

我們假設分針會等機率地停在 $S = \{1, 2, ..., 60\}$ 中任何一個分鐘上，所以對於在 S 中的 k，$P[\zeta = k] = 1/60$。X 的值域為 $S_X = \{1, 2, ..., 12\}$，很容易證明對於在 S_X 中的 j，$p_X(j) = 1/12$。因為 $B = \{1, 2, 3, 4\}$：

$$p_X(j \mid B) = \frac{P[\{X = j\} \cap B]}{P[B]} = \frac{P[X \in \{j\} \cap \{1, 2, 3, 4\}]}{P[X \in \{1, 2, 3, 4\}]}$$

$$= \begin{cases} \dfrac{P[X = j]}{1/3} = \dfrac{1}{4} & \text{若 } j \in \{1, 2, 3, 4\} \\ 0 & \text{其它的 } j \end{cases}$$

上述的事件 B 只和 X 有關。但是，事件 D 是以潛在實驗的結果(也就是，停下的位置是分而非時)來陳述的，所以交集的機率必須被表示成：

$$p_X(j \mid D) = \frac{P[\{X = j\} \cap D]}{P[D]} = \frac{P[\zeta : X(\zeta) = j \text{ 且 } \zeta \in \{2, ..., 11\}]}{P[\zeta \in \{2, ..., 11\}]}$$

$$= \begin{cases} \dfrac{P[\zeta \in \{2, 3, 4, 5\}]}{10/60} = \dfrac{4}{10} & j = 1 \\ \dfrac{P[\zeta \in \{6, 7, 8, 9, 10\}]}{10/60} = \dfrac{5}{10} & j = 2 \\ \dfrac{P[\zeta \in \{11\}]}{10/60} = \dfrac{1}{10} & j = 3 \end{cases}$$

在大部分的時候，事件 C 是用 X 來被定義的，舉例來說 $C = \{X > 10\}$ 或 $C = \{a \leq X \leq b\}$。對於在 S_X 中的 x_k，我們有以下一般的結果：

$$p_X(x_k \mid C) = \begin{cases} \dfrac{p_X(x_k)}{P[C]} & \text{若 } x_k \in C \\[2mm] 0 & \text{若 } x_k \notin C \end{cases} \tag{3.27}$$

以上的表示式可以完全地用 X 的 pmf 表示出。

範例 3.24　剩餘的等待時間

令 X 為傳送一個訊息所需要的時間，其中 X 是一個均一隨機變數其 $S_X = \{1, 2, ..., L\}$。假設一個訊息已經被傳送 m 個單位時間了，求出剩下的傳輸時間為 j 個單位時間的機率。

我們已經知道 $C = \{X > m\}$，所以對於 $m+1 \leq m+j \leq L$：

$$p_X(m+j \mid X > m) = \frac{P[X = m+j]}{P[X > m]}$$

$$= \frac{\dfrac{1}{L}}{\dfrac{L-m}{L}} = \frac{1}{L-m} \qquad m+1 \leq m+j \leq L \tag{3.28}$$

X 在剩下的 L−m 個可能值中是等機率的。當 m 增加時，1/(L−m)會隨之增加，意味著訊息愈來愈可能會結束傳輸。

許多的隨機實驗會有一些自然的方式來分割樣本空間 S，把 S 分割成不相交事件 $B_1, B_2, ..., B_n$ 的聯集。令 $p_X(x \mid B_i)$ 為給定事件 B_i 下 X 的條件 pmf。全機率定理讓我們可以用條件 pmf 求出 X 的 pmf：

$$p_X(x) = \sum_{i=1}^{n} p_X(x \mid B_i) \, P[B_i] \tag{3.29}$$

範例 3.25　裝置生命期

一條生產線會產生 2 種型態的裝置。型態 1 裝置的發生機率為 α，它的生命期為具參數 r 的幾何隨機分佈。型態 2 裝置的發生機率為 1−α，它的生命期為具參數 s 的幾何隨機分佈。令 X 為任意一個裝置的生命期。求出 X 的 pmf。

產生出 X 的隨機實驗牽涉到先選取一種裝置型態，然後觀察它的生命期。我們可以分割本實驗的結果集合為事件 B_1 和事件 B_2，前者代表裝置是型態 1 的，而後者代表裝置是型態 2 的。在給定裝置型態下，X 的條件 pmf 為：

$$p_{X|B_1}(k) = (1-r)^{k-1} r \qquad k = 1, 2, \ldots$$

和

$$p_{X|B_2}(k) = (1-s)^{k-1} s \qquad k = 1, 2, \ldots$$

從式(3.29)我們可得 X 的 pmf 爲：

$$p_X(k) = p_X(k \mid B_1) P[B_1] + p_X(k \mid B_2) P[B_2]$$
$$= (1-r)^{k-1} r\alpha + (1-s)^{k-1} s(1-\alpha) \qquad k = 1, 2, \ldots$$

3.4.2 條件期望值

令 X 爲一個離散隨機變數，並假設我們知道事件 B 已經發生了。在給定 B 的情況下，X 的**條件期望值(conditional expected value)**被定義爲：

$$m_{X|B} = E[X \mid B] = \sum_{x \in S_X} x p_X(x \mid B) = \sum_k x_k p_X(x_k \mid B) \tag{3.30}$$

其中上式的總和必須滿足絕對收斂的要求。給定 B 的情況下，X 的**條件變異量(conditional variance)**被定義爲：

$$\mathrm{VAR}[X \mid B] = E\left[\left(X - m_{X|B}\right)^2 \mid B\right] = \sum_{k=1}^{\infty} \left(x_k - m_{X|B}\right)^2 p_X(x_k \mid B) = E\left[X^2 \mid B\right] - m_{X|B}^2$$

請注意變異量的度量是相對於 $m_{X|B}$，而不是相對於 m_X。

令 $B_1, B_2, \ldots, B_n$ 爲 S 的一個分割，和令 $p_X(x \mid B_i)$ 爲給定事件 B_i 的情況下 X 的條件 pmf。從條件期望值 $E[X \mid B]$ 那裡，$E[X]$ 可以被計算出來：

$$E[X] = \sum_{i=1}^{n} E[X \mid B_i] \, P[B_i] \tag{3.31a}$$

由全機率定理我們有：

$$E[X] = \sum_k k p_X(x_k) = \sum_k k \left\{ \sum_{i=1}^{n} p_X(x_k \mid B_i) \, P[B_i] \right\}$$
$$= \sum_{i=1}^{n} \left\{ \sum_k k p_X(x_k \mid B_i) \right\} P[B_i] = \sum_{i=1}^{n} E[X \mid B_i] \, P[B_i]$$

其中我們首先把 $p_X(x_k)$ 用條件 pmf 來表示，然後我們改變加總的順序。使用相同的方式，我們也可以證明

$$E[g(X)] = \sum_{i=1}^{n} E\left[g(X) \mid B_i\right] P[B_i] \tag{3.31b}$$

範例 3.26　裝置生命期

求出在範例 3.25 中裝置生命期的平均值和變異量。

　　每一種型態的裝置，其條件平均值和條件第二階動差都是幾何隨機變數，其對應的參數分別爲：

$$m_{X|B_1} = 1/r \quad E\left[X^2 \mid B_1\right] = (1+r)/r^2$$
$$m_{X|B_2} = 1/s \quad E\left[X^2 \mid B_2\right] = (1+s)/s^2$$

那麼 X 的平均值和 X 的第二階動差爲：

$$m_X = m_{X|B_1}\alpha + m_{X|B_2}(1-\alpha) = \alpha/r + (1-\alpha)/s$$
$$E\left[X^2\right] = E\left[X^2 \mid B_1\right]\alpha + E\left[X^2 \mid B_2\right](1-\alpha) = \alpha(1+r)/r^2 + (1-\alpha)(1+s)/s^2$$

最後，X 的變異量爲：

$$\text{VAR}[X] = E\left[X^2\right] - m_X{}^2 = \frac{\alpha(1+r)}{r^2} + \frac{(1-\alpha)(1+s)}{s^2} - \left(\frac{\alpha}{r} + \frac{(1-\alpha)}{s}\right)^2$$

　　請注意我們並不使用條件變異量來求出 $\text{VAR}[Y]$，因爲式(3.31b)並不適用於條件變異量。(參見習題 3.41。)然而，該式可以套用至條件第二階動差。

3.5　重要的離散隨機變數

　　在許多的領域和應用中，我們會遇到特定的隨機變數。這些隨機變數之所以會滲透到各種領域和應用中的原因爲：它們模擬了潛在隨機行爲之基本的運作機制。在本節中，我們提出一些最重要的離散隨機變數，和討論它們應用的時機以及它們之間的相關性。表 3.1 總結了在本節中所討論之離散隨機變數的基本特性。一直到本章的最末之前，本表所提出之大部分的特性都將會被介紹到。

　　離散隨機變數大部分應用在當問題牽涉到計數(counting)時。我們的討論是由 Bernoulli 隨機變數開始，它是投擲一個硬幣一次的行爲模型。藉由計數多次投擲硬幣的結果，我們可獲得二項、幾何和 Poisson 隨機變數。

表 3.1　離散隨機變數

Bernoulli 隨機變數

$S_X = \{0, 1\}$

$p_0 = q = 1 - p$　　　$p_1 = p$　　　$0 \le p \le 1$

$E[X] = p$　　$\text{VAR}[X] = p(1-p)$　　$G_X(z) = (q + pz)$

評論：Bernoulli 隨機變數是某事件 A 其指示器函數 I_A 的值；假如 A 發生，$X = 1$；否則 $X = 0$。

二項隨機變數

$S_X = \{0, 1, \ldots, n\}$

$p_k = \binom{n}{k} p^k (1-p)^{n-k}$　　　$k = 0, 1, \ldots, n$

$E[X] = np$　　$\text{VAR}[X] = np(1-p)$　　$G_X(z) = (q + pz)^n$

評論：X 為在 n 次 Bernoulli 測試中成功的次數，因此等於 n 個獨立的，具相同分佈的 Bernoulli 隨機變數的和。

幾何隨機變數

第一個版本：$S_X = \{0, 1, 2, \ldots\}$

$p_k = p(1-p)^k$　　　$k = 0, 1, \ldots$

$E[X] = \dfrac{1-p}{p}$　　$\text{VAR}[X] = \dfrac{1-p}{p^2}$　　$G_X(z) = \dfrac{p}{1-qz}$

評論：X 是在一連串獨立的 Bernoulli 測試中在第一次成功之前失敗的次數。幾何隨機變數是唯一一個具有無記憶性特性的離散隨機變數。

第二個版本：$S_{X'} = \{1, 2, \ldots\}$

$p_k = p(1-p)^{k-1}$　　　$k = 1, 2, \ldots$

$E[X'] = \dfrac{1}{p}$　　$\text{VAR}[X'] = \dfrac{1-p}{p^2}$　　$G_X(z) = \dfrac{pz}{1-qz}$

評論：$X' = X + 1$ 是在一連串獨立的 Bernoulli 測試中做出第一次成功所需做的次數。

負的二項隨機變數

$S_X = \{r, r+1, \ldots\}$，其中 r 是正整數

$p_k = \binom{k-1}{r-1} p^r (1-p)^{k-r}$　　　$k = r, r+1, \ldots$

$E[X] = \dfrac{r}{p}$　　$\text{VAR}[X] = \dfrac{r(1-p)}{p^2}$　　$G_X(z) = \left(\dfrac{pz}{1-qz}\right)^r$

評論：X 是在一連串獨立的 Bernoulli 測試中做出第 r 次成功所需做的次數。

Poisson 隨機變數

$S_X = \{0, 1, 2, \ldots\}$

$p_k = \dfrac{\alpha^k}{k!} e^{-\alpha}$　　　$k = 0, 1, \ldots$　　　且 $\alpha > 0$

$E[X] = \alpha$　　$\text{VAR}[X] = \alpha$　　$G_X(z) = e^{\alpha(z-1)}$

評論：當事件的間隔發生時間是平均值為 $1/\alpha$ 的指數型態分佈時，X 是在某時間區間中事件發生的次數。

表 3.1　離散隨機變數(續)

均一隨機變數

$S_X = \{1, 2, \ldots, L\}$

$p_k = \dfrac{1}{L} \qquad k = 1, 2, \ldots, L$

$E[X] = \dfrac{L+1}{2} \quad VAR[X] = \dfrac{L^2-1}{12} \qquad G_X(z) = \dfrac{z}{L}\dfrac{1-z^L}{1-z}$

評論：每當實驗的結果具有相同的可能性時，就會有均一隨機變數。它在隨機數產生的演算法中扮演關鍵角色。

Zipf 隨機變數

$S_X = \{1, 2, \ldots, L\}$，其中 L 是正整數

$p_k = \dfrac{1}{c_L}\dfrac{1}{k} \qquad k = 1, 2, \ldots, L$

$E[X] = \dfrac{L}{c_L} \quad VAR[X] = \dfrac{L(L+1)}{2c_L} - \dfrac{L^2}{c_L^2}$

評論：Zipf 隨機變數的特性為：有一小部分的結果經常發生但是大部分的結果很少發生。

3.5.1　Bernoulli 隨機變數

令 A 為一個和某隨機實驗的結果相關的事件。若事件 A 發生，則 Bernoulli 隨機變數 I_A (定義在範例 3.8 中)等於 1；否則等於 0。I_A 是一個離散隨機變數，因為它指派一個數值給 S 中的每一個結果。它是一個值域為 $\{0, 1\}$ 的離散隨機變數，且 pmf 為

$$p_I(0) = 1-p \quad 和 \quad p_I(1) = p \tag{3.32}$$

其中 $P[A] = p$。

在範例 3.11 中我們求出 I_A 的平均值：

$$m_I = E[I_A] = p$$

n 次獨立 Bernoulli 測試的樣本平均值就是成功的相對次數，隨著 n 的遞增它會收斂至 p：

$$\langle I_A \rangle_n = \frac{0N_0(n) + 1N_1(n)}{n} = f_1(n) \to p$$

在範例 3.21 中我們求出 I_A 的變異量：

$$\sigma_I^2 = VAR[I_A] = p(1-p) = pq$$

變異量為 p 的二次式，它的值在 $p=0$ 和 $p=1$ 時為 0，最大發生在 $p=1/2$ 時。這個結果和直覺吻合，因為 p 的值接近於 1 或 0 分別意味著容易成功或失敗的一個優勢，因此在觀察值上變化性自然不大。最大的變化性發生在當 $p=1/2$ 時，它對應到的情況是最難以預測的。

每一次 Bernoulli 測試，不管 A 是什麼事件，等同於投擲一個不公正的硬幣，它出現正面的機率為 p。在這個說法上，硬幣投擲可以被視為是產生隨機性機制的一個代表，而 Bernoulli 隨機變數是其伴隨的模型。

3.5.2 二項隨機變數

假設一個隨機實驗被獨立地重複做 n 次。令 X 為在這 n 次測試中某特定事件 A 發生的次數。那麼 X 為一個隨機變數，其值域為 $S_X = \{0, 1, ..., n\}$。舉例來說，X 可以是投擲一個硬幣 n 次中出現正面的次數。假如我們令 I_j 為事件 A 在第 j 次測試中的指示器函數，則

$$X = I_1 + I_2 + ... + I_n$$

也就是說，這 n 次的獨立測試中的每一次都是一個 Bernoulli 隨機變數，而 X 為這 n 個 Bernoulli 隨機變數的和。

在第 2.6 節中，我們曾經求出 X 的機率取決於 n 和 p：

$$P[X = k] = p_X(k) = \binom{n}{k} p^k (1-p)^{n-k} \qquad k = 0, ..., n \tag{3.33}$$

X 被稱為是**二項隨機變數(binomial random variable)**。圖 3.8 展示了 X 的 pmf，一個是 n = 24 和 p = 0.2，另一個是 n = 24 和 p = 0.5。請注意 $P[X = k]$ 在 $k_{max} = \lfloor (n+1)p \rfloor$ 處有最大值，其中[x]代表小於或等於 x 之最大的整數。當 $(n+1)p$ 是一個整數時，最大值發生在 k_{max} 和 $k_{max} - 1$ 處。(參見習題 3.51。)

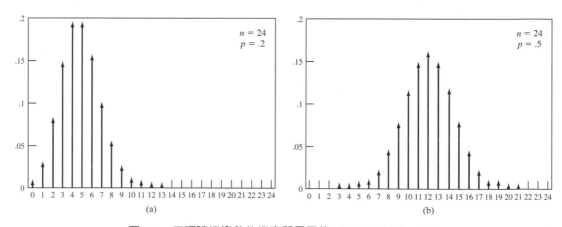

圖 3.8 二項隨機變數的機率質量函數(a) p=0.2，(b) p=0.5

請注意階乘項成長的速度非常的快，在計算 $\binom{n}{k}$ 時可能會造成溢位(verflow)的問題。我們可以使用式(2.40)，它指出了連續兩項 pmf 之間的比例值，它讓我們可以用 $p_X(k)$ 來計算出 $p_X(k+1)$，而延遲了溢位所造成的影響：

$$\frac{p_X(k+1)}{p_X(k)} = \frac{n-k}{k+1}\frac{p}{1-p} \quad \text{其中}\, p_X(0) = (1-p)^n \tag{3.34}$$

　　二項隨機變數應用在有 2 種型態的物件的實驗中(例如，正面/反面，正確/錯誤位元，優良/瑕疵項目，講話中/沉默中的通話者)，我們感興趣的是：隨機選擇一批 n 個物件，其中每一個物件的型態都是獨立的，和在同一批中其它物件的型態無關，分析型態 1 物件數目的行為。牽涉到二項隨機變數例子可在第 2.6 節中看到。

範例 3.27　一個二項隨機變數的平均值

X 的期望值為：

$$\begin{aligned}
E[X] &= \sum_{k=0}^{n} k p_X(k) = \sum_{k=0}^{n} k \binom{n}{k} p^k (1-p)^{n-k} = \sum_{k=1}^{n} k \frac{n!}{k!(n-k)!} p^k (1-p)^{n-k} \\
&= np \sum_{k=1}^{n} \frac{(n-1)!}{(k-1)!(n-k)!} p^{k-1} (1-p)^{n-k} \\
&= np \sum_{j=0}^{n-1} \frac{(n-1)!}{j!(n-1-j)!} p^j (1-p)^{n-1-j} = np \tag{3.35}
\end{aligned}$$

其中第一行所使用的事實為 $k=0$ 那一項在總和中的貢獻為 0。第二行把分子和分母的共同項 k 消去並把 np 搬到總和之外。最後一行使用的事實為該總和為 1，解釋如下：考慮一個具有參數 n-1 和 p 的二項 pmf，最後一行恰為把它所有的項相加，根據機率公理，該總和為 1。

　　期望值 $E[X] = np$ 吻合我們的直覺想法，因為我們預期在眾多結果中會有一個 p 的比例值會成功。

範例 3.28 一個二項隨機變數的變異量

為了求出 $E[X^2]$，我們移除 $k=0$ 那項然後令 $k'=k-1$：

$$\begin{aligned}
E[X^2] &= \sum_{k=0}^{n} k^2 \frac{n!}{k!(n-k)!} p^k (1-p)^{n-k} = \sum_{k=1}^{n} k \frac{n!}{(k-1)!(n-k)!} p^k (1-p)^{n-k} \\
&= np \sum_{k'=0}^{n-1} (k'+1) \binom{n-1}{k'} p^{k'} (1-p)^{n-1-k} \\
&= np \left\{ \sum_{k'=0}^{n-1} k' \binom{n-1}{k'} p^{k'} (1-p)^{n-1-k} + \sum_{k'=0}^{n-1} 1 \binom{n-1}{k'} p^{k'} (1-p)^{n-1-k'} \right\} \\
&= np \{(n-1)p + 1\} = np(np+q)
\end{aligned}$$

在第三行中，我們看到第一個和是一個具參數$(n-1)$和 p 之二項隨機變數的平均值，因此等於$(n-1)p$。第二個和是所有二項隨機變數之機率的和，因此等於 1。

我們獲得變異量如下：

$$\sigma_X^{\ 2} = E\left[X^2\right] - E\left[X\right]^2 = np\left(np+q\right) - \left(np\right)^2 = npq = np\left(1-p\right)$$

我們看到二項隨機變數的變異量為 n 乘以一個 Bernoulli 隨機變數的變異量。我們觀察到當 p 的值接近 0 或 1 時，會有較小的變異量，最大的變異量發生在當 $p = 1/2$ 時。

範例 3.29 具重複元件的系統

一個系統使用 3 重重複來提升可可靠度(reliability)：3 個微處理器被安裝在系統上，只要有一個微處理器正常運作的話，該系統就可以正常運作。假設一個微處理器在 t 秒後仍然正常運作的機率為 $p = e^{-\lambda t}$。求出機率該系統在 t 秒後仍然正常運作的機率。

令 X 為在 t 秒時仍然正常運作的微處理器數。X 為一個具參數 $n = 3$ 和 p 的二項隨機變數。因此：

$$P\left[X \geq 1\right] = 1 - P\left[X = 0\right] = 1 - \left(1 - e^{-\lambda t}\right)^3$$

3.5.3 幾何隨機變數

幾何隨機變數被應用在：我們重複做獨立的 Bernoulli 測試直到發生第一次成功為止，我們計算這整個過程所需要做的次數 M。M 被稱為是幾何隨機變數，它的值域為集合 $\{1, 2,...\}$。在第 2.6 節中，我們發現 M 的 pmf 為

$$P\left[M = k\right] = p_M\left(k\right) = \left(1-p\right)^{k-1} p \quad k = 1, 2,... \tag{3.36}$$

其中 $p = P\left[A\right]$ 為每一次 Bernoulli 測試「成功」的機率。圖 3.5(b)展示出 $p = 1/2$ 的幾何 pmf。請注意 $P\left[M = k\right]$ 是以 k 幾何式地做衰減，而且連續兩項的比例值為 $p_M\left(k+1\right)/p_M\left(k\right) = \left(1-p\right) = q$。當 p 遞增時，pmf 衰減的更為快速。

$M \leq k$ 的機率可以寫成一個公式形式：

$$P\left[M \leq k\right] = \sum_{j=1}^{k} pq^{j-1} = p\sum_{j'=0}^{k-1} q^{j'} = p\frac{1-q^k}{1-q} = 1 - q^k \tag{3.37}$$

有時我們對 $M' = M - 1$ 感興趣，也就是在發生第一次成功之前失敗的次數。我們也把 M' 稱為是一個幾何隨機變數。它的 pmf 為：

$$P\left[M' = k\right] = P\left[M = k+1\right] = \left(1-p\right)^k p \quad k = 0, 1, 2,... \tag{3.38}$$

在範例 3.15 和範例 3.22 中，我們發現幾何隨機變數的平均值和變異量爲：

$$m_M = E[M] = 1/p \quad \text{VAR}[M] = \frac{1-p}{p^2}$$

我們看到平均值和變異量會隨著成功機率 p 的減少而增加。

幾何隨機變數是唯一一個滿足無記憶性特性的離散隨機變數：

$$P[M \geq k + j \mid M > j] = P[M \geq k] \quad \text{對於所有的 } j, k > 1$$

(參見習題 3.55 和 3.56。)以上的表示式說明了假如在前 j 次測試中並沒有發生成功，則最少還要再執行 k 次測試的機率會和從最初一開始最少要執行 k 次測試的機率一樣。因此，每一次發生失敗，系統會「遺忘」並從新開始，如同它是執行第一次測試一般。

幾何隨機變數應用在：某人在一連串的獨立實驗中，對事件發生之間的間隔時間(即，測試的數目)感興趣，如在範例 2.11 和 2.43 所示。另一版本的幾何隨機變數 M' 的例子爲：在一個排隊系統中等待服務的顧客數；在一個黑白文件的掃描中兩個黑點之間白點的數目。

3.5.4　Poisson 隨機變數

在許多的應用中，我們對計算在一個特定的時間段或在一個特定的空間範圍中的某個事件發生的次數感興趣。Poisson 隨機變數運用的時機爲：在某一時間或空間中某事件的發生是「完全隨機的」。舉例來說，Poisson 隨機變數可應用在計算從輻射物質那兒發射出之輻射粒子數，計算電話連線的需求數，和計算在一個半導體晶片上的瑕疵數。

Poisson 隨機變數(Poisson random variable)的 pmf 爲

$$P[N = k] = p_N(k) = \frac{\alpha^k}{k!} e^{-\alpha} \quad k = 0, 1, 2, \ldots \tag{3.39}$$

其中 α 是在一個特定的時間段或在一個特定的空間範圍中事件發生的平均數。圖 3.9 展示出一些 α 值的 Poisson pmf。對於 $\alpha < 1$，$P[N = k]$ 的最大值發生在 $k = 0$ 時；對於 $\alpha > 1$，$P[N = k]$ 的最大值發生在 $k = [\alpha]$ 時；若 α 是一個正整數，$P[N = k]$ 的最大值發生在 $k = \alpha$ 和 $k = \alpha - 1$ 時。

Poisson 隨機變數的 pmf 其總和爲 1，因爲

$$\sum_{k=0}^{\infty} \frac{\alpha^k}{k!} e^{-\alpha} = e^{-\alpha} \sum_{k=0}^{\infty} \frac{\alpha^k}{k!} = e^{-\alpha} e^{\alpha} = 1$$

其中我們使用的事實爲：第二個總和爲 e^α 的無窮級數展開。

我們可以很容易地證明一個 Poisson 隨機變數的平均值和變異量爲：

$$E[N] = \alpha \quad \text{和} \quad \sigma_N^2 = \text{VAR}[N] = \alpha$$

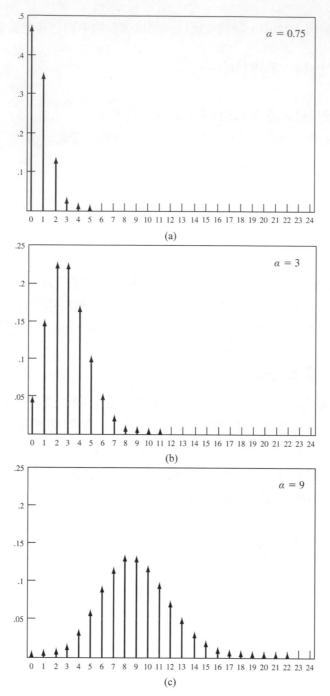

圖 3.9　Poisson 隨機變數的機率質量函數(a) $\alpha = 0.75$，(b) $\alpha = 3$，(c) $\alpha = 9$

範例 3.30　在一個電話中心的查詢

一個電話中心在 t 秒的時間中有 N 個查詢到來，N 是一個 Poisson 隨機變數其 $\alpha = \lambda t$，其中 λ 是平均的到達率，單位為查詢/秒。假設到達率為每分鐘 4 個查詢。求出以下事件的機率：(a)在 10 秒中多於 4 個查詢； (b)在 2 分鐘中少於 5 個查詢。

到達率用查詢/秒的單位來表示為：$\lambda = 4$ 查詢/60 秒 $= 1/15$ 查詢/秒。在(a)中，時段為 10 秒鐘，所以我們有一個 Poisson 隨機變數其 $\alpha = (1/15$ 查詢/秒$)*10$ 秒 $= 10/15$ 查詢。欲求的機率為：

$$P[N>4] = 1 - P[N \le 4] = 1 - \sum_{k=0}^{4} \frac{(2/3)^k}{k!} e^{-2/3} = 6.33(10^{-4})$$

在(b)中，時段為 $t = 120$ 秒，所以 $\alpha = 1/15 \times 120$ 秒 $= 8$。欲求的機率為：

$$P[N \le 5] = \sum_{k=0}^{5} \frac{(8)^k}{k!} e^{-8} = 0.10$$

範例 3.31　**到達一個封包多工器**

在 t 秒的時間中，到達一個封包多工器的封包數 N 為一個 Poisson 隨機變數，其 $\alpha = \lambda t$，其中 λ 為平均到達率，單位為封包/秒。求出在 t 秒的時間中沒有封包到達的機率。

$$P[N=0] = \frac{\alpha^0}{0!} e^{-\lambda t} = e^{-\lambda t}$$

這個表示式有一個有趣的解讀。令 Z 為直到第一個封包到達所需的時間。假設我們問的問題為，「$Z>t$ 的機率為何，也就是說，下一次封包到達的時間是發生在 t 秒或多於 t 秒之後的機率為何？」請注意 $\{N=0\}$ 意味著 $\{Z>t\}$，反之亦然，所以 $P[Z>t] = e^{-\lambda t}$。沒有封包到達的機率是以 t 的指數形式做衰減。

請注意我們可以也證明

$$P[N(t) \ge n] = 1 - P[N(t) < n] = 1 - \sum_{k=0}^{n-1} \frac{(\lambda t)^k}{k!} e^{-\lambda t}$$

在式(3.39)中 Poisson 機率的一個應用為：它近似二項機率當 p 非常小和 n 非常大的情況，也就是說，一個 Bernoulli 測試其事件 A 的發生非常罕見，但是該 Bernoulli 測試的數目非常大。我們可以證明若 $\alpha = np$ 是固定的，則隨著 n 變大：

$$p_k = \binom{n}{k} p^k (1-p)^{n-k} \simeq \frac{\alpha^k}{k!} e^{-\alpha} \quad k = 0, 1, \ldots \tag{3.40}$$

式(3.40)的獲得是把 p_k 的表示式中的 n 趨近於無窮大，同時保持 $\alpha = np$ 固定。首先，考慮在 n 次測試中沒有事件發生的機率：

$$p_0 = (1-p)^n = \left(1 - \frac{\alpha}{n}\right)^n \to e^{-\alpha} \quad 當\ n\to\infty \tag{3.41}$$

在上一個表示式中的極限是微積分的一個非常有名的結果。考慮連續兩個二項機率的比例值：

$$\frac{p_{k+1}}{p_k} = \frac{(n-k)p}{(k+1)q} = \frac{(1-k/n)\alpha}{(k+1)(1-\alpha/n)} \to \frac{\alpha}{k+1} \quad 當\ n\to\infty$$

因此極限機率滿足

$$p_{k+1} = \frac{\alpha}{k+1}p_k = \left(\frac{\alpha}{k+1}\right)\left(\frac{\alpha}{k}\right)\cdots\left(\frac{\alpha}{1}\right)p_0 = \frac{\alpha^k}{k!}e^{-\alpha} \tag{3.42}$$

因此 Poisson pmf 可以被使用來近似二項 pmf，若後者有一個非常大的 n 和很小的 p，且有 $\alpha = np$。

範例 3.32　在光傳輸中的錯誤

一個光通訊系統其傳送的資訊率為 10^9 位元/秒。在該光通訊系統中發生一個位元錯誤的機率為 10^{-9}。求出在 1 秒中發生大於等於 5 個錯誤的機率。

　　每一個位元傳輸對應到一個 Bernoulli 測試，所謂的一個「成功」對應到一個位元在傳輸中發生錯誤。在 $n = 10^9$ 次傳送(1 秒鐘)中有 k 個錯誤的機率為一二項機率其 $n = 10^9$ 且 $p = 10^{-9}$。Poisson 近似公式使用 $\alpha = np = 10^9(10^{-9}) = 1$。因此

$$P[N\geq5] = 1 - P[N<5] = 1 - \sum_{k=0}^{4}\frac{\alpha^k}{k!}e^{-\alpha}$$
$$= 1 - e^{-1}\left\{1 + \frac{1}{1!} + \frac{1}{2!} + \frac{1}{3!} + \frac{1}{4!}\right\} = 0.00366$$

　　Poisson 隨機變數出現在很多物理學的情況中，因為許多的模型在數量上非常的大而且牽涉到非常罕見的事件。舉例來說，Poisson pmf 可以精確的預測出一個放射體在一個固定的時間段中放射出粒子數的相對次數。這個對應的例子可以用以下的方式來解釋。一個放射體是由大數量的原子所構成的，令之為 n。在一個固定的時間段中，每一個原子有一個非常小的機率 p 會分解蛻變並發射出一個放射性的粒子。若每一個原子的分解蛻變獨立於其它的原子，則在一個時間段中的發射粒子數可以被視為是在 n 次測試中成功的次數。舉例來說，一微克 (microgram)的鐳(radium，Ra)大約包含 $n = 10^{16}$ 個原子，在一毫秒的時間段中一個原子將會分解蛻變的機率為 $p = 10^{-15}$ [Rozanov，p.58]。因此我們更可以說在式(3.40)中的條件是成立的：n 是如此的大且 p 是如此的小以致於我們可以認為 n 趨近於無窮大的這個極限已經被實現了，所以放射的數目確定是一個 Poisson 隨機變數。

Poisson 隨機變數也可以用在以下的情況中：我們可以想像一連串的 Bernoulli 測試發生在時間或空間中。假設我們計算在一個 T 秒的區間中事件發生的數目。把該時間區間分割 n 個子區間，如在圖 3.10 中所示，其中 n 是一個非常大的數。在一個子區間中的一個脈衝指出一個事件的發生。每一個子區間可以被視為是在一連串獨立 Bernoulli 測試的其中之一，若以下的條件成立的話：(1)在一個子區間中最多只可以發生一個事件，也就是說，多於一個事件發生的機率可以忽略；(2)在不同的子區間中的結果是獨立的；和(3)在一個子區間中事件發生的機率為 $p = \alpha/n$，其中 α 為在一個 1 秒的區間中所觀察到事件的平均數。在一個 1 秒的區間中事件發生數是一個二項隨機變數其參數為 n 和 $p = \alpha/n$。因此當 $n \to \infty$，N 會變成一個具參數 α 的 Poisson 隨機變數。(編註：原著第 9 章討論 Poisson 隨機程序時會再遇到這結果。請參閱原著)

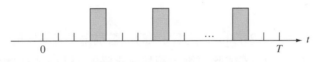

圖 3.10　在[0, T]的 n 個子區間中的事件發生

3.5.5　均一隨機變數

離散均一隨機變數 Y 的值域為一個連續整數的集合 $S_Y = \{ j+1, ..., j+L \}$，每一個元素有相同的機率：

$$p_Y(k) = \frac{1}{L} \qquad k \in \{ j+1, ..., j+L \} \tag{3.43}$$

這個簡單的隨機變數發生在當結果具有相同的可能性時，例如，投擲一個公正的硬幣或是投擲一個公正的骰子，轉動在輪盤上的指針，該輪盤被分割成一些具相同弧度的區段，或是從一個甕中選出一個球。我們可以很容易地證明它的平均值和變異量為：

$$E[Y] = j + \frac{L+1}{2} \quad 和 \quad \mathrm{VAR}[Y] = \frac{L^2 - 1}{12}$$

範例 3.33　　**在單位區間中的離散均一隨機變數**

令 X 為一個均一隨機變數，其 $S_X = \{0, 1, ..., L-1\}$。我們定義在單位區間中的離散均一隨機變數為

$$U = \frac{X}{L} \quad 所以 \quad S_U = \left\{ 0, \frac{1}{L}, \frac{2}{L}, \frac{3}{L}, ..., 1 - \frac{1}{L} \right\}$$

U 的 pmf 為

$$p_U\left(\frac{k}{L} \right) = \frac{1}{L} \quad k = 0, 2, ..., L-1$$

U 的 pmf 把相同的機率質量 $1/L$ 放在單位區間中具相同間隔的點 $x_k = k/L$ 上。在單位區間中的一個子區間的機率等於在該子區間中的總點數乘以 $1/L$。當 L 變得非常大時，這個機率本質上會是該子區間的長度。

3.5.6 Zipf 隨機變數

Zipf 隨機變數的命名是為了紀念 George Zipf，他觀察出在一個大型的文字文件中，單字出現的次數和它們的排名有比例的關係。假設單字從最常出現，到次常出現，一直排名下來。令 X 為一個單字的排名，則 $S_X = \{1, 2, \ldots, L\}$，其中 L 為不同單字的數目。X 的 pmf 為：

$$p_X(k) = \frac{1}{c_L} \frac{1}{k} \quad k = 1, 2, \ldots, L \tag{3.44}$$

其中 c_L 是一個正規化常數。第 2 名的單字其出現的次數為第 1 名單字的 1/2，第 3 名的單字其出現的次數為第 1 名單字的 1/3，依此類推。正規化常數 c_L 為以下的總和：

$$c_L = \sum_{j=1}^{L} \frac{1}{j} = 1 + \frac{1}{2} + \frac{1}{3} + \ldots + \frac{1}{L} \tag{3.45}$$

這個常數 c_L 經常在微積分中出現，被稱為是第 L 個諧調平均(harmonic mean)，它的成長性會近似 $\ln L$。舉例來說，對於 $L = 100$，$c_L = 5.187378$ 而 $c_L - \ln(L) = 0.582207$。我們可以證明當 $L \to \infty$, $c_L - \ln L \to 0.57721\ldots$。

X 的平均值為：

$$E[X] = \sum_{j=1}^{L} j p_X(j) = \sum_{j=1}^{L} j \frac{1}{c_L j} = \frac{L}{c_L} \tag{3.46}$$

X 的第二階動差和變異量為：

$$E[X^2] = \sum_{j=1}^{L} j^2 \frac{1}{c_L j} = \frac{1}{c_L} \sum_{j=1}^{L} j = \frac{L(L+1)}{2c_L}$$

和

$$\text{VAR}[X] = \frac{L(L+1)}{2c_L} - \frac{L^2}{c_L^2} \tag{3.47}$$

隨著 Internet 的流行，Zipf 和其相關的隨機變數也變得有名起來。其中它們在 Internet 上的應用有：度量網頁大小，分析網頁存取行為，和分析網頁的相互連通性。這些隨機變數早期被大量的使用在研究財富的分佈上，但是到目前，並不令人驚訝的是，它們被使用在研究 Internet 視訊出租和 Internet 書籍販售上。

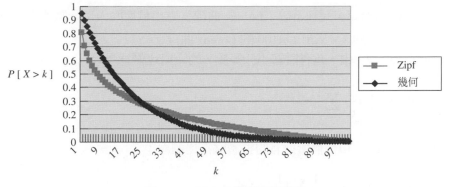

圖 3.11 Zipf 分佈和它的尾巴

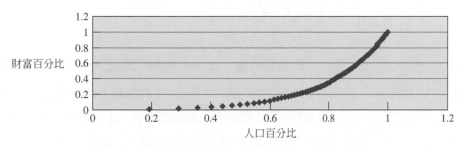

圖 3.12 Zipf 隨機變數的 Lorenz 曲線，其中 L= 100

範例 3.34 稀有事件和長尾巴

Zipf 隨機變數 X 有一個特性為：一些結果(單字)出現的很頻繁，但是大部分的結果(單字)卻很少出現。求出排名比 m 大的單字的出現機率。

$$P[X>m]=1-P[X\le m]=1-\frac{1}{c_L}\sum_{j=1}^{m}\frac{1}{j}=1-\frac{c_m}{c_L} \qquad m\le L \tag{3.48}$$

我們稱 $P[X>m]$ 為 X 的分佈的尾巴機率。圖 3.11 展示出 $P[X>m]$ 的圖形，其中 $L=100$，而 $E[X]=100/c_{100}=19.28$。圖 3.11 也展示出一個幾何隨機變數其 $P[Y>m]$ 的圖形，其中該幾何隨機變數有相同的平均值，也就是說，$1/p=19.28$。我們可以看到幾何隨機變數的 $P[Y>m]$ 圖形掉的比 $P[X>m]$ 要快。Zipf 分佈被稱為有一個「長尾巴」，因為就算是稀有的事件，還是比一般傳統的機率模型還要有可能發生。

範例 3.35 80/20 法則和 Lorenz 曲線

令 X 對應到某一個水平的財富，而 $p_X(k)$ 則是代表具有財富 k 的人口比例。假設 X 是一個 Zipf 隨機變數。因此，$p_X(1)$ 為具有財富 1 的人口比例，$p_X(2)$ 為具有財富 2 的人口比例，依此類推。Zipf 分佈的長尾巴告訴我們非常有錢的人並非非常的稀少。我們常常聽到「百分之 20 的

人口擁有百分之 80 的財富」這種言論。Lorenz 曲線反應出最窮的人口分數比例 x 所擁有的財富比例，當 x 從 0 變化到 1。求出 $L =100$ 的 Lorenz 曲線。

對於 k 在 $\{1, 2,..., L\}$ 中，具有財富小於等於 k 的人口比例為：

$$F_k = P[X \leq k] = \frac{1}{c_L} \sum_{j=1}^{k} \frac{1}{j} = \frac{c_k}{c_L} \tag{3.49}$$

具有財富小於等於 k 的人口他們所擁有的整體財富比例為：

$$W_k = \frac{\sum\limits_{j=1}^{k} \sum j p_X(j)}{\sum\limits_{i=1}^{L} i p_X(i)} = \frac{\frac{1}{c_L} \sum\limits_{j=1}^{k} j \frac{1}{j}}{\frac{1}{c_L} \sum\limits_{i=1}^{L} i \frac{1}{i}} = \frac{k}{L} \tag{3.50}$$

在以上表示式中的分母是所有人口的整體財富。Lorenz 曲線就是把所有的 (F_k, W_k) 點連在一起，如在圖 3.12 中所示，其中 $L =100$。在該圖中百分之 70 的最窮人口只擁有百分之 20 的整體財富，或是反過來說，百分之 30 的最有錢的人口擁有百分之 80 的整體財富。請參見習題 3.75，在那兒我們討論在極度公平的情況和在極度不公平的情況中，Lorenz 曲線看起來的樣子。

Internet 其爆炸性的發展已經造成非常巨形的系統。就機率模型的考量，這種成長意味著隨機變數會有非常大的值。度量方面的研究已經告訴我們有許多的隨機變數實例是具有長尾巴分佈的。

假如我們嘗試在式(3.45)中令 L 趨近無窮大，c_L 會無限制的增長，因為該級數不收斂。然而，假如我們令該 pmf 正比於 $(1/k)^\alpha$，那麼只要 $\alpha > 1$ 則該級數會收斂。我們定義 **Zipf 或 zeta 隨機變數**其值域為 $\{1, 2, 3,...\}$ 且 pmf 為：

$$p_Z(k) = \frac{1}{z_\alpha} \frac{1}{k^\alpha} \quad k = 1, 2,... \tag{3.51}$$

其中 z_α 是 zeta 函數的正規化常數，它被定義為：

$$z_\alpha = \sum_{j=1}^{\infty} \frac{1}{j^\alpha} = 1 + \frac{1}{2^\alpha} + \frac{1}{3^\alpha} + ... \quad \alpha > 1 \tag{3.52}$$

以上的級數的收斂性在標準的微積分書籍中都有討論。

Z 的平均值為：

$$E[Z] = \sum_{j=1}^{L} j p_Z(j) = \sum_{j=1}^{L} j \frac{1}{z_\alpha} \frac{1}{j^\alpha} = \frac{1}{z_\alpha} \sum_{j=1}^{L} \frac{1}{j^{\alpha-1}} = \frac{z_{\alpha-1}}{z_\alpha} \quad \alpha > 2$$

其中數列 $1/j^{\alpha-1}$ 的和收斂唯若 $\alpha-1>1$，也就是說，$\alpha>2$。我們可以類似地證明第二階動差存在(因此，變異量也存在)唯若 $\alpha>3$。

3.6　離散隨機變數的產生

假設我們希望產生一個隨機實驗的結果，該隨機實驗的樣本空間 $S=\{a_1,\,a_2,...,\,a_n\}$，每一個元素發生的機率爲 $p_j=P\big[\{a_j\}\big]$。我們把單位區間分割成 n 個子區間。第 j 個子區間期長度爲 p_j 且對應到結果 a_j。實驗的每一次測試首先使用 rand 函數以獲得一個在單位區間中的數 U。假如 U 落在第 j 個子區間中，實驗的結果爲 a_j。圖 3.13 展示出單位區間的一種分割，它是依據一個 $n=5$，$p=0.5$ 的二項隨機變數的 pmf。

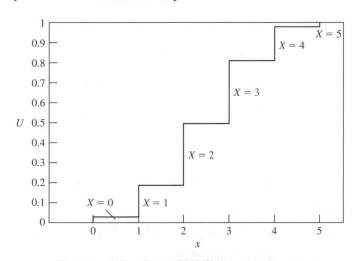

圖 3.13　產生一個二項隨機變數。$n=5$，$p=1/2$

Octave 函數 discrete_rnd 實現以上的方法，該函數可以被使用來產生具有想要機率分佈的隨機數。當然，Octave 也有一些函數可以產生具有常見分佈的隨機數。

舉例來說，poisson_rnd (lambda, r, c)可以被使用來產生具發生率 lambda 的 Poisson 分佈的一個隨機數陣列。

範例 3.36　產生投擲一個骰子的結果

使用 discrete_rnd 來產生擲一個骰子的 20 個樣本。

```
> V=1:6;                                  % 定義 S_X ={1, 2, 3, 4, 5, 6}。
> P=[1/6, 1/6, 1/6, 1/6, 1/6, 1/6];       % 設定 X 所有的 pmf 值爲 1/6。
> discrete_rnd (20, V, P)                 % 以 pmf P 從 S_X 中產生 20 個樣本。
ans =
    6  2  2  6  5  2  6  1  3  6  3  1  6  3  4  2  5  3  4  1
```

範例 3.37　產生 Poisson 隨機變數

使用內建的函數來產生一個 Poisson 隨機變數的 20 個樣本，參數 $\alpha = 2$。

```
>Poisson_rnd(2,1,20)              % 以 α = 2 產生 Poisson 隨機變數的一個
                                  % 1×20 的樣本陣列。

ans =
    4  3  0  2  3  2  1  2  1  4  0  1  2  2  3  4  0  1  3
```

在本章末端的習題中，我們說明了許多的實驗都可以使用 MATLAB 或是 Octave 它們的基本功能來模擬。在本書的剩餘章節中，我們將使用 Octave 來舉例子，因為它是可以免費取得的。

▶ 摘要

- 一個隨機變數是一個函數，它指派一個實數給一個隨機實驗的每一個結果。若一個隨機實驗的結果是一個數，或是假如一個結果的一個數值的屬性是我們所感興趣的，那麼一個隨機變數就已被定義了。

- 一個等效事件的概念讓我們可以推導牽涉到一個隨機變數其事件的機率，在推導過程中使用的是其潛在結果之事件的機率。

- 一個隨機變數是離散的若它的值是從某個可數集合中而來。機率質量函數足以計算牽涉到一個離散隨機變數其所有事件的機率。

- 牽涉到離散隨機變數 X 的事件機率可以被表示成為機率質量函數 $p_X(x)$ 的和。

- 假如 X 是一個隨機變數，則 $Y = g(X)$ 也是一個隨機變數。

- 一個隨機變數之平均值，變異量，和動差可總結該隨機變數之某些資訊。這些參數在實務上是滿有用的，因為它們比 pmf 易於估算和測量。

- 條件 pmf 讓我們可以在給定有關於該隨機變數之部分知識的情況下，計算事件的機率。

- 有一些方法可以產生出具有想要 pmf 的離散隨機數，我們是利用在單位區間中均一分佈的離散隨機變數來產生的。

▶ 重要名詞

離散隨機變數　　　　　　　　機率質量函數
等價事件　　　　　　　　　　隨機變數

X 的期望值　　　　　　　　X 的標準差

隨機變數的函數　　　　　　　X 的變異量

X 的第 n 階動差

▶ 參考文獻

參考文獻[1]為針對電機工程師所寫之有關於隨機變數的標準參考文獻。參考文獻[2]討論了一些有關於隨機變數概念的細節，所探討的深度對於本門課的學生而言是可接受的。參考文獻[3]是一個傳統的教科書，它舉的例子詳盡又豐富。參考文獻[4]對於各式各樣可產生隨機數值的方法提供了非常詳盡的討論。參考文獻[5]完全針對離散隨機變數來做討論。

1.　A. Papoulis and S. U. Pillai, *Probability*, *Random Variables*, and *Stochastic Processes*, 4th ed., McGraw-Hill, New York, 2002.

2.　K. L. Chung, *Elementary Probability Theory*, Springer-Verlag, New York, 1974.

3.　W. Feller, *An Introduction to Probability Theory and Its Applications*, Wiley, New York, 1968.

4.　A. M. Law and W. D. Kelton, *Simulation Modeling and Analysis*, McGraw-Hill, New York, 2000.

5.　N. L. Johnson, A. W. Kemp, and S. Kotz, *Univariate Discrete Distributions*, Wiley, New York, 2005.

6.　Y. A. Rozanov, *Probability Theory:A Concise Course*, Dover Publications, New York, 1969.

▶ 習題

第 3.1 節：一個隨機變數的概念

3.1.　Carlos 和 Michael 每一人都投擲一個公正的硬幣 2 次，令 X 為獲得正面數目之較大的數。

　　(a)　描述這個隨機實驗其潛在的樣本空間 S 和指出其元素事件的機率。

　　(b)　寫出從 S 到 S_X 的映射，後者是 X 的值域。

　　(c)　求出 X 在不同數值上的機率。

3.2.　一個骰子被投擲，隨機變數 X 被定義為出現點數之完整一對的數目。

　　(a)　描述這個隨機實驗其潛在的樣本空間 S 和指出其元素事件的機率。

　　(b)　寫出從 S 到 S_X 的映射，後者是 X 的值域。

　　(c)　求出 X 在不同數值上的機率。

3.3.　(a)　重做習題 3.2 的(a)，(b)和(c)，若 Y 被定義為出現點數之完整一對的數目或部分一對的數目。

　　(b)　解釋為什麼 $P[X=0]$ 和 $P[Y=0]$ 並不相等。

3.4. 一個鬆掉了的時鐘分針正在做快速的旋轉。當該分針停下來時，它的針尖所處位置的座標(x,y)被記錄下來。Z被定義爲是x和y乘積的 sgn 函數，其中若$t>0$則 sgn(t)爲 1；若$t=0$則 sgn(t)爲 0；若$t<0$則 sgn(t)爲-1。

(a) 描述這個隨機實驗其潛在的樣本空間S和指出其元素事件的機率。

(b) 寫出從S到S_x的映射，後者是X的值域。

(c) 求出X在不同數值上的機率。

3.5. 一個資料源產生字元，其中每一字元有 3 個位元。令X爲對應到一個字元的整數數值。假設在字元中的二進位數字是獨立的，每一個位元爲 0 和爲 1 有相等的可能性。

(a) 描述這個隨機實驗其潛在的樣本空間S和指出其元素事件的機率。

(b) 寫出從S到S_x的映射，後者是X的值域。

(c) 求出X在不同數值上的機率。

(d) 令Y爲一個字元的整數數值。但是現在假設最高位元爲「0」的機率是爲「1」機率的 3 倍。求出Y在不同數值上的機率。

3.6. 兩個發射器傳送訊息給一個天線以達通訊的目的。在每一個時間槽中，每一個發射器傳送一個訊息的機率爲 1/2。同時間的傳送會導致訊息的遺失。令X爲直到第一個訊息通過所需的時間槽數。

(a) 描述這個隨機實驗其潛在的樣本空間S和指出其元素事件的機率。

(b) 寫出從S到S_x的映射，後者是X的值域。

(c) 求出X在不同數值上的機率。

3.7. 一個資訊源產生 3 位元的字串 {000, 111, 010, 101, 001, 110, 100, 011}，其對應的機率爲 {1/4, 1/4, 1/8, 1/8, 1/16, 1/16, 1/16, 1/16}。一個二進位碼指派一個長度爲$-\log_2 p_k$的字碼給第k個字串。令X爲指派給資訊源輸出之字碼的長度。

(a) 寫出從S到S_x的映射，後者是X的值域。

(b) 求出X在不同數值上的機率。

3.8. 一個甕內含 9 張\$1 元紙鈔和 1 張\$20 元紙鈔。從甕中以無補充的方式隨機抽出 2 張紙鈔，令隨機變數X爲總面額。

(a) 描述這個隨機實驗其潛在的樣本空間S和指出其元素事件的機率。

(b) 寫出從S到S_x的映射，後者是X的值域。

(c) 求出X在不同數值上的機率。

3.9. 一個甕內含 9 張\$1 元紙鈔和 1 張\$20 元紙鈔。從甕中以有補充的方式隨機抽出 2 張紙鈔，令隨機變數X爲總面額。

(a) 描述這個隨機實驗其潛在的樣本空間S和指出其元素事件的機率。

(b) 寫出從S到S_x的映射，後者是X的值域。

(c) 求出X在不同數值上的機率。

3.10. 一個硬幣被投擲 n 次。令隨機變數 Y 為出現正面的次數減去出現反面的次數。假設 $P[$正面$]= p$。

　(a)　描述樣本空間 S。

　(b)　求出事件 $\{Y = 0\}$ 的機率。

　(c)　求出 Y 在其它不同數值上的機率。

3.11. 存取一個系統需要一個 m 位元的密碼。一個駭客以一種有系統的方式測試所有可能的 m 位元密碼。令 X 為該駭客直到正確的密碼被找到時所需測試的密碼數。

　(a)　描述樣本空間 S。

　(b)　寫出從 S 到 S_X 的映射，後者是 X 的值域。

　(c)　求出 X 在不同數值上的機率。

第 3.2 節：離散隨機變數和機率質量函數

3.12. 令 X 如同在習題 3.1 中所定義。

　(a)　比較 X 的 pmf 和 Y 的 pmf，其中 Y 為投擲一個公正的硬幣 2 次出現的正面次數。解釋它們的差異。

　(b)　假設 Carlos 使用一個硬幣其出現正面的機率 $p = 3/4$。求出 X 的 pmf。

3.13. 考慮一個資訊源，它產生二進位數對，我們把它們記為 $S_X = \{1, 2, 3, 4\}$。在以下的情況求出和畫出 pmf：

　(a)　對所有在 S_X 中的 k，$p_k = p_1/k$。

　(b)　對於 $k = 2$，3，4，$p_{k+1} = p_k/2$。

　(c)　對於 $k = 2$，3，4，$p_{k+1} = p_k/2^k$。

　(d)　在 (a)，(b) 和 (c) 中的隨機變數可以被延伸成值域為集合 $\{1, 2,...\}$ 嗎？若可以的話，指出所得隨機變數的 pmf。若不可以，解釋為什麼不可以。

3.14. 令 X 為一個隨機變數，其 pmf $p_k = c/k^2$，$k = 1, 2,...$。

　(a)　估計出 c 的數值。請注意該級數收斂。

　(b)　求出 $P[X>6]$。

　(c)　求出 $P[4 \leq X \leq 8]$。

3.15. 如在習題 3.5 中定義，比較 $P[X \geq 5]$ 和 $P[Y \geq 5]$。

3.16. 在習題 3.6 中，假設發射器 1 在一個給定時間槽中傳送的機率為 1/2，但是發射器 2 傳送的機率為 p。

　(a)　令 X 為直到第一個訊息通過所需傳送的次數。求出 X 的 pmf。

　(b)　給定一個成功的傳輸，求出它是發射器 2 傳送的機率。

3.17. (a)　在習題 3.8 中，抽出的金額大於 \$2 的機率？抽出的金額大於 \$20 的機率？

　(b)　在習題 3.9 中，抽出的金額大於 \$2 的機率？抽出的金額大於 \$20 的機率？

3.18. 一個數據機傳出一個 +2 的電壓信號到一個通道中。該通道會把信號加上一個雜訊項。雜訊的值域集合為 {0, −1, −2, −3}，機率分別為 {4/10, 3/10, 2/10, 1/10}。

   (a) 求出該通道輸出 Y 的 pmf。

   (b) 通道輸出等於通道輸入的機率為何？

   (c) 通道輸出為正的機率為何？

3.19. 一台電腦在一個網路中保留一條路徑的時間為 10 分鐘。若要延展保留時間，該電腦必須在時間到之前成功地送出一個「更新」訊息。然而，該訊息遺失的機率為 1/2。假設它送出一個更新請求和接收到一個請求收到的過程要花 10 秒鐘。若希望有 99% 的機率可以成功的延展保留時間，電腦何時需送出一個「更新」訊息？

3.20. 一個數據機是在一個易發生錯誤的通道中傳送資料，所以它重複傳輸每一個「0」或「1」位元 5 次。我們稱如此的 5 位元群組為一個「碼字」。通道改變某一個輸入位元的機率為 $p = 1/10$，而且通道是獨立地對待每一個輸入位元。該數據機收到 5 個接收位元後可以用一種多數決定法來估計對應的輸入位元。求出接收時誤判的機率。

3.21. 擲 2 個骰子，我們令 X 為 2 個骰子出現點數的差。

   (a) 求出和畫出 X 的 pmf。

   (b) 對所有的 k，求出 $|X| \leq k$ 的機率。

第 3.3 節：離散隨機變數的期望值和動差

3.22. (a) 如在習題 3.12 中的情況，比較 $E[Y]$ 和 $E[X]$。

   (b) 比較 VAR[X] 和 VAR[Y]。

3.23. 如在習題 3.13 中的情況，求出資訊源在 (a)，(b) 和 (c) 中輸出的期望值和的變異量。

3.24. (a) 求出在習題 3.5 中的 $E[X]$。

   (b) 求出 VAR[X]。

3.25. 求出在習題 3.7 中的 $E[X]$。在一個非常大數量各式各樣的編碼中，$E[X]$ 所代表的意義為何？

3.26. 求出在習題 3.8 中抽出金額的期望值和的變異量。

3.27. 求出在習題 3.9 中抽出金額的期望值和的變異量。

3.28. 求出在習題 3.14 中之 $E[X]$ 和 VAR[X]。

3.29. 求出在習題 3.18 中 Y 之期望值和的變異量。

3.30. 求出在習題 3.19 中更新保留所需時間的期望值和的變異量。

3.31. 在習題 3.10 中的數據機傳送出 1000 個 5 位元字碼。接收端誤判字碼的平均數為何？若數據機傳送出 1000 個個別的位元，沒有重複傳送，接收端誤判位元的平均數為何？解釋錯誤率和傳輸速度之間的取捨權衡。

3.32. (a) 假設一個公正的硬幣被投擲 n 次。每玩一輪需花 d 元，投出 X 個正面的報酬為 $aX^2 + bX$。求出淨報酬的期望值。

(b) 假設投出 X 個正面的報酬爲 a^X，其中 $a > 0$。求出報酬的期望值。

3.33. 令 $g(X) = I_A$，其中 $A = \{X > 10\}$。

(a) 考慮在習題 3.13a 中的 X，其中 $S_X = \{1, 2, \ldots, 15\}$。求出 $E[g(X)]$。

(b) 考慮在習題 3.13b 中的 X，其中 $S_X = \{1, 2, \ldots, 15\}$。求出 $E[g(X)]$。

(c) 考慮在習題 3.13c 中的 X，其中 $S_X = \{1, 2, \ldots, 15\}$。求出 $E[g(X)]$。

3.34. 令 $g(X) = (X - 10)^+$ (參見範例 3.19)。

(a) 考慮在習題 3.13a 中的 X，其中 $S_X = \{1, 2, \ldots, 15\}$。求出 $E[g(X)]$。

(b) 考慮在習題 3.13b 中的 X，其中 $S_X = \{1, 2, \ldots, 15\}$。求出 $E[g(X)]$。

(c) 考慮在習題 3.13c 中的 X，其中 $S_X = \{1, 2, \ldots, 15\}$。求出 $E[g(X)]$。

3.35. 考慮在範例 3.16 中的聖彼得堡詭論。假設一家賭場全部的錢有 $M = 2^m$ 元，所以它只可以爲有限次數的硬幣投擲遊戲付出報酬。

(a) 賭場可以爲幾次的硬幣投擲遊戲付出報酬？

(b) 求出玩家報酬的期望值。

(c) 一位玩家將會願意付出多少錢來玩這個遊戲？

第 3.4 節：條件機率質量函數

3.36. (a) 如在習題 3.12a 中的情況，給定 $X > 0$，求出 X 的條件 pmf。

(b) 已知 Michael 在 2 次投擲中有一次正面，求出 X 的條件 pmf。

(c) 已知 Michael 的第一次投擲出現正面，求出 X 的條件 pmf。

(d) 如在習題 3.12b 中的情況，給定 $X = 2$，求出 Carlos 投出較大值的機率。

3.37. 給定 $X < 4$，求出在習題 3.13(a)，(b)和(c)中的條件 pmf。

3.38. (a) 已知沒有訊息在時間槽 1 通過，求出在習題 3.6 中 X 的條件 pmf。

(b) 已知發射器 1 在時間槽 1 傳送訊息，求出在習題 3.6 中 X 的條件 pmf。

3.39. (a) 已知沒有訊息在時間槽 1 通過，求出在習題 3.6 中 X 的條件期望值。證明 $E[X \mid X > 1] = E[X] + 1$。

(b) 已知有訊息在時間槽 1 通過，求出在習題 3.6 中 X 的條件期望值。

(c) 藉由使用(a)和(b)的結果，求出 $E[X]$。

3.40. 使用在習題 3.39 中的方式求出 $E[X^2]$ 和 VAR[X]。

3.41. 解釋爲什麼式(3.31b)可以被使用來求出 $E[X^2]$，但是它不能被使用來直接求出 VAR[X]。

3.42. (a) 已知抽出的第一張紙鈔爲 k 圓，求出在習題 3.8 中 X 的條件 pmf。

(b) 求出(a)的條件期望值。

(c) 藉由使用(b)的結果，求出 $E[X]$。

(d) 使用在(b)和(c)中的方式求出 $E[X^2]$ 和 VAR[X]。

3.43. 如在習題 3.10 中的情況，求出 $E[Y]$ 和 VAR[Y]。提示：對正面次數做條件。

3.44. (a)在習題 3.11 中，已知在測試 k 次後密碼還沒有被找出，求出 X 的條件 pmf。

    (b) 給定 $X>k$，求出 X 的條件期望值。

    (c) 藉由使用(b)的結果，求出 $E[X]$。

第 3.5 節：重要的離散隨機變數

3.45. 對於在樣本空間 S 中的每一個 ζ，指出事件 A 的指示器函數 $I_A(\zeta)$ 的值。求出 I_A 的 pmf 和期望值。

    (a) $S = \{1,\ 2,\ 3,\ 4,\ 5,\ 6\}$ 和 $A = \{\zeta > 3\}$。

    (b) $S = [0,\ 1]$ 和 $A = \{0.4 < \zeta \leq 0.7\}$。

    (c) $S = \{\zeta = (x,\ y):\ 0 < x < 1,\ 0 < y < 1\}$ 和 $A = \{\zeta = (x,\ y):\ 0.25 < x + y < 1.25\}$。

    (d) $S = (-5,\ 5)$ 和 $A = \{\zeta > a\}$。

3.46. 一個隨機實驗其樣本空間為 S，令 A 和 B 為 S 的 2 事件。證明 Bernoulli 隨機變數滿足以下的特性：

    (a) $I_S = 1$ 和 $I_\varnothing = 0$。

    (b) $I_{A \cap B} = I_A I_B$ 和 $I_{A \cup B} = I_A + I_B - I_A I_B$。

    (c) 求出指示器函數在(a)和(b)中的期望值。

3.47. 根據熱量是多快被產生的，它必須從一個系統中移除。假設該系統有 8 個元件，每一個元件正在運行的機率為 0.25，而且相互獨立。熱移除系統的設計需要求出以下事件的機率。

    (a) 沒有元件正在運行。

    (b) 只有一個元件正在運行。

    (c) 多於 4 個元件正在運行。

    (d) 多於 2 個元件且少於 6 個元件正在運行。

3.48. 從單位區間中隨機選出 8 個數。

    (a) 求出前 4 個數小於 0.25 和最後 4 個數大於 0.25 的機率。

    (b) 求出 4 個數小於 0.25 和 4 個數大於 0.25 的機率。

    (c) 求出前 3 個數小於 0.25，接下來 2 個在 0.25 到 0.75 之間，和最後 3 個數大於 0.75 的機率。

    (d) 求出 3 個數小於 0.25，2 個數在 0.25 到 0.75 之間，和 3 個數大於 0.75 的機率。

    (e) 求出前 4 個數小於 0.25 和最後 4 個數大於 0.75 的機率。

    (f) 求出 4 個數小於 0.25 和 4 個數大於 0.75 的機率。

3.49. (a) 畫出二項隨機變數的 pmf，參數為 $n = 4$ 和 n = 8，而 $p = 0.10$，$p = 0.5$，和 $p = 0.90$，

    (b) 使用 Octave 畫出二項隨機變數的 pmf，參數為 $n = 100$ 而 $p = 0.10$，$p = 0.5$ 和 $p = 0.90$。

3.50. 令 X 為一個二項隨機變數，它源自於 n 次 Bernoulli 測試，其成功機率為 p。

    (a) 假設 $X = 1$。求出該單一事件發生是在第 k 次 Bernoulli 測試中的機率。

(b) 假設 $X=2$。求出該 2 個事件是分別發生在第 j 次和第 k 次 Bernoulli 測試中的機率，其中 $j<k$。

(c) 從以上在(a)，(b)中答案的啟發，請解釋成功是「完全隨機地」分佈在 n 次 Bernoulli 測試之中是什麼意義？

3.51. 令 X 為二項隨機變數。

(a) 證明

$$\frac{p_X(k+1)}{p_X(k)} = \frac{n-k}{k+1}\frac{p}{1-p} \quad 其中\, p_X(0)=(1-p)^n$$

(b) 證明(a)的結果告訴我們：(1)$P[X=k]$ 在 $k_{max}=\big[(n+1)p\big]$ 處有最大值，其中[x]代表小於或等於 x 之最大的整數；(2)當 $(n+1)p$ 是一個整數時，最大值發生在 k_{max} 和 $k_{max}-1$ 處。

3.52. 考慮 $(a+b+c)^n$。

(a) 對$(a+b)$和 c 使用二項展開以得到 $(a+b+c)^n$ 的表示式。

(b) 現在對所有的 $(a+b)^k$ 的項都做展開以獲得一個表示式，該表示式包含有 $M=3$ 個相互互斥的事件，A_1, A_2, A_3，的多項係數(multinomial coefficient)。

(c) 令 $p_1=P[A_1]$，$p_2=P[A_2]$，$p_3=P[A_3]$。使用(b)的結果證明多項機率加起來為 1。

3.53. 一序列的字元透過一個通道做傳送，該通道會導致的字元錯誤率為 $p=0.01.$。

(a) 令 N 為兩錯誤字元之間無誤的字元數，N 的 pmf 為何？

(b) $E[N]$為何？

(c) 假設我們希望有 99% 的肯定在一個錯誤的字元發生之前最少有 1000 個字元被正確地接收。p 的適當值為何？

3.54. 令 N 為一個幾何隨機變數，$S_N=\{1, 2,...\}$。

(a) 求出 $P[N=k\,|\,N\leq m]$。

(b) 求出 N 是偶數的機率。

3.55. 令 M 為一個幾何隨機變數。證明 M 滿足無記憶性特性：
$P[M\geq k+j\,|\,M\geq j+1]=P[M\geq k]$　對於所有的 $j,\ k>1$。

3.56. 令 X 為一個離散隨機變數，它的可能值只能是非負整數，並滿足無記憶性特性。證明 X 必定為一個幾何隨機變數。提示：求出一個必定被 $g(m)=P[M\geq m]$ 所滿足的式子。

3.57. 一個音訊播放器使用一個低品質的硬碟。該播放器一開始的製造成本為\$50。在每使用一個月之後，硬碟壞掉的機率為 1/12。修理硬碟的成本是\$20。假如製造商提供 1 年的保固，則製造商應該為該播放器做多少錢的定價才使得製造商在該台播放器上賠錢的機率小於等於 1%？每台播放器的平均成本為何？

3.58. 一個聖誕水果蛋糕上面有斯末那葡萄乾，彩虹式的紅櫻桃小塊，和放射線狀的綠櫻桃小塊，它們的個數都是 Poisson 分佈的獨立數，且在每塊蛋糕上它們的平均值分別為 48、24、12。假設你有禮貌地接受了 1/12 塊的蛋糕。

    (a) 很幸運地，在你的蛋糕上沒有綠色小塊的機率為何？

    (b) 真的很幸運地，在你的蛋糕上沒有綠色小塊且最多只有 2 個紅色小塊的機率為何？

    (c) 極度幸運地，在你的蛋糕上沒有綠色或紅色小塊且有多於 5 個斯末那葡萄乾的機率為何？

3.59. 等待被處理的訂單數是一個 Poisson 隨機變數，參數 $\alpha = \lambda / n\mu$ 其中 λ 為定單一天來的平均數，μ 是一位員工每天可以處理的訂單數，n 為員工數。令 $\lambda = 3$ 和 $\mu = 1$。求出所需的員工數使得多於 4 個訂單正在等待的機率小於 90%。沒有訂單正在等待的機率為何？

3.60. 對一個 Web 伺服器做網頁請求的數量是一個 Poisson 隨機變數，每分鐘平均有 3000 個請求。

    (a) 求出在一個 100 毫秒的時段中沒有請求的機率。

    (b) 求出在一個 100 毫秒的時段中有 5 到 10 個請求的機率。

3.61. 使用 Octave 畫出 Poisson 隨機變數的 pmf，$\alpha = 0.1$、0.75、2、20。

3.62. 求出 Poisson 隨機變數的平均值和變異量。

3.63. 針對 Poisson 隨機變數，證明對於 $\alpha < 1$，$P[N=k]$ 的最大值發生在 $k=0$ 時；對於 $\alpha > 1$，$P[N=k]$ 的最大值發生在 $k=[\alpha]$ 時；若 α 是一個正整數，$P[N=k]$ 的最大值發生在 $k=\alpha$ 和 $\alpha - 1$ 時。提示：使用習題 3.50 的方法。

3.64. 比較 Poisson 近似和二項機率之間的差異，$k = 0$，1，2，3 和 $n = 10$，$p = 0.1$；$n = 20$ 和 $p = 0.05$；和 $n = 100$ 和 $p = 0.01$。

3.65. 在一個給定的時間，從住家連到 Internet 的數目是一個 Poisson 隨機變數其平均值為 50。假設住家們可使用的傳輸位元率為每秒 20 百萬位元。

    (a) 求出每位使用者分配到傳輸位元率的機率。

    (b) 若一位使用者有大於或等於 90% 的機率確定可以以某傳輸率做資訊傳輸。求出該傳輸率。

    (c) 使用者可以分到一個大於或等於每秒 1 百萬位元的傳輸率的機率為何？

3.66. 一個 LCD 螢幕有 2000×1000 畫素。若一個螢幕的瑕疵畫素少於或等於 15 個，那麼是可以接受的。一個畫素有瑕疵的機率為 5×10^{-6}。求出可以接受的螢幕的比例。

3.67. 一個資料中心有 10,000 個硬碟。假設一個硬碟每天會損壞機率為 10^{-3}。

    (a) 求出在某一天中沒有硬碟損壞的機率。

    (b) 求出在 2 天中硬碟損壞數少於 10 個的機率。

    (c) 該中心必須準備備用硬碟以替換損壞的硬碟。若希望損壞硬碟的替換率可以達到 99%，求出備用的硬碟數。

3.68. 一個數位通訊通道的位元錯誤率爲 10^{-5}。假設傳輸 10,000 個位元。令 N 爲發生錯誤的位元數。

(a) 求出 $P[N=0]$, $P[N\leq3]$。

(b) 若 10,000 個位元中將會發生 1 個或多個錯誤的機率爲 99%，請問會造成這種情況的位元錯誤率爲何？

3.69. 一個離散均一隨機變數的值域爲集合 $\{1, 2,..., L\}$，每一元素有相同的機率。求出平均值和變異量。你將會需要以下的公式：

$$\sum_{i=1}^{n} i = \frac{n(n+1)}{2} \qquad \sum_{i=1}^{n} i^2 = \frac{n(n+1)(2n+1)}{6}$$

3.70. 一個電壓 X 均一分佈在集合 $\{-3,..., 3, 4\}$ 中。

(a) 求出 X 的平均值和變異量。

(b) 求出 $Y = -2X^2 + 3$ 的平均值和變異量。

(c) 求出 $W = \cos(\pi X/8)$ 平均值和變異量。

(d) 求出 $Z = \cos^2(\pi X/8)$ 的平均值和變異量。

3.71. 20 個新聞網站是以熱門度來做排名的，這些網站點閱頻率是根據一個 Zipf 分佈。

(a) 點閱第一名網站的機率爲何？

(b) 點閱最後 5 名網站的其中之一的機率爲何？

3.72. 縱軸爲 Zipf 機率的對數(log)，橫軸排名的對數，請問此時圖形形狀爲何？

3.73. 畫出 Zipf 隨機變數的平均值和變異量，從 $L=1$ 到 $L=100$。

3.74. 一個線上視訊商店有 10,000 部影片。爲了提供快速的服務，該商店把最熱門的一些影片作快取儲存。某一個影片請求若有 99%的機率將會在快取中發現有該影片，請問快取儲存中需要存多少部影片？

3.75. (a) 收入分佈會是完美地均等假若每一個個人都有相同的收入。在本情況中的 Lorenz 曲線爲何？

(b) 在一個完全不均等的收入分佈中，某一個人有所有的收入，而所有其它的人都爲 0。在本情況中的 Lorenz 曲線爲何？

3.76. 令 X 爲一個幾何隨機變數，值域爲集合 $\{1, 2,...\}$。

(a) 求出 X 的 pmf。

(b) 求出 X 的 Lorenz 曲線。假設 L 是無窮大。

(c) 畫出 X 的 Lorenz 曲線，$p = 0.1$，0.5，0.9。

3.77. 令 X 爲一個 zeta 隨機變數，參數爲 α。

(a) 求出 $P[X\leq k]$ 的表示式。

(b) 畫出 X 的 pmf，$\alpha = 1.5$，2 和 3。

(c) 畫出 $P[X\leq k]$，$\alpha = 1.5$，2 和 3。

第 3.6 節：離散隨機變數的產生

3.78. Octave 提供函數呼叫以估算出重要離散隨機變數的 pmf。舉例來說，函數 Poisson_pdf (*x, lambda*)計算出 Poisson 隨機變數在 *x* 處的 pmf。

    (a) 畫出 Poisson pmf，$\lambda = 0.5$、5、50，以及 $P[X \leq k]$ 和 $P[X > k]$。

    (b) 畫出二項 pmf，$n = 48$ 和 $p = 0.10$、0.30、0.50、0.75 以及 $P[X \leq k]$ 和 $P[X > k]$。

    (c) 對於 $n = 100$ 和 $p = 0.01$ 比較二項機率和 Poisson 近似。

3.79. Octave 的 discrete_pdf 函數可以指定一個任意的 pmf 和指定一個特定的 S_x。

    (a) 畫出 Zipf 隨機變數的 pmf，$L = 10$、100、1000 以及 $P[X \leq k]$ 和 $P[X > k]$。

    (b) 考慮在習題 3.35 中的聖彼得堡詭論，$m = 20$，畫出報酬的 pmf，以及 $P[X \leq k]$ 和 $P[X > k]$。(對於 k 的值你將會需要使用一個對數座標。)

3.80. (a) 使用 Octave 的 discrete_rnd 函數來模擬在第 1.3 節中討論的甕實驗。該實驗做 1000 次，計算出結果相對次數。

    (b) 使用 Octave 的 discrete_pdf 函數來指定一個二項隨機變數的 pmf，其中 $n = 5$ 和 $p = 0.2$。使用 discrete_rnd 產生 100 個樣本並畫出相對次數。

    (c) 在(b)中使用 binomial_rnd 產生 100 個樣本。

3.81. 使用 discrete_rnd 函數產生 200 個在習題 3.79a 中的 Zipf 隨機變數樣本。畫出結果數列以及整體的相對次數。

3.82. 使用 discrete_rnd 函數產生 200 個在習題 3.79b 中的聖彼得堡詭論隨機變數樣本。畫出結果數列以及整體的相對次數。

3.83. 使用 Octave 產生 200 對的數，(X_i, Y_i)，其中每一成分為獨立的，每一個成分均一分佈在集合 $\{1, 2, ..., 9, 10\}$ 中。

    (a) 畫出 X 和 Y 結果的相對次數。

    (b) 畫出隨機變數 $Z = X + Y$ 的相對次數。你可以看出 Z 的 pmf 嗎？

    (c) 畫出隨機變數 $W = XY$ 的相對次數。你可以看出 W 的 pmf 嗎？

    (d) 畫出隨機變數 $V = X/Y$ 的相對次數。你可以看出 V 的 pmf 嗎？

3.84. 使用 Octave 的 binomial_rnd 函數產生 200 對的數，(X_i, Y_i)，其中每一成分為獨立的，其中 X_i 為二項隨機變數參數 $n = 8$，$p = 0.5$，而 Y_i 為二項隨機變數參數 $n = 4$，$p = 0.5$。

    (a) 畫出 X 和 Y 結果的相對次數。

    (b) 畫出隨機變數 $Z = X + Y$ 的相對次數。這個相對次數和你預期之 Z 的 pmf 吻合嗎？請做解釋。

進階習題

3.85. 在一個生產線上瑕疵品的比例為 p。每一個物品都會被測試，而瑕疵品被正確地判定出是瑕疵的機率為 a。

    (a) 假設非瑕疵品一定會通過測試。直到第一個瑕疵品被判定出有瑕疵時，已有 k 個物品被測試的機率為何？

(b)　假設被判定出的瑕疵品均會被移除。剩下物品的瑕疵比例爲何？

(c)　現在假設非瑕疵品被驗出是瑕疵品的機率爲 b。重做(b)。

3.86.　一個資料傳輸系統使用 T 秒長的訊息。在每一個訊息被傳輸之後，傳送端暫停並等待 T 秒以等待一個從接收端來的回應。接收端收到訊息會馬上回應另一個訊息以指出有一個訊息已經被正確地接收。若傳送端在 T 秒內收到一個回應，它會繼續傳送一個新的訊息；否則，它會重新傳送先前的訊息。假設訊息在傳送的過程中被破壞的機率爲 p。求出訊息可以被成功地從傳送端傳送至接收端的最大可能傳送率。

3.87.　在一個光通訊系統中，接收端計算出所收到的光子數 X 是一個 Poisson 隨機變數：當一個信號存在時其平均率爲 λ_1；當一個信號不存在時其平均率爲 $\lambda_0 < \lambda_1$。假設一個信號存在的機率爲 p。

(a)　求出 $P[$信號存在$|X=k]$ 和 $P[$信號不存在$|X=k]$。

(b)　接收端使用以下的判定規則：

假如 $P[$信號存在$|X=k] > P[$信號不存在$|X=k]$，判定信號存在；
否則，判定信號不存在。

證明這個判定規則等同於以下的臨界值判定規則：

假如 $X > T$，判定信號存在；否則，判定信號不存在。

(c)　以上的判定規則其誤判機率爲何？

3.88.　一個二進位的資訊源(例如，一個文件掃瞄器)產生非常長的 0 字串後面跟著偶爾的 1。假設符號是獨立且 $p = P[$符號 $= 0]$非常接近 1。考慮以下的方法來編碼出在兩個連續 1 之間的 0 所跑的長度 X：

1.　假如 $X = n$，把 n 表示成爲一個整數 $M = 2^m$ 的倍數和一個餘數，也就是說，求出 k 和 r 使得 $n = kM + r$，其中 $0 \le r < M - 1$；

2.　n 的二進位的字碼包含一個字首和一個字尾，其中字首有 k 個 0 後面跟著一個 1，字尾爲餘數 r 的 m 位元表示。解碼器可以從這二進位的字碼反推出原來的 n 值。

(a)　求出字首有 k 個 0 的機率，假設 $p^M = 1/2$。

(b)　若 $p^M = 1/2$，求出平均字碼長度。

(c)　求出壓縮比，它被定義爲當 $p^M = 1/2$ 時平均跑的長度對平均字碼長度的比例值。

單一隨機變數

在第 3 章中我們介紹了隨機變數的概念，而且我們也發展了一些方法來計算離散隨機變數的機率和平均值。在本章中，我們考慮一般的隨機變數，它們可能是離散型態的，連續型態的，或是混合型態的。我們介紹**累積分佈函數(cumulative distribution function)**，它常被使用在一個隨機變數的正式定義之中，而且它可以處理所有的三種型態的隨機變。我們也介紹**連續隨機變數的機率密度函數(probability density function)**。一個隨機變數的事件機率可以表示為它的機率密度函數的積分式。我們也介紹連續隨機變數的期望值，並把它和平均值的直覺概念建立關聯。我們發展了計算機率和平均值的一些方法，這些方法是我們未來在對隨機系統做分析和設計時的基本工具。

4.1 累積分佈函數

一個離散隨機變數的機率質量函數是用 $\{X=b\}$ 的事件來定義的。累積分佈函數則是使用 $\{X\leq b\}$ 的事件來定義的。使用累積分佈函數的優點為它並不侷限為離散隨機變數，它可以套用到所有型態的隨機變數。我們先從一個隨機變數的正式定義開始。

定義 考慮一個隨機實驗，它的樣本空間為 S 且事件類別為 $\mathcal{F}$。一個**隨機變數** X 是一個從樣本空間 S 對映到 R 的一個函數，且對於在 R 中的每一個 b，集合 $A_b = \{\zeta : X(\zeta)\leq b\}$ 都在 $\mathcal{F}$ 中。

這個定義僅要求在我們考慮的隨機實驗中，每一個集合 A_b 都有一良好定義的機率值，而這個要求在我們考慮的情況中根本不是問題。為什麼這個定義是使用 $\{\zeta: X(\zeta)\leq b\}$ 這個形式而非 $\{\zeta: X(\zeta)=x_b\}$？我們將會看到在實數線上所有的事件都可以用 $\{\zeta: X(\zeta)\leq b\}$ 的集合形式來表示。

一個隨機變數 X 的**累積分佈函數(cumulative distribution function，cdf)**被定義為事件 $\{X\leq x\}$ 的機率：

$$F_X(x) = P[X\leq x] \quad -\infty < x < +\infty \tag{4.1}$$

也就是說，它是隨機變數 X 落在 $(-\infty, x]$ 這個區間中的機率。用樣本空間的術語來說，cdf 為事件 $\{\zeta: X(\zeta) \leq x\}$ 的機率。事件 $\{X \leq x\}$ 和它的機率是隨著 x 的變化而變化；換句話說，$F_X(x)$ 是變數 x 的一個函數。

　　使用 cdf 我們可以很方便的指出在實數線上所有半無限區間 $(-\infty, b]$ 的機率。一般我們常討論和計算的事件為實數線上的區間，和它們的補集(complements)，聯集(unions)，和交集(intersections)。我們等一下將會說明所有這些事件的機率都可以用 cdf 來表示。

　　cdf 我們也可以用相對次數(relative frequency)來做詮釋。假設我們有一個實驗會產出結果(outcome) ζ，和相對應的 $X(\zeta)$，該實驗我們執行很多次。$F_X(b)$ 會是 $X(\zeta) \leq b$ 這個事件發生次數之長期比例。

　　在我們推導 cdf 的一般特性之前，我們先對三種基本型態的隨機變數之 cdf 分別舉一個例子。

範例 4.1　丟三次硬幣

圖 4.1(a)展示了 X 的 cdf，其中 X 為丟一個公正硬幣 3 次後出現正面的次數。從範例 3.1 我們知道 X 的可能值為 0、1、2 和 3，其對應的機率分別為 1/8、3/8、3/8 和 1/8，所以 $F_X(x)$ 的算法為從 $\{0, 1, 2, 3\}$ 中把小於等於 x 的結果其機率值相加即可。產生出來的 cdf 可看到是一個非遞減的階梯函數，它從 0 增長至 1。該 cdf 在 0、1、2、3 這 4 個點上有跳躍，跳躍值分別為 1/8、3/8、3/8 和 1/8。

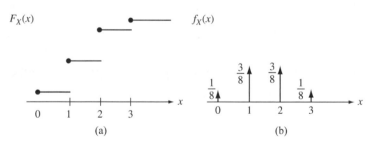

圖 4.1　一個離散隨機變數之(a)cdf 和(b)pdf

　　讓我們仔細地檢視這些不連續點，舉例來說，注意一下 $x = 1$ 的附近。對於一個小的正數 δ 而言，我們有

$$F_X(1-\delta) = P[X \leq 1-\delta] = P[0 \text{ 次正面}] = \frac{1}{8}$$

所以當 x 從左方趨近於 1 時 cdf 的極限為 1/8。然而

$$F_X(1) = P[X \leq 1] = P[0 \text{ 次或 1 次正面}] = \frac{1}{8} + \frac{3}{8} = \frac{1}{2}$$

當 x 從右方趨近於 1 時 cdf 的極限為

$$F_X(1+\delta) = P[X \leq 1+\delta] = P[0 \text{ 次或 } 1 \text{ 次正面}] = \frac{1}{2}$$

因此 cdf 在 $x=1$ 該點上是從右方連續的而且其值等於 1/2。事實上，我們注意到在 $x=1$ 該點上的跳躍值等於 $P[X=1]=$ 1/2-1/8= 3/8。因此我們將會在圖中使用圓點來指出在不連續點上 cdf 的值。

cdf 可以使用單位步階(unit step)函數來表示。定義單位步階函數如下：

$$u(x) = \begin{cases} 0 & \text{若 } x<0 \\ 1 & \text{若 } x\geq 0 \end{cases} \tag{4.2}$$

則

$$F_X(x) = \frac{1}{8}u(x) + \frac{3}{8}u(x-1) + \frac{3}{8}u(x-2) + \frac{1}{8}u(x-3)$$

範例 4.2　**在單位區間中的均勻(Uniform)隨機變數**

假設在一個圓形板的圓心上附有一個可轉動的指針，轉動該指針。令 θ 為該指針最後停下來的角度，其中 $0<\theta\leq 2\pi$。θ 落在 $(0, 2\pi]$ 之子區間中的機率正比於該子區間的長度。隨機變數 X 被定義為 $X(\theta)=\theta/2\pi$。求出 X 的 cdf：

當 θ 從 0 增加至 2π，X 從 0 增加至 1。X 不可能小於 0，所以

$$F_X(x) = P[X\leq x] = P[\varnothing] = 0 \quad \text{對於 } x<0$$

對於 $0<x<1$，$\{X\leq x\}$ 發生在當 $\{\theta\leq 2\pi x\}$ 時，所以

$$F_X(x) = P[X\leq x] = P[\{\theta\leq 2\pi x\}] = 2\pi x/2\pi = x \quad \text{對於} 0<x\leq 1 \tag{4.3}$$

最後，對於 $x>1$，我們發現所有的 θ 都可以導致 $\{X(\theta)\leq 1<x\}$，因此：

$$F_X(x) = P[X\leq x] = P[0<\theta\leq 2\pi] = 1 \quad \text{對於 } x>1$$

我們稱 X 為在單位區間中的**均勻隨機變數(uniform random variable)**。圖 4.2(a)展示出一般均勻隨機變數的 cdf 圖。我們可以看出當 x 從它的最小值延伸至它的最大值時，$F_X(x)$ 是一個非遞減的連續函數從 0 增長至 1。

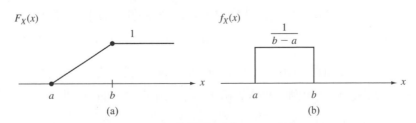

圖 4.2　一個連續隨機變數的(a) cdf 和(b) pdf

範例 4.3

一位顧客在一個計程車招呼站上的等待時間我們令之爲 X。若該顧客發現在招呼站中停有計程車，那麼等待時間 X 爲 0；在另一方面若該顧客發現在招呼站中沒停有計程車，那麼等待時間 X 隨機均勻分佈在區間[0, 1]中，單位爲小時。當顧客到達招呼站時發現在招呼站中停有計程車的機率爲 p。求出 X 的 cdf。

套用全機率定理，我們可求出如下所示 cdf：

$$F_X(x) = P[X \le x] = P[X \le x | \text{有計程車}]p + P[X \le x | \text{無計程車}](1-p)$$

請注意當 $x \ge 0$ 時，$P[X \le x | \text{有計程車}] = 1$，而在其它的情況下該機率值爲 0。在另一方面，$P[X \le x | \text{無計程車}]$ 如式(4.3)所給定，因此

$$F_X(x) = \begin{cases} 0 & x < 0 \\ p + (1-p)x & 0 \le x \le 1 \\ 1 & x > 1 \end{cases}$$

本題 cdf 的圖形，如圖 4.3(a)所示，結合了範例 4.1 cdf 的某些特性(在 0 點不連續)和範例 4.2 cdf 的某些特性(在某些區間具連續性)。請注意 $F_X(x)$ 可以表示爲一個具有振幅 p 之單位步階函數與一個 x 之連續函數的和。

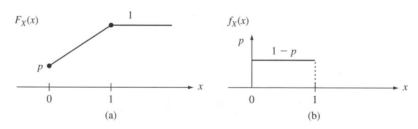

圖 4.3 混合型態隨機變數的(a)cdf 和(b)pdf

我們現在可以陳述 cdf 的基本特性。機率公理和它們的推論告訴我們 cdf 有以下的特性：

(i) $0 \le F_X(x) \le 1$。

(ii) $\lim_{x \to \infty} F_X(x) = 1$。

(iii) $\lim_{x \to -\infty} F_X(x) = 0$。

(iv) $F_X(x)$ 是 x 的一個非遞減函數，也就是說，若 $a < b$，則 $F_X(a) \le F_X(b)$。

(v) $F_X(x)$ 從右邊連續的，也就是說，對於 $h > 0$，$F_X(b) = \lim_{h \to 0} F_X(b+h) = F_X(b^+)$。

這 5 個特性說明了，一般而言，cdf 是一個非遞減的函數，當 x 從 $-\infty$ 遞增至 ∞ 時，它從 0 增長至 1。這些特性我們已經在範例 4.1、4.2 和 4.3 觀察到了。特性(v)說明了在不連續點上，cdf

等於從右邊來的極限。我們可以在範例 4.1 和 4.3 中觀察到這項特性。在範例 4.2 中，cdf 對所有的 x 值都連續，也就是說，對所有的 x 值 cdf 從右邊和從左邊都是連續的。

　　cdf 還有以下的特性，它們讓我們可以計算 X 之區間事件的機率和 X 之單點事件的機率：

(vi) $P[a < X \le b] = F_X(b) - F_X(a)$。

(vii) $P[X = b] = F_X(b) - F_X(b^-)$。

(viii) $P[X > x] = 1 - F_X(x)$。

特性(vii)說明了 $X = b$ 的機率為 cdf 在 b 點的跳躍值。這意味著若 cdf 在 b 點是連續的，那麼 $P[X = b] = 0$。特性(vi)和(vii)可以聯合起來計算其它區間型態的機率。舉例來說，因為 $\{a \le X \le b\} = \{X = a\} \cup \{a < X \le b\}$，那麼

$$P[a \le X \le b] = P[X = a] + P[a < X \le b]$$
$$= F_X(a) - F_X(a^-) + F_X(b) - F_X(a) = F_X(b) - F_X(a^-) \quad (4.4)$$

假若 cdf 在某個區間的端點上是連續的，那麼端點的機率為 0；因此當我們計算該區間的機率時，端點可以被納入，也可以被排除，因為它們不會影響機率的計算。

範例 4.4

令 X 為丟一個公正硬幣 3 次所出現的正面次數。請使用 cdf 來求以下事件的機率：$A = \{1 < X \le 2\}$, $B = \{0.5 \le X < 2.5\}$，和 $C = \{1 \le X < 2\}$。

　　從特性(vi)和圖 4.1 我們有

$$P[1 < X \le 2] = F_X(2) - F_X(1) = 7/8 - 1/2 = 3/8$$

cdf 在 $x = 0.5$ 和在 $x = 2.5$ 是連續的，所以

$$P[0.5 \le X < 2.5] = F_X(2.5) - F_X(0.5) = 7/8 - 1/8 = 6/8$$

因為 $\{1 \le X < 2\} \cup \{X = 2\} = \{1 \le X \le 2\}$，從式(4.4)我們有

$$P[1 \le X < 2] + P[X = 2] = F_X(2) - F_X(1^-)$$

接下來對 $P[X=2]$ 使用特性(vii)：

$$P[1 \le X < 2] = F_X(2) - F_X(1^-) - P[X = 2] = F_X(2) - F_X(1^-) - (F_X(2) - F_X(2^-))$$
$$= F_X(2^-) - F_X(1^-) = 4/8 - 1/8 = 3/8 \text{ 。}$$

範例 4.5

令 X 爲範例 4.2 之均勻隨機變數。請使用 cdf 來求以下事件的機率：
$\{-0.5 < X < 0.25\}$、$\{0.3 < X < 0.65\}$ 和 $\{|X - 0.4| > 0.2\}$。

X 的 cdf 在每一個點都連續，所以我們有：

$$P[-0.5 < X \leq 0.25] = F_X(0.25) - F_X(-0.5) = 0.25 - 0 = 0.25$$
$$P[0.3 < X < 0.65] = F_X(0.65) - F_X(0.3) = 0.65 - 0.3 = 0.35$$
$$P[|X - 0.4| > 0.2] = P[\{X < 0.2\} \cup \{X > 0.6\}] = P[X < 0.2] + P[X > 0.6]$$
$$= F_X(0.2) + (1 - F_X(0.6)) = 0.2 + 0.4 = 0.6$$

我們現在考慮 cdf 這些特性的證明。

- 因爲 cdf 是一個機率，因此必須滿足公理 I 和推論 2，因此我們有特性(i)。
- 爲了得到特性(iv)，請注意事件 $\{X \leq a\}$ 爲 $\{X \leq b\}$ 的一個子集合，所以前者的機率必須要小於或等於後者的機率(推論 7)。
- 爲了證明特性 (vi)，請注意 $\{X \leq b\}$ 可以被表示爲兩個相互互斥事件的聯集：$\{X \leq a\} \cup \{a < X \leq b\} = \{X \leq b\}$，因此由公理 III，$F_X(a) + P[a < X \leq b] = F_X(b)$。
- 由 $\{X > x\} = \{X \leq x\}^c$ 和推論 1，我們有特性 (viii)。

特性(ii)、(iii)、(v)和(vii)雖然在直覺上很清楚，但解釋它們需要更爲進階的極限論述，我們將在本節之最後來做討論。

4.1.1 三種型態的隨機變數

在範例 4.1、4.2 和 4.3 所討論的隨機變數正是我們最感興趣之三種最基本型態的隨機變數。

離散隨機變數(discrete random variable)的 cdf 是從右邊連續的，是 x 的階梯函數，cdf 在一些點 x_0, x_1, x_2,... 上跳躍。在範例 4.1 中的隨機變數就是離散隨機變數的一個典型的範例。離散隨機變數的 cdf $F_X(x)$ 是把所有小於等於 x 的結果之機率相加，可以表示成爲單位步階函數的權重和(weighted sum)，如範例 4.1 所示：

$$F_X(x) = \sum_{x_k \leq x} p_X(x_k) = \sum_k p_X(x_k) u(x - x_k) \tag{4.5}$$

其中 pmf $p_X(x_k) = P[X = x_k]$ 給定了 cdf 的跳躍值。我們可以看出 pmf 也可以由 cdf 計算出來。

一個連續隨機變數(continuous random variable)被定義成是一種隨機變數它的 cdf $F_X(x)$ 在每一個地方都是連續的，除此之外，它的 cdf 足夠平滑(sufficiently smooth)使它可以被寫成是某個非負函數 $f(x)$ 的積分式：

$$F_X(x) = \int_{-\infty}^{x} f(t)\, dt \qquad (4.6)$$

在範例 4.2 中的隨機變數可以寫成圖 4.2(b)中所示函數的積分式。其 cdf 的連續性和特性(vii)意味著連續隨機變數對所有的 x 皆使得 $P[X = x] = 0$。每一個可能結果的機率均為 0！一個立即的結論為 pmf 不能被用來描述 X 的機率。比較式(4.5)和式(4.6)，它告訴我們如何描述連續隨機變數。對於離散隨機變數，如式(4.5)，我們計算機率的方式為把離散點的機率質量相加。對於連續隨機變數，如式(4.6)，我們計算機率的方式為在實數線區間上對機率密度做積分。

混合型態的隨機變數(random variable of mixed type)的 cdf 會在某些點 x_0, x_1, x_2,... 上有跳躍，但是該 cdf 仍然會隨著 x 的變化作連續性的遞增，這種現象至少會發生在某一個區間的 x 值上。這類隨機變數的 cdf 有以下的形式

$$F_X(x) = pF_1(x) + (1-p)F_2(x)$$

其中 0<p<1，$F_1(x)$ 為某一個離散隨機變數的 cdf，而 $F_2(x)$ 為某一個連續隨機變數的 cdf。在範例 4.3 的隨機變數就是屬於混合型態的。

混合型態的隨機變數可以看成是以一種兩步驟的過程所產生的：丟一個硬幣，若出現正面，則依照 $F_1(x)$ 產生一離散隨機變數，反之，若出現反面，則依照 $F_2(x)$ 產生一連續隨機變數。

*4.1.2 細節：cdf 的極限特性

解釋特性(ii)、(iii)、(v)和(vii)需要用到機率函數的連續性特性，那些特性我們曾在第 2.9 節中討論過。舉例來說，就特性(ii)而言，我們考慮事件數列 $\{X \le n\}$，當 n 趨近無窮大時，該數列會增長到包含整個樣本空間 S，也就是說，所有可能的結果都會導致出有一個小於無窮大之 X 值。機率函數的連續性特性(推論 8)意味著：

$$\lim_{n \to \infty} F_X(n) = \lim_{n \to \infty} P[X \le n] = P\left[\lim_{n \to \infty}\{X \le n\}\right] = P[S] = 1$$

就特性(iii)而言，我們考慮事件數列 $\{X \le -n\}$，當 n 趨近無窮大時，該數列會遞減成為空集合 $\varnothing$，也就是說，沒有任何結果會導致出有一個小於負無窮大之 X 值：

$$\lim_{n \to \infty} F_X(-n) = \lim_{n \to \infty} P[X \le -n] = P\left[\lim_{n \to \infty}\{X \le -n\}\right] = P[\varnothing] = 0$$

就特性(v)而言，我們考慮事件數列 $\{X \le x + 1/n\}$，當 n 趨近無窮大時，該數列會從右邊遞減成為 $\{X \le x\}$：

$$\lim_{n \to \infty} F_X(x + 1/n) = \lim_{n \to \infty} P[X \le x + 1/n]$$
$$= P\left[\lim_{n \to \infty}\{X \le x + 1/n\}\right] = P\left[\{X \le x\}\right] = F_X(x)$$

最後，就特性(vii)而言，我們考慮事件數列 $\{b-1/n < X \le b\}$，當 n 趨近無窮大時，該數列會從左邊遞減成為 $\{b\}$：

$$\lim_{n \to \infty}\left(F_X(b) - F_X(b-1/n)\right) = \lim_{n \to \infty} P[b-1/n < X \le b]$$

$$= P\left[\lim_{n \to \infty}\{b-1/n < X \le b\}\right] = P[X = b]$$

4.2　機率密度函數

X 的**機率密度函數(probability density function，pdf)**，如果它存在的話，被定義為是 $F_X(x)$ 的微分：

$$f_X(x) = \frac{dF_X(x)}{dx} \tag{4.7}$$

在本節中我們將會說明：若欲計算在累積分佈函數中所包含的資訊，pdf 是另外一種更為有用的方式。

　　pdf 代表在 x 該點上機率的「密度」，請考慮以下的微觀情況：X 在 x 點附近的一個小區間中的機率，也就是說，$\{x < X \le x+h\}$ 這個事件的機率為

$$P[x < X \le x+h] = F_X(x+h) - F_X(x) = \frac{F_X(x+h) - F_X(x)}{h}h \tag{4.8}$$

若 cdf 在 x 處可微分，則當 h 變得很小時，

$$P[x < X \le x+h] \simeq f_X(x)h \tag{4.9}$$

因此 $f_X(x)$ 代表 X 在 x 該點上機率的「密度」，因為我們可看出 X 在 x 點附近的一個小區間中的機率近似為 $f_X(x)h$。cdf 的導函數，當它存在時，是一個恆正函數，因為 cdf 是 x 的一個非遞減函數，因此

(i)　　$f_X(x) \ge 0$ 。 $\tag{4.10}$

　　若要計算隨機變數 X 的機率，式(4.9)和式(4.10)提供我們另外一種計算方式。我們可以從一個非負的函數 $f_X(x)$ 開始，稱之為機率密度函數，它指出了「X 落在 x 點附近的一個寬度為 dx 的小區間內」的事件機率，如圖 4.4(a)所示。所以，當我們要計算 X 的事件機率時，我們可以用 pdf 來表示，只要把寬度為 dx 的區間機率逐一相加即可。當小區間的寬度趨近於零時，相加運算會變成是 pdf 的一個積分運算式。舉例來說，區間 $[a，b]$ 的機率為

(ii)　　$P[a \le X \le b] = \int_a^b f_X(x)\,dx$ $\tag{4.11}$

因此，**一個區間的機率正好就是** $f_X(x)$ **在該區間曲線下的面積**，如圖 4.4(b)所示。如果某事件是由一些不相交的區間做聯集所構成，那麼該事件機率的算法爲先求出每一個區間的 pdf 定積分，然後再把全部的定積分結果相加即可。

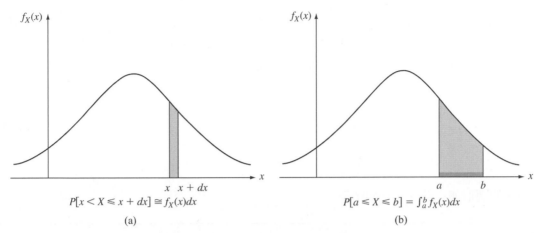

$$P[x < X \le x + dx] \cong f_X(x)dx \qquad P[a \le X \le b] = \int_a^b f_X(x)dx$$

(a)   (b)

圖 4.4   (a)機率密度函數指出一個具有無窮小寬度的區間的機率

(b)區間[a，b]的機率爲該區間曲線下的面積

把 pdf 做積分，我們可以得到 X 的 cdf：

(iii) $F_X(x) = \int_{-\infty}^{x} f_X(t)\ dt$ (4.12)

在 4.1 節中，我們定義一個連續隨機變數爲一個隨機變數 X，它的 cdf 是由式 (4.12)所指定。因爲所有 X 的事件機率都可以用 cdf 來表示，那麼由上面的討論我們知道這些機率也可以用 pdf 來表示。因此，**pdf 可以完全地指出連續隨機變數的行爲**。

在式(4.12)中把 x 趨近於無窮大，我們得到 pdf 的正規化條件(normalization condition)：

(iv) $1 = \int_{-\infty}^{+\infty} f_X(t)\ dt$ (4.13)

在前面我們曾提過機率有類似「物理質量」的特質，pdf 正好強化了這個直覺上的概念。式(4.11)說明了在一個區間的機率「質量」爲在該區間中「機率質量密度」的積分。式(4.13)說明了所有全部的質量爲一個單位。

一個**有效的 pdf** 要如何形成呢？它可以由任何一個非負的，分段連續的函數 $g(x)$所形成，但它要有一個有限值的積分：

$$\int_{-\infty}^{\infty} g(x)\ dx = c < \infty \qquad\qquad\qquad\qquad (4.14)$$

再令 $f_X(x) = g(x)/c$，我們可以得到一個滿足正規化條件的函數。請注意 pdf 對於所有的實數 x 值都必須有定義；若 X 不會落在實數線上的某區域的話，我們會令該區域的 $f_X(x) = 0$。

範例 4.6　　均勻(Uniform)隨機變數

均勻隨機變數的 pdf 爲：

$$f_X(x) = \begin{cases} \dfrac{1}{b-a} & a \leq x \leq b \\ 0 & x < a \text{ 或 } x > b \end{cases} \tag{4.15a}$$

如在圖 4.2(b)中所示。cdf 可以從式(4.12)求得：

$$F_X(x) = \begin{cases} 0 & x < a \\ \dfrac{x-a}{b-a} & a \leq x \leq b \\ 1 & x > b \end{cases} \tag{4.15b}$$

cdf 的圖形如在圖 4.2(a)中所示。

範例 4.7　　指數型態(Exponential)隨機變數

在一個通訊系統中訊息的傳送時間 X 有一種指數型態的分佈：

$$P[X > x] = e^{-\lambda x} \quad x > 0$$

請求出 cdf 和 pdf。

cdf 爲 $F_X(x) = 1 - P[X > x]$

$$F_X(x) = \begin{cases} 0 & x < 0 \\ 1 - e^{-\lambda x} & x \geq 0 \end{cases} \tag{4.16a}$$

套用式(4.7)可得 pdf：

$$f_X(x) = F_X'(x) = \begin{cases} 0 & x < 0 \\ \lambda e^{-\lambda x} & x \geq 0 \end{cases} \tag{4.16b}$$

範例 4.8　　Laplacian 隨機變數

語音波形其振幅樣本的 pdf 是以一個率 α 做指數型態的衰減，所以我們有以下的 pdf：

$$f_X(x) = c e^{-\alpha|x|} \quad -\infty < x < \infty \tag{4.17}$$

請求出常數 c 的值，然後求出 $P[|X| < v]$ 的機率。

我們使用在(iv)中的正規化條件來求出 c：

$$1 = \int_{-\infty}^{\infty} ce^{-\alpha|x|} \, dx = 2\int_{0}^{\infty} ce^{-\alpha x} \, dx = \frac{2c}{\alpha}$$

因此 $c - \alpha/2$。 $P[|X| < v]$ 的機率的求法很簡單，只要積分 pdf 即可：

$$P[|X| < v] = \frac{\alpha}{2} \int_{-v}^{v} e^{-\alpha|x|} \, dx = 2\left(\frac{\alpha}{2}\right) \int_{0}^{v} e^{-\alpha x} \, dx = 1 - e^{-\alpha v}$$

4.2.1　離散隨機變數的 pdf

在 cdf 的不連續點上，cdf 的微分是不存在的。因此，式(4.7)所定義之 pdf 的概念無法套用到離散隨機變數上，因為它的 cdf 在一些點上是不連續的。現在，我們可以一般化機率密度函數的定義。請注意**單位步階函數(unit step function)**和 delta 函數之間的關係。單位步階函數的定義為

$$u(x) = \begin{cases} 0 & x < 0 \\ 1 & x \geq 0 \end{cases} \tag{4.18a}$$

delta 函數 $\delta(t)$ 和單位步階函數的關係如以下的式子所示：

$$u(x) = \int_{-\infty}^{x} \delta(t) \, dt \tag{4.18b}$$

一個移位的單位步階函數為：

$$u(x - x_0) = \int_{-\infty}^{x - x_0} \delta(t) \, dt = \int_{-\infty}^{x} \delta(t' - x_0) \, dt' \tag{4.18c}$$

把式(4.18c)代入一個離散隨機變數的 cdf 中：

$$F_X(x) = \sum_{k} p_X(x_k) u(x - x_k) = \sum_{k} p_X(x_k) \int_{-\infty}^{x} \delta(t - x_k) \, dt$$

$$= \int_{-\infty}^{x} \sum_{k} p_X(x_k) \delta(t - x_k) \, dt \tag{4.19}$$

上式告訴我們定義**離散隨機變數的 pdf** 如下

$$f_X(x) = \frac{d}{dx} F_X(x) = \sum_{k} p_X(x_k) \delta(x - x_k) \tag{4.20}$$

因此這個 pdf 之一般化定義為：在 cdf 的不連續點 x_k 上，我們放上一個 delta 函數，其權重為 $P[X = x_k]$。

為了提供讀者對 delta 函數有一些直覺上的概念，考慮一個很窄的矩形脈衝(rectangular pulse)，它的面積為 1，寬度為 Δ，中心點位於 $t=0$：

$$\pi_\Delta(t) = \begin{cases} 1/\Delta & -\Delta/2 \le t \le \Delta/2 \\ 0 & |t| > \Delta \end{cases}$$

考慮 $\pi_\Delta(t)$ 的積分：

$$\int_{-\infty}^x \pi_\Delta(t)\, dt = \left\{ \begin{array}{l} \int_{-\infty}^x \pi_\Delta(t)\, dt = 0 = \int_{-\infty}^x 0\, dt = 0 \quad \text{對於 } x < -\Delta/2 \\[2mm] \int_{-\infty}^x \pi_\Delta(t)\, dt = \int_{-\Delta/2}^{\Delta/2} 1/\Delta\, dt = 1 \quad \text{對於 } x > \Delta/2 \end{array} \right\} \to u(x) \tag{4.21}$$

當 $\Delta \to 0$ 時，我們可以看到此一窄矩形脈衝的積分趨近於單位步階函數。就這個理由而言，我們視 delta 函數 $\delta(t)$ 在每一個地方都是 0，除了在 $x = 0$ 之外；在 $x = 0$ 處的值為無界限的 (unbounded)。上面這個式子不能用在 $x=0$ 時。為了要維持式(4.18a)從右方的連續性，我們使用以下這個慣例：

$$u(0) = 1 = \int_{-\infty}^0 \delta(t)\, dt$$

假如我們把以上所討論的 $\pi_\Delta(t)$ 換成 $g(t)\pi_\Delta(t)$，我們可以得到 delta 函數的「位移」特性：

$$g(0) = \int_{-\infty}^\infty g(t)\delta(t)\, dt \quad \text{和} \quad g(x_0) = \int_{-\infty}^\infty g(t)\delta(t-x_0)\, dt \tag{4.22}$$

右方的式子中，delta 函數可以看成是在 x 軸上做掃瞄，然後把 delta 函數其中心所在點上的 g 函數值挑出，也就是說，$g(x_0)$ 被產生出。

在範例 4.1 中所討論之離散隨機變數的 pdf 正如圖 4.1(b)所示。混合型態隨機變數的 pdf 也會包含有 delta 函數，只要在它的 cdf 的不連續點上都會有。在範例 4.3 中所討論之隨機變數的 pdf 正如圖 4.3(b)所示。

範例 4.9

令 X 為丟一個公正硬幣 3 次後出現正面的次數，同範例 4.1。求出 X 的 pdf。對 pdf 做積分以求出 $P[1<X\le2]$ 和 $P[2\le X<3]$。

在範例 4.1 中我們發現 X 的 cdf 為

$$F_X(x) = \frac{1}{8}u(x) + \frac{3}{8}u(x-1) + \frac{3}{8}u(x-2) + \frac{1}{8}u(x-3)$$

由式(4.18)和式(4.19)可得

$$f_X(x) = \frac{1}{8}\delta(x) + \frac{3}{8}\delta(x-1) + \frac{3}{8}\delta(x-2) + \frac{1}{8}\delta(x-3)$$

當 delta 函數出現在積分的上下限時，我們必須指出該 delta 函數是否被包含在積分範圍中。因為 $P[1 < X \leq 2] = P[X \in (1, 2]]$，位於 1 的 delta 函數被排除在積分外而位於 2 的 delta 函數被包含在積分範圍內：

$$P[1 < X \leq 2] = \int_{1+}^{2+} f_X(x)\, dx = \frac{3}{8}$$

類似地，我們有

$$P[2 \leq X < 3] = \int_{2-}^{3-} f_X(x)\, dx = \frac{3}{8}$$

4.2.2 條件 cdf 和 pdf

條件 cdf 的定義方式和我們定義條件 pmf 的方式是相同的。假設事件 C 已經發生而且 $P[C] > 0$。在 C 已發生之情況下，**X 的條件 cdf** 我們定義為

$$F_X(x|C) = \frac{P[\{X \leq x\} \cap C]}{P[C]} \quad \text{若 } P[C] > 0 \tag{4.23}$$

我們可以很容易地證明出 $F_X(x|C)$ 滿足 cdf 之所有的特性。(參見習題 4.25。) 在 C 已發生之情況下，**X 的條件 pdf** 我們定義為

$$f_X(x|C) = \frac{d}{dx} F_X(x|C) \tag{4.24}$$

範例 4.10

某台機器的生命期 X 有一個連續的 cdf $F_X(x)$。在事件 $C = \{X > t\}$ 已發生之情況下(也就是說，「該台機器在時間 t 時仍正常運作」)，求出條件 cdf 和條件 pdf。

條件 cdf 為

$$F_X(x\,|\,X > t) = P[X \leq x\,|\,X > t] = \frac{P[\{X \leq x\} \cap \{X > t\}]}{P[X > t]}$$

當 $x < t$ 時，在分子中那兩事件的交集等於空集合；當 $x \geq t$ 時，在分子中那兩事件的交集等於 $\{t < X \leq x\}$。因此

$$F_X(x\,|\,X > t) = \begin{cases} 0 & x \leq t \\ \dfrac{F_X(x) - F_X(t)}{1 - F_X(t)} & x > t \end{cases}$$

條件 pdf 的求法就是把上式再對 x 微分即可：

$$f_X(x|X>t) = \frac{f_X(x)}{1-F_X(t)} \quad x \geq t$$

現在假設事件 $B_1, B_2,\ldots, B_n$ 兩兩不相交，而樣本空間 S 恰爲這些事件的聯集，我們稱 $B_1, B_2,\ldots, B_n$ 爲樣本空間 S 的一個分割。令 $F_X(x|B_i)$ 爲事件 B_i 已發生的情況下 X 的條件 cdf。全機率定理讓我們可以用條件 cdf 來求出 X 的 cdf：

$$F_X(x) = P[X \leq x] = \sum_{i=1}^{n} P[X \leq x|B_i] P[B_i] = \sum_{i=1}^{n} F_X(x|B_i) P[B_i] \tag{4.25}$$

pdf 的求法就是把上式再對 x 微分即可：

$$f_X(x) = \frac{d}{dx} F_X(x) = \sum_{i=1}^{n} f_X(x|B_i) P[B_i] \tag{4.26}$$

範例 4.11

一個數位傳輸系統是以送出一個 $-v$ 的電壓信號來代表送出一個「0」，送出一個 $+v$ 的電壓信號來代表送出一個「1」。接收到的信號被高斯(Gaussian)雜訊所破壞，數學模型爲：

$$Y = X + N$$

其中 X 是傳送的信號，N 是雜訊電壓，其 pdf 爲 $f_N(x)$。假設 $P[\text{"1"}] = p = 1 - P[\text{"0"}]$。求出 Y 的 pdf。

令 B_0 代表「0」被傳出的事件而 B_1 代表「1」被傳出的事件，那麼 B_0，B_1 形成了一個分割，而且

$$\begin{aligned} F_Y(x) &= F_Y(x|B_0)[B_0] + F_Y(x|B_1)[B_1] \\ &= P[Y \leq x|X = -v](1-p) + P[Y \leq x|X = v]p \end{aligned}$$

因爲 $Y = X + N$，事件 $\{Y < x | X = v\}$ 等同於 $\{v + N < x\}$，也等同於 $\{N < x - v\}$，而事件 $\{Y < x | X = -v\}$ 等同於 $\{N < x + v\}$。因此條件 cdf 爲：

$$F_Y(x|B_0) = P[N \leq x + v] = F_N(x + v)$$

和

$$F_Y(x|B_1) = P[N \leq x - v] = F_N(x - v)$$

cdf 爲：

$$F_Y(x) = F_N(x + v)(1-p) + F_N(x - v)p$$

N 的 pdf 則為：

$$f_Y(x) = \frac{d}{dx}F_Y(x) = \frac{d}{dx}F_N(x+v)(1-p) + \frac{d}{dx}F_N(x-v)p$$
$$= f_N(x+v)(1-p) + f_N(x-v)p \ 。$$

Gaussian 隨機變數的 pdf 如下：

$$f_N(x) = \frac{1}{\sqrt{2\pi\sigma^2}}e^{-x^2/2\sigma^2} \quad -\infty < x < \infty$$

條件 pdf 為：

$$f_Y(x \mid B_0) = f_N(x+v) = \frac{1}{\sqrt{2\pi\sigma^2}}e^{-(x+v)^2/2\sigma^2}$$

和

$$f_Y(x \mid B_1) = f_N(x-v) = \frac{1}{\sqrt{2\pi\sigma^2}}e^{-(x-v)^2/2\sigma^2}$$

接收到的信號 Y 的 pdf 為：

$$f_Y(x) = \frac{1}{\sqrt{2\pi\sigma^2}}e^{-(x+v)^2/2\sigma^2}(1-p) + \frac{1}{\sqrt{2\pi\sigma^2}}e^{-(x-v)^2/2\sigma^2}p$$

圖 4.5 繪出這兩個條件 pdf。我們可以看出傳送的信號 X 位移了 Gaussian pdf 的質量中心。

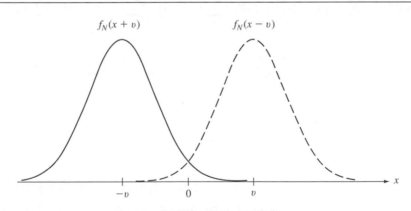

圖 4.5　給定輸入信號下的條件 pdf

4.3　*X* 的期望值

在第 3.3 節中，我們討論過離散隨機變數的期望值，並發現一隨機變數其獨立實驗觀察值之樣本平均(sample mean of independent observations)趨近於 $E[X]$。假設我們對某一連續隨機變數執

行一連串如此的實驗。因為對於特定的 x 值連續隨機變數的 $P[X = x] = 0$，我們必須把實數線分成許多小的區間並對實驗觀察落入在 $\{x_k < X < x_k + \Delta\}$ 區間中的次數 $N_k(n)$ 做個統計。當 n 變得很大時，相對次數 $f_k(n) = N_k(n)/n$ 將會趨近於 $f_X(x_k)\Delta$，也就是該區間的機率。我們利用相對次數來計算樣本平均並讓 n 趨近無窮大：

$$\langle X \rangle_n = \sum_k x_k f_k(n) \rightarrow \sum_k x_k f_X(x_k)\Delta$$

當我們減少 Δ 的值時，上式的右方會趨近成一個積分。

隨機變數 X 的**期望值**或是**平均值**的定義為

$$E[X] = \int_{-\infty}^{+\infty} t f_X(t)\ dt \tag{4.27}$$

假如上式的積分絕對地收斂，那麼期望值 $E[X]$ 就被正確地定義，也就是說，

$$E[|X|] = \int_{-\infty}^{+\infty} |t|\ f_X(t)\ dt\ \ < \infty$$

假如我們把 $f_X(x)$ 看成是在實數線上質量的分佈，那麼 $E[X]$ 則代表該分佈其質心(center of mass)。

雖然離散隨機變數的 $E[X]$ 我們已經詳細地討論過了，但是值得注意的是在式(4.27)中的定義也可以套用在離散隨機變數的 $E[X]$ 求法上，只要把離散隨機變數的 pdf 用 delta 函數來表示即可：

$$E[X] = \int_{-\infty}^{+\infty} t \sum_k p_X(x_k)\delta(t - x_k)\ dt = \sum_k p_X(x_k) \int_{-\infty}^{+\infty} t \sum_k \delta(t - x_k)\ dt = \sum_k p_X(x_k) x_k$$

範例 4.12　一均勻隨機變數的平均

一均勻隨機變數的平均為

$$E[X] = (b-a)^{-1} \int_a^b t\ dt = \frac{a+b}{2}$$

它正好是區間 $[a,b]$ 的中間點。在圖 3.6 中所示的結果是由重複地做實驗所穫得的，其中兩個隨機變數 Y 和 X 分別有在區間 $[-1,\ 1]$ 和 $[3,7]$ 之中均勻分佈的 cdf。它們的期望值分別為 0 和 5，恰對應到 Y 和 X 的中心值。

在範例 4.12 中的結果可以被立即地求出，關鍵點是當 pmf 的圖形對稱於 x 點時，$E[X] = m$。也就是說，假如

$$f_X(m-x) = f_X(m+x)\quad 對於所有的 x$$

那麼，假設平均值存在

$$0 = \int_{-\infty}^{+\infty} (m-t) f_X(t) \, dt = m - \int_{-\infty}^{+\infty} t f_X(t) \, dt$$

在上式中第一個等式會成立的原因是因為 $f_X(t)$ 對稱於 $t = m$ 而且 $(m-t)$ 奇對稱(odd symmetry) 於 $t = m$。我們因此有 $E[X] = m$。

範例 4.13　Gaussian 隨機變數的平均

一個 Gaussian 隨機變數的 pdf 對稱於 $x = m$ 那一點。因此 $E[X] = m$。

當 X 是一個非負的隨機變數時，以下的式子蠻有用的：

$$E[X] = \int_0^\infty \left(1 - F_X(t)\right) \, dt \quad \text{假如 } X \text{ 是連續和非負的} \tag{4.28}$$

和

$$E[X] = \sum_{k=0}^\infty P[X > k] \quad \text{假如 } X \text{ 是非負，有整數數值的} \tag{4.29}$$

這些公式的推導請參見習題 4.43。

範例 4.14　指數型態隨機變數的平均值

在某一服務站，前後兩位顧客來到時間之時間間隔 X 有一個指數型態的分佈。請求出 X 的平均值。

把式(4.17)代入式 (4.27)我們得到

$$E[X] = \int_0^\infty t \lambda e^{-\lambda t} \, dt$$

利用分部積分法(intrgration by parts，$\left(\int u dv = uv - \int v du \right)$)其中 $u = t$，$dv = \lambda e^{-\lambda t} \, dt$：

$$E[X] = -t e^{-\lambda t} \Big|_0^\infty + \int_0^\infty e^{-\lambda t} \, dt = \lim_{t \to \infty} t e^{-\lambda t} - 0 + \left\{ \frac{-e^{-\lambda t}}{\lambda} \right\}_0^\infty = \lim_{t \to \infty} \frac{-e^{-\lambda t}}{\lambda} + \frac{1}{\lambda} = \frac{1}{\lambda}$$

請注意在上式中當 t 趨近於無窮大時，$e^{-\lambda t}$ 和 $t e^{-\lambda t}$ 均趨近於 0。

對於這個範例而言，使用式(4.28)更為簡單：

$$E[X] = \int_0^\infty e^{-\lambda t} \, dt = \frac{1}{\lambda}$$

請注意 λ 為顧客到達率，單位為顧客/秒。我們得到的平均到達間隔時間為 $E[X] = 1/\lambda$ 秒/顧客，在直覺上很合理。

4.3.1　$Y = g(X)$ 的期望值

我們現在對於求 $Y = g(X)$ 的期望值感興趣。如同離散隨機變數的情況一般(式(3.16))，$E[Y]$ 可以直接用 X 的 pdf 求出：

$$E[Y] = \int_{-\infty}^{\infty} g(x) f_X(x) \, dx \tag{4.30}$$

式(4.30)是怎麼來的呢？假設我們把 y 軸分割成為許多長度為 h 的區間，然後對每個區間編號，假設索引值為 k。我們令 y_k 為第 k 個區間的中心值。Y 的期望值可以用以下的總和來近似：

$$E[Y] \simeq \sum_k y_k f_Y(y_k) h$$

假設 $g(x)$ 是嚴格遞增函數，那麼在 y 軸的第 k 個區間會獨一無二地對應到 x 軸的一個長度為 h_k 的區間，如圖 4.6 所示。令 x_k 為第 k 個區間中的值使得 $g(x_k) = y_k$，那麼因為 $f_Y(y_k) h = f_X(x_k) h_k$，我們有

$$E[Y] \simeq \sum_k g(x_k) f_X(x_k) h_k$$

令 h 趨近於 0，我們得到式(4.30)。就算 $g(x)$ 不是嚴格遞增函數，這個式子依然成立。

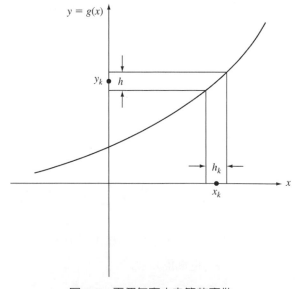

圖 4.6　兩個無窮小之等效事件

範例 4.15　一個具有隨機相位之弦波函數的期望值

令 $Y = a\cos(\omega t + \Theta)$ 其中 a、ω 和 t 為常數，而 Θ 為一個在區間 $(0, 2\pi)$ 中的均勻隨機變數。我們對一個具有隨機相位 Θ 之弦波函數的振幅做取樣而得到隨機變數 Y。求出 Y 的期望值和 Y 的功率(power)，Y^2，的期望值。

$$E[Y] = E\big[a\cos(\omega t + \Theta)\big] = \int_0^{2\pi} a\cos(\omega t + \theta)\frac{d\theta}{2\pi} = -a\sin(\omega t + \theta)\Big|_0^{2\pi}$$
$$= -a\sin(\omega t + 2\pi) + a\sin(\omega t) = 0$$

平均功率為

$$E\big[Y^2\big] = E\big[a^2\cos^2(\omega t + \Theta)\big] = E\left[\frac{a^2}{2} + \frac{a^2}{2}\cos(2\omega t + 2\Theta)\right]$$
$$= \frac{a^2}{2} + \frac{a^2}{2}\int_0^{2\pi}\cos(2\omega t + \theta)\frac{d\theta}{2\pi} = \frac{a^2}{2}$$

請注意這些答案和弦波函數的時間平均相同：弦波函數的時間平均(直流值)為 0；時間平均功率為 $a^2/2$。

範例 4.16　指示器(Indicator) 函數的期望值

令 $g(X) = I_C(X)$ 為事件 $\{X \text{ 在 } C \text{ 中}\}$ 的指示器函數，其中 C 為實數線上的某個區間或是某些區間的聯集：

$$g(X) = \begin{cases} 0 & X \text{ 不在 } C \text{ 中} \\ 1 & X \text{ 在 } C \text{ 中} \end{cases}$$

我們有

$$E[Y] = \int_{-\infty}^{+\infty} g(X) f_X(x)\,dx = \int_C f_X(x)\,dx = P[X \text{ 在 } C \text{ 中}]$$

因此某事件其指示器的期望值等於該事件的機率。

　　使用式(4.30)，我們可以很容易地證明出式(3.17a)到式(3.17e)對連續隨機變數而言也是滿足的。舉例來說，令 c 為某常數，那麼

$$E[c] = \int_{-\infty}^{\infty} c f_X(x)\,dx = c\int_{-\infty}^{\infty} f_X(x)\,dx = c \tag{4.31}$$

和

$$E[cX] = \int_{-\infty}^{\infty} cxf_X(x)\ dx = c\int_{-\infty}^{\infty} xf_X(x)\ dx = cE[X] \tag{4.32}$$

一隨機變數其函數和的期望值等於個別函數期望值的和：

$$E[Y] = E\left[\sum_{k=1}^{n} g_k(X)\right] = \int_{-\infty}^{\infty}\sum_{k=1}^{n} g_k(x)f_X(x)\ dx = \sum_{k=1}^{n}\int_{-\infty}^{\infty} g_k(x)f_X(x)\ dx$$

$$= \sum_{k=1}^{n} E\left[g_k(X)\right] \tag{4.33}$$

範例 4.17

令 $Y = g(X) = a_0 + a_1 X + a_2 X^2 + \cdots + a_n X^n$，其中 a_k 為常數，則

$$E[Y] = E[a_0] + E[a_1 X] + \cdots + E[a_n X^n] = a_0 + a_1 E[X] + a_2 E[X^2] + \cdots + a_n E[X^n]$$

在上式中我們使用了式(4.33)，式(4.31)和式(4.32)。這個結果的一個特例為

$$E[X+c] = E[X] + c$$

也就是說，**我們可以把一個隨機變數加上一個常數而移動該隨機變數的平均值。**

4.3.2　X 的變異量

隨機變數 X 的變異量(variance)定義為

$$\mathrm{VAR}[X] = E\left[\left(X - E[X]\right)^2\right] = E[X^2] - E[X]^2 \tag{4.34}$$

隨機變數 X 的標準差(stand deviation)定義為

$$\mathrm{STD}[X] = \mathrm{VAR}[X]^{1/2} \tag{4.35}$$

範例 4.18　　均勻隨機變數的變異量

隨機變數 X 均勻分佈在區間$[a,b]$中，請求出它的變異量。

　　X 的平均值為 $(a+b)/2$，

$$\mathrm{VAR}[X] = \frac{1}{b-a}\int_{a}^{b}\left(x - \frac{a+b}{2}\right)^2\ dx$$

令 $y = (x - (a+b)/2)$

$$\text{VAR}\left[X\right] = \frac{1}{b-a}\int_{-(b-a)/2}^{(b-a)/2} y^2 \ dy = \frac{\left(b-a\right)^2}{12}$$

在圖 3.6 中的隨機變數分別均勻分佈在區間[–1, 1]和[3, 7]之中，它們的變異量為 1/3 和 4/3。對應的標準差為 0.577 和 1.155。

範例 4.19　Gaussian 隨機變數的變異量

求出 Gaussian 隨機變數的變異量。

首先，我們把 pdf 的積分式的兩邊都乘以 $\sqrt{2\pi}\ \sigma$ 以得到

$$\int_{-\infty}^{\infty} e^{-(x-m)^2/2\sigma^2} \ dx = \sqrt{2\pi}\ \sigma$$

兩邊都對 σ 微分：

$$\int_{-\infty}^{\infty} \left(\frac{\left(x-m\right)^2}{\sigma^3} \right) e^{-(x-m)^2/2\sigma^2} \ dx = \sqrt{2\pi}$$

整理一下上式，我們得到

$$\text{VAR}\left[X\right] = \frac{1}{\sqrt{2\pi}\ \sigma}\int_{-\infty}^{\infty} \left(x-m\right)^2 e^{-(x-m)^2/2\sigma^2} \ dx = \sigma^2$$

這個結果也可以由直接積分獲得。(請參見習題 4.42。)圖 4.7 展示了兩個不同 σ 值的 Gaussian pdf；很明顯的，σ 愈大則 pdf 的「寬度」愈寬。

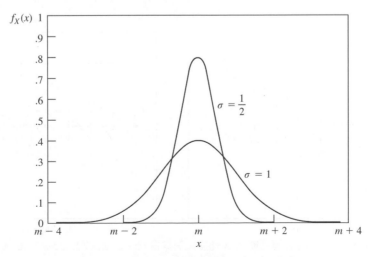

圖 4.7　Gaussian 隨機變數機率密度函數

以下的特性在第 3.3 節中推導過了：

$$\mathrm{VAR}[c] = 0 \tag{4.36}$$
$$\mathrm{VAR}[X+c] = \mathrm{VAR}[X] \tag{4.37}$$
$$\mathrm{VAR}[cX] = c^2\,\mathrm{VAR}[X] \tag{4.38}$$

其中 c 為一個常數。

在總結一個隨機變數的 pdf 時，平均值和變異量為兩個最重要的參數。其它參數則是偶爾被用到。舉例來說，由 $E\left[(X-E[X])^3\right]/\mathrm{STD}[X]^3$ 所定義的不對稱度(skewness)量測了 X 相對於平均值之不對稱的程度。我們可以很容易地證明出假如一個 pdf 對稱於它的平均，那麼它的不對稱度為 0。這些 pdf 參數值得一提的地方為它們都牽涉到 X 的高次方的期望值。事實上，我們會在往後的章節中說明，在特定的條件下，假如 X 其所有次方的期望值均已知的話，一個 pdf 就可以完全地被指定。這些期望值我們稱為 X 的**動差(moments)**。

隨機變數 X 的第 n 階動差被定義為

$$E\left[X^n\right] = \int_{-\infty}^{\infty} x^n f_X(x)\,dx \tag{4.39}$$

由上式，平均值和變異量可以看成是用前兩個動差，$E[X]$ 和 $E[X^2]$ 來定義的。

*範例 4.20 類比到數位轉換(Analog-to-Digital Conversion)：一個詳細的例子

一個量化器(quantizer)被使用來把一個類比信號(舉例來說，語音或是音訊)轉換成數位的形式。一量化器把一隨機的電壓 X 轉換成為某一特定數集中最近的一個 $q(X)$ 值，該數集包含有 2^R 個數值，如圖 4.8(a)所示。如此一來，X 被近似為 $q(X)$，而後者可以由一組 R 位元的二進位數來編碼。用這種方式，一個有連續數值的「類比」電壓 X 可以轉換成為一個 R 位元的二進位數。

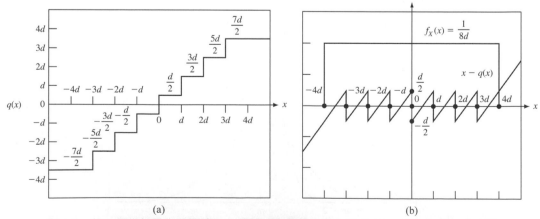

圖 4.8 (a)一個均勻量化器把輸入 X 轉換成為集合 $\{\pm d/2, \pm 3d/2, \pm 5d/2, \pm 7d/2\}$ 中最近的一個點，(b)輸入的均勻量化誤差為 x-$q(x)$

量化器會產生量化誤差 $Z = X - q(X)$，如圖 4.8(b)所示。請注意 Z 是 X 的函數，它的範圍介於 $-d/2$ 和 $d/2$ 之間，其中 d 為量化器的階層高度大小。假設 X 均勻分佈在區間 $[-x_{max}, x_{max}]$ 之中，量化器有 2^R 個位階，所以 $2x_{max} = 2^R d$。 我們可以很容易地證明出 Z 均勻分佈在區間 $[-d/2, d/2]$ 之中。(請參見習題 4.86。)

因此從範例 4.12

$$E[Z] = \frac{d/2 - d/2}{2} = 0$$

誤差 Z 因此有 0 平均值。

由範例 4.18，

$$\text{VAR}[Z] = \frac{\left(d/2 - (-d/2)\right)^2}{12} = \frac{d^2}{12}$$

若在每一個量化區間其 pdf 都是近似水平的話，這個結果可以說是正確的。當 2^R 很大時，恰好就是這種情況。

$q(X)$ 可以看成是 X 的一個「被雜訊污染」的版本，因為

$$q(X) = X - Z$$

其中 Z 為量化誤差 Z。一個量化器之優劣度量是由 SNR 比例值來反應，它被定義成是「信號」X 的變異量除以失真或是「雜訊」Z 的變異量：

$$\text{SNR} = \frac{\text{VAR}[X]}{\text{VAR}[Z]} = \frac{\text{VAR}[X]}{d^2/12} = \frac{\text{VAR}[X]}{x_{max}{}^2/3} 2^{2R}$$

其中我們有使用關係式 $d = 2x_{max}/2^R$。當 X 是非均勻時，x_{max} 的選取必須使得 $P[|X| > x_{max}]$ 很小。一個典型的選擇為 $x_{max} = 4\,\text{STD}[X]$。SNR 則是為

$$\text{SNR} = \frac{3}{16} 2^{2R}$$

這個重要的公式常常是用分貝(decibels)來表示的：

$$\text{SNR dB} = 10 \log_{10} \text{SNR} = 6R - 7.3 \text{ dB}$$

每當我們增加一個額外的位元來表示 X 時，SNR 會增加 4 倍(6 dB)。這個很合理，因為每一個額外的位元會倍增量化器的階層數，它會導致量化階層的高度少一半。誤差的變異量因此會變成原來的 4 分之 1，因為 $2^2 = 4$。

4.4　重要的連續隨機變數

在實際的情況中，我們對萬物的測量總是被侷限在有限精準度上，所以，實際上每一個隨機變數都是一個離散隨機變數。雖然如此，使用連續隨機變數模型還是有一些理由和好處的。首先，一般而言，連續隨機變數比較容易以數學的方式來做解析處理。第二，許多離散隨機變數的極限形式會變成連續隨機變數。最後，我們有一些連續隨機變數「家族」可以被使用來模擬許多實際的狀況，只要我們調整一些參數即可。在本節中，我們繼續介紹一些重要的隨機變數。表 4.1 列舉出一些重要的連續隨機變數的模型。

表 4.1　連續隨機變數

均勻隨機變數

$S_X = [a, b]$

$f_X(x) = \dfrac{1}{b-a} \qquad a \le x \le b$

$E[X] = \dfrac{a+b}{2} \qquad \mathrm{VAR}[X] = \dfrac{(b-z)^2}{12} \qquad \Phi_X(\omega) = \dfrac{e^{j\omega b} - e^{j\omega a}}{j\omega(b-a)}$

指數型態隨機變數

$S_X = [0, \infty]$

$f_X(x) = \lambda e^{-\lambda x} \qquad x \ge 0$ 和 $\lambda > 0$

$E[X] = \dfrac{1}{\lambda} \qquad \mathrm{VAR}[X] = \dfrac{1}{\lambda^2} \qquad \Phi_X(\omega) = \dfrac{\lambda}{\lambda - j\omega}$

評論：指數型態隨機變數是唯一一個具無記憶性(memoryless)特性的連續隨機變數。

Gaussian（常態）隨機變數

$S_X = (-\infty, +\infty)$

$f_X(x) = \dfrac{e^{-(x-m)2/2\sigma 2}}{\sqrt{2\pi}\sigma} \qquad a -\infty < x < +\infty$ 和 $\sigma > 0$

$E[X] = m \qquad \mathrm{VAR}[X] = \sigma^2 \qquad \Phi_X(\omega) = e^{jm\omega - \sigma^2\omega^2/2}$

評論：在一般的條件下，X 可以被使用來近似大量獨立隨機變數的和。

Gamma 隨機變數

$S_X = (0, +\infty)$

$f_X(x) = \dfrac{\lambda(\lambda x)^{\alpha-1}e^{-\lambda x}}{\Gamma(\alpha)} \qquad x > 0$ 和 $\alpha > 0, \lambda > 0$

其中 $\Gamma(z)$ 為 gamma 函數(式 4.56)。

$E[X] = \alpha/\lambda \qquad \mathrm{VAR}[X] = \alpha/\lambda^2 \qquad \Phi_X(\omega) = \dfrac{1}{(1 - j\omega/\lambda)^\alpha}$

Gamma 隨機變數的特例

m-Erlang 隨機變數：$\alpha = m$，一個正整數

$f_X(x) = \dfrac{\lambda e^{-\lambda x}(\lambda x)^{m-2}}{(m-1)!} \qquad x > 0 \qquad \Phi_X(\omega) = \left(\dfrac{1}{1 - j\omega/\lambda}\right)^m$

評論：一個 m-Erlang 隨機變數的產生方式為把 m 個獨立之具有參數 λ 的指數型態隨機變數相加而得。

有 k 個自由度(degrees of freedom)之卡方(Chi-Square)隨機變數：$\alpha = k/2$，k 為一個正整數，$\lambda = 1/2$

$$f_X(x) = \frac{x^{(k-2)/2}e^{-x/2}}{2^{k/2}\Gamma(k/2)} \qquad x > 0 \qquad \Phi_X(\omega) = \left(\frac{1}{1-2j\omega}\right)^{k/2}$$

評論：k 個相互獨立，零平均值，單一變異量的 Gaussian 隨機變數的平方和就是一個有 k 個自由度的卡方隨機變數。

Laplacian 隨機變數

$$S_X = (-\infty, +\infty)$$

$$f_X(x) = \frac{\alpha}{2}e^{-\alpha|x|} \quad -\infty < x < +\infty \quad 和 \quad \alpha > 0$$

$$E[X] = 0 \qquad \text{VAR}[X] = 2/\sigma^2 \qquad \Phi_X(\omega) = \frac{\alpha^2}{\omega^2 + \alpha^2}$$

Rayleigh 隨機變數

$$S_X = (0, \infty)$$

$$f_X(x) = \frac{x}{\alpha^2}e^{-x^2/2\alpha^2} \quad x \geq 0 \quad 和 \quad \alpha > 0$$

$$E[X] = \alpha\sqrt{\pi/2} \qquad \text{VAR}[X] = (2 - \pi/2)\alpha^2$$

Cauchy 隨機變數

$$S_X = (-\infty, +\infty)$$

$$f_X(x) = \frac{\alpha/\pi}{x^2 + \alpha^2} \quad -\infty < x < +\infty \quad 和 \quad \alpha > 0$$

平均值和變異量不存在。$\Phi_X(\omega) = e^{-\alpha|\omega|}$

Pareto 隨機變數

$$S_X = [x_m, \infty)\, x_m > 0$$

$$f_X(x) = \begin{cases} 0 & x < x_m \\ \alpha\dfrac{x_m^{\alpha}}{x^{\alpha+1}} & x \geq x_m \end{cases}$$

$$E[X] = \frac{\alpha x_m}{\alpha - 1} \quad, \quad \alpha > 1;\ \text{VAR}[X] = \frac{\alpha x_m^2}{(\alpha-2)(\alpha-1)^2} \quad, \quad \alpha > 2$$

評論：Pareto 隨機變數最顯眼的特徵為它是一個有非常「長尾巴」的隨機變數，可以把它視為是 Zipf 離散隨機變數的一個連續版本。

Beta 隨機變數

$$f_X(x) = \begin{cases} \dfrac{\Gamma(\alpha+\beta)}{\Gamma(\alpha)\Gamma(\beta)}x^{\alpha-1}(1-x)^{\beta-1} & 0 < x < 1 \quad 和 \quad \alpha > 0, \beta > 0 \\ 0 & 其他 \end{cases}$$

$$E[X] = \frac{\alpha}{\alpha+\beta} \qquad \text{VAR}[X] = \frac{\alpha\beta}{(\alpha+\beta)^2(\alpha+\beta+1)}$$

評論：針對範圍是有限區間的隨機變數，beta 隨機變數可以用來模擬各種形狀的 pdf。

4.4.1 均勻隨機變數

使用均勻隨機變數的時機為：在實數線上的某個區間中，每一個數值的發生的機率相同。在區間$[a,b]$中均勻隨機變數 U 的 pdf 為：

$$f_U(x) = \begin{cases} \dfrac{1}{b-a} & a \leq x \leq b \\ 0 & x < a \ \text{ 或 } \ x > b \end{cases} \tag{4.40}$$

cdf 為

$$F_U(x) = \begin{cases} 0 & x < a \\ \dfrac{x-a}{b-a} & a \leq x \leq b \\ 1 & x > b \end{cases} \tag{4.41}$$

請參見圖 4.2。U 的平均值和變異量為：

$$E[U] = \frac{a+b}{2} \ \text{ 和 } \ \text{VAR}[X] = \frac{(b-a)^2}{2} \tag{4.42}$$

均勻隨機變數出現在當我們處理具相同可能性結果的連續隨機變數時。很明顯地，U 只可以被定義在有限長度的區間中。在第 4.9 節中我們將會看到當我們用電腦模擬模型產生隨機變數時，均勻隨機變數扮演了一個關鍵的角色。

4.4.2 指數型態隨機變數

指數型態隨機變數通常用來模擬事件發生的間隔時間(例如，顧客要求電話連線的間隔時間)，和用來模擬裝置和系統的生命期。**指數型態隨機變數** X 有一個參數 λ，其 pdf 為

$$f_X(x) = \begin{cases} 0 & x < 0 \\ \lambda e^{-\lambda x} & x \geq 0 \end{cases} \tag{4.43}$$

其 cdf 為

$$F_X(x) = \begin{cases} 0 & x < 0 \\ 1 - e^{-\lambda x} & x \geq 0 \end{cases} \tag{4.44}$$

X 的 cdf 和 pdf 圖形如圖 4.9 所示。

參數 λ 為事件的發生率，所以在式(4.44)中某個事件在時間 x 之前就發生的機率會隨著 λ 的增加而增加。記得在範例 3.31 中，Poisson 程序(圖 3.10)的兩個事件之間的到達間隔時間是一個指數型態隨機變數。

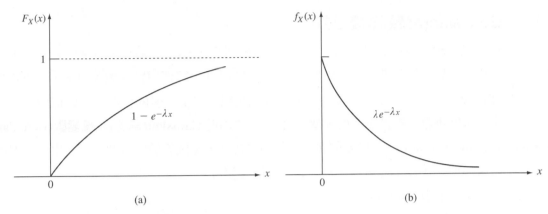

圖 4.9　一個連續隨機變數的例子：指數型態隨機變數。(a)為 cdf，(b)為 pdf。

X 的平均和變異量為：

$$E[U] = \frac{1}{\lambda} \quad 和 \quad VAR[X] = \frac{1}{\lambda^2} \tag{4.45}$$

在模擬事件到達間隔時間的情況中，λ 的單位為事件/秒，而 $1/\lambda$ 的單位為每一事件到達所需的秒數。

指數型態隨機變數滿足**無記憶性的特性(memoryless property)**：

$$P[X > t + h \mid X > t] = P[X > h] \tag{4.46}$$

左方的機率為某人在已經等待 t 秒的情況下，最少再多等待 h 秒的機率。右方的機率為某人從一開始等待算起，最少等待 h 秒的機率。因此，右方和最少再多等待 h 秒的機率相同，和某人已經等待了多少時間無關！在本書的稍後我們將會看到指數型態隨機變數的無記憶性特性立下了**馬可夫鏈(Markov chains)**理論的基石，該理論被大量地用來評估計算機系統和通訊網路的效能。

我們現在來證明無記憶性特性：

$$P[X > t + h \mid X > t] = \frac{P[\{X > t + h\} \bigcap \{X > t\}]}{P[X > t]} \quad 對於 \ h > 0$$

$$= \frac{P[X > t + h]}{P[X > t]} = \frac{e^{-\lambda(t+h)}}{e^{-\lambda t}} = e^{-\lambda h} = P[X > h]$$

我們可以證明指數型態隨機變數是唯一一個有無記憶性特性之連續隨機變數。

範例 2.13、2.28 和 2.30 處理的都是指數型態隨機變數。

4.4.3 Gaussian(常態)隨機變數

在分析人為的現象和大自然的現象中，我們經常會碰到的狀況為欲處理的隨機變數 X 是由大量的「小」隨機變數相加所構成的。若要直接使用那些「小」隨機變數來做 X 其 pdf 的正確描述，一來非常複雜，二來非常不方便。然而，我們發現在非常一般的情況下，當構成隨機變數 X 的「小」隨機變數其數量變得很大時，X 的 cdf 會趨近 **Gaussian(常態)隨機變數(Gaussian (normal) random variable)**。[1] 只要問題牽涉到隨機特性，這個隨機變數通常就會出現；因為實在是出現太頻繁了，我們也常稱之為「常態」隨機變數。

Gaussian 隨機變數 X 的 pdf 為

$$f_X\left(x\right)=\frac{1}{\sqrt{2\pi}\sigma}e^{-(x-m)^2/2\sigma^2} \quad -\infty<x<\infty \tag{4.47}$$

其中 m 和 $\sigma>0$ 為實數，從範例 4.13 和 4.19 中我們知道它們分別為 X 的平均值和標準差。圖 4.7 展示 Gaussian pdf 的形狀為一個鐘形(bell-shaped)曲線，中心點為 m 並對稱於 m；而且它的「寬度」會隨著 σ 的增加而增加。

Gaussian 隨機變數 X 的 cdf 為

$$P\left[X\leq x\right]=\frac{1}{\sqrt{2\pi}\sigma}\int_{-\infty}^{x}e^{-(x'-m)^2/2\sigma^2}\,dx' \tag{4.48}$$

做變數代換 $t=(x'-m)/\sigma$ 可以得到

$$F_X\left(x\right)=\frac{1}{\sqrt{2\pi}}\int_{-\infty}^{(x-m)/\sigma}e^{-t^2/2}\,dt=\Phi\left(\frac{x-m}{\sigma}\right) \tag{4.49}$$

其中 $\Phi(x)$ 為 $m=0$ 和 $\sigma=1$ 之 Gaussian 隨機變數的 cdf：

$$\Phi(x)=\frac{1}{\sqrt{2\pi}}\int_{-\infty}^{x}e^{-t^2/2}\,dt \tag{4.50}$$

因此，任意一個 Gaussian 隨機變數的機率都可以用 $\Phi(x)$ 表示出來。

範例 4.21

請證明 Gaussian pdf 的積分為 1。考慮該 pdf 積分的平方：

$$\left[\frac{1}{\sqrt{2\pi}}\int_{-\infty}^{\infty}e^{-x^2/2}\,dx\right]^2=\frac{1}{2\pi}\int_{-\infty}^{\infty}e^{-x^2/2}\,dx\int_{-\infty}^{\infty}e^{-y^2/2}\,dy$$
$$=\frac{1}{2\pi}\int_{-\infty}^{\infty}\int_{-\infty}^{\infty}e^{-(x^2+y^2)/2}\,dx\,dy$$

[1] 這個結果，稱為中央極限定理，將會在第 7 章中討論。

令 $x = r \cos \theta$ 和 $y = r \sin \theta$，並把卡氏(Cartesian)座標變換成極座標(polar coordinates)，我們可得：

$$\frac{1}{2\pi} \int_0^\infty \int_0^{2\pi} e^{-r^2/2} r \, dr \, d\theta = \int_0^\infty r e^{-r^2/2} \, dr = \left[-e^{-r^2/2} \right]_0^\infty = 1$$

在電機工程中，我們經常使用 Q-函數，它的定義為

$$Q(x) = 1 - \Phi(x) \tag{4.51}$$

$$= \frac{1}{\sqrt{2\pi}} \int_x^\infty e^{-t^2/2} \, dt \tag{4.52}$$

$Q(x)$其實就是 pdf「尾巴」的機率。由 pdf 的對稱性，我們有

$$Q(0) = 1/2 \quad 和 \quad Q(-x) = 1 - Q(x) \tag{4.53}$$

表 4.2　$Q(x)$和式(4.54)近似公式的比較

x	$Q(x)$	近似式	x	$Q(x)$	近似式
0	5.00E-01	5.00E-01	2.7	3.47E-03	3.46E-03
0.1	4.60E-01	4.58E-01	2.8	2.56E-03	2.55E-03
0.2	4.21E-01	4.17E-01	2.9	1.87E-03	1.86E-03
0.3	3.82E-01	3.78E-01	3.0	1.35E-03	1.35E-03
0.4	3.45E-01	3.41E-01	3.1	9.68E-04	9.66E-04
0.5	3.09E-01	3.05E-01	3.2	6.87E-04	6.86E-04
0.6	2.74E-01	2.71E-01	3.3	4.83E-04	4.83E-04
0.7	2.42E-01	2.39E-01	3.4	3.37E-04	3.36E-04
0.8	2.12E-01	2.09E-01	3.5	2.33E-04	2.32E-04
0.9	1.84E-01	1.82E-01	3.6	1.59E-04	1.59E-04
1.0	1.59E-01	1.57E-01	3.7	1.08E-04	1.08E-04
1.1	1.36E-01	1.34E-01	3.8	7.24E-05	7.23E-05
1.2	1.15E-01	1.14E-01	3.9	4.81E-05	4.81E-05
1.3	9.68E-02	9.60E-02	4.0	3.17E-05	3.16E-05
1.4	8.08E-02	8.01E-02	4.5	3.40E-06	3.40E-06
1.5	6.68E-02	6.63E-02	5.0	2.87E-07	2.87E-07
1.6	5.48E-02	5.44E-02	5.5	1.90E-08	1.90E-08
1.7	4.46E-02	4.43E-02	6.0	9.87E-10	9.86E-10
1.8	3.59E-02	3.57E-02	6.5	4.02E-11	4.02E-11
1.9	2.87E-02	2.86E-02	7.0	1.28E-12	1.28E-12
2.0	2.28E-02	2.26E-02	7.5	3.19E-14	3.19E-14
2.1	1.79E-02	1.78E-02	8.0	6.22E-16	6.22E-16
2.2	1.39E-02	1.39E-02	8.5	9.48E-18	9.48E-18
2.3	1.07E-02	1.07E-02	9.0	1.13E-19	1.13E-19
2.4	8.20E-03	8.17E-03	9.5	1.05E-21	1.05E-21
2.5	6.21E-03	6.19E-03	10.0	7.62E-24	7.62E-24
2.6	4.66E-03	4.65E-03			

在式(4.50)中的積分沒有公式(closed-form)解。傳統上，該積分值可以用查 $Q(x)$ 表的方式來獲得，或是使用數值方法來做近似[Ross]。以下的近似公式可為全部範圍的 $0 < x < \infty$ 提供 $Q(x)$ 的一個不錯準確度的近似：

$$Q(x) \simeq \left[\frac{1}{(1-a)x + a\sqrt{x^2+b}}\right]\frac{1}{\sqrt{2\pi}}e^{-x^2/2} \tag{4.54}$$

其中 $a = 1/\pi$，$b = 2\pi$ [Gallager]。表 4.2 展示 $Q(x)$ 和使用以上近似式所得到的值。在某些問題中，我們希望找出使得 $Q(x) = 10^{-k}$ 的 x 值。對於 $k = 1, \ldots, 10$，表 4.3 提供了這些值。

表 4.3

k	$x = Q^{-1}(10^{-k})$
1	1.2815
2	2.3263
3	3.0902
4	3.7190
5	4.2649
6	4.7535
7	5.1993
8	5.6120
9	5.9978
10	6.3613

Gaussian 隨機變數在通訊系統中扮演了一個非常重要的角色。我們傳送出的信號會被雜訊電壓所破壞，而那些雜訊源自於電子的熱擾動(thermal motion)。從物理原理我們知道這些雜訊電壓將會有一 Gaussian pdf。

範例 4.22

一通訊系統接受了一個正電壓 V 當作輸入，並輸出一個電壓 $Y = \alpha V + N$，其中 $\alpha = 10^{-2}$ 而 N 是一個 Gaussian 隨機變數其參數 $m = 0$ 且 $\sigma = 2$。求出 V 的值使得 $P[Y<0] = 10^{-6}$。

先把機率 $P[Y<0]$ 用 N 來表示：

$$P[Y<0] = P[\alpha V + N<0] = P[N<-\alpha V] = \Phi\left(\frac{-\alpha V}{\sigma}\right) = Q\left(\frac{\alpha V}{\sigma}\right) = 10^{-6}$$

查表 4.3，我們得知 Q-函數的引數應為 $\alpha V/\sigma = 4.753$。因此 $V = (4.753)\sigma/\alpha = 950.6$。

4.4.4 Gamma 隨機變數

gamma 隨機變數是一個多才多藝的隨機變數，它出現在許多的應用中。舉例來說，它被用來模擬在排隊系統(queueing system)中服務顧客所需的時間，在可靠度(reliability)研究中它模擬裝置和系統的生命期，以及在 VLSI 晶片中可以模擬瑕疵叢集(defect clustering)行為。

gamma 隨機變數的 pdf 有 2 個參數，$\alpha > 0$，和 $\lambda > 0$，表示式為

$$f_X(x) = \frac{\lambda(\lambda x)^{\alpha-1} e^{-\lambda x}}{\Gamma(\alpha)} \quad 0 < x < \infty \tag{4.55}$$

其中 $\Gamma(z)$ 為 gamma 函數，它的定義為以下的積分式

$$\Gamma(z) = \int_0^\infty x^{z-1} e^{-x}\, dx \quad z > 0 \tag{4.56}$$

gamma 函數有以下的特性：

$$\Gamma\left(\frac{1}{2}\right) = \sqrt{\pi}$$

$$\Gamma(z+1) = z\Gamma(z) \qquad 對於\ z > 0$$

$$\Gamma(m+1) = m! \qquad m\ 是一個非負整數$$

　　gamma 隨機變數之所以會多才多藝是由於 gamma 函數 $\Gamma(z)$ 其與生俱來的豐富性。gamma 隨機變數的 pdf 可以變化成各式各樣的形狀，如在圖 4.10 中所示。藉由改變參數 α 和 λ，我們可以用 gamma pdf 的圖形去逼近實驗資料的許多型態。除此之外，許多的隨機變數為 gamma 隨機變數的特例。指數型態隨機變數就是其中之一，令 $\alpha = 1$ 即是。若令 $\lambda = 1/2$ 且 $\alpha = k/2$，其中 k 為一正整數，我們可得到**卡方(chi-square)隨機變數**，卡方隨機變數出現在某些特定的統計問題中。***m*-Erlang 隨機變數**的獲得則是令 $\alpha = m$，m 為一正整數。m-Erlang 隨機變數被使用在系統的可靠度模型中和在排隊系統的模型中。這些隨機變數都會在往後的範例中做討論。

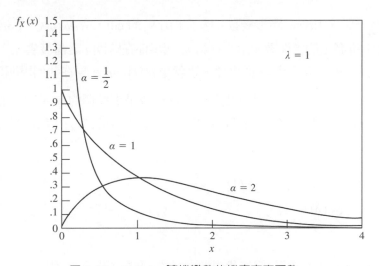

圖 4.10　gamma 隨機變數的機率密度函數。

範例 4.23

請證明 gamma 隨機變數的積分為 1。

該 pdf 的積分為

$$\int_0^\infty f_X(x)\ dx = \int_0^\infty \frac{\lambda(\lambda x)^{\alpha-1}e^{-\lambda x}}{\Gamma(\alpha)}\ dx = \frac{\lambda^\alpha}{\Gamma(\alpha)}\int_0^\infty x^{\alpha-1}e^{-\lambda x}\ dx$$

令 $y = \lambda x$，則 $dx = dy/\lambda$，而該積分變成

$$\frac{\lambda^\alpha}{\Gamma(\alpha)\lambda^\alpha}\int_0^\infty y^{\alpha-1}e^{-y}\ dy = 1$$

在上式中我們使用了 $\Gamma(\alpha)$ 的積分定義式。

一般而言，gamma 隨機變數的 cdf 沒有公式解。我們將會證明 gamma 隨機變數的特例之一 m-Erlang 隨機變數的 cdf 則會有一個公式解，但是整個推導需要使用它和指數型態與 Poisson 隨機變數之間緊密的關連性。cdf 也可以由把 pdf 做積分來獲得(請參見習題 4.69)。

再次地考慮我們在推導 Poisson 隨機變數時所使用的極限過程。假設我們觀察時間 S_m，它是一直等到第 m 個事件發生時所經過的時間。在事件之間的間隔時間 $X_1, X_2,..., X_m$ 均為指數型態的隨機變數，所以我們必有

$$S_m = X_1 + X_2 + \cdots + X_m$$

我們將證明 S_m 為一個 m-Erlang 隨機變數。為了求出 S_m 的 cdf，令 $N(t)$ 為一 Poisson 隨機變數，它代表在 t 秒之中所發生的事件數。請注意第 m 個事件在時間 t 之前發生，亦即 $S_m \le t$，若且唯若在 t 秒之中發生多於或等於 m 個事件，也就是 $N(t) \ge m$。現在我們說明這個若且唯若的理由。若第 m 個事件在時間 t 之前已經發生，則 m 個或是更多個的事件將會在時間 t 中發生。在另外一方面，若有 m 個或更多個的事件在時間 t 中發生，則第 m 個事件必在時間 t 之前發生。因此

$$F_{S_m}(t) = P[S_m \le t] = P[N(t) \ge m] \tag{4.57}$$

$$= 1 - \sum_{k=0}^{m-1}\frac{(\lambda t)^k}{k!}e^{-\lambda t} \tag{4.58}$$

其中我們有使用範例 3.31 的結果。假如我們把上式的 cdf 對 t 微分，我們最終可以得到 m-Erlang 隨機變數的 pdf。因此，我們證明了 S_m 為一個 m-Erlang 隨機變數。

範例 4.24

某工廠運作一定需要某一關鍵系統元件，該元件其平均生命期為 $1/\lambda = 1$ 個月，而該工廠還有兩個做備用。求出這 3 個元件(正在運作的那個和兩個備用的)最少將會撐上 6 個月的機率。假設元件其生命期為指數型態隨機變數。

由於無記憶特性，正在運作的那個元件其剩下的生命期還是一個指數型態的隨機變數，其參數仍為 λ。因此，3 個元件的全部生命期 X 為 3 個指數型態隨機變數的和，它們的參數均為 $\lambda = 1$。因此 X 有一個 3-Erlang 分佈，其 $\lambda = 1$。由式(4.58)，X 大於 6 的機率為

$$P[X>6] = 1 - P[X \leq 6]$$
$$= \sum_{k=0}^{2} \frac{6^k}{k!} e^{-6} = .06197$$

4.4.5　Beta 隨機變數

beta 隨機變數 X 的值是在一封閉的區間中，而且 pdf 為：

$$f_X(x) = cx^{a-1}(1-x)^{b-1} \qquad 0<x<1 \tag{4.59}$$

其中正規化常數為 beta 函數的倒數

$$\frac{1}{c} = B(a,\ b) = \int_0^1 x^{a-1}(1-x)^{b-1}\ dx$$

而 beta 函數和 gamma 函數之間的關係如下式所示：

$$B(a,\ b) = \frac{\Gamma(a)\Gamma(b)}{\Gamma(a+b)}$$

當 $a = b = 1$，它會變成均勻隨機變數。選擇其它的 a 和 b 值可產生和均勻隨機變數完全不一樣之 pdf。請參見習題 4.70。假如 $a = b>1$，則 pdf 會對稱於 $x = 1/2$，而且會集中在 $x = 1/2$ 附近。當 $a = b<1$，則 pdf 還是會對稱於 $x = 1/2$，但是密度會集中在區間的兩端。當 $a < b$(或是 $a > b$)時，pdf 會偏向右邊(或左邊)。

beta 隨機變數的平均值和變異量為：

$$E[X] = \frac{a}{a+b} \quad 和 \quad \text{VAR}[X] = \frac{ab}{(a+b)^2(a+b+1)} \tag{4.60}$$

對於那些範圍為有限區間之隨機變數而言，由於 beta 隨機變數其 pdf 有廣泛多樣的特性，使得它可以用來模擬這類隨機變數之各式各樣的行為。舉例來說，在一個 Bernoulli 測試實驗中，成功的機率 p 本身就可以是一個隨機變數。beta pdf 經常被用來模擬 p。

4.4.6 Cauchy 隨機變數

Cauchy 隨機變數 X 假設它的值是在整個實數線上而且 pdf 為：

$$f_X(x) = \frac{1/\pi}{1+x^2} \tag{4.61}$$

我們可以很容易地證明出這個 pdf 會積分成 1。然而，X 沒有任何的動差，因為所伴隨的積分無法收斂。當我們把在單位區間中的均勻隨機變數取正切(tangent)函數時，就會產生 Cauchy 隨機變數。

4.4.7 Pareto 隨機變數

Pareto 隨機變數最初是用在財富分佈的研究上，它被發現來模擬小部份的人口擁有大部分財富的趨勢。最近，在研究網際網路(Internet)的行為參數時，Pareto 分佈被發現可以用來解釋或模擬許多我們感興趣的參數值，舉例來說，檔案的大小、封包延遲(packet delays)、影音片頭優先權(title preferences)、同儕網路(peer-to-peer networks)中的進行時間，等等。Pareto 隨機變數可以看成是 Zipf 離散隨機變數的一個連續的版本。

Pareto 隨機變數 X 它的範圍為 $x > x_m$，其中 x_m 是一個正實數。我們先定義 X 的互補 cdf(complementary cdf)，它有一個形狀參數 $\alpha > 0$，它的定義如下：

$$P[X>x] = \begin{cases} 1 & x < x_m \\ \dfrac{x_m^{\alpha}}{x^{\alpha}} & x \geq x_m \end{cases} \tag{4.62}$$

X 其尾巴只呈現代數型態的衰減，其衰減速度和指數型態隨機變數和 Gaussian 隨機變數比較起來實在是慢得很。所以，若討論有「長尾巴」的隨機變數，Pareto 隨機變數是最為明顯的例子。

X 的 cdf 和 pdf 分別為：

$$F_X(x) = \begin{cases} 0 & x < x_m \\ 1 - \dfrac{x_m^{\alpha}}{x^{\alpha}} & x \geq x_m \end{cases} \tag{4.63}$$

和

$$f_X(x) = \begin{cases} 0 & x < x_m \\ \alpha \dfrac{x_m^{\alpha}}{x^{\alpha+1}} & x \geq x_m \end{cases} \tag{4.64}$$

因為它有長尾巴，當 x 增加時 X 的 cdf 是以一種非常慢的速度趨近於 1。

範例 4.25　　Pareto 隨機變數的平均值和變異量

求出 Pareto 隨機變數的平均值和變異量。

$$E[X] = \int_{x_m}^{\infty} t\alpha \frac{x_m^{\alpha}}{t^{\alpha+1}} dt = \int_{x_m}^{\infty} \alpha \frac{x_m^{\alpha}}{t^{\alpha}} dt = \frac{\alpha}{\alpha-1} \frac{x_m^{\alpha}}{x_m^{\alpha-1}} = \frac{\alpha x_m}{\alpha-1} \quad \alpha > 1 \tag{4.65}$$

這個積分只對 $\alpha > 1$ 有定義，而

$$E[X^2] = \int_{x_m}^{\infty} t^2 \alpha \frac{x_m^{\alpha}}{t^{\alpha+1}} dt = \int_{x_m}^{\infty} \alpha \frac{x_m^{\alpha}}{t^{\alpha-1}} dt = \frac{\alpha}{\alpha-2} \frac{x_m^{\alpha}}{x_m^{\alpha-2}} = \frac{\alpha x_m^2}{\alpha-2} \quad \alpha > 2$$

這個第二階動差只對 $\alpha > 2$ 有定義。

　　X 的變異量則為：

$$\text{VAR}[X] = \frac{\alpha x_m^2}{\alpha-2} - \left(\frac{\alpha x_m^2}{\alpha-1}\right)^2 = \frac{\alpha x_m^2}{(\alpha-2)(\alpha-1)^2} \quad \alpha > 2 \tag{4.66}$$

4.5　一個隨機變數的函數

　　令 X 為一隨機變數，並令 $g(x)$ 為一個定義在實數線上的實數函數。定義 $Y = g(X)$，也就是說，假設隨機變數 X 有一個 x 值，計算函數 $g(x)$ 的值之後，Y 的值就被決定了。很明顯 Y 也是一個隨機變數。Y 在不同的值上的機率取決於函數 $g(x)$ 以及 X 的累積分佈函數。在本節中，我們考慮如何求出 Y 的 cdf 和 pdf。

範例 4.26

令函數 $h(x) = (x)^+$ 被定義為：

$$(x)^+ = \begin{cases} 0 & \text{若 } x < 0 \\ x & \text{若 } x \geq 0 \end{cases}$$

舉例來說，令 X 為在一組 N 位通話者中主動講話者的數目，令 Y 為主動講話者的人數超過 M 的數目，那麼 $Y = (X-M)^+$。再舉一例，令 X 為一個半波整流器(halfwave rectifier)的輸入，那麼 $Y = (X)^+$ 為輸出。

範例 4.27

令函數 $q(x)$ 如圖 4.8(a) 所定義，其中在實數線上的點被映射 (map) 到集合 $S_Y = \{-3.5d, -2.5d, -1.5d, -0.5d, 0.5d, 1.5d, 2.5d, 3.5d\}$ 中最接近的那個點。舉例來說，在區間 $(0,d)$ 中所有的點都被映射到 $d/2$ 那一點。函數 $q(x)$ 為一個 8 階均勻量化器。

範例 4.28

考慮線性函數 $c(x) = ax + b$，其中 a 和 b 為常數。這個函數在許多的情況中都可以看到。舉例來說，$c(x)$ 可能是數量 x 所需付出的成本，其中常數 a 代表 x 的單位成本，b 代表固定的支出成本。在一個信號處理的環境中，$c(x) = ax$ 代表電壓 x 的一個放大版本(假如 $a>1$)或是電壓 x 的一個衰減版本(假如 $a<1$)。

事件 Y 在 C 中的機率會等於事件 X 在 B 中的機率，只要在 B 中的 X 會使得 $g(X)$ 在 C 中即可：

$$P[Y \text{ 在 } C \text{ 中}] = P[g(X) \text{ 在 } C \text{ 中}] = P[X \text{ 在 } B \text{ 中}]$$

在決定 $Y = g(X)$ 的 cdf 和 pdf 時，有 3 種有用的等效事件型態：(1)若 Y 的 cdf 已知在 y_k 處不連續的話，事件 $\{g(X) = y_k\}$ 被用來決定在 y_k 點跳躍的大小；(2)事件 $\{g(X) \leq y\}$ 被用來直接地求出 Y 的 cdf；和(3)事件 $\{y < g(X) \leq y+h\}$ 被用來決定 Y 的 pdf。我們將會在一系列的範例中說明這 3 種方法的使用方式。

在 $Y = g(X)$ 是離散的情況中，接下來的兩個範例說明了 pmf 是如何地被計算出來的。在第一個範例中，X 是離散的。在第二個範例中，X 是連續的。

範例 4.29

在一組 N 位獨立通話者的系統中，令 X 為其中主動講話者的數目。令 p 為某一位通話者在講話中的機率。在範例 2.39 中我們知道 X 有一二項(binomial)分佈，參數為 N 和 p。假設一個語音傳輸系統一次最多可以傳送 M 個語音信號，且當 X 超過 M 時，系統隨機選擇 X-M 個信號丟棄之。令 Y 為被丟棄信號的數目，則

$$Y = (X - M)^+$$

Y 的值域為集合 $S_Y = \{0, 1, ..., N-M\}$。每當 X 小於或等於 M 時，Y 將會等於 0；當 X 等於 $M+k$ 時，Y 將會等於 $k>0$。因此

$$P[Y=0] = P\big[X \in \{0,\,1,\ldots,\,M\}\big] = \sum_{j=0}^{M} p_j$$

且

$$P[Y=k] = P[X = M + k] = p_{M+k} \quad 0 < k \le N - M$$

其中 p_j 為 X 的 pmf。

範例 4.30

令 X 為一聲音波形的樣本電壓，假設 X 均勻分佈在區間 $[-4d,\,4d]$ 之中。令 $Y = q(X)$，其中量化器的輸入輸出之關係如圖 4.10 所示。求出 Y 的 pmf。

對於在 S_Y 中的 q 而言，事件 $\{Y=q\}$ 等同於事件 $\{X \in I_q\}$，其中 I_q 是一個點的區間，在該區間所有的點都映射到 q 點。Y 的 pmf 因此為

$$P[Y=q] = \int_{I_q} f_X(t)\,dt$$

我們可以看出每一個代表點有一個長度為 d 的區間對映到它。因此，那 8 個可能的輸出都具有相同的可能性，也就是說，對於在 S_Y 中的 q 而言，$P[Y=q] = 1/8$。

在範例 4.30 中，函數 $q(X)$ 的每一個常數區域會在 Y 的 pdf 中產生一個 delta 函數。一般而言，假如函數 $g(X)$ 在某些特定的區間是常數數值，而且 X 的 pdf 在那些特定的區間是非零的話，那麼 Y 的 pdf 將會包含有 delta 函數。Y 的型態將會是離散或是混合型態二者擇一。

Y 的 cdf 被定義為事件 $\{Y \le y\}$ 的機率。理論上，我們一定可以藉由求出事件 $\{g(X) \le y\}$ 的機率來求出 Y 的 cdf。我們在下一個範例中來說明這個概念。

範例 4.31　線性函數

令隨機變數 Y 被定義為

$$Y = aX + b$$

其中 a 為一個非零常數。假設 X 有 cdf $F_X(x)$，求出 $F_Y(y)$。

事件 $\{Y \le y\}$ 發生在當 $A = \{aX + b \le y\}$ 發生時。假如 $a > 0$，則 $A = \{X \le ((y-b)/a)\}$（參見圖 4.11），因此

$$F_Y(y) = P\left[X \le \frac{y-b}{a}\right] = F_X\left(\frac{y-b}{a}\right) \quad a > 0$$

在另一方面，假如 $a<0$，則 $A=\{X\geq(y-b)/a\}$，而

$$F_Y(y)=P\left[X\geq\frac{y-b}{a}\right]=1-F_X\left(\frac{y-b}{a}\right) \quad a<0$$

把上面兩式對 y 微分，我們可以得到 Y 的 pdf。做這微分需要用到微分的連鎖法則(chain rule)，該法則如下：

$$\frac{dF}{dy}=\frac{dF}{du}\frac{du}{dy}$$

其中 u 為 F 的引數(argument)。在這裡的情況中，$u=(y-b)/a$，我們可得到

$$f_Y(y)=\frac{1}{a}f_X\left(\frac{y-b}{a}\right) \quad a>0$$

和

$$f_Y(y)=\frac{1}{-a}f_X\left(\frac{y-b}{a}\right) \quad a<0$$

以上的兩個結果可以合起來寫成

$$f_Y(y)=\frac{1}{|a|}f_X\left(\frac{y-b}{a}\right) \tag{4.67}$$

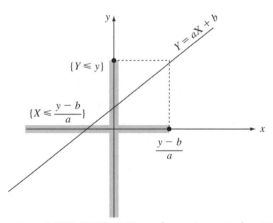

圖 4.11　$\{Y\leq y\}$ 事件的等效事件 $A=\{X\leq((y-b)/a\}$，假如 *a*>0

範例 4.32　Gaussian 隨機變數的線性函數

令 X 為一個 Gaussian 隨機變數其平均值為 m 且標準差為 σ：

$$f_X(x)=\frac{1}{\sqrt{2\pi}\,\sigma}e^{-(x-m)^2/2\sigma^2} \quad -\infty<x<\infty \tag{4.68}$$

令 $Y=aX+b$，請求出 Y 的 pdf。

把式(4.68)代入式(4.67)可得到

$$f_Y(y) = \frac{1}{\sqrt{2\pi}\,|a\sigma|} e^{-(y-b-am)^2/2(a\sigma)^2}$$

請注意 Y 也是一個 Gaussian 分佈，其平均值為 $b+am$ 而標準差為 $|a|\,\sigma$。因此 **一個 Gaussian 隨機變數的一個線性函數仍是一個 Gaussian 隨機變數。**

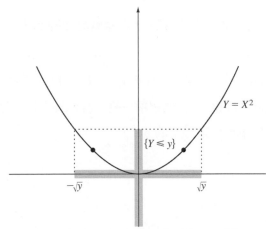

圖 4.12　$\{Y \le y\}$ 事件的等效事件為 $\left\{-\sqrt{y} \le X \le \sqrt{y}\right\}$，假如 $y > 0$

範例 4.33

令隨機變數 Y 被定義成

$$Y = X^2$$

其中 X 是一個連續隨機變數。求出 Y 的 cdf 和 pdf。

　　事件 $\{Y \le y\}$ 發生在當 $\{X^2 \le y\}$ 發生時，也就等同於是當 $\left\{-\sqrt{y} \le X \le \sqrt{y}\right\}$ 發生時，前提是 y 為非負的；請參見圖 4.12。當 y 為負數時此事件為空集合。因此

$$F_Y(y) = \begin{cases} 0 & y < 0 \\ F_X(\sqrt{y}) - F_X(-\sqrt{y}) & y > 0 \end{cases}$$

再對 y 微分，

$$\begin{aligned} f_Y(y) &= \frac{f_X(\sqrt{y})}{2\sqrt{y}} - \frac{f_X(-\sqrt{y})}{-2\sqrt{y}} \quad y > 0 \\ &= \frac{f_X(\sqrt{y})}{2\sqrt{y}} + \frac{f_X(-\sqrt{y})}{2\sqrt{y}} \end{aligned} \tag{4.69}$$

範例 4.34　一個卡方隨機變數

令 X 為一個 Gaussian 隨機變數其平均值 $m=0$ 而標準差 $\sigma=1$。此一特殊的 X 我們稱之為標準常態(standard normal)隨機變數。令 $Y=X^2$。求出 Y 的 pdf。

把式(4.68)帶入式(4.69)中可得

$$f_Y(y) = \frac{e^{-y/2}}{\sqrt{2y\pi}} \quad y \geq 0 \tag{4.70}$$

從表 4.1 我們可看到 $f_Y(y)$ 是一個**自由度 1 之卡方隨機變數的 pdf**。

在範例 4.33 中的結果暗示我們：假如方程式 $y_0 = g(x)$ 有 n 個解，x_0, x_1,..., x_n，那麼 $f_Y(y_0)$ 將會有 n 項，每一項都如同式(4.69)右方的單項一般。我們現在將證明這個想法是對的，我們採取一個直接的方法從 X 的 pdf 來獲得 Y 的 pdf。

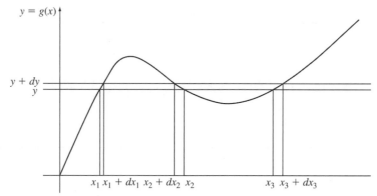

圖 4.13　$\{y<Y<y+dy\}$ 的等效事件為 $\{x_1<X<x_1+dx_1\}\cup\{x_2+dx_2<X<x_2\}\cup\{x_3<X<x_3+dx_3\}$

考慮一個非線性函數 $Y=g(X)$，它的圖形如圖 4.13 所示。考慮事件 $C_y=\{y<Y<y+dy\}$ 並令 B_y 為它的等效事件。對於在圖中所標示的 y，方程式 $g(x)=y$ 有 3 個解，x_1，x_2 和 x_3，而等效事件 B_y 分別有一個小區段對應到每一個解：

$$B_y = \{x_1<X<x_1+dx_1\}\cup\{x_2+dx_2<X<x_2\}\cup\{x_3<X<x_3+dx_3\}$$

事件 C_y 的機率大約為

$$P[C_y] = f_Y(y)|dy| \tag{4.71}$$

其中 $|dy|$ 為區間 $y<Y\leq y+dy$ 的長度。類似地，事件 B_y 的機率大約為

$$P[B_y] = f_X(x_1)|dx_1| + f_X(x_2)|dx_2| + f_X(x_3)|dx_3| \tag{4.72}$$

因為 C_y 和 B_y 為兩等效事件，它們的機率必須相同。把式(4.71)和式(4.72)畫上等號，我們得到

$$f_Y(y) = \sum_k \frac{f_X(x)}{|dy/dx|}\bigg|_{x=x_k} \tag{4.73}$$

$$= \sum_k f_X(x)\left|\frac{dx}{dy}\right|\bigg|_{x=x_k} \tag{4.74}$$

很明顯的，假如方程式 $g(x) = y$ 有 n 個解，因為在該點 Y 的 pdf 表示式是由式(4.73)和式(4.74)所提供，所以會包含有 n 項。

範例 4.35

如範例 4.34 中，令 $Y = X^2$。對於 $y>0$，方程式 $y = x^2$ 有兩個解，$x_0 = \sqrt{y}$ 和 $x_1 = -\sqrt{y}$，所以式(4.73)有兩項。因為 $dy/dx = 2x$，式(4.73)變成

$$f_Y(y) = \frac{f_X(\sqrt{y})}{2\sqrt{y}} + \frac{f_X(-\sqrt{y})}{2\sqrt{y}}$$

這個結果和式(4.69)一模一樣。若要使用式(4.74)，請注意

$$\frac{dx}{dy} = \frac{d}{dy}\pm\sqrt{y} = \pm\frac{1}{2\sqrt{y}}$$

把它們代入式(4.74)中會再次地得到式(4.69)。

範例 4.36　一個弦波波形的振幅樣本

令 $Y = \cos(X)$，其中 X 均勻分佈在區間 $[0, 2\pi]$ 中。Y 可以看成是一個弦波波形在一個隨機的時間點上的樣本值，其中所謂的時間點是均勻分佈在該弦波的週期中。求出 Y 的 pdf。

從圖 4.14 中可看出對於 $-1<y<1$，方程式 $y = \cos(x)$ 在一個週期中有 2 個解，$x_0 = \cos^{-1}(y)$ 和 $x_1 = 2\pi - x_0$。因為(請參考任何一本初級的微積分課本)

$$\frac{dy}{dx}\bigg|_{x_0} = -\sin(x_0) = -\sin(\cos^{-1}(y)) = -\sqrt{1-y^2}$$

和因為 $f_X(x) = 1/2\pi$，由式(4.73)可得

$$f_Y(y) = \frac{1}{2\pi\sqrt{1-y^2}} + \frac{1}{2\pi\sqrt{1-y^2}} = \frac{1}{\pi\sqrt{1-y^2}} \quad -1<y<1$$

把上式做積分可以得到 Y 的 cdf：

$$F_Y(y) = \begin{cases} 0 & y<-1 \\ \dfrac{1}{2}+\dfrac{\sin^{-1}y}{\pi} & -1\le y\le 1 \\ 1 & y>1 \end{cases}$$

Y 稱為是有**反正弦分佈(arcsine distribution)**。

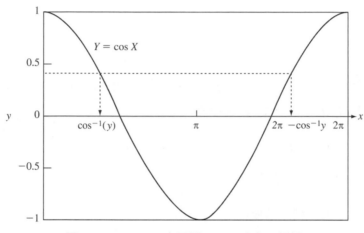

圖 4.14 $y=\cos x$ 在區間 $(0, 2\pi)$ 中有 2 個根

4.6 馬可夫不等式和柴比雪夫不等式

一般而言，一個隨機變數的平均值和變異量並沒有提供足夠的資訊來決定 cdf 和 pdf。然而，一個隨機變數 X 的平均值和變異量卻可讓我們得到如 $P[|X|\ge t]$ 這種形式機率的上限。首先假設 X 是一個非負的隨機變數，其平均值為 $E[X]$。**馬可夫不等式(Markov inequality)**指出

$$P[X\ge a]\le \frac{E[X]}{a} \quad X\ge 0 \tag{4.75}$$

我們證明式(4.75)如下：

$$E[X]=\int_0^a tf_X(t)\,dt + \int_a^\infty tf_X(t)\,dt \ge \int_a^\infty tf_X(t)\,dt$$
$$\ge \int_a^\infty af_X(t)\,dt = aP[X\ge a]$$

把從 0 積到 a 的定積分丟棄可得到第一個不等式；把 t 換成為一個較小的數 a 可得到第二個不等式。

在一個幼稚園的班級中，小朋友的平均身高為 3 呎 6 吋(1 呎=12 吋)。求出在該班的一位小朋友其身高高於 9 呎的機率上限。由馬可夫不等式我們有 $P[H \geq 9] \leq 42/108 = 0.389$。

在這範例中所求出的機率上限看起來好像很荒謬。然而，一個所謂的上限，從它的本質來看，必須把最壞的狀況都要考慮進去。我們可以簡單地建構一個隨機變數，用馬可夫不等式求出其機率上限，再驗證該機率上限的正確性。在上個範例中，我們之所以會對所得到的機率上限感到荒謬的原因為我們通常對小孩身高大約會多高已經了然於胸。

現在假設一個隨機變數其平均值 $E[X] = m$ 和變異量 $VAR[X] = \sigma^2$ 為已知，我們想知道 $P[|X - m| \geq a]$ 的上限。**柴比雪夫不等式(Chebyshev inequality)**指出

$$P[|X - m| \geq a] \leq \frac{\sigma^2}{a^2} \tag{4.76}$$

柴比雪夫不等式是馬可夫不等式的一個結果。令 $D^2 = (X - m)^2$ 為隨機變數和平均值之間的偏移量平方。把馬可夫不等式套用到 D^2 可得

$$P[D^2 \geq a^2] \leq \frac{E[(X - m)^2]}{a^2} = \frac{\sigma^2}{a^2}$$

請注意 $\{D^2 \geq a^2\}$ 和 $\{|X - m| \geq a\}$ 為等效事件，然後式(4.76)獲得驗證。

假設一個隨機變數 X 有零變異量；則柴比雪夫不等式指出

$$P[X = m] = 1 \tag{4.77}$$

也就是說，該隨機變數等於它的平均值的機率為 1。換句話說，在幾乎所有的實驗中，X 都會等於常數 m。

在一個有多位使用者的計算機系統中，其反應時間之平均值和標準差分別為 15 秒和 3 秒。請估計反應時間和平均值之間的差異大於 5 秒的機率。

本題 $m = 15$ 秒，$\sigma = 3$ 秒，$a = 5$ 秒，由柴比雪夫不等式可得

$$P[|X - 15| \geq 5] \leq \frac{9}{25} = 0.36$$

範例 4.39

假如 X 有平均值 m 和變異量 σ^2，對於 $a = k\sigma$ 的柴比雪夫不等式為

$$P[|X - m| \geq k\sigma] \leq \frac{1}{k^2}$$

現在假設我們知道 X 是一個 Gaussian 隨機變數，那麼對於 $k = 2$ ，$P[|X - m| \geq 2\sigma] = 0.0456$，但是柴比雪夫不等式所得到的上限為 0.25。

範例 4.40　柴比雪夫上限是緊密的

令隨機變數 X 有 $P[X = -v] = P[X = v] = 0.5$。其平均值為 0 且變異量為 $\text{VAR}[X] = E[X^2] = (-v)^2\, 0.5 + v^2\, 0.5 = v^2$。

請注意 $P[|X| \geq v] = 1$。柴比雪夫不等式指出：

$$P[|X| \geq v] \leq \frac{\text{VAR}[X]}{v^2} = 1$$

我們可看出這個上限和正確的數值是吻合的，所以此上限是緊密的。

　　從範例 4.38 我們可看到對於特定的隨機變數，柴比雪夫不等式所得到的上限很寬鬆。雖然如此，對一個給定的隨機變數，假若除了它的平均值和變異量之外，我們其它什麼都不知道，那麼這個不等式滿有用的。在第 7.2 節中，我們將會使用柴比雪夫不等式來證明：對一個隨機變數做多次的獨立測量後，結果的算術平均值非常有可能會逼近該隨機變數的期望值，尤其是當測量數很大時。請參見習題 4.92 和 4.93。

　　假如除了平均值和變異量之外，我們還可以得到更多其它的資訊，則我們有可能得到比馬可夫和柴比雪夫不等式還要緊密的上限。再次地考慮馬可夫不等式。我們感興趣的區域為 $A = \{t \geq a\}$，所以令 $I_A(t)$ 為其指示器函數，也就是說，若 $t \in A$，則 $I_A(t) = 1$；否則 $I_A(t) = 0$。在以下推導中的一個關鍵步驟為留意在 A 中 $t/a \geq 1$。事實上，我們把 $I_A(t)$ 的上限令之為 t/a，如圖 4.15 所示。我們有：

$$P[X \geq a] = \int_0^\infty I_A(t) f_X(t)\, dt \leq \int_0^\infty \frac{t}{a} f_X(t)\, dt = \frac{E[X]}{a}$$

把 $I_A(t)$ 換成它不同的上限，我們可以得到 $P[X \geq a]$ 其不同的機率上限。考慮 $I_A(t) \leq e^{s(t-a)}$ 這個上限，它也有在圖 4.15 中展示出，其中 $s > 0$。得到的上限為：

$$P[X \geq a] = \int_0^\infty I_A(t) f_X(t) \ dt \leq \int_0^\infty e^{s(t-a)} f_X(t) \ dt$$

$$= e^{-sa} \int_0^\infty e^{st} f_X(t) \ dt = e^{-sa} E\left[e^{sX}\right] \tag{4.78}$$

這個上限稱之為 **Chernoff 上限(Chernoff bound)**，我們可以看出它取決於 X 的一個指數函數的期望值。這個函數稱之為**動差生成函數(moment generating function)**，它和下一節我們要介紹的轉換(transform)有關係。在下一節中我們將會對 Chernoff 上限做更深入的探討。

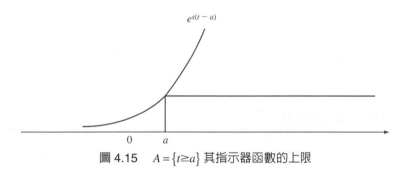

圖 4.15　　$A = \{t \geq a\}$ 其指示器函數的上限

4.7　轉換方法

　　早期，在有計算機和電腦之前，假如我們的工作牽涉到大量的乘法運算，最好手邊可以有對數表可供查詢。假如欲計算 x 乘以 y，我們可以先查出 $\log(x)$ 和 $\log(y)$ 的值，然後把 $\log(x)$ 和 $\log(y)$ 相加，接著再查詢反對數表來得到答案。你或許還記得在小時候用手筆做長乘法時，過程很冗長，而且比加法容易出錯。因此，對數表在計算輔助方面可謂非常的有用。

　　同理，當我們欲解的方程式牽涉到函數的微分和積分時，轉換方法(transform methods)極為有用。在許多這類的問題中，解的形式包含有兩個函數的摺積(convolution)：$f_1(x) * f_2(x)$。在後面我們會定義摺積。現在你所需要知道的事情為兩個函數的摺積運算做起來非常麻煩，甚至比用紙筆做長乘法還容易出錯！在本節中我們所介紹的轉換會把 $f_k(x)$ 轉換成另一個函數 $\mathcal{F}_k(\omega)$，而且該轉換會使得 $\mathcal{F}[f_1(x) * f_2(x)] = \mathcal{F}_1(\omega) \mathcal{F}_2(\omega)$。換句話說，摺積的轉換等於各別轉換的積。因此，轉換可以讓我們把摺積替換成更為簡單的乘法運算。在第 7 章，當我們考慮隨機變數的和時，本章所介紹的轉換方法將會是非常有用的工具。

4.7.1　特徵函數

一隨機變數其**特徵函數(characteristic function)**的定義為

$$\Phi_X(\omega) = E\left[e^{j\omega X}\right] \tag{4.79a}$$

$$= \int_{-\infty}^\infty f_X(x) e^{j\omega x} \ dx \tag{4.79b}$$

其中 $j = \sqrt{-1}$ ，為虛數的單位數。在右方的兩個表示式可以有兩種解釋的方式。在第一個表示式中，$\Phi_X(\omega)$ 可以看成是 X 的函數 $e^{j\omega X}$ 的期望值，其中參數 ω 並沒有被指定。在第二個表示式中，$\Phi_X(\omega)$ 恰為 $f_X(x)$ 的 Fourier 轉換(Fourier transform，但注意，在指數那兒的符號和正式的定義相反)。這兩個解讀在不同的狀況中都頗為有用。

假如我們把 $\Phi_X(\omega)$ 視為是一 Fourier 轉換，那麼從反 Fourier 轉換可得 X 的 pdf

$$f_X(x) = \frac{1}{2\pi} \int_{-\infty}^{\infty} \Phi_X(\omega) e^{-j\omega x} \, d\omega \tag{4.80}$$

每一個 pdf 和它的特徵函數形成了一組獨一無二的 Fourier 轉換對。表 4.1 展示了某些連續隨機變數的特徵函數。

範例 4.41　指數型態隨機變數

一個指數型態隨機變數，其參數為 λ ，它的特徵函數為

$$\Phi_X(\omega) = \int_0^{\infty} \lambda e^{-\lambda x} e^{j\omega x} \, dx = \int_0^{\infty} \lambda e^{-(\lambda - j\omega)x} \, dx = \frac{\lambda}{\lambda - j\omega}$$

假如 X 是一個離散隨機變數，把式(4.20)代入到 $\Phi_X(\omega)$ 的定義式中可得

$$\Phi_X(\omega) = \sum_k p_X(x_k) e^{j\omega x_k} \qquad \text{離散隨機變數}$$

在大部分的時間我們所處理的離散隨機變數是整數數值的。所以特徵函數為

$$\Phi_X(\omega) = \sum_{k=-\infty}^{\infty} p_X(k) e^{j\omega k} \qquad \text{整數數值隨機變數} \tag{4.81}$$

式(4.81)為數列 $p_X(k)$ 的 **Fourier 轉換(Fourier transform)**。請注意式(4.81)的 Fourier 轉換是 ω 的一個週期函數，週期為 2π ，因為 $e^{j(\omega+2\pi)k} = e^{j\omega k} e^{jk2\pi}$ 而 $e^{jk2\pi} = 1$ 。因此，整數數值隨機變數的特徵函數是 ω 的一個週期函數。以下的反轉換公式讓我們可以從 $\Phi_X(\omega)$ 還原出機率 $p_X(k)$ ：

$$p_X(k) = \frac{1}{2\pi} \int_0^{2\pi} \Phi_X(\omega) e^{-j\omega k} \, d\omega \quad k = 0, \pm 1, \pm 2, \ldots \tag{4.82}$$

事實上，比較式(4.81)和式(4.82)，我們知道 $p_X(k)$ 為週期函數 $\Phi_X(\omega)$ 之 Fourier 級數(Fourier series)的係數。

範例 4.42　**幾何(geometric)隨機變數**

一個幾何隨機變數的特徵函數為

$$\Phi_X(\omega) = \sum_{k=0}^{\infty} p q^k e^{j\omega k} = p \sum_{k=0}^{\infty} \left(q e^{j\omega} \right)^k = \frac{p}{1 - q e^{j\omega}}$$

因為 $f_X(x)$ 和 $\Phi_X(\omega)$ 為一組轉換對，我們預期可以從 $\Phi_X(\omega)$ 得到 X 的動差。**動差定理 (moment theorem)** 說明了 X 的動差為

$$E\left[X^n\right] = \frac{1}{j^n} \left. \frac{d^n}{d\omega^n} \Phi_X(\omega) \right|_{\omega=0} \tag{4.83}$$

現在我們來證明之。首先，我們把 $e^{j\omega x}$ 做冪級數(power series)展開再代入至 $\Phi_X(\omega)$ 的定義中：

$$\Phi_X(\omega) = \int_{-\infty}^{\infty} f_X(x) \left\{ 1 + j\omega X + \frac{(j\omega X)^2}{2!} + \cdots \right\} dx$$

假設 X 之所有的動差都是有限的，而且該級數可以一項一項地積分，我們可得到

$$\Phi_X(\omega) = 1 + j\omega E[X] + \frac{(j\omega)^2 E\left[X^2\right]}{2!} + \cdots + \frac{(j\omega)^n E\left[X^n\right]}{n!} + \cdots$$

把上式對 ω 微分一次，並計算在 $\omega = 0$ 的結果，我們得到

$$\left. \frac{d}{d\omega} \Phi_X(\omega) \right|_{\omega=0} = j E[X]$$

假如我們微分 n 次並計算在 $\omega = 0$ 的結果，我們最後可得到

$$\left. \frac{d^n}{d\omega^n} \Phi_X(\omega) \right|_{\omega=0} = j^n E\left[X^n\right]$$

它等同於式(4.83)。

　　請注意當上面的冪級數收斂時，特徵函數和式(4.80)中的 pdf 可以完全由 X 的動差來決定。

範例 4.43

若欲求出指數型態隨機變數的平均值，我們微分 $\Phi_X(\omega) = \lambda (\lambda - j\omega)^{-1}$ 一次，而得到

$$\Phi_X'(\omega) = \frac{\lambda j}{(\lambda - j\omega)^2}$$

從動差定理我們知道 $E[X] = \Phi_X'(0)/j = 1/\lambda$。

假如我們微分兩次，我們得到

$$\Phi_X''(\omega) = \frac{-2\lambda}{(\lambda - j\omega)^3}$$

所以二階動差為 $E[X^2] = \Phi_X''(0)/j^2 = 2/\lambda^2$。$X$ 的變異量則為

$$\text{VAR}[X] = E[X^2] - E[X]^2 = \frac{2}{\lambda^2} - \frac{1}{\lambda^2} = \frac{1}{\lambda^2}$$

範例 4.44　Gaussian 隨機變數的 Chernoff 上限

令 X 為一個 Gaussian 隨機變數其平均值為 m 且變異量為 σ^2。求出 X 的 Chernoff 上限。

Chernoff 上限(式 4.78)取決於動差生成函數：

$$E[e^{sX}] = \Phi_X(-js)$$

用特徵函數來表示，該上限為：

$$P[X \geq a] \leq e^{-sa}\Phi_X(-js) \qquad s \geq 0$$

我們可以選擇參數 s 的值來最小化此一上限。

Gaussian 隨機變數的上限為：

$$P[X \geq a] \leq e^{-sa}e^{ms+\sigma^2 s^2/2} = e^{-s(a-m)+\sigma^2 s^2/2} \qquad s \geq 0$$

我們可以最小化指數部分來最小化這個上限：

$$0 = \frac{d}{ds}\left(-s(a-m)+\sigma^2 s^2/2\right) \quad \text{這意味著 } s = \frac{a-m}{\sigma^2}$$

得到的上限為：

$$P[X \geq a] = Q\left(\frac{a-m}{\sigma}\right) \leq e^{-(a-m)^2/2\sigma^2}$$

這個上限要比 Chebyshev 上限好得多，而且類似於我們在式(4.54)中所做的估計。

4.7.2　機率生成函數

在某些問題中，隨機變數是非負的，此時使用 z-轉換或是 Laplace 轉換會比較方便。一個具非負整數數值的隨機變數 N 之**機率生成函數(probability generating function，pgn)** $G_N(z)$ 被定義為

$$G_N(z) = E\left[z^N\right] \tag{4.84a}$$

$$= \sum_{k=0}^{\infty} p_N(k) z^k \tag{4.84b}$$

第一個表示式為 N 的函數 z^N 的期望值。第二個表示式為 pmf 的 z-轉換(但在指數那兒的符號和原定義的符號差一個負號)。表 3.1 展示了某些離散隨機變數的機率生成函數。請注意 N 的特徵函數為 $\Phi_N(\omega) = G_N\left(e^{j\omega}\right)$。

使用類似我們在動差定理那兒的推導，很容易證明出 N 的 pmf 為

$$p_N(k) = \frac{1}{k!} \left. \frac{d^k}{dz^k} G_N(z) \right|_{z=0} \tag{4.85}$$

這就是為什麼 $G_N(z)$ 會被稱為是機率生成函數的原因。取 $G_N(z)$ 前二個導函數並令 $z=1$，我們可以求出 X 的前二個動差：

$$\left. \frac{d}{dz} G_N(z) \right|_{z=1} = \left. \sum_{k=0}^{\infty} p_N(k) k z^{k-1} \right|_{z=1} = \sum_{k=0}^{\infty} k p_N(k) = E[N]$$

和

$$\left. \frac{d^2}{dz^2} G_N(z) \right|_{z=1} = \left. \sum_{k=0}^{\infty} p_N(k) k(k-1) z^{k-2} \right|_{z=1}$$

$$= \sum_{k=0}^{\infty} k(k-1) p_N(k) = E[N(N-1)] = E\left[N^2\right] - E[N]$$

因此，X 的平均值和變異量為

$$E[N] = G_N'(1) \tag{4.86}$$

和

$$\mathrm{VAR}[N] = G_N''(1) + G_N'(1) - \left(G_N'(1)\right)^2 \tag{4.87}$$

範例 4.45　Poisson 隨機變數

具參數 α 的 Poisson 隨機變數其機率生成函數為

$$G_N(z) = \sum_{k=0}^{\infty} \frac{\alpha^k}{k!} e^{-\alpha} z^k = e^{-\alpha} \sum_{k=0}^{\infty} \frac{(\alpha z)^k}{k!} = e^{-\alpha} e^{\alpha z} = e^{\alpha(z-1)}$$

$G_N(z)$ 前二個導函數為

$$G_N'(z) = \alpha e^{\alpha(z-1)}$$

和

$$G_N''(z) = \alpha^2 e^{\alpha(z-1)}$$

因此 Poisson 的平均值和變異量為

$$E[N] = \alpha$$
$$\mathrm{VAR}[N] = \alpha^2 + \alpha - \alpha^2 = \alpha$$

4.7.3　pdf 的 Laplace 轉換

在排隊理論(queueing theory)中，我們處理服務時間，等待時間，和時間延遲。所有的這些時間都是非負的連續隨機變數。因此用 pdf 的 **Laplace 轉換(Laplace transform)** 會比較方便，

$$X*(s) = \int_0^\infty f_X(x) e^{-sx}\, dx = E\left[e^{-sX}\right] \tag{4.88}$$

請注意 $X*(s)$ 可以解讀成是 pdf 的 Laplace 轉換，或是一個 X 的函數 e^{-sX} 的期望值。

　　動差定理對 $X*(s)$ 也適用：

$$E[X^n] = (-1)^n \frac{d^n}{ds^n} X*(s) \bigg|_{s=0} \tag{4.89}$$

範例 4.46　　Gamma 隨機變數

Gamma pdf 的 Laplace 轉換為

$$X*(s) = \int_0^\infty \frac{\lambda^\alpha\, x^{\alpha-1} e^{-\lambda x} e^{-sx}}{\Gamma(\alpha)} dx = \frac{\lambda^\alpha}{\Gamma(\alpha)} \int_0^\infty x^{\alpha-1} e^{-(\lambda+s)x}\, dx$$

$$= \frac{\lambda^\alpha}{\Gamma(\alpha)}\, \frac{1}{(\lambda+s)^\alpha} \int_0^\infty y^{\alpha-1} e^{-y}\, dy = \frac{\lambda^\alpha}{(\lambda+s)^\alpha}$$

其中我們有使用變數代換 $y = (\lambda+s)x$。我們可以得到 X 的前二個動差為：

$$E[X] = -\frac{d}{ds}\, \frac{\lambda^\alpha}{(\lambda+s)^\alpha}\bigg|_{s=0} = \frac{\alpha\lambda^\alpha}{(\lambda+s)^{\alpha+1}}\bigg|_{s=0} = \frac{\alpha}{\lambda}$$

和

$$E[X^2] = \frac{d^2}{ds^2}\, \frac{\lambda^\alpha}{(\lambda+s)^\alpha}\bigg|_{s=0} = \frac{\alpha(\alpha+1)\lambda^\alpha}{(\lambda+s)^{\alpha+2}}\bigg|_{s=0} = \frac{\alpha(\alpha+1)}{\lambda^2}$$

因此，X 的變異量為

$$\mathrm{VAR}(X) = E[X^2] - E[X]^2 = \frac{\alpha}{\lambda^2}$$

4.8　基本的可靠度計算

　　到目前為止，我們已經發展了一些機率分析工具。在本節中，我們將使用這些工具來計算系統的可靠度。我們也會說明一個系統的可靠度可以由系統元件的可靠度來決定。

4.8.1　失效率(Failure Rate)函數

令一個元件，一個子系統，或是一個系統的生命期為 T。在時間 t 的**可靠度(reliability)**被定義為該元件，該子系統，或是該系統在時間 t 仍然正常工作的機率：

$$R(t) = P[T>t] \tag{4.90}$$

若使用相對次數的角度來解釋，在一有大量數目的元件或是系統中，$R(t)$為元件或是系統是在時間 t 之後才失效的比例。可靠度可以用 T 的 cdf 來表示：

$$R(t) = 1 - P[T \le t] = 1 - F_T(t) \tag{4.91}$$

請注意 $R(t)$的微分為 T 的 pdf 再乘以一個負號：

$$R'(t) = -f_T(t) \tag{4.92}$$

　　可運作的平均時間(mean time to failure，MTTF)為 T 的期望值：

$$E[T] = \int_0^\infty t\, f_T(t)\, dt = \int_0^\infty R(t)\, dt$$

其中我們使用了式(4.28)和式(4.91)以獲得第二個表示式。

　　假設我們知道一個系統在時間 t 仍然正常運作；它的未來行為為何？在範例 4.10 中，我們知道給定$T>t$，T 的條件的 cdf 為

$$F_T(x \mid T>t) = P[T \le x \mid T>t] = \begin{cases} 0 & x<t \\[2mm] \dfrac{F_T(x) - F_T(t)}{1 - F_T(t)} & x \ge t \end{cases} \tag{4.93}$$

其件隨的 pdf 為

$$f_T(x \mid T>t) = \frac{f_T(x)}{1 - F_T(t)} \quad x \ge t \tag{4.94}$$

請注意式(4.94)的分母等於 $R(t)$。

　　失效率函數(failure rate function)$r(t)$被定義為是 $f_T(x \mid T>t)$ 在 $x = t$ 時的函數值：

$$r(t) = f_T(t \mid T>t) = \frac{-R'(t)}{R(t)} \tag{4.95}$$

在上式中我們使用了式(4.92)的結果，$R'(t) = -f_T(t)$。失效率函數有以下的意義：

$$P[t < T \leq t + dt \mid T > t] = f_T(t \mid T > t) \ dt = r(t) \ dt \tag{4.96}$$

用話語來解釋式(4.96)的意義為：$r(t)dt$ 為一個元件到時間 t 之前都正常運作，但是將會在接下來的 dt 秒時間中失效的機率。

範例 4.47　**指數型態失效律(Exponential Failure Law)**

假設一個元件有一個常數失效率函數，也就是說 $r(t) = \lambda$。求出它的生命期 T 之 pdf 和 MTTF。

式(4.95)意味著

$$\frac{R'(t)}{R(t)} = -\lambda \tag{4.97}$$

式(4.97)是一個一階微分方程式(first-order differential equation)，其初始條件 $R(0)=1$。把式(4.97)的左右兩方都從 0 積分到 t，我們得到

$$-\int_0^t \lambda \ dt' + k = \int_0^t \frac{R'(t')}{R(t')} dt' = \ln R(t)$$

兩邊都取指數函數可得

$$R(t) = Ke^{-\lambda t}, \quad 其中 \ K = e^k$$

代入初始條件 $R(0)=1$ 可得 $K = 1$。因此

$$R(t) = e^{-\lambda t} \quad t > 0 \tag{4.98}$$

所以

$$f_T(t) = \lambda e^{-\lambda t} \quad t > 0$$

因此假如 T 有一個常數的失效率函數，則 T 會是一個指數型態的隨機變數。這並不值得驚訝，因為指數型態隨機變數滿足無記憶性特性。MTTF $= E[T] = 1/\lambda$。

在範例 4.47 中的推導可以被用來證明，在一般的情況中，失效率函數和可靠度的關係為

$$R(t) = \exp\left\{-\int_0^t r(t') \ dt'\right\} \tag{4.99}$$

而從式(4.92)可進一步得

$$f_T(t) = r(t) \exp\left\{-\int_0^t r(t') \ dt'\right\} \tag{4.100}$$

　　圖 4.16 展示了一個典型系統的失效率函數。一開始可能會有一個較高的失效率，因為一開始可能會有瑕疵的元件和不良的安裝。在「除蟲」之後，系統會穩定並有一個較低的失效率。在過一段時間後，由於老化和損耗效應，會導致失效率的增加。式(4.99)和式(4.100)讓我們可以用失效率函數來預測可靠度函數和其伴隨的 pdf，如在以下的範例所示。

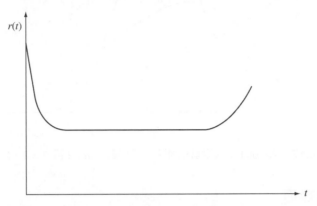

圖 4.16　一個典型系統的失效率函數

範例 4.48　韋伯失效律(Weibull Failure Law)

韋伯失效律其失效率函數為

$$r(t) = \alpha\beta t^{\beta-1} \tag{4.101}$$

其中 α 和 β 為正的常數。由式(4.99)可得可靠度為

$$R(t) = e^{-\alpha t^{\beta}}$$

由式(4.100)可得到 T 的 pdf 為

$$f_T(t) = \alpha\beta t^{\beta-1} e^{-\alpha t^{\beta}} \quad t>0 \tag{4.102}$$

圖 4.17 展示了一些 $f_T(t)$ 的圖形，其中 α 固定為 1，而 β 有一些不同的值。請注意 $\beta=1$ 產生了指數型態的失效律，它有一個常數失效率函數。對於 $\beta>1$，式(4.101)表示了一個會隨時間遞增的失效率函數。對於 $\beta<1$，式(4.101)表示了一個會隨時間遞減的失效率函數。Weibull 隨機變數其更近一步的特性將會在習題中討論。

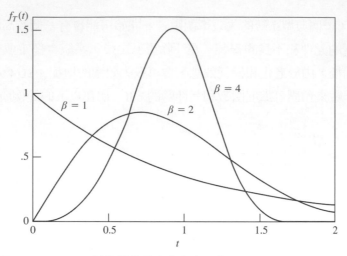

圖 4.17 Weibull 隨機變數的機率密度函數，$\alpha = 1$ 且 $\beta = 1，2，4$

4.8.2 系統的可靠度

假設一個系統是由一些元件或子系統所構成。我們現在將證明一個系統的可靠度可以由其元件或子系統的可靠度計算出來，假如其元件或子系統相互獨立的話。

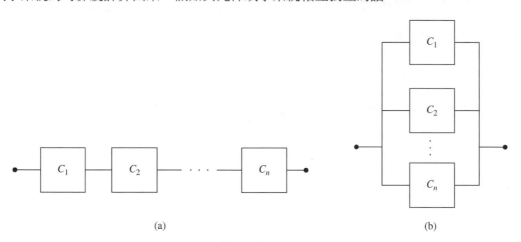

(a)   (b)

圖 4.18 (a)系統是由 n 個元件串聯構成。(b)系統是由 n 個元件並聯構成

考慮如圖 4.18(a)之系統，它是由 n 個元件串聯構成。這個系統若要能正常運作的前提是所有的元件都要能正常運作才行。令 A_s 代表事件「系統在時間 t 還正常運作」，A_j 代表事件「第 j 個元件在時間 t 還正常運作」，那麼系統在時間 t 還正常運作的機率為

$$
\begin{aligned}
R(t) &= P[A_s] \\
&= P[A_1 \cap A_2 \cap \cdots \cap A_n] = P[A_1]P[A_2]\ldots P[A_n] \\
&= R_1(t)R_2(t)\ldots R_n(t)
\end{aligned}
\tag{4.103}
$$

請注意 $P[A_j] = R_j(t)$，也就是第 j 個元件的可靠度函數。因為機率為小於或等於 1 的數，我們可以看出 $R(t)$ 會比 n 個元件中最不可靠的那個元件還要不可靠，也就是說，$R(t) \leq \min_j R_j(t)$。

假如我們把式(4.99)套用至式(4.103)中每一個 $R_j(t)$ 上，我們可求出一個串聯系統的失效率函數，它為每一個元件失效率函數的和：

$$R(t) = \exp\left\{-\int_0^t r_1(t')\, dt'\right\} \exp\left\{-\int_0^t r_2(t')\, dt'\right\} \dots \exp\left\{-\int_0^t r_n(t')\, dt'\right\}$$
$$= \exp\left\{-\int_0^t [r_1(t') + r_2(t') + \dots + r_n(t')]\, dt'\right\}.$$

範例 4.49

假設一個系統是由 n 個元件串聯構成，那些元件的生命期為指數型態隨機變數，參數分別為 $\lambda_1, \lambda_2, \dots, \lambda_n$。求出系統的可靠度。

從式(4.98)和式(4.103)，我們有

$$R(t) = e^{-\lambda_1 t} e^{-\lambda_2 t} \dots e^{-\lambda_n t} = e^{-(\lambda_1 + \dots + \lambda_n)t}$$

因此整個系統的可靠度也是指數型態的分佈，其參數為 $\lambda_1 + \lambda_2 + \dots + \lambda_n$。

現在考慮如圖 4.18(b)之系統，它是由 n 個元件並聯構成。這個系統若要能正常運作的前提是至少要有一個元件能正常運作才行。這個系統將不能正常運作若且唯若所有的元件都已經失效了，也就是說，

$$P[A_s^c] = P[A_1^c] P[A_2^c] \dots P[A_n^c]$$

因此

$$1 - R(t) = (1 - R_1(t))(1 - R_2(t)) \dots (1 - R_n(t))$$

最後

$$R(t) = 1 - (1 - R_1(t))(1 - R_2(t)) \dots (1 - R_n(t)) \tag{4.104}$$

範例 4.50

比較兩系統的可靠度，其中一個是單一元件系統，而另一個系統為 2 個元件並聯系統。假設所有的元件都有指數型態的生命期，參數為 1。

單一元件系統的可靠度為

$$R_s(t) = e^{-t}$$

2 個元件並聯系統的可靠度為

$$R_p(t) = 1 - (1 - e^{-t})(1 - e^{-t}) = e^{-t}(2 - e^{-t})$$

並聯系統比較可靠，比單一元件系統可靠的倍數為

$$(2 - e^{-t}) > 1$$

有些系統不是單純的並聯或串聯，可能是由某些元件的並聯和某些元件的串聯所構成之更為複雜的系統。這種複雜系統的可靠度還是可以由子系統的可靠度計算出來。請參見範例 2.35，該範例對此計算有一說明。

4.9　產生隨機變數的計算機方法

做任何隨機現象的電腦模擬時，需要產生特定分佈的隨機變數。舉例來說，模擬一個排隊系統，我們需要產生顧客到達之間隔時間以及產生每位顧客的服務時間。一旦模擬這些隨機數值的 cdf 被選取時，必須要有一個演算法(algorithm)來生成這些具有特定 cdf 之隨機變數。MATLAB 和 Octave 有內建的函數，它們可以產生所有常用分佈的隨機變數。在本節中，我們提出一些可用來產生隨機變數的方法。所有的這些方法都是基礎於我們可以很容易地取得均勻分佈在 0 和 1 之間的隨機數。產生均勻分佈在 0 和 1 之間隨機數的方法我們曾在第 2.7 節中討論過。

產生隨機變數的方法需要可以估算隨機變數的 pdf，cdf，或是 cdf 其反函數的值。我們可以自行撰寫程式來執行這些估算，或者我們可以使用像是 MATLAB 和 Octave 其內建好的函數。以下的範例展示出 Gaussian 隨機變數其某些典型的估算。

範例 4.51　估算 pdf、cdf 和 cdf 之反函數

令 X 為一個 Gaussian 隨機變數，其平均值為 1 變異量為 2。求出在 x = 7 的 pdf。求出在 x = –2 的 cdf。求出使得 cdf = 0.25 的 x 值。

若使用 Octave，以下的命令列展示出這些結果是如何得到的。

```
>normal_pdf(7,1,2)
ans=3.4813e-05
>normal_cdf(-2,1,2)
ans=0.016947
>normal_inv(0.25,1,2)
ans=0.046127
```

4.9.1　轉換法

假設 U 均勻分佈在區間[0,1]中。令 $F_X(x)$ 為我們想要產生之隨機變數的 cdf。定義隨機變數 $Z = F_X^{-1}(U)$；也就是說，先選一個 U，然後 Z 可找出，找出方法如圖 4.19 所示。Z 的 cdf 為

$$P[Z \le x] = P\left[F_X^{-1}(U) \le x\right] = P\left[U \le F_X(x)\right]$$

但若 U 均勻分佈在[0,1]中，且 $0 \le h \le 1$，那麼 $P[U \le h] = h$ (參見範例 4.6)。因此

$$P[Z \le x] = F_X(x)$$

如此一來 $Z = F_X^{-1}(U)$ 就會有想要的 cdf。

產生 X 的轉換法：

1.　產生均勻分佈在[0, 1]中的 U。
2.　令 $Z = F_X^{-1}(U)$。

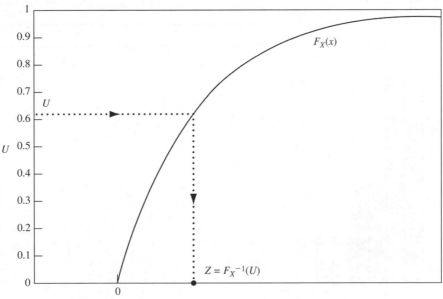

圖 4.19　用轉換法產生一個隨機變數，它的 cdf 為 $F_X(x)$

<u>範例 4.52</u>　指數型態隨機變數

若要產生一個參數為 λ 的指數型態隨機變數 X，我們需要反轉換 $u = F_X(x) = 1 - e^{-\lambda x}$ 這個表示式。我們得到

$$X = -\frac{1}{\lambda} \ln(1 - U)$$

　　請注意我們也可以使用較為簡單的表示式 $X = -\ln(U)/\lambda$，因為 $1-U$ 也是均勻分佈在[0,1]中。以下是使用 Octave 的例子，前兩個命令正是我們我們說明的轉換法，產生出 1000 個 $\lambda = 1$ 的指數型態隨機變數。圖 4.20 展示出我們所獲得之隨機數的直方圖(histogram)。該圖也顯示了隨機變數的樣本落入對應之直方圖槽(histogram bins)的機率。讀者可以從圖中看出所得的隨機

數滿吻合我們想要的隨機變數的行為。在第 8 章中，我們會介紹一些方法來評估資料對一個給定分佈的適合度 (goodness-of-fit) 檢定。MATLAB 和 Octave 都在它們的函數 exponential_rnd 中使用轉換法。

```
>U=rand(1, 1000);          % 產生 1000 個均勻隨機變數。
>X=-log(U);                % 計算 1000 個指數型態隨機變數。
>K=0.25：0.5：6;
>P(1)=1-exp(-0.5)
>for i=2：12,              % 其餘的命令是用來產生直方圖槽的。
>P(i)=P(i-1)*exp(-0.5)
>end；
>stem(K, P)
>hold on
>Hist(X, K, 1)
```

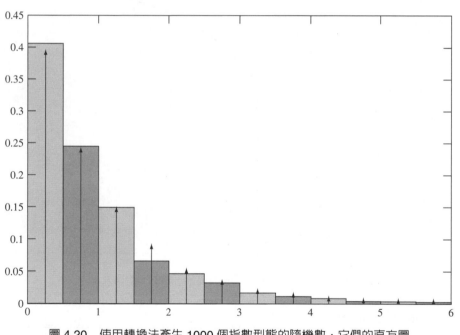

圖 4.20　使用轉換法產生 1000 個指數型態的隨機數，它們的直方圖

4.9.2　剔除法(Rejection Method)

我們先考慮這個演算法的簡易版本，並解釋為什麼它是有效的；然後我們再提供它的一般版本。假設我們想產生一個隨機變數 Z，它有一個如圖 4.21 所示的 pdf $f_X(x)$。特別的是，我們假設：(1)該 pdf 只有在區間[0, a]中非零，和(2)pdf 的值在[0, b]的範圍中。在這個情況下，**剔除法(rejection method)**是用以下的方式運作的：

1.　在區間[0, a]中均勻地產生 X_1。

2.　在區間[0, b]中均勻地產生 Y。

3. 若 $Y \leq f_X(X_1)$，則輸出 $Z = X_1$；否則，剔除 X_1 並返回步驟 1。

請注意這個演算法在它產生出輸出 Z 之前，所需要執行的步驟數是隨機不一定的。

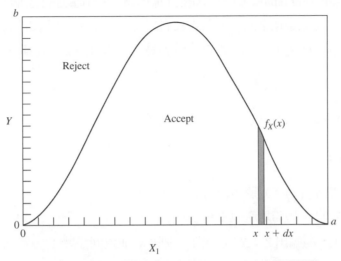

圖　4.21　使用剔除法產生一個有 pdf $f_X(x)$ 之隨機變數

　　我們現在證明輸出 Z 有想要的 pdf。步驟 1 和 2 其實就是從一個長度為 a 高度為 b 的長方形中隨機選出一個點。隨機挑出一個點，而該點是位於某特定區域中的機率為該區域的面積除以長方形的總面積，也就是 ab。因此接受 X_1 的機率其實就是把 $f_X(x)$ 曲線下的面積除以 ab。但是任何 pdf 曲線下的面積為 1，所以我們知道成功的機率(也就是接受 X_1 的機率)為 $1/ab$。現在考慮以下的機率：

$$P[x < X_1 \leq x + dx \mid X_1 \text{ 被接受}] = \frac{P\left[\{x < X_1 \leq x + dx\} \bigcap \{X_1 \text{ 被接受}\}\right]}{P[X_1 \text{ 被接受}]}$$

$$= \frac{\text{陰影面積} /ab}{1/ab} = \frac{f_X(x)\ dx/ab}{1/ab} = f_X(x)\,dx$$

因此當接受 X_1 時，它會有想要的 pdf。所以 Z 會有想要的 pdf。

範例 4.53　產生 Beta 隨機變數

請證明具 $a' = b' = 2$ 的 beta 隨機變數可以用剔除法產生出來。

　　具 $a' = b' = 2$ 的 beta 隨機變數其 pdf 很像在圖 4.21 中所示的那個 pdf。這個 beta pdf 的最大值發生在 $x = 1/2$ 處而且最大值為：

$$\frac{(1/2)^{2-1}(1/2)^{2-1}}{B(2,\ 2)} = \frac{1/4}{\Gamma(2)\Gamma(2)/\Gamma(4)} = \frac{1/4}{1!1!/3!} = \frac{3}{2}$$

因此我們可以用剔除法產生這個 beta 隨機變數，其中 $b = 1.5$。

　　如上所述的演算法會有 2 個問題。第一，假如該長方形不能以一種差不多大小的方式合宜地包住 $f_X(x)$ 的話，那麼在產生出可接受的 X_1 之前，被剔除的 X_1 會非常非常的多。第二，假如 $f_X(x)$ 是無界限的(unbounded)或是假如它的範圍不是有限的話，這個方法不能用。這個演算法的一般版本可以克服這兩個問題。假設我們想要產生 Z，它有 pdf $f_X(x)$。令 W 為另一個隨機變數，它的 pdf 為 $f_W(x)$，但是 W 比較容易產生而且對於某常數 $K > 1$，

$$Kf_W(x) \ge f_X(x) \quad \text{對於所有的 } x$$

也就是說，$Kf_W(x)$ 曲線下的區域包含 $f_X(x)$，如圖 4.22 所示。

產生 X 的剔除法：

1.　產生 X_1 其 pdf 為 $f_W(x)$。定義 $B(X_1) = Kf_W(X_1)$。
2.　在區間 $[0, B(X_1)]$ 中均勻地產生 Y。
3.　假如 $Y \le f_X(X_1)$，則輸出 $Z = X_1$；否則，剔除 X_1 並返回步驟 1

　　請參見習題 4.129，該題證明了 Z 會有想要的 pdf。

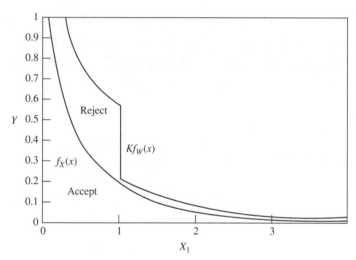

圖 4.22　用剔除法來產生一個隨機變數，它有 Gamma pdf 具參數 $0 < \alpha < 1$

範例 4.54　　Gamma 隨機變數

我們現在說明剔除法可以被用來產生隨機變數 X，它有 Gamma pdf 而且參數 $0 < \alpha < 1$ 和 $\lambda = 1$。能「包住」$f_X(x)$ 的函數 $Kf_W(x)$ 其取得的方式很容易(參見圖 4.22)：

$$f_X(x) = \frac{x^{\alpha-1}e^{-x}}{\Gamma(\alpha)} \le Kf_W(x) = \begin{cases} \dfrac{x^{\alpha-1}}{\Gamma(\alpha)} & 0 \le x \le 1 \\[2mm] \dfrac{e^{-x}}{\Gamma(\alpha)} & x > 1 \end{cases}$$

對應到右手邊的函數的 pdf $f_W(x)$ 為

$$f_W(x) = \begin{cases} \dfrac{\alpha e x^{\alpha-1}}{\alpha + e} & 0 \le x \le 1 \\[3mm] \alpha e \dfrac{e^{-x}}{\alpha + e} & x \ge 1 \end{cases}$$

W 的 cdf 為

$$F_W(x) = \begin{cases} \dfrac{e x^{\alpha}}{\alpha + e} & 0 \le x \le 1 \\[3mm] 1 - \alpha e \dfrac{e^{-x}}{\alpha + e} & x > 1 \end{cases}$$

使用轉換法，W 可以容易地產生，公式如下

$$F_W^{-1}(u) = \begin{cases} \left[\dfrac{(\alpha + e)u}{e}\right]^{1/\alpha} & u \le e/(\alpha + e) \\[3mm] -\ln\left[(\alpha + e)\dfrac{(1-u)}{\alpha e}\right] & u > e/(\alpha + e) \end{cases}$$

我們因此可以先使用轉換法來產生這個 $f_W(x)$，然後用剔除法產生 gamma 隨機變數 X，其參數 $0 < \alpha < 1$ 且 $\lambda = 1$。最後請注意假如我們令 $W = \lambda X$，則 W 將會是 gamma 其參數為 α 和 λ。在習題 4.128 我們討論如何產生 $\alpha > 1$ 的 gamma 隨機變數。

範例 4.55　實現可產生 Gamma 隨機變數的剔除法

以下是使用 Octave 來實現上面所述剔除法的程式。

%產生 gamma 分佈的隨機數，$0 \le \alpha \le 1$。

```
function X = gamma_rejection_method_altone(alpha)
while(true),
X = special_inverse(alpha);          % 步驟 1:產生出有 pdf fx(x)的 X。
B = special_pdf(X,alpha);            % 步驟 2:產生均勻分佈在 [0, Kfx(X)] 中的 Y。
Y = rand.* B;
if(Y <= fx_gamma_pdf(X,alpha)),      % 步驟 3:接收或剔除...
        break;
   end
end
```

%輔助函數以根據 $Kf_Z(x)$ 來產生隨機變數。

```
function X = special_inverse (alpha)
u = rand;
if (u <= e./(alpha+e)),
    X = ((alpha+e).*u./e).^ (1./alpha);
elseif (u > e./(alpha+e)),
    X = -log((alpha+e).*(1-u)./(alpha.*e));
End
```

% 傳回 B 以產生在 $\left[0, Kf_Z(X)\right]$ 中的均勻隨機變數。

```
function B = special_pdf (X, alpha)
if (X >=0 && X <= 1),
    B = alpha.*e.*X.^(alpha-1)./(alpha + e);
elseif (X > 1),
    B = alpha.*e.*(e. ^(-X)./(alpha + e));
end
```

% gamma 分佈的 pdf。

% 也可以使用 Octave 內建的函數 gamma_pdf (X, A, B)

```
setting B = 1
function Y = fx_gamma_pdf (x, alpha)
y = (x.^ (alpha-1)).*(e.^ (-x))./(gamma(alpha));
```

圖 4.23 展示出我們所獲得之 1000 個隨機數的直方圖。該圖也顯示了隨機變數的樣本落入對應之直方圖槽的機率。

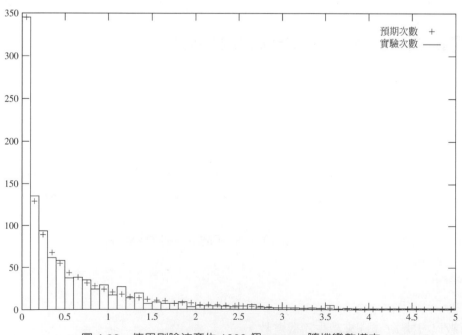

圖 4.23　使用剔除法產生 1000 個 gamma 隨機變數樣本

　　針對產生想要的隨機變數，我們提供了一些最常使用的方法。其實 MATLAB 和 Octave 所提供的內建函數也含有這些方法。所以在實務上，若要產生常用的隨機變數，讀者不需要自行撰寫程式；讀者只要呼叫適當的函數即可。

範例 4.56　產生 Gamma 隨機變數

使用 Octave 以得到 8 個 gamma 隨機變數，其 $\alpha = 0.25$，$\lambda = 1$。

　　Octave 命令和所得到的答案如下：

```
>gamma_rnd (0.25, 1, 1, 8)
ans =
 Columns 1 through 6:
   0.00021529   0.09331491   0.24606757   0.08665787
   0.00013400   0.23384718
 Columns 7 and 8:
   1.72940941   1.29599702
```

4.9.3　產生一個隨機變數的函數

一旦我們有個簡易的方法可以產生隨機變數 X，我們就可以很容易地產生由 $Y = g(X)$ 所定義之隨機變數；甚至可以產生 $Z = h(X_1, X_2, \ldots, X_n)$，其中 $X_1, \ldots, X_n$ 為隨機變數產生器的 n 個輸出。

範例 4.57　*m*-Erlang 隨機變數

令 $X_1, X_2, \ldots$ 均為獨立的指數型態隨機變數，它們的參數均為 λ。在第 7 章中我們會證明隨機變數

$$Y = X_1 + X_2 + \cdots + X_m$$

會有一個 *m*-Erlang pdf，其參數為 λ。因此產生一個 *m*-Erlang 隨機變數的方法為：首先使用轉換法產生 m 個指數型態隨機變數，然後全部加起來。因為 *m*-Erlang 隨機變數為 gamma 隨機變數的一個特例，對於 m 值很大時，最好可以使用在習題 4.128 中所描述的剔除法。

4.9.4　產生隨機變數的混合

我們曾在前面的章節中看過，有時候一個隨機變數是由好幾個隨機變數混合所構成的。換句話說，此隨機變數的產生可以視為先依照某 pmf 選擇一個隨機變數的型態，然後從選取的 pdf 型態產生一個隨機變數。這個程序可以很容易地模擬。

范例 4.58　超指數型態(hyperexponential)隨機變數

一個兩階段之超指數型態隨機變數的 pdf 為

$$f_X(x) = pae^{-ax} + (1-p)be^{-bx}$$

我們可以看出 X 是由兩個指數型態隨機變數混合所構成，它們的參數分別為 a 和 b。X 的產生方式為：首先執行一個 Bernoulli 測試，其成功機率為 p。假如該測試為成功，則我們使用轉換法來產生一個參數為 a 的指數型態隨機變數。假如該測試為失敗，則我們使用轉換法來產生一個參數為 b 的指數型態隨機變數。

*4.10　熵(ENTROPY)

　　熵是在一個隨機實驗中對不確定性(uncertainty)的一個度量。在本節中，我們首先介紹什麼是一個隨機變數的熵，然後探討它的一些基本特性。接下來，我們說明熵是如何地把不確定性做量化：若欲指出一個隨機實驗的結果，熵為所需的資訊量。最後，我們討論**最大熵法(method of maximum entropy)**，當某一隨機變數只有某些參數，如平均值或變異量，是已知時，此方法常被使用來描述該隨機變數的特徵。

4.10.1　一個隨機變數的熵

令 X 為一個離散隨機變數，其 $S_X = \{1, 2, \ldots, K\}$ 而其 pmf $p_k = P[X=k]$。我們對量化事件 $A_k = \{X=k\}$ 的不確定性感興趣。很清楚地，假如 A_k 的機率接近 1，那麼 A_k 的不確定性很低；假如 A_k 的機率很小，那麼 A_k 的不確定性很高。以下的不確定性度量可以滿足這兩個特性：

$$I(X=k) = \ln\frac{1}{P[X=k]} = -\ln P[X=k] \tag{4.105}$$

從圖 4.24 我們可看出假如 $P[X=k]=1$ 則 $I(X=k)=0$，而且 $I(X=k)$ 會隨著 $P[X=k]$ 遞減而遞增。**一個隨機變數 X 的熵(entropy of a random variable X)**定義成是其不確定性的期望值：

$$H_X = E[I(X)] = \sum_{k=1}^{K} P[X=k] \ln\frac{1}{P[X=k]}$$

$$= -\sum_{k=1}^{K} P[X=k] \ln P[X=k] \tag{4.106}$$

請注意在上式的定義中我們使用 $I(X)$ 這個隨機變數函數。當上式中對數運算的基底數是 2 時，我們說熵的單位為「位元(bit)」。在上式中我們使用的是自然對數(natural logarithm)，所以我們說熵的單位為「nats」。改變對數的基底數等同於把熵乘以一個常數，因為 $\ln(x) = \ln 2 \log_2 x$。

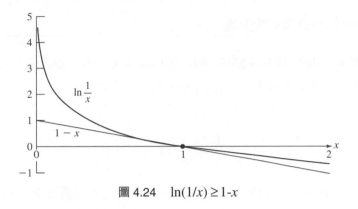

圖 4.24　$\ln(1/x) \geq 1\text{-}x$

範例 4.59　**一個二元隨機變數的熵**

假設 $S_X = \{0, 1\}$ 且 $p = P[X = 0] = 1 - P[X = 1]$。圖 4.25 展示出 $-p \ln(p)$，$-(1-p)\ln(1-p)$，和二元隨機變數 X 的熵 $H_X = h(p) = -p \ln(p) - (1-p)\ln(1-p)$ 三者的圖形。請注意 $h(p)$ 對稱於 $p = 1/2$，它在 $p = 1/2$ 處有最大值。請注意事件 $\{X = 0\}$ 的不確定性和事件 $\{X = 1\}$ 的不確定性是以一種互補的方式來做變化：當 $P[X = 0]$ 非常小時(也就是說，高度不確定)，$P[X = 1]$ 接近於 1(也就是說，高度確定)。以上的敘述反過來說也成立。因此，不確定性其平均值的極大值發生在當 $P[X = 0] = P[X = 1] = 1/2$ 時。

H_X 可以視爲是藉由觀察 X 所解析出之平均不確定性。假如我們設計一個二元實驗(舉例來說，一個 yes/no 問題)，那麼當該實驗的二個結果被設計成有相同機率時，其平均不確定性將會被最大化。

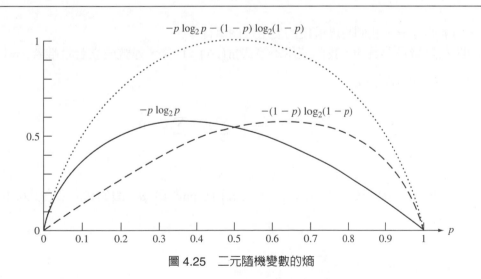

圖 4.25　二元隨機變數的熵

範例 4.60　透過部份資訊來減少熵

隨機變數 X 有可能的二進位表示為 $\{000, 001, 010,..., 111\}$，每一個都有相同的機率。在給定事件 $A=\{X$ 的最高位元為 $1\}$ 的情況下，求出 X 的熵的減少量。

　　X 的熵為

$$H_X = -\frac{1}{8}\log_2\frac{1}{8} - \frac{1}{8}\log_2\frac{1}{8} - \cdots - \frac{1}{8}\log_2\frac{1}{8} = 3 \text{ 位元}$$

事件 A 意味著 X 是在 $\{100, 101, 110, 111\}$ 之中，所以在給定 A 的情況下，X 的熵為

$$H_{X|A} = -\frac{1}{4}\log_2\frac{1}{4} - \cdots - \frac{1}{4}\log_2\frac{1}{4} = 2 \text{ 位元}$$

因此，熵的減少量為 $H_X - H_{X|A} = 3 - 2 = 1$ 位元。

　　令 $\boldsymbol{p} = (p_1, p_2,..., p_K)$，$\boldsymbol{q} = (q_1, q_2,..., q_K)$ 為兩個 pmf。$\boldsymbol{q}$ 對於 $\boldsymbol{p}$ 之**相對熵(relative entropy of $\boldsymbol{q}$ with respect to $\boldsymbol{p}$)** 被定義為

$$H(p; q) = \sum_{k=1}^{K} p_k \ln\frac{1}{q_k} - H_X = \sum_{k=1}^{K} p_k \ln\frac{p_k}{q_k} \tag{4.107}$$

這個相對熵是非負的，而且等於 0 若且唯若對所有的 $\boldsymbol{k}$ 均使得 $\boldsymbol{p_k} = \boldsymbol{q_k}$：

$$H(p; q) \geq 0 \quad \text{等號成立若且唯若 } p_k = q_k \quad k = 1,..., K \tag{4.108}$$

在本節之剩下的部分，我們將會重覆的使用這個事實。

　　欲證明相對熵是非負的，我們使用不等式 $\ln(1/x) \geq 1 - x$，等號成立若且唯若 $x = 1$，如圖 4.24 所示。式(4.107)會變成

$$H(p; q) = \sum_{k=1}^{K} p_k \ln\frac{p_k}{q_k} \geq \sum_{k=1}^{K} p_k\left(1 - \frac{q_k}{p_k}\right) = \sum_{k=1}^{K} p_k - \sum_{k=1}^{K} q_k = 0 \tag{4.109}$$

若要讓上式中等號成立，我們必須要有 $p_k = q_k$，$k = 1,..., K$。

　　令 X 為任何的隨機變數，其 $S_X = \{1, 2,..., K\}$ 且 pmf 為 $\boldsymbol{p}$。假如我們令在式(4.108)中的 $q_k = 1/K$，那麼

$$H(p; q) = \ln K - H_X = \sum_{k=1}^{K} p_k \ln\frac{p_k}{1/K} \geq 0$$

它意味著對於任何的隨機變數 X，其 $S_X = \{1, 2,..., K\}$，

$$H_X \leq \ln K \quad \text{等號成立若且唯若} \quad p_k = \frac{1}{K} \quad k = 1,\dots,K \tag{4.110}$$

因此隨機變數 X 所可能獲得之最大的熵為 $\ln K$，而這個最大值發生在當所有的結果都有相同的可能性時。

　　式(4.110)証明了具有有限 S_X 之隨機變數它的熵必定是有限的。在另一方面，它也說明了隨著 S_X 其大小的增加，熵可以以一種沒有上限的方式做遞增。以下的範例證明了某些可數無窮的隨機變數也可能具有有限的熵。

範例 4.61　　**一個幾何隨機變數的熵**

幾何隨機變數 X 其 $S_X = \{0,\ 1,\ 2,\dots\}$，$X$ 的熵為：

$$\begin{aligned}
H_X &= -\sum_{k=0}^{\infty} p(1-p)^k \ \ln\left(p(1-p)^k\right) = -\ln p - \ln(1-p)\sum_{k=0}^{\infty} kp(1-p)^k \\
&= -\ln p - \frac{(1-p)\ln(1-p)}{p} = \frac{-p\ln p - (1-p)\ln(1-p)}{p} = \frac{h(p)}{p}
\end{aligned} \tag{4.111}$$

其中 $h(p)$ 為一個二元隨機變數的熵。請注意 $H_X = 2$ 位元當 $p = 1/2$ 時。

　　對於連續隨機變數而言，所有的 x 均使得 $P[X = x] = 0$。因此由式(4.105)可知對每一個事件 $\{X = x\}$ 而言不確定性都是無窮大，而且從式(4.106)得知**連續隨機變數的熵是無窮大的**。在下一個範例中，我們檢視一下熵的概念如何可以應用在連續隨機變數上。

範例 4.62　　**一個被量化之連續隨機變數的熵**

令 X 為一個連續隨機變數，其值落在區間 $[a,b]$ 之中。假設區間 $[a,b]$ 被分割成 K 個長度為 Δ 的子區間，其中 K 是一個很大的數。令 $Q(X)$ 為包含 X 的那個子區間的中間點。求出 Q 的熵。

　　令 x_k 為第 k 個子區間的中間點，那麼 $P[Q = x_k] = P[X$ 在第 k 個子區間中 $] =$ $= P[x_k - \Delta/2 < X < x_k + \Delta/2] \simeq f_X(x_k)\Delta$，因此

$$\begin{aligned}
H_Q &= \sum_{k=1}^{K} P[Q = x_k] \ \ln P[Q = x_k] \simeq -\sum_{k=1}^{K} f_X(x_k)\Delta \ \ln\left(f_X(x_k)\Delta\right) \\
&= -\ln(\Delta) - \sum_{k=1}^{K} f_X(x_k) \ \ln\left(f_X(x_k)\right)\Delta
\end{aligned} \tag{4.112}$$

上面的式子說明了在 Q 的熵和量化誤差 $X - Q(X)$ 之間存在一個權衡(tradeoff)。當 Δ 遞減時誤差會遞減，但是熵會無上限地遞增，再次地說明了連續隨機變數的熵是無窮大的。

在式(4.112) H_X 的最後一個表示式中,當 Δ 趨近於 0 時,前者趨近於無窮大,但是後者趨近於一個定積分,它在某些情況中可能是有限的。**微分熵(differential entropy)**就是用這個積分來定義的:

$$H_X = -\int_{-\infty}^{\infty} f_X(x) \ln f_X(x)\, dx = -E\left[\ln f_X(X)\right] \tag{4.113}$$

在上式中,我們再次使用 H_X 這個符號,但是我們知道當我們處理的是連續隨機變數時,我們處理的是微分熵而不是熵。

範例 4.63　**一個均勻機變數的微分熵**

一個在[a,b]中均勻分佈之隨機變數的微分熵為

$$H_X = -E\left[\ln\left(\frac{1}{b-a}\right)\right] = \ln(b-a) \tag{4.114}$$

範例 4.64　**一個 Gaussian 隨機變數的微分熵**

一個 Gaussian 隨機變數 X(參見式 4.47)的微分熵為

$$H_X = -E\left[\ln f_X(X)\right] = -E\left[\ln\frac{1}{\sqrt{2\pi\sigma^2}} - \frac{(X-m)^2}{2\sigma^2}\right]$$

$$= \frac{1}{2}\ln(2\pi\sigma^2) + \frac{1}{2} = \frac{1}{2}\ln(2\pi e\sigma^2) \tag{4.115}$$

熵函數和微分熵函數在一些基本的方面上是有差異的。在下一節中,我們將會看到一個隨機變數的熵有一個非常好的運算意義:若要明確地指出隨機變數的值,熵是所需要資訊位元的平均數。微分熵沒有這樣的運算意義。除此之外,當隨機變數 X 是用一個可逆的轉換(invertible transformation)映射至(mapped into)Y 時,熵函數是不會改變的。再次地,微分熵沒有這樣的特性。(請參見習題 4.139 和 4.146。)雖然如此,微分熵還是有某些有用的特性。在一些牽涉到熵減少的問題中,微分熵會自然地出現,如在習題 4.145 中所示。除此之外,連續隨機變數的相對熵,它的定義如下

$$H(f_X; f_Y) = \int_{-\infty}^{\infty} f_X(x) \ln\frac{f_X(x)}{f_Y(x)} dx$$

在可逆轉換下,它是不會改變的。

4.10.2　熵做為一個資訊的度量

令 X 為一個離散隨機變數，其 $S_X = \{1, 2,\ldots, K\}$ 而 pmf　$p_k = P[X = k]$。假設產生 X 的這個實驗是由約翰所做的，而約翰想把實驗結果告訴瑪莉，告知的方式是透過回答一系列的 yes/no 問題。假設需回答好幾個問題才能確切的告知 X。我們感興趣的是題數的最小的平均數。

範例 4.65

一個甕內有 16 個球：4 個球標示「1」，4 個球標示「2」，2 個球標示「3」，2 個球標示「4」，剩下的球分別標示「5」，「6」，「7」和「8」。約翰從甕中隨機挑出一個球，並記下所得的數。請告訴瑪莉可以使用何種策略，讓約翰回答一系列的 yes/no 問題來使瑪莉可以得知球上面標示的數。請把所問問題數的平均值和 X 的熵做比較。

假如我們令 X 為代表球上標示數的隨機變數，則 $S_X = \{1, 2,\ldots, 8\}$ 而其 pmf 為 $p = (1/4, 1/4, 1/8, 1/8, 1/16, 1/16, 1/16, 1/16)$。我們將會比較在圖 4.26(a) 和 (b) 中所示的兩種策略。

在圖 4.26(a) 中所使用的策略利用了 $\{X = k\}$ 的機率會隨 k 的增加而遞減的這項事實。因此，依序問以下問題很合理：{"X 等於 1 嗎？"}，{"X 等於 2 嗎？"}，一直問下去，直到答案為 yes 為止。令 L 為直到答案為 yes 為止所需要問問題的次數，那麼所問問題的平均數為

$$E[L] = 1\left(\tfrac{1}{4}\right) + 2\left(\tfrac{1}{4}\right) + 3\left(\tfrac{1}{8}\right) + 4\left(\tfrac{1}{8}\right) + 5\left(\tfrac{1}{16}\right) + 6\left(\tfrac{1}{16}\right) + 7\left(\tfrac{1}{16}\right) + 7\left(\tfrac{1}{16}\right) = 51/16$$

在圖 4.26(b) 中所使用的策略利用了我們在範例 4.59 中所做的觀察：這些 yes/no 問題的設計應該使得它的兩種答案會有相同的機率。在圖 4.26(b) 中的問題滿足這個需求。所問問題的平均數為

$$E[L] = 2\left(\tfrac{1}{4}\right) + 2\left(\tfrac{1}{4}\right) + 3\left(\tfrac{1}{8}\right) + 3\left(\tfrac{1}{8}\right) + 4\left(\tfrac{1}{16}\right) + 4\left(\tfrac{1}{16}\right) + 4\left(\tfrac{1}{16}\right) + 4\left(\tfrac{1}{16}\right) = 44/16$$

因此，第二種策略有較佳的表現。

最後，X 的熵為

$$H_X = -\tfrac{1}{4}\log_2\tfrac{1}{4} - \tfrac{1}{4}\log_2\tfrac{1}{4} - \tfrac{1}{8}\log_2\tfrac{1}{8} - \cdots - \tfrac{1}{16}\log_2\tfrac{1}{16} = 44/16$$

它恰好等於第二種策略的問題的平均數。

設計一系列的問題來找出隨機變數 X 的這項工程，和對一個資訊源的輸出做編碼的這項工程，兩者是一模一樣的。一個資訊源的每一個輸出都是一個隨機變數 X，而編碼器的任務就是把每一個可能的輸出對應至一個獨一無二的二進位位元字串。這就好像是考慮如圖 4.26 中所示的樹狀圖，並用 0/1 來取代每一個 yes/no 答案。從頂端節點到每一個末端節點沿途所形成

的 0 和 1 序列定義了每一個結果的位元字串(「字碼(codeword)」)。很明顯的,找出最佳的 yes/no 問題串的課題,和找出可以最小化平均字碼長度的二元樹碼(binary tree code)的課題,兩者是一模一樣的。

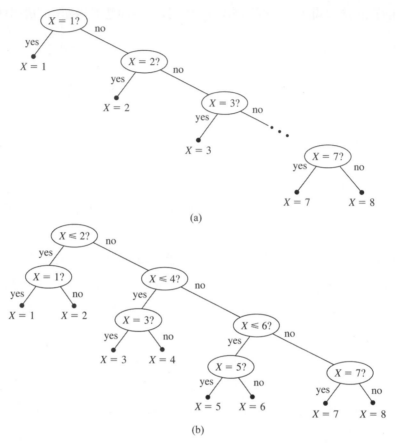

(a)

(b)

圖 4.26　透過一系列的 yes/no 問題來得知 X 值的兩種策略

　　在本節的剩下部份,我們會從資訊理論(information theory)發展以下的基礎結果。首先,任何碼的平均字碼長度不能小於熵。第二,假如 X 的 pmf 是由 1/2 的冪次所構成的,那麼存在有一個二元樹碼會達到熵的結果。最後,藉由對 X 的結果群組做編碼,我們可以讓平均字碼長度任意地接近於熵。因此,**X 的熵代表了編碼出 X 的結果所需位元數之最小的平均數**。

　　首先,讓我們證明任何樹碼的平均字碼長度不能小於熵。從圖 4.26 中我們注意到每一個完整的二元樹其字碼的長度集合 $\{l_k\}$ 必須滿足

$$\sum_{k=1}^{K} 2^{-l_k} = 1 \tag{4.116}$$

若要知道為什麼,請把樹伸展成和最長的字碼有相同的深度,如在圖 4.27 中所示。假如我們在某一個深度為 l_k 的節點上「修剪」該樹,那麼我們會移除該樹底部 2^{-l_k} 比例的節點。請注意

反向的結果也爲眞：假如一個字碼長度的集合滿足式(4.116)，那麼我們可以建構一組具這些長度的樹碼。

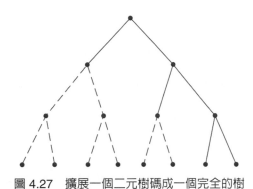

圖 4.27　擴展一個二元樹碼成一個完全的樹

接下來考慮在熵和二元樹碼的 $E[L]$ 之間的差異：

$$E[L] - H_X = \sum_{k=1}^{K} l_k P[X=k] + \sum_{k=1}^{K} P[X=k] \log_2 P[X=k]$$

$$= \sum_{k=1}^{K} P[X=k] \log_2 \frac{P[X=k]}{2^{-l_k}}, \tag{4.117}$$

在此處熵的單位爲位元。式(4.17)爲式(4.107)的相對熵，其中 $q_k = 2^{-l_k}$ 。因此由式(4.108)

$$E[L] \geq H_X \quad \text{等號成立若且唯若} \quad P[X=k] = 2^{-l_k} \tag{4.118}$$

因此，對於任何的樹碼(特別是最佳的樹碼)其所問問題的平均數不能小於 X 的熵。所以我們可以使用熵 H_X 當做是測試任何的樹碼的一個基底線。

式(4.118)也意味著假如 X 其所有的結果都有 1/2 整數冪次的機率(正如範例 4.63 所示)，那麼我們可以求出一個可達到熵的樹碼。假如 $P[X=k] = 2^{-l_k}$，則我們指派一個長度爲 l_k 的二進位碼字給第 k 個結果。因爲機率加起來等於一，且整組字碼長度滿足式(4.116)，可證明我們一定可以找出一組具有這些長度的樹碼。式(4.118)意味著 $E[L] = H$ 。

我們可看假如出 p_k 不是 1/2 的整數冪次，那麼式(4.117)將不會爲零。在此情況下，一般而言，最佳的樹碼並不一定有 $E[L] = H_X$。然而，我們可以採取的一種的策略爲：把輸出結果分組，每一組都使之有大約相同的可能性。這種策略會讓產生出的字碼其平均長度接近於熵。而且，藉由對 X 的結果向量做編碼，我們可以讓平均字碼長度任意地接近於熵。習題 4.151 討論這是怎麼達成的。

我們現在已經證明了一個隨機變數 X 的熵代表了編碼出 X 的結果所需位元數之最小的平均數。在我們繼續往下探討之前，讓我們再次地考慮連續隨機變數。一個連續隨機變數可以假設它的值落在一個不可數之無窮集合(an uncountably infinite set)中，所以一般而言，若要明確地指出它的值需要無窮多個位元才行。因此，「隨機變數 X 的熵代表編碼出 X 的結果所需

位元數之最小的平均數」的這種解讀馬上意味著連續隨機變數有無窮大的熵。這告訴我們：
若使用有限的位元數來表示一個連續隨機變數的話，無可避免的必然有某種近似誤差。

4.10.3　最大熵法

令 X 為一個隨機變數，其 $S_X = \{x_1, x_2, \ldots, x_k\}$ 而且有未知的 pmf $p_k = P[X = x_k]$。假設我們被
要求要估計出 X 的 pmf，前提是 X 的某個函數 $g(X)$ 的期望值已知：

$$\sum_{k=1}^{K} g(x_k) P[X = x_k] = c \tag{4.119}$$

舉例來說，假如 $g(X) = X$，那麼 $c = E[g(X)] = E[X]$，假如 $g(X) = (X - E[X])^2$，那麼
$c = \text{VAR}[X]$。很清楚地，這個問題是欠定的(underdetermined)，因為只知道這些參數並不足
以求出 pmf 的唯一解。**最大熵法(method of maximum entropy)**對於這類問題的解法為：在滿
足式(4.119)之條件的情況下，找出可以最大化熵的 pmf。

假設我們用 Lagrange 乘數法(Lagrange multipliers)來設置這個最大化問題：

$$H_X + \lambda \left(\sum_{k=1}^{K} P[X = x_k] g(x_k) - c \right) = -\sum_{k=1}^{K} P[X = x_k] \ln \frac{P[X = x_k]}{Ce^{-\lambda g(x_k)}} \tag{4.120}$$

其中 $C = e^c$。請注意假如 $\{Ce^{-\lambda g(x_k)}\}$ 為一個 pmf 的話，那麼以上的表示式為該 pmf 相對於 p 之
相對熵的負值。式(4.108)告訴我們在式(4.120)中的表示式一定小於或等於 0，其中該表示式等
於 0 若且唯若 $P[X = x_k] = Ce^{-\lambda g(x_k)}$。我們現在證明這個真的會導致出最大熵解。

假設隨機變數 X 有 pmf $p_k = Ce^{-\lambda g(x_k)}$，其中 C 和 λ 的選取必須使得式(4.119)成立並使得
$\{p_k\}$ 為一個 pmf。X 的熵為

$$H_X = E[-\ln P[X]] = [-\ln Ce^{-\lambda g(x_k)}] = -\ln C + \lambda E[g(X)] = -\ln C + \lambda c \tag{4.121}$$

假設我們有某些其它的 pmf q_k，它們也滿足式(4.119)之條件，我們也把它們的熵求出。現在
讓我們把在式(4.121)中的熵和 q_k 的熵做比較。考慮相對於 q 之 p 的相對熵：

$$0 \le H(q; p) = \sum_{k=1}^{K} q_k \ln \frac{q_k}{p_k} = \sum_{k=1}^{K} q_k \ln q_k + \sum_{k=1}^{K} q_k (-\ln C + \lambda g(x_k))$$
$$= -\ln C + \lambda c - H(q) = H_X - H(q) \tag{4.122}$$

因此 $H_X \ge H(q)$，所以 p 會有最大值的熵。

範例 4.66

令 X 為一個隨機變數其 $S_X = \{0, 1, \ldots\}$ 且期望值 $E[X] = m$。求出最大化熵的 pmf。

在這個範例中 $g(X) = X$，所以

$$p_k = Ce^{-\lambda k} = C\alpha^k$$

其中 $\alpha = e^{-\lambda}$。很明顯的，X 是一個幾何隨機變數其平均值 $m = \alpha/(1-\alpha)$ 所以 $\alpha = m/(m+1)$。然後我們有 $C = 1 - \alpha = 1/(m+1)$。

當處理連續隨機變數時，最大熵法會最大化微分熵：

$$-\int_{-\infty}^{\infty} f_X(x) \ln f_X(x) \, dx \tag{4.123}$$

參數的形式為

$$c = E\big[g(X)\big] = \int_{-\infty}^{\infty} g(x) f_X(x) \, dx \tag{4.124}$$

使用在式(4.115)中相對熵的表示式，以及我們在離散隨機變數情況中所使用的方法，我們可以證明最大化微分熵的 pdf $f_X(x)$ 將會有以下的形式

$$f_X(x) = Ce^{-\lambda g(x)} \tag{4.125}$$

其中 C 和 λ 的選取必須使得式(4.125)可積分成 1 並滿足式(4.124)。

範例 4.67

假設連續隨機變數 X 有已知的變異量 $\sigma^2 = E\big[(X-m)^2\big]$，但其中平均值 m 為未知數。求出求出最大化 X 的熵的 pmf。

式(4.125)告訴我們 pdf 有以下形式

$$f_X(x) = Ce^{-\lambda(x-m)^2}$$

做以下的選擇就可以滿足式(4.124)的條件

$$\lambda = \frac{1}{2\sigma^2} \quad C = \frac{1}{\sqrt{2\pi\sigma^2}}$$

我們得到一個 Gaussian pdf 其變異量為 σ^2。請注意平均值 m 可以是任意值；也就是說，選擇任何的 m 都會產生一個會最大化微分熵的 pmf。

最大熵可法還可以延伸來處理隨機變數 X 有好幾個參數為已知的狀況；也可以處理隨機變數向量和隨機變數數列的狀況。

▶ 摘要

- 累積分佈函數 $F_X(x)$ 爲 X 落在 $(-\infty, x]$ 之中的機率。若某事件是由一些區間聯集所構成，那麼其機率必可由 cdf 來表示。

- 若 cdf 可以寫成是一個非負函數的積分，則該隨機變數是連續的。若一個隨機變數爲一個離散隨機變數和一個連續隨機變數的混合，則它爲混合型態的。

- 一個連續隨機變數 X 之事件機率可以表示成機率密度函數 $f_X(x)$ 的積分。

- 若 X 是一個隨機變數，則 $Y = g(X)$ 也是一個隨機變數。等效事件的概念讓我們可以用 X 的 cdf 和 pdf 來表示 Y 的 cdf 和 pdf。

- 隨機變數 X 之 cdf 和 pdf 足以計算所有和 X 相關的機率。一個隨機變數之平均值，變異量，和動差可總結該隨機變數之某些資訊。這些參數在實務上是滿有用的，因爲它們比 cdf 和 pdf 易於估算和測量。

- 條件 cdf 和 pdf 的意義爲：當我們計算事件的機率時，納入了有關於該實驗結果之部分已知知識。

- 馬可夫不等式和柴比雪夫不等式讓我們可以使用 X 的前兩個動差來建立機率的上限。

- 轉換爲 pmf 和 pdf 提供了另外一種等效的表現方式。對於某種型態的問題，使用轉換要比直接使用 pmf 或 pdf 要方便得多。一個隨機變數的動差可以從對應的轉換那兒獲得。

- 一個系統的可靠度是在 t 個時間單位的運作後該系統還能正常運作的機率。一個系統的可靠度可以由其子系統的可靠度來決定。

- 有一些方法可以產生具有指定 pmf 或 pdf 的隨機變數。這些方法利用了一個均勻分佈在單位區間中的隨機變數。這些方法有轉換法和剔除法，以及模擬隨機實驗(例如，隨機變數的函數)的方法，和混合隨機變數的方法。

- 一個隨機變數 X 的熵是 X 的不確定性的一個度量，定義爲明確指出其值所需資訊的平均量。

- 當 X 的部份資訊，如 X 的函數的期望值，是已知時，最大熵法是一個程序，它可以估計一個隨機變數的 pmf 或 pdf。

▶ 重要名詞

特徵函數	最大熵法
柴比雪夫不等式	運作的平均時間(MTTF)
Chernoff 上限	動差定理
條件 cdf，pdf	X 的第 n 階動差

連續的隨機變數	機率密度函數
累積分佈函數	機率生成函數
微分熵	機率質量函數
離散隨機變數	隨機變數
熵	混合型態的隨機變數
等效事件	剔除法
X 的期望值	可靠度
失效率函數	X 的標準差
一個隨機變數的函數	轉換法
pdf 的 Laplace 轉換	X 的變異量
馬可夫不等式	

▶ 參考文獻

參考文獻[1]為針對電機工程師所寫之有關於隨機變數的標準參考文獻。參考文獻[2]完全針對連續分佈來做討論。參考文獻[3]討論了一些有關於隨機變數概念的細節，所探討的深度對於本門課的學生而言是可接受的。參考文獻[4]對於各式各樣可產生隨機數值的方法提供了非常詳盡的討論。參考文獻[5]也對隨機變數的產生做討論。參考文獻[9]聚焦於信號處理。參考文獻[11]討論了在資訊理論中的熵。

1. A. Papoulis and S. Pillai, *Probability*, *Random Variables*, and *Stochastic Processes*, McGraw-Hill, New York, 2002.

2. N. Johnson et al., *Continuous Univariate Distributions*, vol. 2, Wiley, New York, 1995.

3. K. L. Chung, *Elementary Probability Theory*, Springer-Verlag, New York, 1974.

4. A. M. Law and W. D. Kelton, *Simulation Modeling and Analysis*, McGraw-Hill, New York, 2000.

5. S. M. Ross, *Introduction to Probability Models*, Academic Press, New York, 2003.

6. H. Cramer, *Mathematical Methods of Statistics*, Princeton University Press, Princeton, N.J., 1946.

7. M. Abramowitz and I. Stegun, *Handbook of Mathematical Functions*, National Bureau of Standards, Washington, D.C., 1964. Downloadable: www.math.sfu.ca/~cbm/aands/.

8. R. C. Cheng, "The Generation of Gamma Variables with Nonintegral Shape Parameter," Appl.Statist., 26: 71-75, 1977.

9. R. Gray and L.D. Davisson, *An Introduction to Statistical Signal Processing*, Cambridge Univ.Press, Cambridge, UK, 2005.

10. P. O. Borjesson and C. E. W. Sundberg, "Simple Approximations of the Error Function $Q(x)$ for Communications Applications," *IEEE Trans. on Communications*, March 1979, 639-643.

11. R. G. Gallager, *Information Theory and Reliable Communication*, Wiley, New York, 1968.

▶ 習題

第 4.1 節：累積分佈函數

4.1. 丟一個骰子。令 X 為出現點數之完全配對的對數，而 Y 為出現點數之完全配對或部分配對的對數。求出和繪出 X 和 Y 的 cdf。

4.2. 一個鬆掉了的時鐘分針正在做快速的旋轉。當該分針停下來時，它的針尖所處位置的座標(x, y)被記錄下來。Z 被定義為是 x 和 y 乘積的 sgn 函數，其中若 $t>0$ 則 sgn(t)為 1；若 $t=0$ 則 sgn(t)為 0；若 $t<0$ 則 sgn(t)為 −1。

 (a) 求出和畫出隨機變數 X 的 cdf。

 (b) 假如該分針有停在 3 點鐘，6 點鐘，9 點鐘和 12 點鐘的傾向，cdf 會改變嗎？

4.3. 一個甕內有 7 張美金 1 元紙鈔和 3 張美金 5 元紙鈔。令 X 為從甕中以無補充的方式任抽出兩張紙鈔其總面額。令 Y 為從甕中以有補充的方式任抽出兩張紙鈔其總面額。

 (a) 畫出和比較這兩隨機變數的 cdf。

 (b) 使用 cdf 來比較以下事件的機率$\{X = \$2\}$, $\{X<\$7\}$, $\{X\geq\$6\}$。

4.4. 一個飛鏢等機率地射到一個半徑為 4 的圓內的任何一個點上。令 R 為飛鏢所處位置與圓心之間的距離。

 (a) 求出樣本空間 S 和 R 的樣本空間，S_R。

 (b) 寫出從 S 到 S_R 的映射。

 (c) 「牛眼」是指在圓內的圓心處半徑為 1 的圓。求出「飛鏢命中牛眼」所對應之在 S_R 中的事件 A。求出在 S 中的等效事件和 $P[A]$。

 (d) 求出和畫出 R 的 cdf。

4.5. 在一個正方形$\{(x, y): 0\leq x\leq b, 0\leq y\leq b\}$ 之中隨機選取一個點。假設在該正方形中每一點的機率相同。令隨機變數 Z 為飛鏢所處點之兩座標中較小的那個。

 (a) 求出樣本空間 S 和 Z 的樣本空間，S_Z。

 (b) 寫出從 S 到 S_Z 的映射。

 (c) 求出在正方形中對應到事件 $\{Z\leq z\}$ 的區域。

 (d) 求出和畫出 Z 的 cdf。

 (e) 使用 cdf 求出：$P[Z>0]$, $P[Z>b]$, $P[Z\leq b/2]$, $P[Z>b/4]$。

4.6. 令 ζ 為一個從單位區間中隨機選出的點。考慮隨機變數 $X = (1-\zeta)^{-1/2}$。

 (a) 畫出 X，它是 ζ 的一個函數。

 (b) 求出和畫出 X 的 cdf。

 (c) 求出以下事件的機率：$\{X>1\}$, $\{5<X<7\}$, $\{X\leq 20\}$。

4.7. 一個鬆掉了的時鐘分針正在做快速的旋轉。當該分針停下來時，ζ 為它所處的角度，範圍為 $[0, 2\pi)$。考慮隨機變數 $X(\zeta) = 2\sin(\zeta/4)$。

 (a) 畫出 X，它是 ζ 的一個函數。

(b) 求出和畫出 X 的 cdf。

(c) 求出以下事件的機率：$\{X>1\}$, $\{-1/2<X<1/2\}$, $\left\{X\leq 1/\sqrt{2}\right\}$。

4.8. 假如 80% 的時間該分針會在圓中的任何一點上，但是有 20% 的時間該分針會停在 3 點鐘，6 點鐘，9 點鐘和 12 點鐘的地方。重做習題 4.7。

4.9. 令 U 為一個在區間 [-1,1] 中的均勻隨機變數。求出以下的機率：

$P[U>0]$ $\qquad$ $P\big[|U|<1/3\big]$ $\qquad$ $P\big[|U|\geq 3/4\big]$

$P[U<5]$ $\qquad$ $P[1/3<U<1/2]$

4.10. 隨機變數 X 的 cdf 為：

$$F_X\left(x\right)=\begin{cases} 0 & x<-2 \\ 0.5 & -2\leq x\leq 0 \\ (2+x)/4 & 0\leq x\leq 2 \\ 1 & x\geq 2 \end{cases}$$

(a) 畫出 cdf 和指出隨機變數的型態。

(b) 求出 $P[X\leq -2]$, $P[X=-2]$, $P[X<1]$, $P[-1<X<1]$, $P[X>-2]$，$P[X\leq 3]$，$P[X>3]$。

4.11. 隨機變數 X 的 cdf 為：

$$F_X\left(x\right)=\begin{cases} 0 & x<0 \\ 1-\dfrac{1}{4}e^{-x} & x\geq 0 \end{cases}$$

(a) 畫出 cdf 和指出隨機變數的型態。

(b) 求出 $P[X\leq 2]$, $P[X=0]$, $P[X<0]$, $P[2<X<6]$, $P[X>10]$。

4.12. 隨機變數 X 的 cdf 如圖 P4.1 所示。

(a) X 的隨機變數型態為何？

(b) 求出以下的機率：$P[X<-1]$, $P[X\leq -1]$, $P[-1<X<-0.75]$, $P[-0.5\leq X<0]$, $P[-0.5\leq X\leq 0.5]$, $P[|X-0.5|<0.5]$

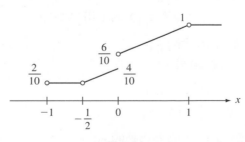

圖 P4.1

4.13. 對於 $\beta > 0$ 和 $\lambda > 0$，Weibull 隨機變數 Y 的 cdf 為：

$$F_X(x) = \begin{cases} 0 & x < 0 \\ 1 - e^{-(x/\lambda)^\beta} & x \geq 0 \end{cases}$$

(a) 對於 $\beta = 0.5$，1 和 2 分別畫出 Y 的 cdf。

(b) 求出機率 $P[j\lambda < X < (j+1)\lambda]$ 和 $P[X > j\lambda]$。

(c) 畫出 $\log P[X > x]$，橫軸為 $\log x$。

第 4.2 節：機率密度函數

4.14. 一個隨機變數 X 的 pdf 為：

$$f_X(x) = \begin{cases} c(1 - x^4) & -1 \leq x \leq 1 \\ 0 & \text{其它} \end{cases}$$

(a) 求出 c。

(b) 求出 X 的 cdf。

(c) 求出 $P[|X| < 1/2]$。

4.15. 一個隨機變數 X 的 pdf 為：

$$f_X(x) = \begin{cases} cx(1 - x) & 0 \leq x \leq 1 \\ 0 & \text{其它} \end{cases}$$

(a) 求出 c。

(b) 求出 $P[1/2 \leq X \leq 3/4]$。

(c) 求出 $F_X(x)$。

4.16. (a) 在習題 4.4 中，求出和畫出隨機變數 R 的 pdf，R 為飛鏢所處位置與圓心之間的距離。

(b) 使用 pdf 求出飛鏢在牛眼之外的機率。

4.17. (a) 求出和畫出在習題 4.5 中隨機變數 Z 的 pdf。

(b) 使用 pdf 求出 2 座標值中較小的座標值大於 $b/3$ 的機率。

4.18. (a) 求出和畫出在習題 4.6 中的 pdf。

(b) 使用 pdf 求出以下事件的機率：$\{X > a\}$ 和 $\{X > 2a\}$。

4.19. (a) 求出和畫出在習題 4.10 中的 pdf。

(b) 使用 pdf 求出 $P[2 \leq X < 0.5]$。

4.20. (a) 求出和畫出在習題 4.11 中的 pdf。

(b) 使用 pdf 求出 $P[X = 0]$, $P[X > 8]$。

4.21. (a) 求出和畫出在習題 4.12 中隨機變數的 pdf。

(b) 使用 pdf 計算在習題 4.12b 中的機率。

4.22. 求出和畫出在習題 4.13a 中 Weibull 隨機變數的 pdf。

4.23. 求出 Cauchy 隨機變數的 cdf，它的 pdf 如下：

$$f_X(x) = \frac{\alpha/\pi}{x^2 + \alpha^2} \quad -\infty < x < \infty$$

4.24. 一個電壓 X 均一分佈在集合 $\{-3, -2, ..., 3, 4\}$ 中。

    (a) 求出隨機變數 X 的 pdf 和 cdf。

    (b) 求出隨機變數 $Y = -2X^2 + 3$ 的 pdf 和 cdf。

    (c) 求出隨機變數 $W = \cos(\pi X/8)$ 的 pdf 和 cdf。

    (d) 求出隨機變數 $Z = \cos^2(\pi X/8)$ 的 pdf 和 cdf。

4.25. 令 C 為一個事件，$P[C] > 0$。請證明 $F_X(x|C)$ 滿足 cdf 的 8 個特性。

4.26. (a) 在習題 4.11 中，求出 $F_X(x|C)$，其中 $C = \{X > 0\}$。

    (b) 求出 $F_X(x|C)$，其中 $C = \{X = 0\}$。

4.27. (a) 在習題 4.8，求出 $F_X(x|B)$，其中 $B = \{$分針沒有停在 3，6，9 或 12 點鐘$\}$。

    (b) 求出 $F_X(x|B^c)$。

4.28. 在習題 4.11 中，求出 $f_X(x|B)$ 和 $F_X(x|B)$，其中 $B = \{X > 1\}$。

4.29. 令 X 為指數型態隨機變數。

    (a) 求出和畫出 $F_X(x|X > t)$。$F_X(x|X > t)$ 和 $F_X(x)$ 的差異為何？

    (b) 求出和畫出 $f_X(x|X > t)$。

    (c) 請證明 $P[X > t + x | X > t] = P[X > x]$。解釋為什麼這個被稱為是無記憶性特性。

4.30. Pareto 隨機變數 X 的 cdf 為：

$$F_X(x) = \begin{cases} 0 & x < x_m \\ 1 - \dfrac{x_m^a}{x^a} & x \ge x_m \end{cases}$$

    (a) 求出和畫出 X 的 pdf。

    (b) 對於 Pareto 隨機變數重做習題 4.29(a) 和 (b)。

    (c) 當 t 變大時 $P[X > t + x | X > t]$ 會發生什麼現象？解釋這個結果。

4.31. (a) 求出和畫出 $F_X(x|a \le X \le b)$。把它和 $F_X(x)$ 做比較。

    (b) 求出和畫出 $f_X(x|a \le X \le b)$。

4.32. 在習題 4.4 中，求出 $F_R(r|R > 1)$ 和 $f_R(r|R > 1)$。

4.33. (a) 在習題 4.5 中，求出 $F_Z(z|b/4 \le Z \le b/2)$ 和 $f_Z(z|b/4 \le Z \le b/2)$。

    (b) 求出 $F_Z(z|B)$ 和 $f_Z(z|B)$，其中 $B = \{x > b/2\}$。

4.34. 一個數位傳輸系統用一個 -1 的電壓信號傳送一個位元「0」和利用一個 $+1$ 的電壓信號傳送一個位元「1」。接收到的信號被雜訊 N 破壞，N 有一個 Laplacian 分佈其參數為 α。假設位元「0」和位元「1」有相同的機率。

(a) 求出的接收信號 $Y = X + N$ 的 pdf，其中 X 為傳送的信號。先令位元「0」被傳出做一次；再令位元「1」被傳出做一次。

(b) 假設接收器的判定方法為：假如 $Y < 0$，判定為一個「0」；假如 $Y \geq 0$，判定為一個「1」。給定一個+1 被傳出的情況下，接收器誤判的機率為何？給定一個−1 被傳出的情況下，接收器誤判的機率為何？

(c) 誤判的總機率為何？

第 4.3 節：X 的期望值

4.35. 求出在習題 4.14 中 X 的平均值和變異量。

4.36. 求出在習題 4.15 中 X 的平均值和變異量。

4.37. 求出在習題 4.16 中 Y 的平均值和變異量，Y 為飛鏢到圓心之間的距離。

4.38. 求出在習題 4.17 中 Z 的平均值和變異量，Z 為該正方形中某點之兩座標中較小的那個。

4.39. 求出在習題 4.18 中 $X = (1 - \zeta)^{-1/2}$ 的平均值和變異量。使用式(4.28)求出 $E[X]$。

4.40. 求出在習題 4.10 和 4.19 中 X 的平均值和變異量。

4.41. 求出在習題 4.10 和 4.21 中 X 的平均值和變異量。使用式(4.28)求出 $E[X]$。

4.42. 求出 Gaussian 隨機變數的平均值和變異量。請直接積分式(4.27)和式(4.34)。

4.43. 證明式(4.28)和式(4.29)。

4.44. 求出指數型態隨機變數的變異量。

4.45. (a) 請證明在習題 4.13 中 Weibull 隨機變數的平均值為 $\Gamma(1 + 1/\beta)$，其中 $\Gamma(x)$ 為在式(4.56)中所定義的 gamma 函數。

(b) 求出 Weibull 隨機變數的第二階動差和變異量。

4.46. 請解釋為什麼 Cauchy 隨機變數的平均不存在。

4.47. 請證明 Pareto 隨機變數當 $\alpha = 1$ 和 $x_m = 1$ 時 $E[X]$ 不存在。

4.48. 驗證式(4.36)，式(4.37)和式(4.38)。

4.49. 令 $Y = A\cos(\omega t) + c$，其中 A 的平均值為 m 變異量為 σ^2，而 ω 和 c 為常數。求出 Y 的平均值和變異量。請把所得結果和在範例 4.15 中的結果做比較。

4.50. 一個限制器如圖 P4.2 所示。

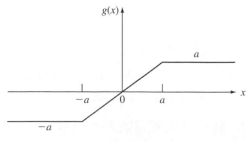

圖 P4.2

(a) 令 $Y = g(X)$，求出 Y 的平均值和變異量的表示式，其中 X 是任意一個連續隨機變數。

(b) 假如 X 是一個 Laplacian 隨機變數參數爲 $\lambda = a = 1$，求出 Y 的平均值和變異量。

4.51. 一個限制器如圖 P4.3 所示，它在中心處有截波。

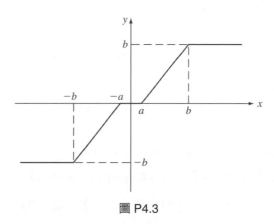

圖 P4.3

(a) 令 $Y = g(X)$，求出 Y 的平均值和變異量的表示式，其中 X 是任意一個連續隨機變數。

(b) 假如 X 是一個 Laplacian 隨機變數參數爲 $\lambda = a = 1$ 且 $b=2$，求出 Y 的平均值和變異量。

4.52. 令 $Y = 2X + 2$。

(a) 用 X 的平均值和變異量求出 Y 的平均值和變異量。

(b) 假如 X 是 Laplacian，求出 Y 的平均值和變異量。

(c) 假如 X 是一個任意的 Gaussian 隨機變數，求出 Y 的平均值和變異量。

(d) 假如 $X = b \cos(2\pi U)$，其中 U 是一個在單位區間中均勻分佈的隨機變數，求出 Y 的平均值和變異量。

4.53. U 是一個在單位區間中均勻分佈的隨機變數，求出 U 的第 n 階動差。X 是一個在 $[a, b]$ 區間中均勻分佈的隨機變數，求出 X 的第 n 階動差。

第 4.4 節：重要的連續隨機變數

4.54. 令 X 是一個在 $[-2, 2]$ 區間中均勻分佈的隨機變數，求出和畫出 $P[|X| > x]$。

4.55. 在範例 4.20 中，令量化器的輸入爲一個均勻隨機變數在區間 $[-4d, 4d]$ 中。請證明 $Z = X - q(X)$ 均勻分佈在 $[-d/2, d/2]$ 中。

4.56. 令 X 爲一個指數型態隨機變數其參數爲 λ。

(a) $d>0$，k 爲一個非負的整數，求出 $P[kd < X < (k+1)d]$。

(b) 請把正實數線分割成 4 個等機率之不相交區間。

4.57. 隨機變數的第 r 個百分位數變數區間，$\pi(r)$，被定義爲 $P[X \leq \pi(r)] = r/100$。

(a) X 爲參數爲 λ 之指數型態隨機變數，求出 90%，95% 和 99% 的百分位數變數區間。

(b)　X 爲參數爲 $m=0$ 和 σ^2 之 Gaussian 隨機變數，重做(a)。

4.58.　令 X 爲一個 Gaussian 隨機變數，其 $m=5$ 且 $\sigma^2=16$。

(a)　求出 $P[X>4]$, $P[X\geq7]$, $P[6.72<X<10.16]$, $P[2<X<7]$, $P[6\leq X\leq8]$。

(b)　$P[X<a]=0.8869$，求出 a。

(c)　$P[X>b]=0.11131$，求出 b。

(d)　$P[13<X\leq c]=0.0123$，求出 c。

4.59.　請證明 Gaussian 隨機變數的 Q-函數滿足 $Q(-x)=1-Q(x)$。

4.60.　使用 Octave 產生表 4.2 和表 4.3。

4.61.　令 X 爲一個 Gaussian 隨機變數其平均值爲 m 且變異量爲 σ^2。

(a)　求出 $P[X\leq m]$。

(b)　求出 $P[|X-m|<k\sigma]$，$k=1，2，3，4，5，6$。

(c)　求出 k 的值使得 $Q(k)=P[X>m+k\sigma]=10^{-j}$，$j=1，2，3，4，5，6$。

4.62.　一個數位傳輸系統用一個 -1 的電壓信號傳送一個位元「0」和利用一個 $+1$ 的電壓信號傳送一個位元「1」。接收到的信號 $Y=X+N$ 被雜訊 N 破壞，N 爲一個 0 平均值之 Gaussian 分佈其變異量爲 σ^2。假設位元「0」的機率爲位元「1」的 3 倍。

(a)　求出給定輸入值下接收信號 Y 的條件 pdf，$f_Y(y|X=+1)$ 和 $f_Y(y|X=-1)$。

(b)　接收器的判定方法爲：假如觀察值 y 滿足

$$f_Y(y|X=-1)P[X=-1]>f_Y(y|X=+1)P[X=+1]$$

則判定爲一個「0」，否則判定爲一個「1」。使用(a)的結果來證明這個判定方法等同於：假如 $y<T$，判定爲一個「0」；假如 $y\geq T$，判定爲一個「1」。

(c)　給定一個 $+1$ 被傳出的情況下，接收器誤判的機率爲何？給定一個 -1 被傳出的情況下，接收器誤判的機率爲何？假設 $\sigma^2=1/16$。

(d)　誤判的總機率爲何？

4.63.　兩個晶片被考慮使用在某一個特定的系統中。晶片 1 的生命期是一個 Gaussian 隨機變數其平均值爲 20,000 小時而標準差爲 5000 小時。(負的生命期的機率不計。)晶片 2 的生命期也是一個 Gaussian 隨機變數其平均值爲 22,000 小時而標準差爲 1000 小時。假如該系統其目標生命期爲 20,000 小時，那一個晶片比較好？若 24,000 小時呢？

4.64.　在一個機場中，旅客到達一個計程車招呼站的速率爲每分鐘一位旅客。計程車司機一定要等到 3 位旅客坐滿他的計程車他才會開車。假設旅客間的到達間隔時間爲指數型態隨機變數，並令 X 爲坐滿一台計程車所需的時間。求出在坐滿一台計程車之前司機必須等待超過 5 分鐘的機率。

4.65.　(a)　請證明 gamma 隨機變數有以下的平均值：

$$E[X]=\alpha/\lambda$$

(b) 請證明 gamma 隨機變數有以下的第二階動差和變異量：

$$E\left[X^2\right]=\alpha(\alpha+1)/\lambda^2 \text{ 和 } \mathrm{VAR}\left[X\right]=\alpha/\lambda^2$$

(c) 使用(a)和(b)的結果來求出一個 m-Erlang 隨機變數的平均值和變異量。

(d) 使用(a)和(b)的結果來求出一個卡方隨機變數的平均值和變異量。

4.66. 某一個系統完成一筆交易所需要的時間 X 是一個 gamma 隨機變數，其平均值為 4 變異量為 8。使用 Octave 畫出 $P[X>x]$，橫軸為 x。請注意：Octave 使用 $\beta=1/2$。

4.67. (a) 畫出一個 m-Erlang 隨機變數的 pdf，$m=1$，2，3 且 $\lambda=1$。

(b) 畫出卡方隨機變數的 pdf，$k=1$，2，3。

4.68. 一位維修工人在他的工具包中放有 4 個工具。請問在工具包中的工具可以撐上 15 天的機率為何？假設該維修工人平均每 3 天需要替換一個工具，其中兩工具壞掉之間的時間是一個指數型態隨機變數。

4.69. (a) 藉由積分 pdf，求出 m-Erlang 隨機變數的 cdf。提示：使用分部積分法。

(b) 請證明對式(4.58)作微分可以得到 m-Erlang 隨機變數的 pdf。

4.70. 畫出一個 beta 隨機變數的 pdf，參數如下：

$$a=b=1/4,\ 1,\ 4,\ 8;\ a=5,\ b=1;\ a=1,\ b=3;\ a=2,\ b=5$$

第 4.5 節：一個隨機變數的函數

4.71. 令 X 為一個 Gaussian 隨機變數其平均值為 2 變異量為 4。某一個系統的報酬為 $Y=(X)^+$。求出 Y 的 pdf。

4.72. 一個射頻信號 X 的振幅是一個 Rayleigh 隨機變數其 pdf 為：

$$f_X(x)=\frac{x}{\alpha^2}e^{-x^2/2\alpha^2}\quad x>0,\quad \alpha>0$$

求出 $Z=(X-r)^+$ 的 pdf。

4.73. 求出 $Z=X^2$ 的 pdf 其中信號 X 同習題 4.72 所定義。

4.74. 某種鐵線的長度 X 是一個指數型態隨機變數，其平均值為 5π 公分。這種鐵線要被剪裁來製作指環，指環的直徑為 1 公分。求出這種鐵線可以做出之完整的指環數目的機率。

4.75. 信號 X 被放大和移位：$Y=2X+3$，其中 X 為在習題 4.10 定義之隨機變數。求出 Y 的 cdf 和 pdf。

4.76. 求出在習題 4.50(a)(b)中限制器輸出的 cdf 和 pdf。

4.77. 求出在習題 4.51(a)(b)中限制器輸出的 cdf 和 pdf。

4.78. 求出在習題 4.52(b)，(c)和(d)中 $Y=2X+2$ 的 cdf 和 pdf。

4.79. 某班的考試成績有一個 Gaussian pdf，其平均值為 m 且標準差為 σ。求出常數 a 和 b 的值使得隨機變數 $y=aX+b$ 有另一個 Gaussian pdf，其平均值為 m' 且標準差為 σ'。

4.80. 令 $X = U^n$，其中 n 是一個正整數且 U 是在單位區間中均勻分佈的隨機變數。求出 X 的 cdf 和 pdf。

4.81. 假如 U 是在區間[−1, 1]中均勻分佈的隨機變數，重做習題 4.80。

4.82. 令 $Y = |X|$ 為一個全波整流器(full-wave rectifier)的輸出，輸入為電壓 X。

   (a) 求出事件 $\{Y \le y\}$ 的機率以求出 Y 的 cdf。然後再對 cdf 微分來求出 Y 的 pdf。

   (b) 求出事件 $\{y < Y \le y + dy\}$ 的機率以求出 Y 的 pdf。請問答案和(a)有沒有一樣？

   (c) 假如 $f_X(x)$ 是 x 的一個偶(even)函數，Y 的 pdf 為何？

4.83. 電壓 X 是一個 Gaussian 隨機變數其平均值為 1 變異量為 2。求出在一個 R 歐姆的電阻上功率耗損 $P = RX^2$ 的 pdf。

4.84. 令 $Y = e^X$。

   (a) 用 X 的 pdf 和 cdf 求出 Y 的 cdf 和 pdf。

   (b) 當 X 是一個 Gaussian 隨機變數時求出 Y 的 pdf。在這個情況中，Y 被稱為是一個對數常態(lognormal)隨機變數。當 X 為平均值 0 變異量 1/8 時畫出 Y 的 pdf 和 cdf；用變異量為 8 重做一次。

4.85. 在習題 4.15 中的半徑令之為隨機變數 X。

   (a) 求出被一個半徑為 X 的圓盤所涵蓋面積的 pdf。

   (b) 求出被一個半徑為 X 的球體所包圍體積的 pdf。

   (c) 求出被一個半徑為 X 的 R 度空間球體所包圍之 R 度空間體積的 pdf：

$$Y = \begin{cases} (2\pi)^{(n-1)/2} \, X^n / (2 \times 4 \times \cdots \times n) & n \text{ 為偶數} \\ 2(2\pi)^{(n-1)/2} \, X^n / (1 \times 3 \times \cdots \times n) & n \text{ 為奇數} \end{cases}$$

4.86. 在範例 4.20 中的量化器，令 $Z = X - q(X)$。求出 Z 的 pdf，假如 X 是一個 Laplacian 隨機變數其參數 $\alpha = d/2$。

4.87. 令 $Y = \alpha \tan \pi X$，其中 X 均勻分佈在區間$(-1, 1)$中。

   (a) 請證明 Y 是一個 Cauchy 隨機變數。

   (b) 求出 $Y = 1/X$ 的 pdf。

4.88. 求出 $X = -\ln(1 - U)$ 的 pdf，其中 U 均勻分佈在區間$(0, 1)$中。

第 4.6 節：馬可夫不等式和柴比雪夫不等式

4.89. 對於事件 $\{X > c\}$，比較馬可夫不等式和該事件正確的機率：

   (a) X 是一個均勻隨機變數在區間$[0, b]$中。

   (b) X 是一個指數型態隨機變數其參數為 λ。

   (c) X 是一個 Pareto 隨機變數其參數 $\alpha > 1$。

   (d) X 是一個 Rayleigh 隨機變數。

4.90. 對於事件 $\{X > c\}$，比較馬可夫不等式和該事件正確的機率：

(a)　X 是一個離散均一的隨機變數在集合 $\{1, 2, \ldots, L\}$ 中。

(b)　X 是一個幾何隨機變數。

(c)　X 是一個 Zipf 隨機變數其參數 $L=10$; $L=100$。

(d)　X 是一個二項隨機變數，其參數 $n=10$, $p=0.5$; $n=50$, $p=0.5$。

4.91.　對於事件 $\{|X-m|>c\}$，比較柴比雪夫不等式和該事件正確的機率：

(a)　X 是一個均勻隨機變數在區間 $[-b, b]$ 中。

(b)　X 是一個 Laplacian 隨機變數其參數為 α。

(c)　X 是一個平均值為 0 的 Gaussian 隨機變數。

(d)　X 是一個二項隨機變數，其參數 $n=10$, $p=0.5$；$n=50$, $p=0.5$。

4.92.　令 X 為在 n 次 Bernoulli 測試中成功的次數，其中成功機率為 p。令 $Y=X/n$ 為每次測試之平均成功次數。把柴比雪夫不等式套用到事件 $\{|Y-p|>a\}$ 上。當 $n\to\infty$ 時會發生什麼事？

4.93.　假設燈泡有指數型態分佈的生命期，但是平均值 $E[X]$ 未知。假設我們度量 n 個燈泡的生命期，並以度量的算數平均 Y 來估計平均 $E[X]$ 的值。把柴比雪夫不等式套用到事件 $\{|Y-E[X]|>a\}$ 上。當 $n\to\infty$ 時會發生什麼事？提示：使用 m-Erlang 隨機變數。

第 4.7 節：轉換方法

4.94.　(a)　求出在 $[-b, b]$ 中均勻隨機變數的特徵函數。

(b)　由動差定理求出 X 的平均值和變異量。

4.95.　(a)　求出 Laplacian 隨機變數的特徵函數。

(b)　由動差定理求出 X 的平均值和變異量。

4.96.　藉由把動差定理套用到表 4.1 中的特徵函數來求出 Gaussian 隨機變數的平均值和變異量。

4.97.　求出 $Y=aX+b$ 的特徵函數，其中 X 是一個 Gaussian 隨機變數。提示：使用式(4.79)。

4.98.　請證明 Cauchy 隨機變數的特徵函數為 $e^{-|\omega|}$。

4.99.　求出 $\lambda=1$ 之指數型態隨機變數的 Chernoff 上限。對於 $P[X>5]$，比較該上限和正確值。

4.100.　(a)　求出幾何隨機變數的機率生成函數。

(b)　從機率生成函數求出幾何隨機變數的平均值和變異量。

4.101.　(a)　求出二項隨機變數的機率生成函數。

(b)　從機率生成函數求出二項隨機變數的平均值和變異量。

4.102.　令 $G_X(z)$ 為一個具參數 n 和 p 的二項隨機變數的機率生成函數，和令 $G_Y(z)$ 為一個具參數 m 和 p 的二項隨機變數的機率生成函數。考慮函數 $G_X(z)G_Y(z)$。它是一個有效的機率生成函數嗎？假如是的話，它對應到什麼隨機變數？

4.103.　令 N 為一個 Poisson 隨機變數其參數 $\alpha=1$。對 $P[X\geq5]$ 比較 Chernoff 上限和正確的機率值。

4.104. (a)　從表 3.1 中的機率生成函數求出負二項隨機變數 $P[X=r]$ 的機率。

　　　(b)　求出 X 的平均值。

4.105. 推導式(4.89)。

4.106. 從 pdf 的 Laplace 轉換求出一個 gamma 隨機變數的第 n 階動差。

4.107. 令 X 為兩個指數型態隨機變數的混合(請參見範例 4.58)。求出 X 的 pdf 的 Laplace 轉換。

4.108. 一個隨機變數 X 的 pdf 的 Laplace 轉換如下：

$$X*(s) = \frac{a}{s+a} \ \frac{b}{s+b}$$

　　　求出 X 的 pdf。提示：把 $X*(s)$ 做部份分式展開(partial fraction expansion)。

4.109. (a)　求出 gamma 隨機變數 $P[X>t]$ 的 Chernoff 上限。

　　　(b)　對於一個 $m=3$, $\lambda=1$ 的 Erlang 隨機變數，比較 $P[X\geq 9]$ 的上限和 $P[X\geq 9]$ 的正確
值。

第 4.8 節：基本的可靠度計算

4.110. 一個裝置的生命期 T 其 pdf 為

$$f_T(t) = \begin{cases} \lambda e^{-\lambda(t-T_0)} & t\geq T_0 \\ 0 & t<T_0 \end{cases}$$

　　　(a)　求出該裝置的可靠度和 MTTF。

　　　(b)　求出失效率函數。

　　　(c)　多少的小時運作可視為達到 99%的可靠度？

4.111. 一個裝置的生命期 T 其 pdf 為

$$f_T(t) = \begin{cases} 1/T_0 & a\leq t\leq a+T_0 \\ 0 & \text{其它} \end{cases}$$

　　　(a)　求出該裝置的可靠度和 MTTF。

　　　(b)　求出失效率函數。

　　　(c)　多少的小時運作可視為達到 99%的可靠度？

4.112. 一個裝置的生命期 T 是一個 Rayleigh 隨機變數。

　　　(a) 求出該裝置的可靠度。

　　　(b) 求出失效率函數。

4.113. 一個裝置的生命期 T 是一個 m-Erlang 隨機變數。

　　　(a) 求出該裝置的可靠度。

　　　(b) 求出失效率函數。

4.114. 求出在範例 2.28 中所討論之記憶晶片的失效率函數。畫出 $\ln(r(t))$ 的圖形，橫軸為 αt。

4.115. 一個裝置的失效率函數為：

$$r(t) = \begin{cases} 1+9(1-t) & 0 \le t < 1 \\ 1 & 1 \le t < 10 \\ 1+10(t-10) & t \ge 10 \end{cases}$$

求出該裝置的可靠度函數和 pdf。

4.116. 一個系統有 3 個一模一樣的元件，假如 2 個或 3 個元件正常運作的話，該系統就會正常運作。

　(a)　求出該系統的可靠度和 MTTF，假如元件生命期為平均值 1 的指數型態隨機變數。

　(b)　求出該系統的可靠度，假如其中一個元件其平均值為 2。

4.117. 重做習題 4.116，假如元件生命期為 $\beta = 3$ 的 Weibull 分佈。

4.118. 一個系統有 2 個處理器和 3 個週邊單元。只要 1 個處理器和 2 個週邊單元正常運作的話，系統就會正常運作。

　(a)　求出該系統的可靠度和 MTTF，假如處理器的生命期為平均值 5 的指數型態隨機變數而週邊單元的生命期為平均值 10 的 Rayleigh 隨機變數。

　(b)　求出該系統的可靠度和 MTTF，假如處理器的生命期為平均值 10 的指數型態隨機變數而週邊單元的生命期為平均值 5 的指數型態隨機變數。

4.119. 一個操作是由一個子系統來執行的，該子系統是由 3 個單元串聯所構成的。

　(a)　每一個單元有指數型態分佈的生命期，平均值為 1。在 T 小時的操作中若要達到 99% 的可靠度，請問需要多少個子系統並聯才行？

　(b)　重做(a)，但是改成 Rayleigh 分佈的生命期。

　(c)　重做(a)，但是改成 $\beta = 3$ 之 Weibull 分佈的生命期。

第 4.9 節：產生隨機變數的計算機方法

4.120. Octave 提供了一些函數呼叫可用來估算重要連續隨機變數的 pdf 和 cdf。舉例來說，對於一個平均值 m 且變異量 var 的 Gaussian 隨機變數，函數 \normal_cdf(x,m,var) 和 normal_pdf(x,m,var) 分別計算它在 x 處的 cdf 和 pdf。

　(a)　畫出在範例 4.11 中的條件 pdf，$v = \pm 2$，雜訊為 0 平均值和單一變異量。

　(b)　比較在範例 4.44 中所得到的 Chernoff 上限和 Gaussian 隨機變數的 cdf。

4.121. 在以下的情況中畫出 gamma 隨機變數的 pdf 和 cdf。

　(a)　$\lambda = 1$ 和 $\alpha = 1, 2, 4$。

　(b)　$\lambda = 1/2$ 和 $\alpha = 1/2, 1, 3/2, 5/2$。

4.122. 隨機變數 X 有如圖 P4.4 所示的三角形 pdf。

　(a)　求出產生 X 所需要的轉換。

　(b)　使用 Octave 產生出 100 個 X 的樣本。把實驗所得的 pdf 和理論 pdf 做一個比較。

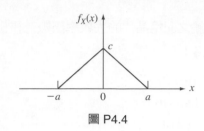

圖 P4.4

4.123. 對於以下的隨機變數作一系列的工作：求出產生隨機變數 X 所需要的轉換；使用 Octave 產生 1000 個 X 的樣本；畫出結果的數列；把實驗所得的 pdf 和理論 pdf 做一個比較。

(a) Laplacian 隨機變數，$\alpha = 1$。

(b) Pareto 隨機變數，$\alpha = 1.5, 2, 2.5$。

(c) Weibull 隨機變數，$\beta = 0.5, 2, 3$ 且 $\lambda = 1$。

4.124. 一個混合型態的隨機變數 Y 其 pdf 為

$$f_Y(x) = p\delta(x) + (1-p) f_Y(x)$$

其中 X 是一個 Laplacian 隨機變數，而 p 是一個介於 0 和 1 之間的數。求出產生隨機變數 Y 所需要的轉換。

4.125. 請指出產生 $p = 1/2$ 的幾何隨機變數所需要的轉換法。求出在決定每一個結果中所需做比較的平均數。

4.126. 請指出產生有小數值的參數 α 的 Poisson 隨機變數所需要的轉換法。求出在決定每一個結果中所需做比較的平均數。

4.127. 以下的剔除法可以用來產生 Gaussian 隨機變數：

1. 產生 U_1，一個在單位區間中的均勻隨機變數。

2. 令 $X_1 = -\ln(U_1)$。

3. 產生 U_2，一個在單位區間中的均勻隨機變數。假如 $U_2 \le \exp\left\{-(X_1-1)^2/2\right\}$，接受 X_1。否則，剔除 X_1 並回到步驟 1。

4. 產生一個隨機符號(＋或－)，兩種符號有相同的機率。輸出 X 等於 X_1 或 $-X_1$，取決於所得的符號。

(a) 請證明假如 X_1 被接受，那麼它的 pdf 對應到一個平均值 0 變異量 1 的 Gaussian 隨機變數的絕對值的 pdf。

(b) 請證明 X 是一個 Gaussian 隨機變數其平均值為 0 變異量為 1。

4.128. Cheng (1977)已經證明函數 $Kf_Z(x)$ 為一個 $\alpha>1$ 之 gamma 隨機變數其 pdf 的上限，其中

$$f_Z(x) = \frac{\lambda \alpha^\lambda x^{\lambda-1}}{\left(\alpha^\lambda + x^\lambda\right)^2} \quad \text{和} \quad K = (2\alpha-1)^{1/2}$$

求出 $f_Z(x)$ 的 cdf 和產生 Z 所需要的轉換。

4.129. (a)　請證明在改良的剔除法中，接受 X_1 的機率為 $1/K$。提示：使用條件機率。

     (b)　請證明 Z 有想要的 pdf。

4.130. 產生二項隨機變數的 2 個方法為：(1)產生 n 個 Bernoulli 隨機變數並把結果相加；(2)依照二項機率分割單位區間。在以下的條件比較這兩個方法：

     (a)　$p = 1/2$，$n = 5$，25，50

     (b)　$p = 0.1$，$n = 5$，25，50

     (c)　使用 Octave 分別利用這兩個方法各產生 1000 個二項分佈樣本。

4.131. 在某一個時間區間中事件發生的次數為一個 Poisson 隨機變數。在第 3.4 節中，我們發現 Poisson 隨機變數其事件發生之間的間隔時間為一個指數型態隨機變數。

     (a)　解釋如何可以從一指數型態隨機變數的數列產生 Poisson 隨機變數。

     (b)　這個方法和在習題 4.126 中的那個方法比較起來如何？

     (c)　使用 Octave 來實現這兩個方法，當 $\alpha = 3$ 時，當 $\alpha = 25$ 時，和當 $\alpha = 100$ 時。

4.132. 使用在習題 4.128 中所討論的剔除法寫一個程式以產生 $\alpha > 1$ 的 gamma pdf。使用這個方法產生 m-Erlang 隨機變數，其中 $m = 2$，10 和 $\lambda = 1$。比較這裡的方法和在範例 4.57 中所討論之直接產生 m 個指數型態隨機變數的方法。

*第 4.10 節：熵

4.133. 令 X 為投擲一個公正骰子的結果。

     (a)　求出 X 的熵。

     (b)　假設你被告知 X 是偶數。在熵中的減少為何？

4.134. 一個不公正的硬幣被投擲 3 次。

     (a)　假如正面和反面的順序被記錄下來，求出結果的熵。

     (b)　假如正面的次數被記錄下來，求出結果的熵。

     (c)　解釋在 (a)的熵和(b)的熵之間的差異。

4.135. 連續投擲一個不公正的硬幣，令 X 為第一個正面出現之前反面出現的次數。

     (a)　給定 $X \geq k$ 發生，求出 X 的熵。

     (b)　給定 $X \leq k$ 發生，求出 X 的熵。

4.136. 從兩個硬幣中隨機選一個：硬幣 A 其 $P[$正面$]=1/10$，而硬幣 B 其 $P[$正面$] =9/10$。

     (a)　假設硬幣被投擲一次。求出結果的熵。

     (b)　假設硬幣被投擲兩次，並觀察正面和反面出現的順序。求出結果的熵。

4.137. 假設在習題 4.136 中隨機選出之硬幣被連續投擲直到第一個正面出現為止。假設正面出現在第 k 次投擲。求出有關於辨別出是那一個硬幣的熵。

4.138. 一個通訊通道的輸入 I 集合為 $\{0, 1, 2, 3, 4, 5, 6\}$。該通道的輸出為 $X = I + N \bmod 7$，其中 N 在 $+1$ 或 -1 有相同的可能性。

     (a)　假如所有的輸入均等機率，求出 I 的熵。

     (b)　給定 $X = 4$，求出 I 的熵。

4.139. 令 X 爲一個離散隨機變數，其熵爲 H_X。

    (a)   求出 $Y = 2X$ 的熵。

    (b)   求出 X 之任何可逆轉換的熵。

4.140. 令 (X, Y) 爲一個公正骰子獨立投擲兩次的結果。

    (a)   求出 X 的熵。

    (b)   求出 (X, Y) 對的熵。

    (c)   求出一個公正骰子獨立投擲 n 次的熵。解釋爲什麼熵在這個情況中是往上加的。

4.141. 令 X 爲一個公正骰子投擲一次的結果，而 Y 爲小於或等於 X 之一個隨機選取之整數。

    (a)   求出 Y 的熵。

    (b)   求出 (X, Y) 對的熵。把它記爲 $H(X,Y)$。

    (c)   給定 $X=k$，求出 Y 的熵，把它記爲 $g(k) = H(Y|X = k)$。求出
$$E\big[g(X)\big] = E\big[H(Y|X)\big]。$$

    (d)   請證明 $H(X, Y) = H_X + E\big[H(Y|X)\big]$。請解釋它的意義。

4.142. 令 X 的值落在 $\{1, 2,\dots, K\}$ 中。假設 $P[X = K] = p$，令 H_Y 爲給定 X 不等於 K 時 X 的熵。請證明 $H_X = -p \ln p - (1 - p) \ln(1 - p) + (1 - p)H_Y$。

4.143. 令 X 爲在範例 4.62 中的均勻隨機變數。求出和畫出 Q 的熵，它是誤差 $X - Q(X)$ 之變異量的一個函數。提示：把誤差的變異量用 d 表示出來，並把它代入到 Q 的熵的表示式中。

4.144. 一個通訊通道的輸入不是 000 就是 111。該通道正確地傳送每一個二進位輸入的機率爲 $1-p$，錯誤傳送的機率爲 p。給定輸出爲 000，求出輸入的熵；給定輸出爲 010，求出輸入的熵。

4.145. 令 X 爲一個在區間 $[-a, a]$ 中的均勻隨機變數。假設我們被告知 X 是正的。使用在範例 4.62 中的方法求出熵的減少量。請證明減少量等於以下兩者之間的差：X 的微分熵，和給定 $\{X>0\}$ 時 X 的微分熵。

4.146. 令 X 均勻分佈在 $[a, b]$ 中，並令 $Y = 2X$。比較 X 和 Y 的微分熵。和習題 4.139 的結果有何差異？

4.147. 求出隨機變數 X 的 pmf 使得在圖 4.26(a) 中的問題序列是最佳解。

4.148. 令隨機變數 X 的 $S_X = \{1, 2, 3, 4, 5, 6\}$，對應的 pmf 爲 (3/8, 3/8, 1/8, 1/16, 1/32, 1/32)。求出 X 的熵。X 的最佳編碼爲何？

4.149. 從一副 52 張牌中抽出 7 張。若要表示出所有可能的結果，需要多少位元？

4.150. 求出 $p = 1/2$ 的幾何隨機變數的最佳編碼。

4.151. 一個甕實驗有 10 個等機率之不同的結果。求出以下之最佳樹碼：(a)編碼該實驗之某一結果；(b)編碼該實驗之 n 個結果序列。

4.152. 一個二進位資訊源產生出 n 位元輸出。假設我們被告知 n 個位元輸出中含有 k 個 1。

(a)　指出這 n 位元輸出中那些地方是 k 個 1 那些地方是 $n-k$ 個 0 的最佳碼為何？

(b)　若用一固定位元數的碼來指定 k 的值，請問要多少位元才行？

4.153.　隨機變數 X 的值落在集合 $\{1,\ 2,\ 3,\ 4\}$ 中。給定 $E[X]=2$，求出 X 的最大熵 pmf。

4.154.　隨機變數 X 是非負的。給定 $E[X]=10$，求出 X 的最大熵 pdf。

4.155.　給定 $E[X^2]=c$，求出 X 的最大熵 pdf。

4.156.　假設我們已知隨機變數 X 的兩個參數，$E[g_1(X)]=c_1$ 和 $E[g_2(X)]=c_2$。

(a)　請證明 X 的最大熵 pdf 為 $f_X(x)=Ce^{-\lambda_1 g_1(x)-\lambda_2 g_2(x)}$。

(b)　求出 X 的熵。

4.157.　已知 $E[X]=m$ 和 $\mathrm{VAR}[X]=\sigma^2$，求出 X 的最大熵 pdf。

進階習題

4.158.　3 種型態的顧客到達一個服務台。型態 1 的顧客其服務時間為一個平均值為 2 的指數型態隨機變數。型態 2 的顧客其服務時間為一個 Pareto 分佈，參數 $\alpha=3$ 且 $x_m=1$。型態 3 的顧客其服務時間為一個常數，2 秒。假設型態 1，型態 2 和型態 3 顧客的比例分別為 1/2，1/8 和 3/8。求出任意一位顧客其服務時間多於 15 秒的機率。把所得的機率和和由馬可夫不等式所提供的上限做比較。

4.159.　一個燈泡的生命期 X 是一個隨機變數，有以下特性：

$$P[X>t]=2/(2+t)\qquad t>0$$

假設 3 顆新的燈泡在時間 $t=0$ 被安裝。在時間 $t=1$ 時所有的 3 顆燈泡均正常運作。求出在時間 $t=9$ 時最少有一顆燈泡正常運作的機率。

4.160.　隨機變數 X 均勻分佈在區間 $[0, a]$ 中。假設 a 未知，所以我們估計 a 的方式為：做 n 次獨立實驗，取其中最大的觀察值；也就是說，我們估計 a 為 $Y=\max\{X_1,\ X_2,...,\ X_n\}$。

(a)　求出 $P[Y\leq y]$。

(b)　求出 Y 的平均值和變異量，並解釋為什麼當 n 很大時，Y 是 a 的一個很好的估計。

4.161.　一個數位通訊系統的輸出 Y 是一個單一變異量的 Gaussian 隨機變數；當輸入為「0」時其平均值為 0，當輸入為「1」時其平均值為 1。假設輸入為 1 的機率為 p。

(a)　求出 $P[輸入為 1|y<Y<y+h]$ 和 $P[輸入為 0|y<Y<y+h]$。

(b)　接收器使用以下的判定規則：

假如 $P[輸入為 1|y<Y<y+h]>P[輸入為 0|y<Y<y+h]$，判定輸入為 1；否則，判定輸入為 0。

請證明這個判定規則等同於以下的臨界值法則：

假如 $Y>T$，判定輸入為 1；否則，判定輸入為 0。

(c)　以上的判定規則其誤判機率為何？

隨機變數對

許多隨機實驗包含好幾個隨機變數。在某些實驗中,我們測量一些不同的量。舉例來說,在某特定的時間點上,我們可能想要取得在一個電路中的好幾個點上的電壓信號。其它的實驗則可能包含對一個特定的量做重複測量,如重複測量(「取樣」)一個會隨時間變化之音訊或視訊信號的振幅。在第 4 章中,我們已經發展了一些技術來計算包含單一隨機變數事件的機率。在本章中,我們將擴展一些已知的概念來處理兩個隨機變數的情況:

- 針對包含有兩隨機變數聯合行為的事件,我們使用聯合 pmf,cdf 和 pdf 來計算事件的機率。
- 我們使用期望值來定義聯合動差,該動差可總結兩隨機變數的行為。
- 我們決定何時兩隨機變數為獨立的,且當它們不獨立時,我們量化它們的「相關」度。
- 我們獲得包含一對隨機變數的條件機率。

就某種程度而言,我們已經探討過機率和隨機變數其所有的基本概念,而我們現在僅「簡單地」詳盡陳述兩個或多個隨機變數的情況。雖然如此,還是有重要的分析技術需要被學習,例如,pmf 的雙重總和和 pdf 的雙重積分,所以我們首先詳細地討論兩隨機變數的情況,因為在此情況下我們可以靠我們的幾何直覺來畫圖。第 6 章則考慮向量隨機變數其一般的狀況。讀完這兩章你應該會注意到何者是森林(基本的概念)何者是樹(特別的技巧)了!

5.1 兩隨機變數

「一個隨機變數是一個映射的概念」可以很容易地被一般化來考慮含有 2 個隨機變數的狀況。考慮一個隨機實驗,其樣本空間為 S 且事件類別為 $\mathcal{F}$。我們感興趣的是一個函數,它會指派一對實數 $X(\zeta) = \big(X(\zeta), Y(\zeta)\big)$ 給在 S 中的每一個結果 ζ。基本上我們正在處理一個向量函數,它會把 S 映射至 R^2,也就是從 S 映射至實數平面,如在圖 5.1(a)中所示。我們最感興趣的是包含(X, Y)的事件。

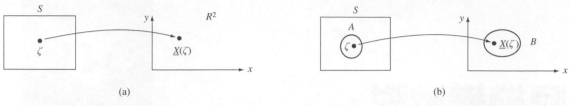

圖 5.1　(a)一個函數指派一對實數給在 S 中的每一個結果，(b)兩隨機變數的等價事件

範例 5.1

令一個隨機實驗爲從一個甕中抽出一個學生的名字。令 ζ 表示實驗的結果，並定義以下的兩個函數：

$$H(\zeta) = \text{學生 } \zeta \text{ 的身高，單位爲公分}$$
$$W(\zeta) = \text{學生 } \zeta \text{ 的體重，單位爲公斤}$$

$(H(\zeta), W(\zeta))$ 指派一對實數給在 S 中的每一個結果 ζ。

我們感興趣的是包含 (H, W) 的事件。舉例來說，事件 $B = \{H \le 183, W \le 82\}$ 代表學生身高低於 183 cm(6 呎)且體重低於 82 kg(180 磅)的事件。

範例 5.2

一網頁提供使用者一個選擇：觀看一個簡單的廣告或是直接跳到請求的頁面。令 ζ 爲在 T 秒中使用者到達的型態例如爲到達的數目或是到達的次數。令 $N_1(\zeta)$ 爲網頁被直接請求的次數，並令 $N_2(\zeta)$ 爲廣告被觀看的次數。$(N_1(\zeta), N_2(\zeta))$ 指派一對非負的整數給在 S 中的每一個結果 ζ。假設一次型態 1 的請求帶來 0.001 ¢ 的收益，一次型態 2 的請求帶來 1 ¢ 的收益。求出「在 T 秒中的收益少於 \$100」的事件。

在 T 秒中的總收益爲 $0.001 N_1 + 1 N_2$，所以本範例的事件爲 $B = \{0.001 N_1 + 1 N_2 < 10,000\}$。

範例 5.3

令一個隨機實驗的結果 ζ 爲一隨機選取訊息的長度。假設訊息被分割成數個小封包，每一個全滿封包的最大長度爲 M 個位元組。令 Q 爲在一訊息中全滿封包的數目，而令 R 爲剩下的位元組數。$(Q(\zeta), R(\zeta))$ 指定一對整數給在 S 中的每一個結果 ζ。Q 的值域爲 0, 1, 2,...，而 R 的值域爲 0, 1,..., $M-1$。一個可能事件爲 $B = \{R < M/2\}$，也就是「最後一個封包不到半滿」的事件。

範例 5.4

令一個隨機實驗的結果產生一個數對 $\underline{\zeta} = (\zeta_1, \zeta_2)$，它是把一個輪子獨立轉 2 次的結果。每轉一次輪子會產生在區間 $[0, 2\pi]$ 中的一個數。定義在平面中的數對 (X, Y) 如下：

$$X(\underline{\zeta}) = \left[2 \ln \frac{2\pi}{\zeta_1}\right]^{1/2} \cos \zeta_2 \qquad Y(\underline{\zeta}) = \left[2 \ln \frac{2\pi}{\zeta_1}\right]^{1/2} \sin \zeta_2$$

向量函數 $\left(X(\underline{\zeta}), Y(\underline{\zeta})\right)$ 指定一對在平面中的數給在 S 中的每一個結果 $\underline{\zeta}$。平方根項對應到一個半徑而 ζ_2 是一個角度。

我們將會看到 (X, Y) 模擬了在數位通訊系統中所遇到的雜訊電壓。在這裡一個可能的事件為 $B = \left\{X^2 + Y^2 < r^2\right\}$，也就是 「總雜訊功率小於 r^2」的事件。

一對隨機變數 (X, Y) 的事件的指定方式為指出我們感興趣的條件，而且可以表現成在平面中的區域。圖 5.2 展示 3 個事件的例子：

$$A = \left\{X + Y \leq 10\right\}$$
$$B = \left\{\min(X, Y) \leq 5\right\}$$
$$C = \left\{X^2 + Y^2 \leq 100\right\}$$

事件 A 用一條直線把平面分割成兩個區域。請注意在範例 5.2 中的事件就是這種型態。事件 C 是一個中心點位於原點的圓盤，它對應到在範例 5.4 中的事件。事件 B 的條件為 $\left\{\min(X, Y) \leq 5\right\} = \left\{X \leq 5\right\} \cup \left\{Y \leq 5\right\}$，也就是說，假如 X, Y 兩者中最少有一個小於或等於 5，則 X 和 Y 的最小值小於或等於 5。

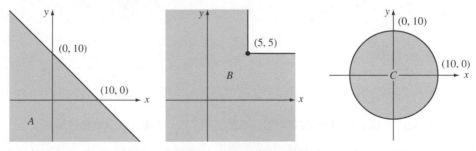

圖 5.2　二維事件的例子

若欲決定 $\mathbf{X} = (X, Y)$ 落在平面某區域 B 中的機率，我們使用我們在第 3 章中所使用的方式，先求出在潛在的樣本空間 S 中 B 的等價事件：

$$A = \mathbf{X}^{-1}(B) = \left\{\underline{\zeta} : \left(X(\underline{\zeta}), Y(\underline{\zeta})\right) \in B\right\} \tag{5.1a}$$

在 $A = \mathbf{X}^{-1}(B)$ 和 B 之間的關係如在圖 5.1(b)中所示。假如 A 在 $\mathcal{F}$ 中,那麼它會有一個機率值被指定給它,因此我們有:

$$P[X \in B] = P[A] = P\ \{\zeta:\ (X(\zeta),\, Y(\zeta)) \in B\} \tag{5.1b}$$

這個方法和我們在處理單一隨機變數的情況一模一樣。唯一的差異為我們現在考慮的是由潛在的隨機實驗所引出之 X 和 Y 的聯合行為。

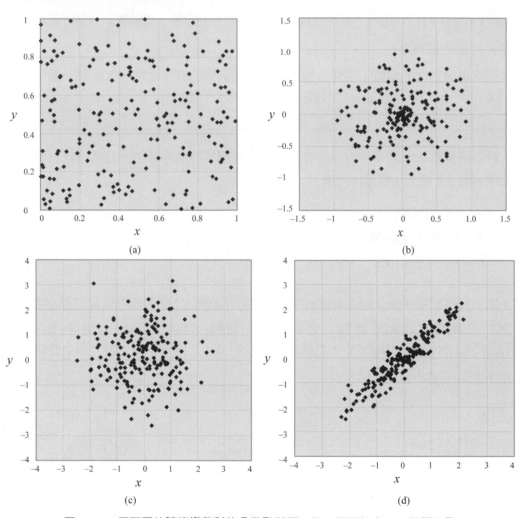

圖 5.3　4 個不同的隨機變數對的分散點狀圖,每一個圖包含 200 個觀察點

　　一個分散點狀圖可以被使用來推斷兩隨機變數的聯合行為。執行產生(X,Y)的實驗會得到觀察對(X,Y),一個分散點狀圖會把相對應的一個點放在平面上的(X,Y)上。圖 5.3 展示出 4 個不同的隨機變數對的分散點狀圖,每一個圖包含 200 個觀察點。在圖 5.3(a)中的隨機變數對好像均勻分佈在單位平方中。在圖 5.3(b)中的隨機變數對很清楚地侷限在一個半徑為一的單位圓中,而且好像更加地集中在原點附近。在圖 5.3(c)中的隨機變數對集中在原點附近,且好像有圓形的對稱,但是並不侷限在一個封閉的區域中。在圖 5.3(d)中的隨機變數對再次地集中在原

點附近，而且很清楚地好像有某種線性關係，也就是說，遞增 x 的值好像會線性等比例地遞增 y 的值。我們稍後會介紹各式各樣的函數和動差來描述在這些例子中隨機變數對的行為。

聯合機率質量函數，聯合累積分佈函數，和聯合機率密度函數提供了一些方法來指定機率的法則，那些法則掌控了(X,Y)對的行為。我們採取的一般方式如下。我們首先聚焦在平面中有矩形區域的事件：

$$B = \{X\ 在\ A_1\ 中\} \bigcap \{Y\ 在\ A_2\ 中\} \tag{5.2}$$

其中 A_k 是一個一維事件(也就是說，實數線的子集合)。我們稱這些事件為**乘積形式(product form)**。事件 B 發生在當$\{X\ 在\ A_1\ 中\}$和$\{Y\ 在\ A_2\ 中\}$兩者均發生時。圖 5.4 展示出某些二維乘積形式的事件。我們使用式(5.1b)來求出乘積形式事件的機率：

$$P[B] = P\Big[\{X\ 在\ A_1\ 中\}\bigcap\{Y\ 在\ A_2\ 中\}\Big] \triangleq P[X\ 在\ A_1\ 中, Y\ 在\ A_2\ 中] \tag{5.3}$$

把 A 做適當的定義，我們可以獲得(X,Y)的聯合 pmf，聯合 cdf 和聯合 pdf。

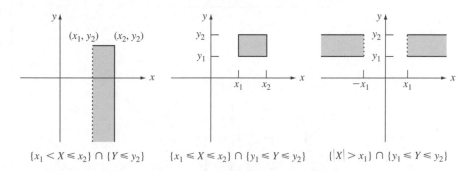

$$\{x_1 < X \le x_2\} \cap \{Y \le y_2\} \qquad \{x_1 \le X \le x_2\} \cap \{y_1 \le Y \le y_2\} \qquad \{|X| > x_1\} \cap \{y_1 \le Y \le y_2\}$$

圖 5.4　某些二維乘積形式的事件

5.2　離散隨機變數對

令向量隨機變數 $\mathbf{X} = (X, Y)$，假設它的值是來自某個可數集合 $S_{X,Y} = \{(x_j,\ y_k), j = 1,\ 2,\ldots,\ k = S_{X,Y} = 1,\ 2,\ldots\}$。 $\mathbf{X}$ 的**聯合機率質量函數(joint probability mass function)** 指定了事件 $\{X = x\}\bigcap\{Y = y\}$ 的機率：

$$\begin{aligned} p_{X,Y}(x,\ y) &= P\Big[\{X = x\}\bigcap\{Y = y\}\Big] \\ &\triangleq P[X = x,\ Y = y] \qquad (x,\ y) \in R^2 \end{aligned} \tag{5.4a}$$

在集合 $S_{X,Y}$ 中的 pmf 值提供了必要的資訊：

$$\begin{aligned} p_{X,Y}(x_j,\ y_k) &= P\Big[\{X = x_j\}\bigcap\{Y = y_k\}\Big] \\ &\triangleq P[X = x_j,\ Y = y_k] \quad (x_j,\ y_k) \in S_{X,Y} \end{aligned} \tag{5.4b}$$

　　有好幾個方式可以用來展示 pmf 的圖形表示：(1)對於小樣本空間，我們可以用一個表格的形式來展現出 pmf，如在圖 5.5(a)中所示。(2)我們可以使用具有高度 $p_{X,Y}(x_j, y_k)$ 的射線，放置在平面中位於 $\{(x_j, y_k)\}$ 的那些點上來展現 pmf，如在圖 5.5(b)中所示，但是這個可能不太好畫。(3)我們可以放置一些點在平面中位於 $\{(x_j, y_k)\}$ 的那些位置上，並標上對應的 pmf 值，來展現出 pmf，如在圖 5.5(c)中所示。

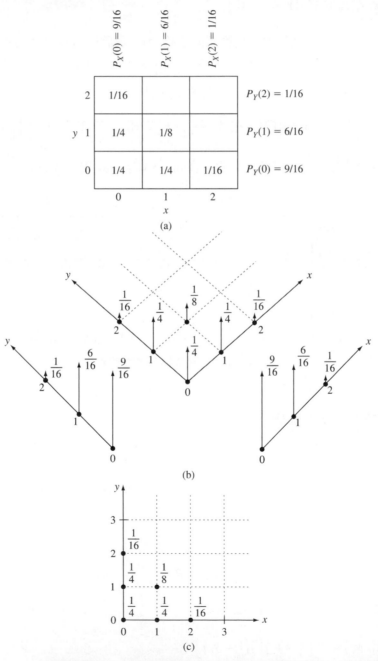

圖 5.5　pmf 的圖形表示：(a)使用表格形式，(b)使用具高度的射線，(c)使用標示
　　　　有 pmf 值的點

事件 B 的機率就是把在 B 中結果的 pmf 做總和：

$$P[\mathbf{X} \text{ 在 } B \text{ 中}] = \sum_{(x_j,\, y_k) \text{ 在 } B \text{ 中}} p_{X,Y}(x_j,\, y_k) \tag{5.5}$$

把包含在 B 中的點圈起來形成一個區域，舉例來說，如在圖 5.6 中所示，也有助於了解在這裡的概念。當事件是整個樣本空間 $S_{X,Y}$，我們有：

$$\sum_{j=1}^{\infty}\sum_{k=1}^{\infty} p_{X,Y}(x_j,\, y_k) = 1 \tag{5.6}$$

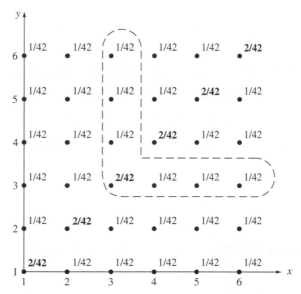

圖 5.6　把包含在 B 中的點圈起來，形成一個區域來展示 pmf

範例 5.5

一個分封交換(packet switch)有兩個輸入埠和兩個輸出埠。在一個給定的時間槽中，有一個封包到達每一個輸入埠的機率為 1/2，且輸入埠中的封包會有相同機率地到達目的地輸出埠 1 或 2 那裏。令 X 和 Y 分別為到達目的地輸出埠 1 和 2 的封包數。求出 X 和 Y 的 pmf，並圖示出 pmf。

　　一個輸入埠 j 之所有可能結果 I_j 可以做以下的分析：「n」，沒有封包到達(機率為 1/2)；「a1」，封包到達目的地輸出埠 1(機率為 1/4)；「a2」，封包到達目的地輸出埠 2(機率為 1/4)。潛在的樣本空間 S 是由所有的輸入結果對 $\zeta = (I_1,\, I_2)$ 所構成。(X,Y) 的映射如以下的表所示：

ξ	(n, n)	(n, a1)	(n, a2)	(a1, n)	(a1, a1)	(a1, a2)	(a2, n)	(a2, a1)	(a2, a2)
X, Y	(0, 0)	(1, 0)	(0, 1)	(1, 0)	(2, 0)	(1, 1)	(0, 1)	(1, 1)	(0, 2)

(X,Y)的 pmf 則為：

$$p_{X,Y}(0,\ 0) = P\big[\zeta = (n,\ n)\big] = \frac{1}{2}\ \frac{1}{2} = \frac{1}{4}$$

$$p_{X,Y}(0,\ 1) = P\big[\zeta \in \big\{(n,\ a2),\ (a2,\ n)\big\}\big] = 2*\frac{1}{8} = \frac{1}{4}$$

$$p_{X,Y}(1,\ 0) = P\big[\zeta \in \big\{(n,\ a1),\ (a1,\ n)\big\}\big] = \frac{1}{4}$$

$$p_{X,Y}(1,\ 1) = P\big[\zeta \in \big\{(a1,\ a2),\ (a2,\ a1)\big\}\big] = \frac{1}{8}$$

$$p_{X,Y}(0,\ 2) = P\big[\zeta = (a2,\ a2)\big] = \frac{1}{16}$$

$$p_{X,Y}(2,\ 0) = P\big[\zeta = (a1,\ a1)\big] = \frac{1}{16}$$

　　圖 5.5(a)展示出使用表格形式的 pmf，其中行數和列數分別對應到 X 和 Y 的值域。在表中的每一格填入了對應的 pmf 值。圖 5.5(b)展示出使用平面射線形式的 pmf。高度為 $p_{X,Y}(j,\ k)$ 的射線被放置在 $S_{X,Y} = \big\{(0,\ 0),\ (0,\ 1),\ (1,\ 0),\ (1,\ 1),\ (0,\ 2),\ (2,\ 0)\big\}$ 中的每一個點上。圖 5.5(c)展示出使用平面標示點形式的 pmf。代表 $p_{X,Y}(j,\ k)$ 的圓點被放置在 $S_{X,Y}$ 中的每一個點上。

範例 5.6

一個隨機實驗投擲兩個「不公正的」骰子，並注意出現的點數(X,Y)。聯合 pmf $\ p_{X,Y}(j,\ k)$ 的值，其中 $j = 1,\dots,\ 6$ 且 $k = 1,\dots,\ 6$，如在圖 5.6 中之二維圓點圖所示。(j,k)位置的旁邊標示有 $p_{X,Y}(j,\ k)$ 的值。求出 $P\big[\min(X,\ Y) = 3\big]$。

　　在圖 5.6 中我們有把對應到集合 $\big\{\min(x,\ y) = 3\big\}$ 的點圈起來。這個事件的機率為：

$$\begin{aligned} P\big[\min(X,\ Y) = 3\big] &= p_{X,Y}(6,\ 3) + p_{X,Y}(5,\ 3) + p_{X,Y}(4,\ 3) \\ &\quad + p_{X,Y}(3,\ 3) + p_{X,Y}(3,\ 4) + p_{X,Y}(3,\ 5) + p_{X,Y}(3,\ 6) \\ &= 6\left(\frac{1}{42}\right) + \frac{2}{42} = \frac{8}{42} \end{aligned}$$

5.2.1　邊際機率質量函數

X 的聯合 pmf 提供有關於 X 和 Y 聯合行為的資訊。我們也關心只有含單一個隨機變數的事件機率。這可以由**邊際機率質量函數(marginal probability mass functions)**來求出：

$$\begin{aligned} p_X(x_j) &= P\big[X = x_j\big] = P\big[X = x_j,\ Y = 任意值\big] \\ &= P\big[\big\{X = x_j\ 且\ Y = y_1\big\} \bigcup \big\{X = x_j\ 且\ Y = y_2\big\} \bigcup_{\dots}\big] \\ &= \sum_{k=1}^{\infty} p_{X,Y}(x_j,\ y_k) \end{aligned} \tag{5.7a}$$

類似地，

$$p_Y(y_k) = P[Y = y_k] = \sum_{j=1}^{\infty} p_{X,Y}(x_j, y_k) \tag{5.7b}$$

邊際 pmf 滿足所有一維 pmf 的特性，若要計算僅含單一隨機變數事件的機率，邊際 pmf 提供所需的資訊。

機率 $p_{X,Y}(x_j, y_k)$ 可以被解讀成是在一連串重複的隨機實驗中聯合事件 $\{X = X_j\} \bigcap \{Y = Y_k\}$ 的長期相對次數。式(5.7a)所對應到的事實為：事件 $\{X = X_j\}$ 的相對次數的算法為把所有出現有 X_j 的結果對其相對次數全部加起來。一般而言，我們不可能從 X 的相對次數和 Y 的相對次數那兒推斷出(X,Y)對的相對次數。這個敘述對 pmf 也成立：一般而言，知道邊際 pmf 不足以推斷出聯合 pmf。

範例 5.7

求出在範例 5.2 中輸出埠 (X,Y)的邊際 pmf。

圖 5.5(a)有展示出邊際 pmf 的值，那些值的求法就是沿著一列或一行把所有格子中的數值相加即可。舉例來說，沿著 $x = 1$ 那行做相加我們有：

$$p_X(1) = P[X = 1] = p_{X,Y}(1, 0) + p_{X,Y}(1, 1) = \frac{1}{4} + \frac{1}{8} = \frac{3}{8}$$

類似地，沿著 $y = 0$ 那列做相加我們有：

$$p_Y(0) = P[Y = 0] = p_{X,Y}(0, 0) + p_{X,Y}(1, 0) + p_{X,Y}(2, 0) = \frac{1}{4} + \frac{1}{4} + \frac{1}{16} = \frac{9}{16}$$

圖 5.5(b)使用在實數線上的射線展示出邊際 pmf。

範例 5.8

求出在範例 5.6 中不公正的骰子實驗的邊際 pmf。

$X = 1$的機率就是沿著第一行做相加：

$$P[X = 1] = \frac{2}{42} + \frac{1}{42} + \cdots + \frac{1}{42} = \frac{1}{6}$$

類似地，我們會發現 $P[X = j] = 1/6$，$j = 2,..., 6$。$Y = k$ 的機率就是沿著第 k 列做相加。我們會發現 $P[Y = k] = 1/6$，$k = 1, 2,..., 6$。因此，每一個骰子在各自獨立運作時會出現是公平骰子

的現象，因爲每一個面都是等機率。在這個例子中，假如我們只知道邊際 pmf，我們是不會知道骰子是不公平的。

在範例 5.3 中，令一個訊息的位元組數 N 有一個參數爲 $1-p$ 的幾何分佈，其值域爲 $S_N = \{0, 1, 2,...\}$。求出 Q 和 R 的聯合 pmf 和邊際 pmf。

假如一個訊息有 N 個位元組，那麼全滿封包的數目 Q 就是 N 除以 M 的商，而剩下的位元組數 R 就是 N 除以 M 的餘數。$\{(q, r)\}$ 對的機率爲

$$P[Q=q, R=r] = P[N=qM+r] = (1-p)\, p^{qM+r}$$

Q 的邊際 pmf 爲

$$P[Q=q] = P\Big[N \in \big\{qM, qM+1,..., qM+(M-1)\big\}\Big]$$

$$= \sum_{k=0}^{(M-1)} (1-p)\, p^{qM+k}$$

$$= (1-p)\, p^{qM} \frac{1-p^M}{1-p} = \left(1-p^M\right)\left(p^M\right)^q \qquad q=0, 1, 2,...$$

Q 的邊際 pmf 是幾何分佈，其參數爲 p^M。R 的邊際 pmf 爲：

$$P[R=r] = P\Big[N \in \{r, M+r, 2M+r,...\}\Big]$$

$$= \sum_{q=0}^{\infty} (1-p)\, p^{qM+r} = \frac{(1-p)}{1-p^M}\, p^r \qquad r=0, 1,..., M-1$$

R 有一個被截斷的幾何 pmf。請自行驗證一下以上所有的邊際 pmf 加起來都爲 1。

5.3　X 和 Y 的聯合 CDF

在第 3 章中我們看到半無限區間 $(-\infty, x]$ 是一個基本的建構方塊，使用該區間我們可以建構出其它的一維事件。根據定義 cdf $F_X(x)$ 恰爲 $(-\infty, x]$ 的機率，所以我們可以使用 cdf 來表示出其它事件的機率。在本節中，我們重複以上的概念來發展二維隨機變數的相關概念。

包含二維隨機變數事件的基本建構方塊爲半無限矩形，它定義爲 $\{(x, y): x \le x_1 \text{ 且 } y \le y_1\}$，如在圖 5.7 中所示。我們使用更爲精簡的表示法 $\{x \le x_1, y \le y_1\}$ 來表示這個區域。X 和 Y 的聯合

累積分佈函數 (joint cumulative distribution function of *X* and *Y*) 被定義爲是事件 $\{X\le x_1\}\bigcap\{Y\le y_1\}$ 的機率：

$$F_{X,Y}(x_1, y_1) = P[X\le x_1,\ Y\le y_1] \tag{5.8}$$

用相對次數的說法，$F_{X,Y}(x_1, y_1)$ 表示隨機實驗的結果會產生一個點 X 落在如在圖 5.7 中所示的矩形區域的長期時間比例值。用機率「質量」的說法，$F_{X,Y}(x_1, y_1)$ 代表包含在矩形區域內質量的量。

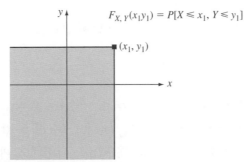

圖 5.7　聯合累積分佈函數被定義爲是由點 (x_1, y_1) 所定義之半無限矩形的機率

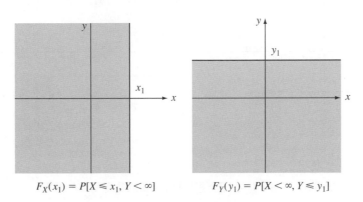

圖 5.8　邊際 cdf 為這些半平面的機率

聯合 cdf 滿足以下的特性：

(i)　聯合 cdf 是 *x* 和 *y* 的一個非遞減函數：

$$F_{X,Y}(x_1, y_1)\le F_{X,Y}(x_2, y_2)\quad 若\ x_1\le x_2\ 且\ y_1\le y_2 \tag{5.9a}$$

(ii)　$F_{X,Y}(x_1, -\infty)=0,\quad F_{X,Y}(-\infty, y_1)=0,\quad F_{X,Y}(\infty, \infty)=1 \tag{5.9b}$

(iii)　我們獲得**邊際累積分佈函數 (marginal cumulative distribution functions)** 的方式爲把其中一個變數的限制移除。邊際 cdf 是如在圖 5.8 中所示區域的機率：

$$F_X(x_1) = F_{X,Y}(x_1, \infty)\quad 和\quad F_Y(y_1) = F_{X,Y}(\infty, y_1) \tag{5.9c}$$

(iv)　聯合 cdf 是從「北邊」和從「東邊」連續，也就是說，

$$\lim_{x\to a^+} F_{X,Y}(x, y) = F_{X,Y}(a, y)\quad 和\quad \lim_{y\to b^+} F_{X,Y}(x, y) = F_{X,Y}(x, b) \tag{5.9d}$$

(v) 矩形區域 $\{x_1 < x \le x_2,\ y_1 < y \le y_2\}$ 的機率為：

$$P[x_1 < X \le x_2,\ y_1 < Y \le y_2] = F_{X,Y}(x_2,\ y_2) - F_{X,Y}(x_2,\ y_1) - F_{X,Y}(x_1,\ y_2) + F_{X,Y}(x_1,\ y_1) \quad (5.9e)$$

特性(i)的說明為：由 $(x_1,\ y_1)$ 所定義的半無限矩形會被包含在由 $(x_2,\ y_2)$ 所定義的半無限矩形之內，套用推論 7，可得特性(i)的結果。特性 (ii)到(iv)的獲得可以利用極限的論述來說明。舉例來說，區域序列 $\{x \le x_1\ \text{且}\ y \le -n\}$ 是呈現遞減狀況而且趨近於空集合，所以

$$F_{X,Y}(x_1,\ -\infty) = \lim_{n \to \infty} F_{X,Y}(x_1,\ -n) = P[\varnothing] = 0$$

對於特性(iii)我們考慮區域序列 $\{x \le x_1\ \text{且}\ y \le n\}$，它會遞增到 $\{x \le x_1\}$，所以

$$\lim_{n \to \infty} F_{X,Y}(x_1,\ n) = P[X \le x_1] = F_X(x_1)$$

對於特性(v)，請注意在圖 5.9(a)中，$B = \{x_1 < x \le x_2,\ y \le y_1\} = \{X \le x_2,\ Y \le y_1\} - \{X \le x_1,\ Y \le y_1\}$，所以 $P[B] = P[x_1 < X \le x_2,\ Y \le y_1] = F_{X,Y}(x_2,\ y_1) - F_{X,Y}(x_1,\ y_1)$。在圖 5.9(b)中，請注意 $F_{X,Y}(x_2,\ y_2) = P[A] + P[B] + F_{X,Y}(x_1,\ y_2)$。特性(v)的證明法為求出 $P[A]$ 和代入 $P[B]$ 的表示式。

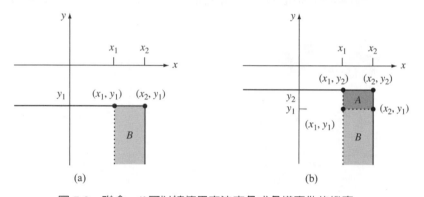

圖 5.9　聯合 cdf 可以被使用來決定各式各樣事件的機率。

範例 5.10

畫出範例 5.5 中 X 和 Y 的聯合 cdf。求出 X 的邊際 cdf。

　　若要求出 **X** 的 cdf，我們必須要在平面上指出各個區域，區域判定是根據在 $S_{X,Y}$ 中的那些點是被包含在由(X, Y)所定義的矩形區域中。舉例來說，

- 在第一象限之外的區域並不包含任何點，所以 $F_{X,Y}(x,\ y) = 0$。
- 區域 $\{0 \le x < 1,\ 0 \le y < 1\}$ 包含$(0,0)$那點，所以 $F_{X,Y}(x,\ y) = 1/4$。

在所有可能的區域都被檢視之後，圖 5.10 展示出所得的 cdf。

　　我們需要考慮好幾種情況以求出 $F_X(x)$。對於 $x < 0$，我們有 $F_X(x) = 0$。對於 $0 \le x < 1$，我們有 $F_X(x) = F_{X,Y}(x,\ \infty) = 9/16$。對於 $1 \le x < 2$，我們有 $F_X(x) = F_{X,Y}(x,\ \infty) = 15/16$。最後，對於

$x \geq 1$，我們有 $F_X(x) = F_{X,Y}(x, \infty) = 1$。因此 $F_X(x)$ 是一個階梯狀的函數，且 X 是一個離散隨機變數其 $p_X(0) = 9/16$，$p_X(1) = 6/16$，和 $p_X(2) = 1/16$。

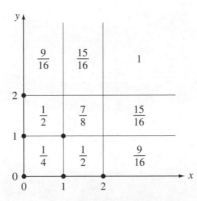

圖 5.10　分封交換範例的聯合 cdf

範例 5.11

隨機變數對 $\mathbf{X} = (X, Y)$ 的聯合 cdf 為

$$F_{X,Y}(x, y) = \begin{cases} 0 & x<0 \text{ 或 } y<0 \\ xy & 0 \leq x \leq 1,\ 0 \leq y \leq 1 \\ x & 0 \leq x \leq 1,\ y>1 \\ y & 0 \leq y \leq 1,\ x>1 \\ 1 & x \geq 1,\ y \geq 1 \end{cases} \tag{5.10}$$

畫出聯合 cdf 並求出 X 的邊際 cdf。

　　圖 5.11 畫出 X 和 Y 的聯合 cdf。$F_{X,Y}(x, y)$ 對在平面中的所有的點都連續。對所有的 $x \geq 1$ 和 $y \geq 1$，$F_{X,Y}(x, y) = 1$，這意味著 X 和 Y 的每一個可能值都小於或等於 1。

　　X 的邊際 cdf 為：

$$F_X(x) = F_{X,Y}(x, \infty) = \begin{cases} 0 & x<0 \\ x & 0 \leq x \leq 1 \\ 1 & x \geq 1 \end{cases}$$

X 均勻地分佈在單位區間中。

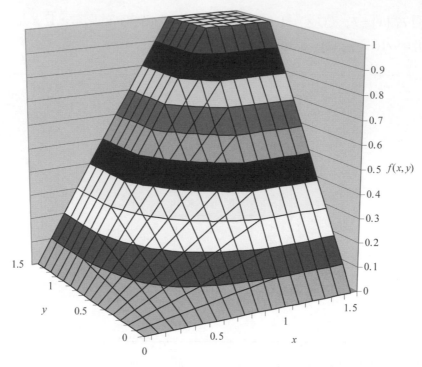

圖 5.11　兩個均一隨機變數的聯合 cdf

向量隨機變數 $\mathbf{X} = (X,\ Y)$ 的聯合 cdf 為

$$F_{X,Y}\left(x,\ y\right) = \begin{cases} \left(1 - e^{-\alpha x}\right)\left(1 - e^{-\beta y}\right) & x \geq 0,\ y \geq 0 \\ 0 & \text{其它} \end{cases}$$

求出邊際 cdf。

邊際 cdf 的獲得只要令其中一個變數趨近無窮大即可：

$$F_X\left(x\right) = \lim_{y \to \infty} F_{X,Y}\left(x,\ y\right) = 1 - e^{-\alpha x} \quad x \geq 0$$

$$F_Y\left(y\right) = \lim_{x \to \infty} F_{X,Y}\left(x,\ y\right) = 1 - e^{-\beta y} \quad y \geq 0$$

X 和 Y 都有指數型態分佈，參數分別為 α 和 β。

求出在範例 5.12 中以下事件的機率：$A = \{X \leq 1,\ Y \leq 1\}$，$B = \{X > x,\ Y > y\}$，其中 $x > 0$ 和 $y > 0$，$D = \{1 < X \leq 2,\ 2 < Y \leq 5\}$。

A 的機率可以直接由 cdf 求出：

$$P[A] = P[X \le 1, Y \le 1] = F_{X,Y}(1, 1) = \left(1 - e^{-\alpha}\right)\left(1 - e^{-\beta}\right)$$

B 的機率需要花一點功夫。由狄摩根定理(DeMorgan's rule)：

$$B^c = \left(\{X > x\} \cap \{Y > y\}\right)^c = \{X \le x\} \cup \{Y \le y\}$$

第 2.2 節中的推論 5 指出了兩事件聯集的機率：

$$\begin{aligned} P\left[B^c\right] &= P[X \le x] + P[Y \le y] - P[X \le x, Y \le y] \\ &= \left(1 - e^{-\alpha x}\right) + \left(1 - e^{-\beta y}\right) - \left(1 - e^{-\alpha x}\right)\left(1 - e^{-\beta y}\right) \\ &= 1 - e^{-\alpha x} e^{-\beta y} \end{aligned}$$

最後，B 的機率為：

$$P[B] = 1 - P\left[B^c\right] = e^{-\alpha x} e^{-\beta y}$$

你應該在平面上把區域 B 畫出來，並且指出在計算 B^c 的機率時所牽涉到的事件。

事件 D 的機率可以套用聯合 cdf 的特性(vi)獲得：

$$\begin{aligned} &P[1 < X \le 2,\ 2 < Y \le 5] \\ &= F_{X,Y}(2, 5) - F_{X,Y}(2, 2) - F_{X,Y}(1, 5) + F_{X,Y}(1, 2) \\ &= \left(1 - e^{-2\alpha}\right)\left(1 - e^{-5\beta}\right) - \left(1 - e^{-2\alpha}\right)\left(1 - e^{-2\beta}\right) \\ &\quad - \left(1 - e^{-\alpha}\right)\left(1 - e^{-5\beta}\right) + \left(1 - e^{-\alpha}\right)\left(1 - e^{-2\beta}\right) \end{aligned}$$

5.3.1 不一樣型態的隨機變數

在某些問題中，有需要處理具有不一樣型態的聯合隨機變數，也就是說，一個是 離散而另外一個是連續的。通常，這類問題用聯合 cdf 來處理會非常的麻煩，所以最好可以使用 $P[X = k, Y \le y]$ 或是 $P[X = k, y_1 < Y \le y_2]$。有了這些機率就足以計算聯合 cdf 和其它的機率。

範例 5.14 ｜ **通訊通道有離散的輸入和連續的輸出**

一個通訊通道的輸入 X 是+1 伏特或是-1 伏特，有相同的機率。通道的輸出 Y 是輸入加上一個雜訊電壓 N，其中 N 均勻分佈在區間 −2 伏特到 +2 伏特之中。求出 $P[X = +1, Y \le 0]$。

這個問題使用條件機率來解很方便：

$$P[X=+1,\ Y\leq y]=P[Y\leq y|X=+1]P[X=+1]$$

其中 $P[X=+1]=1/2$。當輸入 $X=1$，輸出 Y 均勻分佈在區間 $[-1,3]$ 之中；因此

$$P[Y\leq y|X=+1]=\frac{y+1}{4}\quad \text{對於} -1\leq y\leq 3$$

因此 $P[X=+1,\ Y\leq 0]=P[Y\leq 0|X=+1]P[X=+1]=(1/2)(1/4)=1/8$。

5.4　兩個連續的隨機變數的聯合 PDF

　　若事件可對應到平面上的「矩形」區域，那麼聯合 cdf 可以讓我們計算該事件的機率。但事件若對應到平面上的「非矩形」區域，要如何計算該事件的機率？我們注意到任何合理的形狀(也就是說，圓盤狀，多邊型，或是半平面)都可以用無窮多個不相交且無限小的矩形 $B_{j,k}$ 的聯集來近似。舉例來說，圖 5.12 展示出事件 $A=\{X+Y\leq 1\}$ 和事件 $B=\{X^2+Y^2\leq 1\}$ 是如何地用無窮多個不相交且無限小的矩形來近似的。這種事件的機率因此可以用無限小矩形其機率的總和來近似，而且假如 cdf 足夠地平滑，那麼每一個矩形的機率都可以使用密度函數表示出來：

$$P[B]\approx\sum_j\sum_k P[B_{j,k}]=\sum\sum_{(x_j,\,y_k)\in B}f_{X,Y}(x_j,y_k)\ \Delta x\Delta y$$

當 Δx 和 Δy 趨近於 0 時，以上的式子會變成一個積分，一個機率密度函數在區域 B 上面的積分。

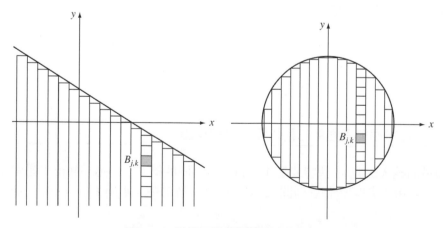

圖 5.12　某些二維非乘積形式的事件

我們稱隨機變數 X 和 Y 為聯合連續的(X and Y are jointly continuous)，假如包含(X,Y)事件的機率可以表示為一個機率密度函數的一個積分。換句話說，會有一個定義在實數平面上的非負函數 $f_{X,Y}(x, y)$，稱為聯合機率密度函數(joint probability density function)，使得每一個事件 B 都是實數平面的子集合，而且機率為

$$P[\mathbf{X} \text{ 在 } B \text{ 中}] = \int_B\int f_{X,Y}(x', y')\ dx'\ dy' \tag{5.11}$$

如在圖 5.13 中所示。請注意它和式(5.5)的相似性，式(5.5)是離散隨機變數的情況。當 B 是整個平面時，積分必須等於 1：

$$1 = \int_{-\infty}^{\infty}\int_{-\infty}^{\infty} f_{X,Y}(x', y')\ dx'\ dy' \tag{5.12}$$

式(5.11)和式(5.12)再次地告訴我們：一個事件其機率「質量」的求法為把機率質量的密度在事件對應到的區域上做積分。

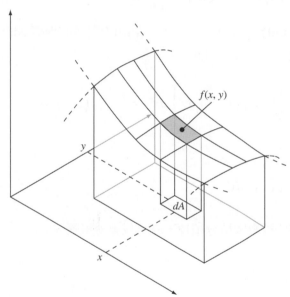

圖 5.13 A 的機率就是 $f_{X,Y}(x, y)$ 在由 A 所定義的區域上的積分

聯合 cdf 可以用以下的方式獲得：把聯合連續隨機變數的聯合 pdf 在被(X,Y)所定義之半無限矩形上做積分：

$$F_{X,Y}(x, y) = \int_{-\infty}^{x}\int_{-\infty}^{y} f_{X,Y}(x', y')\ dx'\ dy' \tag{5.13}$$

所以，假如 X 和 Y 為聯合連續隨機變數，那麼 pdf 可以從微分 cdf 來獲得：

$$f_{X,Y}(x, y) = \frac{\partial^2 F_{X,Y}(x, y)}{\partial x\ \partial y} \tag{5.14}$$

請注意假如 X 和 Y 不是聯合連續的話，那麼以上的偏微分有可能不存在。特別的是，假如 $F_{X,Y}(x, y)$ 是不連續的，或假如它的偏微分是不連續的，那麼如式(5.14)所定義之聯合 pdf 將會不存在。

一個矩形區域的機率求法為：在式(5.11)中令 $B = \{(x, y): a_1 < x \leq b_1 \text{ 且 } a_2 < y \leq b_2\}$：

$$P[a_1 < X \leq b_1, a_2 < Y \leq b_2] = \int_{a_1}^{b} \int_{a_2}^{b_2} f_{X,Y}(x', y') \, dx' \, dy' \tag{5.15}$$

所以我們從上式知道一個無限小矩形的機率為 pdf 和該無限小矩形面積的乘積：

$$P[x < X \leq x + dx, y < Y \leq y + dy] = \int_{x}^{x+dx} \int_{y}^{y+dy} f_{X,Y}(x', y') \, dx' \, dy'$$
$$\simeq f_{X,Y}(x, y) \, dx \, dy \tag{5.16}$$

式(5.16)可以被解讀成：我們可用聯合 pdf 求出以下這個乘積形式事件的機率：

$$\{x < X \leq x + dx\} \bigcap \{y < Y \leq y + dy\}$$

邊際 pdf(marginal pdf) $f_X(x)$ 和 $f_Y(y)$ 可以藉由對對應的邊際 cdf，$F_X(x) = F_{X,Y}(x, \infty)$，和 $F_Y(y) = F_{X,Y}(\infty, y)$ 做微分而獲得。因此

$$f_X(x) = \frac{d}{dx} \int_{-\infty}^{x} \left\{ \int_{-\infty}^{\infty} f_{X,Y}(x', y') \, dy' \right\} dx' = \int_{-\infty}^{\infty} f_{X,Y}(x, y') \, dy' \tag{5.17a}$$

類似地，

$$f_Y(y) = \int_{-\infty}^{\infty} f_{X,Y}(x', y) \, dx' \tag{5.17b}$$

因此，只要把不感興趣的變數做積分積掉，就可以獲得邊際 pdf。

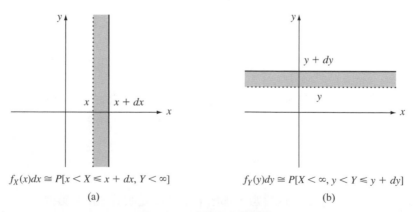

$$f_X(x)dx \cong P[x < X \leq x + dx, Y < \infty]$$
(a)

$$f_Y(y)dy \cong P[X < \infty, y < Y \leq y + dy]$$
(b)

圖 5.14　邊際 pdf 的解讀

請注意 $f_X(x) \, dx \simeq P[x < X \leq x + dx, Y < \infty]$ 是如在圖 5.14(a)中所示的無窮小的細長條的機率。這個提醒了我們對邊際 pmf 的解讀正如同在離散隨機變數情況中的行機率與列機率。式

(5.17a)和式(5.17b)是邊際 pdf 的公式，而式(5.7a)和式(5.7b)則是邊際 pmf 的公式，它們幾乎一模一樣，唯一差異為前者是一個積分而後者是一個總和。正如同在 pmf 中的情況一般，請注意，一般而言，聯合 pdf 不能從邊際 pdf 那兒獲得。

範例 5.15 **聯合均勻隨機變數**

一個在單位平方中隨機選取的點(X,Y)有均勻聯合 pdf，定義如下

$$f_{X,Y}\left(x,\,y\right) = \begin{cases} 1 & 0 \le x \le 1 \text{ 且 } 0 \le y \le 1 \\ 0 & \text{其它} \end{cases}$$

在圖 5.3(a)中的分散點狀圖對應到這個隨機變數對。求出 X 和 Y 的聯合 cdf。

cdf 的求法就是計算式(5.13)。你必須要小心積分的上下限：上下限所定義的積分區域必須等於由(X,Y)所定義之半無限矩形和 pdf 不為零區域的交集。在這個範例中，有 5 個區域要討論，如在圖 5.15 中所示。

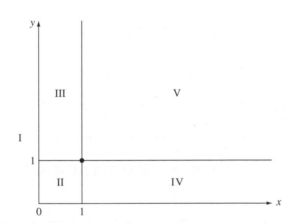

圖 5.15 在範例 5.15 中，計算 cdf 時需要被分開考慮的 5 個區域

1. 假如 $x < 0$ 或 $y < 0$，pdf 為 0，所以式(5.13)會得到

$$F_{X,Y}\left(x,\,y\right) = 0$$

2. 假如(X,Y)在單位平方中，

$$F_{X,Y}\left(x,\,y\right) = \int_0^x \int_0^y 1\,dx'\,dy' = xy$$

3. 假如 $0 \le x \le 1$ 且 $y > 1$，

$$F_{X,Y}\left(x,\,y\right) = \int_0^x \int_0^1 1\,dx'\,dy' = x$$

4. 類似地，假如 $x > 1$ 且 $0 \le y \le 1$，

$$F_{X,Y}\left(x,\,y\right) = y$$

5. 最後，假如 $x>1$ 且 $y>1$，

$$F_{X,Y}(x, y) = \int_0^1 \int_0^1 1 \, dx' \, dy' = 1$$

我們看到的這個結果為範例 5.11 的聯合 cdf。

範例 5.16

對以下的聯合 pdf，求出正規化常數 c 和邊際 pdf：

$$f_{X,Y}(x, y) = \begin{cases} ce^{-x}e^{-y} & 0 \le y \le x < \infty \\ 0 & \text{其它} \end{cases}$$

這個 pdf 的非零區域如在圖 5.16(a)中的陰影區所示。常數 c 的求法為使用式(5.12)的正規化條件：

$$1 = \int_0^\infty \int_0^x ce^{-x}e^{-y} \, dy \, dx = \int_0^\infty ce^{-x}\left(1 - e^{-x}\right) \, dx = \frac{c}{2}$$

因此 $c = 2$。邊際 pdf 的求法為計算式(5.17a)和式(5.17b)：

$$f_X(x) = \int_0^\infty f_{X,Y}(x, y) \, dy = \int_0^x 2e^{-x}e^{-y} \, dy = 2e^{-x}\left(1 - e^{-x}\right) \quad 0 \le x < \infty$$

和 $\qquad f_Y(y) = \int_0^\infty f_{X,Y}(x, y) \, dx = \int_y^\infty 2e^{-x}e^{-y} \, dx = 2e^{-2y} \quad 0 \le y < \infty$

在這裡，計算積分的過程中並沒有詳述，你應該自行補上當做練習。除此之外，你還需驗證邊際 pdf 會積分成 1。

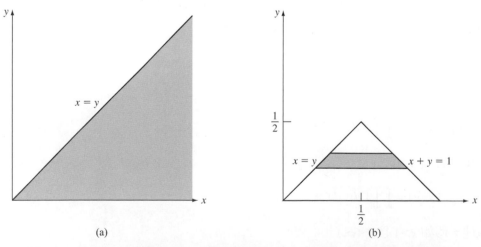

圖 5.16　範例 5.16 和範例 5.17 中的隨機變數 X 和 Y。這個 pdf 的非零區域如在圖 (a)中的陰影區所示

範例 5.17

求出在範例 5.16 中 $P[X+Y \leq 1]$。

圖 5.16(b)展示出事件 $\{X+Y \leq 1\}$ 和 pdf 不為零區域的交集。我們求出這個事件機率的方式為把寬度為 dy 之無限小矩形區域的機率「相加」(實際上是積分),如在圖中所示:

$$P[X+Y \leq 1] = \int_0^5 \int_y^{1-y} 2e^{-x}e^{-y} \, dx \, dy = \int_0^5 2e^{-y}\left[e^{-y} - e^{-(1-y)}\right] dy = 1 - 2e^{-1}$$

範例 5.18　　**聯合 Gaussian 隨機變數**

X 和 Y 的聯合 pdf,如在圖 5.17 中所示,為

$$f_{X,Y}(x, y) = \frac{1}{2\pi\sqrt{1-\rho^2}} e^{-\left(x^2 - 2\rho xy + y^2\right)/2\left(1-\rho^2\right)} \quad -\infty < x, \, y < \infty \tag{5.18}$$

我們稱 X 和 Y 為聯合 Gaussian。[1] 求出邊際 pdf。

X 的邊際 pdf 的求法為把 $f_{X,Y}(x, y)$ 中的 y 積分積掉:

$$f_X(x) = \frac{e^{-x^2/2\left(1-\rho^2\right)}}{2\pi\sqrt{1-\rho^2}} \int_{-\infty}^{\infty} e^{-\left(y^2 - 2\rho xy\right)/2\left(1-\rho^2\right)} \, dy$$

我們在指數函數的引數上配出完全平方,技巧為加一個和減一個 $\rho^2 x^2$,也就是說,$y^2 - 2\rho xy + \rho^2 x^2 - \rho^2 x^2 = (y - \rho x)^2 - \rho^2 x^2$。因此

$$f_X(x) = \frac{e^{-x^2/2\left(1-\rho^2\right)}}{2\pi\sqrt{1-\rho^2}} \int_{-\infty}^{\infty} e^{-\left[(y-\rho x)^2 - \rho^2 x^2\right]/2\left(1-\rho^2\right)} \, dy$$

$$= \frac{e^{-x^2/2}}{\sqrt{2\pi}} \int_{-\infty}^{\infty} \frac{e^{-(y-\rho x)^2/2\left(1-\rho^2\right)}}{\sqrt{2\pi\left(1-\rho^2\right)}} \, dy = \frac{e^{-x^2/2}}{\sqrt{2\pi}}$$

我們注意到最後那個積分等於 1,因為它是把一個平均值為 ρx 變異量為 $1-\rho^2$ 的 Gaussian pdf 做積分。X 的邊際 pdf 因此是一個一維 Gaussian pdf,其平均值為 0 且變異量為 1。從 $f_{X,Y}(x, y)$ 在 x 和 y 的對稱性來看,我們得知 Y 的邊際 pdf 也是一個一維 Gaussian pdf,其平均值也為 0 且變異量也為 1。

---

[1]　這是聯合 Gaussian 隨機變數的一個重要的特例。一般的情況會在第 5.9 節中討論。

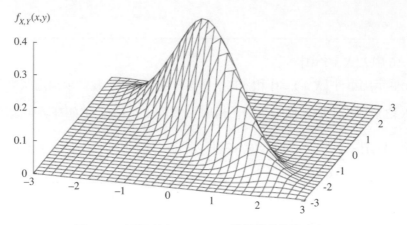

圖 5.17　兩個聯合 Gaussian 隨機變數的聯合 pdf

5.5　兩隨機變數的獨立

X 和 Y 為獨立的隨機變數，假如用 X 定義之任何事件 A_1 獨立於用 Y 定義之任何事件 A_2；也就是說，

$$P\big[X \text{ 在 } A_1 \text{ 中}, Y \text{ 在 } A_2 \text{ 中}\big] = P\big[X \text{ 在 } A_1 \text{ 中}\big]P\big[Y \text{ 在 } A_2 \text{ 中}\big] \qquad (5.19)$$

在本節中，我們提出一組簡單的條件來判定何時 X 和 Y 為獨立的。

假設 X 和 Y 為一對離散隨機變數，並假設我們對 $A = A_1 \cap A_2$ 這個事件的機率感興趣，其中 A_1 只含有 X，而 A_2 只含有 Y。特別的是，假如 X 和 Y 為獨立的，那麼 A_1 和 A_2 為獨立的事件。假如我們令 $A_1 = \{X = x_j\}$ 且 $A_2 = \{Y = y_k\}$，那麼獨立的 X 和 Y 意味著

$$
\begin{aligned}
p_{X,Y}\big(x_j, y_k\big) &= P\big[X = x_j, Y = y_k\big] \\
&= P\big[X = x_j\big]P\big[Y = y_k\big] \\
&= p_X\big(x_j\big)p_Y\big(y_k\big) \quad \text{對所有的 } x_j \text{ 和 } y_k
\end{aligned}
\qquad (5.20)
$$

因此，假如 X 和 Y 為獨立的離散隨機變數，那麼聯合 pmf 會等於個別邊際 pmf 的乘積。

現在假設我們不知道是否 X 和 Y 為獨立的，但是我們知道 pmf 滿足式(5.20)。令 $A = A_1 \cap A_2$ 為一個如上的乘積形式事件，那麼

$$
\begin{aligned}
P[A] &= \sum_{x_j \in A_1} \sum_{y_k \in A_2} p_{X,Y}\big(x_j, y_k\big) = \sum_{x_j \in A_1} \sum_{y_k \in A_2} p_X\big(x_j\big)p_Y\big(y_k\big) \\
&= \sum_{x_j \in A_1} p_X\big(x_j\big) \sum_{y_k \in A_2} p_Y\big(y_k\big) = P[A_1]P[A_2]
\end{aligned}
\qquad (5.21)
$$

它意味著 A_1 和 A_2 為獨立的事件。因此，假如 X 和 Y 的聯合 pmf 等於個別邊際 pmf 的乘積，那麼 X 和 Y 為獨立的。我們剛好證明了「X 和 Y 為獨立的」這個敘述等價於「聯合 pmf 會等於

個別邊際 pmf 的乘積」這個敘述。用數學的語言來說，我們說，「離散隨機變數 X 和 Y 為獨立的若且唯若對所有的 x_j, y_k 聯合 pmf 等於個別邊際 pmf 的乘積」。

範例 5.19

在範例 5.6 中的 pmf 可以說是「兩個公平骰子之獨立投擲實驗」嗎？

投擲一個公平的骰子每一個面的機率都是 1/6。假如兩個公平的骰子被投擲，並假設投擲是獨立的，那麼任何兩面配對的機率，用 j 點和 k 點來表示，為：

$$P[X = j,\, Y = k] = P[X = j]P[Y = k] = \frac{1}{36}$$

因此所有可能的結果配對都是等機率的。但是這並非是在範例 5.6 中聯合 pmf 的狀況。因此在範例 5.6 中的投擲不是獨立的。

範例 5.20

在範例 5.9 中的 Q 和 R 是獨立的嗎？從範例 5.9 我們有

$$P[Q = q]P[R = r] = \left(1 - p^M\right)\left(p^M\right)^q \frac{(1-p)}{1 - p^M} p^r = (1 - p) p^{Mq+r}$$

$$= P[Q = q,\, R = r] \quad \forall\, q = 0,\, 1,\dots$$
$$r = 0,\dots,\, M - 1$$

因此 Q 和 R 是獨立的。

一般而言，我們可以證明隨機變數 X 和 Y 為獨立的若且唯若它們的聯合 cdf 等於個別邊際 cdf 的乘積：

$$F_{X,Y}(x,\, y) = F_X(x)F_Y(y) \quad \forall x \text{ 和 } y \tag{5.22}$$

類似地，假如 X 和 Y 為聯合連續，那麼 X 和 Y 為獨立的若且唯若它們的聯合 pdf 等於個別邊際 pdf 的乘積：

$$f_{X,Y}(x,\, y) = f_X(x)f_Y(y) \quad \forall x \text{ 和 } y \tag{5.23}$$

式(5.23)是從式(5.22)那兒獲得的，左右微分即可。反過來說，式(5.22)是從式(5.23)那兒獲得的，左右積分即可。

範例 5.21

在範例 5.16 中隨機變數 X 和 Y 是獨立的嗎？

　　請注意 $f_X(x)$ 和 $f_Y(y)$ 對所有的 $x>0$ 和所有的 $y>0$ 都是非零的。因此 $f_X(x)f_Y(y)$ 在整個第一象限是非零的。然而，$f_{X,Y}(x, y)$ 只有在第一象限中 $y<x$ 的區域才是非零的。因此式(5.23)不是對所有的 x，y 皆成立，所以隨機變數不是獨立的。你應該會注意到在這個範例中聯合 pdf 是可以因式分解的，但是雖然如此，它並不是個別邊際 pdf 的乘積。

範例 5.22

在範例 5.18 中隨機變數 X 和 Y 是獨立的嗎？在範例 5.18 中個別邊際 pdf 的乘積為

$$f_X(x)f_Y(y) = \frac{1}{2\pi} e^{-(x^2+y^2)/2} \quad -\infty < x,\ y < \infty$$

比較式(5.18)，我們看到個別邊際 pdf 的乘積等於聯合 pdf 若且唯若 $\rho=0$。因此聯合 Gaussian 隨機變數 X 和 Y 為獨立的若且唯若 $\rho=0$。我們會在稍後的章節中看到 ρ 為 X 和 Y 之間的**相關係數**。

範例 5.23

在範例 5.12 中隨機變數 X 和 Y 是獨立的嗎？假如我們把在範例 5.12 中求出的邊際 cdf 相乘，我們發現

$$F_X(x)F_Y(y) = \left(1-e^{-\alpha x}\right)\left(1-e^{-\beta y}\right) = F_{X,Y}(x, y) \quad \text{所有 } x \text{ 和 } y$$

因此滿足式(5.22)，所以 X 和 Y 為獨立的。

　　假如 X 和 Y 為獨立的隨機變數，那麼任何的函數對 $g(X)$ 和 $h(Y)$ 也是獨立的。欲證明這個，考慮一維事件 A 和 B。令 A' 為 x 的某個集合，A' 中的 x 會使得 $g(X)$ 在 A 中。令 B' 為 y 的某個集合，B' 中的 y 會使得 $h(Y)$ 在 B 中。(在第 3 章中我們稱 A' 和 B' 分別為 A 和 B 的等價事件。)那麼

$$\begin{aligned}
P\big[g(X) \text{ 在 } A \text{ 中},\ h(Y) \text{ 在 } B \text{ 中}\big] &= P[X \text{ 在 } A' \text{ 中},\ Y \text{ 在 } B' \text{ 中}] \\
&= P[X \text{ 在 } A' \text{ 中}]P[Y \text{ 在 } B' \text{ 中}] \\
&= P\big[g(X) \text{ 在 } A \text{ 中}\big]P\big[h(Y) \text{ 在 } B \text{ 中}\big]
\end{aligned} \tag{5.24}$$

第一個和第三個等式使用的事實為 A 和 A′ 以及 B 和 B′ 為等價事件。第二個等式使用的事實為 X 和 Y 為獨立的。因此 g(X) 和 h(Y) 為獨立的隨機變數。

5.6 聯合動差和兩個隨機變數其函數的期望值

X 的期望值指出了 X 其質量分佈的中心。變異量，它被定義為是 $(X - m)^2$ 的期望值，提供了 X 分佈散開狀況的一個度量。在兩隨機變數的情況中，我們感興趣的是 X 和 Y 是如何地一起做變化的。特別的是，我們感興趣的是 X 和 Y 的變化是否相關。舉例來說，假如 X 遞增的話，Y 傾向遞增或是遞減？X 和 Y 的聯合動差，它被定義為是 X 和 Y 函數的期望值，提供了這項資訊。

5.6.1 兩隨機變數其函數的期望值

求出兩個或多個隨機變數其函數的期望值的這個問題，類似於求出單一隨機變數其函數的期望值。我們可以證明 $Z = g(X, Y)$ 的期望值可以用以下的表示式求出：

$$E[Z] = \begin{cases} \int_{-\infty}^{\infty}\int_{-\infty}^{\infty} g(x, y) f_{X,Y}(x, y)\, dx\, dy & X, Y \text{ 為聯合連續} \\ \sum_i \sum_n g(x_i, y_n) p_{X,Y}(x_i, y_n) & X, Y \text{ 為離散} \end{cases} \tag{5.25}$$

範例 5.24　隨機變數的和

令 $Z = X + Y$。求出 $E[Z]$。

$$\begin{aligned} E[Z] &= E[X+Y] \\ &= \int_{-\infty}^{\infty}\int_{-\infty}^{\infty} (x' + y') f_{X,Y}(x', y')\, dx'\, dy' \\ &= \int_{-\infty}^{\infty}\int_{-\infty}^{\infty} x' f_{X,Y}(x', y')\, dy'\, dx' + \int_{-\infty}^{\infty}\int_{-\infty}^{\infty} y' f_{X,Y}(x', y')\, dx'\, dy' \\ &= \int_{-\infty}^{\infty} x' f_X(x')\, dx' + \int_{-\infty}^{\infty} y' f_Y(y')\, dy' = E[X] + E[Y] \end{aligned} \tag{5.26}$$

因此兩隨機變數和的期望值等於個別期望值的和。請注意 X 和 Y 並不需要為獨立的。

使用在範例 5.24 中的結果和一個簡單的數學歸納法可以證明 n 個隨機變數和的期望值等於個別期望值的和：

$$E[X_1 + X_2 + \cdots + X_n] = E[X_1] + \cdots + E[X_n] \tag{5.27}$$

請注意隨機變數並不需要為獨立的。

範例 5.25　獨立的隨機變數其函數的乘積

假設 X 和 Y 為獨立的隨機變數，並令 $g(X, Y) = g_1(X)g_2(Y)$。
求出 $E[g(X, Y)] = E[g_1(X)g_2(Y)]$。

$$
\begin{aligned}
E[g_1(X)g_2(Y)] &= \int_{-\infty}^{\infty}\int_{-\infty}^{\infty} g_1(x')g_2(y')f_X(x')f_Y(y')\ dx'\ dy' \\
&= \left\{\int_{-\infty}^{\infty} g_1(x')f_X(x')\ dx'\right\}\left\{\int_{-\infty}^{\infty} g_2(y')f_Y(y')\ dy'\right\} \\
&= E[g_1(X)]E[g_2(Y)]
\end{aligned}
$$

5.6.2　聯合動差、相關和共變異量

兩隨機變數 X 和 Y 的聯合動差總結了有關於它們聯合行為的資訊。X 和 Y 的第 k 階**聯合動差 (joint moment of X and Y)**被定義為

$$
E[X^jY^k] = \begin{cases} \int_{-\infty}^{\infty}\int_{-\infty}^{\infty} x^j y^k f_{X,Y}(x, y)\ dx\ dy & X, Y \text{ 為聯合連續} \\ \sum_i \sum_n x_i^j y_n^k p_{X,Y}(x_i, y_n) & X, Y \text{ 為離散} \end{cases} \tag{5.28}
$$

若 $j = 0$，我們得到 Y 的動差，假如 $k = 0$，我們得到 X 的動差。在電機工程中，我們習慣把 $j=1, k=1$ 動差，$E[XY]$，稱為 **X 和 Y 的相關(correlation of X and Y)**。假如 $E[XY] = 0$，則我們稱 **X 和 Y 正交(orthogonal)**。

X 和 Y 的第 jk 階**中央動差(central moment)**被定義為是兩置中隨機變數(centered random variables)，$X - E[X]$ 和 $Y - E[Y]$，的聯合動差：

$$
E\left[(X - E[X])^j (Y - E[Y])^k\right]
$$

請注意 $j = 2, k = 0$ 就是 VAR(X)而 $j = 0, k = 2$ 可得 VAR(Y)。

X 和 Y 的**共變異量(covariance)**被定義為是 $j = k = 1$ 的中央動差：

$$
\text{COV}(X, Y) = E\left[(X - E[X])(Y - E[Y])\right] \tag{5.29}
$$

有時候以下的 COV(X, Y)公式使用起來會更為方便：

$$
\begin{aligned}
\text{COV}(X, Y) &= E[XY - XE[Y] - YE[X] + E[X]E[Y]] \\
&= E[XY] - 2E[X]E[Y] + E[X]E[Y] \\
&= E[XY] - E[X]E[Y]
\end{aligned} \tag{5.30}
$$

請注意假如其中一個隨機變數有 0 平均值，則 COV(X, Y) = $E[XY]$。

範例 5.26　　獨立隨機變數的共變異量

令 X 和 Y 爲獨立的隨機變數。求出它們的共變異量。

$$\begin{aligned}
\text{COV}(X, Y) &= E\left[\left(X - E[X]\right)\left(Y - E[Y]\right)\right] \\
&= E\left[X - E[X]\right]E\left[Y - E[Y]\right] \\
&= 0
\end{aligned}$$

其中第二個等式使用的事實爲 X 和 Y 爲獨立的，而第三個等式使用的事實爲 $E\left[X - E[X]\right] = E[X] - E[X] = 0$。因此獨立的隨機變數對有 0 共變異量。

　　讓我們看看共變異量是如何地測量 X 和 Y 之間的相關性。共變異量測量以 $m_X = E[X]$ 爲中心的偏移和以 $m_Y = E[Y]$ 爲中心的偏移。假如 $(X - m_X)$ 的一個正值傾向伴隨於 $(Y - m_Y)$ 的一個正值，而且 $(X - m_X)$ 的一個負值傾向伴隨於 $(Y - m_Y)$ 的一個負值；那麼 $(X - m_X)(Y - m_Y)$ 將傾向於是一個正的數值，而它的期望值，$\text{COV}(X,Y)$，將會是正的。這個正是在圖 5.3(d) 中分散點狀圖的狀況，在其中觀察點傾向於沿著一條正斜率的直線做聚集。在另一方面，假如 $(X - m_X)$ 和 $(Y - m_Y)$ 傾向有相異符號，那麼 $\text{COV}(X,Y)$ 將會是負的。這種狀況下，分散點狀圖中的觀察點傾向於沿著一條負斜率的直線做聚集。最後的狀況是，假如 $(X - m_X)$ 和 $(Y - m_Y)$ 有時有相同符號有時有相異符號，那麼 $\text{COV}(X,Y)$ 將會接近 0。在圖 5.3(a)，(b) 和 (c) 的 3 個分散點狀圖就是屬於這種狀況。

　　把 X 或 Y 乘以一個大的數值將會增大共變異量的值，所以我們需要正規化共變異量，以便用一種絕對比率的方式來測量相關性。X 和 Y 的**相關係數 (correlation coefficient)** 被定義爲

$$\rho_{X,Y} = \frac{\text{COV}(X, Y)}{\sigma_X \sigma_Y} = \frac{E[XY] - E[X]E[Y]}{\sigma_X \sigma_Y} \tag{5.31}$$

其中 $\sigma_X = \sqrt{\text{VAR}(X)}$ 和 $\sigma_Y = \sqrt{\text{VAR}(Y)}$ 分別爲 X 和 Y 的標準差。

　　相關係數其絕對值的最大值爲 1：

$$-1 \leq \rho_{X,Y} \leq 1 \tag{5.32}$$

欲證明式(5.32)，我們從一個不等式開始，該不等式所使用的事實爲一個隨機變數其平方的期望值是非負的：

$$0 \leq E\left\{\left(\frac{X - E[X]}{\sigma_X} \pm \frac{Y - E[Y]}{\sigma_Y}\right)^2\right\} = 1 \pm 2\rho_{X,Y} + 1 = 2\left(1 \pm \rho_{X,Y}\right)$$

最後一個式子說明了式(5.32)。

　　$\rho_{X,Y}$ 的極值發生在當 X 和 Y 爲線性相關時，即 $Y = aX + b$：$\rho_{X,Y} = 1$ 假如 $a > 0$；而 $\rho_{X,Y} = -1$ 假如 $a < 0$。在第 6.5 節中我們將會證明 $\rho_{X,Y}$ 可以被視爲是一種程度的統計度量，量測 Y 可用 X 的一個線性函數做預測的程度。

　　X 和 Y 被稱爲是**不相關的(uncorrelated)**假如 $\rho_{X,Y} = 0$。若 X 和 Y 爲獨立的話，那麼 $COV(X, Y) = 0$，所以 $\rho_{X,Y} = 0$。因此假如 X 和 Y 爲獨立的話，那麼 X 和 Y 爲不相關的。在範例 5.22 中，我們看到假如 X 和 Y 爲聯合 Gaussian 且 $\rho_{X,Y} = 0$，那麼 X 和 Y 爲獨立的隨機變數。範例 5.27 則展示出對於非 Gaussian 隨機變數而言，若不相關則獨立的這個敘述並不一定爲眞：有可能 X 和 Y 不相關但卻不獨立。

範例 5.27　不相關但相依的隨機變數

令 Θ 均勻分佈在區間 $(0, 2\pi)$ 之中。令

$$X = \cos \Theta \quad \text{和} \quad Y = \sin \Theta$$

點 (X,Y) 對應到單位圓上被角度 Θ 所指定的點，如在圖 5.18 中所示。在範例 4.36 中，我們看到 X 和 Y 的邊際 pdf 爲反正弦(arcsine)pdf，它們在區間 $(-1, 1)$ 中非零。因此，兩邊際 pdf 的乘積在 $-1 \le x \le 1$ 和 $-1 \le y \le 1$ 的平方區域中非零。所以，假如 X 和 Y 爲獨立的，那麼點 (X,Y) 會散佈在整個平方區域之中。但很明顯的不是這樣的情況，所以 X 和 Y 爲相依的(dependent)。

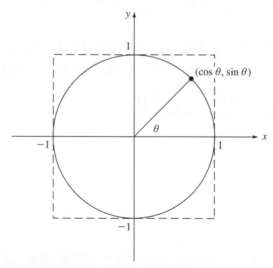

圖 5.18　(X,Y) 是在單位圓上隨機選取的一個點。X 和 Y 不相關但卻不獨立

我們現在證明 X 和 Y 爲不相關的：

$$E[XY] = E[\sin \Theta \cos \Theta] = \frac{1}{2\pi} \int_0^{2\pi} \sin \phi \cos \phi \, d\phi = \frac{1}{4\pi} \int_0^{2\pi} \sin 2\phi \, d\phi = 0$$

因爲 $E[X] = E[Y] = 0$，由式(5.30)我們知道 X 和 Y 爲不相關的。

範例 5.28

令 X 和 Y 為在範例 5.16 中所討論的隨機變數。求出 $E[XY]$，$\text{COV}(X,Y)$ 和 $\rho_{X,Y}$。

式(5.30)和式(5.31)要求我們要先求出 X 和 Y 的平均值，變異量，和相關。從在範例 5.16 中所獲得之 X 和 Y 的邊際 pdf，我們求出 $E[X]=3/2$，$\text{VAR}[X]=5/4$，$E[Y]=1/2$，$\text{VAR}[Y]=1/4$。X 和 Y 的相關為

$$E[XY]=\int_0^\infty\int_0^x xy2e^{-x}e^{-y}\,dy\,dx=\int_0^\infty 2xe^{-x}\left(1-e^{-x}-xe^{-x}\right)dx=1$$

因此相關係數為

$$\rho_{X,Y}=\frac{1-\dfrac{3}{2}\cdot\dfrac{1}{2}}{\sqrt{\dfrac{5}{4}}\sqrt{\dfrac{1}{4}}}=\frac{1}{\sqrt{5}}$$

5.7　條件機率和條件期望

在許多實際的應用中，隨機變數並不是互相獨立的：舉例來說，為了傳送資訊，一個通訊通道的輸出 Y 必須和其輸入 X 相依；又例如，我們對一緩慢變化的波形做取樣時，相鄰的取樣點其取樣值差異不大，所以它們也是不獨立的。在本節中，我們將考慮在已知 $X=x$ 的情況下，如何計算隨機變數 Y 的事件機率和 Y 的期望值。我們將說明條件機率和條件期望值的概念在解決某些問題上是一個非常有用的工具，就算是在我們只考慮兩隨機變數的其一的情況中也是如此。

5.7.1　條件機率

在第 2.4 節中條件機率的定義可以讓我們在已知 $X=x$ 的情況下計算 Y 在 A 中的機率：

$$P[Y\text{ 在 }A\text{ 中}|X=x]=\frac{P[Y\text{ 在 }A\text{ 中, }X=x]}{P[X=x]}\qquad P[X=x]>0 \tag{5.33}$$

情況 1：X 是一個離散隨機變數

對於 X 和 Y 均為離散隨機變數而言，在已知 $X=x$ 的情況下，Y 的條件 pmf 的定義為：

$$p_Y(y|x)=P[Y=y|X=x]=\frac{P[X=x,\,Y=y]}{P[X=x]}=\frac{p_{X,Y}(x,y)}{p_X(x)} \tag{5.34}$$

在上式中的 x 其 $P[X=x]>0$。對於 $P[X=x]=0$ 的 x 而言,我們定義 $p_Y(y|x)=0$。請注意 $p_Y(y|x)=0$ 是一個 y 的函數,而且只有在某一個特定離散集合 $\{y_1, y_2,...\}$ 中的 y 才會使得 $p_Y(y|x)>0$。

條件 pmf 滿足 pmf 之所有的特性,也就是說,對於每一個 y 都有一個非負的機率值,而且這些數值加起來等於 1。從式(5.34)中可看出 $p_Y(y|x_k)$ 為 $p_{X,Y}(x_k, y)$ 沿著在圖 5.6 中 $X=x_k$ 的那一行,但是還要再除以 $p_X(x_k)$ 這個機率值。

令 A 為含有 Y 的事件。在已知 $X=x_k$ 的情況下,事件 A 機率的計算方式為把在 A 中結果的條件 pmf 值相加:

$$P[Y \text{ 在 } A \text{ 中} |X=x_k] = \sum_{y_j \in A} p_Y(y_j|x_k) \tag{5.35}$$

若 X 和 Y 為獨立的,則使用式(5.20)可得

$$p_Y(y_j|x_k) = \frac{P[X=x_k, Y=y_j]}{P[X=x_k]} = P[Y=y_j] = p_Y(y_j) \tag{5.36}$$

換句話說,已知 $X=x_k$ 的這個前提並不影響事件 A 的機率。

式(5.34)意味著 $p_{X,Y}(x, y)$ 這個聯合 pmf 可以表示成一個條件 pmf 和一個邊際 pmf 的乘積:

$$p_{X,Y}(x_k, y_j) = p_Y(y_j|x_k) p_X(x_k) \text{ 和 } p_{X,Y}(x_k, y_j) = p_X(x_k|y_j) p_Y(y_j) \tag{5.37}$$

當我們可以把(X,Y)對看成是依序產生出來時,這個表示式非常有用,例如,先有 X,然後才有給定 $X=x$ 時的 Y。Y 在 A 中的機率為:

$$
\begin{aligned}
P[Y \text{ 在 } A \text{ 中}] &= \sum_{\text{所有的 } x_k} \sum_{y_j \in A} p_{X,Y}(x_k, y_j) \\
&= \sum_{\text{所有的 } x_k} \sum_{y_j \in A} p_Y(y_j|x_k) p_X(x_k) \\
&= \sum_{\text{所有的 } x_k} p_X(x_k) \sum_{y_j \in A} p_Y(y_j|x_k) \\
&= \sum_{\text{所有的 } x_k} P[Y \text{ 在 } A \text{ 中}|X=x_k] p_X(x_k)
\end{aligned}
\tag{5.38}
$$

式(5.38)其實就是我們在第二章中所討論的全機率定理。換句話說,若要計算 $P[Y \text{ 在 } A \text{ 中}]$,我們可以先計算出 $P[Y \text{ 在 } A \text{ 中}|X=x_k]$,然後在 X_k 上做個類「平均」運算。

範例 5.29 **不公正的骰子**

考慮在範例 5.6 和 5.8 中的不公正的骰子實驗。求出 $p_Y(y|5)$。

在範例 5.8 中，我們已求出 $p_X(5)=1/6$。因此：

$$p_Y(y|5)=\frac{p_{X,Y}(5,y)}{p_X(5)} \quad，所以\ p_Y(5|5)=2/7$$

$$p_Y(1|5)=p_Y(2|5)=p_Y(3|5)=p_Y(4|5)=p_Y(6|5)=1/7$$

很清楚的，這個骰子是不公正的。

範例 5.30　**在一個區域中的瑕疵數；Poisson 計數的隨機分配**

在一個晶片上的瑕疵總數 X 是一個 Poisson 隨機變數其平均值為 α。每一個瑕疵落在某一個特定區域 R 的機率為 p 且每一個瑕疵所處的位置和其它的瑕疵的位置是獨立的。求出落在區域 R 中的瑕疵數 Y 的 pmf。

我們可以把這個範例想成是執行一個 Bernoulli 測試，每次當有個瑕疵落在區域 R 中時，該瑕疵發生一個「成功」。假如瑕疵的總數是 $X=k$，那麼 Y 是一個二項隨機變數其參數為 k 和 p：

$$p_Y(j|k)=\begin{cases}0 & j>k\\ \binom{k}{j}p^j(1-p)^{k-j} & 0\le j\le k\end{cases}$$

從式(5.38)和注意 $k\ge j$，我們有

$$p_Y(j)=\sum_{k=0}^{\infty}p_Y(j|k)p_X(k)=\sum_{k=j}^{\infty}\frac{k!}{j!(k-j)!}p^j(1-p)^{k-j}\frac{\alpha^k}{k!}e^{-\alpha}$$

$$=\frac{(\alpha p)^j e^{-\alpha}}{j!}\sum_{k=j}^{\infty}\frac{\{(1-p)\alpha\}^{k-j}}{(k-j)!}$$

$$=\frac{(\alpha p)^j e^{-\alpha}}{j!}e^{(1-p)\alpha}=\frac{(\alpha p)^j}{j!}e^{-\alpha p}$$

因此 Y 是一個 Poisson 隨機變數其平均值為 αp。

假設 Y 是一個連續的隨機變數。式(5.33)可以被使用來定義給定 $X=x_k$ 發生 Y 的條件 cdf：

$$F_Y(y|x_k)=\frac{P[Y\le y,\ X=x_k]}{P[X=x_k]}\qquad P[X=x_k]>0 \tag{5.39}$$

我們很容易證明 $F_Y(y|x_k)$ 滿足 cdf 之所有的特性。給定 $X=x_k$ 發生 Y 的條件 pdf，假如上式的微分存在的話，是定義為

$$f_Y\left(y|x_k\right) = \frac{d}{dy}F_Y\left(y|x_k\right) \tag{5.40}$$

若 X 和 Y 為獨立的，$P[Y{\leq}y,\, X = X_k] = P[Y{\leq}y]P[X = X_k]$ 所以 $F_Y\left(y|x\right) = F_Y\left(y\right)$ 且 $f_Y\left(y|x\right) = f_Y\left(y\right)$。給定 $X = x_k$ 發生事件 A 的機率求法為積分條件 pdf：

$$P[Y \text{ 在 } A \text{ 中}|X = x_k] = \int_{y \text{ 在 } A \text{ 中}} f_Y\left(y|x_k\right)\, dy \tag{5.41}$$

之後 $P[Y$ 在 A 中]的機率可使用式(5.38)求出。

範例 5.31　二元通訊系統

一個通訊通道之輸入 X 有 2 個可能值+1 或-1，機率分別為 1/3 和 2/3。該通道的輸出 $Y = X + N$，其中 N 是一個 0 平均值，單一變異量的 Gaussian 隨機變數。求出給定 $X = +1$ 發生 Y 的條件 pdf，和給定 $X = -1$ 發生 Y 的條件 pdf。求出 $P[X = +1|Y{>}0]$。

給定 $X = +1$ 發生 Y 的條件 cdf 為：

$$F_Y\left(y|+1\right) = P[Y{\leq}y|X = +1] = P[N + 1{\leq}y]$$
$$= P[N{\leq}y - 1] = \int_{-\infty}^{y-1} \frac{1}{\sqrt{2\pi}} e^{-x^2/2}\, dx$$

其中我們注意到假如 $X = +1$，那麼 $Y = N + 1$，因而 Y 只和 N 有關。因此，假如 $X = +1$，則 Y 是一個 Gaussian 隨機變數其平均值為 1 變異量也為 1。類似地，假如 $X = -1$，那麼 Y 是一個 Gaussian 隨機變數其平均值為-1 變異量為 1。

給定 $X = +1$ 發生 $Y{>}0$ 的機率和給定 $X = -1$ 發生 $Y{>}0$ 的機率分別為

$$P[Y{>}0|X = +1] = \int_0^\infty \frac{1}{\sqrt{2\pi}} e^{-(x-1)^2/2}\, dx = \int_{-1}^\infty \frac{1}{\sqrt{2\pi}} e^{-t^2/2}\, dt = 1 - Q(1) = 0.841$$

$$P[Y{>}0|X = -1] = \int_0^\infty \frac{1}{\sqrt{2\pi}} e^{-(x+1)^2/2}\, dx = \int_1^\infty \frac{1}{\sqrt{2\pi}} e^{-t^2/2}\, dt = Q(1) = 0.159$$

套用式(5.38)，我們得到：

$$P[Y{>}0] = P[Y{>}0|X = +1]\frac{1}{3} + P[Y{>}0|X = -1]\frac{2}{3} = 0.386$$

從貝氏(Bayes')定理我們求出：

$$P[X = +1|Y{>}0] = \frac{P[Y{>}0|X = +1]P[X = +1]}{P[Y{>}0]} = \frac{\left(1 - Q(1)\right)/3}{\left(1 + Q(1)\right)/3} = 0.726$$

我們的結論為假如 $Y>0$，那麼 $X=+1$ 較 $X=-1$ 更為可能發生。因此當接收端觀察到 $Y>0$ 時，接收端應該判定輸入為 $X=+1$。

在前一個範例中，我們採用了一個有趣的步驟，該步驟值得再次強調一下，因為它出現的滿頻繁的：$P[Y \leq y | X=+1] = P[N+1 \leq y]$，其中 $Y = X + N$。讓我們再仔細地看一下：

$$P[Y \leq z | X=x] = \frac{P\left[\{X+N \leq z\} \bigcap \{X=x\}\right]}{P[X=x]} = \frac{P\left[\{x+N \leq z\} \bigcap \{X=x\}\right]}{P[X=x]}$$
$$= P[x+N \leq z | X=x] = P[N \leq z-x | X=x]$$

在第一列中，事件 $\{X+N \leq z\}$ 和 $\{x+N \leq z\}$ 是相當不同的。前者牽涉到兩隨機變數 X 和 N，而後者只牽涉到 N，因此簡單的多。我們然後可以套用一個如式(5.38)的表示式以獲得 $P[Y \leq z]$。然而，我們在這個範例中所採用的步驟，是更為的有趣。因為 X 和 N 為獨立的隨機變數，我們可以把該表示式做更進一步的簡化：

$$P[Y \leq z | X=x] = P[N \leq z-x | X=x] = P[N \leq z-x]$$

X 和 N 的獨立性讓我們可以消除在 x 上的條件！

情況 2：X 是一個連續的隨機變數

若 X 是一個連續的隨機變數，那麼 $P[X=x]=0$，所以式(5.33)對於所有的 x 都是未定義的。假如 X 和 Y 有一個聯合 pdf，它在平面上的某些區域是連續且非零的，我們定義給定 $X=x$ 發生 Y 的條件 cdf 的方式，是用以下的極限程序：

$$F_Y(y|x) = \lim_{h \to 0} F_Y(y | x < X \leq x+h) \tag{5.42}$$

在式(5.42)右方的條件 cdf 為：

$$F_Y(y | x<X \leq x+h) = \frac{P[Y \leq y, \, x<X \leq x+h]}{P[x<X \leq x+h]}$$
$$= \frac{\int_{-\infty}^{y} \int_{x}^{x+h} f_{X,Y}(x', y') \, dx' \, dy'}{\int_{x}^{x+h} f_X(x') \, dx'} = \frac{\int_{-\infty}^{y} f_{X,Y}(x, y') \, dy' h}{f_X(x) h} \tag{5.43}$$

當我們令 h 趨近於 0，式(5.42)和式(5.43)會變成

$$F_Y(y|x) = \frac{\int_{-\infty}^{y} f_{X,Y}(x, y') \, dy'}{f_X(x)} \tag{5.44}$$

給定 $X = x$ 發生 Y 的條件 pdf 則爲：

$$f_Y(y|x) = \frac{d}{dy} F_Y(y|x) = \frac{f_{X,Y}(x, y)}{f_X(x)} \tag{5.45}$$

我們很容易證明 $f_Y(y|x)$ 滿足 pdf 的特性。我們可以對 $f_Y(y|x)\ dy$ 做以下的解讀：已知 X 是處於在由 $(x, x + dx)$ 所定義之無限小長條中，Y 是處於在由 $(y, y + dy)$ 所定義之無限小長條中的機率，如在圖 5.19 中所示。

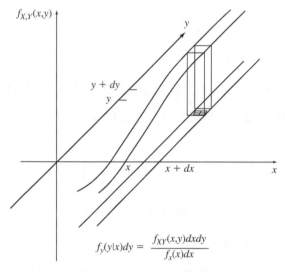

$$f_y(y|x)dy = \frac{f_{XY}(x,y)dxdy}{f_x(x)dx}$$

圖 5.19　條件 pdf 的解讀

給定 $X = x$ 發生，事件 A 的機率爲：

$$P[Y \text{ 在 } A \text{ 中}|X = x] = \int_{y \text{ 在 } A \text{ 中}} f_Y(y|x)\ dy \tag{5.46}$$

在離散狀況式(5.34)和連續狀況的式(5.45)之間有一個非常強烈的相似性。事實上，許多相同的特性都成立。舉例來說，我們從式(5.45)得到乘法法則：

$$f_{X,Y}(x, y) = f_Y(y|x) f_X(x) \text{ 和 } f_{X,Y}(x, y) = f_X(x|y) f_Y(y) \tag{5.47}$$

若 X 和 Y 爲獨立的，那麼 $f_{X,Y}(x, y) = f_X(x) f_Y(y)$，$f_Y(y|x) = f_Y(y)$，$f_X(x|y) = f_X(x)$，$F_Y(y|x) = F_Y(y)$ 和 $F_X(x|y) = F_X(x)$。

結合式(5.46)和式(5.47)，我們可以證明：

$$P[Y \text{ 在 } A \text{ 中}] = \int_{-\infty}^{\infty} P[Y \text{ 在 } A \text{ 中}|X = x] f_X(x)\ dx \tag{5.48}$$

你可以把式(5.48)想成是全機率定理的「連續」版本。在計算複雜事件的機率時，以上的結果是很有用的。我們用以下的範例來說明。

範例 5.32

令 X 和 Y 為在範例 5.8 中的隨機變數。求出 $f_X(x|y)$ 和 $f_Y(y|x)$。

使用在範例 5.8 中所得的邊際 pdf，我們有

$$f_X(y|x) = \frac{2e^{-x}e^{-y}}{2e^{-2y}} = e^{-(x-y)} \qquad x \geq y$$

$$f_Y(y|x) = \frac{2e^{-x}e^{-y}}{2e^{-x}(1-e^{-x})} = \frac{e^{-y}}{1-e^{-x}} \qquad 0 < y < x$$

X 的條件 pdf 是一個指數型態的 pdf，往右位移了 y 單位。Y 的條件 pdf 也是一個指數型態的 pdf，但是被截斷在區間$[0, x]$中。

範例 5.33　**在一段服務時間中的顧客到達數**

在一個服務台的一段時間 t 中，顧客的到達數 N 是一個 Poisson 隨機變數，其參數為 βt。服務每一位顧客所需的時間 T 是一個指數型態的隨機變數，其參數為 α。求出在服務一位特定顧客的時間 T 中，又有 N 位顧客到達的 pmf。假設顧客到達數獨立於顧客服務的時間。

就算 Y 是一個離散隨機變數，式(5.48)還是成立的，因此

$$P[N=k] = \int_0^\infty P[N=k|T=t]f_T(t)\ dt$$

$$= \int_0^\infty \frac{(\beta t)^k}{k!}e^{-\beta t}\alpha e^{-\alpha t}\ dt = \frac{\alpha \beta^k}{k!}\int_0^\infty t^k e^{-(\alpha+\beta)t}\ dt$$

令 $r = (\alpha+\beta)t$，那麼

$$P[N=k] = \frac{\alpha \beta^k}{k!(\alpha+\beta)^{k+1}}\int_0^\infty r^k e^{-r}\ dr$$

$$= \frac{\alpha \beta^k}{(\alpha+\beta)^{k+1}} = \left(\frac{\alpha}{(\alpha+\beta)}\right)\left(\frac{\beta}{(\alpha+\beta)}\right)^k$$

其中我們有使用的事實為最後的那個積分是一個 gamma 函數，它等於 $k!$。因此 N 是一個幾何隨機變數，其「成功」的機率為 $\alpha/(\alpha+\beta)$。每一次一位顧客到達時我們可以想像成是一個新的 Bernoulli 測試開始進行，其中「成功」指的是在下一位顧客到達之前該顧客的服務時間被完成了。

範例 5.34

X 是從單位區間中被隨機選出；Y 然後是區間$(0, X)$中被隨機選出。求出 Y 的 cdf。

當 $X = x$ 時，Y 均勻分佈在$(0,x)$中，所以給定 $X = x$ 發生，Y 的條件 cdf 為

$$P[Y \leq y | X = k] = \begin{cases} y/x & 0 \leq y \leq x \\ 1 & x < y \end{cases}$$

由式(5.48)和以上的條件 cdf 可得：

$$F_Y(y) = P[Y \leq y] = \int_0^1 P[Y \leq y | X = x] f_X(x) \, dx =$$
$$= \int_0^y 1 \, dx' + \int_y^1 \frac{y}{x'} \, dx' = y - y \ln y$$

微分以上的 cdf 可獲得對應的 pdf：

$$f_Y(y) = -\ln y \quad 0 \leq y \leq 1$$

範例 5.35 **最大後驗法(Maximum a Posteriori)接收器**

考慮在範例 5.31 中的通訊系統，求出給定通道輸出 $Y = y$ 發生，輸入 $X = +1$ 的機率。

這是貝氏定理的一個巧妙版本。我們把以知的條件改為事件 $\{y < Y \leq y + \Delta\}$ 而非 $\{Y = y\}$：

$$P[X = +1 | y < Y < y + \Delta] = \frac{P[y < Y < y + \Delta | X = +1] P[X = +1]}{P[y < Y < y + \Delta]}$$
$$= \frac{f_Y(y|+1) \Delta (1/3)}{f_Y(y|+1) \Delta (1/3) + f_Y(y|-1) \Delta (2/3)}$$
$$= \frac{\frac{1}{\sqrt{2\pi}} e^{-(y-1)^2/2} (1/3)}{\frac{1}{\sqrt{2\pi}} e^{-(y-1)^2/2} (1/3) + \frac{1}{\sqrt{2\pi}} e^{-(y+1)^2/2} (2/3)}$$
$$= \frac{e^{-(y-1)^2/2}}{e^{-(y-1)^2/2} + 2e^{-(y+1)^2/2}} = \frac{1}{1 + 2e^{-2y}}$$

當 $y_T = 0.3466$ 時，以上的表示式等於 1/2。對於 $y > y_T$，$X = +1$ 較為可能發生，而對於 $y < y_T$，$X = -1$ 較為可能發生。一個接收器在給定 $Y = y$ 的情況下，選擇較為可能發生的輸入 X，稱為是一個最大後驗法則接收器。

5.7.2　條件期望(conditional expectation)

給定 $X = x$ 發生，Y 的條件期望被定義為

$$E[Y|x] = \int_{-\infty}^{\infty} y f_Y(y|x) \, dy \tag{5.49a}$$

考慮一個特例：X 和 Y 均為離散隨機變數，我們有：

$$E[Y|x_k] = \sum_{y_j} y_j p_Y(y_j|x_k) \tag{5.49b}$$

很清楚的，$E[Y|x]$ 為伴隨於條件 pdf 或 pmf 的質量中心。

條件期望 $E[Y|x]$ 可以視為是為 x 定義了一個函數：$g(x) = E[Y|x]$。因此，談論隨機變數 $g(X) = E[Y|X]$ 是滿合理的。我們可以想像有一個隨機實驗被執行，而 X 的一個值被獲得，例如 $X = x_0$，然後 $g(x_0) = E[Y|x_0]$ 的值被產生。我們對 $E[g(X)] = E[E[Y|X]]$ 感興趣。特別的是，我們現在證明

$$E[Y] = E[E[Y|X]] \tag{5.50}$$

其中右方為

$$E[E[Y|X]] = \int_{-\infty}^{\infty} E[Y|x] f_X(x) \, dx \quad X\text{為連續} \tag{5.51a}$$

$$E[E[Y|X]] = \sum_{x_k} E[Y|x_k] p_X(x_k) \quad X\text{為離散} \tag{5.51b}$$

我們針對 X 和 Y 為聯合連續隨機變數的狀況來證明式(5.50)，我們有

$$\begin{aligned}
E[E[Y|X]] &= \int_{-\infty}^{\infty} E[Y|x] f_X(x) \, dx \\
&= \int_{-\infty}^{\infty} \int_{-\infty}^{\infty} y f_Y(y|x) \, dy \, f_X(x) \, dx \\
&= \int_{-\infty}^{\infty} y \int_{-\infty}^{\infty} f_{X,Y}(x, y) \, dx \, dy \\
&= \int_{-\infty}^{\infty} y f_Y(y) \, dy = E[Y]
\end{aligned}$$

以上的結果對於 Y 的函數的期望值也成立：

$$E[h(Y)] = E[E[h(Y)|X]]$$

特別的是，Y 的第 k 階動差為

$$E[Y^k] = E[E[Y^k|X]]$$

範例 5.36 在一個區域中瑕疵的平均數

使用條件期望求出在範例 5.30 中 Y 的平均值。

$$E[Y] = \sum_{k=0}^{\infty} E[Y|X=k] P[X=k] = \sum_{k=0}^{\infty} kp P[X=k] = pE[X] = p\alpha$$

第二個等式使用的事實為 $E[Y|X=k] = kp$，因為 Y 為具參數 k 和 p 的二項隨機變數。請注意第二個到第三個等式對任何種的 X pmf 均成立。X 為 Poisson 隨機變數其平均值為 α 的事實直到最後那一個等式才被使用到。

範例 5.37 二元通訊通道

求出在範例 5.31 中通訊通道輸出 Y 的平均值。

Y 是一個 Gaussian 隨機變數，當 $X=+1$ 時平均值為 $+1$，當 $X=-1$ 時平均值為 -1，所以給定 X 發生時，Y 的條件期望值為：

$$E[Y|+1] = 1 \quad 和 \quad E[Y|-1] = -1$$

由式(5.38b)可得

$$E[Y] = \sum_{k=0}^{\infty} E[Y|X=k] P[X=k] = +1(1/3) - 1(2/3) = -1/3$$

所得的平均值是負的，因為 $X=-1$ 的發生機率是 $X=+1$ 發生機率的 2 倍。

範例 5.38 在一段服務時間中到達次數的平均數

求出在範例 5.33 中 N 的平均值和變異量，其中 N 為在服務一位特定顧客的服務時間 T 中，其他顧客的到達數。

當 $T=t$ 被給定時，N 是一個 Poisson 隨機變數其參數為 βt，所以前兩個條件動差為：

$$E[N|T=t] = \beta t \quad E[N^2|T=t] = (\beta t) + (\beta t)^2$$

N 的前兩個動差的求法可由式(5.50)：

$$E[N] = \int_0^{\infty} E[N|T=t] f_T(t) \, dt = \int_0^{\infty} \beta t f_T(t) \, dt = \beta E[T]$$

$$E[N^2] = \int_0^{\infty} E[N^2|T=t] f_T(t) \, dt = \int_0^{\infty} \{\beta t + \beta^2 t^2\} f_T(t) \, dt$$
$$= \beta E[T] + \beta^2 E[T^2]$$

那麼 N 的變異量為

$$\begin{aligned}
\text{VAR}[N] &= E[N^2] - (E[N])^2 \\
&= \beta^2 E[T^2] + \beta E[T] - \beta^2 (E[T])^2 \\
&= \beta^2 \text{VAR}[T] + \beta E[T]
\end{aligned}$$

請注意，假如 T 不是隨機的(也就是說，$E[T]=$常數且 $\text{VAR}[T]=0$)，那麼 N 的平均值和變異量會和一個參數為 $\beta E[T]$ 的 Poisson 隨機變數的那些值一模一樣。當 T 具隨機性時，N 的平均值不變，但是 N 的變異量會增加 $\beta^2 \text{VAR}[T]$，也就是說，T 的可變性會造成在 N 中有較大的可變性。到此時，我們故意地避免去提及 T 有一個指數型態分佈的事實，因為我們想強調以上的結果對於任何種類的服務時間分佈 $f_T(t)$ 都是成立的。假如 T 是具參數 α 之指數型態分佈，那麼 $E[T]=1/\alpha$ 且 $\text{VAR}[T]=1/\alpha^2$，所以

$$E[N] = \frac{\beta}{\alpha} \quad \text{和} \quad \text{VAR}[N] = \frac{\beta^2}{\alpha^2} + \frac{\beta}{\alpha}$$

5.8　兩隨機變數的函數

我們通常對伴隨於某些實驗所產生的隨機變數它們的一個或多個函數感興趣。舉例來說，假如我們重複的測量同一個隨機量，我們可能對在集合中的最小值和最大值感興趣，也對樣本平均值和樣本變異量感興趣。在本節中我們提出一些方法來決定兩隨機變數的函數事件的機率。

5.8.1　兩隨機變數的一個函數

令隨機變數 Z 被定義為是兩隨機變數的一個函數：

$$Z = g(X, Y) \tag{5.52}$$

Z 的 cdf 的求法為首先求出 $\{Z \le z\}$ 的等價事件，也就是集合 $R_z = \{\mathbf{x} = (x, y)$ 使得 $g(\mathbf{x}) \le z\}$，然後

$$F_z(z) = P[\mathbf{X} \text{ 在 } R_z \text{ 中}] = \iint_{(x,y) \in R_z} f_{X,Y}(x', y') \, dx' \, dy' \tag{5.53}$$

之後再對 $F_z(z)$ 微分，就可以求出 Z 的 pdf。

範例 5.39　兩隨機變數的和

令 $Z = X + Y$。使用 X 和 Y 的聯合 pdf 求出 $F_Z(z)$ 和 $f_Z(z)$。

Z 的 cdf 的求法為積分 X 和 Y 的聯合 pdf，積分區域為平面上對應到事件 $\{Z \le z\}$ 的區域，如在圖 5.20 中所示。

$$F_Z(z) = \int_{-\infty}^{\infty} \int_{-\infty}^{z-x'} f_{X,Y}(x', y') \, dy' \, dx'$$

Z 的 pdf 為

$$f_Z(z) = \frac{d}{dz} F_Z(z) = \int_{-\infty}^{\infty} f_{X,Y}(x', z-x') \, dx' \tag{5.54}$$

因此兩隨機變數和的 pdf 是一個重疊(superposition)積分。

若 X 和 Y 為獨立的隨機變數，那麼由式(5.23)可得 pdf 為 X 和 Y 邊際 pdf 的摺積(convolution integral)：

$$f_Z(z) = \int_{-\infty}^{\infty} f_X(x') f_Y(z-x') \, dx' \tag{5.55}$$

在第 7 章中，我們會說明如何使用轉換方法來計算如式(5.55)的摺積。

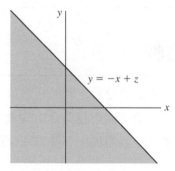

圖 5.20　$P[Z \le z] = P[X + Y \le Z]$

範例 5.40　非獨立的 Gaussian 隨機變數的和

求出 $Z = X + Y$ 的 pdf，其中 X 和 Y 為兩個 0 平均值，單一變異量的 Gaussian 隨機變數其相關係數 $\rho = -1/2$。

這個隨機變數對的聯合 pdf 如在範例 5.18 中所給定。Z 的 pdf 的求法為把聯合 Gaussian 隨機變數 pdf 代入到式(5.54)中：

$$
\begin{aligned}
f_Z(z) &= \int_{-\infty}^{\infty} f_{X,Y}(x', z-x') \, dx' \\
&= \frac{1}{2\pi(1-\rho^2)^{1/2}} \int_{-\infty}^{\infty} e^{-\left[x'^2 - 2\rho x'(z-x') + (z-x')^2\right]/2(1-\rho^2)} \, dx' \\
&= \frac{1}{2\pi(3/4)^{1/2}} \int_{-\infty}^{\infty} e^{-(x'^2 - x'z + z^2)/2(3/4)} \, dx'
\end{aligned}
$$

在完成指數函數其指數引數的配方之後,我們得到

$$f_Z(z) = \frac{e^{-z^2/2}}{\sqrt{2\pi}}$$

因此,兩個非獨立 Gaussian 隨機變數的和也是一個 0 平均值,單一變異量的 Gaussian 隨機變數。

範例 5.41 **一個具備用裝置的系統**

一個具備用裝置的系統平常有一個關鍵元件在運作,而且具有一個重複的相同元件處於備用模式中。當第一個元件壞了時,第二個元件就要上場運作。求出本系統生命期的 pdf,假如每一元件有獨立之指數型態分佈的生命期,具有相同的平均值。

令 T_1 和 T_2 為兩個元件的生命期,那麼該系統的生命期 $T = T_1 + T_2$,且 T 的 pdf 如式(5.55)所給定。在積分中的項為

$$f_{T_1}(x) = \begin{cases} \lambda e^{-\lambda x} & x \geq 0 \\ 0 & x < 0 \end{cases}$$

$$f_{T_2}(z-x) = \begin{cases} \lambda e^{-\lambda(z-x)} & z-x \geq 0 \\ 0 & x > z \end{cases}$$

請注意第一個式子設定積分的下限為 0,而第二個式子設定積分的上限為 z。式(5.55)變成

$$f_T(z) = \int_0^z \lambda e^{-\lambda x} \lambda e^{-\lambda(z-x)} \, dx$$
$$= \lambda^2 e^{-\lambda z} \int_0^z dx = \lambda^2 z e^{-\lambda z}$$

因此 T 是一個 Erlang 隨機變數其參數 $m = 2$。

條件 pdf 可以被使用來求出好幾個隨機變數的一個函數的 pdf。令 $Z = g(X, Y)$,並假設我們已知 $Y = y$,那麼 $Z = g(X, y)$ 是單一隨機變數的函數。因此我們可以使用在第 4.5 節中為單一隨機變數所發展出來的方法來求出給定 $Y = y$ 發生時,Z 的 pdf:$f_Z(z|Y = y)$。Z 的 pdf 的求法為

$$f_Z(z) = \int_{-\infty}^{\infty} f_Z(z|y') f_Y(y') \, dy'$$

範例 5.42

令 $Z = X/Y$。求出 Z 的 pdf,其中 X 和 Y 為獨立的且兩者都是平均值 1 的指數型態分佈。

假設 $Y = y$，那麼 $Z = X/y$ 爲 X 的一個改變尺度版本。因此從範例 4.31 可得

$$f_Z(z|y) = |y| f_X(yz|y)$$

因此 Z 的 pdf 爲

$$f_Z(z) = \int_{-\infty}^{\infty} |y'| f_X(y'z|y') f_Y(y') \, dy' = \int_{-\infty}^{\infty} |y'| f_{X,Y}(y'z, y') \, dy'$$

我們現在使用 X 和 Y 爲獨立的，且兩者都是平均值 1 的指數型態分佈的事實：

$$
\begin{aligned}
f_Z(z) &= \int_0^{\infty} y' f_X(y'z) f_Y(y') \, dy' \quad z > 0 \\
&= \int_0^{\infty} y' e^{-y'z} e^{-y'} \, dy' \\
&= \frac{1}{(1+z)^2} \quad z > 0
\end{aligned}
$$

5.8.2　兩隨機變數的轉換

令 X 和 Y 爲伴隨於某實驗的隨機變數，並令隨機變數 Z_1 和 Z_2 是由 $\mathbf{X} = (X, Y)$ 的兩個函數所定義：

$$Z_1 = g_1(\mathbf{X}) \quad 和 \quad Z_2 = g_2(\mathbf{X})$$

我們現在考慮如何求出 Z_1 和 Z_2 的聯合 cdf 和 pdf。

Z_1 和 Z_2 在點 $\mathbf{z} = (z_1, z_2)$ 的聯合 cdf 等於 $\mathbf{x}$ 的某區域機率，該區域被 $g_k(\mathbf{x}) \leq z_k$，$k = 1$，2 所定義：

$$F_{z_1, z_2}(z_1, z_2) = P\left[g_1(\mathbf{X}) \leq z_1, \; g_2(\mathbf{X}) \leq z_2 \right] \tag{5.56a}$$

假如 X，Y 有一個聯合 pdf，那麼

$$F_{z_1, z_2}(z_1, z_2) = \iint_{\mathbf{x}': g_k(\mathbf{x}') \leq z_k} f_{X,Y}(x', y') \, dx' \, dy' \tag{5.56b}$$

範例 5.43

令隨機變數 W 和 Z 被定義爲

$$W = \min(X, Y) \quad 和 \quad Z = \max(X, Y)$$

用 X 和 Y 的聯合 cdf 求出 W 和 Z 的聯合 cdf。

式(5.56a)意味著

$$F_{W,Z}(w\ z) = P\left[\{\min(X, Y)\le w\}\bigcap\{\max(X, Y)\le z\}\right]$$

對應到這個事件的區域如在圖 5.21 中所示。從該圖中我們可以很清楚地看到假如 $z>w$，以上的機率就是由點(z,z)所定義之半無限矩形的機率減去由 A 所代表之平方區域的機率。因此假如 $z>w$

$$\begin{aligned}F_{W,Z}(w, z) &= F_{X,Y}(z, z) - P[A]\\ &= F_{X,Y}(z, z) - \{F_{X,Y}(z, z) - F_{X,Y}(w, z) - F_{X,Y}(z, w) + F_{X,Y}(w, w)\}\\ &= F_{X,Y}(w, z) + F_{X,Y}(z, w) - F_{X,Y}(w, w)\end{aligned}$$

若 $z<w$ 則

$$F_{W,Z}(w, z) = F_{X,Y}(z, z)$$

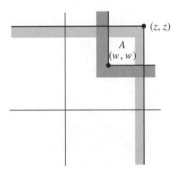

圖 5.21　$\{\min(X, Y)\le w = \{X\le w\}\cup\{Y\le w\}\}$ 和 $\{\max(X, Y)\le z = \{X\le z\}\cap\{Y\le z\}\}$

範例 5.44　獨立的 Gaussian 隨機變數的半徑和角度

令 X 和 Y 為 0 平均值，單一變異量之獨立的 Gaussian 隨機變數。求出 R 和 Θ 的聯合 cdf 和 pdf，他們分別是點(X,Y)的半徑和角度：

$$R = (X^2 + Y^2)^{1/2} \qquad \Theta = \tan^{-1}(Y/X)$$

R 和 Θ 的聯合 cdf 為：

$$F_{R,\Theta}(r_0, \theta_0) = P[R\le r_0, \Theta\le\theta_0] = \iint\limits_{(x, y)\in R_{(r_0, \theta_0)}} \frac{e^{-(x^2+y^2)/2}}{2\pi}\ dx\ dy$$

其中

$$R_{(r_0, \theta_0)} = \left\{(x, y):\sqrt{x^2+y^2}\le r_0,\ 0<\tan^{-1}(Y/X)\le\theta_0\right\}$$

區域 R_{r_0, θ_0} 為在圖 5.22 中所示的派形區域。我們做變數變換，從直角座標換成極座標以獲得：

$$F_{R,\Theta}\,(r_0,\,\theta_0) = P[R \le r_0,\, \Theta \le \theta_0] = \int_0^{r_0}\int_0^{\theta_0} \frac{e^{-r^2/2}}{2\pi}\, r\, dr\, d\theta$$

$$= \frac{\theta_0}{2\pi}\left(1 - e^{-r_0^2/2}\right), \quad 0 < \theta_0 < 2\pi \quad 0 < r_0 < \infty \tag{5.57}$$

R 和 Θ 為獨立的隨機變數，其中 R 有一個 Rayleigh 分佈，而 Θ 均勻分佈在 $(0,\,2\pi)$ 中。聯合 pdf 的求法就是把上式對 r 和 θ 做偏微分：

$$f_{R,\Theta}\,(r,\,\theta) = \frac{\partial^2}{\partial r \partial \theta}\, \frac{\theta}{2\pi}\left(1 - e^{-r^2/2}\right) = \frac{1}{2\pi}\left(re^{-r^2/2}\right) \quad \text{其中}\, 0 < \theta < 2\pi \quad 0 < r < \infty$$

　　這個轉換把在平面上的每一個點從直角座標映射至極座標。我們可以也反向地從極座標映射至直角座標。首先我們產生獨立的 Rayleigh R 和均勻的 Θ 隨機變數。我們然後轉換 R 和 Θ 到直角座標中以獲得一個獨立的 0 平均值，單一變異量 Gaussian 隨機變數對。美妙極了！

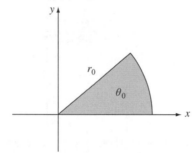

圖 5.22　在範例 5.44 中積分 R_{r_0, θ_0} 的區域

5.8.3　線性轉換的 pdf

Z 的聯合 pdf 可以用 $\mathbf{X}$ 的聯合 pdf 直接地求出，方法為找出無限小矩形的的等價事件。我們考慮兩隨機變數的**線性轉換(linear transformation)**：

$$\begin{aligned} V &= aX + bY \\ W &= cX + eY \end{aligned} \quad \text{即} \quad \begin{bmatrix} V \\ W \end{bmatrix} = \begin{bmatrix} a & b \\ c & e \end{bmatrix} \begin{bmatrix} X \\ Y \end{bmatrix}$$

我們把以上的矩陣表示為 A。我們將假設 A 有一個反矩陣，也就是說，它的行列式 $|ae - bc| \ne 0$，所以每一個點 $(v,\,w)$ 都有一個獨一無二的對應點 $(x,\,y)$，可由下式得到

$$\begin{bmatrix} x \\ y \end{bmatrix} = A^{-1} \begin{bmatrix} v \\ w \end{bmatrix} \tag{5.58}$$

考慮如在圖 5.23 中所示的無限小矩形。在這個矩形中的點被映射到在圖中所示平的行四邊形之中。這個無限小的矩形和該平行四邊形為等價事件,所以它們的機率必須要相等。因此

$$f_{X,Y}(x, y)\, dx\, dy \simeq f_{V, W}(v, w)\, dP$$

其中 dP 是該平行四邊形的面積。V 和 W 的聯合 pdf 因此給定為

$$f_{V, W}(v, w) = \frac{f_{X,Y}(x, y)}{\left| \dfrac{dP}{dx\, dy} \right|} \tag{5.59}$$

其中 x 和 y 和 (v, w) 之間的關係為式(5.58)。式(5.59)說明了 V 和 W 在(v, w)處的聯合 pdf 就是 X 和 Y 在對應的點(x, y)處的 pdf,但是必須要縮放一下,比例值為「伸展因子」$dP/dxdy$。我們可以證明 $dP = (|ae - bc|)\, dx\, dy$,所以「伸展因子」為

$$\left| \frac{dP}{dx\, dy} \right| = \frac{|ae - bc|\,(dx\, dy)}{(dx\, dy)} = |ae - bc| = |A|$$

其中$|A|$為 A 的行列式。

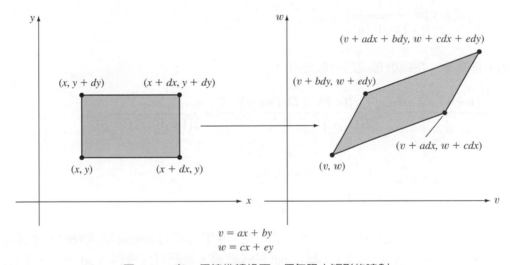

$$v = ax + by$$
$$w = cx + ey$$

圖 5.23　在一個線性轉換下一個無限小矩形的映射

以上的結果可以使用矩陣符號來寫,所得的式子會比較簡潔。令向量 **Z** 為

$$\mathbf{Z} = A\mathbf{X}$$

其中 A 是一個 $n \times n$ 非奇異可逆(invertible)矩陣。**Z** 的聯合 pdf 為

$$f_z(\mathbf{z}) = \frac{f_x(A^{-1}\mathbf{z})}{|A|} \tag{5.60}$$

範例 5.45 **聯合 Gaussian 隨機變數的線性轉換**

令 X 和 Y 為在範例 5.18 中所介紹的聯合 Gaussian 隨機變數。令 V 和 W 為從 (X,Y) 所獲得的隨機變數

$$\begin{bmatrix} V \\ W \end{bmatrix} = \frac{1}{\sqrt{2}} \begin{bmatrix} 1 & 1 \\ -1 & 1 \end{bmatrix} \begin{bmatrix} X \\ Y \end{bmatrix} = A \begin{bmatrix} X \\ Y \end{bmatrix}$$

求出 V 和 W 的聯合 pdf。

該矩陣的行列式 $|A| = 1$，而其反向映射為

$$\begin{bmatrix} X \\ Y \end{bmatrix} = \frac{1}{\sqrt{2}} \begin{bmatrix} 1 & -1 \\ 1 & 1 \end{bmatrix} \begin{bmatrix} V \\ W \end{bmatrix}$$

所以 $X = (V - W)/\sqrt{2}$ 且 $Y = (V + W)/\sqrt{2}$。因此 V 和 W 的聯合 pdf 為

$$f_{V,W}(v, w) = f_{X,Y}\left(\frac{v - w}{\sqrt{2}}, \frac{v + w}{\sqrt{2}} \right)$$

其中

$$f_{X,Y}(x, y) = \frac{1}{2\pi\sqrt{1-\rho^2}} e^{-\left(x^2 - 2\rho xy + y^2\right)/2\left(1-\rho^2\right)}$$

把 x 和 y 替換掉，在指數那兒的引數變成

$$\frac{(v-w)^2/2 - 2\rho(v-w)(v+w)/2 + (v+w)^2/2}{2(1-\rho^2)} = \frac{v^2}{2(1+\rho)} + \frac{w^2}{2(1-\rho)}$$

因此

$$f_{V,W}(v, w) = \frac{1}{2\pi(1-\rho^2)^{1/2}} e^{-\left\{\left[v^2/2(1+\rho)\right] + \left[w^2/2(1-\rho)\right]\right\}}$$

我們可以看到轉換後的變數 V 和 W 是獨立的，0 平均值 Gaussian 隨機變數，變異量分別為 $1+\rho$ 和 $1-\rho$。圖 5.24 展示出 (X,Y) 聯合 pdf 的等值線。我們可以看到該 pdf 相對於圓點有橢圓形對稱，其主軸和平面的軸夾 45° 度角。在第 5.9 節中我們將會說明以上的線性轉換對應到座標系統的一個旋轉，所以平面的軸會被對齊到該橢圓的軸。

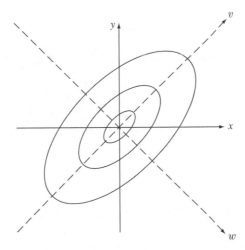

圖 5.24 在範例 5.45 中討論的聯合 Gaussian pdf 其等值線

5.9 聯合 GAUSSIAN 隨機變數對

聯合 Gaussian 隨機變數出現在許多電機工程的應用中。它們經常被使用來模擬在信號處理應用中的信號。在通訊系統中，我們常要處理處於雜訊環境中的信號，聯合 Gaussian 隨機變數是最重要且常用的模型。它們也在許多的統計方法中扮演了一個關鍵的角色。

隨機變數 X 和 Y 被稱為**聯合 Gaussian(jointly Gaussian)**假如它們的聯合 pdf 有以下的形式

$$f_{X,Y}(x,y) = \frac{\exp\left\{\frac{-1}{2\left(1-\rho_{X,Y}^2\right)}\left[\left(\frac{x-m_1}{\sigma_1}\right)^2 - 2\rho_{X,Y}\left(\frac{x-m_1}{\sigma_1}\right)\left(\frac{y-m_2}{\sigma_2}\right) + \left(\frac{y-m_2}{\sigma_2}\right)^2\right]\right\}}{2\pi\sigma_1\sigma_2\sqrt{1-\rho_{X,Y}^2}}$$

$-\infty < x < \infty$　和　$-\infty < y < \infty$ 　　　　(5.61a)

這個 pdf 的中心點位於 (m_1, m_2)，而且它有一個鐘的形狀(bell shape)，該鐘形取決於 σ_1、σ_2 和 $\rho_{X,Y}$ 的值，如在圖 5.25 中所示。如在該圖中所示，有一些 X 和 Y 的值會讓指數函數中指數的引數為常數，因而 pdf 在那些 X 和 Y 的值上也為常數：

$$\left[\left(\frac{x-m_1}{\sigma_1}\right)^2 - 2\rho_{X,Y}\left(\frac{x-m_1}{\sigma_1}\right)\left(\frac{y-m_2}{\sigma_2}\right) + \left(\frac{y-m_2}{\sigma_2}\right)^2\right] = 常數 \qquad (5.61b)$$

圖 5.26 展示出 2 個 pdf 其橢圓等值線的方位，我們用了不同的 σ_1、σ_2 和 $\rho_{X,Y}$ 值。當 $\rho_{X,Y}=0$ 時，也就是說，當 X 和 Y 為獨立時，pdf 其等值線會是一個橢圓，其主軸會對齊 x 軸和 y 軸。當 $\rho_{X,Y}\neq 0$ 時，橢圓其主軸的方向會沿著以下的角度[Edwards and Penney, pp. 570–571]

$$\theta = \tfrac{1}{2}\arctan^{-1}\tan\left(\frac{2\rho_{X,Y}\sigma_1\sigma_2}{\sigma_1^2-\sigma_2^2}\right) \qquad (5.62)$$

請注意當變異量相等時，該角度為 45°。

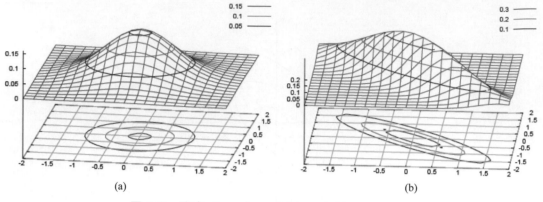

圖 5.25 聯合 Gaussian pdf (a) $\rho = 0$ (b) $\rho = -0.9$ 。

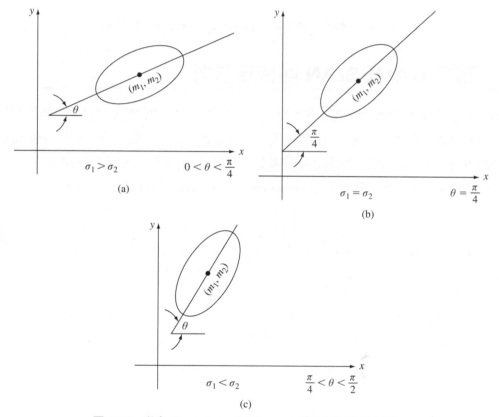

圖 5.26 聯合 Gaussian pdf 在 $\rho_{X,Y} > 0$ 時其等值線的方位。

X 的邊際 pdf 的求法就是把在 $f_{X,Y}(x, y)$ 中的 y 做積分積掉。積分的過程需要對指數函數中指數的引數做配方，如在範例 5.18 中所示的技巧。X 的邊際 pdf 的結果為

$$f_X(x) = \frac{e^{-(x-m_1)^2/2\sigma_1^2}}{\sqrt{2\pi}\,\sigma_1} \tag{5.63}$$

也就是說，X 是一個 Gaussian 隨機變數其平均值為 m_1 且變異量為 σ_1^2。類似地，Y 的邊際 pdf 可以求出為 Gaussian 隨機變數，其平均值為 m_2 且變異量為 σ_2^2。

　　條件 pdf $f_X(x|y)$ 和 $f_Y(y|x)$ 給我們有關於在 X 和 Y 之間關係的資訊。給定 $Y = y$ 發生，X 的條件 pdf 為

$$f_X(x|y) = \frac{f_{X,Y}(x, y)}{f_Y(y)}$$

$$= \frac{\exp\left\{\frac{-1}{2(1-\rho_{X,Y}^2)\sigma_1^2}\left[x - \rho_{X,Y}\frac{\sigma_1}{\sigma_2}(y-m_2) - m_1\right]^2\right\}}{\sqrt{2\pi\sigma_1^2(1-\rho_{X,Y}^2)}} \tag{5.64}$$

式 (5.64) 展示出給定 $Y = y$ 發生，X 的條件 pdf 也是 Gaussian，但是條件平均值為 $m_1 + \rho_{X,Y}(\sigma_1/\sigma_2)(y-m_2)$ 且條件變異量為 $\sigma_1^2(1-\rho_{xy}^2)$。請注意當 $\rho_{X,Y} = 0$ 時，給定 $Y = y$ 發生 X 的條件 pdf 等於 X 的邊際 pdf。這吻合當 $\rho_{X,Y} = 0$ 時 X 和 Y 為獨立的事實。在另一方面，當 $|\rho_{X,Y}| \to 1$，X 相對於條件平均值的變異量會趨近於 0，所以該條件 pdf 會趨近於一個位於條件平均值的 delta 函數。因此當 $|\rho_{X,Y}| = 1$ 時，條件變異量為 0 且 X 等於條件平均值的機率為 1。類似地，我們可注意到 $f_Y(y|x)$ 是 Gaussian，其條件平均值為 $m_2 + \rho_{X,Y}(\sigma_2/\sigma_1)(x-m_1)$ 且條件變異量為 $\sigma_2^2(1-\rho_{X,Y}^2)$。

　　我們現在證明在式 (5.61a) 中的 $\rho_{X,Y}$ 真的是 X 和 Y 之間的相關係數。X 和 Y 之間的共變異量被定義為

$$\begin{aligned}\text{COV}(X, Y) &= E\left[(X-m_1)(Y-m_2)\right] \\ &= E\left[E\left[(X-m_1)(Y-m_2)|Y\right]\right]\end{aligned}$$

給定 $Y = y$ 發生，$(X-m_1)(Y-m_2)$ 的條件期望為

$$\begin{aligned}E\left[(X-m_1)(Y-m_2)|Y=y\right] &= (y-m_2)E[X-m_1|Y=y] \\ &= (y-m_2)\left(E[X|Y=y]-m_1\right) \\ &= (y-m_2)\left(\rho_{X,Y}\frac{\sigma_1}{\sigma_2}(y-m_2)\right)\end{aligned}$$

其中，我們有使用事實為給定 $Y = y$ 發生，X 的條件平均值為 $m_1 + \rho_{X,Y}(\sigma_1/\sigma_2)(y-m_2)$。因此

$$E\left[(X-m_1)(Y-m_2)|Y\right] = \rho_{X,Y}\frac{\sigma_1}{\sigma_2}(Y-m_2)^2$$

所以

$$\text{COV}(X, Y) = E\left[E\left[(X-m_1)(Y-m_2)|Y\right]\right] = \rho_{X,Y}\frac{\sigma_1}{\sigma_2}E\left[(Y-m_2)^2\right] = \rho_{X,Y}\sigma_1\sigma_2$$

以上的式子吻合相關係數的定義，$\rho_{X,Y} = \text{COV}(X, Y)/\sigma_1\sigma_2$。因此在式 (5.61a) 中的 $\rho_{X,Y}$ 真的是 X 和 Y 之間的相關係數。

範例 5.46

在城市 1 和城市 2 中一年下雨量的模型為一對聯合 Gaussian 隨機變數，X 和 Y，其 pdf 被式(5.61a) 所給定。假設我們已知 $Y = y$，求出 X 其最有可能的值。

　　已知 $Y = y$，X 其最有可能的值就是會使得 $f_X(x|y)$ 達其最大值的 x 值。給定 $Y = y$ 發生，X 的條件 pdf 為式(5.64)，它的最大值發生在條件平均值上

$$E[X|y] = m_1 + \rho_{X,Y} \frac{\sigma_1}{\sigma_2}(y - m_2)$$

請注意這個「最大概似(maximum likelihood)」估計是觀察值 y 的一個線性函數。

範例 5.47　**估計在雜訊的信號**

令 $Y = X + N$，其中 X(表示「信號」)和 N(表示「雜訊」)為獨立的 0 平均值之 Gaussian 隨機變數，但有著不同的變異量。求出觀察信號 Y 和想要的信號 X 之間的相關係數。求出最大化 $f_X(x|y)$ 的 x 值。

　　Y 的平均值和變異量以及 X 和 Y 的共變異量為：

$$E[Y] = E[X] + E[N] = 0$$
$$\sigma_Y^2 = E[Y^2] = E[(X+N)^2] = E[X^2 + 2XN + N^2] = E[X^2] + E[N^2] = \sigma_X^2 + \sigma_N^2$$
$$\text{COV}(X, Y) = E[(X - E[X])(Y - E[Y])] = E[XY] = E[X(X+N)] = \sigma_X^2$$

因此，相關係數為：

$$\rho_{X,Y} = \frac{\text{COV}(X, Y)}{\sigma_X \sigma_Y} = \frac{\sigma_X}{\sigma_Y} = \frac{\sigma_X}{(\sigma_X^2 + \sigma_X^2)^{1/2}} = \frac{1}{\left(1 + \dfrac{\sigma_N^2}{\sigma_X^2}\right)^{1/2}}$$

請注意 $\rho_{X,Y}^2 = \sigma_X^2 / \sigma_Y^2 = 1 - \sigma_N^2 / \sigma_Y^2$。

　　欲求出 X 和 Y 的聯合 pdf，考慮以下的線性轉換：

$$X = X \qquad \text{逆轉換為} \qquad X = X$$
$$Y = X + N \qquad\qquad\qquad N = -X + Y$$

從式(5.52)我們有：

$$f_{X,Y}(x, y) = \left. \frac{f_{X,N}(x, y)}{\det A} \right|_{x=x,\, n=y-x} = \left. \frac{e^{-x^2/2\sigma_X^2}}{\sqrt{2\pi}\sigma_X} \frac{e^{-n^2/2\sigma_N^2}}{\sqrt{2\pi}\sigma_N} \right|_{x=x,\, n=y-x}$$
$$= \frac{e^{-x^2/2\sigma_X^2}}{\sqrt{2\pi}\sigma_X} \frac{e^{-(y-x)^2/2\sigma_N^2}}{\sqrt{2\pi}\sigma_N}$$

給定觀察 Y 發生，信號 X 的條件 pdf 為：

$$f_X(x|y) = \frac{f_{X,Y}(x, y)}{f_Y(y)} = \frac{e^{-x^2/2\sigma_X^2}}{\sqrt{2\pi}\sigma_X} \frac{e^{-(y-x)^2/2\sigma_N^2}}{\sqrt{2\pi}\sigma_N} \frac{\sqrt{2\pi}\sigma_Y}{e^{-y^2/2\sigma_Y^2}}$$

$$= \frac{\exp\left\{-\frac{1}{2}\left(\left(\frac{x}{\sigma_X}\right)^2 + \left(\frac{y-x}{\sigma_N}\right)^2 - \left(\frac{y}{\sigma_Y}\right)^2\right)\right\}}{\sqrt{2\pi}\sigma_N\sigma_X/\sigma_Y} = \frac{\exp\left\{-\frac{1}{2}\frac{\sigma_Y^2}{\sigma_X^2\sigma_N^2}\left(x - \frac{\sigma_X^2}{\sigma_Y^2}y\right)^2\right\}}{\sqrt{2\pi}\sigma_N\sigma_X/\sigma_Y}$$

$$= \frac{\exp\left\{-\frac{1}{2(1-p_{X,Y}^2)\sigma_X^2}\left(x - \left(\frac{\sigma_X^2}{\sigma_X^2 + \sigma_X^2}\right)y\right)^2\right\}}{\sqrt{1-p_{X,Y}^2}\sigma_X}$$

此一 pdf 的最大值發生在當指數的引數為 0 時，也就是說，

$$x = \left(\frac{\sigma_X^2}{\sigma_X^2 + \sigma_N^2}\right)y = \left(\frac{1}{1 + \frac{\sigma_N^2}{\sigma_X^2}}\right)y$$

信號雜訊比(signal-to-noise ratio，SNR)被定義為是 X 的變異量除以 N 的變異量。在高 SNR 時，這個估計器會估計出 $x \approx y$，而在非常低的信號雜訊比時，它會估出 $x \approx 0$。

範例 5.48　旋轉聯合 Gaussian 隨機變數

對應到一個任意的二維 Gaussiah 向量的橢圓，其主軸有一個相對於 x 軸的角度如下：

$$\theta = \frac{1}{2}\arctan\left(\frac{2\rho\sigma_1\sigma_2}{\sigma_1^2 - \sigma_2^2}\right)$$

假設我們定義一個新的座標系統，它的軸會對齊橢圓的軸，如在圖 5.27 中所示。這個定義是用以下的旋轉矩陣來完成的：

$$\begin{bmatrix} V \\ W \end{bmatrix} = \begin{bmatrix} \cos\theta & \sin\theta \\ -\sin\theta & \cos\theta \end{bmatrix} \begin{bmatrix} X \\ Y \end{bmatrix}$$

若可證明出新的隨機變數有 0 共變異量，則可證明出它們是獨立的：

$$\mathrm{COV}(V, W) = E\left[(V - E[V])(W - E[W])\right]$$

$$= E\left[\{(X - m_1)\cos\theta + (Y - m_2)\sin\theta\} \times \{-(X - m_1)\sin\theta + (Y - m_2)\cos\theta\}\right]$$

$$= -\sigma_1^2\sin\theta\cos\theta + \mathrm{COV}(X, Y)\cos^2\theta - \mathrm{COV}(X, Y)\sin^2\theta + \sigma_2^2\sin\theta\cos\theta$$

$$= \frac{\left(\sigma_2^2 - \sigma_1^2\right)\sin 2\theta + 2\,\mathrm{COV}\left(X,\,Y\right)\cos 2\theta}{2}$$

$$= \frac{\cos 2\theta\left[\left(\sigma_2^2 - \sigma_1^2\right)\tan 2\theta + 2\,\mathrm{COV}\left(X,\,Y\right)\right]}{2}$$

假如我們令旋轉角度 θ 為

$$\tan 2\theta = \frac{2\,\mathrm{COV}\left(X,\,Y\right)}{\sigma_1^2 - \sigma_2^2}$$

則 V 和 W 的共變異量為 0，就是我們正想要的情況。

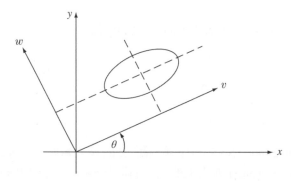

圖 5.27　旋轉座標系統可以把一對相依的 Gaussian 隨機變數轉換成一對獨立的 Gaussian 隨機變數

*5.10　產生獨立的 GAUSSIAN 隨機變數

我們現在提出一個方法來產生單一變異量，不相關的(因此為獨立的)聯合 Gaussian 隨機變數。假設 X 和 Y 為兩個獨立的 0 平均值，單一變異量的聯合 Gaussian 隨機變數，pdf 為：

$$f_{X,Y}\left(x,\,y\right) = \frac{1}{2\pi}e^{-\left(x^2 + y^2\right)/2}$$

在範例 5.44 中，我們看到以下轉換

$$R = \sqrt{X^2 + Y^2} \quad 和 \quad \Theta = \tan^{-1} Y/X$$

會產生一對獨立的隨機變數

$$f_{R,\Theta}\left(r,\,\theta\right) = \frac{1}{2\pi}re^{-r^2/2} = f_R\left(r\right)f_\Theta\left(\theta\right)$$

其中 R 是一個 Rayleigh 隨機變數，而 Θ 是一個均勻隨機變數。以上的轉換是可逆的。因此我們也可以從獨立的 Rayleigh 和均勻隨機變數作為開始，進而透過以下轉換以產生 0 平均值，單一變異量獨立的 Gaussian 隨機變數對：

$$X = R \cos \Theta \quad 和 \quad Y = R \sin \Theta \qquad (5.65)$$

考慮 $W = R^2$ 其中 R 是一個 Rayleigh 隨機變數。從範例 5.41 中我們知道 W 的 pdf 為：

$$f_W(w) = \frac{f_R(\sqrt{w})}{2\sqrt{w}} = \frac{\sqrt{w}e^{-\sqrt{w}^2/2}}{2\sqrt{w}} = \frac{1}{2}e^{-w/2}$$

$W = R^2$ 有一個指數型態的分佈其 $\lambda = 1/2$。

因此，我們可以藉由產生一個參數為 $1/2$ 的指數型態隨機變數來產生 R^2，並藉由產生一個均勻分佈在區間 $(0, 2\pi)$ 中的隨機變數來產生 Θ。假如我們把這些隨機變數代入式(5.65)中，我們將會獲得一對獨立的 0 平均值，單一變異量的 Gaussian 隨機變數。整理以上的討論，我們有以下的演算法：

1. 產生 U_1 和 U_2，它們是兩個獨立的隨機變數，均勻分佈在單位區間中。
2. 令 $R^2 = -2 \log U_1$ 和 $\Theta = 2\pi U_2$。
3. 令 $X = R \cos \Theta = (-2 \log U_1)^{1/2} \cos 2\pi U_2$ 和 $Y = R \sin \Theta = (-2 \log U_1)^{1/2} \sin 2\pi U_2$。

所得的 X 和 Y 為獨立的，0 平均值，單一變異量 Gaussian 隨機變數。重複以上的程序我們可以產生出任何數量的這種隨機變數。

範例 5.49

使用 Octave 或 MATLAB 來產生 1000 對獨立的 0 平均值，單一變異量的 Gaussian 隨機變數。產生觀察值的一個直方圖，並把該圖和一個 0 平均值單一變異量的 Gaussian 隨機變數的 pdf 做比較。

以下的 Octave 命令列展示出用來產生出 Gaussian 隨機變數對的步驟。產生一組直方圖，其範圍值 K 從 -4 到 4，且使用它來建構一個正規化的直方圖 Z。在 Z 中的數值然後被繪出；另外一個圖則是由 Gaussian pdf 所預測之會落在每一個區間的比例值。這兩個圖如在圖 5.28 中所示，做一下比較，我們可以看出它們有極佳的吻合度。

```
> U1=rand(1000,1);              % 產生 1000 個元素的向量 U1 (步驟 1).
> U2=rand(1000,1);              % 產生 1000 個元素的向量 U2 (步驟 1).
> R2=-2*log(U1);               % 求出 R² (步驟 2).
> TH=2*pi*U2;                  % 求出 θ (步驟 2).
> X=sqrt(R2).*sin(TH);        % 產生 X (步驟 3).
> Y=sqrt(R2).*cos(TH);        % 產生 Y (步驟 3).
> K=-4:.2:4;                   % 產生直方圖範圍數值 K.
> Z=hist(X, K)/1000           % 基礎於 K 產生出正規化的直方圖 Z.
> bar(K, Z)                   % 繪出 Z.
> hold on
> stem(K,.2*normal_pdf(K,0,1)) % 和 pdf 所預測之值做比較.
```

　　我們也產生出 5000 對隨機變數以畫出 X 值 vs. Y 值圖，如在圖 5.29 中的分散點狀圖所示。我們觀察到它們極佳地吻合一對 0 平均值單一變異量 Gaussian 聯合 pdf 的圓形對稱特性。

　　在下一章中，我們將會說明如何產生一個具有任意共變異量矩陣之聯合 Gaussian 隨機變數的向量。

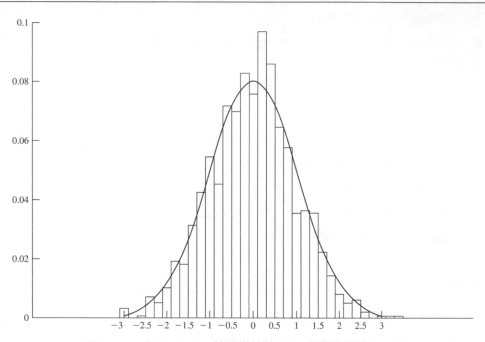

圖 5.28　一個 Gaussian 隨機變數其 1000 個觀察值的直方圖

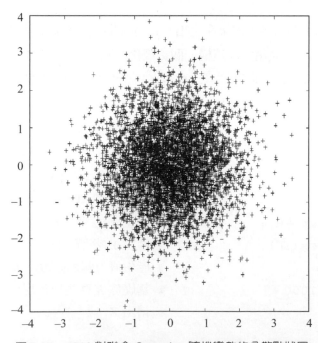

圖 5.29　5000 對聯合 Gaussian 隨機變數的分散點狀圖

▶ 摘要

- 一對隨機變數 X 和 Y 的聯合統計行為可以用聯合累積分佈函數,聯合機率質量函數, 或聯合機率密度函數來描述。牽涉到這些隨機變數聯合行為的任何事件機率,都可 以用這些函數計算出來。

- **X** 中個別隨機變數的統計行為可以用邊際 cdf,邊際 pdf,或邊際 pmf 來描述,而它 們分別可以從 **X** 的聯合 cdf,聯合 pdf,或聯合 pmf 來獲得。

- 兩隨機變數為獨立的假如一個乘積形式事件的機率等於元件事件機率的乘積。一組 隨機變數獨立的等價條件為聯合 cdf,聯合 pdf,或聯合 pmf 可以分解成對應的邊際 函數的乘積。

- 兩隨機變數的共變異量和相關係數為隨機變數之間線性相依性的度量。

- 假如 X 和 Y 為獨立的,那麼 X 和 Y 為不相關的;但是反過來說並不成立。假如 X 和 Y 為聯合 Gaussian 且不相關的,則它們是獨立的。

- 給定 X 或 Y 已經發生的確切值,**X** 的統計行為,被條件 cdf,條件 pmf,或條件 pdf 所描述。許多問題的本質其實是這類條件機率問題的一個解。在這些問題中,隨機 變數的期望值可以由條件期望來獲得。

- 一對聯合 Gaussian 隨機變數的聯合 pdf 是由平均值,變異量,和共變異量來決定。 所有的邊際 pdf 和條件 pdf 也都是 Gaussian pdf。

- 獨立的 Gaussian 隨機變數對可以由均勻隨機變數的一個轉換來產生。

▶ 重要名詞

X 和 Y 的中央動差	聯合 pmf
條件 cdf	聯合連續隨機變數
條件期望	聯合 Gaussian 隨機變數
條件 pdf	線性轉換
條件 pmf	邊際 cdf
X 和 Y 的相關	邊際 pdf
X 和 Y 的共變異量	邊際 pmf
獨立的隨機變數	正交的隨機變數
聯合 cdf	乘積形式的事件
X 和 Y 的聯合動差	不相關的隨機變數
聯合 pdf	

▶ 參考文獻

參考文獻[1]爲針對電機工程師所寫之有關於隨機變數的標準參考文獻。參考文獻[2]和[3]提出許多有關於多重隨機變數之有趣的例子。Jayant 和 Noll 的著作[4]提出了許多把機率概念用到波形數位編碼的應用。

1.   A. Papoulis and S. Pillai, *Probability*, *Random Variables*, and *Stochastic Processes*, McGraw-Hill, New York, 2002.

2.   L. Breiman, *Probability and Stochastic Processes*, Houghton Mifflin, Boston, 1969.

3.   H. J. Larson and B. O. Shubert, *Probabilistic Models in Engineering Sciences*, vol. 1, Wiley, New York, 1979.

4.   N. S. Jayant and P. Noll, *Digital Coding of Waveforms*, Prentice Hall, Englewood Cliffs, N.J., 1984.

5.   N. Johnson et al., *Continuous Multivariate Distributions*, Wiley, New York, 2000.

6.   H. Stark and J. W. Woods, *Probability, Random Processes*, and *Estimation Theory for Engineers*, Prentice Hall, Englewood Cliffs, N.J., 1986.

7.   H. Anton, *Elementary Linear Algebra*, 9th ed., Wiley, New York, 2005.

8.   C. H. Edwards, Jr., and D. E. Penney, *Calculus and Analytic Geometry*, 4th ed., Prentice Hall, Englewood Cliffs, N.J., 1994.

▶ 習題

第 5.1 節：兩隨機變數

5.1.   Carlos 和 Michael 每人投擲一個公平的硬幣兩次，分別獲得擲出正面的次數，令 X 爲其中較大值並令 Y 爲其中較小值。
(a)   描述這個隨機實驗潛在的空間 S 並寫出從 S 到 $S_{X,Y}$ 的映射，後者是(X,Y)對的值域。
(b)   求出所有(X,Y)值的機率。
(c)   求出 $P[X=Y]$。

5.2.   重做習題 1，假如 Carlos 使用一個不公正的硬幣，其 P[正面]= 4/5。

5.3.   Carlos 和 Michael 每人投擲一個公平的硬幣兩次，分別獲得擲出正面的次數，令 X 爲次數的差，並令 Y 爲次數的和。
(a)   描述這個隨機實驗潛在的空間 S 並寫出從 S 到 $S_{X,Y}$ 的映射，後者是(X, Y)對的值域。
(b)   求出所有(X, Y)值的機率。
(c)   求出 $P[X+Y=1]$, $P[X+Y=2]$。

5.4.   一個通訊通道的輸入 X 爲「−1」或「1」，機率分別爲 1/3 和 2/3。通道輸出 Y 有三種狀況：對應的輸入 X，機率爲$1-p-p_e$；-X，機率爲 p；0，機率爲 p_e。
(a)   描述這個隨機實驗潛在的空間 S 並寫出從 S 到 $S_{X,Y}$ 的映射，後者是(X, Y)對的值域。

(b) 求出所有(X, Y)值的機率。

(c) 求出 $P[X \neq Y]$, $P[Y = 0]$。

5.5. (a) 指出在範例 5.2 中 (N_1, N_2) 對的值域。

(b) 指出和描繪出事件「型態 1 請求所產生的收益比型態 2 請求所產生的收益高」。

5.6. (a) 指出在範例 5.3 中 (Q, R) 對的值域。

(b) 指出和描繪出事件「最後一個封包比半滿還要多」。

5.7. 令 (X, Y) 為在範例 5.4 中的二維雜訊信號。指出和描繪出以下事件：

(a) 「最大的雜訊大小小於 5」。

(b) 「雜訊功率 $X^2 + Y^2$ 小於 9」。

(c) 「雜訊功率 $X^2 + Y^2$ 大於 4 且小於 9」。

5.8. 對於二維隨機變數 $X = (X, Y)$ 描繪出對應到以下的事件的平面區域，並指出是否該事件是乘積形式。

(a) $\{X - Y \leq 2\}$。

(b) $\{e^X < 6\}$。

(c) $\{\max(X, Y) < 6\}$。

(d) $\{|X - Y| \leq 2\}$。

(e) $\{|X| > |Y|\}$。

(f) $\{X/Y < 1\}$。

(g) $\{X^2 \leq Y\}$。

(h) $\{XY \leq 2\}$。

(i) $\{\max(|X|, |Y|) < 3\}$。

第 5.2 節：離散隨機變數對

5.9. (a) 求出和描繪出在習題 5.1 中的 $p_{X,Y}(x, y)$。

(b) 求出 $p_X(x)$ 和 $p_Y(y)$。

5.10. 重做習題 5.9 (a)(b)，假如 Carlos 使用一個不公正的硬幣其 $P[\text{正面}]=4/5$。

5.11. (a) 求出和描繪出在習題 5.2 中的 $p_{X,Y}(x, y)$，當使用的是一個公正的硬幣時。

(b) 求出 $p_X(x)$ 和 $p_Y(y)$。

5.12. (a) 求出以下的隨機變數對的邊際 pmf，它們的聯合 pmf 如附表所示。

i.

Y	X -1	0	1
-1	1/6	0	1/6
0	0	1/3	0
1	1/6	0	1/6

ii.

Y	X -1	0	1
-1	1/9	1/9	1/9
0	1/9	1/9	1/9
1	1/9	1/9	1/9

iii.

Y	X -1	0	1
-1	0	0	1/3
0	0	1/3	0
1	1/3	0	0

(b) 對於以上的聯合 pmf，求出以下事件的機率 $A = \{X \leq 0\}$，$B = \{X \leq Y\}$，和 $C = \{X = -Y\}$。

5.13. 一個數據機傳送一個二維信號 (X, Y) 如下：

$$X = r \cos(2\pi\Theta/8) \quad \text{和} \quad Y = r \sin(2\pi\Theta/8)$$

其中 Θ 是一個離散均一隨機變數在集合 $\{0, 1, 2, ..., 7\}$ 中。

(a) 寫出從從 S 到 $S_{X,Y}$ 的映射，後者是 (X, Y) 對的值域。

(b) 求出 X 和 Y 的聯合 pmf。

(c) 求出 X 和 Y 的邊際 pmf。

(d) 求出以下事件的機率：

$A = \{X = 0\}$, $B = \{Y \leq r/\sqrt{2}\}$, $C = \{X \geq r/\sqrt{2}, Y \geq r/\sqrt{2}\}$, $D = \{X < -r/\sqrt{2}\}$。

5.14. 令 N_1 為在一個 100-ms 的時段中到達一個伺服器的網頁請求數，並令 N_2 為在接下來的 100-ms 的時段中到達一個伺服器的網頁請求數。假設在一個 1-ms 的時段中只有 0 次或 1 次網頁請求發生，機率分別為 $1 - p = 0.95$ 和 $p = 0.05$，而且在不同的 1-ms 時段中的請求是彼此相互獨立的。

(a) 描述這個隨機實驗潛在的空間 S 並寫出從 S 到 S_{N_1, N_2} 的映射，後者是 (N_1, N_2) 對的值域。

(b) 求出 N_1 和 N_2 的聯合 pmf。

(c) 求出 N_1 和 N_2 的邊際 pmf。

(d) 求出以下事件的機率： $A = \{N_1 \geq N_2\}$, $B = \{N_1 = N_2 = 0\}$, $C = \{N_1 > 5, N_2 > 3\}$。

(e) 求出事件 $D = \{N_1 + N_2 = 10\}$ 的機率。

5.15. 令 N_1 為在一個 $(0, 100)$ ms 的時段中到達一個伺服器的網頁請求數，並令 N_2 為在一個 $(0, 200)$ ms 的時段中到達一個伺服器的網頁請求總數。其它的情況同習題 5.14。

(a) 描述這個隨機實驗潛在的空間 S 並寫出從 S 到 S_{N_1, N_2} 的映射，後者是 (N_1, N_2) 對的值域。

(b) 求出 N_1 和 N_2 的聯合 pmf。

(c) 求出 N_1 和 N_2 的邊際 pmf。

(d) 求出以下事件的機率：

$A = \{N_1 < N_2\}$, $B = \{N_2 = 0\}$, $C = \{N_1 > 5, N_2 > 3\}$, $D = \{|N_2 - 2N_1| < 2\}$

5.16. 在偶數時間點上，一個機器人根據一個硬幣投擲的結果在 x 方向上移動 $+\Delta$ cm 或 $-\Delta$ cm；在奇數時間點上，一個機器人根據一個硬幣投擲的結果在 y 方向上移動 $+\Delta$ cm 或 $-\Delta$ cm。假設該機器人從原點開始，令 X 和 Y 為過了 $2n$ 個時間點後機器人所處位置的座標。

(a) 描述這個隨機實驗潛在的空間 S 並寫出從 S 到 S_{XY} 的映射，後者是 (X, Y) 對的值域。

(b) 求出座標 X 和 Y 的邊際 pmf。

(c) 某事件爲過了 $2n$ 個時間點後機器人所處位置與原點之間的距離小於 $\sqrt{2}$ 。求出其機率。

第 5.3 節：X 和 Y 的聯合 CDF

5.17. (a) 畫出在習題 5.1 中 (X, Y) 的聯合 cdf，並驗證它滿足聯合 cdf 的特性。有個技巧爲先把平面分割成一些在其中 cdf 爲常數的區域。

(b) 求出 X 和 Y 的邊際 cdf。

5.18. 一個飛鏢等機率地落在一單位圓中的任何一個點 (X_1, X_2) 上。令 R 和 Θ 爲點 (X_1, X_2) 的半徑和角度。

(a) 求出 R 和 Θ 的聯合 cdf。

(b) 求出 R 和 Θ 的邊際 cdf。

(c) 使用聯合 cdf 求出以下事件機率：點在第一象限中而且半徑大於 0.5。

5.19. 使用 X 和 Y 的聯合 cdf 求出習題 5.7(b)，(c)和(i)事件機率的表示式。

5.20. 令 X 和 Y 表示在兩個天線那兒的雜訊振幅。隨機向量 (X, Y) 有聯合 pdf 如下：

$$f(x, y) = axe^{-ax^2/2}bye^{-by^2/2} \qquad x{>}0, \ y{>}0, \ a{>}0, \ b{>}0$$

(a) 求出聯合 cdf。

(b) 求出 $P[X>Y]$。

(c) 求出邊際 pdf。

5.21. 以下的 cdf 有效嗎？爲什麼？

$$F_{X,Y}(x, y) = \begin{cases} (1 - 1/x^2y^2) & x{>}1, \ y{>}1) \\ 0 & \text{其它} \end{cases}$$

5.22. 令 $F_X(x)$ 和 $F_Y(y)$ 爲有效的一維 cdf。證明 $F_{X,Y}(x, y) = F_X(x)F_Y(y)$ 滿足一個二維 cdf 的特性。

5.23. 一工廠有 n 台某一特定型態的機器。令 p 爲某一台機器在任何給定的一天中工作的機率，令 N 爲在特定的一天中工作的機器的總數。製作一個產品所需的時間 T 是一個指數型態隨機變數，假如 k 台機器正在工作的話，其參數爲 $k\alpha$。求出 $P[T{\leq}t]$。當 $t{\to}\infty$，求出 $P[T{\leq}t]$，並解釋所得的結果。

第 5.4 節：兩個連續的隨機變數的聯合 PDF

5.24. 兩個信號 X 和 Y 的振幅有以下的聯合 pdf：

$$f_{X,Y}(x, y) = e^{-x/2}ye^{-y^2} \qquad x{>}0, \ y{>}0$$

(a) 求出 c 和聯合 cdf。

(b) 求出 $P[X>Y]$。

(c) 求出邊際 pdf。

5.25. 令 X 和 Y 有聯合 pdf 如下：

$$f_{X,Y}(x, y) = k(x + y) \qquad 0 \le x \le 1, \ 0 \le y \le 1$$

(a) 求出 k。

(b) 求出 (X, Y) 的聯合 cdf。

(c) 求出 X 和 Y 的邊際 pdf。

(d) 求出 $P[X < Y]$, $P[Y < X^2]$, $P[X + Y > 0.5]$。

5.26. 隨機向量 (X, Y) 均勻分佈（也就是說，$f(x, y) = k$）在圖 P5.1 中所示的區域中，區域外為 0。

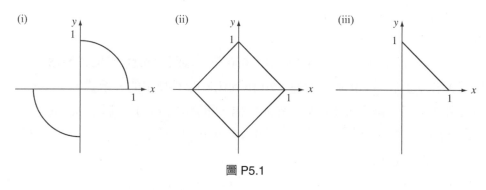

圖 P5.1

(a) 求出在每一個情況中的 k 值。

(b) 求出在每一個情況中的 X 和 Y 的邊際 pdf。

(c) 求出 $P[X > 0, Y > 0]$。

5.27. (a) 求出在範例 5.16 中向量隨機變數的聯合 cdf。

(b) 使用(a)的結果求出 X 和 Y 的邊際 cdf。

5.28. 令 X 和 Y 有聯合 pdf 如下：

$$f_{X,Y}(x, y) = ye^{-y(1+x)} \qquad x > 0, \ y > 0$$

求出 X 和 Y 的邊際 pdf。

5.29. 令 R 和 Θ 為在習題 5.18 中的隨機變數對。

(a) 求出 R 和 Θ 的聯合 pdf。

(b) 求出 R 和 Θ 的邊際 pdf。

5.30. 令 (X, Y) 為在範例 5.18 中所討論的聯合 Gaussian 隨機變數。當 $\rho = 0$ 時，求出 $P[X^2 + Y^2 < r^2]$。提示：使用極座標來計算積分。

5.31. 兩個聯合 Gaussian 隨機變數其聯合 pdf 的一般形式為式(5.61a)。證明 X 和 Y 的邊際 pdf 對應到 2 個 Gaussian 隨機變數，其平均值分別為 m_1 和 m_2 而其變異量分別為 σ_1^2 和 σ_2^2。

5.32. 一個通訊通道的輸入 X 是 +1 或 −1，機率分別為 p 和 $1-p$。接收到的信號 $Y = X + N$，其中雜訊 N 有一個 Gaussian 分佈具 0 平均值和單位變異量。

    (a)　求出聯合機率 $P[X = j,\ Y \le y]$。

    (b)　求出 X 的邊際 pmf 和 Y 的邊際 pdf。

    (c)　假設我們已知 $Y > 0$。那一個比較有可能，$X = 1$ 或 $X = -1$？

5.33.　一個數據機傳送出一個二維信號 $\mathbf{X}$，其集合為 $\{(1,\ 1),\ (1,\ -1),\ (-1,\ 1),\ (-1,\ -1)\}$。該通道加上一個雜訊信號 $(N_1,\ N_2)$，所以接收到的信號 $\mathbf{Y} = \mathbf{X} + \mathbf{N} = (X_1 + N_1,\ X_2 + N_2)$。假設 $(N_1,\ N_2)$ 有如範例 5.18 中的聯合 Gaussian pdf，其 $\rho = 0$。令 $\mathbf{X}$ 和 $\mathbf{Y}$ 之間的距離為
$$d(\mathbf{X},\ \mathbf{Y}) = \left\{ (X_1 - Y_1)^2 + (X_2 - Y_2)^2 \right\}^{1/2}。$$

    (a)　假設 $\mathbf{X} = (1,\ 1)$。求出和描繪出事件 {相對於其它可能的 $\mathbf{X}$ 值，$\mathbf{Y}$ 比較接近 $(1,\ 1)$ } 的區域。估算這個事件的機率。

    (b)　假設 $\mathbf{X} = (1,\ 1)$。求出和描繪出事件 {相對於其它可能的 $\mathbf{X}$ 值，$\mathbf{Y}$ 比較接近 $(1,\ -1)$ } 的區域。估算這個事件的機率。

    (c)　假設 $\mathbf{X} = (1,\ 1)$。求出和描繪出事件 $\{d(\mathbf{X},\ \mathbf{Y}) > 1\}$ 的區域。估算這個事件的機率。解釋為什麼這個機率是事件 { $\mathbf{Y}$ 比較接近的不是 $(1,\ 1)$ } 其機率的一個上限。

第 5.5 節：兩隨機變數的獨立

5.34.　投擲一個公平的骰子，把所得的點數除以 3，令 X 為商 Y 為餘數。X 和 Y 為獨立的隨機變數嗎？

5.35.　令 X 和 Y 為在習題 5.16 中過了 $2n$ 個時間點後機器人所處位置的座標。決定是否 X 和 Y 為獨立的隨機變數。

5.36.　令 X 和 Y 為在習題 5.13 中二維數據機信號座標 $(X,\ Y)$。

    (a)　決定是否 X 和 Y 為獨立的隨機變數。

    (b)　重做(a)，假如 Θ 出現偶數的機率為出現奇數的 2 倍。

5.37.　決定在習題 5.12 中那一個聯合 pmf 對應到獨立的隨機變數對。

5.38.　Michael 每天早上搭 7：30 的公車。公車到達站牌的時間均勻分佈在區間 [7：27, 7：37] 中。Michael 到達站牌的時間則均勻分佈在區間 [7：25, 7：40] 之中。假設 Michael 和公車到達站牌的時間是獨立的隨機變數。

    (a)　Michael 比公車早到 5 分鐘的機率為何？

    (b)　Michael 搭不上公車的機率為何？

5.39.　在習題 5.18 中的 R 和 Θ 獨立嗎？

5.40.　在習題 5.24 中的 X 和 Y 獨立嗎？

5.41.　在習題 5.25 中的 X 和 Y 獨立嗎？

5.42.　在習題 5.26 中的 X 和 Y 獨立嗎？

5.43.　令 X 和 Y 為獨立的隨機變數。用 $F_X(x)$ 和 $F_Y(y)$ 求出以下事件的機率表示式。

    (a)　$\{a < X \le b\} \bigcap \{Y > d\}$。

    (b)　$\{a < X \le b\} \bigcap \{c \le Y < d\}$。

(c) $\{|X|<a\}\bigcap\{c\leq Y\leq d\}$。

5.44. 令 X 和 Y 為獨立的隨機變數，它們都均勻分佈在$[-1, 1]$中。求出以下事件的機率：

(a) $P[X<1/2,\ |Y|<1/2]$。

(b) $P[4X^2<1,\ Y<0]$。

(c) $P[XY<1/2]$。

(d) $P[\max(X, Y)<1/3]$。

5.45. 令 X 和 Y 為隨機變數，它們都從集合 $\{-1, 0, 1\}$ 中取值。

(a) 求出一個聯合 pmf 使得 X 和 Y 為獨立的。

(b) 對於在(a)中的 pmf 而言，X^2 和 Y^2 為獨立的隨機變數嗎？

(c) 求出一個聯合 pmf 會使 X 和 Y 為不獨立的，但是會使 X^2 和 Y^2 為獨立的。

5.46. 令 X 和 Y 為在習題 5.31 中的聯合 Gaussian 隨機變數。

(a) 證明 X 和 Y 為獨立的隨機變數若且唯若 $\rho=0$。

(b) 假設 $\rho=0$，求出 $P[XY<0]$。

5.47. 兩個公平的骰子被重複的投擲直到一個對子發生。令 K 為所需要的投擲數，並令 X 為出現的點數。求出 K 和 X 的聯合 pmf 並決定是否 K 和 X 為獨立的。

5.48. 令 N_1 為在一個 100-ms 的時段中到達一個伺服器的網頁請求數，並令 N_2 為在接下來的 100-ms 的時段中到達一個伺服器的網頁請求數。使用習題 5.14(a)和(b)的結果來發展一個模型，其中 N_1 和 N_2 為獨立的 Poisson 隨機變數。

5.49. (a) 證明式(5.22)可以推出式(5.21)。

(b) 證明式(5.21)可以推出式(5.22)。

5.50. 驗證式(5.22)和(5.23)可以彼此地互推而獲得。

第 5.6 節：聯合動差和兩個隨機變數其函數的期望值

5.51. (a) 求出 $E\left[(X+Y)^2\right]$。

(b) 求出 $X+Y$ 的變異量。

(c) 在何條件下和的變異量會等於變異量的和？

5.52. 若 X 和 Y 為獨立的指數型態隨機變數，參數分別為 $\lambda_1=1$ 和 $\lambda_2=1$。求出 $E[|X-Y|]$。

5.53. 求出 $E\left[X^2 e^Y\right]$，其中 X 和 Y 為獨立的隨機變數，X 是一個 0 平均值，單一變異量的 Gaussian 隨機變數，而 Y 是一個隨機變數均勻分佈在區間$[0, 3]$之中。

5.54. 對於在習題 5.1 中的離散隨機變數 X 和 Y，求出相關和共變異量，並指出兩隨機變數是否為獨立的，正交，或不相關的。

5.55. 對於在習題 5.2 中的離散隨機變數 X 和 Y，求出相關和共變異量，並指出兩隨機變數是否為獨立的，正交，或不相關的。

5.56. 對於在習題 5.3 中的離散隨機變數 X 和 Y，求出相關和共變異量，並指出兩隨機變數是否為獨立的，正交，或不相關的。

5.57. 對於在習題 5.12 中的 3 對離散隨機變數 X 和 Y，求出相關和共變異量，並指出兩隨機變數是否為獨立的，正交，或不相關的。

5.58. 令 N_1 和 N_2 為在習題 5.14 中的網頁請求數。求出 N_1 和 N_2 的相關和共變異量，並指出兩隨機變數是否為獨立的，正交，或不相關的。

5.59. 重做習題 5.58，但是 N_1 和 N_2 如在習題 5.15 中所定義。

5.60. 對於在習題 5.25 中的 X 和 Y，求出相關和共變異量，並指出兩隨機變數是否為獨立的，正交，或不相關的。

5.61. 對於在習題 5.27 中的 3 對連續隨機變數 X 和 Y，求出相關和共變異量，並指出兩隨機變數是否為獨立的，正交，或不相關的。

5.62. 求出 X 和 $Y = aX + b$ 之間的相關係數。答案和 a 的符號有關嗎？

5.63. 提出一個方法來估計兩隨機變數的共變異量。

5.64. 完成在範例 5.28 中相關係數的計算。

5.65. 重做在習題 5.60 中的計算，假如 X 和 Y 有以下 pdf：
$$f_{X,Y}(x, y) = e^{-(x+|y|)} \qquad x>0, -x<y<x。$$

5.66. 一個通道的輸出 $Y = X + N$，其中輸入 X 和雜訊 N 為獨立的，0 平均值的隨機變數。
   (a) 求出輸入 X 和輸出 Y 之間的相關係數。
   (b) 假設我們估計輸入 X 為一個 Y 的線性函數 $g(Y) = aY$。求出 a 的值使得均方誤差 (mean-squared error) $E\left[(X-aY)^2\right]$ 最小化。
   (c) 用 σ_X/σ_N 表示出所得的均方誤差。

5.67. 在範例 5.27 中，令 $X = \cos\Theta$ 和 $Y = \sin\Theta/4$。X 和 Y 不相關嗎？

5.68. (a) 證明 $\text{COV}(X, E[Y|X]) = \text{COV}(X, Y)$。
   (b) 證明對所有的 x，$E[Y|X = x] = E[Y]$，意味著 X 和 Y 為不相關的。

5.69. 使用此一事實「對所有 t，$E\left[(tX+Y)^2\right] \geq 0$」來證明 Cauchy-Schwarz 不等式：
$$(E[XY])^2 \leq E\left[X^2\right] E\left[Y^2\right]。$$
   提示：考慮從以上的不等式所得到之 t 的二次式中的差異。

第 5.7 節：條件機率和條件期望
5.70. (a) 求出在習題 5.1 中的 $p_Y(y|x)$ 和 $p_X(x|y)$。
   (b) 求出在習題 5.2 中的 $p_Y(y|x)$ 和 $p_X(x|y)$。其中 Carlos 使用的硬幣其 $p = 4/5$。
   (c) Carlos 使用一個不公正的硬幣會在 $p_X(x|y)$ 上產生什麼樣的影響？
   (d) 求出在(a)中的 $E[Y|X = x]$ 和 $E[X|Y = y]$；然後求出 $E[X]$ 和 $E[Y]$。
   (e) 求出在(b)中的 $E[Y|X = x]$ 和 $E[X|Y = y]$；然後求出 $E[X]$ 和 $E[Y]$。
5.71. (a) 求出在習題 5.4 中通訊通道的 $p_X(x|y)$。
   (b) 對於 y 的每一個值，求出使 $p_X(x|y)$ 最大化的 x 值。陳述任何有關於 p 和 p_e 的假設。

(c) 假如一個接收端使用由(b)而來的判定規則，求出錯誤機率。

5.72. (a) 在習題 5.12(i)中，給定 X 發生，那個條件 pmf 提供了最多有關於 Y 的資訊：$p_Y(y|-1)$，$p_Y(y|0)$ 或 $p_Y(y|+1)$？解釋為什麼。

(b) 比較在習題 5.12(ii)和(iii)中的條件 pmf 和解釋這兩個情況中何者「更為隨機」。

(c) 求出在習題 5.12(i)，(ii)，(iii)中的 $E[Y|X=x]$ 和 $E[X|Y=y]$；然後求出 $E[X]$ 和 $E[Y]$。

(d) 求出在習題 5.12(i)，(ii)，(iii)中的 $E[Y^2|X=x]$ 和 $E[X^2|Y=y]$；然後求出 VAR$[X]$ 和 VAR$[Y]$。

5.73. (a) 求出在習題 5.15 中給定 N_2 發生，N_1 的條件 pmf。

(b) 求出 $P[N_1=k|N_2=2k]$，$k=5$，10，20。提示：使用 Stirling 公式。

(c) 求出 $E[N_1|N_2=k]$，然後求出 $E[N_1]$。

5.74. 在範例 5.30 中，令 Y 為在區域 R 中的瑕疵數，和令 Z 為在區域 R 之外的瑕疵數。

(a) 給定 Y 發生，求出 Z 的 pmf。

(b) 求出 Y 和 Z 的聯合 pmf。

(c) Y 和 Z 為獨立的隨機變數嗎？這個結果直覺嗎？

5.75. (a) 求出在範例 5.25 中的 $f_Y(y|x)$。

(b) 求出 $P[Y>X|x]$。

(c) 使用(b)，求出 $P[Y>X]$。

(d) 求出 $E[Y|X=x]$。

5.76. (a) 求出在習題 5.26(i)中的 $f_Y(y|x)$。

(b) 求出 $E[Y|X=x]$ 和 $E[Y]$。

(c) 考慮習題 5.26(ii)，重做(a)和(b)。

(d) 考慮習題 5.26(ii)，重做(a)和(b)。

5.77. (a) 求出範例 5.27 中的 $f_Y(y|x)$。

(b) 求出 $E[Y|X=x]$。

(c) 求出 $E[Y]$。

(d) 求出 $E[XY|X=x]$。

(e) 求出 $E[XY]$。

5.78. 求出在習題 5.31 中聯合 Gaussian pdf 的 $f_Y(y|x)$ 和 $f_X(x|y)$。

5.79. (a) 求出在習題 5.13 中的 $p_Y(y|x)$ 和 $p_X(x|y)$。

(b) 求出 $E[Y|X=x]$。

(c) 求出 $E[XY|X=x]$ 和 $E[XY]$。

5.80. 一位顧客進入一個商店中，等機率地被 3 位店員中的其中一位服務。店員 1 花的時間是一個常數隨機變數，平均值為兩分鐘；店員 2 花的時間是指數型態分佈，平均值為兩分鐘；店員 3 花的時間是 Pareto 分佈，平均值為兩分鐘且 $\alpha=2.5$。

(a) 求出服務一位顧客花的時間 T 的 pdf。

(b) 求出 $E[T]$ 和 VAR$[T]$。

5.81. 一個訊息需要 N 個時間單位來被傳送，其中 N 是一個幾何隨機變數，其 pmf 為 $p_i = (1-a)a^{i-1}$，$i = 1, 2, \ldots$。在一個時間單位中，單一一個新的訊息到達的機率為 p，無訊息到達的機率為 $1-p$。令 K 為在傳送一個訊息的期間，新的訊息的到達數。

(a) 使用條件期望求出 $E[K]$ 和 VAR$[K]$。

(b) 求出 K 的 pmf。提示：$(1-\beta)^{-(k+1)} = \sum_{n=k}^{\infty} \binom{n}{k} \beta^{n-k}$。

(c) 給定 $K = k$ 發生，求出 N 的條件 pmf。

(d) 求出最大化 $P[N=n|X=k]$ 的 n 值。

5.82. 在一個 VLSI 晶片上的瑕疵數是一個 Poisson 隨機變數，其發生率為 r。然而，r 本身是一個 gamma 隨機變數，其參數為 α 和 λ。

(a) 使用條件期望求出 $E[N]$ 和 VAR$[N]$。

(b) 求出瑕疵數 N 的 pmf。

5.83. (a) 在習題 5.32 中，給定輸出發生在區間 $y<Y\le y+dy$ 中，求出輸入 X 的條件 pmf。

(b) 給定輸出發生在區間 $y<Y\le y+dy$ 中，求出更為可能的 X 值。

(c) 假如我們使用(b)的結果來判定通道輸入為何，求出一個誤判機率的表示。

第 5.8 節：兩隨機變數的函數

5.84. 兩個玩具同一時間被啟動，兩者使用不同的電池。第一個電池其生命期具指數型態分佈，平均值為 100 分鐘；第二個電池有一個 Pareto 分佈，其生命期平均值 100 分鐘且 $\alpha = 3$。

(a) 求出時間 T 的 cdf，T 為直到有一個玩具停止運作的時間。

(b) 假設兩個玩具在 100 分鐘之後仍在運作。求出時間 T_2 的 cdf，T_2 為在第 100 分鐘後，直到有一個玩具停止運作還需要經過的時間。

(c) 在(b)中，求出直到有一個玩具停止運作之總時間的 cdf。

5.85. (a) 求出在習題 5.84a 中直到兩個電池都用完所經過時間的 cdf。

(b) 求出在習題 5.84b 中直到兩個電池都用完還需要經過時間的 cdf。

5.86. 令 K 和 N 為獨立的隨機變數，都具非負的整數值。

(a) 求出 $M = K + N$ 其 pmf 的一個表示式。

(b) 假如 K 和 N 為二項隨機變數，它們的參數分別為(k,p)和(n,p)，求出 M 的 pmf。

(c) 假如 K 和 N 為 Poisson 隨機變數，它們的參數分別為α_1和α_2，求出 M 的 pmf。

5.87. Bulldogs 隊對上 Flames 隊的所得分數 X 是一個幾何分佈，其平均值為 2；Flames 隊對上 Bulldogs 隊的所得分數 Y 也是一個幾何分佈，但是其平均值為 4。

(a) 求出 $Z = X - Y$ 的 pmf。假設 X 和 Y 為獨立的。

(b) Bulldogs 打敗 Flames 的機率為何？和 Flames 平手的機率為何？

(c) 求出 $E[Z]$。

5.88. 旅客每分鐘到達一個機場計程車招呼站的行為是一個 Bernoulli 隨機變數。一台計程車將會等到有兩位旅客才會開車離開。

   (a) 直到時間 T，計程車才有兩位旅客。求出 T 的 pmf。

   (b) 求出第一位旅客需要等待時間的 pmf。

5.89. 令 X 和 Y 為獨立的隨機變數，它們均勻分佈在區間[–1, 1]之中。求出 $Z = XY$ 的 pdf。

5.90. 令 X_1，X_2 和 X_3 為獨立的，它們都均勻分佈在[-1, 1]之中。

   (a) 求出 $Y = X_1 + X_2$ 的 cdf 和 pdf。

   (b) 求出 $Z = Y + X_3$ 的 cdf。

5.91. 信號 X 和 Y 為獨立的。X 和 Y 均是指數型態分佈，且平均值為 1。

   (a) 求出 $Z = | X - Y |$ 的 cdf。

   (b) 使用(a)的結果求出 $E[Z]$。

5.92. 隨機變數 X 和 Y 有聯合 pdf

$$f_{X,Y}(x, y) = e^{-(x+y)} \qquad 0 < y < x < 1$$

求出 $Z = X + Y$ 的 pdf。

5.93. 令 X 和 Y 為獨立的 Rayleigh 隨機變數，其參數 $\alpha = \beta = 1$。求出 $Z = X/Y$ 的 pdf。

5.94. 令 X 和 Y 為獨立的 Gaussian 隨機變數，均具 0 平均值和單位變異量。證明 $Z = X/Y$ 是一個 Cauchy 隨機變數。

5.95. 假如 X 和 Y 為獨立的指數型態隨機變數，其平均值分別為 1 和 1/2。求出 $W = \min(X, Y)$ 和 $Z = \max(X, Y)$ 的聯合 cdf。

5.96. 令 $W = X + Y$ 和 $Z = X - Y$。

   (a) 求出 W 和 Z 聯合 pdf 的一個表示式。

   (b) 若 X 和 Y 為獨立的指數型態隨機變數其參數 $\lambda = 1$，求出 $f_{W,Z}(z, w)$。

   (c) 若 X 和 Y 為獨立之相同的 Pareto 隨機變數，求出 $f_{W,Z}(z, w)$。

5.97. (X, Y)對均勻分佈在一個環中，中心點位於原點且內半徑和外半徑為 $r_1 < r_2$。令 R 和 Θ 為對應到(X,Y)的半徑和角度。求出 R 和 Θ 的聯合 pdf。

5.98. 令 X 和 Y 為獨立的，0 平均值，單一變異量 Gaussian 隨機變數。令 $V = aX + bY$ 和 $W = cX + eY$。

   (a) 求出 V 和 W 的聯合 pdf，假設該轉換矩陣 A 是可逆的。

   (b) 假設 A 是不可逆的。V 和 W 的聯合 pdf 為何？

5.99. 令 X 和 Y 為獨立的，0 平均值，單一變異量 Gaussian 隨機變數。令 $W = X^2 + Y^2$ 和令 $\Theta = \tan^{-1}(Y/X)$。求出 W 和 Θ 的聯合 pdf。

5.100. 令 X 和 Y 為在範例 5.4 中的隨機變數。令 $R = (X^2 + Y^2)^{1/2}$ 和令 $\Theta = \tan^{-1}(Y/X)$。

(a)　求出 R 和 Θ 聯合 pdf。

(b)　X 和 Y 的聯合 pdf 爲何？

第 5.9 節：聯合 GAUSSIAN 隨機變數對

5.101. 令 X 和 Y 爲聯合 Gaussian 隨機變數 pdf 爲

$$f_{X,Y}(x, y) = \frac{\exp\left\{-4x^2 - 9y^2/2\right\}}{2\pi c} \quad \text{所有的 } x, y$$

求出 VAR[X]，VAR[Y]和 COV(X,Y)。

5.102. 令 X 和 Y 爲聯合 Gaussian 隨機變數 pdf 爲

$$f_{X,Y}(x, y) = \frac{\exp\left\{\frac{-1}{2}\left[x^2 + 4y^2 - 3xy + 3y - 2x + 1\right]\right\}}{2\pi} \quad \text{所有的 } x, y$$

求出 $E[X]$，$E[Y]$，VAR[X]，VAR[Y]和 COV(X,Y).

5.103. 令 X 和 Y 爲聯合 Gaussian 隨機變數其 $E[Y]=0$，$\sigma_1=6$，$\sigma_2=2$ 和 $E[X|Y]=Y+1$。求出 X 和 Y 的聯合 pdf。

5.104. 令 X 和 Y 爲 0 平均值，獨立的 Gaussian 隨機變數其 $\sigma^2=1$。

(a)　(X, Y)落在一個半徑爲 r 的圓中的機率爲 1/2，求出 r 的值。

(b)　已知(X, Y)不是在一個內半徑 r_1 且外半徑 r_2 的環中，求出(X, Y)的條件 pdf。

5.105. 使用一個繪圖程式(如 Octave 或 MATLAB 所提供)畫出具以下參數的聯合 Gaussian 隨機變數的 pdf，平均值爲 0：

(a)　$\sigma_1=1, \sigma_2=1, \rho=0$。

(b)　$\sigma_1=1, \sigma_2=1, \rho=0.8$。

(c)　$\sigma_1=1, \sigma_2=1, \rho=-0.8$。

(d)　$\sigma_1=1, \sigma_2=2, \rho=0$。

(e)　$\sigma_1=1, \sigma_2=2, \rho=0.8$。

(f)　$\sigma_1=1, \sigma_2=10, \rho=0.8$。

5.106. 令 X 和 Y 爲 0 平均值，聯合 Gaussian 隨機變數，$\sigma_1=1, \sigma_2=2$，相關係數爲 ρ。

(a)　畫出(X,Y)之 pdf 其等值橢圓的主軸。

(b)　給定 $X=x$，畫出 Y 的條件期望。

(c)　(a)的圖和(b)的圖相同或是不同？爲什麼？

5.107. 令 X 和 Y 爲 0 平均值，單一變異量的聯合 Gaussian 隨機變數，其 $\rho=1$。畫出 X 和 Y 的聯合 cdf。一個聯合 pdf 存在嗎？

5.108. 令 $h(X, Y)$為 0 平均值，單一變異量 Gaussian 隨機變數具相關係數 ρ_1 的聯合 Gaussian pdf。令 $g(X,Y)$為 0 平均值，單一變異量 Gaussian 隨機變數具相關係數 ρ_2 的聯合 Gaussian pdf，$\rho_2 \neq \rho_1$。假設隨機變數 X 和 Y 有以下聯合 pdf

$$f_{X,Y}(x, y) = \{h(x, y) + g(x, y)\}/2$$

(a) 求出 X 和 Y 的邊際 pdf。

(b) 解釋爲什麼 X 和 Y 不是聯合 Gaussian 隨機變數。

5.109. 使用條件期望來證明若 X 和 Y 爲 0 平均值，聯合 Gaussian 隨機變數，
$E\left[X^2Y^2\right] = E\left[X^2\right]E\left[Y^2\right] + 2E[XY]^2$。

5.110. 令 $\mathbf{X} = (X, Y)$ 爲在習題 5.101 中的 0 平均值聯合 Gaussian 隨機變數。求出一個轉換使得 $\mathbf{Z} = A\mathbf{X}$ 其元素爲 0 平均值，單一變異量的 Gaussian 隨機變數。

5.111. 在範例 5.47 中，假設我們欲從被雜訊污染的觀察 Y 中估計出信號 X 的值：

$$\hat{X} = \frac{1}{1 + \sigma_N^2/\sigma_X^2} Y$$

(a) 計算出均方估計誤差：$E\left[\left(X - \hat{X}\right)^2\right]$。

(b) 在(a)中的誤差如何隨信號雜訊比 σ_X/σ_N 來變化？

第 5.10 節：產生獨立的 GAUSSIAN 隨機變數

5.112. 求出 Rayleigh 隨機變數其 cdf 的反函數，以推導出產生 Rayleigh 隨機變數的轉換方法。證明這個方法所產生出的演算法和在第 5.10 節中提出的演算法相同。

5.113. 重新產生在範例 5.49 中的結果。

5.114. 考慮在習題 5.33 中的二維數據機。

(a) 產生 10,000 個離散隨機變數均勻分佈在集合 $\{1, 2, 3, 4\}$ 中。爲在這個集合中的每一個結果指派信號集合 $\{(1, 1), (1, -1), (-1, 1), (-1, -1)\}$ 中的一個信號。該離散隨機變數序列會產生一序列 10,000 個信號點 $\mathbf{X}$。

(b) 產生 10,000 組雜訊對 N，每一對爲獨立的 0 平均值，單一變異量的聯合 Gaussian 隨機變數。

(c) 產生 10,000 組接收信號 $\mathbf{Y} = (Y_1, Y_2) = \mathbf{X} + \mathbf{N}$。

(d) 畫出接收信號向量的分散點狀圖。這個圖和你所預期的相同嗎？

(e) 用 Y 所落入的象限來估計出傳送的信號：$\hat{X} = (\text{sgn}(Y_1), \text{sgn}(Y_2))$。

(f) 比較估計出的傳送信號和實際的傳送信號來估算出錯誤的機率。

5.115. 產生 1000 對獨立的 0 平均值 Gaussian 隨機變數，其中 X 有變異量 2 而 N 有變異量 1。令 $Y = X + N$ 爲範例 5.47 中被雜訊破壞的信號。

(a) 使用在習題 5.111 中的估計器來估計出 X，並計算出估計誤差的序列。

(b)　估計誤差的 pdf 為何？

(c)　比較估計誤差的平均值，變異量，和相對次數，和在(b)中的結果做比較。

5.116.　令 $X_1, X_2,…, X_{1000}$ 為一個 0 平均值，單一變異量獨立的 Gaussian 隨機變數數列。假設該數列用以下的方式被「平滑化」：

$$Y_n = (X_n + X_{N-1})/2 \quad 其中 X_0 = 0$$

(a)　求出 (Y_n, Y_{n+1}) 的 pdf。

(b)　產生 X_n 的數列和對應的 Y_n 數列。畫出 (Y_n, Y_{n+1}) 的分散點狀圖。它和(a)的結果吻合嗎？

(c)　若 $Z_n = (X_n - X_{N-1})/2$，重做(a)和(b)。

5.117.　令 X 和 Y 為獨立的，0 平均值，單一變異量的 Gaussian 隨機變數。求出線性轉換以產生聯合 Gaussian 隨機變數具平均值 m_1, m_2，變異量 σ_1^2, σ_2^2，和相關係數 ρ。提示：使用在式(5.64)中的條件 pdf。

5.118.　(a)　使用在習題 5.117 中的方法產生 1000 對聯合 Gaussian 隨機變數，其 $m_1 = 1, m_2 = -1$，變異量 $\sigma_1^2 = 1, \sigma_2^2 = 2$，相關係數 $\rho = -1/2$。

(b)　畫出(a)的一個二維分散點狀圖，把所得的 pdf 等值線和理論 pdf 的等值線做比較。

進階習題

5.119.　隨機變數 X 和 Y 有聯合 pdf：

$$f_{X,Y}(x, y) = c \sin (x+y) \quad 0 \le x \le \pi/2, \ 0 \le y \le \pi/2$$

(a)　求出常數 c 的值。

(b)　求出 X 和 Y 的聯合 cdf。

(c)　求出 X 和 Y 的邊際 pdf。

(d)　求出 X 和 Y 的平均值、變異量和共變異量。

5.120.　一位檢查員根據一個硬幣的投擲結果選取一個物件來做檢查：假如結果是正面的，該物件會被檢查。假設物件到達之間的時間是一個指數型態的隨機變數，其平均值為 1。假設檢查一個物件所需的時間是一個常數 t。

(a)　求出在兩連續檢查之間物件到達數的 pmf。

(b)　求出在兩連續檢查之間的時間 X 的 pmf。提示：使用條件期望。

(c)　求出 p 的值，使得有 90%的機率可確定在下一個物件被選取做檢查之前前一個檢查已經完成了。

5.121.　一個裝置的生命期 X 是一個指數型態隨機變數，其平均值=$1/R$。由於在該裝置的生產程序中有不穩定性存在，所以參數 R 是隨機的，而且有一個 gamma 分佈。

(a)　求出 X 和 R 的聯合 pdf。

(b) 求出 X 的 pdf。

(c) 求出 X 的平均值和變異量。

5.122. 令 X 和 Y 為一個隨機信號在兩個時間點上的樣本。假設 X 和 Y 為獨立的 0 平均值 Gaussian 隨機變數，具相同的變異量。當信號「0」出現時，變異量為 σ_0^2，而當信號「1」出現時，變異量為 $\sigma_1^2 > \sigma_0^2$。假設信號 0 和 1 發生的機率分別為 p 和 $1-p$。令 $R^2 = X^2 + Y^2$ 為兩個觀察的總能量。

(a) 當信號「0」出現時，求出 R^2 的 pdf；當信號「1」出現時，求出 R^2 的 pdf。求出 R^2 的 pdf。

(b) 假設我們使用以下的「信號偵測」規則：假如 $R^2 > T$，則我們判定信號 1 出現；否則，我們判定信號 0 出現。用 T 求出一個誤判機率的表示式。

(c) 求出最小化誤判機率的 T 值。

5.123. 令 U_0, U_1,... 為獨立的 0 平均值，單一變異量 Gaussian 隨機變數數列。一個「低通濾波器(low-pass filter)」以數列 U_i 為輸入並產生輸出數列 $X_n = (U_n + U_{n-1})/2$，而一個「高通濾波器(high-pass filter)」產生輸出數列 $Y_n = (U_n - U_{n-1})/2$。

(a) 求出 X_n 和 X_{n-1} 的聯合 pdf；求出 X_n 和 X_{n+m} 的聯合 pdf，$m>1$。

(b) 對 Y_n 重做(a)。

(c) 求出 X_n 和 Y_m 的聯合 pdf。

向量隨機變數

在前一章中,我們提出處理兩隨機變數的方法。在本章中,我們擴展這些方法來處理 n 個隨機變數,使用以下的方式:

- 藉由把 n 個隨機變數表示成一個向量,我們可以用簡潔的符號來表示聯合 pmf,cdf,和 pdf 以及邊際和條件分佈。
- 我們提出一般化的方法來求出向量隨機變數其轉換的 pdf。
- 總結一個向量隨機變數其分佈的資訊,是由一個期望值向量和一個共變異量矩陣來提供。
- 我們使用線性轉換和特徵函數,以另外一種方式來表現隨機向量和它們的機率。
- 我們為一個隨機變數的值發展出最佳的估計,此估計是基礎於對其它隨機變數的觀察。
- 我們說明聯合 Gaussian 隨機向量是如何的有一個簡潔和易於使用的 pdf 和特徵函數。

6.1 向量隨機變數

一個隨機變數的概念可以很容意地被一般化成以下這種狀況:我們同時感興趣的量有好幾個。一個**向量隨機變數(vector random variable)X** 是一個函數,它指定一個實數向量給在 S 中的每一個結果 ζ,所謂的 S 是指某隨機實驗樣本空間。我們使用大寫粗體符號來代表向量隨機變數。習慣上 **X** 是一個行向量(有 n 列 1 行),所以具有元素 $X_1, X_2,..., X_n$ 的向量隨機變數對應到

$$\mathbf{X} = \begin{bmatrix} X_1 \\ X_2 \\ \vdots \\ X_n \end{bmatrix} = [X_1, X_2,..., X_n]^{\mathrm{T}}$$

其中 "T" 代表一個矩陣或向量的轉置。我們有時會寫 $\mathbf{X} = (X_1, X_2,..., X_n)$ 以節省空間並略去轉置符號,但是在處理矩陣運算時還是寫成行向量形式。向量隨機變數的可能值則是由 $\mathbf{x} = (x_1, x_2,..., x_n)$ 表示,其中 x_i 對應到 X_i 的值。

範例 6.1　到達一個封包交換點

一個封包交換點有 3 個輸入埠和 3 個輸出埠，封包到達每一個輸入埠都是獨立的 Bernoulli 測試，其 $p = 1/2$。在輸入埠的每一個封包會等機率地送達至 3 個輸出埠的其中之一。令 $\mathbf{X} = (X_1, X_2, X_3)$，其中 X_i 是到達輸出埠 i 的封包總數。$\mathbf{X}$ 是一個向量隨機變數，它的值是由到達輸入埠的型態來決定的。

範例 6.2　聯合 Poisson 計數

一個隨機實驗為找出在一個半導體晶片上的瑕疵數，和指出它們所在的位置。這個實驗的結果為向量 $\zeta = (n, \mathbf{y}_1, \mathbf{y}_2, ..., \mathbf{y}_n)$，其中第一個元素指出瑕疵總數，而剩下的元素則指出它們的位置座標。假設該晶片是由 M 個區域構成。令 $N_1(\zeta), N_2(\zeta), ..., N_M(\zeta)$ 分別為在這些區域中的瑕疵數，也就是說，$N_k(\zeta)$ 是落在區域 k 中的 $\mathbf{y}$ 的數目。向量 $\mathbf{N}(\zeta) = (N_1, N_2, ..., N_M)$ 是一個向量隨機變數。

範例 6.3　一個音訊信號的樣本

令一個隨機實驗的結果 ζ 為一個音訊信號 $X(t)$。令隨機變數 $X_k = X(kT)$ 為該信號在時間 kT 時所取出的樣本。一個 MP3 編碼解碼器(codec)一次處理一個音訊區塊，一個區塊有 n 個樣本 $\mathbf{X} = (X_1, X_2, ..., X_n)$。$\mathbf{X}$ 是一個向量隨機變數。

6.1.1　事件和機率

每一個牽涉到 $\mathbf{X} = (X_1, X_2, ..., X_n)$ 的事件 A 在一個 n 維實數空間 R^n 中有一個對應的區域。正如之前的處理方式，我們使用在 R^n 中「矩形」乘積形式的集合來當作建構方塊。對於 n 維隨機變數 $\mathbf{X} = (X_1, X_2, ..., X_n)$，我們對具有**乘積形式(product form)**的事件感興趣

$$A = \{X_1 \text{ 在 } A_1 \text{ 中}\} \bigcap \{X_2 \text{ 在 } A_2 \text{ 中}\} \bigcap \cdots \bigcap \{X_n \text{ 在 } A_n \text{ 中}\} \tag{6.1}$$

其中每一個 A_k 是一個一維事件(也就是說，實數線的子集合)，它只牽涉到 X_k。事件 A 發生在當所有的事件 $\{X_k \text{ 在 } A_k \text{ 中}\}$ 都發生時。我們感興趣的是得到這些乘積形式事件的機率：

$$\begin{aligned} P[A] = P[\mathbf{X} \in A] &= P\big[\{X_1 \text{ 在 } A_1 \text{ 中}\} \bigcap \{X_2 \text{ 在 } A_2 \text{ 中}\} \bigcap \cdots \bigcap \{X_n \text{ 在 } A_n \text{ 中}\}\big] \\ &\triangleq P[X_1 \text{ 在 } A_1 \text{ 中}, X_2 \text{ 在 } A_2 \text{ 中}, ..., X_n \text{ 在 } A_n \text{ 中}] \end{aligned} \tag{6.2}$$

理論上，在式(6.2)中機率的獲得，是藉由求出在潛在的樣本空間中等效事件的機率，也就是說，

$$P[A] = P\Big[\big\{\zeta \text{ 在 } S \text{ 中}: \mathbf{X}(\zeta) \text{ 在 } A \text{ 中}\big\}\Big]$$

$$= P\ \big\{\zeta \text{ 在 } S \text{ 中}: X_1(\zeta) \in A_1, X_2(\zeta) \in A_2 \dots, X_n(\zeta) \in A_n\big\} \tag{6.3}$$

式(6.2)為定義 n 維聯合機率質量函數，累積分佈函數，和機率密度函數打下了基礎。其它事件的機率可以用這 3 個函數表示出來。

6.1.2　聯合分佈函數

$X_1, X_2, \dots, X_n$ 的**聯合累積分佈函數(joint cumulative distribution function)**被定義為是伴隨於點 $(x_1, \dots, x_n)$ 的一個 n 維半無限矩形的機率：

$$F_{\mathbf{X}}(\mathbf{x}) \triangleq F_{X_1, X_2, \dots, X_n}(x_1, x_2, \dots, x_n) = P[X_1 \leq x_1, X_2 \leq x_2, \dots, X_n \leq x_n] \tag{6.4}$$

聯合 cdf 對離散，連續，和混合型態的隨機變數都有定義。具乘積形式的事件其機率可以用聯合 cdf 來表示。

聯合 cdf 會產生一群的**邊際 cdf (marginal cdf)**，每一個邊際 cdf 對應到隨機變數 $X_1, \dots, X_n$ 的一個子集合。這些邊際 cdf 的獲得，是把在式(6.4)中聯合 cdf 某些適當的位置設定成 $+\infty$ 即可。舉例來說：

$X_1, \dots, X_{n-1}$ 的聯合 cdf 為 $F_{X_1, X_2, \dots, X_n}(x_1, x_2, \dots, x_{n-1}, \infty)$，而
X_1 和 X_2 的聯合 cdf 為 $F_{X_1, X_2, \dots, X_n}(x_1, x_2, \infty, \dots, \infty)$

範例 6.4

一個無線電發射器使用 3 條路徑送出一個信號到一個接收端。令 X_1、X_2 和 X_3 分別為沿著每一個路徑到達接收端的信號數。求出 $P[\max(X_1, X_2, X_3) \leq 5]$。

3 個數中最大的數小於 5 若且唯若 3 個數的每一個數都小於 5；因此

$$P[A] = P\Big[\{X_1 \leq 5\} \bigcap \{X_2 \leq 5\} \bigcap \{X_3 \leq 5\}\Big]$$

$$= F_{X_1, X_2, X_3}(5, 5, 5)$$

n 個離散隨機變數的**聯合機率質量函數(jont probability mass function)**被定義為

$$p_{\mathbf{X}}(\mathbf{x}) \triangleq p_{X_1, X_2, \dots, X_n}(x_1, x_2, \dots, x_n) = P[X_1 = x_1, X_2 = x_2, \dots, X_n = x_n] \tag{6.5}$$

對於任何一個 n 維事件 A，其機率的求法為把在該事件中的點的 pmf 全加起來

$$P[\mathbf{X} \text{ 在 } A \text{ 中}] = \sum_{\mathbf{x} \text{ 在 } A \text{ 中}} \cdots \sum p_{X_1, X_2, \dots, X_n}(x_1, x_2, \dots, x_n) \tag{6.6}$$

聯合 pmf 產生一群**邊際 pmf (marginal pmf)**，每一個邊際 pmf 指出隨機變數 $X_1,\dots,X_n$ 的一個子集合的聯合機率。舉例來說，X_j 的一維 pmf 的求法爲把變數中不是 x_j 之所有的其他變數的聯合 pmf 全加起來：

$$p_{X_j}\left(x_j\right)=P\left[X_j=x_j\right]=\sum_{x_1}\cdots\sum_{x_{j-1}}\sum_{x_{j+1}}\cdots\sum_{x_n}p_{X_1,X_2,\dots,X_n}\left(x_1,x_2,\dots,x_n\right) \tag{6.7}$$

任何 X_j 和 X_k 的二維聯合 pmf 的求法爲把所有其它的 n-2 個變數的聯合 pmf 全加起來，以此類推。因此，$X_1,\dots,X_{n-1}$ 的邊際 pmf 爲

$$p_{X_1,\dots,X_{n-1}}\left(x_1,x_2,\dots,x_{n-1}\right)=\sum_{x_n}p_{X_1,\dots,X_n}\left(x_1,x_2,\dots,x_n\right) \tag{6.8}$$

一群**條件 pmf (conditional pmf)**是把聯合 pmf 在隨機變數不同的子集合上做條件而獲得的。舉例來說，假如 $p_{X_1,\dots,X_{n-1}}\left(x_1,\dots,x_{n-1}\right)>0$：

$$p_{X_n}\left(x_n\mid x_1,\dots,x_{n-1}\right)=\frac{p_{X_1,\dots,X_n}\left(x_1,\dots,x_n\right)}{p_{X_1,\dots,X_{n-1}}\left(x_1,\dots,x_{n-1}\right)} \tag{6.9a}$$

重複的套用式(6.9a)會產生以下非常有用的表示式：

$$\begin{aligned}&p_{X_1,\dots,X_n}\left(x_1,\dots,x_n\right)\\&=p_{X_n}\left(x_n\mid x_1,\dots,x_{n-1}\right)p_{X_{n-1}}\left(x_{n-1}\mid x_1,\dots,x_{n-2}\right)\cdots p_{X_2}\left(x_2\mid x_1\right)p_{X_1}\left(x_1\right)\end{aligned} \tag{6.9b}$$

範例 6.5　到達一個封包交換點

求出在範例 6.1 中 $\mathbf{X}=\left(X_1,X_2,X_3\right)$ 的聯合 pmf。求出 $P[X_1>X_3]$。

令 N 爲封包到達 3 個輸入埠的總數。每一個輸入埠有一個封包到達的機率 $p=1/2$，所以 N 是二項隨機變數其 pmf 爲：

$$p_N\left(n\right)=\binom{3}{n}\frac{1}{2^3}\qquad 0\le n\le 3$$

給定 $N=n$ 發生，到達每一個輸出埠的封包數有一個多項(multinomial)分佈：

$$p_{X_1,X_2,X_3}\left(i,j,k\mid i+j+k=n\right)=\begin{cases}\dfrac{n!}{i!\,j!\,k!}\;\dfrac{1}{3^n}&i+j+k=n,\ i\ge0,\ j\ge0,\ k\ge0\\0&\text{其它}\end{cases}$$

$\mathbf{X}$ 的聯合 pmf 則爲：

$$p_{\mathbf{X}}(i,\ j,\ k) = p_{\mathbf{X}}(i,\ j,\ k|n) \binom{3}{n} \frac{1}{2^3} \qquad i \geq 0,\ j \geq 0,\ k \geq 0,\ i+j+k=n \leq 3$$

聯合 pmf 的每一個可能的數值為：

$$p_{\mathbf{X}}(0,\ 0,\ 0) = \frac{0!}{0!\ 0!\ 0!}\ \frac{1}{3^0}\binom{3}{0}\frac{1}{2^3} = \frac{1}{8}$$

$$p_{\mathbf{X}}(1,\ 0,\ 0) = p_{\mathbf{X}}(0,\ 1,\ 0) = p_{\mathbf{X}}(0,\ 0,\ 1) = \frac{1!}{0!\ 0!\ 1!}\ \frac{1}{3^1}\binom{3}{1}\frac{1}{2^3} = \frac{3}{24}$$

$$p_{\mathbf{X}}(1,\ 1,\ 0) = p_{\mathbf{X}}(1,\ 0,\ 1) = p_{\mathbf{X}}(0,\ 1,\ 1) = \frac{2!}{0!\ 1!\ 1!}\ \frac{1}{3^2}\binom{3}{2}\frac{1}{2^3} = \frac{6}{72}$$

$$p_{\mathbf{X}}(2,\ 0,\ 0) = p_{\mathbf{X}}(0,\ 2,\ 0) = p_{\mathbf{X}}(0,\ 0,\ 2) = 3/72$$

$$p_{\mathbf{X}}(1,\ 1,\ 1) = 6/216$$

$$p_{\mathbf{X}}(0,\ 1,\ 2) = p_{\mathbf{X}}(0,\ 2,\ 1) = p_{\mathbf{X}}(1,\ 0,\ 2) = p_{\mathbf{X}}(1,\ 2,\ 0) = p_{\mathbf{X}}(2,\ 0,\ 1) = p_{\mathbf{X}}(2,\ 1,\ 0) = 3/216$$

$$p_{\mathbf{X}}(3,\ 0,\ 0) = p_{\mathbf{X}}(0,\ 3,\ 0) = p_{\mathbf{X}}(0,\ 0,\ 3) = 1/216$$

最後：

$$\begin{aligned}P[X_1 > X_3] &= p_{\mathbf{X}}(1,\ 0,\ 0) + p_{\mathbf{X}}(1,\ 1,\ 0) + p_{\mathbf{X}}(2,\ 0,\ 0) + p_{\mathbf{X}}(1,\ 2,\ 0) \\ &\quad + p_{\mathbf{X}}(2,\ 0,\ 1) + p_{\mathbf{X}}(2,\ 1,\ 0) + p_{\mathbf{X}}(3,\ 0,\ 0) = 8/27\end{aligned}$$

我們稱隨機變數 $X_1, X_2,\ldots, X_n$ 為**聯合連續隨機變數 (jointly continuous random variables)**，假如任何 n 維事件 A 的機率是一個機率密度函數的一個 n 維積分：

$$P[\mathbf{X}\ \text{在}\ A\ \text{中}] = \int_{\mathbf{X}\text{在}A\text{中}} \cdots \int f_{X_1, X_2,\ldots, X_n}(x_1,\ x_2',\ldots,\ x_n')\ dx_1'..dx_n' \tag{6.10}$$

其中 $f_{X_1,\ldots, X_n}(x_1,\ldots,\ x_n)$ 為**聯合機率密度函數 (jointly probability density function)**。

$\mathbf{X}$ 的聯合 cdf 可以由積分聯合 pdf 而獲得：

$$F_{\mathbf{X}}(\mathbf{x}) = F_{X_1, X_2,\ldots, X_n}(x_1,\ x_2,\ldots,\ x_n) = \int_{-\infty}^{x_1}\ldots\int_{-\infty}^{x_n} f_{X_1,\ldots, X_n}(x_1',\ldots,\ x_n')\ dx_1'..dx_n' \tag{6.11}$$

聯合 pdf(假如微分存在的話)的求法為

$$f_{\mathbf{X}}(\mathbf{x}) \triangleq f_{X_1, X_2,\ldots, X_n}(x_1,\ x_2,\ldots,\ x_n) = \frac{\partial^n}{\partial x_1..\partial x_n} F_{X_1,\ldots, X_n}(x_1,\ldots,\ x_n) \tag{6.12}$$

有一群邊際 pdf (marginal pdf) 伴隨於式(6.12)的聯合 pdf。隨機變數的一個子集合的邊際 pdf 的求法為：利用積分運算把邊際 pdf 中其它的變數積掉。舉例來說，X_1 的邊際 pdf 為

$$f_{X_1}(x_1) = \int_{-\infty}^{\infty}\cdots\int_{-\infty}^{\infty} f_{X_1, X_2,\ldots, X_n}(x_1,\ x_2',\ldots,\ x_n')\ dx_2'..dx_n' \tag{6.13}$$

再看另一個例子，$X_1,\ldots,X_{n-1}$ 的邊際 pdf 為

$$f_{X_1,\ldots,X_{n-1}}(x_1,\ldots,x_{n-1}) = \int_{-\infty}^{\infty} f_{X_1,\ldots,X_n}(x_1,\ldots,x_{n-1},x_n')\,dx_n' \tag{6.14}$$

一群條件 pdf (conditional pdf)也伴隨於聯合 pdf。舉例來說，給定 $X_1,\ldots,X_{n-1}$ 的值已發生，X_n 的條件 pdf 為

$$f_{X_n}(x_n|x_1,\ldots,x_{n-1}) = \frac{f_{X_1,\ldots,X_n}(x_1,\ldots,x_n)}{f_{X_1,\ldots,X_{n-1}}(x_1,\ldots,x_{n-1})} \tag{6.15a}$$

上式的前提是 $f_{X_1,\ldots,X_{n-1}}(x_1,\ldots,x_{n-1})>0$。

重複的應用式(6.15a)，可產生一個表示式類似式(6.9b)：

$$f_{X_1,\ldots,X_n}(x_1,\ldots,x_n)$$
$$= f_{X_n}(x_n|x_1,\ldots,x_{n-1})f_{X_{n-1}}(x_{n-1}|x_1,\ldots,x_{n-2})..f_{X_2}(x_2|x_1)f_{X_1}(x_1) \tag{6.15b}$$

範例 6.6

隨機變數 X_1、X_2 和 X_3 有聯合 Gaussian pdf 如下：

$$f_{X1,X2,X3}(x1,x2,x3) = \frac{e^{-x_1^2+x_2^2-\sqrt{2}\,x_1x_2+1/2x_3^2}}{2\pi\sqrt{\pi}}$$

求出 X_1 和 X_3 的邊際 pdf。求出給定 X_1 和 X_3 發生，X_2 的條件 pdf。

X_1 和 X_3 的邊際 pdf 的求法為把聯合 pdf 中的 x_2 積分積掉：

$$f_{X_1,X_3}(x_1,x_3) = \frac{e^{-x_3^2/2}}{\sqrt{2\pi}} \int_{-\infty}^{\infty} \frac{e^{-\left(x_1^2+x_2^2-\sqrt{2}x_1x_2\right)}}{2\pi/\sqrt{2}}\,dx_2$$

以上的積分在範例 5.18 中有做過，其中 $\rho = -1/\sqrt{2}$。把該結果代入到上式的積分中，我們得到

$$f_{X_1,X_3}(x_1,x_3) = \frac{e^{-x_3^2/2}}{\sqrt{2\pi}}\,\frac{e^{-x_1^2/2}}{\sqrt{2\pi}}$$

因此 X_1 和 X_3 為獨立的 0 平均值，單一變異量的 Gaussian 隨機變數。

給定 X_1 和 X_3 發生，X_2 的條件 pdf 為：

$$f_{X_2}(x_2|x_1,x_3) = \frac{e^{-\left(x_1^2+x_2^2-\sqrt{2}x_1x_2+\frac{1}{2}x_3^2\right)}}{2\pi\sqrt{\pi}}\,\frac{\sqrt{2\pi}\sqrt{2\pi}}{e^{-x_3^2/2}e^{-x_1^2/2}}$$

$$= \frac{e^{-\left(\frac{1}{2}x_1^2+x_2^2-\sqrt{2}x_1x_2\right)}}{\sqrt{\pi}} = \frac{e^{-\left(x_2-x_1/\sqrt{2}\right)^2}}{\sqrt{\pi}}$$

我們的結論為：給定 X_1 和 X_3 發生，X_2 的條件 pdf 是一個 Gaussian 隨機變數，其平均值為 $x_1/\sqrt{2}$ 且變異量為 1/2。

範例 6.7　乘積式的序列

令 X_1 均勻分佈在[0,1]中，X_2 均勻分佈在 $[0, X_1]$ 中，而 X_3 均勻分佈在 $[0, X_2]$ 中。(請注意 X_3 也是 3 個均勻隨機變數的乘積。)求出 **X** 的聯合 pdf 和 X_3 的邊際 pdf。

對於 $0<z<y<x<1$，聯合 pdf 是非零的，且由下式給定：

$$f_{X_1,X_2,X_3}\left(x_1, x_2, x_3\right) = f_{X_3}\left(z|x, y\right) f_{X_2}\left(y|x\right) f_{X_1}\left(x\right) = \frac{1}{y}\,\frac{1}{x}1 = \frac{1}{xy}$$

X_2 和 X_3 的聯合 pdf 對於 $0<z<y<1$ 是非零的，它的求法為把上式對 x 做積分積掉，但注意 x 的上下限分別為 1 和 y：

$$f_{X_2,X_3}\left(x_2, x_3\right) = \int_y^1 \frac{1}{xy}dx = \frac{1}{y}\,\ln x \bigg|_y^1 = \frac{1}{y}\,\ln\frac{1}{y}$$

X_3 的 pdf 的求法類似，把上式對 y 做積分積掉，但注意 y 的上下限分別為 1 和 z：

$$f_{X_3}\left(x_3\right) = -\int_z^1 \frac{1}{y}\,\ln y\, dy = -\frac{1}{2}\left(\ln y\right)^2 \bigg|_z^1 = \frac{1}{2}\left(\ln z\right)^2$$

請注意 X_3 的 pdf 集中在 $x=0$ 附近。

6.1.3　獨立性

隨機變數 $X_1,\dots, X_n$ 為**獨立(independent)**，假如對於任何的一維事件 $A_1,\dots, A_n$

$$P\left[X_1 \text{ 在 } A_1 \text{ 中}, X_2 \text{ 在 } A_2 \text{ 中},\dots, X_n \text{ 在 } A_n \text{ 中}\right]$$
$$= P\left[X_1 \text{ 在 } A_1 \text{ 中}\right]P\left[X_2 \text{ 在 } A_2 \text{ 中}\right]..P\left[X_n \text{ 在 } A_n \text{ 中}\right]$$

我們可以證明 $X_1,\dots, X_n$ 為獨立的若且唯若對所有的 $x_1,\dots, x_n$

$$F_{X_1,\dots,X_n}\left(x_1,\dots, x_n\right) = F_{X_1}\left(x_1\right)..F_{X_n}\left(x_n\right) \tag{6.16}$$

假如隨機變數是離散的，式(6.16)等同於

$$p_{X_1,\dots,X_n}\left(x_1,\dots, x_n\right) = p_{X_1}\left(x_1\right)..p_{X_n}\left(x_n\right) \quad \forall\, x_1,\dots, x_n$$

假如隨機變數為聯合連續的，式(6.16)等同於對所有的 $x_1,\dots, x_n$

$$f_{X_1,\dots,X_n}\left(x_1,\dots, x_n\right) = f_{X_1}\left(x_1\right)..f_{X_n}\left(x_n\right)$$

範例 6.8

一個雜訊信號的 n 個樣本 $X_1, X_2,..., X_n$ 其聯合 pdf 爲

$$f_{X_1,\ldots,X_n}(x_1,\ldots,x_n) = \frac{e^{-\left(x_1^2+\ldots+x_n^2\right)/2}}{(2\pi)^{n/2}} \quad \forall\, x_1,\ldots,x_n$$

很清楚的，上式是 n 個一維 Gaussian pdf 的乘積。因此 $X_1,..., X_n$ 爲獨立的 Gaussian 隨機變數。

6.2 多個隨機變數的函數

　　向量隨機變數的函數自然地發生在隨機實驗中。舉例來說，某個實驗會產生一個給定的隨機變數，$\mathbf{X} = (X_1, X_2,..., X_n)$ 可能對應到重複該實驗 n 次所得的觀察。我們幾乎總是對那些觀察的樣本平均值和樣本變異量感興趣。另外一個例子爲 $\mathbf{X} = (X_1, X_2,..., X_n)$ 可能對應到一個語音波形的樣本，我們可能對在其中抽取出語音特徵感興趣，而在一個語音辨識系統中語音特徵都被定義成是 $\mathbf{X}$ 的函數。

6.2.1 多個隨機變數的一個函數

令隨機變數 Z 被定義爲是好幾個隨機變數的一個函數：

$$Z = g(X_1, X_2,..., X_n) \tag{6.17}$$

欲求出 Z 的 cdf，先要求出 $\{Z \leq z\}$ 的等效事件，也就是集合 $R_z = \{\mathbf{x}: g(\mathbf{x}) \leq z\}$，那麼

$$F_Z(z) = P[\mathbf{X} \text{ 在 } R_z \text{ 中}] = \int_{\mathbf{X} \text{ 在 } R_z \text{ 中}} \cdots \int f_{X_1,\ldots,X_n}(x_1',\ldots,x_n')\, dx_1'..dx_n' \tag{6.18}$$

Z 的 pdf 然後可以由微分 $F_Z(z)$ 而得。

範例 6.9　　n 個隨機變數的最大值和最小值

令 $W = \max(X_1, X_2,..., X_n)$ 和 $Z = \min(X_1, X_2,..., X_n)$，其中 X_i 爲獨立的隨機變數，具相同的分佈。求出 $F_W(w)$ 和 $F_Z(z)$。

　　$X_1, X_2,..., X_n$ 的最大值小於 x 若且唯若每一個 X_i 均小於 x，所以：

$$\begin{aligned} F_W(w) &= P\left[\max(X_1, X_2,..., X_n) \leq w\right] \\ &= P[X_1 \leq w]\,P[X_2 \leq w]..P[X_n \leq w] = \left(F_X(w)\right)^n \end{aligned}$$

$X_1, X_2,..., X_n$ 的最小值大於 x 若且唯若每一個 X_i 均大於 x，所以：

$$1 - F_Z(z) = P\left[\min(X_1, X_2, \ldots, X_n) > z\right]$$
$$= P[X_1 > z] P[X_2 > z] \ldots P[X_n > z] = (1 - F_X(z))^n$$

所以

$$F_Z(z) = 1 - (1 - F_X(z))^n$$

範例 6.10　**合併獨立的 Poisson 到達**

從 n 個獨立的來源發出的網頁請求到達一個伺服器。來源 j 產生的封包有指數型態分佈的間隔到達時間，它的到達率為 λ_j。求出在伺服器處連續請求之間的間隔到達時間的分佈。

令不同來源的間隔到達時間分別為 $X_1, X_2, \ldots, X_n$。因為每一個 X_j 滿足無記憶性特性，所以，從 n 個來源那兒來的最後一個封包到達之後，又經過多少的時間是無關緊要的。所以下一個封包到達多工器的時間為：

$$Z = \min(X_1, X_2, \ldots, X_n)$$

因此 Z 的 pdf 為：

$$1 - F_Z(z) = P\left[\min(X_1, X_2, \ldots, X_n) > z\right]$$
$$= P[X_1 > z] P[X_2 > z] \ldots P[X_n > z]$$
$$= (1 - F_{X_1}(z))(1 - F_{X_2}(z)) \ldots (1 - F_{X_n}(z))$$
$$= e^{-\lambda_1 z} e^{-\lambda_2 z} \ldots e^{-\lambda_n z} = e^{-(\lambda_1 + \lambda_2 + \ldots + \lambda_n)z}$$

所以間隔到達時間是一個指數型態的隨機變數，其到達率為 $\lambda_1 + \lambda_2 + \cdots + \lambda_n$。

範例 6.11　**具多餘系統的可靠度**

一個計算群集有 n 個獨立的重複子系統。每一個子系統的生命期都是一個具參數 λ 的指數型態分佈。n 個子系統同時運作，但是只要有一個子系統正常運作，該群集就會正常運作。求出直到該系統失效所需時間的 cdf。

令每一個子系統的生命期為 $X_1, X_2, \ldots, X_n$。直到最後一個子系統失敗的時間為：

$$W = \max(X_1, X_2, \ldots, X_n)$$

因此 W 的 cdf 為：

$$F_W(w) = (F_X(w))^n = (1 - e^{-\lambda w})^n = 1 - \binom{n}{1} e^{-\lambda w} + \binom{n}{2} e^{-2\lambda w} + \ldots$$

6.2.2　隨機向量的轉換

令 $X_1,\ldots, X_n$ 為在某實驗中的隨機變數，而隨機變數 $Z_1,\ldots, Z_n$ 是由一個轉換所定義，該轉換是由 $\mathbf{X} = (X_1,\ldots, X_n)$ 的 n 個函數所構成的：

$$Z_1 = g_1(\mathbf{X}) \quad Z_2 = g_2(\mathbf{X}) \quad \ldots \quad Z_n = g_n(\mathbf{X})$$

$\mathbf{Z} = (Z_1,\ldots, Z_n)$ 在點 $\mathbf{z} = (z_1,\ldots, z_n)$ 那兒的聯合 cdf 等於某塊 x 區域的機率，在該區域中的 x 滿足 $g_k(\mathbf{x}) \le z_k$，$k = 1,\ldots, n$：

$$F_{Z_1,\ldots,Z_n}(z_1,\ldots, z_n) = P\left[g_1(\mathbf{X}) \le z_1,\ldots, g_n(\mathbf{X}) \le z_n \right] \tag{6.19a}$$

若 $X_1,\ldots, X_n$ 有一個聯合 pdf，那麼

$$F_{Z_1,\ldots,Z_n}(z_1,\ldots, z_n) = \iint_{x': \, g_k(\mathbf{x}') \le z_k} f_{X_1,\ldots,X_n}(x_1',\ldots, x_n')\ dx_1' \ldots dx' \tag{6.19b}$$

範例 6.12

給定一個隨機向量 $\mathbf{X}$，求出以下轉換的聯合 pdf：

$$Z_1 = g_1(X_1) = a_1 X_1 + b_1$$
$$Z_2 = g_2(X_2) = a_2 X_2 + b_2$$
$$\vdots$$
$$Z_n = g_n(X_n) = a_n X_n + b_n$$

請注意若 $a_k > 0$，$Z_k = a_k X_k + b_k \le z_k$ 若且唯若 $X_k \le (z_k - b_k)/a_k$，所以

$$F_{Z_1, Z_2,\ldots, Z_n}(z_1, z_2,\ldots, z_n) = P\left[X_1 \le \frac{z_1 - b_1}{a_1},\ X_2 \le \frac{z_2 - b_2}{a_2},\ldots, X_n \le \frac{z_n - b_n}{a_n} \right]$$

$$= F_{X_1, X_2,\ldots, X_n}\left(\frac{z_1 - b_1}{a_1},\ \frac{z_2 - b_2}{a_2},\ldots, \frac{z_n - b_n}{a_n} \right)$$

$$f_{Z_1, Z_2,\ldots, Z_n}(z_1, z_2,\ldots, z_n) = \frac{\partial^n}{\partial z_1 \ldots \partial z_n} F_{Z_1, Z_2,\ldots, Z_n}(z_1, z_2,\ldots, z_n)$$

$$= \frac{1}{a_1 \ldots a_n} f_{X_1, X_2,\ldots, X_n}\left(\frac{z_1 - b_1}{a_1},\ \frac{z_2 - b_2}{a_2},\ldots, \frac{z_n - b_n}{a_n} \right)$$

---

*6.2.3　一般轉換的 pdf

我們現在介紹一個一般的方法來求出 n 個聯合連續隨機變數其某個轉換的 pdf。我們先發展二維的情況。令隨機變數 V 和 W 為 X 和 Y 的兩個函數：

$$V = g_1(X, Y) \quad 和 \quad W = g_2(X, Y) \tag{6.20}$$

假設函數 $v(x,y)$ 和 $w(x,y)$ 是可逆的，在這裡的意思是由方程式 $v = g_1(x, y)$ 和 $w = g_2(x, y)$ 可以解出 x 和 y，也就是說，

$$x = h_1(v, w) \ 和 \ y = h_2(v, w)$$

X 和 Y 聯合 pdf 的求法為求出無限小矩形的等價事件。此一無限小矩形的映射如在圖 6.1(a)中所示。該映射可以由如在圖 6.1(b)中所示的平行四邊形來近似，近似的方式為在 x 變數上做以下的一階近似

$$g_k(x + dx, y) \simeq g_k(x, y) + \frac{\partial}{\partial x} g_k(x, y) \ dx \quad k = 1, 2$$

我們用類似的方式來處理 y 變數。該無限小矩形的機率和該平行四邊形的機率近似相等，因此

$$f_{X,Y}(x, y) \ dx \ dy = f_{V,W}(v, w) \ dP$$

所以

$$f_{V,W}(v, w) = \frac{f_{X,Y}(h_1(v, w), (h_2(v, w))}{\left| \dfrac{dP}{dxdy} \right|} \tag{6.21}$$

其中 dP 是該平行四邊形的面積。這裡的情況和一個線性轉換的情況(參見式 5.59)類似，我們可以把在以上近似式中的微分和在線性轉換中的係數做個匹配，並得到以下的結論：在點(v,w)那兒的「伸展因子(stretch factor)」是由一個偏微分矩陣的行列式來決定的：

$$J(x, y) = \det \begin{bmatrix} \dfrac{\partial v}{\partial x} & \dfrac{\partial v}{\partial y} \\ \dfrac{\partial w}{\partial x} & \dfrac{\partial w}{\partial y} \end{bmatrix}$$

行列式 $J(x, y)$ 被稱為轉換的 **Jacobian**。反轉換的 Jacobian 為

$$J(v, w) = \det \begin{bmatrix} \dfrac{\partial x}{\partial v} & \dfrac{\partial x}{\partial w} \\ \dfrac{\partial y}{\partial v} & \dfrac{\partial y}{\partial w} \end{bmatrix}$$

我們可以證明

$$|J(v, w)| = \frac{1}{|J(x, y)|}$$

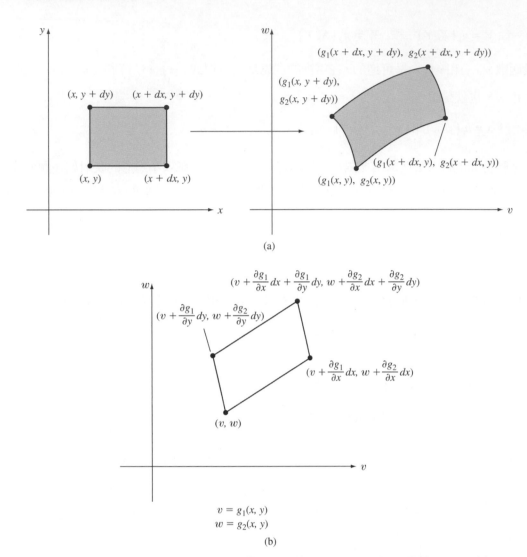

圖 6.1　(a)一個無限小矩形做一般轉換後的映射，(b)用一個平行四邊形來近似映射

我們因此有以下的結論： V 和 W 的聯合 pdf 可以使用以下的表示式求出：

$$f_{V,W}(v, w) = \frac{f_{X,Y}\big(h_1(v, w), (h_2(v, w)\big)}{|J(x, y)|} \tag{6.22a}$$

$$= f_{X,Y}\big(h_1(v, w), (h_2(v, w)\big)|J(v, w)| \tag{6.22b}$$

　　請注意就算方程式(6.20)有多於一個解，式(6.21)還是可以可以用的；pdf 那麼會等於有如式(6.22a)和式(6.22b)中所給定形式的項的和，每一個解提供了一個這樣的項。

範例 6.13

伺服器 1 接收 m 個網頁請求，而伺服器 2 接收 k 個網頁請求。網頁傳送時間為指數型態的隨機變數，其平均值為 $1/\mu$。令 X 為從伺服器 1 傳送檔案的總時間，而 Y 為從伺服器 2 傳送檔案

的總時間。求出 T 和 W 的聯合 pdf，前者是總傳送時間，後者是由伺服器 1 所貢獻出的總傳送時間比例：

$$T = X + Y \quad 和 \quad W = \frac{X}{X+Y}$$

從第 4 章可知，j 個獨立的指數型態隨機變數的和是一個 Erlang 隨機變數其參數為 j 和 μ。因此 X 和 Y 均為獨立的 Erlang 隨機變數，X 的參數為 m 和 μ，Y 的參數為 k 和 μ：

$$f_X(x) = \frac{\mu e^{-\mu x}(\mu x)^{m-1}}{(m-1)!} \quad 和 \quad f_Y(y) = \frac{\mu e^{-\mu y}(\mu y)^{k-1}}{(k-1)!}$$

我們用 T 和 W 解出 X 和 Y：

$$X = TW \quad 和 \quad Y = T(1-W)$$

轉換的 Jacobian 為：

$$\begin{aligned}
J(x, y) &= \det \begin{bmatrix} 1 & 1 \\ \dfrac{y}{(x+y)^2} & \dfrac{-x}{(x+y)^2} \end{bmatrix} \\
&= \frac{-x}{(x+y)^2} - \frac{y}{(x+y)^2} = \frac{-1}{x+y} = \frac{-1}{t}
\end{aligned}$$

然後 T 和 W 的聯合 pdf 為：

$$\begin{aligned}
f_{T,W}(t, w) &= \frac{1}{|J(x, y)|} \left[\frac{\mu e^{-\mu x}(\mu x)^{m-1}}{(m-1)!} \frac{\mu e^{-\mu y}(\mu y)^{k-1}}{(k-1)!} \right]_{\substack{x=tw \\ y=t(1-w)}} \\
&= t \frac{\mu e^{-\mu tw}(\mu tw)^{m-1}}{(m-1)!} \frac{\mu e^{-\mu t(1-w)}(\mu t(1-w))^{k-1}}{(k-1)!} \\
&= \frac{\mu e^{-\mu t}(\mu t)^{m+k-1}}{(m+k-1)!} \frac{(m+k-1)!}{(m-1)!(k-1)!} (w)^{m-1}(1-w)^{k-1}
\end{aligned}$$

我們看到 T 和 W 為獨立的隨機變數。正如預期的，T 是 Erlang 隨機變數，其參數為 $m+k$ 和 μ，因為它是 $m+k$ 個獨立的 Erlang 隨機變數的和。W 是第 3 章中介紹的 beta 隨機變數。

就算我們只對單一個隨機變數的函數感興趣，以上發展的方法也適用。藉由定義一個「輔助」變數，我們可以使用轉換方法來求出兩個隨機變數的聯合 pdf，然後我們就可以求出只包含有我們想要隨機變數的邊際 pdf。以下的範例示範這個方法。

範例 6.14 Student's t-分佈(Student's t-distribution)

令 X 為一個 0 平均值，單一變異量的 Gaussian 隨機變數，令 Y 為一個卡方(chi-square)隨機變數具有 n 個自由度。假設 X 和 Y 為獨立的。求出 $V = X/\sqrt{Y/n}$ 的 pdf。

定義輔助函數 $W = Y$。那麼變數 X 和 Y 和 V 和 W 的關係為

$$X = V\sqrt{W/n} \quad 和 \quad Y = W$$

反轉換的 Jacobian 為

$$|J(v, w)| = \begin{vmatrix} \sqrt{w/n} & (v/2)\sqrt{wn} \\ 0 & 1 \end{vmatrix} = \sqrt{w/n}$$

因為 $f_{X,Y}(x, y) = f_X(x)f_Y(y)$，$V$ 和 W 的聯合 pdf 因此為

$$f_{V,W}(v, w) = \frac{e^{-x^2/2}}{\sqrt{2\pi}} \frac{(y/2)^{n/2-1}e^{-y/2}}{2\Gamma(n/2)}|J(v, w)|\Big|_{\substack{x=v\sqrt{w/n} \\ y=w}}$$

$$= \frac{(w/2)^{(n-1)/2}e^{-[(w/2)(1+v2/n)]}}{2\sqrt{n\pi}\Gamma(n/2)}$$

V 的 pdf 的求法就是把上式對 w 積分即可：

$$f_V(v) = \frac{1}{2\sqrt{n\pi}\Gamma(n/2)}\int_0^\infty (w/2)^{(n-1)/2}e^{-[(w/2)(1+v2/n)]}\,dw$$

假如我們令 $w' = (w/2)(v^2/n+1)$，該積分會變成

$$f_V(v) = \frac{(1+v^2/n)^{-(n+1)/2}}{\sqrt{n\pi}\Gamma(n/2)}\int_0^\infty (w')^{(n-1)/2}e^{-w'}\,dw'$$

我們可以注意到以上的積分是 gamma 函數在 $(n+1)/2$ 處的函數值，我們最後獲得 Student's t-分佈：

$$f_V(v) = \frac{(1+v^2/n)^{-(n+1)/2}\Gamma((n+1)/2)}{\sqrt{n\pi}\Gamma(n/2)}$$

這個 pdf 被大量地使用在統計的計算中。(參見第 8 章。)

接下來，考慮 n 個隨機變數 $\mathbf{X} = (X_1,..., X_n)$ 的 n 個函數，如下所示：

$$Z_1 = g_1(\mathbf{X}), \quad Z_2 = g_2(\mathbf{X}),..., \quad Z_n = g_n(\mathbf{X})$$

現在我們探討如何求出這 n 個函數的聯合 pdf。正如我們之前的假設，以下這組方程式

$$z_1 = g_1(\mathbf{x}), \quad z_2 = g_2(\mathbf{x}),\ldots, \quad z_n = g_n(\mathbf{x}) \tag{6.23}$$

有一個唯一的解

$$x_1 = h_1(\mathbf{z}), \quad x_2 = h_2(\mathbf{z}),\ldots, \quad x_n = h_n(\mathbf{z})$$

那麼，Z 的聯合 pdf 為

$$f_{Z_1,\ldots,Z_n}(z_1,\ldots,z_n) = \frac{f_{X_1,\ldots,X_n}(h_1(\mathbf{z}),\, h_2(\mathbf{z}),\ldots, h_n(\mathbf{z}))}{|J(x_1,\, x_2,\ldots, x_n)|} \tag{6.24a}$$

$$= f_{X_1,\ldots,X_n}(h_1(\mathbf{z}),\, h_2(\mathbf{z}),\ldots, h_n(\mathbf{z}))|J(z_1,\, z_2,\ldots, z_n)| \tag{6.24b}$$

其中 $|J(x_1,\ldots, x_n)|$ 和 $|J(z_1,\ldots, z_n)|$ 分別為轉換的行列式和反轉換的行列式，其中

$$J(x_1,\ldots, x_n) = \det \begin{bmatrix} \dfrac{\partial g_1}{\partial x_1} & \cdots & \dfrac{\partial g_1}{\partial x_n} \\ \vdots & & \vdots \\ \dfrac{\partial g_n}{\partial x_1} & \cdots & \dfrac{\partial g_n}{\partial x_n} \end{bmatrix}$$

和

$$J(z_1,\ldots, z_n) = \det \begin{bmatrix} \dfrac{\partial h_1}{\partial z_1} & \cdots & \dfrac{\partial h_1}{\partial z_n} \\ \vdots & & \vdots \\ \dfrac{\partial h_n}{\partial z_1} & \cdots & \dfrac{\partial h_n}{\partial z_n} \end{bmatrix}$$

在一個線性轉換的特例中，我們有：

$$\mathbf{Z} = \mathbf{AX} = \begin{bmatrix} a_{11} & a_{12} & \ldots & a_{1n} \\ a_{21} & a_{22} & \ldots & a_{2n} \\ . & . & \ldots & . \\ a_{n1} & a_{n2} & \ldots & a_{nn} \end{bmatrix} \begin{bmatrix} X_1 \\ X_2 \\ \ldots \\ X_n \end{bmatrix}$$

Z 的元素為：

$$Z_j = a_{j1}X_1 + a_{j2}X_2 + \ldots + a_{jn}X_n$$

因為 $dz_j / dx_i = a_{ji}$，Jacobian 在這裡會簡單的為：

$$J\left(x_1, x_2, \ldots, x_n\right) = \det \begin{bmatrix} a_{11} & a_{12} & \ldots & a_{1n} \\ a_{21} & a_{22} & \ldots & a_{2n} \\ . & . & \ldots & . \\ a_{n1} & a_{n2} & \ldots & a_{nn} \end{bmatrix} = \det \mathbf{A}$$

假設 $\mathbf{A}$ 是可逆的 [1]，則我們會有：

$$f_{\mathbf{Z}}\left(\mathbf{z}\right) = \frac{f_{\mathbf{X}}\left(\mathbf{x}\right)}{|\det \mathbf{A}|}\Bigg|_{\mathbf{x} = \mathbf{A}^{-1}\mathbf{z}} = \frac{f_{\mathbf{X}}\left(\mathbf{A}^{-1}\mathbf{z}\right)}{|\det \mathbf{A}|}$$

範例 6.15　隨機變數的總和

給定一個隨機向量 $\mathbf{X} = \left(X_1, X_2, X_3\right)$，求出 Z 的 pdf，其中

$$Z = X_1 + X_2 + X_3$$

我們將使用轉換來解本題，首先產生個輔助變數如下：

$$Z_1 = X_1, \quad Z_2 = X_1 + X_2, \quad Z_3 = X_1 + X_2 + X_3$$

請注意最後一個輔助變數正是我們感興趣的變數。上述的反轉換爲：

$$X_1 = Z_1, \quad X_2 = Z_2 - Z_1, \quad X_3 = Z_3 - Z_2$$

Jacobian 矩陣爲：

$$J\left(x_1, x_2, x_3\right) = \det \begin{bmatrix} 1 & 0 & 0 \\ 1 & 1 & 0 \\ 1 & 1 & 1 \end{bmatrix} = 1$$

因此 $\mathbf{Z}$ 的聯合 pdf 爲

$$f_{\mathbf{Z}}\left(z_1, z_2, z_3\right) = f_{\mathbf{X}}\left(z_1, z_2 - z_1, z_3 - z_2\right)$$

Z_3 的 pdf 的求法爲把上式對 z_1 和 z_2 積分：

$$f_{Z_3}\left(z\right) = \int_{-\infty}^{\infty} \int_{-\infty}^{\infty} f_{\mathbf{X}}\left(z_1, z_2 - z_1, z - z_2\right)\, dz_1 dz_2$$

假如 X_1、X_2 和 X_3 爲獨立的隨機變數，這個表示式可以被進一步的簡化。

---

[1]　本書的附錄 C 整理了一些線性代數之定義和有用的結果。

6.3　向量隨機變數期望值

在本節中，我們感興趣的課題在描述一個向量隨機變數。我們透過該向量隨機變數的元素期望值，和元素函數的期望值來做描述。我們聚焦在使用向量隨機變數的平均值向量和共變異量矩陣來描述一向量隨機變數。然後，我們介紹向量隨機變數的聯合特徵函數。

一個向量隨機變數 $\mathbf{X} = (X_1, X_2, \ldots, X_n)$ 的一個函數 $g(\mathbf{X}) = g(X_1, \ldots, X_n)$ 的期望值爲：

$$E[Z] = \begin{cases} \int_{-\infty}^{\infty} \cdots \int_{-\infty}^{\infty} g(x_1, x_2, \ldots, x_n) f_X(x_1, x_2, \ldots, x_n) dx_1 dx_2 \ldots dx_n & \mathbf{X} \text{ 爲聯合連續} \\ \sum_{x_1} \cdots \sum_{x_n} g(x_1, x_2, \ldots, x_n) p_X(x_1, x_2, \ldots, x_n) & \mathbf{X} \text{ 爲離散} \end{cases} \tag{6.25}$$

一個重要的例子爲 $g(\mathbf{X})$ 等於 $\mathbf{X}$ 的函數的和。參考式(5.26)和一個簡單的數學歸納可證明：

$$E[g_1(\mathbf{X}) + g_2(\mathbf{X}) + \ldots + g_n(\mathbf{X})] = E[g_1(\mathbf{X})] + \ldots + E[g_n(\mathbf{X})] \tag{6.26}$$

另外一個重要的例子爲 $g(\mathbf{X})$ 等於 n 個元素它們的個別函數的乘積。假如 $X_1, \ldots, X_n$ 爲獨立的隨機變數，那麼

$$E[g_1(X_1) g_2(X_2) \ldots g_n(X_n)] = E[g_1(X_1)] E[g_2(X_2)] \ldots E[g_n(X_n)] \tag{6.27}$$

6.3.1　平均值向量和共變異量矩陣

平均值，變異量，和共變異量提供了有關於一個隨機變數分佈的有用資訊，而且由於它們很容易被估算，所以我們經常使用多重隨機變數的第一階和第二階動差來描述多重隨機變數。我們現在介紹平均值向量和共變異量矩陣。然後我們探討一個隨機向量經線性轉換後的平均值向量和共變異量矩陣。

對於 $\mathbf{X} = (X_1, X_2, \ldots, X_n)$，**平均值向量(mean vector)** 被定義爲是由元素 X_k 的期望值所構成的行向量：

$$\mathbf{m_X} = E[\mathbf{X}] = E\begin{bmatrix} X_1 \\ X_2 \\ \vdots \\ X_n \end{bmatrix} \triangleq \begin{bmatrix} E[X_1] \\ E[X_2] \\ \vdots \\ E[X_n] \end{bmatrix} \tag{6.28a}$$

請注意我們定義期望值向量爲一個行向量。在前面章節中我們有時會把 $\mathbf{X}$ 寫成是一個列向量，但是在本節中和每當我們需處理矩陣轉換時，我們將會把 $\mathbf{X}$ 和它的期望值表示成一個行向量。

相關矩陣(correlation matrix)用 **X** 的第二階動差來做為它的元素：

$$
\mathbf{R_X} =
\begin{bmatrix}
E\left[X_1^2\right] & E[X_1 X_2] & \dots & E[X_1 X_n] \\
E[X_2 X_1] & E\left[X_2^2\right] & \dots & E[X_2 X_n] \\
\cdot & \cdot & \cdots & \cdot \\
E[X_n X_1] & E[X_n X_2] & \dots & E\left[X_n^2\right]
\end{bmatrix}
\tag{6.28b}
$$

共變異量矩陣(covariance matrix)用第二階中央動差來做為它的元素：

$$
\mathbf{K_X} =
\begin{bmatrix}
E\left[(X_1 - m_1)^2\right] & E\left[(X_1 - m_1)(X_2 - m_2)\right] & \dots & E\left[(X_1 - m_1)(X_n - m_n)\right] \\
E\left[(X_2 - m_2)(X_1 - m_1)\right] & E\left[(X_2 - m_2)^2\right] & \dots & E\left[(X_2 - m_2)(X_n - m_n)\right] \\
\cdot & \cdot & \cdots & \cdot \\
E\left[(X_n - m_n)(X_1 - m_1)\right] & E\left[(X_n - m_n)(X_2 - m_2)\right] & \dots & E\left[(X_n - m_n)^2\right]
\end{bmatrix}
$$

$$\tag{6.28c}$$

$\mathbf{R_X}$ 和 $\mathbf{K_X}$ 都是 $n \times n$ 的對稱矩陣。$\mathbf{K_X}$ 的對角元素恰為 **X** 其元素的變異 $\mathrm{VAR}[X_k] = E\left[(X_k - m_k)^2\right]$。假如這些元素是不相關的，那麼對於 $j \neq k$，$\mathrm{COV}(X_j, X_k) = 0$，導致 $\mathbf{K_X}$ 是一個對角矩陣。假如隨機變數 $X_1,\dots, X_n$ 是獨立的，則它們是不相關的且 $\mathbf{K_X}$ 是對角矩陣。 最後，假如期望值向量是 0，也就是說，對所有的 k，$m_k = E[X_k] = 0$，那麼 $\mathbf{R_X} = \mathbf{K_X}$。

範例 6.16

令 $\mathbf{X} = (X_1, X_2, X_3)$ 為範例 6.6 中的聯合 Gaussian 隨機向量。求出 $E[\mathbf{X}]$ 和 $\mathbf{K_X}$。

我們重寫聯合 pdf 如下：

$$
f_{X_1, X_2, X_3}(x_1, x_2, x_3) = \frac{e^{-\left(x_1^2 + x_2^2 - 2\frac{1}{\sqrt{2}}x_1 x_2\right)}}{2\pi\sqrt{1 - \left(-\frac{1}{\sqrt{2}}\right)^2}} \ \frac{e^{-x_3^2/2}}{\sqrt{2\pi}}
$$

我們看到 X_3 是一個 Gaussian 隨機變數，具 0 平均值和單位變異量，而且它獨立於 X_1 和 X_2。我們也看到 X_1 和 X_2 為聯合 Gaussian 隨機變數，具 0 平均值和單位變異量，且相關係數為

$$
\rho_{X_1 X_2} = -\frac{1}{\sqrt{2}} = \frac{\mathrm{COV}(X_1, X_2)}{\sigma_{X_1}\sigma_{X_2}} = \mathrm{COV}(X_1, X_2)
$$

因此期望值向量為：$\mathbf{m_X} = \mathbf{0}$，和

$$\mathbf{K_X} = \begin{bmatrix} 1 & -\dfrac{1}{\sqrt{2}} & 0 \\ -\dfrac{1}{\sqrt{2}} & 1 & 0 \\ 0 & 0 & 1 \end{bmatrix}$$

我們現在為 $\mathbf{R_X}$ 和 $\mathbf{K_X}$ 發展更為簡潔的表示式。假如我們把 $\mathbf{X}$，一個 $n\times1$ 矩陣，和 $\mathbf{X}^\mathrm{T}$，一個 $1\times n$ 矩陣，相乘，我們會得到以下的 $n\times n$ 矩陣：

$$\mathbf{XX}^\mathrm{T} = \begin{bmatrix} X_1 \\ X_2 \\ \vdots \\ X_n \end{bmatrix} [X_1, X_2,\ldots, X_n] = \begin{bmatrix} X_1^2 & X_1X_2 & \ldots & X_1X_n \\ X_2X_1 & X_2^2 & \ldots & X_2X_n \\ . & . & \ldots & . \\ X_nX_1 & X_nX_2 & \ldots & X_n^2 \end{bmatrix}$$

假如我們定義一個矩陣的期望值為矩陣元素期望值的矩陣，則我們可以把相關矩陣寫成：

$$\mathbf{R_X} = E\left[\mathbf{XX}^\mathrm{T}\right] \tag{6.29a}$$

共變異量矩陣則為：

$$\begin{aligned} \mathbf{K_X} &= E\left[(\mathbf{X}-\mathbf{m_X})(\mathbf{X}-\mathbf{m_X})^\mathrm{T}\right] \\ &= E\left[\mathbf{XX}^\mathrm{T}\right] - \mathbf{m_X}E\left[\mathbf{X}^\mathrm{T}\right] - E[\mathbf{X}]\mathbf{m_X}^\mathrm{T} + \mathbf{m_X}\mathbf{m_X}^\mathrm{T} \\ &= \mathbf{R_X} - \mathbf{m_X}\mathbf{m_X}^\mathrm{T} \,\text{。} \end{aligned} \tag{6.29b}$$

6.3.2　隨機向量的線性轉換

許多的工程系統是線性的。這些系統經常可以被簡化成為一個隨機變數向量的線性轉換，其中「輸入」是 $\mathbf{X}$ 而「輸出」是 $\mathbf{Y}$：

$$\mathbf{Y} = \begin{bmatrix} a_{11} & a_{12} & \ldots & a_n \\ a_{21} & a_{22} & \ldots & a_{2n} \\ . & . & \ldots & . \\ a_{n1} & a_{n2} & \ldots & a_{nn} \end{bmatrix}\begin{bmatrix} X_1 \\ X_2 \\ \vdots \\ X_n \end{bmatrix} = \mathbf{AX}$$

$\mathbf{Y}$ 的第 k 個元素的期望值為 $\mathbf{A}$ 的第 k 列和 $\mathbf{X}$ 的期望值的內積(點積)：

$$E[Y_k] = E\left[\sum_{j=1}^n a_{kj}X_j\right] = \sum_{j=1}^n a_{kj}E\left[X_j\right]$$

$E[\mathbf{Y}]$ 的每一個元素都可以這種方式獲得，所以：

$$\mathbf{m_Y} = E[\mathbf{Y}] = \begin{bmatrix} \sum_{j=1}^{n} a_{1j} E[X_j] \\ \sum_{j=1}^{n} a_{2j} E[X_j] \\ \vdots \\ \sum_{j=1}^{n} a_{nj} E[X_j] \end{bmatrix} = \begin{bmatrix} a_{11} & a_{12} & \dots & a_n \\ a_{21} & a_{22} & \dots & a_{2n} \\ . & . & \dots & . \\ a_{n1} & a_{n2} & \dots & a_{nn} \end{bmatrix} \begin{bmatrix} E[X_1] \\ E[X_2] \\ \vdots \\ E[X_n] \end{bmatrix}$$

$$= \mathbf{A}E[\mathbf{X}] = \mathbf{A}\mathbf{m_X} \tag{6.30a}$$

$\mathbf{Y}$ 的共變異量矩陣則變爲：

$$\mathbf{K_Y} = E\left[(\mathbf{Y}-\mathbf{m_Y})(\mathbf{Y}-\mathbf{m_Y})^{\mathrm{T}}\right] = E\left[(\mathbf{AX}-\mathbf{Am_X})(\mathbf{AX}-\mathbf{Am_X})^{\mathrm{T}}\right]$$

$$= E\left[\mathbf{A}(\mathbf{X}-\mathbf{m_X})(\mathbf{X}-\mathbf{m_X})^{\mathrm{T}}\mathbf{A}^{\mathrm{T}}\right] = \mathbf{A}E\left[(\mathbf{X}-\mathbf{m_X})(\mathbf{X}-\mathbf{m_X})^{\mathrm{T}}\right]\mathbf{A}^{\mathrm{T}}$$

$$= \mathbf{A}\mathbf{K_X}\mathbf{A}^{\mathrm{T}} \tag{6.30b}$$

其中我們有使用的事實爲矩陣乘積的轉置等於轉置矩陣以相反順序的乘積：$\left\{\mathbf{A}(\mathbf{X}-\mathbf{m_X})\right\}^{\mathrm{T}} = (\mathbf{X}-\mathbf{m_X})^{\mathrm{T}}\mathbf{A}^{\mathrm{T}}$。

兩個隨機向量 $\mathbf{X}$ 和 $\mathbf{Y}$ 的交互共變異量(cross-covariance)矩陣被定義爲：

$$\mathbf{K_{XY}} = E\left[(\mathbf{X}-\mathbf{m_X})(\mathbf{Y}-\mathbf{m_Y})^{\mathrm{T}}\right] = E\left[\mathbf{X}\mathbf{Y}^{\mathrm{T}}\right] - \mathbf{m_X}\mathbf{m_Y}^{\mathrm{T}} = \mathbf{R_{XY}} - \mathbf{m_X}\mathbf{m_Y}^{\mathrm{T}}$$

我們感興趣的是 $\mathbf{X}$ 和 $\mathbf{Y} = \mathbf{AX}$ 之間的交互共變異量：

$$\mathbf{K_{XY}} = E\left[(\mathbf{X}-\mathbf{m_X})(\mathbf{Y}-\mathbf{m_Y})^{\mathrm{T}}\right] = E\left[(\mathbf{X}-\mathbf{m_X})(\mathbf{X}-\mathbf{m_X})\mathbf{A}^{\mathrm{T}}\right] = \mathbf{K_X}\mathbf{A}^{\mathrm{T}} \tag{6.30c}$$

範例 6.17　**不相關隨機向量的轉換**

假設 $\mathbf{X}$ 的元素是不相關的且有單一變異量，那麼 $\mathbf{K_X} = \mathbf{I}$，即單位矩陣。$\mathbf{Y} = \mathbf{AX}$ 的共變異量矩陣爲

$$\mathbf{K_Y} = \mathbf{A}\mathbf{K_X}\mathbf{A}^{\mathrm{T}} = \mathbf{AIA}^{\mathrm{T}} = \mathbf{AA}^{\mathrm{T}} \tag{6.31}$$

一般而言，$\mathbf{K_Y} = \mathbf{AA}^{\mathrm{T}}$ 不是一個對角矩陣，所以 $\mathbf{Y}$ 的元素爲相關的。在第 6.6 節中，我們會討論如何求出一個矩陣 $\mathbf{A}$ 使得對於一個給定的 $\mathbf{K_Y}$，式(6.31)會成立。然後，我們就可以產生一個隨機向量 $\mathbf{Y}$ 具有任何想要的共變異量矩陣 $\mathbf{K_Y}$。

假設 $\mathbf{X}$ 的元素是相關的，所以 $\mathbf{K_X}$ 不是一個對角矩陣。在許多的狀況中，我們希望求出一個轉換矩陣 $\mathbf{A}$ 使得 $\mathbf{Y} = \mathbf{AX}$ 有不相關的元素。這需要求出 $\mathbf{A}$ 使得 $\mathbf{K_Y} = \mathbf{A}\mathbf{K_X}\mathbf{A}^{\mathrm{T}}$ 爲一個對角矩陣。在本節的最後一個部分，我們會說明如何求出這樣的一個矩陣 $\mathbf{A}$。

範例 6.18　　**轉換成不相關的隨機向量**

假設在範例 6.16 中的隨機向量 $\mathbf{X} = (X_1, X_2, X_3)$ 使用以下的矩陣做轉換：

$$\mathbf{A} = \begin{bmatrix} \dfrac{1}{\sqrt{2}} & \dfrac{1}{\sqrt{2}} & 0 \\[2mm] \dfrac{1}{\sqrt{2}} & -\dfrac{1}{\sqrt{2}} & 0 \\[2mm] 0 & 0 & 1 \end{bmatrix}$$

求出 $E[\mathbf{Y}]$ 和 $\mathbf{K_Y}$。

因為 $\mathbf{m_X} = \mathbf{0}$，那麼 $E[\mathbf{Y}] = \mathbf{A m_X} = \mathbf{0}$。$\mathbf{Y}$ 的共變異量矩陣為：

$$\mathbf{K_Y} = \mathbf{A K_X A}^\mathrm{T} = \begin{bmatrix} \dfrac{1}{\sqrt{2}} & \dfrac{1}{\sqrt{2}} & 0 \\[2mm] \dfrac{1}{\sqrt{2}} & -\dfrac{1}{\sqrt{2}} & 0 \\[2mm] 0 & 0 & 1 \end{bmatrix} \begin{bmatrix} 1 & -\dfrac{1}{\sqrt{2}} & 0 \\[2mm] -\dfrac{1}{\sqrt{2}} & 1 & 0 \\[2mm] 0 & 0 & 1 \end{bmatrix} \begin{bmatrix} \dfrac{1}{\sqrt{2}} & \dfrac{1}{\sqrt{2}} & 0 \\[2mm] \dfrac{1}{\sqrt{2}} & -\dfrac{1}{\sqrt{2}} & 0 \\[2mm] 0 & 0 & 1 \end{bmatrix}$$

$$= \begin{bmatrix} 1 - \dfrac{1}{\sqrt{2}} & 0 & 0 \\[2mm] 0 & 1 + \dfrac{1}{\sqrt{2}} & 0 \\[2mm] 0 & 0 & 1 \end{bmatrix}$$

這個線性轉換產生隨機變數的一個向量 $\mathbf{Y} = (Y_1, Y_2, Y_3)$ 而且它的元素是不相關的。

*6.3.3　聯合特徵函數

n 個隨機變數的**聯合特徵函數(joint characteristic function)**被定義為

$$\Phi_{X_1, X_2, \ldots, X_n}(\omega_1, \omega_2, \ldots, \omega_n) = E\left[e^{j(\omega_1 X_1 + \omega_2 X_2 + \ldots + \omega_n X_n)}\right] \tag{6.32a}$$

在本節中，我們先發展兩隨機變數其聯合特徵函數的特性；然後，用一種直接的方式，我們把該特性一般化成 n 個隨機變數的情況。因此我們考慮

$$\Phi_{X,Y}(\omega_1, \omega_2) = E\left[e^{j(\omega_1 X + \omega_2 Y)}\right] \tag{6.32b}$$

若 X 和 Y 為聯合連續的隨機變數，那麼

$$\Phi_{X,Y}(\omega_1, \omega_2) = \int_{-\infty}^{\infty} \int_{-\infty}^{\infty} f_{X,Y}(x, y) e^{j(\omega_1 x + \omega_2 y)} \, dx \, dy \tag{6.32c}$$

式(6.32c)說明了聯合特徵函數是 X 和 Y 聯合 pdf 的二維傅立葉(Fourier)轉換。從反傅立葉轉換公式，我們知道聯合 pdf 為

$$f_{X,Y}(x, y) = \frac{1}{4\pi^2} \int_{-\infty}^{\infty} \int_{-\infty}^{\infty} \Phi_{X,Y}(\omega_1, \omega_2) e^{-j(\omega_1 x + \omega_2 y)} \, d\omega_1 \, d\omega_2 \tag{6.33}$$

請注意在式(6.32b)中，邊際特徵函數可以從聯合特徵函數那兒獲得：

$$\Phi_X(\omega) = \Phi_{X,Y}(\omega, 0) \qquad \Phi_Y(\omega) = \Phi_{X,Y}(0, \omega) \tag{6.34}$$

假如 X 和 Y 為獨立的隨機變數，那麼聯合特徵函數是邊際特徵函數的乘積，證明如下

$$\begin{aligned}\Phi_{X,Y}(\omega_1, \omega_2) &= E\left[e^{j(\omega_1 X + \omega_2 Y)}\right] = E\left[e^{j\omega_1 X} e^{j\omega_2 Y}\right] \\ &= E\left[e^{j\omega_1 X}\right] E\left[e^{j\omega_2 Y}\right] = \Phi_X(\omega_1)\Phi_Y(\omega_2)\end{aligned} \tag{6.35}$$

其中第三個等式是從式(6.27)而來。

$Z = aX + bY$ 的特徵函數可以從 X 和 Y 的聯合特徵函數那兒獲得，方式如下：

$$\Phi_Z(\omega) = E\left[e^{j\omega(aX+bY)}\right] = E\left[e^{j(\omega aX + \omega bY)}\right] = \Phi_{X,Y}(a\omega, b\omega) \tag{6.36a}$$

若 X 和 Y 為獨立的隨機變數，則 $Z = aX + bY$ 的特徵函數為

$$\Phi_Z(\omega) = \Phi_{X,Y}(a\omega, b\omega) = \Phi_X(a\omega)\Phi_Y(b\omega) \tag{6.36b}$$

在第 8.1 節中，我們將會使用以上的結果來處理隨機變數的和。

X 和 Y 的聯合動差(假如它們存在的話)可以藉由微分聯合特徵函數而獲得。欲證明這項特性，我們把式(6.32b)重寫成兩個指數函數乘積的期望值，然後對指數函數用冪級數(power series)展開：

$$\begin{aligned}\Phi_{X,Y}(\omega_1, \omega_2) &= E\left[e^{j\omega_1 X} e^{j\omega_2 Y}\right] = E\left[\sum_{i=0}^{\infty}\frac{(j\omega_1 X)^i}{i!}\sum_{k=0}^{\infty}\frac{(j\omega_2 Y)^k}{k!}\right] \\ &= \sum_{i=0}^{\infty}\sum_{k=0}^{\infty} E\left[X^i Y^k\right]\frac{(j\omega_1)^i}{i!}\frac{(j\omega_2)^k}{k!}\end{aligned}$$

由上式，我們得知動差可由做適當次數的偏微分來獲得：

$$E\left[X^i Y^k\right] = \frac{1}{j^{i+k}}\frac{\partial^i \partial^k}{\partial\omega_1^i \partial\omega_2^k}\Phi_{X,Y}(\omega_1, \omega_2)\Big|_{\omega_1=0,\omega_2=0} \tag{6.37}$$

範例 6.19

假設 U 和 V 為獨立的 0 平均值，單一變異量的 Gaussian 隨機變數，令

$$X = U + V \qquad Y = 2U + V$$

求出 X 和 Y 的聯合特徵函數，和求出 $E[XY]$。

X 和 Y 的聯合特徵函數爲

$$\Phi_{X,Y}\left(\omega_1,\,\omega_2\right)=E\left[e^{j(\omega_1 X+\omega_2 Y)}\right]=E\left[e^{j\omega_1(U+V)}e^{j\omega_2(2U+V)}\right]$$
$$=E\left[e^{j((\omega_1+2\omega_2)U+(\omega_1+\omega_2)V)}\right]$$

因爲 U 和 V 爲獨立的隨機變數，U 和 V 的聯合特徵函數等於邊際特徵函數的乘積：

$$\Phi_{X,Y}\left(\omega_1,\,\omega_2\right)=E\left[e^{j((\omega_1+2\omega_2)U)}\right]E\left[e^{j((\omega_1+\omega_2)V)}\right]$$
$$=\Phi_U\left(\omega_1+2\omega_2\right)\Phi_V\left(\omega_1+\omega_2\right)$$
$$=e^{-\frac{1}{2}\left(\omega_1+2\omega_2\right)^2}e^{-\frac{1}{2}\left(\omega_1+\omega_2\right)^2}$$
$$=\exp\left\{-\tfrac{1}{2}\left(2\omega_1^2+6\omega_1\omega_2+5\omega_2^2\right)\right\}$$

其中邊際特徵函數是查表 4.1 而獲得的。

相關 $E[XY]$ 可以從式(6.37)獲得，代入 $i=1$ 和 $k=1$ 即可：

$$E[XY]=\frac{1}{j^2}\,\frac{\partial^2}{\partial\omega_1\partial\omega_2}\Phi_{X,Y}\left(\omega_1,\,\omega_2\right)|_{\omega_1=0,\omega_2=0}$$
$$=-\exp\left\{-\tfrac{1}{2}\left(2\omega_1^2+6\omega_1\omega_2+5\omega_2^2\right)\right\}[6\omega_1+10\omega_2]\,\tfrac{1}{4}\,[4\omega_1+6\omega_2]$$
$$+\tfrac{1}{2}\exp\left\{-\tfrac{1}{2}\left(2\omega_1^2+6\omega_1\omega_2+5\omega_2^2\right)\right\}[6]|_{\omega_1=0,\omega_2=0}=3$$

你應該驗證這個答案，你也可以直接計算出 $E[XY]=E\left[(U+V)(2U+V)\right]$，看看答案是否相同。

*6.3.4　對角化共變異量矩陣

令 $\mathbf{X}$ 爲一個隨機向量具共變異量矩陣 $\mathbf{K_X}$。我們希望求出一個 $n\times n$ 矩陣 $\mathbf{A}$ 使得 $\mathbf{Y}=\mathbf{AX}$ 其共變異量矩陣爲對角矩陣。那麼 $\mathbf{Y}$ 的元素爲不相關的。

我們看到 $\mathbf{K_X}$ 是一個實數值對稱矩陣。從線性代數理論中，我們知道 $\mathbf{K_X}$ 是一個可對角化矩陣，也就是說，有一個矩陣 $\mathbf{P}$ 使得：

$$\mathbf{P^T K_X P}=\mathbf{\Lambda}\quad 且\quad \mathbf{P^T P}=\mathbf{I}\tag{6.38a}$$

其中 $\mathbf{\Lambda}$ 是一個對角矩陣而 $\mathbf{I}$ 是單位矩陣。因此假如我們令 $\mathbf{A}=\mathbf{P^T}$，那麼從式(6.30b)我們得到一個對角矩陣 $\mathbf{K_Y}$。

我們現在說明 $\mathbf{P}$ 是如何獲得的。首先，我們先從下式求出 $\mathbf{K_X}$ 的特徵值和特徵向量：

$$\mathbf{K_X e}_i=\lambda_i\mathbf{e}_i\tag{6.38b}$$

其中 $\mathbf{e}_i$ 為 $n \times 1$ 行向量。[2] 我們可以正規化每一個特徵向量 $\mathbf{e}_i$，使得 $\mathbf{e}_i{}^T\mathbf{e}_i$，也就是 $\mathbf{e}_i$ 元素的平方和，是 1。正規化後的特徵向量為正規正交 (orthonormal)，也就是說，

$$\mathbf{e}_i{}^T\mathbf{e}_j = \delta_{i,j} = \begin{cases} 1 & \text{若 } i = j \\ 0 & \text{若 } i \neq j \end{cases} \qquad (6.38c)$$

令 $\mathbf{P}$ 為一矩陣，它的行為 $\mathbf{K_X}$ 的特徵向量。令 $\mathbf{\Lambda}$ 為對角矩陣，它的對角值都是特徵值：

$$\mathbf{P} = [\mathbf{e}_1, \mathbf{e}_2, \ldots, \mathbf{e}_n] \qquad \mathbf{\Lambda} = \text{diag}[\lambda_1, \lambda_2, \ldots, \lambda_n]$$

從式(6.38b)我們有：

$$\mathbf{K_X P} = \mathbf{K_X}[\mathbf{e}_1, \mathbf{e}_2, \ldots, \mathbf{e}_n] = [\mathbf{K_X e}_1, \mathbf{K_X e}_2, \ldots, \mathbf{K_X e}_n] = [\lambda_1 \mathbf{e}_1, \lambda_2 \mathbf{e}_2, \ldots, \lambda_n \mathbf{e}_n] = \mathbf{P\Lambda} \qquad (6.39a)$$

其中第二個等式所使用的事實為 $\mathbf{K_X P}$ 的每一個行都是由把 $\mathbf{K_X}$ 乘以 $\mathbf{P}$ 的某一行而獲得的。然後把 $\mathbf{P}^T$ 乘以上式的左右兩邊，我們得到：

$$\mathbf{P}^T \mathbf{K_X P} = \mathbf{P}^T \mathbf{P\Lambda} = \mathbf{\Lambda} \qquad (6.39b)$$

我們可以總結如下：若令 $\mathbf{A} = \mathbf{P}^T$，且

$$\mathbf{Y} = \mathbf{AX} = \mathbf{P}^T \mathbf{X} \qquad (6.40a)$$

則在 $\mathbf{Y}$ 中的隨機變數為不相關的，因為

$$\mathbf{K_Y} = \mathbf{P}^T \mathbf{K_X P} = \mathbf{\Lambda} \qquad (6.40b)$$

總而言之，任何共變異量矩陣 $\mathbf{K_X}$ 可以用一個線性轉換來對角化之。轉換所需的矩陣 $\mathbf{A}$ 可從 $\mathbf{K_X}$ 的特徵向量那兒獲得。

式(6.40b)提供我們有關於 $\mathbf{K_X}$ 和 $\mathbf{K_Y}$ 其可逆性的觀點。從線性代數我們知道 $n \times n$ 矩陣乘積的行列式等於行列式的乘積，所以：

$$\det \mathbf{K_Y} = \det \mathbf{P}^T \det \mathbf{K_X} \det \mathbf{P} = \det \mathbf{\Lambda} = \lambda_1 \lambda_2 \ldots \lambda_n$$

其中我們使用的事實為 $\det \mathbf{P}^T \det \mathbf{P} = \det \mathbf{I} = 1$。一個矩陣是可逆的若且唯若它的行列式非零。因此 $\mathbf{K_Y}$ 不可逆若且唯若 $\mathbf{K_X}$ 的特徵值中有一個或多個 0。

現在假設特徵值其中之一為 0，假設 $\lambda_k = 0$。因為 $\text{VAR}[Y_k] = \lambda_k = 0$，那麼 $Y_k = 0$。但是 Y_k 被定義成是一個線性組合，所以

$$0 = Y_k = a_{k1} X_1 + a_{k2} X_2 + \cdots + a_{kn} X_n$$

我們對上式的結論為 $\mathbf{X}$ 的元素是線性相依的。因此，在 $\mathbf{X}$ 的元素中有一個或多個是多餘的，且可以用其它的元素的線性組合把它或它們表示出來。

---

[2] 參見附錄 C。

看看如何用 **Y** 來表示向量 **X** 是滿有趣的。把 **P** 乘以式(6.40a)的左右兩邊並使用 $\mathbf{PP}^{\mathrm{T}} = \mathbf{I}$ 的事實：

$$\mathbf{X} = \mathbf{PP}^{\mathrm{T}}\mathbf{X} = \mathbf{PY} = [\mathbf{e}_1, \ \mathbf{e}_2, \ldots, \ \mathbf{e}_n]\begin{bmatrix} Y_1 \\ Y_2 \\ \vdots \\ Y_n \end{bmatrix} = \sum_{k=1}^{n} Y_k \mathbf{e}_k \tag{6.41}$$

這個表示式稱為 **Karhunen-Loeve 展開(Karhunen-Loeve expansion)**。這個表示式說明了一個隨機向量 **X** 可以被表示成為 $\mathbf{K}_X$ 特徵向量的一個加權和(weighted sum)，其中加權係數為不相關的隨機變數 Y_k。而且，特徵向量形成一個正規正交集合。請注意若任何的特徵值為 0，$\mathrm{VAR}[Y_k] = \lambda_k = 0$，那麼 $Y_k = 0$，而對應的項可以從式(6.41)的展開式中移除。

6.4 聯合 GAUSSIAN 隨機向量

隨機變數 X_1, X_2,..., X_n 被稱為聯合 Gaussian 假如它們的聯合 pdf 是如下式給定

$$f_{\mathbf{X}}(\mathbf{x}) \triangleq f_{X_1, X_2, \ldots, X_n}(x_1, \ldots, x_n) = \frac{\exp\left\{-\frac{1}{2}(\mathbf{x}-\mathbf{m})^{\mathrm{T}} K^{-1}(\mathbf{x}-\mathbf{m})\right\}}{(2\pi)^{n/2} |K|^{1/2}} \tag{6.42a}$$

其中 **x** 和 **m** 為行向量，被定義為

$$\mathbf{x} = \begin{bmatrix} x_1 \\ x_2 \\ \vdots \\ x_n \end{bmatrix}, \quad \mathbf{m} = \begin{bmatrix} m_1 \\ m_2 \\ \vdots \\ m_n \end{bmatrix} = \begin{bmatrix} E[X_1] \\ E[X_2] \\ \vdots \\ E[X_n] \end{bmatrix}$$

K 為共變異量矩陣，被定義為

$$K = \begin{bmatrix} \mathrm{VAR}(X_1) & \mathrm{COV}(X_1, X_2) & \ldots & \mathrm{COV}(X_1, X_n) \\ \mathrm{COV}(X_2, X_1) & \mathrm{VAR}(X_2) & \ldots & \mathrm{COV}(X_2, X_n) \\ \vdots & \vdots & & \vdots \\ \mathrm{COV}(X_n, X_1) & \ldots & & \mathrm{VAR}(X_n) \end{bmatrix} \tag{6.42b}$$

在式(6.42a)中的 $(.)^{\mathrm{T}}$ 代表一個矩陣或向量的轉置。請注意共變異量矩陣是一個對稱矩陣，因為 $\mathrm{COV}(X_i, X_j) = \mathrm{COV}(X_j, X_i)$。

式(6.42a)說明了聯合 Gaussian 隨機變數的 pdf 完全可由個別的平均值和變異量以及兩兩間的共變異量來決定。我們可以使用聯合特徵函數證明出所有伴隨於式(6.42a)的邊際 pdf 也是 Gaussian，而這些邊際 pdf 也是完全可由相同的平均值，變異量，和共變異量集合來決定。

範例 6.20

驗證在式(5.61a)中的二維 Gaussian pdf 有如同式(6.42a)的形式。

對於二維的情況，共變異量矩陣為

$$K = \begin{bmatrix} \sigma_1^2 & \rho_{X,Y}\sigma_1\sigma_2 \\ \rho_{X,Y}\sigma_1\sigma_2 & \sigma_2^2 \end{bmatrix}$$

其中我們有使用的事實為 $COV(X_1, X_2) = \rho_{X,Y}\sigma_1\sigma_2$。$K$ 的行列式為 $\sigma_2^2(1-\rho_{X,Y}^2)$，所以 pdf 的分母有正確的形式。共變異量矩陣的反矩陣也是一個實數對稱矩陣：

$$K^{-1} = \frac{1}{\sigma_1^2\sigma_2^2(1-\rho_{X,Y}{}^2)}\begin{bmatrix} \sigma_2^2 & -\rho_{X,Y}\sigma_1\sigma_2 \\ -\rho_{X,Y}\sigma_1\sigma_2 & \sigma_1^2 \end{bmatrix}$$

因此在指數的項為

$$\frac{1}{\sigma_1^2\sigma_2^2(1-\rho_{X,Y}{}^2)}(x-m_1, y-m_2)\begin{bmatrix} \sigma_2^2 & -\rho_{X,Y}\sigma_1\sigma_2 \\ -\rho_{X,Y}\sigma_1\sigma_2 & \sigma_1^2 \end{bmatrix}\begin{bmatrix} x-m_1 \\ y-m_2 \end{bmatrix}$$

$$= \frac{1}{\sigma_1^2\sigma_2^2(1-\rho_{X,Y}{}^2)}(x-m_1, y-m_2)\begin{bmatrix} \sigma_2^2(x-m_1) - \rho_{X,Y}\sigma_1\sigma_2(y-m_2) \\ -\rho_{X,Y}\sigma_1\sigma_2(x-m_1) + \sigma_1^2(y-m_2) \end{bmatrix}$$

$$= \frac{\left((x-m_1)/\sigma_1\right)^2 - 2\rho_{X,Y}\left((x-m_1)/\sigma_1\right)\left((y-m_2)/\sigma_2\right) + \left((y-m_2)/\sigma_2\right)^2}{\left(1-\rho_{X,Y}^2\right)}$$

因此二維 pdf 有如式(6.42a)的形式。

範例 6.21

隨機變數(X,Y,Z)的向量是聯合 Gaussian，具 0 平均值和以下的共變異量矩陣：

$$K = \begin{bmatrix} VAR(X) & COV(X, Y) & COV(X, Z) \\ COV(Y, X) & VAR(Y) & COV(Y, Z) \\ COV(Z, X) & COV(Z, Y) & VAR(Z) \end{bmatrix} = \begin{bmatrix} 1.0 & 0.2 & 0.3 \\ 0.2 & 1.0 & 0.4 \\ 0.3 & 0.4 & 1.0 \end{bmatrix}$$

求出 X 和 Z 的邊際 pdf。

我們可以用兩種方式來解這個問題。第一種方式為直接積分 pdf 以獲得邊際 pdf。第二種方式使用的事實為 X 和 Z 的邊際 pdf 也是 Gaussian，而且有相同的平均值，變異量，和共變異量集合。我們將使用第二種方式。

(X,Z)對有 0 平均值向量和以下的共變異量矩陣：

$$K' = \begin{bmatrix} \text{VAR}(X) & \text{COV}(X, Z) \\ \text{COV}(Z, X) & \text{VAR}(Z) \end{bmatrix} = \begin{bmatrix} 1.0 & 0.3 \\ 0.3 & 1.0 \end{bmatrix}$$

X 和 Z 的聯合 pdf 的求法為把一個 0 平均值向量和這個共變異量矩陣代入式(6.42a)即可得到。

範例 6.22　**不相關的聯合 Gaussian 隨機變數的獨立性**

假設 $X_1, X_2, \ldots, X_n$ 為聯合 Gaussian 隨機變數，對於 $i \neq j$，其 $\text{COV}(X_i, X_j) = 0$。證明 $X_1, X_2, \ldots, X_n$ 為獨立的隨機變數。

從式(6.42b)我們看到共變異量矩陣是一個對角矩陣：

$$K = \text{diag}\left[\text{VAR}(X_i)\right] = \text{diag}\left[\sigma_i^2\right]$$

因此

$$K^{-1} = \text{diag}\left[\frac{1}{\sigma_i^2}\right]$$

所以

$$(\mathbf{x} - \mathbf{m})^T K^{-1} (\mathbf{x} - \mathbf{m}) = \sum_{i=1}^{n} \left(\frac{x_i - m_i}{\sigma_i}\right)^2$$

因此從式(6.42a)

$$f_{\mathbf{X}}(\mathbf{x}) = \frac{\exp\left\{-\frac{1}{2}\sum_{i=1}^{n}\left[(x_i - m_i)/\sigma_i\right]^2\right\}}{(2\pi)^{n/2}} |K|^{1/2} = \prod_{i=1}^{n} \frac{\exp\left\{-\frac{1}{2}\left[(x_i - m_i)/\sigma_i\right]^2\right\}}{\sqrt{2\pi\sigma_i^2}} = \prod_{i=1}^{n} f_{X_i}(x_i)$$

因此 $X_1, X_2, \ldots, X_n$ 為獨立的 Gaussian 隨機變數。

範例 6.23　**Gaussian 隨機變數的條件 pdf**

求出給定 $X_1, X_2, \ldots, X_{n-1}$ 發生，X_n 的條件 pdf。

令 $\mathbf{K}_n$ 為 $\mathbf{X}_n = (X_1, X_2, \ldots, X_n)$ 的共變異量矩陣而 $\mathbf{K}_{n-1}$ 為 $\mathbf{X}_{n-1} = (X_1, X_2, \ldots, X_{n-1})$ 的共變異量矩陣。令 $\mathbf{Q}_n = \mathbf{K}_n^{-1}$ 且 $\mathbf{Q}_{n-1} = \mathbf{K}_{n-1}^{-1}$，那麼後面那個矩陣為前面那個矩陣的子矩陣，如下所示：

$$\mathbf{K}_n = \begin{bmatrix} & & & K_{1n} \\ & \mathbf{K}_{n-1} & & K_{2n} \\ & & & \cdots \\ K_{1n} & K_{2n} & \cdots & K_{nn} \end{bmatrix} \quad \mathbf{Q}_n = \begin{bmatrix} & & & Q_{1n} \\ & \mathbf{Q}_{n-1} & & Q_{2n} \\ & & & \cdots \\ Q_{1n} & Q_{2n} & \cdots & Q_{nn} \end{bmatrix}$$

以下我們將使用下標 n 或 $n-1$ 來區分兩個隨機向量和它們的參數。給定 $X_1, X_2, ..., X_{n-1}$ 發生，X_n 的邊際 pdf 為：

$$f_{X_n}\left(x_n \mid x_1, ..., x_{n-1}\right) = \frac{f_{\mathbf{X}_n}\left(\mathbf{x}_n\right)}{f_{\mathbf{X}_{n-1}}\left(\mathbf{x}_{n-1}\right)}$$

$$= \frac{\exp\left\{-\frac{1}{2}\left(\mathbf{x}_n - \mathbf{m}_n\right)^{\mathrm{T}} \mathbf{Q}_n \left(\mathbf{x}_n - \mathbf{m}_n\right)\right\}}{\left(2\pi\right)^{n/2} \left|\mathbf{K}_n\right|^{1/2}} \frac{\left(2\pi\right)^{(n-1)1/2} \left|\mathbf{K}_{n-1}\right|^{1/2}}{\exp\left\{-\frac{1}{2}\left(\mathbf{x}_{n-1} - \mathbf{m}_{n-1}\right)^{\mathrm{T}} \mathbf{Q}_{n-1} \left(\mathbf{x}_{n-1} - \mathbf{m}_{n-1}\right)\right\}}$$

$$= \frac{\exp\left\{-\frac{1}{2}\left(\mathbf{x}_n - \mathbf{m}_n\right)^{\mathrm{T}} \mathbf{Q}_n \left(\mathbf{x}_n - \mathbf{m}_n\right) + \frac{1}{2}\left(\mathbf{x}_{n-1} - \mathbf{m}_{n-1}\right)^{\mathrm{T}} \mathbf{Q}_{n-1} \left(\mathbf{x}_{n-1} - \mathbf{m}_{n-1}\right)\right\}}{\sqrt{2\pi} \left|\mathbf{K}_n\right|^{1/2} / \left|\mathbf{K}_{n-1}\right|^{1/2}}$$

在習題 6.59 中，我們將證明在以上表示式中分子的項為：

$$\tfrac{1}{2}\left(\mathbf{x}_n - \mathbf{m}_n\right)^{\mathrm{T}} \mathbf{Q}_n \left(\mathbf{x}_n - \mathbf{m}_n\right) - \tfrac{1}{2}\left(\mathbf{x}_{n-1} - \mathbf{m}_{n-1}\right)^{\mathrm{T}} \mathbf{Q}_{n-1} \left(\mathbf{x}_{n-1} - \mathbf{m}_{n-1}\right)$$

$$= Q_{nn}\left\{\left(x_n - m_n\right) + B\right\}^2 - Q_{nn}B^2 \tag{6.43}$$

其中 $B = \dfrac{1}{Q_{nn}} \displaystyle\sum_{j=1}^{n-1} Q_{jn}\left(x_j - m_j\right)$ 且 $\left|\mathbf{K}_n\right| / \left|\mathbf{K}_{n-1}\right| = 1/Q_{nn}$。

這意味著 X_n 其平均值為 $m_n - B$，變異量為 $1/Q_{nn}$。$Q_{nn}B^2$ 則是正規化常數的部份。我們因此有以下結果：

$$f_{X_n}\left(x_n \mid x_1, ..., x_{n-1}\right) = \frac{\exp\left\{-\dfrac{Q_{nn}}{2}\left(x_n - m_n + \dfrac{1}{Q_{nn}}\displaystyle\sum_{j=1}^{n-1} Q_{jn}\left(x_j - m_j\right)\right)^2\right\}}{\sqrt{2\pi/Q_{nn}}}$$

我們看到 X_n 的條件平均值是「觀察值」$x_1, x_2, ..., x_{n-1}$ 的一個線性函數。

*6.4.1　Gaussian 隨機變數的線性轉換

聯合 Gaussian 隨機變數的一個非常重要的特性為：任何 n 個聯合 Gaussian 隨機變數的線性轉換會產生 n 個隨機變數，它們也是聯合 Gaussian。使用在式(6.42a)中的矩陣符號，這個很容易證明。令 $\mathbf{X} = \left(X_1, ..., X_n\right)$ 為聯合 Gaussian 具共變異量矩陣 K_X 和平均值向量 $\mathbf{m_X}$。我們定義 $\mathbf{Y} = \left(Y_1, ..., Y_n\right)$ 為

$$\mathbf{Y} = A\mathbf{X}$$

其中 A 是一個可逆的 $n \times n$ 矩陣。從式(5.60)我們知道 $\mathbf{Y}$ 的 pdf 為

$$f_{\mathbf{Y}}\left(\mathbf{y}\right) = \frac{f_{\mathbf{X}}\left(A^{-1}\mathbf{y}\right)}{\left|A\right|} = \frac{\exp\left\{-\frac{1}{2}\left(A^{-1}\mathbf{y} - \mathbf{mX}\right)^{\mathrm{T}} K_X^{-1}\left(A^{-1}\mathbf{y} - \mathbf{mX}\right)\right\}}{\left(2\pi\right)^{n/2} \left|A\right| \left|K_X\right|^{1/2}} \tag{6.44}$$

從矩陣的基本運算特性，我們有

$$\left(A^{-1}\mathbf{y} - \mathbf{m_X}\right) = A^{-1}\left(\mathbf{y} - A\mathbf{m_X}\right)$$

和

$$\left(A^{-1}\mathbf{y} - \mathbf{m_X}\right)^{\mathrm{T}} = \left(\mathbf{y} - A\mathbf{m_X}\right)^{\mathrm{T}} A^{-1\mathrm{T}}$$

在指數中的引數因此等於

$$\left(\mathbf{y} - A\mathbf{m_X}\right)^{\mathrm{T}} A^{-1\mathrm{T}} K_X^{-1} A^{-1} \left(\mathbf{y} - A\mathbf{m_X}\right) = \left(\mathbf{y} - A\mathbf{m_X}\right)^{\mathrm{T}} \left(AK_X A^{\mathrm{T}}\right)^{-1} \left(\mathbf{y} - A\mathbf{m_X}\right)$$

因為 $A^{-1\mathrm{T}} K_X^{-1} = \left(AK_X A^{\mathrm{T}}\right)^{-1}$。令 $K_Y = AK_X A^{\mathrm{T}}$ 和 $\mathbf{m_Y} = A\mathbf{m_X}$，並注意 $\det\left(K_Y\right) = \det\left(AK_X A^{\mathrm{T}}\right) = \det\left(A\right)\det\left(K_X\right)\det\left(A^{\mathrm{T}}\right) = \det\left(A\right)^2 \det\left(K_X\right)$，最後 $\mathbf{Y}$ 的 pdf 為

$$f_{\mathbf{Y}}\left(\mathbf{y}\right) = \frac{e^{-(1/2)(\mathbf{y}-\mathbf{m_Y})^{\mathrm{T}} K_Y^{-1} (\mathbf{y}-\mathbf{m_Y})}}{\left(2\pi\right)^{n/2} \left| K_Y \right|^{1/2}} \tag{6.45}$$

因此，$\mathbf{Y}$ 的 pdf 有式(6.42a)的形式，因此 $Y_1, \ldots, Y_n$ 為聯合 Gaussian 隨機變數，平均值向量和共變異量矩陣分別為：

$$\mathbf{m_Y} = A\mathbf{m_X} \quad 和 \quad K_Y = AK_X A^{\mathrm{T}}$$

這個結果吻合之前我們在式(6.30a)和式(6.30b)所得到的平均值向量和共變異量矩陣。

在許多問題中我們希望把 $\mathbf{X}$ 轉換成 $\mathbf{Y}$，後者是一個獨立的 Gaussian 隨機變數的向量。因為 K_X 是一個對稱矩陣，我們一定可以求出一個矩陣 A 使得 $AK_X A^{\mathrm{T}} = \Lambda$ 為一個對角矩陣。(參見第 6.6 節。)對於如此的一個矩陣 A，$\mathbf{Y}$ 的 pdf 將會是

$$f_{\mathbf{Y}}\left(\mathbf{y}\right) = \frac{e^{-(1/2)(\mathbf{y}-\mathbf{n})^{\mathrm{T}} \Lambda^{-1} (\mathbf{y}-\mathbf{n})}}{\left(2\pi\right)^{n/2} \left| \Lambda \right|^{1/2}} = \frac{\exp\left\{-\frac{1}{2}\sum_{i=1}^{n}\left(y_i - n_i\right)^2 / \lambda_i\right\}}{\left[\left(2\pi\lambda_1\right)\left(2\pi\lambda_2\right)\ldots\left(2\pi\lambda_n\right)\right]^{1/2}} \tag{6.46}$$

其中 $\lambda_1, \ldots, \lambda_n$ 為 Λ 的對角元素。我們假設這些值都是非零的。以上的 pdf 意味著 $Y_1, \ldots, Y_n$ 為獨立的隨機變數，其平均值為 n_i 且變異量為 λ_i。總而言之，我們可以把聯合 Gaussian 隨機變數的一個向量做線性轉換，轉換成為獨立的 Gaussian 隨機變數的一個向量。

我們一定可以選出一個矩陣 A，它不但可對角化 K 而且 $\det(A)=1$。這樣的轉換 $A\mathbf{X}$ 會對應到座標系統的一個旋轉，使得代表 pdf 之橢圓體的主軸會旋轉成對齊系統的軸。範例 5.48 提供了一個 $n=2$ 的旋轉範例。

在電腦模擬模型中，我們經常需要產生聯合 Gaussian 隨機向量，且具有指定的共變異量矩陣和平均值向量。假設 $\mathbf{X} = (X_1, X_2, \ldots, X_n)$ 的元素為獨立的，0 平均值，單一變異量的

Gaussian 隨機變數，那麼它的平均值向量是 0，且它的共變異量矩陣是單位矩陣 $\mathbf{I}$。令 $\mathbf{K}$ 表示想要的共變異量矩陣。使用在第 6.3 節中討論的方法，我們可以求出一個矩陣 $\mathbf{A}$ 使得 $\mathbf{A}^\mathrm{T}\mathbf{A} = \mathbf{K}$。因此 $\mathbf{Y} = \mathbf{A}^\mathrm{T}\mathbf{X}$ 有 0 平均值向量和共變異量矩陣 $\mathbf{K}$。從式(6.46)我們知道 $\mathbf{Y}$ 也是一個聯合 Gaussian 隨機向量，具零平均值向量和共變異量矩陣 $\mathbf{K}$。假如我們需要一個非零的平均值向量 $\mathbf{m}$，我們使用 $\mathbf{Y} + \mathbf{m}$ 即可。

範例 6.24　聯合 Gaussian 隨機變數的和

令 $X_1, X_2, \ldots, X_n$ 為聯合 Gaussian 隨機變數，其聯合 pdf 由式(6.42a)所給定。令

$$Z = a_1 X_1 + a_2 X_2 + \cdots + a_n X_n$$

我們將會證明 Z 一定是一個 Gaussian 隨機變數。

我們求出 Z 的 pdf 的方法是藉由引入輔助隨機變數。令

$$Z_2 = X_2, \quad Z_3 = X_3, \ldots, \quad Z_n = X_n$$

若我們定義 $\mathbf{Z} = (Z_1, Z_2, \ldots, Z_n)$，那麼

$$\mathbf{Z} = A\mathbf{X}$$

其中

$$A = \begin{bmatrix} a_1 & a_2 & \ldots & . & a_n \\ 0 & 1 & \ldots & . & 0 \\ . & . & \ldots & . & . \\ 0 & . & \ldots & 0 & 1 \end{bmatrix}$$

從式(6.45)我們知道 $\mathbf{Z}$ 是聯合 Gaussian 其平均值 $\mathbf{n} = A\mathbf{m}$，而共變異量矩陣 $C = AKA^\mathrm{T}$。更進一步的是，我們知道 $\mathbf{Z}$ 的邊際 pdf 是一個 Gaussian pdf，其平均值是由 $\mathbf{n}$ 的第一個元素所給定，而變異量是由共變異量矩陣 C 的第一列第一行的(1-1)元素所給定。藉由執行以上的矩陣乘法，我們可求出

$$E[Z] = \sum_{i=1}^{n} a_i E[X_i] \tag{6.47a}$$

$$\mathrm{VAR}[Z] = \sum_{i=1}^{n} \sum_{j=1}^{n} a_i a_j \, \mathrm{COV}(X_i, X_j) \tag{6.47b}$$

*6.4.2　一個 Gaussian 隨機變數的聯合特徵函數

在發展聯合 Gaussian 隨機變數的特性時，聯合特徵函數是非常有用的。我們現在證明 n 個聯合 Gaussian 隨機變數 $X_1, X_2, \ldots, X_n$ 的聯合特徵函數為

$$\Phi_{X_1, X_2, \ldots, X_n}\left(\omega_1,\ \omega_2, \ldots,\ \omega_n\right) = e^{j\sum_{i=1}^{n}\omega_i m_i - \frac{1}{2}\sum_{i=1}^{n}\sum_{k=1}^{n}\omega_i \omega_k\ \mathrm{COV}(X_i, X_k)} \tag{6.48a}$$

上式可以被更爲簡潔的寫成：

$$\Phi_X\left(\boldsymbol{\omega}\right) \triangleq \Phi_{X_1, X_2, \ldots, X_n}\left(\omega_1,\ \omega_2, \ldots,\ \omega_n\right) = e^{j\boldsymbol{\omega}^{\mathrm{T}}\mathbf{m} - \frac{1}{2}\boldsymbol{\omega}^{\mathrm{T}}K\boldsymbol{\omega}} \tag{6.48b}$$

其中 **m** 是平均值向量而 K 是定義在式(6.42b)中的共變異量矩陣。

　　式(6.48)可以藉由直接的積分來驗證(參見習題 6.64)。我們使用在[Papoulis]中所提出的方法來發展式(6.48)，也就是使用範例 6.24 的結果，聯合 Gaussian 隨機變數的線性組合一定是 Gaussian。考慮以下的和

$$Z = a_1 X_1 + a_2 X_2 + \cdots + a_n X_n$$

Z 的特徵函數爲

$$\Phi_Z\left(\omega\right) = E\left[e^{j\omega Z}\right] = E\left[e^{j(\omega a_1 X_1 + \omega a_2 X_2 + \ldots + \omega a_n X_n)}\right]$$
$$= \Phi_{X_1, \ldots, X_n}\left(a_1\omega,\ a_2\omega, \ldots,\ a_n\omega\right)$$

在另一方面，因爲 Z 是一個 Gaussian 隨機變數其平均值和變異量如式(6.47)所給定，我們有

$$\Phi_Z\left(\omega\right) = e^{j\omega E[Z] - \frac{1}{2}\,\mathrm{VAR}[Z]\omega^2}$$
$$= e^{j\omega\sum_{i=1}^{n} a_i m_i\ -\frac{1}{2}\omega^2\ \sum_{i=1}^{n}\sum_{k=1}^{n} a_i a_k\ \mathrm{COV}(X_i, X_k)} \tag{6.49}$$

把上面兩個 $\Phi_Z\left(\omega\right)$ 的表示式中的 ω 都代入 1，我們最後獲得

$$\Phi_{X_1, X_2, \ldots, X_n}\left(a_1,\ a_2, \ldots,\ a_n\right) = e^{j\sum_{i=1}^{n} a_i m_i\ -\frac{1}{2}\sum_{i=1}^{n}\sum_{k=1}^{n} a_i a_k\ \mathrm{COV}(X_i, X_k)}$$
$$= e^{j\mathbf{a}^{\mathrm{T}}\mathbf{m} - \frac{1}{2}\mathbf{a}^{\mathrm{T}}K\mathbf{a}} \tag{6.50}$$

把 a_i 都換成 ω_i，我們可以得到式(6.48)。

　　隨機變數 $X_1,\ X_2, \ldots,\ X_n$ 的任何子集合的邊際特徵函數都可以藉由設定適當的 ω_i 爲 0 而獲得。舉例來說，$X_1,\ X_2, \ldots,\ X_m$，$m < n$ 的邊際特徵函數可由設定 $\omega_{m+1} = \omega_{m+2} = \cdots = \omega_n = 0$ 而獲得。請注意所得的特徵函數再次地對應到另一個聯合 Gaussian 隨機變數的特徵函數，只是後者這個 Gaussian 其平均值和共變異量的項對應到的是精簡後的集合 $X_1,\ X_2, \ldots,\ X_m$。

　　在此地對式(6.50)的推導建議我們爲聯合 Gaussian 隨機向量給另外一種定義：

　　定義：**X** 是一個聯合 Gaussian 隨機向量若且唯若每一個線性組合 $Z = \boldsymbol{a}^{\mathrm{T}}\mathbf{X}$ 都是一個 Gaussian 隨機變數。

在範例 6.24 中，我們證明假如 **X** 是一個聯合 Gaussian 隨機向量，則線性組合 $Z = \boldsymbol{a}^{\mathrm{T}}\mathbf{X}$ 是一個 Gaussian 隨機變數。假設我們不知道 **X** 的聯合 pdf，但是我們已知對於任何的係數選擇

$a^\mathrm{T} = (a_1, a_2,\ldots, a_n)$，$Z = a^\mathrm{T}\mathbf{X}$ 是一個 Gaussian 隨機變數。這個意味著式(6.48)和式(6.49)成立，它們一起告訴我們式(6.50)成立，它陳述 $\mathbf{X}$ 有一個聯合 Gaussian 隨機向量的特徵函數。

　　以上的定義比起在式(6.44)中所使用 pdf 的定義要稍微廣泛一些。基礎於 pdf 的那個定義要求在指數中的共變異量矩陣為可逆的。但是導致出式(6.50)的特徵函數的那個定義，並不要求共變異量矩陣為可逆的。因此以上的定義也允許共變異量矩陣不是可逆矩陣的情況。

6.5　隨機變數的估計

　　在這本書中我們將會遇到兩個基本型態的估計問題。在第一種型態中，我們感興趣的是估計一個或多個隨機變數的參數，例如，機率，平均值，變異量，或是共變異量。在第 1 章中，我們陳述了相對次數可以被使用來估算事件的機率，而樣本平均可以被使用來估算一個隨機變數的平均值和其它的動差。在第 7 章和第 8 章中，我們將會更進一步的考慮這類估計的問題。在本節中，我們聚焦在第二種型態的估計問題，其中我們感興趣的是使用可取得的隨機變數 Y 的觀察值，來估計一個無法獲取的隨機變數 X 的值。舉例來說，X 可能是一個通訊通道的輸入，而 Y 是其輸出的觀察值。在一個預測應用中，X 可能是某個量的一個未來的值，而 Y 則是眼前可看到的值。

6.5.1　MAP 和 ML 估計器

在本書的前些章節中，我們已經非正式地考慮過估計問題了。舉例來說，在估計一個離散通訊通道的輸出時，我們感興趣的是給定觀察 $Y = y$ 已發生，求出最有可能的輸入值，也就是說，求出可最大化 $P[X = x|Y = y]$ 的輸入值 x：

$$\max_x\ P[X = x|Y = y]$$

一般而言，我們稱以上這個用 Y 估計出 X 的估計量為**最大後驗(maximum a posteriori，MAP)估計量**。一個後驗機率為：

$$P[X = x|Y = y] = \frac{P[Y = y|X = x]P[X = x]}{P[Y = y]}$$

所以 MAP 估計量要求我們需知道一個先前機率(priori probabilities) $P[X = x]$。在某些情況中我們可以知道 $P[Y = y|X = x]$ 但是我們不知道先前的機率，所以我們選取估計量值 x 為可最大化觀察值 $Y = y$ 其概似(likelihood)的值：

$$\max_x\ P[Y = y|X = x]$$

我們稱以上此一用 Y 估計出 X 的估計量為**最大概似(maximum likelihood，ML)估計量**。

當 X 和 Y 為連續的隨機變數時，藉由把事件 $\{Y = y\}$ 換成 $\{y < Y < y + dy\}$，我們就可以定義連續版本的 MAP 和 ML 估計量。假如 X 和 Y 為連續的，給定觀察 Y 發生，X 的 MAP 估計量為：

$$\max_x f_X\left(X = x | Y = y\right)$$

而給定觀察 Y 發生，X 的 ML 估計量為：

$$\max_x f_X\left(Y = y | X = x\right)$$

範例 6.25　ML 和 MAP 估計量的比較

令 X 和 Y 為在範例 5.16 中的隨機變數對。求出用 Y 估計出 X 的 MAP 和 ML 估計量。

從範例 5.32，給定 Y 發生，X 的條件 pdf 為：

$$f_X\left(x|y\right) = e^{-(x-y)} \qquad y \leq x$$

當 x 遞增時，上式會遞減。因此 MAP 估計量為 $\hat{X}_{MAP} = y$。在另一方面，給定 X 發生，Y 的條件 pdf 為：

$$f_Y\left(y|x\right) = \frac{e^{-y}}{1 - e^{-x}} \qquad 0 < y \leq x$$

當 x 遞增時，分母會變大，所以該條件 pdf 會遞減。因此 ML 估計量為 $\hat{X}_{ML} = y$。在這個範例中 ML 和 MAP 估計量是一樣的。

範例 6.26　聯合 Gaussian 隨機變數

當 X 和 Y 為聯合 Gaussian 隨機變數時，求出用 Y 估計出 X 的 MAP 和 ML 估計量。

給定 Y 發生，X 的條件 pdf 為：

$$f_X\left(x|y\right) = \frac{\exp\left\{-\frac{1}{2(1-\rho^2)\sigma_X^2}\left(x - \rho\frac{\sigma_X}{\sigma_Y}(y - m_Y) - m_X\right)^2\right\}}{\sqrt{2\pi\sigma_X^2\left(1-\rho^2\right)}}$$

它的最大值發生在指數為 0 時，求出此時的 x 值即可。因此

$$\hat{X}_{MAP} = \rho\frac{\sigma_X}{\sigma_Y}\left(y - m_Y\right) + m_X$$

給定 X 發生，Y 的條件 pdf 為：

$$f_Y\left(y|x\right) = \frac{\exp\left\{-\dfrac{1}{2\left(1-\rho^2\right)\sigma_Y^2}\left(y-\rho\dfrac{\sigma_Y}{\sigma_X}\left(x-m_X\right)-m_Y\right)^2\right\}}{\sqrt{2\pi\sigma_Y^2\left(1-\rho^2\right)}}$$

它的最大值也是發生在指數為 0 時：

$$0 = y - \rho\frac{\sigma_Y}{\sigma_X}\left(x-m_X\right) - m_Y$$

求出上式的 x 值即可。因此給定 $Y=y$ 發生，x 的 ML 估計量為：

$$\hat{X}_{ML} = \frac{\sigma_X}{\rho\sigma_Y}\left(y-m_Y\right) + m_X$$

因此 $\hat{X}_{ML} \neq \hat{X}_{MAP}$。換句話說，知道 X 的先前機率將會影響估計量。

6.5.2 最小 MSE 線性估計量

X 的估計量是觀察 Y 的一個函數，即 $\hat{X}=g\left(Y\right)$。一般而言，估計誤差，$X-\hat{X}=X-g\left(Y\right)$，是非零的，而且有一個成本(cost)伴隨於該誤差，$c\left(X-g\left(Y\right)\right)$。我們通常希望求出函數 $g\left(Y\right)$，它可以最小化成本的期望值，$E\left[c\left(X-g\left(Y\right)\right)\right]$。舉例來說，假如 X 和 Y 為一個通訊通道的離散輸入和輸出，當 $X=g\left(Y\right)$ 時，c 為 0；否則 c 為 1，在這個例子中成本的期望值對應到誤差的機率，也就是說，$X \neq g\left(Y\right)$ 的機率。當 X 和 Y 為連續的隨機變數時，我們通常使用**均方誤差(mean square error，MSE)**來當作成本：

$$e = E\left[\left(X-g\left(Y\right)\right)^2\right]$$

在本節的剩下部分，我們將聚焦在這個特別的成本函數上。我們首先考慮 $g\left(Y\right)$ 為 Y 的一個線性函數的情況，然後再考慮 $g\left(Y\right)$ 可以為任何函數的情況，不管是否是線性或非線性。

　　首先，我們考慮用一個常數 a 來估計一個隨機變數 X，所以最小化均方誤差的問題如下：

$$\min_a E\left[\left(X-a\right)^2\right] = E\left[X^2\right] - 2aE\left[X\right] + a^2 \tag{6.51}$$

最佳 a 的解法為先把上式對 a 微分，設定結果為 0，然後解出 a 的值。結果為

$$a^* = E\left[X\right] \tag{6.52}$$

這個結果很合理，因爲 X 的期望值爲 pdf 質量的中心。這個估計量的均方誤差等於 $E\left[(X-a^*)^2\right]=\mathrm{VAR}(X)$。

現在考慮用一個線性函數 $g(Y)=aY+b$ 來估計 X：

$$\min_{a,b} E\left[(X-aY-b)^2\right] \tag{6.53a}$$

式(6.53a)可以視爲是用常數 b 去近似 $X-aY$。這個最小化的問題如同在式(6.51)所示，最佳的 b 爲

$$b^*=E[X-aY]=E[X]-aE[Y] \tag{6.53b}$$

把以上的結果代入到式(6.53a)中，可知解出最佳 a 的問題就是解出以下的最小化問題

$$\min_{a} E\left[\left\{(X-E[X])-a(Y-E[Y])\right\}^2\right]$$

我們再次地先把上式對 a 微分，設定結果爲 0，然後解出 a 的值：

$$\begin{aligned}0&=\frac{d}{da}E\left[(X-E[X])-a(Y-E[Y])^2\right]\\&=-2E\left[\left\{(X-E[X])-a(Y-E[Y])\right\}(Y-E[Y])\right]\\&=-2\left(\mathrm{COV}(X,Y)-a\mathrm{VAR}(Y)\right)\end{aligned} \tag{6.54}$$

最佳的係數 a 爲

$$a^*=\frac{\mathrm{COV}(X,Y)}{\mathrm{VAR}(Y)}=\rho_{X,Y}\frac{\sigma_X}{\sigma_Y}$$

其中 $\sigma_Y=\sqrt{\mathrm{VAR}(Y)}$ 和 $\sigma_X=\sqrt{\mathrm{VAR}(X)}$。因此，用 Y 估計出 X 的**最小均方誤差(minimum mean square error，mmse)線性估計量**爲

$$\hat{X}=a^*Y+b^*=\rho_{X,Y}\sigma_X\frac{Y-E[Y]}{\sigma_Y}+E[X] \tag{6.55}$$

上式中$(Y-E[Y])/\sigma_Y$ 這項是Y的一個0平均值，單一變異量版本。因此，$\sigma_X(Y-E[Y])/\sigma_Y$ 是 Y 的一個再次縮放的版本，它擁有欲被估計出之隨機變數的變異量，即σ_X^2。$E[X]$ 這項的目的僅是確保所得的估計量有正確的平均值。在以上的估計量中的關鍵項是相關係數：$\rho_{X,Y}$，它指出正負符號以及此一 X 的估計和$\sigma_X(Y-E[Y])/\sigma_Y$ 之間的相關程度。假如 X 和 Y 爲不相關的(也就是說，$\rho_{X,Y}=0$)，那麼 X 的最佳的估計爲它的平均值，$E[X]$。在另一方面，假如 $\rho_{X,Y}=\pm1$，那麼最佳的估計等於 $\pm\sigma_X(Y-E[Y])/\sigma_Y+E[X]$。

我們把我們的注意力拉回到在式(6.54)中的第二個等式上：

$$E\Big[\big\{\big(X-E[X]\big)-a*\big(Y-E[Y]\big)\big\}\big(Y-E[Y]\big)\Big]=0 \tag{6.56}$$

這個方程式叫做**正交條件(orthogonality condition)**，因爲它說明了最佳的線性估計量的誤差，也就是在大括弧中的量，正交於觀察 $Y-E[Y]$。此一正交條件是在均方估計中的一個基本的結果。

最佳的線性估計量的均方誤差爲

$$\begin{aligned}
e_L^* &= E\Big[\big(\big(X-E[X]\big)-a*\big(Y-E[Y]\big)\big)^2\Big]\\
&= E\Big[\big(\big(X-E[X]\big)-a*\big(Y-E[Y]\big)\big)\big(X-E[X]\big)\Big]\\
&\quad -a*E\Big[\big(\big(X-E[X]\big)-a*\big(Y-E[Y]\big)\big)\big(Y-E[Y]\big)\Big]\\
&= E\Big[\big(\big(X-E[X]\big)-a*\big(Y-E[Y]\big)\big)\big(X-E[X]\big)\Big]\\
&= \mathrm{VAR}(X)-a*\,\mathrm{COV}(X,Y)\\
&= \mathrm{VAR}(X)\big(1-\rho_{X,Y}^2\big)
\end{aligned} \tag{6.57}$$

其中第二個等式使用了正交條件。請注意當 $|\rho_{X,Y}|=1$ 時，均方誤差爲 0。這意味著 $P\big[|X-a*Y-b*|=0\big]=P[X=a*Y+b*]=1$，所以 X 在本質上是 Y 的一個線性函數。

6.5.3 最小值 MSE 估計量

一般而言，可以最小化均方誤差的 X 的估計量是 Y 的一個非線性函數。在最小化均方誤差的意義上，可以最佳近似 X 的估計量 $g(Y)$ 必須滿足

$$\underset{g(\cdot)}{\text{minimize}}\ E\Big[\big(X-g(Y)\big)^2\Big]$$

這個問題可以使用**條件期望(conditional expection)**來解出：

$$\begin{aligned}
E\Big[\big(X-g(Y)\big)^2\Big] &= E\Big[E\big[\big(X-g(Y)\big)^2\,|\,Y\big]\Big]\\
&= \int_{-\infty}^{\infty} E\Big[\big(X-g(Y)\big)^2\,|\,Y=y\Big]f_Y(y)\,dy
\end{aligned}$$

以上被積分對象對於所有的 y 都是正的；因此，該積分的最小化可以藉由對每一個 y 最小化 $E\Big[\big(X-g(Y)\big)^2\,|\,Y=y\Big]$ 來達成。但是就該條件期望而言，$g(y)$ 是一個常數，所以這個問題等效於式(6.51)，因此可最小化 $E\Big[\big(X-g(y)\big)^2\,|\,Y=y\Big]$ 的「常數」爲

$$g*(y)=E[X|Y=y] \tag{6.58}$$

函數 $g*(y)=E[X|Y=y]$ 被稱爲**迴歸曲線(regression curve)**，它會簡單地跟隨著給定觀察 $Y=y$ 發生時，X 的條件期望值。

最佳估計量的均方誤差為：

$$e^* = E\left[\left(X - g^*(Y)\right)^2\right] = \int_R E\left[\left(X - E[X|y]\right)^2 | Y = y\right] f_Y(y)\ dy$$

$$= \int_R \text{VAR}[X|Y = y] f_Y(y)\ dy$$

線性估計量一般而言為次佳解(suboptimal)，因此有較大的均方誤差。

範例 6.27　**線性和最小 MSE 估計量的比較**

令 X 和 Y 為在範例 5.16 中的隨機變數對。求出最佳的線性和非線性估計量，用 Y 估計出 X，和用 X 估計出 Y。

範例 5.28 提供了對於線性估計量所需要的參數：$E[X] = 3/2$，$E[Y] = 1/2$，$\text{VAR}[X] = 5/4$，$\text{VAR}[Y] = 1/4$ 和 $\rho_{X,Y} = 1/\sqrt{5}$。範例 5.32 提供了須要用來求出非線性估計量的條件 pdf。用 Y 估計出 X 的最佳線性和非線性估計量為：

$$\hat{X} = \frac{1}{\sqrt{5}} \frac{\sqrt{5}}{2} \frac{Y - 1/2}{1/2} + \frac{3}{2} = Y + 1$$

$$E[X|y] = \int_y^\infty x e^{-(x-y)}\ dx = y + 1 \text{ 所以 } E[X|Y] = Y + 1$$

因此最佳的線性和非線性估計量是相同的。

用 X 估計出 Y 的最佳線性和非線性估計量為：

$$\hat{Y} = \frac{1}{\sqrt{5}} \frac{1}{2} \frac{X - 3/2}{\sqrt{5}/2} + \frac{1}{2} = (X + 1)/5$$

$$E[Y|x] = \int_0^x y \frac{e^{-y}}{1 - e^{-x}}\ dy = \frac{1 - e^{-x} - x e^{-x}}{1 - e^{-x}} = 1 - \frac{x e^{-x}}{1 - e^{-x}}$$

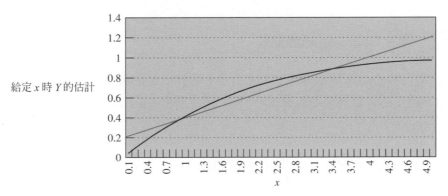

圖 6.2　線性和非線性估計量的比較

在這個情況中，最佳的線性和非線性估計量是不同的。圖 6.2 比較了兩個估計量。我們可以看見線性估計量在較低的 x 值時比較接近 $E[Y|x]$，X 和 Y 的聯合 pdf 在那兒較集中；而在較大的 x 值時，線性估計量就偏離 $E[Y|x]$ 了。

範例 6.28

令 X 均勻分佈在區間 $(-1, 1)$ 中，並令 $Y = X^2$。求出用 X 估計出 Y 的最佳的線性估計量。比較它的表現和最佳估計量的表現。

　　X 的平均值為 0，它和 Y 的相關為

$$E[XY] = E\left[XX^2\right] = \int_{-1}^{1} x^3/2 \, dx = 0$$

因此 $\text{COV}(X, Y) = 0$，由式(6.55)可知 Y 的最佳線性估計量為 $E[Y]$。由式(6.57)可知這個估計量的均方誤差為 $\text{VAR}(Y)$。

　　由式(6.58)可知最佳的估計量為：

$$E[Y|X = x] = E\left[X^2 | X = x\right] = x^2$$

這個估計量的均方誤差為

$$E\left[\left(Y - g(X)\right)^2\right] = E\left[\left(X^2 - X^2\right)^2\right] = 0$$

因此在這個問題中，最佳的線性估計量表現的較差，而所得的非線性估計量會產生最小可能的均方誤差，也就是 0。

範例 6.29　聯合 Gaussian 隨機變數

當 X 和 Y 為聯合 Gaussian 隨機變數時，求出用 Y 估計出 X 的最小均方誤差估計量。

　　最小均方誤差估計量為給定 Y 發生時，X 的條件期望。從式(5.63)，我們看到給定 $Y = y$ 發生時，X 的條件期望為

$$E[X|Y = y] = E[X] + \rho_{X,Y} \, \frac{\sigma_X}{\sigma_Y}\left(Y - E[Y]\right)$$

這個和最佳的線性估計量一模一樣。因此對於聯合 Gaussian 隨機變數而言，最小均方誤差估計量是線性的。

6.5.4　使用觀察的一個向量來估計

MAP，ML，和均方估計量可以擴展成當我們可以取得觀察值的一個向量時。在這裡，我們聚焦在均方估計。我們希望用觀察到的一個隨機向量 $\mathbf{Y} = (Y_1, Y_2,..., Y_n)^T$ 的一個函數 $g(\mathbf{Y})$ 來估計 X 使得均方誤差(mean square error)可以被最小化：

$$\operatorname*{minimize}_{g(\cdot)} E\left[\left(X - g(\mathbf{Y})\right)^2\right]$$

為了要簡化討論，我們將會假設 X 和 Y_i 有 0 平均值。導出式(6.58)的相同的推導也會導出最佳的最小均方估計量：

$$g*(\boldsymbol{y}) = E[X|\mathbf{Y} = \boldsymbol{y}] \tag{6.59}$$

最小值均方誤差會是：

$$E[(X - g*(Y))^2] = \int_{R^n} E[(X - E[X|\mathbf{Y}])^2 | \mathbf{Y} = \mathbf{y}] f_{\mathbf{Y}}(\mathbf{y}) d\mathbf{y}$$

$$= \int_{R^n} \mathrm{VAR}[X|\mathbf{Y} = \mathbf{y}] f_{\mathbf{Y}}(\mathbf{y}) d\mathbf{y}.$$

現在假設估計量是觀察的一個線性函數：

$$g(\mathbf{Y}) = \sum_{k=1}^{n} a_k Y_k = \boldsymbol{a}^T \mathbf{Y}$$

現在均方誤差為：

$$E\left[\left(X - g(\mathbf{Y})\right)^2\right] = E\left[\left(X - \sum_{k=1}^{n} a_k Y_k\right)^2\right]$$

我們把上式對 a_k 微分並再次地獲得正交條件：

$$E\left[\left(X - \sum_{k=1}^{n} a_k Y_k\right) Y_j\right] = 0 \quad j = 1,..., n$$

正交條件變成：

$$E[XY_j] = E\left[\left(\sum_{k=1}^{n} a_k Y_k\right) Y_j\right] = \sum_{k=1}^{n} a_k E[Y_k Y_j] \quad j = 1,..., n$$

藉由使用矩陣符號，我們可以獲得一個較簡潔的表示式：

$$E[X\mathbf{Y}] = \mathbf{R}_{\mathbf{Y}} \boldsymbol{a} \quad \text{其中 } \boldsymbol{a} = (a_1, a_2,..., a_n)^T \tag{6.60}$$

其中 $E[X\mathbf{Y}] = [E[XY_1],\ E[XY_2],...,\ E[XY_n]]^T$ 而 $\mathbf{R}_\mathbf{Y}$ 是相關矩陣。假設 $\mathbf{R}_\mathbf{Y}$ 是可逆的，則最佳的係數為：

$$a = \mathbf{R}_Y^{-1} E[X\mathbf{Y}] \tag{6.61a}$$

我們可以使用 6.3 節的方法來求出 $\mathbf{R}_\mathbf{Y}$ 的反矩陣。最佳的線性估計量的均方誤差為：

$$
\begin{aligned}
E\left[\left(X - a^T\mathbf{Y}\right)^2\right] &= E\left[\left(X - a^T\mathbf{Y}\right)X\right] - E\left[\left(X - a^T\mathbf{Y}\right)a^T\mathbf{Y}\right] \\
&= E\left[\left(X - a^T\mathbf{Y}\right)X\right] = \text{VAR}(X) - a^T E[\mathbf{Y}X]
\end{aligned} \tag{6.61b}
$$

現在假設 X 有平均值 m_X 且 $\mathbf{Y}$ 有平均值向量 $\mathbf{m_Y}$，所以我們的估計量現在有以下的形式：

$$\hat{X} = g(\mathbf{Y}) = \sum_{k=1}^{n} a_k Y_k + b = a^T\mathbf{Y} + b \tag{6.62}$$

我們使用和推導至式(6.53b)之相同的論述，意味著 b 的最佳的選擇為：

$$b = E[X] - a^T\mathbf{m_Y}$$

因此最佳的線性估計量有以下的形式：

$$\hat{X} = g(\mathbf{Y}) = a^T(\mathbf{Y} - \mathbf{m_Y}) + m_X = a^T\mathbf{Z} + m_X$$

其中 $\mathbf{Z} = \mathbf{Y} - \mathbf{m_Y}$ 是一個隨機向量具零平均值向量。這個估計量的均方誤差為：

$$E\left[\left(X - g(\mathbf{Y})\right)^2\right] = E\left[\left(X - a^T\mathbf{Z} - m_X\right)^2\right] = E\left[\left(W - a^T\mathbf{Z}\right)^2\right]$$

其中 $W = X - m_X$ 有 0 平均值。我們已經簡化此一一般的估計問題成為具零平均值隨機變數的版本，也就是說，W 和 $\mathbf{Z}$，它的解有如式(6.61a)。因此線性預測的最佳的係數集合為：

$$a = \mathbf{R_Z}^{-1} E[W\mathbf{Z}] = \mathbf{K_Y}^{-1} E\left[(X - m_X)(\mathbf{Y} - \mathbf{m_Y})\right] \tag{6.63a}$$

均方誤差為：

$$
\begin{aligned}
E\left[(X - a^T\mathbf{Y} - b)^2\right] &= E\left[(W - a^T\mathbf{Z}\ W\right] = \text{VAR}(W) - a^T E[W\mathbf{Z}] \\
&= \text{VAR}(X) - a^T E\left[(X - m_X)(\mathbf{Y} - \mathbf{m_Y})\right]
\end{aligned} \tag{6.63b}
$$

在 X 和 $\mathbf{Y}$ 為聯合 Gaussian 隨機變數的狀況中，這個結果特別的重要。在範例 6.23 中我們看到給定 $\mathbf{Y}$ 發生時，X 的條件期望值是 $\mathbf{Y}$ 的一個線性函數，正如在式(6.62)中的形式。因此在這個狀況中，最佳的最小均方估計量對應到最佳的線性估計量。

範例 6.30　**多樣性的接收器**

一個射頻接收器用兩個天線來接收一個信號 X 的雜訊版本。想要的信號 X 是一個 Gaussian 隨機變數，其平均值爲 0 變異量爲 2。第一個和第二個天線所接收的信號分別爲 $Y_1 = X + N_1$ 和 $Y_2 = X + N_2$，其中 N_1 和 N_2 爲 0 平均值，單一變異量的 Gaussian 隨機變數。除此之外，X，N_1，和 N_2 爲獨立的隨機變數。基礎於單一天線信號，求出 X 的最佳均方誤差線性估計量，並求出對應的均方誤差。把所得的結果和基礎於兩天線信號 $\mathbf{Y} = (Y_1,\ Y_2)$ 的 X 之最佳均方估計量做個比較。

因爲所有的隨機變數均有 0 平均值，我們只需要在式(6.61)中的相關矩陣和交互相關向量即可：

$$\mathbf{R}_Y = \begin{bmatrix} E[Y_1^2] & E[Y_1Y_2] \\ E[Y_1Y_2] & E[Y_2^2] \end{bmatrix}$$

$$= \begin{bmatrix} E[(X+N_1)^2] & E[(X+N_1)(X+N_2)] \\ E[(X+N_1)(X+N_2)] & E[(X+N_2)^2] \end{bmatrix}$$

$$= \begin{bmatrix} E[X^2]+E[N_1^2] & E[X^2] \\ E[X^2] & E[X^2]+E[N_2^2] \end{bmatrix} = \begin{bmatrix} 3 & 2 \\ 2 & 3 \end{bmatrix}$$

和

$$E[X\mathbf{Y}] = \begin{bmatrix} E[XY_1] \\ E[XY_2] \end{bmatrix} = \begin{bmatrix} E[X^2] \\ E[X^2] \end{bmatrix} = \begin{bmatrix} 2 \\ 2 \end{bmatrix}$$

使用單一天線接收信號的最佳的估計量只要解出以上的系統1×1版本即可：

$$\hat{X} = \frac{E[X^2]}{E[X^2]+E[N_1^2]} Y_1 = \frac{2}{3} Y_1$$

其伴隨的均方誤差爲：

$$\mathrm{VAR}(X) - a * \mathrm{COV}(Y_1, X) = 2 - \frac{2}{3}2 = \frac{2}{3}$$

使用 2 個天線接收信號的最佳的估計量的係數爲：

$$a = \mathbf{R}_Y^{-1} E[X\mathbf{Y}] = \begin{bmatrix} 3 & 2 \\ 2 & 3 \end{bmatrix}^{-1} \begin{bmatrix} 2 \\ 2 \end{bmatrix} = \frac{1}{5} \begin{bmatrix} 3 & -2 \\ -2 & 3 \end{bmatrix} \begin{bmatrix} 2 \\ 2 \end{bmatrix} = \begin{bmatrix} 0.4 \\ 0.4 \end{bmatrix}$$

所以最佳的估計量爲：

$$\hat{X} = 0.4Y_1 + 0.4Y_2$$

對於兩個天線估計量的均方誤差為：

$$E\left[\left(X - \boldsymbol{a}^{\mathrm{T}}\mathbf{Y}\right)^2\right] = \mathrm{VAR}(X) - \boldsymbol{a}^{\mathrm{T}}E[\mathbf{Y}X] = 2 - [0.4,\ 0.4]\begin{bmatrix} 2 \\ 2 \end{bmatrix} = 0.4$$

　　正如預期的，兩個天線系統有一個較小的均方誤差。請注意接收端把兩個接收信號相加並把和乘以 0.4。信號的總和為：

$$\hat{X} = 0.4Y_1 + 0.4Y_2 = 0.4\left(2X + N_1 + N_2\right) = 0.8\left(X + \frac{N_1 + N_2}{2}\right)$$

所以結合兩個信號會可以維持想要的信號 X 部分，而同時把兩個雜訊信號 N_1 和 N_2 做平均。在本章末端的習題會更深入地探討這個課題。

範例 6.31　語音的二階預測

令 X_1, X_2,... 為一個語音電壓波形的一連串的樣本序列，並假設樣本被饋入到如在圖 6.3 中所示的二階預測器中。求出預測器係數 a 和 b，當 X_n 是由 $aX_{n-2} + bX_{n-1}$ 所估計時，它們可以最小化均方預測誤差。

　　我們求出 X_1、X_2 和 X_3 的最佳的預測器，並假設對於 X_2、X_3 和 X_4 情況是一模一樣的，以此類推。我們通常把語音樣本的模型設定成平均值為 0 變異量為 σ^2，而且共變異量不是取決於特定的樣本下標值，而是取決於樣本下標值之間的距離：

$$\mathrm{COV}(X_j, X_k) = \rho_{|j-k|}\sigma^2$$

最佳的線性預測器係數的方程式變成

$$\sigma^2\begin{bmatrix} 1 & \rho_1 \\ \rho_1 & 1 \end{bmatrix}\begin{bmatrix} a \\ b \end{bmatrix} = \sigma^2\begin{bmatrix} \rho_2 \\ \rho_1 \end{bmatrix}$$

此一方程式的解為

$$a = \frac{\rho_2 - \rho_1^2}{1 - \rho_1^2} \quad \text{和} \quad b = \frac{\rho_1\left(1 - \rho_1^2\right)}{1 - \rho_1^2}$$

習題 6.75 要求要證明使用以上的 a 和 b 值所產生的均方誤差為

$$\sigma^2\left\{1 - \rho_1^2 - \frac{\left(\rho_1^2 - \rho_2\right)^2}{1 - \rho_1^2}\right\} \tag{6.64}$$

語音信號的一些典型值為 $\rho_1 = .825$ 和 $\rho_2 = .562$。預測器輸出的均方誤差值則為 $.281\sigma^2$。相對於輸入的變異量 (σ^2)，輸出有較低的變異量 $(.281\sigma^2)$，顯示了線性預測器使用前兩個樣本來預測下一個樣本的有效性。藉由在線性預測器中使用更多的項，預測器的階數可以被遞增。因此一個 3 階預測器有 3 個項，和需要求出一個 3×3 相關矩陣的反矩陣，同理，一個 n 階預測器將包含一個 $n\times n$ 的矩陣。線性預測的技術被使用大量地在語音，音訊，影像和視訊壓縮系統中。

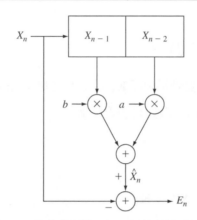

圖 6.3 語音處理的一個二係數線性預測器

*6.6 產生相關的向量隨機變數

許多的應用牽涉到相關的隨機變數的向量或數列。這些應用的電腦模擬模型因此需要一些方法來產生這樣的隨機變數。在本節中，我們提出一些方法來產生隨機變數的向量，那些隨機變數具有指定的共變異量矩陣。我們也討論如何產生聯合 Gaussian 向量隨機變數。

6.6.1 產生具指定的共變異量矩陣的隨機向量

假設我們希望產生一個隨機向量 $\mathbf{Y}$，它具有一個任意有效的共變異量矩陣 $\mathbf{K_Y}$。如在範例 6.17 中所示，令 $\mathbf{Y} = \mathbf{A}^T\mathbf{X}$，其中 $\mathbf{X}$ 是一個向量隨機變數，它的元素是不相關的，0 平均值，和有單一變異量。$\mathbf{X}$ 的共變異量矩陣等於單位矩陣，$\mathbf{K_X} = \mathbf{I}$，$\mathbf{m_Y} = \mathbf{Am_X} = \mathbf{0}$，和

$$\mathbf{K_Y} = \mathbf{A}^T\mathbf{K_X}\mathbf{A} = \mathbf{A}^T\mathbf{A}$$

令 $\mathbf{P}$ 為一矩陣，它的行由 $\mathbf{K_Y}$ 的特徵向量所構成，和令 $\mathbf{\Lambda}$ 為 $\mathbf{K_Y}$ 的特徵值所形成的對角矩陣，那麼從式(6.39b)我們有：

$$\mathbf{P}^T\mathbf{K_Y}\mathbf{P} = \mathbf{P}^T\mathbf{P}\mathbf{\Lambda} = \mathbf{\Lambda}$$

假如我們把以上的式子的左方乘一個 $\mathbf{P}$ 而右方乘以一個 $\mathbf{P}^\mathsf{T}$，我們將得到以下的表示式，對於一個任意的共變異量矩陣 $\mathbf{K_Y}$，我們可以用它的特徵值和特徵向量表示出來：

$$\mathbf{P}\Lambda\mathbf{P}^\mathsf{T} = \mathbf{P}\mathbf{P}^\mathsf{T}\mathbf{K_Y}\mathbf{P}\mathbf{P}^\mathsf{T} = \mathbf{K_Y} \tag{6.65}$$

定義矩陣 $\Lambda^{1/2}$ 為特徵值的平方根所形成的對角矩陣：

$$\Lambda^{1/2} \triangleq \begin{bmatrix} \sqrt{\lambda_1} & 0 & \ldots & 0 \\ 0 & \sqrt{\lambda_2} & \ldots & 0 \\ . & . & \ldots & . \\ 0 & 0 & \ldots & \sqrt{\lambda_n} \end{bmatrix}$$

在習題 6.52 中我們將證明若共變異量矩陣 $\mathbf{K_Y}$ 是正半定的(semi-definite)，那麼它有非負的特徵值，所以取平方根是一定可以的。假如我們現在令

$$\mathbf{A} = \left(\mathbf{P}\Lambda^{1/2} \right)^\mathsf{T} \tag{6.66}$$

則

$$\mathbf{A}^\mathsf{T}\mathbf{A} = \mathbf{P}\Lambda^{1/2}\Lambda^{1/2}\mathbf{P}^\mathsf{T} = \mathbf{P}\Lambda\mathbf{P}^\mathsf{T} = \mathbf{K_Y}$$

因此 $\mathbf{Y}$ 有想要的共變異量矩陣 $\mathbf{K_Y}$。

範例 6.32

令 $\mathbf{X} = (X_1, X_2)$ 含有兩個 0 平均值，單一變異量，不相關的隨機變數。求出矩陣 A 使得 $\mathbf{Y} = A\mathbf{X}$ 有如下的共變異量矩陣

$$K = \begin{bmatrix} 4 & 2 \\ 2 & 4 \end{bmatrix}$$

首先我們需要求出 K 的特徵值，它是由以下的方程式決定的：

$$\det(\mathbf{K} - \lambda\mathbf{I}) = 0 = \det\begin{bmatrix} 4-\lambda & 2 \\ 2 & 4-\lambda \end{bmatrix} = (4-\lambda)^2 - 4 = \lambda^2 - 8\lambda + 12$$
$$= (\lambda - 6)(\lambda - 2)$$

我們求出特徵值為 $\lambda_1 = 2$ 和 $\lambda_2 = 6$。接下來，我們需要求出對應到每一個特徵值的特徵向量：

$$\begin{bmatrix} 4 & 2 \\ 2 & 4 \end{bmatrix}\begin{bmatrix} e_1 \\ e_2 \end{bmatrix} = \lambda_1\begin{bmatrix} e_1 \\ e_2 \end{bmatrix} = 2\begin{bmatrix} e_1 \\ e_2 \end{bmatrix}$$

它意味著 $2e_1 + 2e_2 = 0$。因此具形式 $[1, -1]^T$ 的任何向量都是一個特徵向量。我們選擇正規化後的特徵向量以對應到 $\lambda_1 = 2$，也就是 $\mathbf{e}_1 = \left[1/\sqrt{2},\ -1/\sqrt{2}\right]^T$。我們類似地可求出對應到 $\lambda_2 = 6$ 的特徵向量為 $\mathbf{e}_2 = \left[1/\sqrt{2},\ 1/\sqrt{2}\right]^T$。

在第 6.3 節中所發展的方法要求我們建構一個矩陣 $\mathbf{P}$，它的行是由 K 的特徵向量所構成的：

$$P = \frac{1}{\sqrt{2}} \begin{bmatrix} 1 & 1 \\ -1 & 1 \end{bmatrix}$$

接下來，我們還要建構一個對角矩陣，其元素等於特徵值的平方根：

$$\mathbf{\Lambda}^{1/2} = \begin{bmatrix} \sqrt{2} & 0 \\ 0 & \sqrt{6} \end{bmatrix}$$

想要的矩陣就可以得到了：

$$A = \mathbf{P}\mathbf{\Lambda}^{1/2} = \begin{bmatrix} 1 & \sqrt{3} \\ -1 & \sqrt{3} \end{bmatrix}$$

讀者應該自行驗證 $K = AA^T$。

範例 6.33

請使用 Octave 來求出在前一個範例中的特徵值和特徵向量，並做驗證。

輸入矩陣 K 之後，我們使用 eig(K) 函數來求出矩陣的特徵向量 P 和特徵值 Λ。我們然後求出 A 和它的轉置 A^T。最後，我們驗證 $A^T A$ 會產生想要的共變異量矩陣。

```
> K=[4, 2; 2, 4];
> [P,D] =eig(K)
P =
 -0.70711   0.70711
  0.70711   0.70711
D =
  2   0
  0   6
> A=(P*sqrt(D))'
A =
 -1.0000   1.0000
  1.7321   1.7321
```

```
> A'
ans =
  -1.0000    1.7321
   1.0000    1.7321
> A'A
ans =
   4.0000    2.0000
   2.0000    4.0000
```

對於任何想要的共變異量矩陣 K，以上的步驟可以被使用來求出所需的轉換 A^T。唯一要做的檢查就是要確定 K 是一個有效的共變異量矩陣：(1)K 是對稱的(這個檢查太簡單了)；(2)K 有正的特徵值 (可以容易地以數值的方式做檢查)。

6.6.2　產生聯合 Gaussian 隨機變數的向量

在第 6.4 節中，我們發現假如 $\mathbf{X}$ 是一個聯合 Gaussian 隨機變數向量具共變異量 K_X，那麼 $\mathbf{Y} = A\mathbf{X}$ 也是聯合 Gaussian，但具共變異量矩陣 $K_Y = AK_XA^T$。假如我們假設 $\mathbf{X}$ 是由單一變異量，不相關的隨機變數所構成的，那麼 $K_X = I$，也就是單位矩陣，因此 $K_Y = AA^T$。

我們可以使用第 6.6.1 節中所提過的方法，先為任何想要的共變異量矩陣 K_Y 求出 A。我們然後產生出聯合 Gaussian 隨機向量 $\mathbf{Y}$，它具任意的共變異量矩陣 K_Y 和平均值向量 $\mathbf{m}_Y$。步驟如下：

1. 求出一個矩陣 A 使得 $K_Y = AA^T$。
2. 使用第 5.10 節的方法產生出 $\mathbf{X}$，它是由 n 個獨立的，0 平均值，單一變異量的 Gaussian 隨機變數。
3. 令 $\mathbf{Y} = A\mathbf{X} + \mathbf{m}_Y$。

範例 6.34

以下的 Octave 命令列展示了一些必要的步驟來產生 Gaussian 隨機變數，它具有範例 6.30 的共變異量矩陣。

```
>U1=rand(1000,1);        % 產生一個有 1000 個元素的向量 u₁.
>U2=rand(1000,1);        % 產生一個有 1000 個元素的向量 u₂.
>R2=-2*log(U1);          % 求出 R².
>TH=2*pi*U2;             % 求出 θ.

>X1=sqrt(R2).*sin(TH);   % 產生 X1.
```

```
>X2=sqrt(R2).*cos(TH);        % 產生 X2.
>Y1=X1+sqrt(3)*X2             % 產生 Y1.
>Y2=-X1+sqrt(3)*X2            % 產生 Y2.
>plot(Y1,Y2,'+')             % 畫出分散點狀圖.
```

　　我們畫出 1000 對產生出的隨機變數其 Y_1 值 vs. Y_2 值的圖，如在圖 6.4 中的分散點狀圖所示。我們可以觀察到它的圖形很吻合本題要求之聯合 Gaussian pdf 的橢圓對稱性。

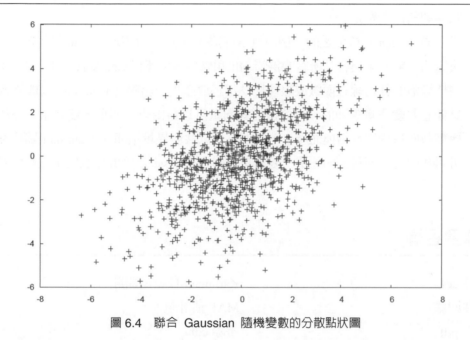

圖 6.4　聯合 Gaussian 隨機變數的分散點狀圖

▶ 摘要

- 一個隨機變數向量 **X** 的聯合統計行為是由聯合累積分佈函數，聯合機率質量函數，或聯合機率密度函數所指定的。牽涉到這些隨機變數其聯合行為的任何事件，其機率都可以從這些函數計算出來。

- 一個向量 **X** 其隨機變數子集合的統計行為可以由邊際 cdf，邊際 pdf 或邊際 pmf 所指定，而上述的那些函數可以從 **X** 的聯合 cdf，聯合 pdf 或聯合 pmf 那裡獲得。

- 一組隨機變數是獨立的假如一個乘積形式事件的機率等於其元素事件機率的乘積。一組隨機變數是獨立的其等價條件為聯合 cdf，聯合 pdf，或聯合 pmf 可以分解成對應的邊際函數的乘積。

- 一個向量 **X** 其隨機變數子集合的統計行為，在給定向量中其它隨機變數的確切值已發生的情況下，是由條件 cdf，條件 pmf，或條件 pdf 所指定的。許多問題的本質其

實是這類條件機率問題的一個解。在這些問題中，隨機變數的期望值可以由條件期望來獲得。

- 平均值向量和共變異量矩陣提供了有關於一個向量隨機變數的總結資訊。聯合特徵函數包含聯合 pdf 提供之所有的資訊。
- 一個向量隨機變數的轉換產生出其它的向量隨機變數。有一些標準的方法可以求出新的隨機向量的聯合分佈。
- 正交條件提供一個組線性方程式來求出最小均方線性估計。最佳的均方估計量是由條件期望值所給定的。
- 聯合 Gaussian 隨機變數的一個向量 **X** 其聯合 pdf 是由平均值向量和共變異量矩陣來決定的。**X** 的子集合其所有的邊際 pdf 和條件 pdf 都有 Gaussian pdf。聯合 Gaussian 隨機變數的任何線性函數或線性轉換都將會產生一組聯合 Gaussian 隨機變數。
- 具任意共變異量矩陣的一個隨機變數向量可以藉由對一個單一變異量，不相關的隨機變數向量做線性轉換而產生。一個具任意共變異量矩陣的 Gaussian 隨機變數向量可以藉由對一個獨立的，單一變異量，聯合 Gaussian 隨機變數向量做線性轉換而產生。

▶ 重要名詞

條件 cdf	Karhunen-Loeve 展開
條件期望	MAP 估計量
條件 pdf	邊際 cdf
條件 pmf	邊際 pdf
相關矩陣	邊際 pmf
共變異量矩陣	最大概似估計量
獨立的隨機變數	均方誤差
轉換的 Jacobian	平均值向量
聯合 cdf	MMSE 線性估計量
聯合特徵函數	正交條件
聯合 pdf	乘積形式的事件
聯合 pmf	迴歸曲線
聯合連續的隨機變數	向量隨機變數
聯合 Gaussian 隨機變數	

▶ 參考文獻

參考文獻[3]在線性轉換和聯合 Gaussian 隨機變數方面提供了很棒的探討。參考文獻[5]在向量隨機變數方面提供了很優異的論述。由 Anton[6]所寫的教科書是有關於線性代數的入門文獻。

1. A. Papoulis and S. Pillai, *Probability*, *Random Variables*, and *Stochastic Processes*, McGraw-Hill, New York, 2002.

2. N. Johnson et al., *Continuous Multivariate Distributions*, Wiley, New York, 2000.

3. H. Cramer, *Mathematical Methods of Statistics*, Princeton Press, 1999.

4. R. Gray and L.D. Davisson, *An Introduction to Statistical Signal Processing*, Cambridge Univ. Press, Cambridge, UK, 2005.

5. H. Stark and J. W. Woods, Probability, *Random Processes*, and *Estimation Theory for Engineers*, Prentice Hall, Englewood Cliffs, N.J., 1986.

6. H. Anton, *Elementary Linear Algebra*, 9th ed., Wiley, New York, 2005.

7. C. H. Edwards, Jr., and D. E. Penney, *Calculus* and *Analytic Geometry*, 4th ed., Prentice Hall, Englewood Cliffs, N.J., 1984.

▶ 習題

第 6.1 節：向量隨機變數

6.1. 點 $\mathbf{X} = (X, Y, Z)$ 均勻分佈在單位立體方塊中。求出以下事件的機率：

(a) $\mathbf{X}$ 位於一個球體中，該球的半徑= 1/2 且球心位於點(1/2, 1/2, 1/2)處。

(b) $X + Y + Z < 1$。

(c) $\mathbf{X}$ 所有的元素均大於 1/2。

(d) $Z < 0.25$ 。

6.2. 令隨機變數 X、Y 和 Z 為聯合連續獨立的隨機變數。用 $F_X(x)$、$F_Y(y)$ 和 $F_Z(z)$ 求出以下的機率。

(a) $P\left[X^2 \leq 4,\ Y > 2,\ |Z^3| \geq 8\right]$

(b) $P\left[X < 0,\ Y > 0,\ Z = 0\right]$

(c) $P\left[XYZ < 0\right]$

6.3. 一個射頻發射器使用 3 條路徑送出一個信號 $s>0$ 到一個接收端。沿著每一個路徑到達接收端的信號為：

$$X_1 = s + N_1, \quad X_2 = s + N_2, \ \text{和 } X_3 = s + N_3,$$

其中 N_1、N_2 和 N_3 為獨立的 Gaussian 隨機變數，具 0 平均值和單一變異量。

(a) 求出 $\mathbf{X} = (X_1, X_2, X_3)$ 的聯合 pdf。X_1、X_2 和 X_3 是獨立的隨機變數嗎？

(b) 求出 3 個信號中的最小值是正的的機率。

(c) 求出大部分的信號是正的的機率。

6.4. 一個甕內有 1 個黑球和兩個白球。我們從甕中抽取出 3 個球。假如第 k 次抽取的結果是白球的話，令 $I_k = 1$；否則，令 $I_k = 0$。定義以下的 3 個隨機變數：

$$X = I_1 + I_2 + I_3$$
$$Y = \min\{I_1, I_2, I_3\}$$
$$Z = \max\{I_1, I_2, I_3\}$$

(a) 指出 (X, Y, Z) 的值域，假如每一個球從甕中取出後都再丟回去；求出 (X, Y, Z) 的聯合 pmf。

(b) 在(a)中，X、Y 和 Z 是獨立的嗎？X 和 Y 是獨立的嗎？

(c) 重做(a)，假如每一個球從甕中取出後都沒有再丟回去。

6.5. 考慮在範例 6.1 中的封包交換點。假設每一個輸入埠有 1 個封包的機率為 p，沒有封包的機率為 $1 - p$。在輸入埠的每一個封包會等機率地送達至 3 個輸出埠的其中之一。令 X_1、X_2 和 X_3 分別為到達輸出埠 1、2 和 3 的封包總數。

(a) 求出 X_1、X_2 和 X_3 的聯合 pmf。提示：你可以想像每一個輸入有一個封包跑到一個虛擬的 4 號埠的機率為 $1 - p$。

(b) 求出 X_1 和 X_2 的聯合 pmf。

(c) 求出 X_2 的 pmf。

(d) X_1、X_2 和 X_3 是獨立的隨機變數嗎？

(e) 假設每一個輸出最多只會收取 1 個封包，並把所有額外也到達該輸出的封包丟棄。求出在每一個 T 秒時段中被系統丟棄封包的平均數。

6.6. 令 X、Y 和 Z 有聯合 pdf

$$f_{X,Y,Z}(x, y, z) = k(x + y + z) \qquad 0 \le x \le 1,\ 0 \le y \le 1,\ 0 \le z \le 1$$

(a) 求出 k。

(b) 求出 $f_X(x|y, z)$ 和 $f_Z(z|x, y)$。

(c) 求出 $f_X(x)$，$f_Y(y)$，和 $f_Z(z)$。

6.7. 一個隨機弦波信號為 $X(t) = A \sin(t)$，其中 A 是一個在區間 $[0, 1]$ 中的均勻隨機變數。令 $\mathbf{X} = (X(t_1), X(t_2), X(t_3))$ 為在時間 t_1、t_2 和 t_3 時的信號樣本。

(a) 假如 $t_1 = 0$，$t_2 = \pi/2$ 和 $t_3 = \pi$，用 A 的 cdf 求出 $\mathbf{X}$ 的聯合 cdf。$X(t_1), X(t_2), X(t_3)$ 是獨立的隨機變數嗎？

(b) 令 $t_1 = \pi/6$，求出在 t_1、$t_2 = t_1 + \pi/2$ 和 $t_3 = t_1 + \pi$ 時 $\mathbf{X}$ 的聯合 cdf。

6.8. 在一個單位球內隨機選取一個點 $\mathbf{X} = (X, Y, Z)$。

(a) 求出 Y 和 Z 的邊際聯合 pdf。

(b)　求出 Y 的邊際 pdf。

(c)　求出給定 Z 發生，X 和 Y 的條件聯合 pdf。

(d)　X，Y 和 Z 是獨立的隨機變數嗎?

(e)　已知從 **X** 到原點的距離大於 1/2 且 **X** 所有的元素都是正的，求出 **X** 的聯合 pdf。

6.9.　證明 $p_{X_1, X_2, X_3}(x_1, x_2, x_3) = p_{X_3}(x_3|x_1, x_2) \, p_{X_2}(x_2|x_1) \, p_{X_1}(x_1)$。

6.10.　證明 $f_{X,Y,Z}(x, y, z) = f_Z(z|x, y) \, f_Y(y|x) \, f_X(x)$。

6.11.　令 U_1、U_2 和 U_3 為獨立的隨機變數和令 $X = U_1$，$Y = U_1 + U_2$ 和 $Z = U_1 + U_2 + U_3$。

(a)　使用在習題 6.10 中的結果求出 X、Y 和 Z 的聯合 pdf。

(b)　令 U_i 為獨立的，在區間[−1,1]中的均勻隨機變數。求出 Y 和 Z 的邊際聯合 pdf。求出 Z 的邊際 pdf。

(c)　令 U_i 為獨立的，0 平均值，單一變異量的 Gaussian 隨機變數。求出 Y 和 Z 的邊際聯合 pdf。求出 Z 的邊際 pdf。

6.12.　令 X_1、X_2 和 X_3 如在範例 6.7 中所定義。

(a)　求出，畫出，和比較 X_1、X_2 和 X_3 的邊際 pdf。

(b)　給定 $X_1 = x$，求出 X_3 的條件 pdf。

(c)　給定的 $X_3 = z$，求出 X_1 的條件 pdf。

6.13.　一個線上音樂網站的網頁請求是以如下做分類：最熱門的曲目請求機率為 $p_1 = 1/2$；第二熱門的曲目請求機率為 $p_2 = 1/4$；第三熱門的曲目請求機率為 $p_3 = 1/8$；其它的曲目請求機率為 $p_4 = 1 - p_1 - p_2 - p_3 = 1/8$。假設在 T 秒中總共有 n 次請求。令 X_k 為分類 k 發生的次數。

(a)　求出 (X_1, X_2, X_3) 的聯合 pmf。

(b)　求出 (X_1, X_2) 的邊際 pmf。提示：使用二項定理。

(c)　求出 X_1 的邊際 pmf。

(d)　已知 $X_1 = m$，其中 $0 \le m \le n$，求出 (X_2, X_3) 的條件聯合 pmf。

6.14.　在習題 6.13 中線上音樂網站的請求數 N 是一個 Poisson 隨機變數，其平均值為每秒 α 位顧客。令 X_k 為在 T 秒中型態 k 的請求數。求出 (X_1, X_2, X_3, X_4) 的聯合 pmf。

6.15.　一個隨機實驗有 4 種可能的結果。假設該實驗被獨立地重複做 n 次，並令 X_k 為結果 k 發生的次數。(X_1, X_2, X_3) 的聯合 pmf 為

$$p(k_1, k_2, k_3) = \frac{n! \, 3!}{(n+3)!} = \binom{n+3}{3}^{-1} \qquad 0 \le k_i \ \text{且} \ k_1 + k_2 + k_3 \le n$$

(a)　求出 (X_1, X_2) 的邊際 pmf。

(b)　求出 X_1 的邊際 pmf。

(c)　已知 $X_1 = m$，其中 $0 \le m \le n$，求出 (X_2, X_3) 的條件聯合 pmf。

6.16. 在 t 秒中到達一個服務站的請求有 3 種型態，型態 1、2 和 3，它們的請求數爲獨立的 Poisson 隨機變數，平均值分別爲 $\lambda_1 t$、$\lambda_2 t$ 和 $\lambda_3 t$。令 N_1、N_2 和 N_3 爲分別爲在 T 秒中所到達的 3 種型態的請求數，其中 T 是一個指數型態分佈具平均值 αt。

(a) 求出 N_1、N_2 和 N_3 的聯合 pmf。

(b) 求出 N_1 的邊際 pmf。

(c) 給定 N_3 已發生，求出 N_1 和 N_2 的條件 pmf。

第 6.2 節：多個隨機變數的函數

6.17. N 個裝置在同一時間被安裝。令 Y 爲直到最後一個裝置失效的時間。

(a) 假如裝置的生命期是獨立的，並有相同的 Pareto 分佈，求出 Y 的 pdf。

(b) 假如裝置的生命期有一個 Weibull 分佈，重做(a)。

6.18. 在習題 6.17 中，令 $I_k(t)$ 爲對於事件「在時間 t 時第 k 個裝置仍然正常運作」的指示器函數。令 $N(t)$ 爲在時間 t 時仍然正常運作的裝置總數：$N(t) = I_1(t) + I_2(t) + \cdots + I_N(t)$。求出 $N(t)$ 的 pmf 以及它的平均值和變異量。

6.19. 一個接收器接收一個信號的 N 個獨立版本。每一個信號版本其振幅 X_k 爲 Rayleigh 分佈。接收器選擇具最大的振幅 X_k^2 的信號。一個信號其平方振幅若在某臨界值 γ 之下，那麼該信號沒有用。求出所有的 N 個信號都在臨界值 γ 之下的機率。

6.20. (Haykin)在一個多位使用者的通訊系統中，一個接收器從 K 個獨立的發射器那兒接受 K 個二元信號：$\mathbf{Y} = (Y_1, Y_2, ..., Y_K)$，其中 Y_k 爲從第 k 個發射器那兒所接收到的信號。在一個理想的系統中，接收向量爲：

$$\mathbf{Y} = \mathbf{Ab} + \mathbf{N}$$

其中 $\mathbf{A} = [\alpha_k]$ 是由正的通道增益所形成的一個對角矩陣，$\mathbf{b} = (b_1, b_2, ..., b_K)$ 是從每一個發射器那兒來的位元向量，其中 $b_k = \pm 1$，而 N 是一個由 K 個獨立的，0 平均值，單一變異量的 Gaussian 隨機變數所形成的向量。

(a) 求出 $\mathbf{Y}$ 的聯合 pdf。

(b) 假設 $\mathbf{b} = (1, 1, ..., 1)$，求出 $\mathbf{Y}$ 的所有元素都是正的的機率。

6.21. (a) $U = X_1$，$V = X_1 - X_2$，$W = X_1 - X_2 + X_3$，求出三者的聯合 pdf。

(b) 假如 X_i 爲獨立的，0 平均值，單位變異量的 Gaussian 隨機變數，求出 (U, V, W) 的聯合 pdf。

(c) 求出 V 的邊際 pdf 和 W 的邊際 pdf。

6.22. 兩隨機變數的樣本平均值和樣本變異量如下：

$$M = \frac{X_1 + X_2}{2} \quad V = \frac{(X_1 - M)^2 + (X_2 - M)^2}{2}$$

使用 X_1 和 X_2 的聯合 pdf 求出樣本平均值和樣本變異量的聯合 pdf。

6.23. (a) 在習題 6.22 中，假如 X_1 和 X_2 為獨立的 Gaussian 隨機變數，具相同的平均值 1 和變異量 1，求出聯合 pdf。

(b) 假如 X_1 和 X_2 為獨立的指數型態隨機變數，具相同的參數 1，求出聯合 pdf。

6.24. (a) 使用輔助變數方法求出 Z 的 pdf，其中

$$Z = \frac{X}{X+Y}$$

(b) 假如 X 和 Y 為獨立的指數型態的隨機變數，具相同的參數 1，求出 Z 的 pdf。

6.25. 假如 X 和 Y 為獨立的 Pareto 隨機變數，具相同的參數 $k=3$ 和 $x_m=1$，重做習題 6.24(b)。

6.26. $Z=X/Y$，重做習題 6.24(a)和(b)。

6.27. 令 X 和 Y 為 0 平均值，單一變異量的 Gaussian 隨機變數，它們的相關係數為 1/2。求出 $U=X^2$ 和 $V=Y^4$ 的聯合 pdf。

6.28. 使用輔助變數法求出 $Z=X_1 X_2 X_3$ 的 pdf，其中 X_i 為獨立的隨機變數，它們均勻分佈在 [0,1]中。

6.29. 令 X、Y 和 Z 為獨立的，0 平均值，單一變異量的 Gaussian 隨機變數。

(a) 求出 $R=\left(X^2+Y^2+Z^2\right)^{1/2}$ 的 pdf。

(b) 求出 $R^2=X^2+Y^2+Z^2$ 的 pdf。

6.30. 令 X_1, X_2, X_3, X_4 被處理如下：

$$Y_1=X_1,\quad Y_2=X_1-X_2,\quad Y_3=-X_2-X_3,\quad Y_4=X_3-X_4$$

(a) 使用 $\mathbf{X}=(X_1, X_2, X_3, X_4)$ 的聯合 pdf 求出 $\mathbf{Y}=(Y_1, Y_2, Y_3, Y_4)$ 的聯合 pdf 的表示式。

(b) 假如 X_1, X_2, X_3, X_4 為獨立的，0 平均值，單一變異量的 Gaussian 隨機變數，求出 $\mathbf{Y}$ 的聯合 pdf。

第 6.3 節：向量隨機變數期望值

6.31. 求出在習題 6.22b 中的 $E[M]$、$E[V]$ 和 $E[MV]$。

6.32. 計算在習題 6.8 中的 $E[Z]$，用兩種方式：

(a) 積分 $f_Z(z)$；

(b) 積分 (X_1, X_2, X_3) 的聯合 pdf。

6.33. $\mathbf{X}=(X_1, X_2, X_3)$ 如在習題 6.3 中所定義，求出其平均值向量和共變異量矩陣。

6.34. $\mathbf{X}=(X(t_1), X(t_2), X(t_3))$ 如在習題 6.7 中所定義，求出其平均值向量和共變異量矩陣。

6.35. (a) 對於在習題 6.6a 中的(X, Y, Z)，求出其平均值向量和共變異量矩陣。

(b) 對於習題 6.4c，重做(a)。

6.36. 對於在習題 6.5 中的(X, Y, Z)，求出其平均值向量和共變異量矩陣。

6.37. N_1、N_2 和 N_3 如在習題 6.16 中所定義，求出其平均值向量和共變異量矩陣。

6.38. (a) 如在習題 6.21b 中所定義的，用 (X_1, X_2, X_3) 求出 (U, V, W) 的平均值向量和共變異量矩陣。

   (b) 求出在 (U, V, W) 和 (X_1, X_2, X_3) 之間的交互共變異量矩陣。

6.39. (a) 如在習題 6.30 中所定義的，用 $\mathbf{X} = (X_1, X_2, X_3, X_4)$ 的平均值向量和共變異量矩陣求出 $\mathbf{Y} = (Y_1, Y_2, Y_3, Y_4)$ 的平均值向量和共變異量矩陣。

   (b) 求出在 Y 和 X 之間的交互共變異量矩陣。

   (c) 假如 X_1, X_2, X_3, X_4 為獨立的隨機變數，求出平均值向量，共變異量，和交互共變異量矩陣。

   (d) 一般化在(c)中的結果，並套用到 $\mathbf{Y} = (Y_1, Y_2, ..., Y_{n-1}, Y_n)$。

6.40. 令 $\mathbf{X} = (X_1, X_2, X_3, X_4)$ 是由具相同的平均值，獨立的，單一變異量的隨機變數所構成的。求出 $\mathbf{Y} = \mathbf{AX}$ 的平均值向量，共變異量，和交互共變異量矩陣：

   (a) $\mathbf{A} = \begin{bmatrix} 1 & 1/2 & 1/4 & 1/8 \\ 0 & 1 & 1/2 & 1/4 \\ 0 & 0 & 1 & 1/2 \\ 0 & 0 & 0 & 1 \end{bmatrix}$

   (b) $\mathbf{A} = \begin{bmatrix} 1 & 1 & 1 & 1 \\ 1 & -1 & 1 & -1 \\ 1 & 1 & -1 & -1 \\ 1 & -1 & -1 & 1 \end{bmatrix}$

6.41. 令 $W = aX + bY + c$，其中 X 和 Y 為隨機變數。

   (a) 用 X 和 Y 的聯合特徵函數求出 W 的特徵函數。

   (b) 假如 X 和 Y 為範例 6.19 中的隨機變數，求出 W 的特徵函數和 W 的 pdf。

6.42. (a) X 和 Y 為在範例 5.45 中所介紹的聯合 Gaussian 隨機變數，求出 X 和 Y 的聯合特徵函數。提示：把 X 和 Y 想成是獨立的 Gaussian 隨機變數 V 和 W 的一個轉換。

   (b) 求出 $E\left[X^2 Y\right]$。

   (c) 求出 $X' = X + a$ 和 $Y' = Y + b$ 的聯合特徵函數。

6.43. 令 $X = aU + bV$ 和 $y = cU + dV$，其中 $|ad - bc| \neq 0$。

   (a) 用 U 和 V 的聯合特徵函數求出 X 和 Y 的聯合特徵函數。

   (b) 用 U 和 V 的聯合動差求出 $E[XY]$ 的表示式。

6.44. 令 X 和 Y 為非負的，整數數值的隨機變數。聯合機率生成函數(probability generating function, pgf)被定義為

$$G_{X,Y}\left(z_1, z_2\right) = E\left[z_1^X z_2^Y\right] = \sum_{j=0}^{\infty}\sum_{k=0}^{\infty} z_1^j z_2^k P\left[X = j, Y = k\right]$$

   (a) 對於兩個獨立的 Poisson 隨機變數，參數分別為 α_1 和 α_2，求出聯合 pgf。

(b) 對於兩個獨立的二項隨機變數，參數分別爲(n,p)和(m,p)，求出聯合 pgf。

6.45. 假設 X 和 Y 有聯合 pgf

$$G_{X,Y}(z_1, z_2) = e^{\alpha_1(z_1-1)+\alpha_2(z_2-1)+\beta(z_1z_2-1)}$$

(a) 使用邊際 pgf 來證明 X 和 Y 爲 Poisson 隨機變數。

(b) 求出 $Z = X + Y$ 的 pgf。Z 是一個 Poisson 隨機變數嗎?

6.46. 令 X 和 Y 爲三項(trinomial)隨機變數具聯合 pmf 如下：

$$P[X = j, Y = k] = \frac{n!\, p_1^{j} p_2^{k} (1-p_1-p_2)^{n-j-k}}{j!\, k!(n-j-k)!} \qquad 0\leq j,\ k \ 且\ j+k\leq n$$

(a) 求出 X 和 Y 的聯合 pgf。

(b) 求出 X 和 Y 的相關和共變異量。

6.47. 對於在習題 6.45 中的(X, Y)，求出平均值向量和共變異量矩陣。

6.48. 對於在習題 6.46 中的(X, Y)，求出平均值向量和共變異量矩陣。

6.49. 令 $\mathbf{X} = (X_1, X_2)$ 有共變異量矩陣：

$$\mathbf{K_X} = \begin{bmatrix} 1 & 1/5 \\ 1/5 & 1 \end{bmatrix}$$

(a) 求出 $\mathbf{K_X}$ 的特徵值和特徵向量。

(b) 求出正交矩陣 $\mathbf{P}$ 它可以對角化 $\mathbf{K_X}$，驗證 $\mathbf{P}$ 是正交而且 $\mathbf{P}^{\mathrm{T}}\mathbf{K_X}\mathbf{P} = \Lambda$。

(c) 使用 Karhunen-Loeve 展開，把 $\mathbf{X}$ 用 $\mathbf{K_X}$ 的特徵向量表示出來。

6.50. 若 $\mathbf{X} = (X_1, X_2, X_3)$ 具以下的共變異量矩陣，重做習題 6.49：

$$\mathbf{K_X} = \begin{bmatrix} 1 & -1/2 & -1/2 \\ -1/2 & 1 & -1/2 \\ -1/2 & -1/2 & 1 \end{bmatrix}$$

6.51. 一個方陣 $\mathbf{A}$ 被稱爲是非負定(nonnegative definite)假如對於任何的向量 $\boldsymbol{a} = (a_1, a_2, ..., a_n)^{\mathrm{T}}$ 均使得 $\boldsymbol{a}^{\mathrm{T}}\mathbf{A}\,\boldsymbol{a}\geq 0$，證明共變異量矩陣是非負定的。提示：使用 $E\left[\left(\boldsymbol{a}^{\mathrm{T}}(\mathbf{X}-\mathbf{m_X})\right)^2\right]\geq 0$ 的事實。

6.52. $\mathbf{A}$ 是正定的(positive definite) 假如對於任何的向量 $\boldsymbol{a} = (a_1, a_2, ..., a_n)^{\mathrm{T}}$ 均使得 $\boldsymbol{a}^{\mathrm{T}}\mathbf{A}\,\boldsymbol{a}> 0$。

(a) 證明假如所有的特徵值都是正的，那麼 $\mathbf{K_X}$ 是正定的。提示：令 $\mathbf{b} = \mathbf{P}^{\mathrm{T}}\boldsymbol{a}$。

(b) 證明假如 $\mathbf{K_X}$ 是正定的，那麼所有的特徵值都是正的。提示：令 $\boldsymbol{a}$ 爲 $\mathbf{K_X}$ 的一個特徵向量。

第 6.4 節：聯合 GAUSSIAN 隨機向量

6.53. 令 $\mathbf{X} = (X_1, X_2)$ 爲聯合 Gaussian 隨機變數，具平均值向量和共變異量矩陣如下：

$$\mathbf{m_X} = \begin{bmatrix} 1 \\ 1 \end{bmatrix} \qquad \mathbf{K_X} = \begin{bmatrix} 9/5 & -2/5 \\ -2/5 & 6/5 \end{bmatrix}$$

(a) 用矩陣符號求出 **X** 的 pdf。

(b) 使用在指數中的二次式求出 **X** 的 pdf。

(c) 求出 X_1 和 X_2 的邊際 pdf。

(d) 求出一個轉換 A 使得向量 $\mathbf{Y} = A\mathbf{X}$ 是由獨立的 Gaussian 隨機變數所構成的。

(e) 求出 **Y** 的聯合 pdf。

6.54. 令 $\mathbf{X} = (X_1, X_2, X_3)$ 為聯合 Gaussian 隨機變數，具如下所示的平均值向量和共變異量矩陣：

$$\mathbf{m_X} = \begin{bmatrix} 0 \\ 1 \\ 0 \end{bmatrix} \qquad \mathbf{K_X} = \begin{bmatrix} 9/5 & 0 & 2/5 \\ 0 & 1 & 0 \\ 2/5 & 0 & 6/5 \end{bmatrix}$$

(a) 用矩陣符號求出 **X** 的 pdf。

(b) 使用在指數中的二次式求出 **X** 的 pdf。

(c) 求出 X_1、X_2 和 X_3 的邊際 pdf。

(d) 求出一個轉換 A 使得向量 $\mathbf{Y} = A\mathbf{X}$ 是由獨立的 Gaussian 隨機變數所構成的。

(e) 求出 **Y** 的聯合 pdf。

6.55. 令 U_1、U_2 和 U_3 為獨立的，0 平均值，單一變異量的 Gaussian 隨機變數並令
$X = U_1$、$Y = U_1 + U_2$ 和 $Z = U_1 + U_2 + U_3$。

(a) 求出(X, Y, Z)的共變異量矩陣。

(b) 求出(X, Y, Z)的聯合 pdf。

(c) 給定 X，求出 Y 和 Z 的條件 pdf。

(d) 給定 X 和 Y，求出 Z 的條件 pdf。

6.56. 令 X_1, X_2, X_3, X_4 為獨立的，0 平均值，單一變異量的 Gaussian 隨機變數，處理如下：

$$Y_1 = X_1 + X_2, \ Y_2 = X_2 + X_3, \ Y_3 = X_3 + X_4$$

(a) 求出 $\mathbf{Y} = (Y_1, Y_2, Y_3)$ 的共變異量矩陣。

(b) 求出 **Y** 的聯合 pdf。

(c) 求出 Y_1 和 Y_2 的聯合 pdf；Y_1 和 Y_3 的聯合 pdf。

(d) 求出一個轉換 A 使得向量 $\mathbf{Z} = A\mathbf{Y}$ 是由獨立的 Gaussian 隨機變數所構成的。

6.57. 比在習題 6.20 中更為實際的一個模型為：系統的 K 個接收到信號 $\mathbf{Y} = (Y_1, Y_2,..., Y_K)$ 是由下式所給定：

$$\mathbf{Y} = \mathbf{ARb} + \mathbf{N}$$

其中 $\mathbf{A} = [\alpha_k]$ 是由正的通道增益所形成的一個對角矩陣，$\mathbf{R}$ 是一個對稱矩陣，它代表了使用者之間的相互干擾，而 $\mathbf{b} = (b_1, b_2,..., b_k)$ 從每一個發射器那兒來的位元向量。而 $\mathbf{N}$ 是一個由 K 個獨立的，0 平均值，單一變異量的 Gaussian 雜訊隨機變數所形成的向量。

(a) 求出 $\mathbf{Y}$ 的聯合 pdf。

(b) 假設為了要還原 $\mathbf{b}$，接收器計算 $\mathbf{Z} = (\mathbf{AR})^{-1}\mathbf{Y}$。求出 $\mathbf{Z}$ 的聯合 pdf。

6.58. (a) 令 $\mathbf{K}_3$ 為在習題 6.55 中的共變異量矩陣。求出在範例 6.23 中對應的 $\mathbf{Q}_2$ 和 $\mathbf{Q}_3$。

(b) 給定 X_1 和 X_2，求出 X_3 的條件 pdf。

6.59. 在範例 6.23 中，證明：

$$\left(\mathbf{x}_n - \mathbf{m}_n\right)^T \mathbf{Q}_n \left(\mathbf{x}_n - \mathbf{m}_n\right) - \left(\mathbf{x}_{n-1} - \mathbf{m}_{n-1}\right)^T \mathbf{Q}_{n-1} \left(\mathbf{x}_{n-1} - \mathbf{m}_{n-1}\right)$$
$$= Q_{nn}\left\{(x_n - m_n) + B\right\}^2 - Q_{nn}B^2$$

其中 $B = \dfrac{1}{Q_{nn}}\displaystyle\sum_{j=1}^{n-1} Q_n\left(x_j - m_j\right)$ 且 $|\mathbf{K}_n|/|\mathbf{K}_{n-1}| = 1Q_{nn}$

6.60. 在以下的情況中，求出 Gaussian 隨機變數和的 pdf：

(a) 在習題 6.54 中的 $Z = X_1 + X_2 + X_3$。

(b) 在習題 6.55 中的 $Z = X + Y + Z$。

6.61. 求出在習題 6.53 中聯合 Gaussian 隨機向量 $\mathbf{X}$ 的聯合特徵函數。

6.62. 假設一個聯合 Gaussian 隨機向量 $\mathbf{X}$ 有零平均值向量，且其共變異量矩陣如在習題 6.50 中所給定。

(a) 求出聯合特徵函數。

(b) 你可以獲得聯合 pdf 的一個表示式嗎？解釋你的答案。

6.63. 令 X 和 Y 為聯合 Gaussian 隨機變數。使用條件期望推導 X 和 Y 的聯合特徵函數。

6.64. 令 $\mathbf{X} = (X_1, X_2,..., X_n)$ 為聯合 Gaussian 隨機變數。藉由完成在式(6.32)中的積分，推導出 $\mathbf{X}$ 的特徵函數。提示：你將會需要用到以下的配方技巧：

$$\left(\mathbf{x} - j\mathbf{K}\omega\right)^T \mathbf{K}^{-1} \left(\mathbf{x} - j\mathbf{K}\omega\right) = \mathbf{x}^T\mathbf{K}^{-1}\mathbf{x} - 2j\mathbf{x}^T\omega + j^2\omega^T\mathbf{K}\omega$$

6.65. 從特徵函數求出聯合 Gaussian 隨機變數的 $E\left[X^2Y^2\right]$。

6.66. 令 $\mathbf{X} = (X_1, X_2, X_3, X_4)$ 為 0 平均值聯合 Gaussian 隨機變數。證明

$$E[X_1X_2X_3X_4] = E[X_1X_2]E[X_3X_4] + E[X_1X_3]E[X_2X_4] + E[X_1X_4]E[X_2X_3]。$$

第 6.5 節：隨機變數的估計

6.67. 令 X 和 Y 為離散隨機變數具 3 種可能的聯合 pmf：

X/Y	(i) −1	0	1	(ii) −1	0	1	(iii) −1	0	1
−1	1/6	0	1/6	1/9	1/9	1/9	0	0	1/3
0	0	1/3	0	1/9	1/9	1/9	0	1/3	0
1	1/6	0	1/6	1/9	1/9	1/9	1/3	0	0

(a) 給定 X，求出 Y 的最小值均方誤差線性估計量。

(b) 給定 X，求出 Y 的最小值均方誤差估計量。

(c) 給定 X，求出 Y 的 MAP 和 ML 估計量。

(d) 比較(a)、(b)和(c)估計量的均方誤差。

6.68. 對於在習題 5.25 中連續的隨機變數 X 和 Y 重做習題 6.67。

6.69. 求出在習題 6.35 中信號 s 的 ML 估計量。

6.70. 令 N_1 為在(0,100)ms 的時段中到達一個伺服器的網頁請求數，令 N_2 為在(0,200)ms 的時段中到達一個伺服器的網頁請求總數。假設在每一個 1-ms 時段中，網頁請求的發生於否是獨立的 Bernoulli 測試，具成功機率 p。

(a) 給定 N_1，求出 N_2 的最小線性均方估計量和其伴隨的均方誤差。

(b) 給定 N_1，求出 N_2 的最小均方誤差估計量和其伴隨的均方誤差。

(c) 給定 N_1，求出 N_2 的 MAP 估計量。

(d) 給定 N_2，重做(a)、(b)和(c)求出對於 N_1 的估計。

6.71. 令 $Y = X + N$，其中 X 和 N 為獨立的 Gaussian 隨機變數，但具不同的變異量，且 N 具 0 平均值。

(a) 畫出「觀察信號」Y 和「想要的信號」X 之間的相關係數，橫軸用信號雜訊比 σ_X/σ_N。

(b) 給定 Y，求出 X 的最小值均方誤差估計量。

(c) 給定 Y，求出 X 的 MAP 和 ML 估計量。

(d) 比較在(a)、(b)和(c)中估計量的均方誤差。

6.72. 令 X、Y、Z 為在習題 6.6 中的隨機變數。

(a) 給定 X 和 Z，求出 Y 的最小值均方誤差線性估計量。

(b) 給定 X 和 Z，求出 Y 的最小值均方誤差估計量。

(c) 給定 X 和 Z，求出 Y 的 MAP 和 ML 估計量。

(d) 比較在(b)和(c)中估計量的均方誤差。

6.73. 考慮在習題 6.20 中理想的通訊系統。假設傳送的位元 b_k 為獨立的，且+1 或-1 等機率。

(a) 給定觀察 Y，求出 b 的 ML 和 MAP 估計量。

(b) 給定觀察 Y，求出 b 的最小均方線性估計量。這個估計量如何可以被使用來判定傳送的位元為何?

6.74. 對於在習題 6.57 中的通訊系統，重做習題 6.73。

6.75. 證明兩係數線性預測器的均方誤差正如式(6.64)所給定。

6.76. 在影像的「六邊形取樣(hexagonal sampling)」中，在連續兩列中的樣本，彼此之間有相對偏移(offset)，如以下所示：

第 j 列	...		A		B
第 $j+1$ 列	...	C		D	

兩個樣本 a 和 b 之間的共變異量為 $\rho^{d(a,b)}$，其中 $d(a,b)$ 是兩點之間的歐氏距離(Euclidean distance)。在以上的樣本中，A 和 B 之間的距離，A 和 C 之間的距離，A 和 D 之間的距離，C 和 D 之間的距離，和 B 和 D 之間的距離都是 1。假設我們希望使用一個二係數的線性預測器來預測樣本 D。集合 $\{A, B, C\}$ 中的那兩個樣本應該使用在預測器中?產生的均方誤差為何?

*第 6.6 節：產生相關的向量隨機變數

6.77. 求出一個線性轉換可以對角化 K。

(a) $\mathbf{K} = \begin{bmatrix} 2 & 1 \\ 1 & 4 \end{bmatrix}$。

(b) $\mathbf{K} = \begin{bmatrix} 4 & 1 \\ 1 & 4 \end{bmatrix}$。

6.78. 產生和畫出 1000 對隨機變數 **Y** 的分散點狀圖，**Y** 具有在習題 6.77 中所示的共變異量矩陣，假如：

(a) X_1 和 X_2 為獨立的隨機變數，每一個都均勻分佈在單位區間中；

(b) X_1 和 X_2 為獨立的，0 平均值，單一變異量的 Gaussian 隨機變數。

6.79. 令 $\mathbf{X} = (X_1, X_2, X_3)$ 為在習題 6.54 中的聯合 Gaussian 隨機變數。

(a) 求出一個線性轉換可以對角化共變異量矩陣。

(b) 產生 1000 組 $\mathbf{Y} = \mathbf{AX}$ 和畫出 Y_1 和 Y_2 的分散點狀圖，Y_1 和 Y_3 的分散點狀圖，和 Y_2 和 Y_3 的分散點狀圖。驗證一下所得的分散點狀圖是否有如預期。

6.80. 令 $X_1, X_2,..., X_n$ 為獨立的，0 平均值，單一變異量的 Gaussian 隨機變數。令 $Y_k = (X_k + X_{k-1})/2$，也就是說，Y_k 為 2 個 X 值的移動平均。假設 $X_{-1} = 0 = X_{n+1}$。

(a) 求出 Y_k 的共變異量矩陣。

(b) 使用 Octave 產生一個 1000 個樣本 $Y_1,..., Y_n$。你要如何檢查是否 Y_k 有正確的共變異量？

6.81. 令 $Y_k = X_k - X_{k-1}$，重做習題 6.80。

6.82. 在習題 6.55 中的轉換被稱為是「因果的(causal)」，因為每一個輸出僅取決於「過去的」輸入。

(a) 求出在習題 6.55 中 X，Y，Z 的共變異量矩陣。

(b) 求出一個非因果的轉換，它可以對角化在(a)中的共變異量矩陣。

6.83. (a) 求出一個因果的轉換，它可以對角化在習題 6.53 中的共變異量矩陣。

(b) 求出一個因果的轉換，它可以對角化在習題 6.54 中的共變異量矩陣。

進階習題

6.84. 令 $U_0, U_1,...$ 為一序列獨立的，0 平均值，單一變異量的 Gaussian 隨機變數。一個「低通濾波器(low-pass filter)」接受序列 U_i 當輸入並產生輸出序列 $X_n = (U_n + U_{n-1})/2$，一個「高通濾波器(high-pass filter)」 產生輸出序列 $Y_n = (U_n - U_{n-1})/2$。

(a) 求出 X_{n+1}、X_n 和 X_{n-1} 的聯合 pdf；求出 X_n、X_{n+m} 和 X_{n+2m} 的聯合 pdf，$m > 1$。

(b) 對 Y_n 重做(a)。

(c) 求出 X_n、X_m、Y_n 和 Y_m 的聯合 pdf。

(d) 求出在(a)、(b)和(c)中對應的聯合特徵函數。

6.85. 令 $X_1, X_2,..., X_n$ 為在範例 6.31 中一個語音波形的樣本。假設我們想要用前一個樣本的值和下一個樣本的值來內插一個樣本的值，也就是說，我們希望用 X_1 和 X_3 求出 X_2 的最佳的線性估計。

(a) 求出最佳的線性估計量(內插器)的係數。

(b) 求出最佳線性內插器的均方誤差，並把它和在範例 6.31 中的二係數預測器的均方誤差做比較。

(c) 假設樣本為聯合 Gaussian。求出內插誤差的 pdf。

6.86. 令 $X_1, X_2,..., X_n$ 為某信號的樣本。假設樣本為聯合 Gaussian 隨機變數，具共變異量如下

$$\text{COV}\left(X_i, X_j\right) = \begin{cases} \sigma^2 & i = j \\ \rho\sigma^2 & |i-j|=1 \\ 0 & \text{其它} \end{cases}$$

假設我們取一個樣本塊，內含兩個連續的樣本以形成一個向量 $\mathbf{X}$，然後線性轉換成

$\mathbf{Y} = \mathbf{AX}$。

(a) 求出矩陣 $\mathbf{A}$ 使得 $\mathbf{Y}$ 的元素為獨立的隨機變數。

(b) 令 $\mathbf{X}_i$ 和 $\mathbf{X}_{i+1}$ 為兩個連續的樣本塊，和令 $\mathbf{Y}_i$ 和 $\mathbf{Y}_{i+1}$ 為對應的轉換後變數。$\mathbf{Y}_i$ 和 $\mathbf{Y}_{i+1}$ 的元素獨立嗎？

6.87. 一個多工器結合 N 個數位電視信號到一個共同的通訊線路中。TV 信號每 33 毫秒產生 X_n 個位元，其中 X_n 是一個 Gaussian 隨機變數，具平均值 m 和變異量 σ^2。假設該多工器每 33 ms 最多只從結合來源處接受總共 T 個位元，任何超過 T 的位元都被丟棄。假設 N 個信號是獨立的。

(a) 在一給定的 33-ms 時段中，求出位元被丟棄的機率，假如我們令 $T = m_a + t\sigma$，其中 m_a 為結合來源所產生之全部位元的平均值，而 σ 為結合來源所產生之全部位元的標準差。

(b) 求出每一時段被丟棄位元的平均數。

(c) 求出多工器遺失位元的長期比例。

(d) 求出在(a)中每一個來源可以被配置的位元平均數，和求出每一個來源遺失位元的平均數。當 N 變大時會發生什麼事?

(e) 假設 t 要做調整時，需要視 N 而定使得每一個來源的遺失位元比例可以保持為常數值。求出一個方程式，它的解會產生想要的 t 值。

(f)　假如兩兩信號間有共變異量，以上的結果會改變嗎?

6.88.　考慮在習題 6.16 中對 T 的估計。

(a)　求出 T 的 ML 和 MAP 估計量。

(b)　求出 T 的線性均方估計量。

(c)　假如 N_1 和 N_2 已知，重做(a)和(b)。

隨機變數的和與長期平均

　　許多的問題牽涉到事件發生次數的計數，累積效果的測量，或是在一連串的測量中計算其算數平均。通常這些問題可以被簡化成以下的問題：要正確地或近似地求出一個隨機變數的分佈，而該隨機變數是由獨立的，具完全相同分佈的隨機變數的和所構成的。在本章中，我們將探討當 n 變大時，隨機變數的和和它們的特性是做如何的變化。

　　在第 7.1 節中，我們說明特徵函數如何使用來計算獨立隨機變數之和的 pdf。在第 7.2 節中，我們討論對於一個隨機變數的期望值，我們採用樣本平均值估計量，對於一個事件的機率，則用相對次數估計量。我們介紹如何評估這些估計量的優劣。我們然後會討論大數法則，該法則指出隨著樣本數遞增，樣本平均值和相對次數估計量會收斂到對應的期望值和機率。這些理論的結果示範了在機率理論和樣本觀察行為之間，存在有顯著的一致性，而且它們更加地強調機率的相對次數解釋論。

　　在第 7.3 節中，我們提出中央極限定理，在一般的條件下，它指出了隨機變數的和的 cdf 會趨近於一個 Gaussian 隨機變數，就算個別隨機變數的 cdf 可能和 Gaussian 差個十萬八千里也一樣。這個結果讓我們可以用一個 Gaussian 隨機變數的 pdf 來近似隨機變數的和的 pdf。這個結果也解釋了為什麼 Gaussian 隨機變數會出現在如此多的應用之中。

　　在第 7.4 節中，我們考慮隨機變數的數列和它們的收斂特性。在第 7.5 節中，我們討論事件會發生隨機次數的隨機實驗。在這些實驗中，我們感興趣的是事件平均的發生率以及伴隨於事件的某個量的成長率。最後，第 7.6 節介紹了基礎於離散傅立葉(Fourier)轉換的一些電腦方法，該轉換已證明在 pmf 和 pdf 的數值計算上非常的有用。

7.1 隨機變數的和

　　令 $X_1, X_2, \ldots, X_n$ 為一個隨機變數數列，並令 S_n 為它們的和：

$$S_n = X_1 + X_2 + \cdots + X_n \tag{7.1}$$

在本節中，我們將在一重要特例下求出 S_n 的平均值和變異量，以及 S_n 的 pdf，該重要特例就是 X_j 為獨立的隨機變數。

7.1.1 隨機變數的和的平均值和變異量

在 6.3 節中，我們知道不管有沒有統計上的相依性，n 個隨機變數和的期望值等於期望值的和：

$$E[X_1 + X_2 + \cdots + X_n] = E[X_1] + \cdots + E[X_n] \tag{7.2}$$

因此，知道 X_j 的平均值就足夠求出 S_n 的平均值。

以下的範例證明了為了要計算隨機變數和的變異量，我們需要知道 X_j 的變異量和共變異量。

範例 7.1

求出 $Z = X + Y$ 的變異量。

從式(7.2)，$E[Z] = E[X+Y] = E[X] + E[Y]$。$Z$ 的變異量因此為

$$
\begin{aligned}
\mathrm{VAR}(Z) &= E\Big[\big(Z - E[Z]\big)^2\Big] = E\Big[\big(X + Y - E[X] - E[Y]\big)^2\Big] \\
&= E\Big[\big\{(X - E[X]) + (Y - E[Y])\big\}^2\Big] \\
&= E\big[(X - E[X])^2 + (Y - E[Y])^2 + (X - E[X])(Y - E[Y]) + (Y - E[Y])(X - E[X])\big] \\
&= \mathrm{VAR}[X] + \mathrm{VAR}[Y] + \mathrm{COV}(X, Y) + \mathrm{COV}(Y, X) \\
&= \mathrm{VAR}[X] + \mathrm{VAR}[Y] + 2\,\mathrm{COV}(X, Y)
\end{aligned}
$$

一般而言，共變異量 $\mathrm{COV}(X, Y)$ 不等於 0，所以和的變異量不一定等於個別變異量的和。

在範例 7.1 的結果可以被一般化成 n 個隨機變數的情況：

$$
\begin{aligned}
\mathrm{VAR}(X_1 + X_2 + \cdots + X_n) &= E\left\{\sum_{j=1}^{n}\big(X_j - E[X_j]\big)\sum_{k=1}^{n}\big(X_k - E[X_k]\big)\right\} \\
&= \sum_{j=1}^{n}\sum_{k=1}^{n} E\Big[\big(X_j - E[X_j]\big)\big(X_k - E[X_k]\big)\Big] \\
&= \sum_{k=1}^{n}\mathrm{VAR}(X_k) + \sum_{\substack{j=1 \\ j \neq k}}^{n}\sum_{k=1}^{n}\mathrm{COV}(X_j, X_k)
\end{aligned}
\tag{7.3}
$$

因此一般而言，隨機變數和的變異量不等於個別變異量的和。

一個重要的特例為當 X_j 為獨立的隨機變數時。假如 $X_1, X_2, \ldots, X_n$ 為獨立的隨機變數，那麼對於 $j \neq k$，$\mathrm{COV}(X_j, X_k) = 0$ 因此

$$\mathrm{VAR}(X_1 + X_2 + \cdots + X_n) = \mathrm{VAR}(X_1) + \cdots + \mathrm{VAR}(X_n) \tag{7.4}$$

| 範例 7.2 | iid 隨機變數的和 |

考慮 n 個**獨立的**，具完全相同分佈**(independent, identically distributed，iid)**的隨機變數，每一個具平均值 μ 和變異量 σ^2。求出它們的和的平均值和變異量。

從式(7.2)，S_n 的平均值為：

$$E[S_n] = E[X_1] + \cdots + E[X_n] = n\mu$$

獨立隨機變數對的共變異量為 0，所以由式(7.4)，

$$\mathrm{VAR}[S_n] = n\,\mathrm{VAR}[X_j] = n\sigma^2$$

因為對於 $j = 1,\ldots, n$，$\mathrm{VAR}[X_j] = \sigma^2$。

7.1.2　獨立隨機變數和的 pdf

令 $X_1, X_2,\ldots, X_n$ 為 n 個獨立的隨機變數。在本節中我們將說明轉換方法(transform methods)如何可以被使用來求出 $S_n = X_1 + X_2 + \cdots + X_n$ 的 pdf。

首先，考慮 $n = 2$ 的情況，$Z = X + Y$，其中 X 和 Y 為獨立的隨機變數。Z 的特徵函數為

$$\Phi_Z(\omega) = E[e^{j\omega Z}] = E[e^{j\omega(X+Y)}] = E[e^{j\omega X} e^{j\omega Y}]$$
$$= E[e^{j\omega X}] E[e^{j\omega Y}] = \Phi_X(\omega)\Phi_Y(\omega) \tag{7.5}$$

其中第四個等式使用的事實為獨立隨機變數的函數(也就是說，$e^{j\omega X}$ 和 $e^{j\omega Y}$)也是獨立的隨機變數，如在範例 5.25 中所討論的一般。因此 Z 的特徵函數為 X 和 Y 個別特徵函數的乘積。

在範例 5.39 中，我們看到 $Z = X + Y$ 的 pdf 是由 X 和 Y 個別 pdf 的摺積所給定：

$$f_Z(z) = f_X(x) * f_Y(y)。 \tag{7.6}$$

憶及 $\Phi_Z(\omega)$ 也可以被視為是 Z 的 pdf 的傅立葉轉換：

$$\Phi_Z(\omega) = \mathcal{F}\{f_Z(z)\}$$

把式(7.5)和式(7.6)的轉換畫上等號，我們得到

$$\Phi_Z(\omega) = \mathcal{F}\{f_Z(z)\} = \mathcal{F}\{f_X(x) * f_Y(y)\} = \Phi_X(\omega)\Phi_Y(\omega) \tag{7.7}$$

式(7.7)陳述出一個非常有名的結果：兩個函數摺積的傅立葉轉換等於個別的傅立葉轉換的乘積。

現在考慮 n 個獨立的隨機變數的和：

$$S_n = X_1 + X_2 + \cdots + X_n$$

S_n 的特徵函數為

$$\Phi_{S_n}(\omega) = E\left[e^{j\omega S_n}\right] = E\left[e^{j\omega(X_1 + X_2 + \cdots + X_n)}\right] = E\left[e^{j\omega X_1}\right]\ldots E\left[e^{j\omega X_n}\right]$$
$$= \Phi_{X_1}(\omega)\ldots\Phi_{X_n}(\omega) \tag{7.8}$$

因此 S_n 的 pdf 可以藉由求出 X_j 個別特徵函數乘積的反傳立葉轉換而獲得。

$$f_{S_n}(X) = \mathsf{F}^{-1}\left\{\Phi_{X_1}(\omega)\ldots\Phi_{X_n}(\omega)\right\} \tag{7.9}$$

範例 7.3 **獨立的 Gaussian 隨機變數的和**

令 S_n 為 n 個獨立的 Gaussian 隨機變數的和,那 n 個 Gaussian 其平均值和變異量分別為 $m_1,\ldots,m_n$ 和 $\sigma_1^2,\ldots,\sigma_n^2$。求出 S_n 的 pdf。

X_k 的特徵函數為

$$\Phi_{X_k}(\omega) = e^{+j\omega m_k - \omega^2 \sigma_k^2/2}$$

所以藉由式(7.8),

$$\Phi_{S_n}(\omega) = \prod_{k=1}^{n} e^{+j\omega m_k - \omega^2 \sigma_k^2/2} = \exp\left\{+j\omega(m_1 + \cdots + m_n) - \omega^2\left(\sigma_1^2 + \cdots + \sigma_n^2\right)/2\right\}$$

這還是一個 Gaussian 隨機變數的特徵函數。因此 S_n 是一個 Gaussian 隨機變數具平均值 $m_1 + \cdots + m_n$ 變異量 $\sigma_1^2 + \cdots + \sigma_n^2$。

範例 7.4 **iid 隨機變數的和**

考慮 n 個獨立的,具完全相同分佈的隨機變數,具以下的特徵函數

$$\Phi_{X_k}(\omega) = \Phi_X(\omega) \qquad k = 1,\ldots, n$$

求出它們的和的 pdf。

式(7.8)馬上意味著 S_n 的特徵函數為

$$\Phi_{S_n}(\omega) = \left\{\Phi_X(\omega)\right\}^n \tag{7.10}$$

把上式做反轉換即可求得 S_n 的 pdf。

範例 7.5 iid 指數型態隨機變數的和

考慮 n 個獨立的指數型態隨機變數，均具有參數 α。求出它們的和的 pdf。

一個指數型態隨機變數的特徵函數爲

$$\Phi_X(\omega) = \frac{\alpha}{\alpha - j\omega}$$

從前一個範例的結果得知，我們會有

$$\Phi_{S_n}(\omega) = \left\{\frac{\alpha}{\alpha - j\omega}\right\}^n$$

查表 4.1，我們可得知 S_n 爲一個 m-Erlang 隨機變數。

當處理具整數數值的隨機變數時，我們通常比較喜歡使用機率生成函數(probability generating function)

$$G_N(z) = E\left[z^N\right]$$

獨立離散隨機變數的和，$N = X_1 + \cdots + X_n$，的機率生成函數爲

$$G_N(z) = E\left[z^{X_1+\cdots+X_n}\right] = E\left[z^{X_1}\right]\ldots E\left[z^{X_n}\right] = G_{X_1}(z)\ldots G_{X_n}(z) \tag{7.11}$$

範例 7.6

考慮 n 個獨立的，完全相同的幾何分佈隨機變數。求出它們的和的機率生成函數。

一幾何隨機變數的機率生成函數爲

$$G_X(z) = \frac{pz}{1 - qz}$$

因此，n 個獨立的這種隨機變數的和的機率生成函數爲

$$G_N(z) = \left\{\frac{pz}{1 - qz}\right\}^n$$

查表 3.1，我們看到這個機率生成函數恰爲一個負二項隨機變數，具參數 p 和 n，的機率生成函數。

*7.1.3 隨機數個隨機變數的和

在某些問題中，我們考慮 N 個 iid 隨機變數的和，但我們感興趣的是 N 也是一個隨機變數。考慮下式：

$$S_N = \sum_{k=1}^{N} X_k \tag{7.12}$$

其中 N 假設是一個隨機變數，獨立於 X_k。舉例來說，N 可能是在一個小時內所提交給電腦工作數，而 X_k 可能是執行第 k 個工作所需要花的時間。

S_N 的平均值可以毫無困難的求得，藉由使用條件期望：

$$E[S_N] = E\big[E[S_N \mid N]\big] = E\big[NE[X]\big] = E[N]E[X] \tag{7.13}$$

第二個等式所使用的事實為

$$E[S_N \mid N = n] = E\left[\sum_{k=1}^{n} X_k\right] = nE[X]$$

所以 $E[S_N \mid N] = NE[X]$。

S_n 的特徵函數也可以使用條件期望而求得。從式(7.10)，我們有

$$E\left[e^{j\omega S_N} \mid N = n\right] = E\left[e^{j\omega(X_1 + \cdots + X_n)}\right] = \Phi_X(\omega)^n$$

所以

$$E\left[e^{j\omega S_N} \mid N\right] = \Phi_X(\omega)^N$$

因此

$$\begin{aligned}
\Phi_{S_N}(\omega) &= E\left[E\left[e^{j\omega S_N} \mid N\right]\right] = E\left[\Phi_X(\omega)^N\right] = E\left[z^N\right]\big|_{z=\Phi_X(\omega)} \\
&= G_N\big(\Phi_X(\omega)\big)
\end{aligned} \tag{7.14}$$

也就是說，S_N 的特徵函數的求法為算出 N 的機率生成函數在 $z = \Phi_X(\omega)$ 時的映射。

範例 7.7

在一小時內提交給一台電腦工作的工作數 N 是一個具參數 p 的幾何隨機變數，而工作執行時間是獨立的指數型態隨機變數，具平均值$1/\alpha$。求出在一小時內所提交工作的總執行時間的 pdf。

N 的機率生成函數為

$$G_N(z) = \frac{p}{1 - qz}$$

一個指數型態隨機變數的特徵函數為

$$\Phi_X(\omega) = \frac{\alpha}{\alpha - j\omega}$$

從式(7.14)，S_N 的特徵函數為

$$\Phi_{S_N}(\omega) = \frac{p}{1 - q\left[\alpha/(\alpha - j\omega)\right]} = p(\alpha - j\omega)/(p\alpha - j\omega)$$

$$= p + (1 - p)\frac{p\alpha}{p\alpha - j\omega}$$

只要把以上的表示式做反轉換，S_N 的 pdf 就可獲得：

$$f_{S_N}(x) = p\,\delta(x) + (1 - p)\,p\,\alpha e^{-p\alpha x} \quad x \geq 0$$

這個 pdf 有一個直接的解讀：有 p 的機率沒有任何工作到達，因此總執行時間為 0；有 $(1 - p)$ 的機率有一個或更多工作到達，此時總執行時間是一個指數型態隨機變數具平均值 $1/p\alpha$。

7.2　樣本平均值和大數法則

　　令 X 為一個隨機變數，其平均值，$E[X] = \mu$，是未知的。令 $X_1,..., X_n$ 表示 X 其 n 次獨立重複測量的結果；也就是說，X_j 為獨立的，具完全相同分佈的(iid)隨機變數，它們和 X 具相同的 pdf。該數列的樣本平均值被使用來估計 $E[X]$：

$$M_n = \frac{1}{n}\sum_{j=1}^{n} X_j \tag{7.15}$$

在本節中，我們計算 M_n 的期望值和變異量，目的是要評估把 M_n 當作是 $E[X]$ 的一個估計量的有效性。我們也探討當 n 變大時 M_n 的行為。

　　以下的範例說明了一個事件機率其相對次數估計量是樣本平均值的一個特例。因此，以下對樣本平均值所推導的結果也適用於相對次數估計量。

範例 7.8　相對次數

考慮獨立的重複測試某隨機實驗。令隨機變數 I_j 為指示器函數，反應在第 j 次測試中事件 A 是否發生。在前 n 次測試中 A 的發生總數為

$$N_n = I_1 + I_2 + \cdots + I_n$$

在前 n 次重複測試該實驗中，事件 A 的相對次數爲

$$f_A(n) = \frac{1}{n}\sum_{j=1}^{n} I_j \tag{7.16}$$

我們可以簡單的看出相對次數 $f_A(n)$ 就是隨機變數 I_j 的樣本平均值。

樣本平均值本身是一個隨機變數，所以它將會表現出隨機變動的性質。一個好的估計量應該有以下的兩個特性：(1)就平均而言，它應該可以給出被估計參數的正確的值，也就是說，$E[M_n] = \mu$；(2)若以這個參數的正確的值爲中心，它應該不會變動太多，也就是說，$E\left[(M_n - \mu)^2\right]$ 是小的。

樣本平均值的期望值爲

$$E[M_n] = E\left[\frac{1}{n}\sum_{j=1}^{n} X_j\right] = \frac{1}{n}\sum_{j=1}^{n} E[X_j] = \mu \tag{7.17}$$

因爲對所有的 j，$E[X_j] = E[X] = \mu$。因此，就平均而言，樣本平均值等於 $E[X] = \mu$。就是因爲這個理由，我們稱樣本平均值是 μ 的一個**不偏估計量(unbiased estimator)**。

式(7.17)意味著樣本平均值和 μ 之間的均方誤差等於 M_n 的變異量，也就是說，

$$E\left[(M_n - \mu)^2\right] = E\left[(M_n - E[M_n])^2\right]$$

請注意 $M_n = S_n/n$，其中 $S_n = X_1 + X_2 + \cdots + X_n$。從式(7.4)可知，$\text{VAR}[S_n] = n \; \text{VAR}[X_j] = n\sigma^2$，因爲 X_j 爲 iid 隨機變數。因此

$$\text{VAR}[M_n] = \frac{1}{n^2}\text{VAR}[S_n] = \frac{n\sigma^2}{n^2} = \frac{\sigma^2}{n} \tag{7.18}$$

式(7.18)說明了：當樣本數遞增時，樣本平均值的變異量會趨近於 0。這意味著當 n 變得非常大時，樣本平均值接近眞實的平均值的機率趨近於 1。我們可以藉由使用柴比雪夫(Chebyshev)不等式，也就是式(4.76)，來形式化這個敘述：

$$P\left[|M_n - E[M_n]| \geq \varepsilon\right] \leq \frac{\text{VAR}[M_n]}{\varepsilon^2}$$

把 $E[M_n]$ 和 $\text{VAR}[M_n]$ 用(7.17)和(7.18)的值代入，我們得到

$$P\left[|M_n - \mu| \geq \varepsilon\right] \leq \frac{\sigma^2}{n\varepsilon^2} \tag{7.19}$$

假如我們用互補事件來表示在式(7.19)中的事件的話，我們得到

$$P[|M_n - \mu| < \varepsilon] \geq 1 - \frac{\sigma^2}{n\,\varepsilon^2} \tag{7.20}$$

因此，在指定出誤差 ε 和機率 $1-\delta$ 之後，我們可以選擇樣本數 n 使得 M_n 在眞實平均值正負 ε 之間的機率會大於等於 $1-\delta$。以下的範例示範了這個概念。

<hr>

範例 7.9

測量一電壓，其具未知的常數數值。每一次測量結果 X_j 事實上是想要的電壓 v 和一個雜訊電壓 N_j 的和，後者的平均值爲 0，標準差爲 1 微伏特(microvolt，(μV))：

$$X_j = v + N_j$$

假設雜訊電壓爲獨立的隨機變數。需要多少次的測量才可以使得 M_n 在眞實平均值正負 $\varepsilon = 1\,\mu V$ 之間的機率最少爲 0.99？

每一次測量 X_j 有平均值 v 和變異量 1，所以從式(7.20)我們得知 n 要滿足

$$1 - \frac{\sigma^2}{n\,\varepsilon^2} = 1 - \frac{1}{n} = .99$$

這意味著 $n=100$。

因此，假如我們重複此一測量 100 次，並計算樣本平均值，就平均而言，100 次中最少有 99 次，產生的樣本平均值將會在眞實平均值正負 $1\,\mu V$ 之間。

<hr>

請注意假如我們令在式(5.20)中的 n 趨近無窮大，我們會得到

$$\lim_{n \to \infty} P[|M_n - \mu| < \varepsilon] = 1$$

式(7.20)要求 X_j 要有有限的變異量。我們可以証明就算 X_j 的變異量不存在，這個極限還是成立[Gnedenko，p. 203]。我們把這個陳述寫成更爲一般的結果：

弱大數法則(Weak Law of Large Numbers)：令 $X_1, X_2, \ldots$ 爲一個 iid 隨機變數數列具有限的平均值 $E[X] = \mu$，那麼對於 $\varepsilon > 0$

$$\lim_{n \to \infty} P[|M_n - \mu| < \varepsilon] = 1 \tag{7.21}$$

弱大數法則說明了對於一個夠大的固定值 n，使用 n 個樣本的樣本平均值接近眞實的平均值的機率很高。有一問題如下：樣本平均值是 n 的一個函數，當我們做額外的測量時，對樣本平均值會有什麼影響？弱大數法則並不回答這個問題。這個問題是由強大數法則負責，該法則我們會在下面討論。

　　假設我們對相同的隨機變數做了一連串獨立的測量。令 X_1, X_2,... 為產生的 iid 隨機變數數列,該隨機變數具平均值 μ。現在考慮從以上的測量所得出的樣本平均值數列: M_1, M_2,...,其中 M_j 是使用 X_1 到 X_j 所計算出的樣本平均值。在第 1 章中所討論的統計規律性的概念會導致我們預期這個樣本平均值數列會收斂到 μ,也就是說,我們預期會有很高的機率,樣本平均值的每一個特別的數列會趨近於 μ 並維持在那兒,如圖 7.1 所示。用機率的說法,我們陳述如下:

$$P\left[\lim_{n\to\infty}M_n=\mu\right]=1$$

也就是說,具實際上的必然,每一個樣本平均值數列會收斂到該量的真實平均值。這個結果的證明超出了我們這門課程的層次(參見[Gnedenko,p. 216]),但是,我們在稍後章節中會有機會把此結果應用在各式各樣的情況中。

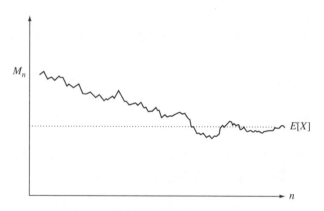

圖 7.1　樣本平均值數列收斂到 $E[X]$

強大數法則(Strong Law of Large Numbers):令 X_1, X_2,... 為一個 iid 隨機變數數列,該隨機變數具有限的平均值 $E[X]=\mu$ 和有限的變異量,那麼

$$P\left[\lim_{n\to\infty}M_n=\mu\right]=1 \tag{7.22}$$

　　式(7.22)看起來類似於式(7.21),但是事實上它是一個大幅不同的陳述。它陳述了每一個樣本平均值數列最終將會趨近和維持在 $E[X]=\mu$ 的機率為 1。在那些滿足統計規律性的實際狀況中,這種型態的收斂是我們所預期的。

　　有了強大數法則,我們在模型化機率的過程中,就功德圓滿了。我們從第 1 章開始,藉由在許多實際的現象中觀察到有統計的規律性,我們推論出相對次數的一些特性。這些特性被使用來闡明一組公設,從那些公設我們發展出機率的數學理論。我們現在已經功德圓滿,並証明了,在特定的條件下,數學理論預測了樣本平均值會收斂到期望值。然而,數學理論和實際世界之間仍然存在著鴻溝(也就是說,我們事實上不可能執行無限多次的測量和計算無

限多個的樣本平均值)。雖然如此，強大數法則展示了在數學理論和所觀察到的實際行為之間，存在有卓越的一致性。

　　我們已經指出相對次數是樣本平均的特例。考慮事件 A 的相對次數，$f_A(n)$，它是獨立重複測試某隨機實驗所產生的數列，假如我們套用弱大數法則到其中，我們得到

$$\lim_{n \to \infty} P\Big[\,|\,f_A(n) - P[A]\,|<\varepsilon\,\Big] = 1 \tag{7.23}$$

假如我們套用強大數法則，我們得到

$$P\Big[\lim_{n \to \infty} f_A(n) = P[A]\Big] = 1 \tag{7.24}$$

為了估計一個事件 A 的機率，一個 Bernoulli 測試的數列被執行，並觀察 A 的相對次數。n 應該要多大才能使得相對次數在 $p = P[A]$ 正負 0.01 之間的機率為 0.95？

　　令 $X = I_A$ 為 A 的指示器函數。查表 3.1，我們知道 I_A 的平均值為 $\mu = p$，變異量為 $\sigma^2 = p(1-p)$。因為 p 是未知的，故 σ^2 也是未知的。然而，很容易證明 $p(1-p)$ 在 $0 \le p \le 1$ 中的最大值為 1/4。因此，藉由式(7.19)，

$$P\Big[\,|\,f_A(n) - p\,| \ge \varepsilon\,\Big] \le \frac{\sigma^2}{n\,\varepsilon^2} \le \frac{1}{4n\,\varepsilon^2}$$

想要的精確度為 $\varepsilon = 0.01$，而想要的機率為

$$1 - .95 = \frac{1}{4n\,\varepsilon^2}$$

我們可以解出 n，並獲得 n =50,000。我們曾經指出過柴比雪夫不等式所得到的界限非常的寬鬆，所以我們認為 n 的這個值可能會過於保守。在下一節中，對於所需要的 n 值，我們提出一個較佳的估計。

7.3　中央極限定理

　　令 $X_1, X_2,\ldots$ 為一個 iid 隨機變數數列，該隨機變數具有限的平均值 μ 和有限的變異量 σ^2，並令 S_n 為在數列中前 n 個隨機變數的和：

$$S_n = X_1 + X_2 + \cdots + X_n \tag{7.25}$$

在第 7.1 節中，我們發展了一些方法來決定 S_n 正確的 pdf。我們現在提出中央極限定理(Central Limit Theorem)，它陳述了，當 n 變大時，一個適度正規化的 S_n 其 cdf 會趨近於一個 Gaussian 隨機變數的 cdf。這讓我們可以用一個 Gaussian 隨機變數的 cdf 來近似 S_n 的 cdf。

中央極限定理解釋了為什麼 Gaussian 隨機變數會出現在許多不同的應用中。在本質上，許多宏觀的現象是從許多獨立的微觀程序做加成而來的；這個引起了 Gaussian 隨機變數。在許多人為的問題中，我們感興趣的事通常是求平均，而該平均常常是由獨立隨機變數的和所構成的。這個再次地引起了 Gaussian 隨機變數。

從範例 7.2，我們知道假如 X_j 為 iid，那麼 S_n 有平均值 $n\mu$ 和變異量 $n\sigma^2$。中央極限定理指出了一個適度正規化的 S_n 其 cdf 會趨近於一個 Gaussian 隨機變數的 cdf。

> **中央極限定理(Central Limit Theorem)**：令 S_n 為 n 個 iid 隨機變數的和，該隨機變數具有限的平均值 $E[X] = \mu$ 和有限的變異量 σ^2，並令 Z_n 為 0 平均值，單一變異量的隨機變數，定義如下
>
> $$Z_n = \frac{S_n - n\mu}{\sigma\sqrt{n}} \tag{7.26a}$$
>
> 則 $\quad \lim_{n \to \infty} P[Z_n \le z] = \frac{1}{\sqrt{2\pi}} \int_{-\infty}^{z} e^{-x^2/2} \, dx \tag{7.26b}$

請注意 Z_n 有時是用樣本平均值來寫：

$$Z_n = \sqrt{n} \frac{M_n - \mu}{\sigma} \tag{7.27}$$

中央極限定理令人驚奇的地方為 X_j 可以為任何型態的分佈，只要它們有一個有限的平均值和有限的變異量即可。就是這個原因，讓中央極限定理有廣泛的應用性。

圖 7.2 到圖 7.4 比較了正確的 cdf 和用 Gaussian 來近似的 cdf，分別用 Bernoulli 的和，均一分佈的和，和指數型態隨機變數的和。在所有的 3 個情況中，我們可以看到近似的效果會隨著使用項數的遞增而愈來愈好。中央極限定理的證明會在本節的最後部分來討論。

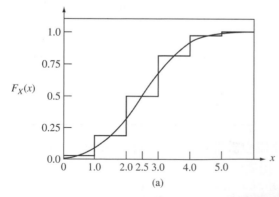
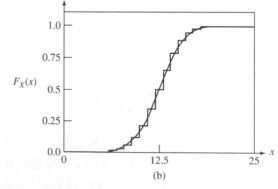

圖 7.2　(a)5 個獨立 Bernoulli 隨機變數和的 cdf，其中 p=1/2，和一個具相同平均值和變異量的 Gaussian 隨機變數的 cdf。(b)25 個獨立 Bernoulli 隨機變數和的 cdf，其中 p=1/2，和一個具相同平均值和變異量的 Gaussian 隨機變數的 cdf

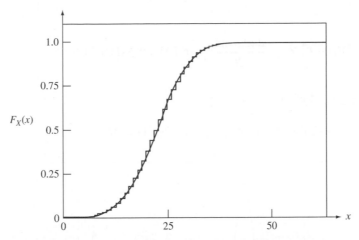

圖 7.3　5 個獨立的離散均一隨機變數和的 cdf，其中隨機變數的值域為{0,1,…,9}，
和一個具相同平均值和變異量的 Gaussian 隨機變數的 cdf

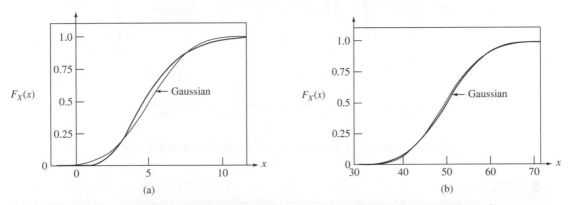

圖 7.4　(a)5 個獨立的指數型態隨機變數和的 cdf，其中隨機變數的平均值為 1，和
一個具相同平均值和變異量的 Gaussian 隨機變數的 cdf。(b)50 個獨立的
指數型態隨機變數和的 cdf，其中隨機變數的平均值為 1，和一個具相同
平均值和變異量的 Gaussian 隨機變數的 cdf

範例 7.11

假設一個餐廳其點菜單的總金額是 iid 隨機變數，具平均值 $\mu = \$8$ 和標準差 $\sigma = \$2$。估計前 100
位顧客花費的總額大於$840 的機率。估計前 100 位顧客花費的總額在$780 和$820 之間的機率。

令 X_k 表示第 k 位顧客的花費，那麼前 100 位顧客花費的總額為

$$S_{100} = X_1 + X_2 + \cdots + X_{100}$$

S_{100} 的平均值為 $n\mu = 800$，變異量為 $n\sigma^2 = 400$。圖 7.5 展示出 S_{100} 的 pdf，其中我們可以看到
該 pdf 高度集中在平均值附近。S_{100} 的正規化形式為

$$Z_{100} = \frac{S_{100} - 800}{20}$$

因此

$$P[S_{100}>840] = P\left[Z_{100}>\frac{840-800}{20}\right] \simeq Q(2) = 2.28\left(10^{-2}\right)$$

其中我們有查表 4.2 以得到 $Q(2)$。類似地，

$$P[780 \le S_{100} \le 820] = P[-1 \le Z_{100} \le 1] \simeq 1 - 2Q(1) = .682$$

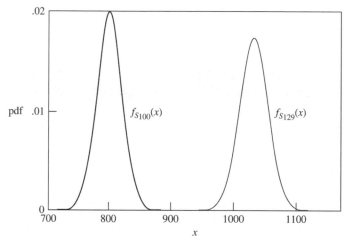

圖 7.5　在範例 7.11 和 7.12 中 S_{100} 和 S_{129} 的 Gaussian pdf 近似

範例 7.12

在範例 7.11 中，請問收了多少份點菜單後，我們可以有 90% 的把握所有顧客的花費總額會大於 $1000？

這個問題就是要求出 n 的值使得

$$P[S_n>1000] = .90$$

S_n 有平均值 $8n$ 和變異量 $4n$。如在前一個範例中所處理的，我們有

$$P[S_n>1000] = P\left[Z_n>\frac{1000-8n}{2\sqrt{n}}\right] = .90$$

使用恆等式 $Q(-x) = 1 - Q(x)$，表 4.3 意味著 n 必須滿足

$$\frac{1000-8n}{2\sqrt{n}} = -1.2815$$

整理一下，可產生以下 $\sqrt{n}$ 的二次方程式：

$$8n - 1.2815(2)\sqrt{n} - 1000 = 0$$

這個方程式的正根為 $\sqrt{n} = 11.34$，即 $n = 128.6$。圖 7.5 展示出 S_{129} 的 pdf。

範例 7.13

在一特定的隨機實驗中，兩事件發生之間的間隔時間是 iid 指數型態隨機變數，具平均值 m 秒。求出第 1000 次事件發生在時間區間 $(1000 \pm 50)m$ 中的機率。

令 X_j 為兩事件發生之間的間隔時間，和令 S_n 為第 n 次事件發生的時間，那麼 S_n 是由式 (7.25)所給定。查表 4.1，X_j 的平均值和變異量為 $E[X_j] = m$ 和 $\mathrm{VAR}[X_j] = m^2$。S_n 的平均值和變異量分別為 $E[S_n] = nE[X_j] = nm$ 和 $\mathrm{VAR}[S_n] = n\,\mathrm{VAR}[X_j] = nm^2$。由中央極限定理可知

$$\begin{aligned}
P[950m \le S_{1000} \le 1050m] &= P\left[\frac{950m - 1000m}{m\sqrt{1000}} \le Z_n \le \frac{1050m - 1000m}{m\sqrt{1000}}\right] \\
&\simeq Q(1.58) - Q(-1.58) \\
&= 1 - 2Q(1.58) \\
&= 1 - 2(0.0567) = .8866
\end{aligned}$$

因此隨著 n 變大，S_n 非常有可能接近它的平均值 nm。我們因此可以推測該事件的長期平均發生率為

$$\frac{n\ \text{事件}}{S_n\ \text{秒}} = \frac{n}{nm} = \frac{1}{m}\ \text{事件/秒} \tag{7.28}$$

事件發生率和其相關平均的計算將會在第 7.5 節中討論。

7.3.1　二項機率的 Gaussian 近似

我們曾在第 2 章中指出過，對於大的 n 值，二項隨機變數變得難以直接計算，因為需要計算階乘項。中央極限定理的一個特別重要的應用就是在近似二項機率。因為二項隨機變數是 iid Bernoulli 隨機變數的和(該隨機變數有有限的平均值和變異量)，它的 cdf 會趨近於一個 Gaussian 隨機變數的 cdf。令 X 為一個二項隨機變數具平均值 np 和變異量 $np(1-p)$，並令 Y 為一個具相同平均值和變異量的 Gaussian 隨機變數，那麼藉由中央極限定理，對於大的 n 值，$X = k$ 的機率近似等於 Gaussian pdf 在以 k 為中心，具單位長度的區間上的定積分，如圖 7.6 所示：

$$\begin{aligned}
P[X = k] &\simeq P\left[k - \frac{1}{2} < Y < k + \frac{1}{2}\right] \\
&= \frac{1}{\sqrt{2\pi np(1-p)}} \int_{k-1/2}^{k+1/2} e^{-(x-np)^2/2np(1-p)}\, dx
\end{aligned} \tag{7.29}$$

以上的近似積分可以被簡化成求長方形的面積：把被積分的函數在積分區間中心點(也就是說，$x = k$)的函數值(也就是長方形高度)和積分區間的長度(1，也就是長方形寬度)相乘：

$$P[X = k] \simeq \frac{1}{\sqrt{2\pi np(1-p)}} e^{-(k-np)^2/2np(1-p)} \tag{7.30}$$

圖 7.6(a)和圖 7.6(b)比較二項機率和使用式(7.30)的 Gaussian 近似。

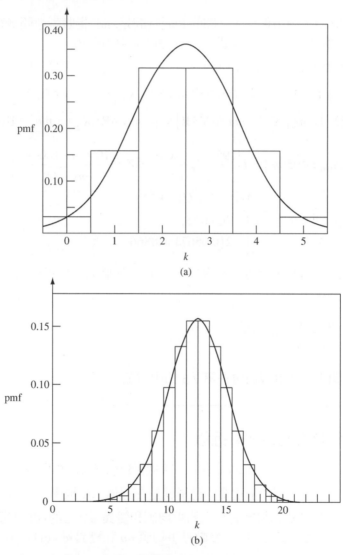

圖 7.6　(a)具 $n = 5$ 和 $p = 1/2$ 的二項機率的 Gaussian 近似。(b)具 $n = 25$ 和 $p = 1/2$
的二項機率的 Gaussian 近似

範例 7.14

在第 7.2 節的範例 7.10 中，我們使用柴比雪夫不等式來估計需要多少樣本數才能使得事件 A 機率的相對次數估計在 $P[A]$ 正負 0.01 之間的機率為 0.95。我們現在再次估計需要多少樣本數，但使用的是二項分佈的 Gaussian 近似。

令 $f_A(n)$ 為在 n 次 Bernoulli 測試中 A 的相對次數。因為 $f_A(n)$ 有平均值 p 和變異量 $p(1-p)/n$，那麼

$$Z_n = \frac{f_A(n) - p}{\sqrt{p(1-p)/n}}$$

有 0 平均值和單位變異量，而且當 n 足夠大時它會近似 Gaussian。我們感興趣的機率為

$$P\big[|f_A(n) - p| < \varepsilon\big] \simeq P\left[|Z_n| < \frac{\varepsilon\sqrt{n}}{\sqrt{p(1-p)}}\right] = 1 - 2Q\left(\frac{\varepsilon\sqrt{n}}{\sqrt{p(1-p)}}\right)$$

以上的機率無法計算，因為 p 是未知的。然而，我們可以很容意地證明對於在單位區間中的 p，$p(1-p) \leq 1/4$。所以，對於在單位區間中的 p，$\sqrt{p(1-p)} \leq 1/2$，並因為引數 x 遞增時 $Q(x)$ 遞減

$$P\big[|f_A(n) - p| < \varepsilon\big] > 1 - 2Q\big(2\varepsilon\sqrt{n}\big)$$

我們希望以上的機率等於 0.95。這意味著 $Q\big(2\varepsilon\sqrt{n}\big) = (1-.95)/2 = .025$。查表 4.2，我們看到 $Q(x)$ 的引數應該近似 1.95，因此

$$2\varepsilon\sqrt{n} = 1.95$$

解出 n，我們得到

$$n = (.98)^2 / \varepsilon^2 = 9506$$

7.3.2　二項隨機變數的 Chernoff 界限

Gaussian pdf 遍佈在整個實數線上。當我們考慮的隨機變數和是有限範圍時，如二項隨機變數，中央極限定理可能會在和的極值上不精確。在第 3 章中所介紹的 Chernoff 界限可以給出較佳的估計。

對於二項隨機變數，Chernoff 界限為：

$$P[X \geq a] \leq e^{-sa} E\big[e^{sX}\big] = e^{-sa} E\Big[\big(e^s\big)^X\Big] = e^{-sa} G_N\big(e^s\big) = e^{-sa}\big(q + pe^s\big)^n$$

其中 $s > 0$，$G_N(z)$ 是二項隨機變數的 pgf。為了要最小化該界限，我們對 s 微分並把結果設定為 0：

$$0 = \frac{d}{ds} e^{-sa} G_N\big(e^s\big) = -ae^{-sa}\big(q + pe^s\big)^n + e^{-sa} e^s np\big(q + pe^s\big)^{n-1}$$
$$a\big(q + pe^s\big) = e^s np$$

其中第二列是把共同項消去的結果。最佳的 s 和其伴隨的界限為:

$$e^s = \frac{aq}{p(n-a)}$$

$$P[X \geq a] \leq \left(\frac{p(n-a)}{aq}\right)^a \left(q + p\frac{aq}{p(n-a)}\right)^n = \left(\frac{p(n-a)}{aq}\right)^a \left(\frac{qn}{(n-a)}\right)^n$$

$$= \left(\frac{p(1-a/n)}{(a/n)q}\right)^a \left(\frac{q}{1-a/n}\right)^n = \left(\frac{p^{a/n}q^{1-a/n}}{(a/n)^{\frac{a}{n}}(1-a/n)^{1-a/n}}\right)^n$$

範例 7.15

對於二項隨機變數,$n=100$ 和 $p=0.5$,比較 $P[X>x]$ 的中央極限估計和 Chernoff 界限。

　　中央極限定理給了以下的估計:

$$P[X \geq a] \approx Q\left(\frac{x-np}{\sqrt{npq}}\right) = Q\left(\frac{x-50}{5}\right)$$

Chernoff 界限為:

$$P[X \geq a] \leq \left(\frac{1/2}{(x/100)^{\frac{x}{100}}(1-x/100)^{1-x/100}}\right)^{100}$$

圖 7.7 展示了 3 條曲線的比較:正確的值,Chernoff 界限,和中央極限定理的估計。直到大約 $x=86$ 之前,中央極限定理估計會比 Chernoff 界限精確。在 x 的極值處,Chernoff 界限會維持其精確性,但是中央極限估計會流失它的精確性。

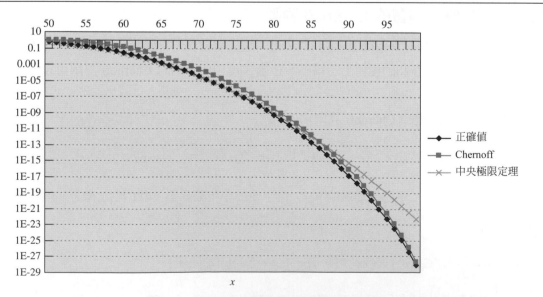

圖 7.7　Chernoff 界限和中央極限定理的比較

*7.3.3 中央極限定理的證明

我們現在提出中央極限定理的 一個證明。首先請注意

$$Z_n = \frac{S_n - n\mu}{\sigma\sqrt{n}} = \frac{1}{\sigma\sqrt{n}}\sum_{k=1}^{n}(X_k - \mu)$$

Z_n 的特徵函數為

$$\begin{aligned}
\Phi_{Z_n}(\omega) &= E\left[e^{j\omega Z_n}\right] = E\left[\exp\left\{\frac{j\omega}{\sigma\sqrt{n}}\sum_{k=1}^{n}(X_k - \mu)\right\}\right] \\
&= E\left[\prod_{k=1}^{n}e^{j\omega(X_k-\mu)/\sigma\sqrt{n}}\right] = \prod_{k=1}^{n}E\left[e^{j\omega(X_k-\mu)/\sigma\sqrt{n}}\right] \\
&= \left\{E\left[e^{j\omega(X-\mu)/\sigma\sqrt{n}}\right]\right\}^{n}
\end{aligned} \tag{7.31}$$

第三個等式使用了 X_k 的獨立性，而最後那個等式使用了 X_k 為完全相同分佈的事實。

把在表示式中的指數函數做泰勒展開，我們得到一個用 n 和 X 的中央動差來表示的式子：

$$\begin{aligned}
E\left[e^{j\omega(X-\mu)/\sigma\sqrt{n}}\right] &= E\left[1 + \frac{j\omega}{\sigma\sqrt{n}}(X-\mu) + \frac{(j\omega)^2}{2!\,n\sigma^2}(X-\mu)^2 + R(\omega)\right] \\
&= 1 + \frac{j\omega}{\sigma\sqrt{n}}E\left[(X-\mu)\right] + \frac{(j\omega)^2}{2!\,n\sigma^2}E\left[(X-\mu)^2\right] + E\left[R(\omega)\right]
\end{aligned}$$

留意 $E\left[(X-\mu)\right] = 0$ 和 $E\left[(X-\mu)^2\right] = \sigma^2$，我們有

$$E\left[e^{j\omega(X-\mu)/\sigma\sqrt{n}}\right] = 1 - \frac{\omega^2}{2n} + E\left[R(\omega)\right] \tag{7.32}$$

當 n 變大時，相對於 $\omega^2/2n$ 而言，$E\left[R(\omega)\right]$ 這項可以被忽略。假如我們把式(7.32)代入式(7.31)中，我們得到

$$\begin{aligned}
\Phi_{Z_n}(\omega) &= \left\{1 - \frac{\omega^2}{2n}\right\}^{n} \\
&\to e^{-\omega^2/2} \quad \text{當 } n\to\infty
\end{aligned}$$

後面那個表示式是一個 0 平均值，單一變異量 Gaussian 隨機變數的特徵函數。因此 Z_n 的 cdf 會趨近於 0 平均值，單一變異量 Gaussian 隨機變數的 cdf。

*7.4　隨機變數數列的收斂

在第 7.2 節中，我們討論過 iid 隨機變數的算數平均 M_n。M_n 所形成的數列會收斂到期望值 μ：

$$M_n \to \mu \quad 當 \ n \to \infty \tag{7.33}$$

對於隨機變數 M_n 的數列收斂到由 μ 所給定的常數值，弱大數法則和強大數法則描述了兩種收斂的方式。在本節中我們考慮更為一般的狀況，隨機變數的一個數列(通常非 iid) X_1, X_2,... 收斂到某個隨機變數 X：

$$X_n \to X \quad 當 \ n \to \infty \tag{7.34}$$

我們將會描述好幾個這種收斂可以發生的方式。請注意式(7.33)是式(7.34)的一個特例，其中極限隨機變數 X 是由常數 μ 所給定。

為了要了解式(7.34)的意義，我們首先需要回顧一個向量隨機變數 $\mathbf{X} = (X_1,\ X_2,...,\ X_n)$ 的定義。$\mathbf{X}$ 被定義成是一個函數，它指定一個實數向量給某樣本空間 S 中的每一結果 ζ：

$$\mathbf{X}(\zeta) = (X_1(\zeta),\ X_2(\zeta),...,\ X_n(\zeta))$$

有個潛在的機率法則掌控了 ζ 的選擇，該法則的隨機性導致出在向量隨機變數中的隨機性。藉由讓 n 無上限的遞增，我們得到一個隨機變數數列，也就是說，一個**隨機變數數列(sequence of random variables) X** 是一個函數，它指定一組可數的但無窮多個的實數值給某樣本空間 S 中的每一結果 ζ：[1]

$$\mathbf{X}(\zeta) = (X_1(\zeta),\ X_2(\zeta),...,\ X_n(\zeta),...) \tag{7.35}$$

從現在起，我們將使用符號 $\{X_n(\zeta)\}$ 或 $\{X_n\}$ 而不是使用 $\mathbf{X}(\zeta)$ 來表示隨機變數數列。

式(7.35)說明了一個隨機變數數列可以視為是 ζ 的函數的一個數列。在另一方面，我們很自然的可以想像在 S 中的每一個點，譬如說 ζ，會產生一個特別的實數數列，

$$x_1,\ x_2,\ x_3,... \tag{7.36}$$

其中 $x_1 = X_1(\zeta)$, $x_2 = X_2(\zeta)$，依此類推。在式(7.36)中的數列被稱為是點 ζ 的樣本數列。

範例 7.16

令 ζ 為從區間 $S = [0,\ 1]$ 中隨機選出的，在其中我們假設 ζ 落在 S 的一個子區間中的機率等於該子區間的長度。對於 $n = 1,\ 2,...$ 我們定義隨機變數數列

$$V_n(\zeta) = \zeta \left(1 - \frac{1}{n}\right)$$

---

[1]　在第 8 章，我們將會看到這也是一個離散時間隨機程序的定義。

在這裡，檢視此隨機變數數列的方式，很明顯有兩種。第一種，我們可以把 $V_n(\zeta)$ 視為是 ζ 的函數的一個數列，如圖 7.8(a)所示。另一種，我們可以想像成我們首先執行產生 ζ 的隨機實驗，然後我們觀察對應的實數 $V_n(\zeta)$ 的數列，如圖 7.8(b)所示。

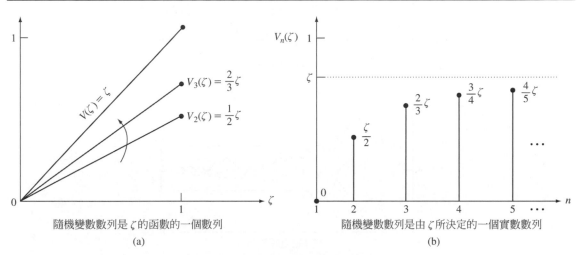

圖 7.8 　檢視機變數數列的兩個方式

　　微積分中的標準方法可以使用來決定每一個點 ζ 其樣本數列的收斂性。直覺上，當 n 趨近於無窮大時，假如差的絕對值 $|x_n - x|$ 趨近於 0，我們稱實數數列 x_n 收斂到實數 x。更正式的說，我們稱：

數列 x_n 收斂到 x，假如，給定任何的 $\varepsilon > 0$，我們可以指出一個整數 N，使得對於所有超過 N 的 n 值，我們可以保證 $|x_n - x| < \varepsilon$ 。

因此假如一個數列收斂，那麼對於任何的 ε，我們可以求出一個 N 使得數列維持在一個以 x 中心，寬 2ε 的通廊之中，如圖 7.9(a)所示。

　　假如我們讓 ε 變小一點，N 會變大。因此吻合我們的直覺觀點，x_n 會變得愈來愈靠近 x。假如極限值 x 不是已知的話，藉由套用 Cauchy 準則，我們仍然可以判定一個數列是否收斂：

數列 x_n 收斂若且唯若，給定 $\varepsilon > 0$，我們可以指出整數 N' 使得對於 m 和 n 大於 N'，$|x_n - x_m| < \varepsilon$ 。

Cauchy 準則指出了對於超過 N' 的點，在數列中最大的變動小於 ε 。

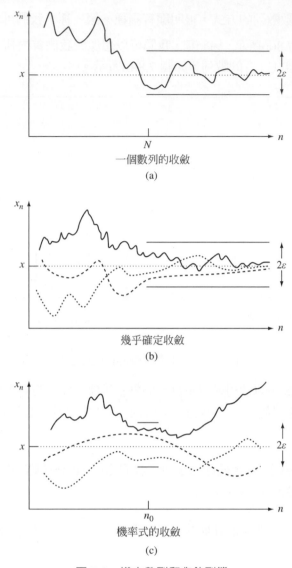

一個數列的收斂

(a)

幾乎確定收斂

(b)

機率式的收斂

(c)

圖 7.9 樣本數列和收斂型態

範例 7.17

令 $V_n(\zeta)$ 為範例 7.16 中的隨機變數數列。請問對應到某一個固定 ζ 的實數數列收斂嗎？

從圖 7.8(a)，我們預期對於一個固定值 ζ，$V_n(\zeta)$ 將會收斂到極限 ζ。因此，我們考慮在數列中的第 n 個數和極限之間的差：

$$|V_n(\zeta) - \zeta| = \left| \zeta\left(1 - \frac{1}{n}\right) - \zeta \right| = \left| \frac{\zeta}{n} \right| < \frac{1}{n}$$

其中最後那個等式使用了 ζ 一定小於 1 的事實。為了要讓以上的差小於 ε，我們選擇 n 使得

$$|V_n(\zeta) - \zeta| < \frac{1}{n} < \varepsilon$$

也就是說，我們選擇 $n > N = 1/\varepsilon$。因此實數數列 $V_n(\zeta)$ 收斂到 ζ。

當我們談到有關於隨機變數數列的收斂時，我們所關心的問題為：假如所有(或幾乎所有)的樣本數列收斂，它們全都收斂到相同的值或是收斂到不同的值？收斂的前兩個定義對付這類的問題。

確定收斂(Sure Convergence)：隨機變數數列 $\{X_n(\zeta)\}$ 確定收斂到隨機變數 $X(\zeta)$，假如對所有在 S 中的 ζ，當 $n \to \infty$ 時函數 $X_n(\zeta)$ 的數列會收斂到函數 $X(\zeta)$：

$$X_n(\zeta) \to X(\zeta) \quad 當 \, n \to \infty \quad \forall \, \zeta \in S$$

確定收斂要求對應到每一個 ζ 的樣本數列都要收斂。請注意它並不要求所有的樣本數列都收斂到相同的值；也就是說，對於不同點 ζ 和 ζ' 的樣本數列，可以收斂到不同的值。

幾乎確定收斂(Almost-Sure Convergence)：隨機變數數列 $\{X_n(\zeta)\}$ 幾乎確定收斂到隨機變數 $X(\zeta)$，假如對所有在 S 中的 ζ，當 $n \to \infty$ 時，函數 $X_n(\zeta)$ 的數列會收斂到函數 $X(\zeta)$，但在一個機率為 0 的集合中的 ζ 則不收斂；也就是說，

$$P\left[\zeta : X_n(\zeta) \to X(\zeta) \, 當 \, n \to \infty\right] = 1 \tag{7.37}$$

在圖 7.9(b)我們示範了幾乎確定收斂的情況，其中樣本數列收斂到相同的 x 值；我們看到幾乎所有的數列最終都進入到一個 2ε 的通廊中並維持在裡面。在幾乎確定收斂的情況中，某些樣本數列可能不收斂，但是這些不收斂的情況一定是屬於某些 ζ，而那些 ζ 是在一個機率為 0 的集合中。

強大數法則是幾乎確定收斂的一個範例。請注意若某數列確定收斂，則它一定是幾乎確定收斂。

範例 7.18

令 ζ 為從區間 $S = [0, 1]$ 中隨機選出的，在其中我們假設 ζ 落在 S 的一個子區間中的機率等於該子區間的長度。對於 $n = 1, 2, \ldots$ 我們定義以下 5 個隨機變數數列：

$$U_n(\zeta) = \frac{\zeta}{n}$$

$$V_n(\zeta) = \zeta\left(1 - \frac{1}{n}\right)$$

$$W_n(\zeta) = \zeta e^n$$

$$Y_n(\zeta) = \cos 2\pi n\zeta$$

$$Z_n(\zeta) = e^{-n(n\zeta - 1)}$$

那些數列是確定收斂？那些數列是幾乎確定收斂？ 請求出它們的極限。

數列 $U_n(\zeta)$ 對所有的 ζ 都收斂到 0，因此是確定收斂：

$$U_n(\zeta) \to U(\zeta) = 0 \quad 當\ n \to \infty \quad \forall\ \zeta \in S$$

請注意在這個狀況中，所有的樣本數列都收斂到相同的值，即 0。

數列 $V_n(\zeta)$ 對所有的 ζ 都收斂到 ζ，因此是確定收斂：

$$V_n(\zeta) \to V(\zeta) = \zeta \quad 當\ n \to \infty \quad \forall\ \zeta \in S$$

在這個狀況中，所有的樣本數列收斂到不同的值，而極限隨機變數 $V(\zeta)$ 是一個在單位區間中的均勻隨機變數。

數列 $W_n(\zeta)$ 在 $\zeta = 0$ 時收斂到 0，但是對所有其它的 ζ 值均發散到無窮大。因此這個隨機變數數列不收斂。

數列 $Y_n(\zeta)$ 在 $\zeta = 0$ 和 $\zeta = 1$ 時收斂到 1，但是對所有其它的 ζ 值均會在 -1 和 1 之間震盪。因此這個隨機變數數列不收斂。

數列 $Z_n(\zeta)$ 是一個有趣的例子。對於 $\zeta = 0$，我們有

$$Z(0) = e^n \to \infty \quad 當\ n \to \infty$$

在另一方面，對於 $\zeta > 0$ 且對於 $n > 1/\zeta$，數列 $Z_n(\zeta)$ 會以指數型態的方式遞減為 0，因此：

$$Z_n(\zeta) \to 0 \quad \forall\ \zeta > 0$$

但是 $P[\zeta > 0] = 1$，因此 $Z_n(\zeta)$ 幾乎確定收斂到 0。然而，$Z_n(\zeta)$ 不是確定收斂到 0。

隨機變數數列對 ζ 的相依性並非總是那麼明顯，我們藉由以下的範例來說明。

範例 7.19 **iid Bernoulli 隨機變數**

令隨機變數數列 $X_n(\zeta)$ 是由獨立的等機率的 Bernoulli 隨機變數所構成的，也就是說，

$$P[X_n(\zeta) = 0] = \frac{1}{2} = P[X_n(\zeta) = 1]$$

這個隨機變數數列收斂嗎？

這個隨機變數數列將會產生所有可能的 0/1 字串。為了要讓一個樣本數列收斂，對於所有剩下的 n 值，它最終必須要維持在等於 0(或等於 1)。然而，在無限多次的 Bernoulli 測試中，

每次都是 0(或是都是 1)的機率爲 0。因此該樣本數列收斂的機率爲 0，所以這個隨機變數數列不收斂。

範例 7.20

一個甕裡面有 2 黑球和 2 白球。在時間 n 時，一個球從甕中被隨機選出，並記錄所得顏色。假如該顏色的球數大於另一顏色的球數，那麼該顏色的球會放回到甕中；否則，該球會被丟棄。令 $X_n(\zeta)$ 爲在第 n 次抽取之後留在甕中的黑球數。這個隨機變數數列收斂嗎？

第一次抽取將會是關鍵的抽取。假設第一次取出的是黑球，那麼該取出的黑球將會被丟棄。之後，每次一個白球被抽出它將會被放回到甕中，而當剩下的那一個黑球被抽出後它將會被丟棄。因此，黑球最終將會全被抽出，而 $X_n(\zeta)$ 將會收斂到 0。在另一方面，假如第一次取出的是白球，那麼最終剩下的白球將會被抽走，因此 $X_n(\zeta)$ 將會收斂到 2。因此，$X_n(\zeta)$ 最終會等機率地收斂到 0 或 2，也就是說，

$$X_n(\zeta) \to X(\zeta) \quad 當\ n \to \infty \quad 幾乎確定，$$

其中

$$P[X(\zeta) = 0] = \frac{1}{2} = P[X(\zeta) = 2]$$

爲了要判定一個隨機變數數列是否幾乎確定收斂，我們需要知道掌控 ζ 的選擇的機率法則，以及 ζ 和數列之間的關係(如在範例 7.16)，或者數列必須足夠簡單讓我們可以直接判定收斂與否(如在範例 7.19 和 7.20)。一般而言，我們比較容易處理其它比較容易去驗證之「較弱」型態的收斂。舉例來說，我們可能要求在特別的時間 n_0，大部份的樣本數列 X_{n_0} 會以一個有小數值 $E\left[(X_{n_0} - X)^2\right]$ 的方式去接近 X。這個要求聚焦在一個特別的時間點上，而且不像幾乎確定收斂，它並不對付整個樣本數列的行爲。它導致以下的型態的收斂：

均方收斂(Mean Square Convergence)：隨機變數數列 $\{X_n(\zeta)\}$ 以均方的意義收斂到隨機變數 $X(\zeta)$ 假如

$$E\left[(X_n(\zeta) - X(\zeta))^2\right] \to 0 \quad 當\ n \to \infty \tag{7.38a}$$

我們用以下的方式來表示均方收斂(平均值的極限，limit in the mean，l.i.m.)

$$\text{l.i.m.}\ X_n(\zeta) = X(\zeta) \quad 當\ n \to \infty \tag{7.38b}$$

均方收斂在電機工程的應用上有非常實際的意義，一來因為它具簡單的解析形式，二來因為我們通常解讀 $E\left[\left(X_n - X\right)^2\right]$ 成一個誤差信號的「功率」。

當極限隨機變數 X 是未知時，Cauchy 準則可以使用來確定數列是均方收斂與否：

Cauchy 準則：隨機變數數列 $\{X_n(\zeta)\}$ 是以均方的意義收斂若且唯若

$$E\left[\left(X_n(\zeta) - X_m(\zeta)\right)^2\right] \to 0 \quad 當\ n\to\infty\ 且\ m\to\infty \tag{7.39}$$

範例 7.21

範例 7.18 中的數列 $V_n(\zeta)$ 是以均方的意義收斂嗎？

在範例 7.18 中，我們發現 $V_n(\zeta)$ 確定收斂到 ζ。我們因此考慮

$$E\left[\left(V_n(\zeta) - \zeta\right)^2\right] = E\left[\left(\frac{\zeta}{n}\right)^2\right] = \int_0^1 \left(\frac{\zeta}{n}\right)^2 d\zeta = \frac{1}{3n^2}$$

其中我們有使用的事實為 ζ 均勻分佈在區間[0, 1]中。當 n 趨近於無窮大時，均方誤差趨近於 0，所以該數列有均方收斂特性。

若當 n 趨近於無窮大時，誤差 $X_n - X$ 的第二階動差趨近於 0，則均方收斂成立。這意味著隨著 n 遞增，樣本數列接近 X 的比例會遞增；然而，它並不意味著它會像是幾乎確定收斂的情況，也就是它並不保證所有的數列均會維持接近於 X。在下一種型態的收斂中，這個差異將會變得明顯：

機率式的收斂(Convergence in Probability)：隨機變數數列 $\{X_n(\zeta)\}$ 機率式的收斂到隨機變數 $X(\zeta)$ 假如，對於任何 $\varepsilon > 0$，

$$P\left[|X_n(\zeta) - X(\zeta)| > \varepsilon\right] \to 0 \quad 當\ n\to\infty \tag{7.40}$$

在圖 7.9(c)我們示範了機率式的收斂，其中極限隨機變數是一個常數 x；我們看到在指定的時間 n_0 大部份的樣本數列必須在 x 的 2ε 廊道中。然而，數列並不需要維持在 x 的 2ε 廊道中。弱大數法則就是機率式收斂的一個範例。因此我們看到在幾乎確定收斂和機率式收斂之間的基本差異，與強大數法則和弱大數法則之間的基本差異是相同的。

我們現在證明若均方收斂，則必定有機率式的收斂。把馬可夫不等式(式(4.75))套用到 $\left(X_n - X\right)^2$ 可得

$$P\left[|X_n - X| > \varepsilon\right] = P\left[\left(X_n - X\right)^2 > \varepsilon^2\right] \le \frac{E\left[\left(X_n - X\right)^2\right]}{\varepsilon^2}$$

假如數列是均方收斂的話，則當 n 趨近於無窮大時，右方會趨近於 0。那麼該數列也會機率式的收斂。圖 7.10 展示了一個文氏圖(Venn diagram)，它指出了若均方收斂，則必定機率式的收斂。該圖展示了所有的均方收斂的數列(記為集合 ms)包含於集合 p 之中，集合 p 代表所有機率式收斂的數列。該圖也展示了某些在範例中所介紹過的數列分類。

　　我們可以證明幾乎確定收斂可推出機率式的收斂。然而，幾乎確定收斂並不一定能推出均方收斂，如以下的範例所示。

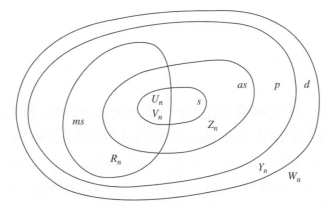

圖 7.10　不同型態收斂之間的關係圖，和在範例中所介紹的數列的分類

範例 7.22

在範例 7.18 中的數列 $Z_n(\zeta)$ 均方收斂嗎？

　　在範例 7.18 中，我們發現 $Z_n(\zeta)$ 幾乎確定收斂到 0。我們因此考慮

$$E\left[\left(Z_n(\zeta)-0\right)^2\right] = E\left[e^{-2n(n\zeta-1)}\right]$$

$$= e^{2n}\int_0^1 e^{-2n^2\zeta}\ d\zeta = \frac{e^{2n}}{2n^2}\left(1-e^{-2n^2}\right)$$

當 n 趨近於無窮大時，最右方的那項會趨近於無窮大。因此這個數列並沒有以均方的意義做收斂，就算它是幾乎確定收斂也一樣。

　　以下的範例說明了均方收斂並不意味著幾乎確定收斂。

範例 7.23

令 $R_n(\zeta)$ 為一個通訊通道在做第 n 個傳送時所引入的誤差。假設該通道引入誤差的方式如下：在第一個傳送中，通道引入一個誤差；在接下來兩個傳送中，通道隨機選擇一個傳送引入一個誤差，並讓另外一個傳送為無誤差的；在接下來的 3 個傳送中，通道隨機選擇一個傳送引

入一個誤差，並讓其它的 2 個傳送為無誤差的；以此類推。假設當誤差被引入時，它們均勻分佈在區間[1,2]中。這個傳送誤差數列收斂嗎？假如收斂的話，是以何意義收斂的？

圖 7.11 展示出通道引入誤差的方式。隨著時間的進展，誤差會變得愈來愈稀疏，所以我們預期該數列會以均方的意義趨近於 0。對於在區間 $1+2+\cdots+(m-1)=(m-1)m/2$ 到 $1+2+\cdots+m=m(m+1)/2$ 中的 n，第 n 個傳送的誤差機率 p_n 為 $1/m$。假如我們令 Y 為一個隨機變數均勻分佈在區間[1,2]中，那麼在時間 n 的均方誤差為

$$E\left[\left(X_n(\zeta)-0\right)^2\right]=E\left[X_n^{\,2}\right]=E\left[Y^2\right]p_n+0(1-p_n)=\left(\frac{7}{3}\right)\frac{1}{m}$$

$$\frac{(m-1)m}{2}<n\le\frac{m(m+1)}{2}$$

因此隨著 n(和 m)遞增，均方誤差會趨近於 0，所以數列 R_n 會以均方的意義收斂到 0。

為了讓數列 R_n 幾乎確定收斂到 0，幾乎所有的樣本數列必須在最終變得接近 0，並維持接近 0。然而，在此例中，誤差引入的方式保證了不論 n 變得多大，一個在[1,2]之間的值必定會在某時刻發生。因此沒有一個樣本數列會收斂到 0，所以，此隨機變數數列不是幾乎確定收斂。

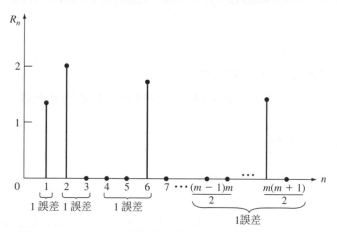

圖 7.11 R_n 以均方的意義收斂，但是不是幾乎確定收斂

最後一種的收斂型態，我們對付的是一個隨機變數數列其累積分佈函數的收斂，而非隨機變數本身的收斂。

分佈式的收斂(Convergence in Distribution)：具累積分佈函數 $\{F_n(x)\}$ 的隨機變數數列 $\{X_n\}$ 分佈式的收斂到具累積分佈 $F(x)$ 的隨機變數 X，假如

$$F_n(x)\to F(x)\quad 當\ n\to\infty \tag{7.41}$$

對所有使 $F(x)$ 是連續的 x 值。

中央極限定理是分佈式收斂的一個範例。請注意，分佈式的收斂對於隨機變數在一個數列中的收斂性並沒有做任何的陳述。若要看出這一點，考慮在範例 7.19 中的 Bernoulli iid 數列。這些隨機變數的數列在之前任何的一個收斂模式下都不收斂。然而，它們很明顯的有分佈式的收斂，因為對於所有的 n，它們有相同的分佈。之前所有的收斂模式都可以推論出分佈式的收斂，這個現象我們有在圖 7.10 中指出。

*7.5　長期到達率和伴隨的平均

在許多的問題中，我們所留意的事件發生的次數是一個隨機值，而我們感興趣的是該事件其長期平均發生率。舉例來說，假設一個新的電子元件在時間 $t = 0$ 時被安裝，在時間 X_1 它失效了；一個完全相同的新的元件馬上安裝上，再過了 X_2 之後它失效了，以此類推。令 $N(t)$ 為在時間 t 之前已經失效的元件數。$N(t)$ 被稱為是一個**更新計數過程(renewal counting process)**。在本節中，我們感興趣的是當 t 變得非常大時，$N(t)/t$ 的行為。

令 X_j 表示第 j 個元件的生命期，那麼第 n 個元件失效的時間為

$$S_n = X_1 + X_2 + \cdots + X_n \tag{7.42}$$

其中我們假設 X_j 為 iid 非負的隨機變數，且 $0 < E[X] = E[X_j] < \infty$。我們稱 S_n 是第 n 個到達或更新的時間，而我們稱 X_j 為到達間隔或週期時間。圖 7.12 展示了一個 $N(t)$ 的例子和其伴隨的到達間隔時間數列。在時間軸上的線指出了到達時間。請注 $N(t)$ 是時間的一個非遞減的，整數數值的梯狀函數，當 t 趨近於無窮大時，它會無界限的遞增。

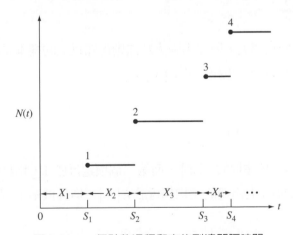

圖 7.12　一個計數過程和它的到達間隔時間

因為平均的到達間隔時間為每一事件 $E[X]$ 秒，我們直覺上預期 $N(t)$ 成長的速度為每秒 $1/E[X]$ 個事件。我們將會使用強大數法則來證明之。在前 t 秒中的平均到達率為 $N(t)/t$。我們將會證明隨者 $t \to \infty$，$N(t)/t \to 1/E[X]$ 的機率為 1。

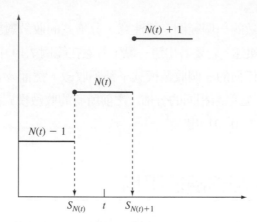

圖 7.13　在時間 t 之後第一個到達的時間，和在時間 t 之前最後到達的時間

因為 $N(t)$ 為到時間 t 為止的到達數，那麼 $S_{N(t)}$ 是在時間 t 之前最後到達的時間，而 $S_{N(t)+1}$ 是在時間 t 之後第一個到達的時間(參見圖 7.13)。因此

$$S_{N(t)} \leq t < S_{N(t)+1}$$

假如我們把以上的式子每個都除以 $N(t)$，我們得到

$$\frac{S_{N(t)}}{N(t)} \leq \frac{t}{N(t)} < \frac{S_{N(t)+1}}{N(t)} \tag{7.43}$$

在左方的項是前 $N(t)$ 個到達的樣本平均到達間隔時間：

$$\frac{S_{N(t)}}{N(t)} = \frac{1}{N(t)} \sum_{j=1}^{N(t)} X_j$$

隨著 $t \to \infty$，$N(t)$ 趨近於無窮大，所以由強大數法則得知以上的樣本平均收斂到 $E[X]$ 的機率為 1。我們現在證明在右方的項也趨近於 $E[X]$：

$$\frac{S_{N(t)+1}}{N(t)} = \left(\frac{S_{N(t)+1}}{N(t)+1} \right) \left(\frac{N(t)+1}{N(t)} \right)$$

隨著 $t \to \infty$，在右方的第一項趨近於 $E[X]$，而第二個項趨近於 1，均具機率 1。因此，當 t 趨近於無窮大時，在式(7.34)左右兩邊的項均趨近於 $E[X]$，均具機率 1。我們已經證明了以下的定理：

定理 1　**具 iid 到達間隔的到達率**

令 $N(t)$ 為伴隨於 iid 到達間隔時間數列 X_j 的計數過程，具 $0 < E[X_j] = E[X] < \infty$。那麼以下的機率為 1，

$$\lim_{t \to \infty} \frac{N(t)}{t} \to \frac{1}{E[X]} \qquad (7.44)$$

範例 7.24　**指數型態的到達間隔時間**

顧客到達一個服務站的行為具 iid 指數型態的到達間隔時間，具平均值 $E[X_j] = 1/\alpha$。求出長期平均到達率。

從定理 1，我們馬上得知以下的機率為 1，

$$\lim_{t \to \infty} \frac{N(t)}{t} = \frac{1}{\alpha^{-1}} = \alpha$$

因此 α 代表長期平均到達率。

範例 7.25　**修理週期**

令 U_j 為一個系統連續正常「運作」的時間，和令 D_j 為當系統損壞時「修理」所需的時間。求出需要執行修理的長期平均率。

我們定義一個修理週期是由一個運作時間隨後跟著一個修理時間所構成，$X_j = U_j + D_j$，然後平均週期時間為 $E[U] + E[D]$。在時間 t 之前需要的修理數為 $N(t)$，藉由定理 1，需要執行修理的長期平均率為

$$\lim_{t \to \infty} \frac{N(t)}{t} = \frac{1}{E[U] + E[D]}$$

7.5.1　長期時間平均

假設事件是隨機發生，具 iid 事件間隔時間 X_j，且一個事件的每一次發生都伴隨一個成本 C_j。令 $C(t)$ 為直到時間 t 所累積的成本。我們想決定 $C(t)/t$ 的長期行為，也就是說，累積成本的長期平均率。

我們假設 (X_j, C_j) 對形成一個 iid 隨機向量數列，但是 X_j 和 C_j 不需要為獨立的；也就是說，伴隨於一個事件的成本可能取決於事件的間隔時間。令 $N(t)$ 為直到時間 t 時已經發生的事件數。直到時間 t 所累積的總成本 $C(t)$ 等於伴隨於 $N(t)$ 個事件的成本和：

$$C(t) = \sum_{j=1}^{N(t)} C_j \qquad (7.45)$$

累積到時間 t 總成本的時間平均為 $C(t)/t$，因此

$$\frac{C(t)}{t} = \frac{1}{t}\sum_{j=1}^{N(t)} C_j = \frac{N(t)}{t}\left\{\frac{1}{N(t)}\sum_{j=1}^{N(t)} C_j\right\} \tag{7.46}$$

由定理 1，當 $t\to\infty$，最右式的第一個項趨近於 $1/E[X]$ 的機率為 1。在大括弧中的表示式代表前 $N(t)$ 個成本的樣本平均值。當 $t\to\infty$，$N(t)$ 趨近於無窮大，所以由強大數法則得知第二個項趨近於 $E[C]$ 的機率為 1。因此我們有以下的定理：

定理 2 　成本累積率

令 (X_j, C_j) 為一個 iid 事件間隔時間數列和其伴隨的成本，其中 $0 < E[X_j] < \infty$ 且 $E[C_j] < \infty$，並令 $C(t)$ 為直到時間 t 所累積的總成本。那麼，以下的極限機率為 1，

$$\lim_{t\to\infty}\frac{C(t)}{t} = \frac{E[C]}{E[X]} \tag{7.47}$$

以下一連串的範例示範了定理 2 如何可以被使用來計算長期時間平均。

範例 7.26 　「運作」時間的長期比例

求出在範例 7.25 中系統「運作」時間的長期比例。

假如該系統在時間 t 是在運作中，則 $I_U(t)$ 等於 1；否則，$I_U(t)$ 等於 0。該系統處於「運作」時間的長期比例為

$$\lim_{t\to\infty}\frac{1}{t}\int_0^t I_U(t')\ dt'$$

其中積分代表了該系統在時間區間 $[0,t]$ 中的總工作時間。

現在我們定義一個週期是由一「運作」時間隨後跟著一「修理」時間所構成，那麼 $X_j = U_j + D_j$，和 $E[X] = E[U] + E[D]$。假如我們令伴隨於每一個週期的成本為「運作」時間 U_j，則若 t 是一個週期結束的瞬間，

$$\int_0^t I_U(t')\ dt' = \sum_{j=1}^{N(t)} U_j = C(t)$$

因此 $C(t)/t$ 表了該系統在時間區間 $(0, t)$ 中「運作」的時間比例。由定理 2，該系統「運作」時間的長期比例為

$$\lim_{t\to\infty}\frac{C(t)}{t}=\frac{E[U]}{E[U]+E[D]}$$

範例 7.27

在前一個範例中，假設每一次修理都會有一個成本 C_j。求出累積修理成本的長期平均率。

平均事件間隔時間為 $E[U]+E[D]$，而每一次修理的平均成本為 $E[C]$。因此，由定理 2，修理成本的長期平均率為

$$\lim_{t\to\infty}\frac{C(t)}{t}=\frac{E[C]}{E[U]+E[D]}$$

範例 7.28　　**一個封包語音傳輸系統**

一個封包語音多工器每 10 毫秒最多可以傳送 M 個封包。令 N 為每 10 毫秒輸入到多工器的封包數。假如 $N \leq M$，多工器會傳送所有的 N 個封包；假如 $N>M$，多工器會只傳送 M 封包而丟棄 $(N-M)$ 個封包。求出被多工器丟棄的封包的長期比例。

我們定義一個「週期」為 $X_j=N_j$，也就是說，「週期」的長度等於產生在第 j 次時間區間中的封包數。定義在第 j 次時間區間中的成本為 $C_j=(N_j-M)^+ = \max(N_j-M,\,0)$，也就是說，是在第 j 次時間區間中被丟棄的封包數。令 t 代表輸入到多工器的前 t 個封包，而 $C(t)$ 代表前 t 個封包中被丟棄的封包數。被多工器丟棄的封包的長期比例為

$$\lim_{t\to\infty}\frac{C(t)}{t}=\frac{E\left[(N-M)^+\right]}{E[N]}$$

其中

$$E\left[(N-M)^+\right]=\sum_{k=m}^{\infty}(k-M)\,p_k$$

在上式中 p_k 為 N 的 pmf。

範例 7.29　　**剩餘生命期**

令 $X_1,\,X_2,\dots$ 為一個到達間隔時間數列，和令剩餘生命期 $r(t)$ 的定義為從任意的時間點 t 開始直到下一個到達為止的時間，如在圖 7.14 所示。求出 $r(t)$ 超過 c 秒的時間的長期比例。

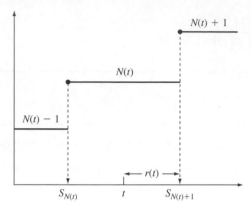

圖 7.14　在一週期中剩餘生命期

在一長度為 X 的週期中，剩餘生命期超過 c 秒的時間為 $(X-c)^+$，也就是說，　當週期比 c 秒長時，為 $X-c$；當週期比 c 秒短時，為 0。我們定義每一週期的成本為 $C_j = (X_j - c)^+$，從定理 2 得知，$r(t)$ 超過 c 秒的時間的長期比例為：

$$
\begin{aligned}
r(t)\,\text{超過}\,c\,\text{秒的時間比例} &= \frac{E\left[(X-c)^+\right]}{E[X]} \\
&= \frac{1}{E[X]}\int_0^\infty P\left[(X-c)^+ > x\right]\,dx \\
&= \frac{1}{E[X]}\int_0^\infty P[X > x+c]\,dx \\
&= \frac{1}{E[X]}\int_0^\infty \left\{1 - F_X(x+c)\right\}\,dx \\
&= \frac{1}{E[X]}\int_c^\infty \left\{1 - F_X(y)\right\}\,dy
\end{aligned}
\tag{7.48}
$$

其中，在第二個等式中的 $E\left[(X-c)^+\right]$ 使用了式(4.28)。這個結果被大量地使用在可靠度理論和排隊理論中。

*7.6　使用離散傅立葉轉換計算分佈

在許多的狀況中，若我們希望獲得某隨機變數的 pmf 或 pdf，我們被迫要使用數值方法從它的特徵函數來求得，因為反轉換並不能表示成一個公式的型式。在最常見的例子中，我們希望求出對應到 $\Phi_X(\omega)^n$ 的 pmf/pdf，該轉換式對應到 n 個 iid 隨機變數和的特徵函數。在本節中，我們介紹離散傅立葉轉換，它讓我們可以用一種有效率的方式來執行這個數值的計算。

7.6.1　離散隨機變數

首先，假設 X 是一個整數數值的隨機變數，它的值域為集合 $\{0, 1,..., N-1\}$。n 個 iid 隨機變數和的 pmf 是 X 的 pmf 的 n 層摺積，或等效地可藉由 X 的特徵函數的 n 次方來表示。因此，處理 n 個 iid 隨機變數和的方式有兩種，透過 pmf 的摺積；或是把特徵函數的乘積做反轉換。讓我們先考慮摺積法。

範例 7.30

使用 Octave 計算 $Z = U_1 + U_2 + U_3 + U_4$ 的 pmf，其中 U_i 為 iid 均一離散隨機變數，均一分佈在集合 $\{0, 1,..., 9\}$ 中。

　　Octave 和 MATLAB 都提供有函數可以做兩個向量的摺積。以下的命令列可以產生本例中離散均一 pmf 的 4 層摺積。pmf 的第一個摺積會產生一個具三角形形狀的 pmf。圖 7.15 展示了 4 層摺積的結果，它開始出現一個鐘形的樣子了。

```
> P= [1,1,1,1,1,1,1,1,1,1] /10;
> P2=conv (P, P);
> stem (conv (P2, "@11"))
> hold on
> stem (conv (P2,P2), "@22")
```

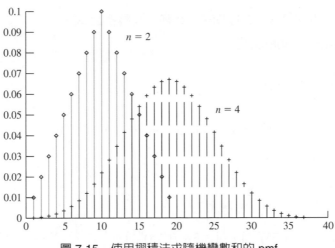

圖 7.15　使用摺積法求隨機變數和的 pmf

假如樣本的數目很大時，那麼特徵函數法會更有效率。整數數值隨機變數的特徵函數為

$$\Phi_X(\omega) = \sum_{k=0}^{N-1} e^{j\omega k} p_k \tag{7.49}$$

其中，$p_k = P[X = k]$ 為 pmf。而 $\Phi_X(\omega)$ 是 ω 的一個週期函數，週期為 2π，因為 $e^{(j(\omega+2\pi)k)} = e^{j\omega k}e^{jk2\pi} = e^{j\omega k}$。[2]

考慮特徵函數在區間 $[0, 2\pi)$ 中 N 個等距離點上的函數值：

$$c_m = \Phi_X\left(\frac{2\pi m}{N}\right) = \sum_{k=0}^{N-1} p_k e^{j2\pi km/N} \qquad m = 0, 1, \ldots, N-1 \tag{7.50}$$

式(7.50)定義了數列 $p_0, \ldots, p_{N-1}$ 的**離散傅立葉轉換(Discrete Fourier Transform，DFT)**。(請注意在式(7.50)中指數的符號和在 DFT 的一般定義中指數的符號相反。)一般而言，c_m 為複數。請注意假如 m 超出 $\{0, N-1\}$ 的範圍，我們會獲得一個週期數列，該數列會一直重複基本數列 $c_0, \ldots, c_{N-1}$。

把 c_m 數列套用反 DFT 公式即可以獲得 p_k 數列：

$$p_k = \frac{1}{N}\sum_{m=0}^{N-1} c_m e^{-j2\pi km/N} \qquad k = 0, 1, \ldots, N-1 \tag{7.51}$$

範例 7.31

一離散隨機變數 X 有如下 pmf

$$p_0 = \frac{1}{2}, \quad p_1 = \frac{3}{8}, \quad p_2 = \frac{1}{8}$$

求出 X 的特徵函數，也就是 $N = 3$ 的 DFT，和驗證反轉換公式。

X 的特徵函數由式(7.49)所給定：

$$\Phi_X(\omega) = \frac{1}{2} + \frac{3}{8}e^{j\omega} + \frac{1}{8}e^{j2\omega}$$

$N = 3$ 的 DFT 就是特徵函數在 $\omega = 2\pi m/3$，m=0，1，2 時的值：

$$c_0 = \Phi_X(0) = 1$$

$$c_1 = \Phi_X\left(\frac{2\pi}{3}\right) = \frac{1}{2} + \frac{3}{8}e^{j2\pi/3} + \frac{1}{8}e^{j4\pi/3}$$

$$= \frac{1}{2} + \frac{3}{8}\left(-.5 + j(.75)^{1/2}\right) + \frac{1}{8}\left(-.5 - j(.75)^{1/2}\right) = \frac{1}{4} + \frac{j(.75)^{1/2}}{4}$$

$$c_2 = \Phi_X\left(\frac{4\pi}{3}\right) = \frac{1}{2} + \frac{3}{8}e^{j4\pi/3} + \frac{1}{8}e^{j8\pi/3} = \frac{1}{4} - \frac{j(.75)^{1/2}}{4}$$

其中我們使用 Euler 公式來計算出複數指數的值。

---

[2]   這個式子從 Euler 公式而來：$e^{j\theta} = \cos\theta + \sin\theta$。

我們把 c_j 代入到式(7.51)中來還原 pmf：

$$p_0 = \frac{1}{3}(c_0 + c_1 + c_2) = \frac{1}{3}\left(1 + \frac{1}{4} + \frac{j(.75)^{1/2}}{4} + \frac{1}{4} - \frac{j(.75)^{1/2}}{4}\right) = \frac{1}{2}$$

$$p_1 = \frac{1}{3}\left(c_0 + c_1 e^{-j2\pi/3} + c_2 e^{-j2\pi 2/3}\right) = \frac{3}{8}$$

$$p_2 = \frac{1}{3}\left(c_0 + c_1 e^{-j4\pi/3} + c_2 e^{-j4\pi 2/3}\right) = \frac{1}{8}$$

整數數值隨機變數 X 的範圍可以被擴展成一較大的集合 $\{0, 1,..., N-1, N,..., L-1\}$，方式為定義一個新的 pmf p_j'

$$p_j' = \begin{cases} p_i & 0 \le j \le N-1 \\ 0 & N \le j \le L-1 \end{cases} \tag{7.52}$$

該隨機變數的特徵函數，$\Phi_X(\omega)$，維持不變，但是其伴隨的 DFT 現在是在一個不同的點集合上來計算 $\Phi_X(\omega)$ 的函數值：

$$c_m = \Phi_X\left(\frac{2\pi m}{L}\right) \qquad m = 0,..., L-1 \tag{7.53}$$

把在式(7.53)中的數列做反轉換則會產生式(7.52)。因此，在 $\Phi_X(\omega)$ 上的 $L \ge N$ 個樣本使用 DFT，如式(7.53)所示，我們也可以還原 pmf。在本質上，我們只是把原 pmf 後面補上 $L-N$ 個 0 而已，如式(7.52)所示。

已上所討論的補 0 法正可用來計算 iid 隨機變數和的 pmf。假設

$$Z = X_1 + X_2 + \cdots + X_n$$

其中 X_i 為整數數值 iid 隨機變數，具特徵函數 $\Phi_X(\omega)$。假如 X_i 的值域是 $\{0, 1,..., N-1\}$，那麼 Z 的值域將會是 $\{0,..., n(N-1)\}$。Z 的 pmf 的求法為：先使用 DFT 在 $L = n(N-1)+1$ 點上計算 $\Phi_X(\omega)$ 的函數值：

$$d_m = \Phi_Z\left(\frac{2\pi m}{L}\right) = \Phi_X\left(\frac{2\pi m}{L}\right)^n \quad m = 0,..., L-1$$

因為 $\Phi_Z(\omega) = \Phi_X(\omega)^n$。請注意這需要在 $L>N$ 個點上計算 X 的特徵函數值。然後，Z 的 pmf 的求法為

$$P[Z=k] = \frac{1}{L}\sum_{m=0}^{L-1} d_m e^{-j2\pi km/L} \quad k = 0, 1,..., L-1 \tag{7.54}$$

範例 7.32

令 $Z = X_1 + X_2$，其中 X_j 為 iid 隨機變數具以下特徵函數：

$$\Phi_X(w) = \frac{1}{3} + \frac{2}{3}e^{j\omega}$$

使用 DFT 法求出 $P[Z=1]$。

　　X 的可能值為 $\{0, 1\}$ 而 Z 的可能值為 $\{0, 1, 2\}$，所以我們需要在 3 個點上計算 $\Phi_Z(\omega) = \Phi_X(\omega)^2$ 的值：

$$d_m = \left\{ \frac{1}{3} + \frac{2}{3}e^{j2\pi m/3} \right\}^2 \quad m = 0, 1, 2$$

這些值為

$$d_0 = 1 \qquad d_1 = -\frac{1}{3} \qquad d_2 = -\frac{1}{3}$$

把這些值代入式(7.54)並使 $k=1$，可得

$$P[Z=1] = \frac{1}{3}\left\{ d_0 + d_1 e^{-j2\pi/3} + d_2 e^{-j4\pi/3} \right\} = \frac{1}{3}\left\{ 1 - \frac{1}{3}\left(e^{-j2\pi/3} + e^{-j4\pi/3} \right) \right\} = \frac{4}{9}$$

我們可以以一種較簡單的方式來驗證這個答案：

$$P[Z=1] = P\left[\{X_1=0\} \bigcap \{X_2=1\} \right] + P\left[\{X_1=1\} \bigcap \{X_2=0\} \right]$$
$$= \frac{1}{3}\cdot\frac{2}{3} + \frac{2}{3}\cdot\frac{1}{3} = \frac{4}{9}$$

　　在實務上，我們使用 DFT 的時機為當在 pmf 中的點的數目很大時。檢視一下式(7.51)，我們可以看出計算所有的 N 點需要大約 N^2 個複數乘法。因此，假如 $N = 2^{10} = 1024$，大約需要 10^6 個乘法。DFT 法之所以會流行事實上是源自於擁有有效率的演算法，稱為**快速傅立葉轉換(Fast Fourier transform，FFT)演算法**，FFT 執行以上的計算只需要 $N \log_2 N$ 個乘法。對於 $N = 2^{10}$，大約需要 10^4 個乘法，減少為原來的 100 分之 1。

範例 7.33

使用 Octave 計算 $Z = U_1 + U_2 + \ldots + U_{10}$ 的 pmf，其中 U_i 為 iid 均一離散隨機變數，在集合 $\{0, 1, \ldots, 9\}$ 中。

　　以下的命令顯示了如何定義離散均一 pmf 和計算其 FFT。所得的結果做 10 次方運算然後再計算反轉換。圖 7.16 展示出所得的 pmf，它的形狀非常的類似 Gaussian 分佈。

```
> P= [1,1,1,1,1,1,1,1,1,1]/10;
> bar (ifft (fft (P, 128).^10));
```

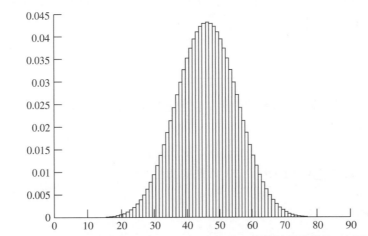

圖 7.16　用 FFT 計算在集合 $\{0, 1,..., 9\}$ 中的均一離散隨機變數的 10 層摺積

　　到目前為止，我們把 X 侷限為一個整數值的隨機變數，它的值域只是一個有限個數的集合 $S_X = \{0, 1,..., N-1\}$。我們現在考慮的狀況為 $S_X = \{0, 1, 2,...\}$。假設我們知道 $\Phi_X(\omega)$，而且我們從式 (7.51) 得到一個 pmf p'_k，使用的是 $\Phi_X(\omega)$ 的一個有限個樣本點集合，$c_m = \Phi_X(2\pi m/N)$，$m = 0, 1,..., N-1$，

$$p'_k = \frac{1}{N}\sum_{m=0}^{N-1} c_m e^{-j2\pi km/N} \quad k = 0, 1,..., N-1 \text{ 。} \tag{7.55}$$

為了要看出這個計算產生了什麼，考慮點 c_m：

$$\begin{aligned}
\Phi_X\left(\frac{2\pi m}{N}\right) &= \sum_{n=0}^{\infty} p_n e^{j2\pi mn/N} \\
&= (p_0 + p_N + \cdots)e^{j0} + (p_1 + p_{N+1} + \cdots)e^{j2\pi m/N} + \cdots \\
&\quad + (p_{N-1} + p_{2N-1} + \cdots)e^{j2\pi m(N-1)/N} \\
&= \sum_{k=0}^{N-1} p'_k e^{j2\pi km/N}
\end{aligned} \tag{7.56}$$

其中我們有使用的事實為 $e^{j2\pi mn/N} = e^{j2\pi m(n+hN)/N}$，$h$ 是一個整數，以獲得第二個等式，而且對於 $k = 0,..., N-1$，

$$p'_k = p_k + p_{N+k} + p_{2N+k} + \cdots \tag{7.57}$$

式 (7.55) 指出了點 $c_m = \Phi_X(2\pi m/N)$ 的反轉換將會產生 $p'_0,..., p'_{N-1}$，它們等於想要的值 p_k 再加上誤差

$$e_k = p_{N+k} + p_{2N+k} + \cdots$$

因為隨著 k 遞增，pmf 必定是衰減成 0，所以藉由讓 N 足夠大，誤差項可以使之變小。在以下的範例中，我們在 pmf 已知的情況下，估計以上的誤差項。在實務上，pmf 是未知的，所以 N 的適當值是由嘗試錯法所得到的。

範例 7.34

假設 X 是一個幾何隨機變數。N 應該要多大才能使誤差百分比為 1%？

p_k 的誤差項為

$$e_k = \sum_{h=1}^{\infty} p_{k+hN} = \sum_{h=1}^{\infty} (1-p) \, p^{k+hN} = (1-p) \, p^k \frac{p^N}{1-p^N}$$

p_k 的誤差百分比為

$$\frac{e_k}{p_k} = \frac{p^N}{1-p^N} = a \times 100\%$$

若欲解出 N，我們發現誤差小於 $a = 0.01$ 假如

$$N > \frac{\log(a/1-a)}{\log p} \simeq \frac{-2.0}{\log_{10} p}$$

因此，舉例來說，假如 $p = 0.1$，0.5，0.9，那麼所需要的 N 分別為 2，7 和 44。這些數字說明了所需要的 N 強烈地取決於 pmf 的衰減率。

7.6.2 連續的隨機變數

令 X 為一個連續隨機變數，並假設我們希望求出 X 的 pdf。我們的策略是使用數值的方法來對付 $\Phi_X(\omega)$。我們可以使用反傅立葉轉換公式，把該公式用總和來近似，而總和是在長度為 ω_0 的一些區間上來執行的：

$$f_X(x) = \frac{1}{2\pi} \int_{-\infty}^{\infty} \Phi_X(\omega) e^{-j\omega x} \, d\omega \simeq \frac{1}{2\pi} \sum_{m=-M}^{M-1} \Phi_X(m\omega_0) e^{-jm\omega_0 x} \omega_0 \tag{7.58}$$

其中總和略去了在 $[-M\omega_0,\ M\omega_0)$ 範圍之外的積分。以上的總和會有一個 DFT 的形式，假如我們考慮在範圍 $[-2\pi/\omega_0,\ 2\pi/\omega_0)$ 中的 pdf，且 $x = nd$，$d = 2\pi/N\omega_0$，和 $N = 2M$：

$$f_X(nd) \simeq \frac{\omega_0}{2\pi} \sum_{m=-M}^{M-1} \Phi_X(m\omega_0) e^{-j2\pi nm/N} \quad -M \le n \le M-1 \tag{7.59}$$

式(7.59)是以下數列的一個 2M 點 DFT

$$c_m = \frac{\omega_0}{2\pi}\Phi_X\left(m\omega_0\right)$$

FFT 演算法要求 n 的範圍是從 0 到 $2M-1$。式(7.59)可以被調整成這種範圍形式，因為數列 c_m 是週期數列且具週期 N。假如我們以下面的型式輸入數列，FFT 演算法將會計算式(7.59)

$$c_m' = \begin{cases} c_m & 0 \leq m \leq M-1 \\ c_{m-2M-1} & M < m \leq 2M-1 \end{cases}$$

　　使用式(7.59)來近似 pdf 會引入 3 種型態的誤差。第一種誤差來自於用一個和來近似積分。第二種誤差來自於略去了在 $[-M\omega_0,\ M\omega_0)$ 範圍之外的積分。第三種誤差來自於忽略了在 $[-2\pi/\omega_0,\ 2\pi/\omega_0)$ 範圍之外的 pdf。第一種誤差和第三種誤差可以藉由降低 ω_0 來降低。第二種誤差可以藉由增加 M 同時維持 ω_0 固定來降低。

範例 7.35

具參數 $\alpha = 1$ 的 Laplacian 隨機變數有以下的特徵函數

$$\Phi_X\left(\omega\right) = \frac{1}{1+\omega^2} \quad -\infty < \omega < \infty$$

圖 7.17(a)和 7.17(b)比較了 2 種使用式(7.59)以近似方法所獲得的 pdf。在其中 $N = 512$ 點，但分別使用兩個不同的 ω_0 值。我們可以看出降低 ω_0 會增加近似的精確度。

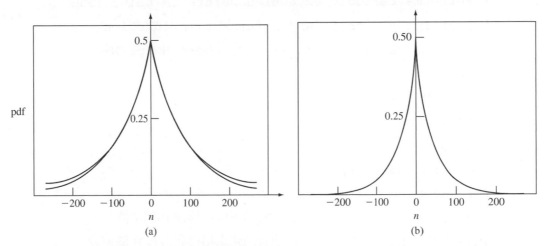

圖 7.17　(a)比較 Laplacian 隨機變數的 2 種 pdf，其一是正確的 pdf；另外一個是由數值方法把特徵函數做反轉換而獲得的 pdf，後者的近似使用 $\omega_0 = 1$ 和 $N = 512$，
(b)比較 Laplacian 隨機變數的 2 種 pdf，其一是正確的 pdf；另外一個是由數值方法把特徵函數做反轉換而獲得的 pdf，後者的近似使用 $\omega_0 = 1/2$ 和 $N = 512$

可獲得圖 7.17 的 Octave 程式碼如以下所示。第一個部份展示了產生出特徵函數的命令和呼叫 FFT 函數 fft_pxs 的命令，它們計算出 pdf。函數 fft_pxs 接受一個向量，內含特徵函數從 $-M$（負的頻率）到 $M-1$（正的頻率）的值。該函數重新整理而形成了一個新的向量，其中負的頻率項被放置在最後的 M 個位置上。它接下來執行了 FFT 然後再把結果移回去。

(a) 互動式命令

```
>N=512
>M=N/2;
>w0=1;
>n=[-M:(M-1)];
>phix=1./1.+(w0^2*(n.*n));          % 估算特徵函數.
>fx=zeros(size(n));
>[n1,x1,afx1]=fft_pxs(phix,w0,N);   % 求出特徵函數的反轉換.
>fx1=laplace_pdf(x1);               % 計算正確的 pdf.
>plot(n1,afx1)
>hold on;
>plot (n1,fx1)
```

(b) 函數 fft_pxs 的定義

```
function [n,t,rx]=fft_pxs(sx,w0,N)
% Accepts N=2M samples of frequency spectrum from
% frequency range -M w0 to (M-1) w0;
% Performs periodic extension before 2M-point FFT;
% Performs FFT shift and returns time function
% in time range -M d to (M-1)d, where d=2pi/Nw0
M=N/2;
n=[-M:(M-1)];
d=2*pi/(N*w0);
t=n.*d;
sxc=zeros(size(n));
for j=1:M
sxc(j)=sx(j+M);         % 正的頻率項佔據前 M 個位置.
sxc(j+M)=sx(j);         % 把負的頻率項移到最後 M 個位置.
end
rx=zeros(size(n));
rx=fft(sxc);            % 計算 FFT.
```

```
rx=rx.*w0./(2.*pi);
rx=fftshift(rx);              % 重新安排向量值使得負的項佔據前 M 個位置.
endfunction                   %
```

▶ 摘要

- 隨機變數和的期望值一定等於個別隨機變數期望值的和。一般而言，隨機變數和的變異量不等於個別變異量的和。

- 獨立隨機變數和的特徵函數等於個別特徵函數的乘積。

- 樣本平均值和相對次數估計量被使用來估計隨機變數的期望值和事件的機率。大數法則陳述了一些條件，在那些條件下當樣本數變大時，這些估計量會趨近於它們欲估計參數的真實值。

- 中央極限定理指出了 iid 之有限平均值，有限變異量的隨機變數，它們和的 cdf 會趨近於一個 Gaussian 隨機變數的 cdf。這個結果讓我們可以用一個 Gaussian 隨機變數的 pdf 來近似隨機變數和的 pdf。

- Chernoff 界限為一個分佈其尾巴的機率提供估計。

- 一隨機變數數列可以視為是 ζ 的函數的一個數列，或是一群樣本數列，對於在 S 中的每一個 ζ 都有一個樣本數列。確定收斂和幾乎確定收斂對付的問題為是否所有的或幾乎所有的樣本數列都收斂。均方收斂和機率式的收斂並不對付整個樣本數列的行為，但它們對付的問題為是否樣本數列在某個特別的時間點上會「接近」到某個 X。

- 一個計數過程留意在一特定時間區間中一個事件發生的次數。當事件發生之間的時間是 iid 隨機變數時，強法大數法則讓我們可以獲得事件發生率的結果，和各式各樣的長期時間平均的結果。

- 離散傅立葉轉換和 FFT 演算法讓我們可以用數值的方式從隨機變數的特徵函數那兒計算出它們的 pmf 和 pdf。

▶ 重要名詞

幾乎確定收斂	相對次數
到達率	更新計數過程
中央極限定理	樣本平均值
Chernoff 界限	樣本變異量
分佈式的收斂	隨機變數數列
機率式的收斂	強法大數法則

離散傅立葉轉換　　　　　　　確定收斂

快速傅立葉轉換　　　　　　　弱法大數法則

iid 隨機變數

▶ 參考文獻

參見 Chung[1，pp. 220–233]，該書對大數法則和中央極限定理有一個具洞察力的討論。Gnedenko[2]的第 6 章對大數法則有一個詳盡的討論。Ross[3]的第 7 章聚焦在計數過程和它們的特性。Cadzow[4]對 FFT 演算法有一個很好的介紹。Larson 和 Shubert[8]以及 Stark 和 Woods[9]對於隨機變數數列有極佳的討論。

1.　K. L. Chung, *Elementary Probability Theory with Stochastic Processes*, Springer-Verlag, New York, 1975.

2.　B. V. Gnedenko, *The Theory of Probability*, MIR Publishers, Moscow, 1976.

3.　S. M. Ross, *Introduction to Probability Models*, Academic Press, New York, 2003.

4.　J. A. Cadzow, *Foundations of Digital Signal Processing and Data Analysis*, Macmillan, New York, 1987.

5.　P. L. Meyer, *Introductory Probability and Statistical Applications*, 2nd ed., Addison-Wesley, Reading, Mass., 1970.

6.　J. W. Cooley, P. Lewis, and P. D. Welch, "The Fast Fourier Transform and Its Applications,"IEEE Transactions on Education, vol. 12, pp. 27-34, March 1969.

7.　H. J. Larson and B. O. Shubert, *Probability Models in Engineering Sciences*, vol. 1, Wiley, New York, 1979.

8.　H. Stark and J. W. Woods, *Probability and Random Processes with Applications to Signal Processing*, 3d ed., Prentice Hall, Upper Saddle River, N.J., 2002.

▶習題

第 7.1 節：隨機變數的和

7.1.　令 $Z = X + Y + Z$，其中 X、Y 和 Z 為 0 平均值，單一變異量的隨機變數，具 $\text{COV}(X, Y) = 0$，$\text{COV}(Y, Z) = -1/4$，和 $\text{COV}(X, Z) = 1/4$。

(a)　求出 Z 的平均值和變異量。

(b)　假設 X、Y 和 Z 為不相關的隨機變數，重做(a)。

7.2. 令 $X_1, ..., X_n$ 為隨機變數,它們有相同的平均值和有以下的共變異量函數:

$$\text{COV}\left(X_i, X_j\right) = \begin{cases} \sigma^2 & \text{若 } i = j \\ \rho\sigma^2 & \text{若 } |i - j| = 1 \\ 0 & \text{其它} \end{cases}$$

其中 $|\rho| < 1$。求出 $S_n = X_1 + ... + X_n$ 的平均值和變異量。

7.3. 令 $X_1, ..., X_n$ 為隨機變數,它們有相同的平均值和有以下的共變異量函數:

$$\text{COV}\left(X_i, X_j\right) = \sigma^2 \rho^{|i-j|}$$

其中 $|\rho| < 1$。求出 $S_n = X_1 + ... + X_n$ 的平均值和變異量。

7.4. 令 X 和 Y 為獨立的 Cauchy 隨機變數,分別具參數 2 和 4。令 $Z = X + Y$。

(a) 求出 Z 的特徵函數。

(b) 使用在(a)中求出的特徵函數,求出 Z 的 pdf。

7.5. 令 $S_k = X_1 + \cdots + X_k$,其中 X_i 為獨立的隨機變數,且 X_i 是一個卡方隨機變數具 n_i 個自由度。證明 S_k 是一個卡方隨機變數具 $n = n_1 + \cdots + n_k$ 個自由度。

7.6. 令 $S_n = X_1^2 + \cdots + X_n^2$,其中 X_i 為 iid 之 0 平均值,單一變異量 Gaussian 隨機變數。

(a) 證明 S_n 是一個卡方隨機變數具 n 個自由度。提示:參見範例 4.34。

(b) 使用第 4.5 節的方法求出以下隨機變數的 pdf

$$T_n = \sqrt{X_1^2 + \cdots + X_n^2} \quad 。$$

(c) 證明 T_2 是一個 Rayleigh 隨機變數。

(d) 求出 T_3 的 pdf。隨機變數 T_3 用來當作在一種氣體中分子速度的模型。T_3 被稱為有 Maxwell 分佈。

7.7. 令 X 和 Y 為獨立的指數型態隨機變數,分別具參數 5 和 10。令 $Z = X + Y$。

(a) 求出 Z 的特徵函數。

(b) 使用在(a)中求出的特徵函數,求出 Z 的 pdf。

7.8. 令 $Z = 2X - 5Y$,其中 X 和 Y 為獨立的隨機變數。

(a) 求出 Z 的特徵函數。

(b) 使用在(a)中求出的特徵函數,微分後求出 Z 的平均值和變異量。

7.9. 令 M_n 為 n 個 iid 隨機變數 X_i 的樣本平均值。使用 X_i 的特徵函數求出 M_n 的特徵函數。

7.10. 在班級 j 中的抽籤贏家數 X_j 是一個二項隨機變數具參數 n_j 和 p。假設全校有 K 個班級。求出全校抽籤贏家總數的 pmf,假設 X_i 為獨立的隨機變數。

7.11. 令 $X_1, X_2, ...$ 為一個獨立的整數數值隨機變數數列,令 N 為一個整數數值隨機變數,獨立於 X_j,並令

$$S = \sum_{k=1}^{N} X_k$$

(a) 求出 S 的平均值和變異量。

(b) 證明

$$G_S(z) = E(z^S) = G_N(G_X(z))$$

其中 $G_X(z)$ 是每一 X_k 的機率生成函數。

7.12. 每星期送至一個修車廠之被撞壞車數是一個 Poisson 隨機變數具平均值 L。每一個修理工作收費為 X_j 美元，X_j 為 iid 隨機變數，等機率地為\$500 或\$1000。

(a) 求出每星期總收益 R 的平均值和變異量。

(b) 求出 $G_R(z) = E\left[z^R\right]$。

7.13. 每小時在一組裝線上做測試的裝置數為一個二項隨機變數，具參數 $n=600$ 和 p。 假設一個裝置有瑕疵的機率為 a。令 S 為在 1 小時中發現有瑕疵的裝置數。

(a) 求出 S 的平均值和變異量。

(b) 求出 $G_S(z) = E\left[z^S\right]$。

第 7.2 節：樣本平均值和大數法則

7.14. 假設在 t 秒中一個放射性物質所放射出的粒子數為一個 Poisson 隨機變數，具平均值 λt。使用柴比雪夫不等式求出 $| N(t)/t - \lambda |$ 超過 ε 的機率的一個界限。

7.15. 假設 30%的投票者比較喜好特定的立法。民意調查了 n 位投票者，其中 n 是一個大數，且獲得了上述比例的一個相對次數估計。使用式(7.20)來決定應該要調查多少位投票者的民意才能使 $f_A(n)$ 在 0.3 正負 0.02 之間的機率最少為 0.90。

7.16. 一個公平的骰子被投擲 100 次。使用式(7.20)求出擲出點數的總數在 300 和 400 之間的機率界限。

7.17. 令 X_i 為一個獨立的 0 平均值，單一變異量 Gaussian 隨機變數的數列。比較式(7.20)所給定的界限和從 Q 函數所獲得的正確值：$\varepsilon = 1/2$，$n = 10$；和 $\varepsilon = 1/2$，$n = 100$。

7.18. 假如 X_i 有如在習題 7.2 中所給定的共變異量函數，對於樣本平均值，弱大數法則成立嗎？假設 X_i 有相同的平均值。

7.19. 假如 X_i 有如在習題 7.3 中所給定的共變異量函數，重做習題 7.18。

7.20. (本習題為樣本變異量)令 $X_1,..., X_n$ 為一個 iid 隨機變數數列，其中平均值和變異量都是未知的。樣本變異量被定義如下：

$$V_n^2 = \frac{1}{n-1} \sum_{j=1}^{n} \left(X_j - M_n\right)^2$$

其中 M_n 為樣本平均值。

(a) 證明

$$\sum_{j=1}^{n}\left(X_j-\mu\right)^2 = \sum_{j=1}^{n}\left(X_j-M_n\right)^2 + n\left(M_n-\mu\right)^2$$

(b) 使用(a)的結果證明

$$E\left[k\sum_{j=1}^{n}\left(X_j-M_n\right)^2\right] = k\left(n-1\right)\sigma^2$$

(c) 使用(b)的結果證明 $E\left[V_n^2\right]=\sigma^2$。因此 V_n^2 對於變異量是一個不偏估計量。

(d) 假如 $n-1$ 被換成是 n，求出樣本變異量的期望值。請注意這對於變異量而言，是一個有偏估計量。

第 7.3 節：中央極限定理

7.21. (a) 一個公平的硬幣被投擲 50 次。估計正面次數在 20 和 30 之間的機率。
估計正面次數在 25 和 30 之間的機率。

(b) n=500，區間爲[200, 300]和[250, 300]，重做(a)。

7.22. 使用中央極限定理重做習題 7.15。

7.23. 使用中央極限定理重做習題 7.16。

7.24. 一個便宜燈泡的生命期是一個指數型態的隨機變數，具平均值 50 小時。假設我們測試 25 個燈泡和測量它們的生命期。使用中央極限定理來估計總生命期小於 1000 小時的機率。

7.25. 某種筆的生命期是一個指數型態的隨機變數，具平均值 2 星期。一學期有 15 星期，若希望從學期開始到學期結束都有筆可以用的機率爲 0.99，請使用中央極限定理來決定最少應該買多少支該種筆。

7.26. 到達一個多工器的訊息數爲一個 Poisson 隨機變數，其平均值每秒 10 個訊息。使用中央極限定理來估計在 1 分鐘內多於 750 個訊息到達的機率。

7.27. 一個二元傳輸通道產生位元錯誤的機率爲 0.15。估計在 100 個位元的傳送中少於等於 20 個錯誤的機率。

7.28. 計算 81 個實數的和。假設每一個實數在加總之前都被去除小數部分使之成爲最接近的整數。如此一來，每一個數都有一個誤差均勻分佈在區間[-0.5,0.5]中。使用中央極限定理來估計 81 個實數和的總誤差超過 2 的機率。

7.29. (a) 一個公平的硬幣被投擲 100 次。使用 Chernoff 界限來估計正面次數大於 60 的機率。把它和使用中央極限定理所得的估計做比較。

(b) 投擲 $n=1000$ 次，考慮正面次數大於 550 的機率，重做(a)。

7.30. 一個二元傳輸通道產生位元錯誤的機率為 0.01。使用 Chernoff 界限估計在 100 個位元的傳送中多於 2 個錯誤的機率。把它和使用中央極限定理所得的估計做比較。

7.31. (a) 當你和你的妹妹玩剪刀石頭布的遊戲時，你輸的機率為 3/5。使用 Chernoff 界限來估計當你玩 20 次時贏超過一半的機率。

(b) 使用 Chernoff 界限來估計當你玩 100 次時贏超過一半的機率。

(c) 使用嘗試錯誤法求出所需要玩的次數 n，才可以使得你妹妹贏的次數超過一半的機率是 90%。

7.32. X 是一個 Poisson 隨機變數具平均值 α。請證明對於 $a > \alpha$，X 的 Chernoff 界限為 $P[X \geq a] \leq e^{-a \ln(a/\alpha) + a - \alpha}$。提示：使用 $E\left[e^{sX}\right] = e^{\alpha\left(e^s - 1\right)}$。

7.33. 使用 Chernoff 界限重做習題 7.25。

7.34. X 是一個 Gaussian 隨機變數具平均值 μ 和變異量 σ^2。請證明對於 $a > \mu$，X 的 Chernoff 界限為 $P[X \geq a] \leq e^{-(a-\mu)^2/2\sigma^2}$。提示：使用 $E\left[e^{sX}\right] = e^{s\mu + s^2\sigma^2/2}$。

7.35. 比較 Gaussian 隨機變數的 Chernoff 界限和由式(4.54)所提供的估計。

7.36. (a) 對於參數為 λ 的指數型態隨機變數，求出 Chernoff 界限。

(b) 把 $P[X \geq k/\lambda]$ 其正確的機率和 Chernoff 界限做比較。

7.37. (a) 一般化在習題 7.36 中的方法以求出一個具參數 λ 和 α 的 gamma 隨機變數的 Chernoff 界限。

(b) 使用(a)的結果來獲得一個具 k 個自由度的卡方隨機變數其 Chernoff 界限。

*第 7.4 節：隨機變數數列的收斂

7.38. 令 $U_n(\zeta)$，$W_n(\zeta)$，$Y_n(\zeta)$，和 $Z_n(\zeta)$ 為定義在範例 7.18 中的隨機變數數列。

(a) 畫出伴隨於每一個隨機變數數列的 ζ 的函數數列。

(b) 對於 $\zeta = 1/4$，畫出其伴隨的樣本數列。

7.39. 令 ζ 是從區間 $S = [0, 1]$ 中隨機選出的，在其中我們假設 ζ 落在 S 的一個子區間中的機率等於該子區間的長度。對於 $n \geq 1$ 我們定義以下 3 個隨機變數數列：

$$X_n(\zeta) = \zeta^n \quad , \quad Y_n(\zeta) = \cos^2 2\pi\zeta \quad , Z_n(\zeta) = \cos^n 2\pi\zeta$$

那些數列是收斂的？ 如果收斂的話，是以何意義收斂的？並請求出它們的極限。

7.40. 令 b_i，$i \geq 1$，為一個 iid，等可能性的 Bernoulli 隨機變數數列，和令 ζ 為[0, 1]之間的數，由以下展開式所決定

$$\zeta = \sum_{i=1}^{\infty} b_i \, 2^{-i}$$

(a) 解釋為什麼 ζ 均勻分佈在[0, 1]中。

(b) 要如何使用這個 ζ 的定義以產生在範例 7.20 中甕問題的樣本數列？

7.41. 令 X_n 為一個 iid，等可能性的 Bernoulli 隨機變數數列，和令

$$Y_n = 2^n X_1 X_2 .. X_n$$

(a) 畫出一個樣本數列。這個數列是幾乎確定收斂嗎？如果是的話，請求出它的極限。

(b) 這個數列是均方收斂嗎？

7.42. 令 X_n 為一個 iid 隨機變數數列，隨機變數具平均值 m 和變異量 $\sigma^2 < \infty$。令 M_n 為伴隨的算數平均數列，

$$M_n = \frac{1}{n} \sum_{i=0}^{n} X_i$$

證明 M_n 均方收斂到 m。

7.43. 令 X_n 和 Y_n 為兩個(可能相依)的隨機變數數列，分別均方收斂到 X 和 Y。數列 $X_n + Y_n$ 是均方收斂嗎？如果是的話，請求出它的極限。

7.44. 令 U_n 為一個 iid 零平均值，單一變異量 Gaussian 隨機變數數列。一個「低通濾波器」以數列 U_n 當輸入並產生數列

$$X_n = \frac{1}{2} \left(U_n + U_{n-1} \right)$$

(a) 這個數列均方收斂嗎？

(b) 這個數列分佈式收斂嗎？

7.45. 在範例 7.20 所介紹的隨機變數數列均方收斂嗎？

7.46. 顧客到達一台自動櫃員機的時間是在一個離散的時間點上，$n = 1, 2, \ldots$。在一個時間點上顧客的到達數一個參數為 p 的 Bernoulli 隨機變數，而到達數列是 iid。假設該機器服務一位顧客所用的時間小於 1 個時間單位。令 X_n 為到時間 n 時該機器服務顧客的總數。

假設該機器在時間 N 失效，其中 N 是一個幾何隨機變數具平均值 100，使得顧客計數值在失效之後一直維持在 X_N。

(a) 畫出 X_n 的一個樣本數列。

(b) 這個數列是幾乎確定收斂嗎？如果是的話，請求出它的極限。

(c) 這個數列是均方收斂嗎？

7.47. 證明定義在範例 7.18 的數列 $Y_n(\zeta)$ 是分佈式的收斂。

7.48. 令 X_n 為一個 Laplacian 隨機變數數列，具參數 $\alpha = n$。這個數列數列是分佈式的收斂嗎？

*第 7.5 節：長期到達率和伴隨的平均

7.49. 顧客到達一個公車站的時間是 iid 指數型態隨機變數，具平均值 1 分鐘。假設只要 30 個坐位坐滿，公車就會駛離。公車駛離公車站的平均率為何？

7.50. 一個壞掉的鐘每一分鐘往前走的機率為 $p = 0.1$，它不往前走的機率為 $1-p$。這個鐘往前走的比例為何？

7.51. (a) 證明 $\{N(t) \geq n\}$ 和 $\{S_n \leq t\}$ 為等價事件。

(b) 若 X_i 為 iid 指數型態隨機變數具平均值 $1/\alpha$，使用(a)求出 $P[N(t) \leq n]$。

7.52. 解釋為什麼以下的事件不是等價事件：

(a) $\{N(t) \leq n\}$ 和 $\{S_n \geq t\}$。

(b) $\{N(t) > n\}$ 和 $\{S_n < t\}$。

7.53. 一通訊通道在兩種時段之間交換，一種時段它沒有誤差，另外一種時段它引入誤差。假設這些時段為獨立的隨機變數，平均值分別為 $m_1 = 100$ 小時和 $m_2 = 1$ 分鐘。求出通道是無誤差的時間長期比例。

7.54. 當老闆在附近時，一雇員的工作率是 r_1；當老闆不在附近時，該雇員的工作率為 r_2。假設老闆在附近和不在附近的時段長度為獨立的隨機變數，平均值分別為 m_1 和 m_2。求出雇員的長期平均工作率。

7.55. 一電腦(一修理員)連續執行 3 個任務(修理機器)的週期。假設每一次電腦服務任務 i 時，它花了時間 X_i。

(a) 該電腦執行 3 個任務週期的長期時間率為何？

(b) 該電腦花在服務任務 i 的時間長期比例為何？

(c) 重做(a)和(b)，假如電腦(修理員)從一任務切換(走)到另一任務(機器)需要一個 W 的隨機時間。

7.56. 一個特定的系統元件其生命期是一個指數型態的隨機變數，具平均值 $T = 2$ 個月。假設當該元件失效或當它被使用了 $3T$ 個月時，該元件會被替換。

(a) 求出元件被替換的長期時間率。

(b) 求出正在運作的元件被替換的長期時間率。

7.57. 一資料壓縮編碼器把一串資訊位元分段成如下所示的型態。每一個型態然後被編碼成如下所示的碼字。

(a) 假如資訊源每一毫秒產生一個位元，求出碼字產生率。

(b) 求出編碼位元對資訊位元的長期比例。

型態	碼字	機率
1	100	.1
01	101	.09
001	110	.081
0001	111	.0729
0000	0	.6521

7.58. 如在範例 7.29 中所定義，對於以下的情況，計算剩餘的生命期 $r(t)$ 超過 c 秒鐘的時間比例：

(a) X_j 為 iid 均勻隨機變數，在區間[0, 2]中。

(b) X_j 為 iid 指數型態隨機變數，具平均值 1。

(c) X_j 為 iid Rayleigh 隨機變數，具平均值 1。

(d) 在以上的每一個情況中，計算和比較平均剩餘的時間。

7.59. 令一個週期的年齡 $a(t)$ 被定義為從最後一個到達開始，直到任意的一個時間點 t 所經過的時間。證明 $a(t)$ 超過 c 秒之時間的長期比例如式(7.48)所給定。

7.60. 假設在每一個週期中均伴隨一成本，該成本成長的速度正比於該週期的年齡 $a(t)$，也就是說，

$$C_j = \int_0^{X_j} a(t')\, dt'$$

(a) 證明 $C_j = X_j^{\,2}/2$。

(b) 證明成本成長的長期率為 $E[X^2]/2E[X]$。

(c) 證明在(b)的結果也是 $a(t)$ 的長期時間平均，也就是說，

$$\lim_{t\to\infty}\frac{1}{t}\int_0^t a(t')\, dt' = \frac{E[X^2]}{2E[X]}$$

(d) 解釋為什麼平均剩餘生命也是由以上的表示式所給定。

7.61. 如在習題 7.60 中所定義，對於以下的情況，計算平均年齡和平均剩餘生命：
(a) X_j 為 iid 均勻隨機變數，在區間[0, 2]中。

(b) X_j 為 iid 指數型態隨機變數，具平均值 1。

(c) X_j 為 iid Rayleigh 隨機變數，具平均值 1。

7.62. (退化方法，The Regenerative Method)假設一個排隊系統有個特性為：當一位顧客到達，並發現是一個空的系統時，系統其未來的行為完全和過去獨立。定義一個週期為連續兩位顧客到達一個空的系統之間的時間。令 N_j 為在第 j 個週期中服務的顧客數，和令 T_j 為在第 j 個週期中所有服務顧客的總延遲。

(a) 使用定理 2 證明平均顧客延遲為 $\dfrac{E[T]}{E[N]}$，也就是說，

$$\lim_{n\to\infty}\frac{1}{n}\sum_{k=1}^n D_k = \frac{E[T]}{E[N]}$$

其中 D_k 為第 k 個顧客的延遲。

(b) 若用電腦模擬一個排隊系統，如何使用這個結果來估計平均延遲？

*第 7.6 節：使用離散傅立葉轉換計算分佈

7.63. 令離散隨機變數 X 均一分佈在集合{0, 1, 2}中。

(a) 求出 X 的 $N = 3$　DFT。

(b) 使用反 DFT 來還原 $P[X = 1]$。

7.64. 令 $S = X + Y$，其中 X 和 Y 爲 iid 隨機變數均一分佈在集合 $\{0, 1, 2\}$ 中。

(a) 求出 S 的 $N = 5$ DFT。

(b) 使用反 DFT 來還原 $P[S = 2]$。

7.65. 令 X 爲一個二項隨機變數具參數 $n = 8$ 和 $p = 1/2$。

(a) 使用 FFT 以從 $\Phi_X(\omega)$ 獲得 X 的 pmf。

(b) 使用 FFT 求出 $Z = X + Y$ 的 pmf，其中 X 和 Y 爲 iid 二項隨機變數具 $n = 8$ 和 $p = 1/2$。

7.66. 令 X_i 爲一個離散隨機變數均一分佈在集合 $\{0, 1,..., 9\}$ 中。使用 FFT 求出

$S_n = X_1 + \cdots + X_n$ 的 pmf，$n = 5$ 和 $n = 10$ 分別做一次。畫出所得結果並和圖 7.16 做比較。

7.67. 令 X 爲幾何隨機變數，具參數 $p = 1/2$。使用 FFT 計算出式(7.55)以求出 $N = 8$ 和 $N = 16$ 的 p_k'。把所得結果和式(7.57)結果做比較。

7.68. 令 X 爲一個 Poisson 隨機變數具平均值 $L = 5$。

(a) 使用 FFT 以從 $\Phi_X(\omega)$ 獲得 pmf。求出 N 值使得在式(7.55)中的誤差小於 1%。

(b) 令 $S = X_1 + X_2 + \cdots + X_5$，其中 X_i 爲 iid Poisson 隨機變數具平均值 $L = 5$。使用 FFT 以從 $\Phi_X(\omega)$ 獲得 S 的 pmf。

7.69. 對於在一個特定的排隊系統中，顧客數 N 其機率生成函數爲

$$G_N(z) = \frac{(1 - \rho)(1 - z)}{1 - ze^{\rho(1-z)}}$$

其中 $0 \leq \rho \leq 1$。對於 $\rho = 1/2$ 使用 FFT 以獲得 N 的 pmf。

7.70. 考慮一個 Laplacian 隨機變數。使用 FFT 從它的特徵函數獲得它的近似 pdf。使用如在範例 7.33 中相同的參數，把所得結果和圖 7.17 做比較。

7.71. 使用 FFT 以獲得 $Z = X + Y$ 的近似 pdf，其中 X 和 Y 爲獨立的 Laplacian 隨機變數，分別具參數 $\alpha = 1$ 和 $\alpha = 2$。

7.72. 考慮一個 0 平均值，單一變異量 Gaussian 隨機變數。使用 FFT 從它的特徵函數獲得它的近似 pdf。對一些 N 和 ω_0 值做實驗並把 FFT 結果和正確值做比較。

7.73. 圖 7.2 到圖 7.4 分別是 iid Bernoulli 和的 cdf，iid 均一隨機變數和的 cdf 和 iid 指數型態隨機變數和的 cdf，都是使用 FFT 而獲得的。請自行產生這些圖。

進階習題

7.74. 在一個系統中，型態 1 的瑕疵數 X 是一個二項隨機變數具參數 n 和 p，而型態 2 的瑕疵數 Y 是一個二項隨機變數具參數 m 和 r。

(a) 求出系統瑕疵總數的機率生成函數。

(b) 求出系統瑕疵總數爲 k 的機率表示式。

(c)　令 $n = 32$，$p = 1/10$，和 $m = 16$，$r = 1/8$。使用 FFT 求出系統瑕疵總數的 pmf。

7.75.　令 U_n 為一個 iid 零平均值，單一變異量 Gaussian 隨機變數數列。一個「低通濾波器」以數列 U_n 為輸入並產生數列

$$X_n = \frac{1}{2}U_n + \left(\frac{1}{2}\right)^2 U_{n-1} + \cdots + \left(\frac{1}{2}\right)^n U_1$$

(a)　求出 X_n 的平均值和變異量。

(b)　求出 X_n 的特徵函數。n 趨近於無窮大時會發生何事？

(c)　這個隨機變數數列收斂嗎？在以何意義收斂？

7.76.　令 S_n 為一個數列 X_i 的和，X_i 為聯合 Gaussian 隨機變數，具平均值 μ 和有在習題 7.2 中所給定的共變異量函數。

(a)　求出 S_n 的特徵函數。

(b)　求出 $S_n - S_m$ 的平均值和變異量。

(c)　求出 S_n 和 S_m 的聯合特徵函數。提示：假設 $n > m$，對 S_m 的值做條件。

(d)　S_n 均方收斂嗎？

符號	機率	碼字
A	1/2	0
B	1/4	10
C	1/8	110
D	1/16	1110
E	1/16	1111

7.77.　數列 X_i 為聯合 Gaussian 隨機變數，具在習題 7.3 中所給定的平均值和共變異量函數。重做習題 7.76。

7.78.　令 Z_n 為隨機變數數列，定義如式(7.26a)。Z_n 均方收斂嗎？

7.79.　令 X_n 為一個資訊源的 iid 輸出數列。在時間 n，資訊源產生符號的方式是根據以下的機率：

(a)　在時間 n 輸出的個別資訊被定義為隨機變數 $Y_n = -\log_2 P[X_n]$。因此，舉例來說，假如輸出為 C，個別資訊為 $-\log_2 1/8 = 3$。求出 Y_n 的平均值和變異量。請注意個別資訊的期望值等於 X 的熵(參見 4.10 節)。

(b)　考慮個別資訊的算數平均數列：

$$S_n = \frac{1}{n}\sum_{k=1}^{n} Y_k$$

弱大數法則和大數法則適用於 S_n 嗎？

(c)　現在，假設資訊源的輸出是用有如上表的方式來做編碼。請注意碼字的長度對應到每一符號的個別資訊。請用位元產生率來解讀(b)的結果。

統計

機率理論讓我們可以模擬具有隨機性的狀況，我們建構其模型的方式是利用隨機實驗，該實驗包含了樣本空間，事件，和機率分佈。機率公設讓我們可以發展出大量的工具來為大範圍的隨機實驗計算機率和平均值。統計這門科學在把機率模型帶入到現實的世界中扮演了一個關鍵的角色。在把機率模型套用到實際情況的過程中，我們必須執行實驗和收集資料，並回答以下的問題：

- 參數值為何？例如一隨機變數的平均值，變異量為何？
- 觀察到的資料吻合一個假設的分佈嗎？
- 觀察到的資料吻合一個具給定參數值的隨機變數嗎？

統計關切的是收集和分析資料，和對資料做結論或推理。統計的方法提供我們一些手段來回答上述的問題。

在本章中，我們首先考慮隨機變數其參數的估計。我們發展一些方法來獲得參數的點估計以及其信賴區間。然後我們考慮假設檢定，和發展一些方法來讓我們可以根據觀察到的資料來接受或棄卻有關於某隨機變數的敘述。我們將應用這些方法來判定對於觀察資料所猜測之分佈的配適度。

Gaussian 隨機變數在統計中扮演了一個關鍵重要的角色。注意，在統計的文獻中，Gaussian 隨機變數被稱為是**常態隨機變數(normal random variable)**。

8.1　樣本和取樣分佈

「統計」這個詞發源自收集有關於國家母體(population)或地區母體的資料，以便於推論出母體的特性，例如，稅收潛力或潛在兵源的大小。一般來說，母體大小實在是太大了，做一個精確完整的分析是不可能的，所以有關於全體母體的統計推論(statistical inferences)就是基礎於母體的某些個別樣本觀察而來。

母體(population)這個詞在統計中仍然被使用，但現在指的是在某一給定的研究情況中，所有的物件或元素所形成的集合。我們假設欲分析的物件或元素是可觀察並可測量的，而且它可以用一個隨機變數 X 來做為其模型。我們從母體中取樣以得到觀察資料。為了要使我們對母體的推論有效，有一個很重要的關鍵是我們的樣本點必需要能代表母體。在本質上，我

們需要在具相同情況下的隨機實驗中做 n 個觀察。因此,我們定義**隨機樣本(random sample)** $\mathbf{X}_n = (X_1, X_2,..., X_n)$ 為 n 個具相同分佈之獨立隨機變數所構成的。

統計的方法牽涉到在觀察到的資料上執行計算。舉例來說,我們可能希望推論出母體的一個特定參數 θ 的值,也就是說,隨機變數 X 的某個特定參數 θ 的值,如平均值,變異量,或某特定的事件的機率。我們也可能會想要知道在基礎於 $\mathbf{X}_n$ 的情況下得到有關於 θ 的結論。一般而言,我們基礎於隨機樣本 $\mathbf{X}_n = (X_1, X_2,..., X_n)$ 來計算出一個統計值:

$$\hat{\Theta}(\mathbf{X}_n) = g(X_1, X_2,..., X_n) \tag{8.1}$$

換句話說,一個統計值簡單來說就是隨機向量 $\mathbf{X}_n$ 的一個函數。很清楚的,統計值 $\hat{\Theta}$ 本身就是一個隨機變數,所以它也會有隨機的可變化性。因此,基礎於該統計值所得的估計,推論,和結論必須要用機率的術語來陳述。

之前我們已經使用過統計值來估計出一個隨機變數的重要參數了。樣本平均值被使用來估計一個隨機變數 X 的期望值:

$$\overline{X}_n = \frac{1}{n}\sum_{j=1}^{n} X_j \tag{8.2}$$

一個事件 A 的相對次數是樣本平均值得一個特例,它被使用來估計 A 的機率:

$$f_A(n) = \frac{1}{n}\sum_{j=1}^{n} I_j(A) \tag{8.3}$$

其它的統計值包括估計 X 的變異量,X 的最小值和最大值,和隨機變數 X 和 Y 之間的相關。

一個統計值 $\hat{\Theta}$ 的**取樣分佈(sampling distribution)**是由它的機率分佈(cdf,pdf,或 pmf)所給定的。取樣分佈讓我們可以計算 $\hat{\Theta}$ 的參數,例如,平均值,變異量,和動差,以及牽涉到 $\hat{\Theta}$ 的機率,$P[a < \hat{\Theta} < b]$。我們將會看到取樣分佈和它的參數讓我們可以判定統計值 $\hat{\Theta}$ 的精確度和品質。

範例 8.1 樣本平均值的平均值和變異量

假設 X 有期望值 $E[X] = \mu$ 和變異量 $\text{VAR}[X] = \sigma_X^2$。求出 $\hat{\Theta}(\mathbf{X}_n) = \overline{X}_n$, 即樣本平均值,的平均值和變異量。

$\overline{X}_n$ 的期望值為:

$$E[\overline{X}_n] = \frac{1}{n}E\left[\sum_{j=1}^{n} X_j\right] = \mu \tag{8.4}$$

$\overline{X}_n$的變異量為：

$$\text{VAR}\left[\overline{X}_n\right] = \frac{1}{n^2}\text{VAR}\left[\sum_{j=1}^{n}X_j\right] = \frac{\sigma_X^2}{n} \tag{8.5}$$

在上式中我們使用了 X_i 為 iid 隨機變數的事實。式(8.4)確定樣本平均值的中心點為真的平均值 m，而式(8.5)則指出了樣本平均值估計會隨著 n 的遞增愈來愈集中在 m 的附近。由柴比雪夫不等式所得出之的弱大數法則確定 $\hat{\Theta}(\mathbf{X}_n) = \overline{X}_n$ 會機率式地收斂到 m。

範例 8.2　Gaussian 隨機變數的樣本平均值的取樣分佈

令 X 為一個 Gaussian 隨機變數具期望值 $E[X] = \mu$ 和變異量 $\text{VAR}[X] = \sigma_X^2$。基礎於 iid 觀察 $X_1, X_2,..., X_n$，求出樣本平均值的分佈。

　　假如樣本 X_i 為 iid Gaussian 隨機變數，那麼從範例 6.24 可知 $\overline{X}_n$ 也是一個 Gaussian 隨機變數，其平均值和變異量由式(8.4)和(8.5)所給定。我們將會看到許多重要的統計方法牽涉到計算以下 Gaussian 隨機變數樣本平均值的「單邊尾巴(one-tail)」機率：

$$\alpha = P\left[\overline{X}_n - \mu > c\right] = P\left[\frac{\overline{X}_n - \mu}{\sigma_X/\sqrt{n}} > \frac{c}{\sigma_X/\sqrt{n}}\right] = Q\left(\frac{c}{\sigma_X/\sqrt{n}}\right) \tag{8.6}$$

令 z_α 為標準的(0 平均值，單一變異量)Gaussian 隨機變數的**臨界值(critical value)**，如在圖 8.1 所示，使得

$$\alpha = Q(z_\alpha) = Q\left(\frac{c}{\sigma_X/\sqrt{n}}\right)$$

在單邊尾巴機率中常數 c 的值為：

$$c = \frac{\sigma_X}{\sqrt{n}}z_\alpha \tag{8.7}$$

表 8.1 展示出 Gaussian 隨機變數的一些常用的臨界值。因此對於單邊尾巴機率 $\alpha = 0.05$ 而言，$z_\alpha = 1.6449$，因此 $c = 1.6449\sigma_X/\sqrt{n}$。

　　在「雙邊尾巴」的情況中，我們感興趣的是：

$$1 - \alpha = P\left[-c \le \overline{X}_n - \mu \le c\right] = P\left[\frac{-c}{\sigma_X/\sqrt{n}} \le \frac{\overline{X}_n - \mu}{\sigma_X/\sqrt{n}} \le \frac{c}{\sigma_X/\sqrt{n}}\right]$$
$$= 1 - 2Q\left(\frac{c}{\sigma_X/\sqrt{n}}\right)$$

令 $\alpha/2 = Q(z_{\alpha/2})$，那麼常數 c 的值為：

$$c = \frac{\sigma_X}{\sqrt{n}} z_{\alpha/2} \tag{8.8}$$

對於雙邊尾巴機率 $\alpha = 0.010$ 而言，$z_{\alpha/2} = 2.5758$ 因此 $c = 2.5758\sigma_X/\sqrt{n}$。

表 8.1 標準的 Gaussian 隨機變數的臨界值

α	z_α
0.1000	1.2816
0.0500	1.6449
0.0250	1.9600
0.0100	2.3263
0.0050	2.5758
0.0025	2.8070
0.0010	3.0903
0.0005	3.2906
0.0001	3.7191

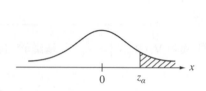

圖 8.1 標準的 Gaussian 隨機變數的臨界值

範例 8.3 樣本平均值的取樣分佈，大 n

當 X 不是 Gaussian，但是有有限的平均值和變異量時，那麼由中央極限定理我們知道對於大的 n 值，

$$\frac{\overline{X}_n - \mu}{\sigma_X/\sqrt{n}} = \sqrt{n}\,\frac{\overline{X}_n - \mu}{\sigma_X} \tag{8.9}$$

近似於一個 0 平均值，單一變異量的 Gaussian 分佈。因此當樣本數很大時，樣本平均值近似於 Gaussian。這讓我們可以計算牽涉到 $\overline{X}_n$ 的機率，就算我們不知道 X 的分佈也行。當樣本數很大時，這個結果在統計學中有許多的應用。

範例 8.4 二項隨機變數的取樣分佈

我們希望估計在一個二元通訊通道中錯誤的發生機率 p。我們傳送一個預先決定的位元數列，並觀察對應的接收數列，來判定傳送錯誤數列 $I_1, I_2, ..., I_n$，其中 I_j 是發生事件 A 的指示器函數，對應到一個在第 j 次傳送中發生錯誤的事件。令 $N_A(n)$ 為錯誤總數。錯誤的相對次數被使用來估計錯誤的機率 p：

$$f_A(n) = \frac{1}{n}\sum_{j=1}^{n} I_j(A) = \frac{N_A(n)}{n}$$

假設不同傳送的結果是獨立的，那麼 n 次傳送中的錯誤數，$N_A(n)$，是一個二項隨機變數具參數 n 和 p。$f_A(n)$ 的平均值和變異量為：

$$E\left[f_A(n)\right] = \frac{np}{n} = p \quad \text{和} \quad \text{VAR}\left[f_A(n)\right]$$

使用範例 7.10 的方法，我們知道 $f_A(n)$ 其變異量的上限為 $1/4n$，且若希望 $f_A(n)$ 是在 p 的正負 ε 之中的機率為 $1-\alpha$，我們可以使用柴比雪夫不等式來估計所要的樣本數。

$$P\left[|f_A(n) - p| < \varepsilon\right] > 1 - \frac{1}{4n\,\varepsilon^2} = 1 - \alpha$$

對於 n 很大時，我們可以套用中央極限定理，其中

$$Z_n = \frac{f_A(n) - p}{\sqrt{1/4n}}$$

近似具 0 平均值和單位變異量的 Gaussian 隨機變數。我們然後獲得：

$$P\left[|f_A(n) - p| < \varepsilon\right] = P\left[|Z_n| < \varepsilon\sqrt{4n}\right] \approx 1 - 2Q\left(\varepsilon\sqrt{4n}\right) = 1 - \alpha$$

舉例來說，假如 $\alpha = 0.05$，那麼 $\varepsilon\sqrt{4n} = z_{\alpha/2} = 1.96$ 因此 $n = 1.96^2/4\,\varepsilon^2$。

8.2 參數估計

在這一節中，我們考慮估計一個隨機變數 X 的某個參數 θ 的問題。假設我們有取得一組隨機樣本 $\mathbf{X}_n = (X_1, X_2,\ldots, X_n)$，它是由 X 之獨立的，具完全相同分佈的版本所構成的。我們的估計量是 $\mathbf{X}_n$ 的一個函數：

$$\hat{\Theta}(\mathbf{X}_n) = g(X_1, X_2,\ldots, X_n) \tag{8.10}$$

在我們做了 n 個觀察之後，我們有數值 $(x_1, x_2,\ldots, x_n)$，並由單一數值 $g(x_1, x_2,\ldots, x_n)$ 來計算 θ 的估計。就是因為這個理由，$\hat{\Theta}(\mathbf{X}_n)$ 被稱為是參數 θ 的一個**點估計量(point estimator)**。

我們考慮以下的 3 個問題：

1. 一個優良的估計量的特性為何？
2. 我們如何判定一個估計量會比另一個估計量佳？
3. 我們如何找出好的估計量？

在對付以上的 3 問題的同時，我們也介紹各式各樣的有用的估計量。

8.2.1 估計量的特性

理想上,就平均而言,一個好的估計量應該等於參數 θ。我們稱估計量 $\hat{\Theta}$ 是 θ 的一個**不偏估計量(unbiased estimator)**假如

$$E\left[\hat{\Theta}\right] = \theta \tag{8.11}$$

任何估計量 $\hat{\Theta}$ 的偏誤(bias)被定義為

$$B\left[\hat{\Theta}\right] = E\left[\hat{\Theta}\right] - \theta \tag{8.12}$$

由在範例 8.1 中的式(8.4)可知,對平均值 μ 而言,樣本平均值是一個不偏估計量。然而,有偏估計量也常常可見,我們由以下的範例來示範這個狀況。

範例 8.5 **樣本變異量**

當我們對一個隨機變數做一些觀察時,樣本平均值提供了質量中心的一個估計量。我們也希望研究這些觀察值以該質量中心為中心做散佈的狀況。對於 X 的變異量而言,一個明顯的估計量為觀察值與樣本平均值之間差異,取平方之後的算數平均值:

$$\hat{S}^2 = \frac{1}{n}\sum_{j=1}^{n}\left(X_j - \overline{X}_n\right)^2 \tag{8.13}$$

其中樣本平均值為:

$$\overline{X}_n = \frac{1}{n}\sum_{j=1}^{n}X_j \tag{8.14}$$

讓我們檢查一下 $\hat{S}^2$ 是否是一個不偏估計量。首先,我們改寫式(8.13):

$$
\begin{aligned}
\hat{S}^2 &= \frac{1}{n}\sum_{j=1}^{n}\left(X_j - \overline{X}_n\right)^2 = \frac{1}{n}\sum_{j=1}^{n}\left(X_j - \mu + \mu - \overline{X}_n\right)^2 \\
&= \frac{1}{n}\sum_{j=1}^{n}\left\{\left(X_j - \mu\right)^2 + 2\left(X_j - \mu\right)\left(\mu - \overline{X}_n\right) + \left(\mu - \overline{X}_n\right)^2\right\} \\
&= \frac{1}{n}\sum_{j=1}^{n}\left(X_j - \mu\right)^2 + \frac{2}{n}\left(\mu - \overline{X}_n\right)\sum_{j=1}^{n}\left(X_j - \mu\right) + \frac{1}{n}\sum_{j=1}^{n}\left(\mu - \overline{X}_n\right)^2 \\
&= \frac{1}{n}\sum_{j=1}^{n}\left(X_j - \mu\right)^2 + \frac{2}{n}\left(\mu - \overline{X}_n\right)\left(n\overline{X}_n - n\mu\right) + \frac{n\left(\mu - \overline{X}_n\right)^2}{n}
\end{aligned}
$$

$$= \frac{1}{n}\sum_{j=1}^{n}\left(X_j - \mu\right)^2 - 2\left(\overline{X}_n - \mu\right)^2 + \left(\overline{X}_n - \mu\right)^2$$

$$= \frac{1}{n}\sum_{j=1}^{n}\left(X_j - \mu\right)^2 - \left(\overline{X}_n - \mu\right)^2 \tag{8.15}$$

$\hat{S}^2$ 的期望值則為：

$$E\left[\hat{S}^2\right] = E\left[\frac{1}{n}\sum_{j=1}^{n}\left(X_j - \mu\right)^2 - \left(\overline{X}_n - \mu\right)^2\right]$$

$$= \frac{1}{n}\sum_{j=1}^{n}\left[E\left[\left(X_j - \mu\right)^2\right] - E\left[\left(\overline{X}_n - \mu\right)^2\right]\right]$$

$$= \sigma_X^2 - \frac{\sigma_X^2}{n} = \frac{n-1}{n}\sigma_X^2 \tag{8.16}$$

其中對於樣本平均值的變異量，我們使用了式(8.2)。對於變異量而言，式(8.16)說明了由式(8.13)所給定之簡單的估計量是一個有偏估計量。我們可以獲得 σ_X^2 的一個不偏估計量，只要把在式(8.15)中的和除以 $n\text{-}1$ 而不是除以 n 即可：

$$\hat{\sigma}_n^2 = \frac{1}{n-1}\sum_{j=1}^{n}\left(X_j - \overline{X}_n\right)^2 \tag{8.17}$$

式(8.17)為一個隨機變數其變異量的標準估計量。

有關於一個估計量其品質的第二個度量為**均方估計誤差(mean square estimation error)**：

$$E\left[\left(\hat{\Theta} - \theta\right)^2\right] = E\left[\left(\hat{\Theta} - E\left[\hat{\Theta}\right] + E\left[\hat{\Theta}\right] - \theta\right)^2\right]$$

$$= \text{VAR}[\hat{\Theta}] + B\left(\hat{\Theta}\right)^2 \tag{8.18}$$

很明顯的，一個好的估計量應該有一個小的均方估計誤差，因為這意味著該估計量值聚集在 θ 附近。假如 $\hat{\Theta}$ 是 θ 的一個不偏估計量，那麼 $B\left[\hat{\Theta}\right] = 0$，因而均方誤差簡單的為估計量 $\hat{\Theta}$ 的變異量。在比較兩個不偏估計量時，我們很清楚的比較喜歡具有較小的變異量的那一個。但是在一個有偏估計量和一個不偏估計量之間做比較可能較難以處理。一個有偏估計量比起任何的不偏估計量有可能會有一個較小的均方誤差，這種狀況是有可能發生的[Hardy]。在這種情況下，我們可能會比較喜歡該有偏估計量。

機警的學生可能已經注意到我們已經在第 6 章中考慮過求出最小均方誤差估計量的問題。在那兒的討論中，我們由一個或多個隨機變數 X_1, X_2,..., X_n 的函數來估計一隨機變數 Y 的值。在本節中，我們估計一個參數 θ，雖然它是未知的，但卻不是隨機的。

範例 8.6 指數型態隨機變數的估計量

在一個訊息中心中，訊息到達的間隔時間為指數型態隨機變數，到達率為每秒 λ 個訊息。對於 $\theta = 1/\lambda$，即平均的到達間隔時間，比較以下的兩個估計量：

$$\hat{\Theta}_1 = \frac{1}{n}\sum_{j=1}^{n}X_j \quad 和 \quad \hat{\Theta}_2 = n * \min(X_1, X_2,..., X_n) \tag{8.19}$$

第一個估計量為觀察到的到達間隔時間的樣本平均值。第二個估計量使用範例 6.10 的結果：n 個 iid 指數型態隨機變數的最小值其本身也是一個指數型態隨機變數，且具平均到達間隔時間 $1/n\lambda$。

$\hat{\Theta}_1$ 是樣本平均值，所以我們知道它是一個不偏估計量，而且它均方誤差為：

$$E\left[\left(\hat{\Theta}_1 - \frac{1}{\lambda}\right)^2\right] = \mathrm{VAR}\left[\hat{\Theta}_1\right] = \frac{\sigma_X^2}{n} = \frac{1}{n\lambda^2}$$

在另一方面，$\min(X_1, X_2,..., X_n)$ 是一個指數型態隨機變數具平均到達間隔時間 $1/n\lambda$，所以

$$E\left[\hat{\Theta}_2\right] = E\left[n * \min(X_1,..., X_n)\right] = \frac{n}{n\lambda} = \frac{1}{\lambda}$$

因此 $\hat{\Theta}_2$ 也是 $\theta = 1/\lambda$ 的一個不偏估計量。均方誤差為：

$$E\left[\left(\hat{\Theta}_2 - \frac{1}{\lambda}\right)^2\right] = \mathrm{VAR}\left[\hat{\Theta}_2\right] = n^2\,\mathrm{VAR}\left[\min(X_1,..., X_n)\right] = \frac{n^2}{n^2\lambda^2} = \frac{1}{\lambda^2}$$

很清楚的，我們比較喜歡 $\hat{\Theta}_1$ 估計量，因為它有較小的均方估計誤差。

一個估計量其品質的第三種度量是有關於估計量的行為變化；隨著樣本大小 n 的遞增，我們檢視估計量的行為變化。我們稱 $\hat{\Theta}$ 是一個**一致的估計量(consistent estimator)**，假如 $\hat{\Theta}$ 以機率的形式收斂到 θ，也就是說，正如式(7.21)，對於每一個 $\varepsilon > 0$，

$$\lim_{n\to\infty} P\left[|\hat{\Theta} - \theta| > \varepsilon\right] = 0 \tag{8.20}$$

估計量 $\hat{\Theta}$ 被稱為是一個**強烈一致的估計量(strongly consistent estimator)**，假如 $\hat{\Theta}$ 幾乎確定收斂到 θ，也就是說，收斂的機率為 1，請參見式(7.22)和(7.37)。一致的估計量，不管它是有偏或不偏，隨著樣本大小 n 的遞增會傾向往正確的 θ 值移動。

範例 8.7　　**樣本平均值估計量的一致性**

弱大數法則指出了樣本平均值 $\overline{X}_n$ 機率式的收斂到 $\mu = E[X]$。因此樣本平均值是一個一致的估計量。再更進一步，強大數法則指出了樣本平均值收斂到 μ 的機率為 1。因此樣本平均值是強烈一致的估計量。

範例 8.8　　**樣本變異量估計量的一致性**

考慮在式(8.17)中的不偏樣本變異量估計量。我們可以證明(參見習題 8. 19) $\hat{\sigma}_n^{\,2}$ 的變異量為：

$$\mathrm{VAR}\left[\hat{\sigma}_n^{\,2}\right] = \frac{1}{n}\left\{\mu_4 - \frac{n-3}{n-1}\sigma^4\right\}\quad\text{其中}\quad \mu_4 = E\left[\left(X-\mu\right)^4\right]$$

假如第 4 階中央動差 μ_4 是有限的，那麼當 n 遞增時，以上的變異量趨近於 0。藉由柴比雪夫不等式，我們有：

$$P\left[\,|\,\hat{\sigma}_n^{\,2} - \sigma^2\,| > \varepsilon\right] \le \frac{\mathrm{VAR}\left[\hat{\sigma}_n^{\,2}\right]}{\varepsilon^2} \to 0\quad\text{當}\quad n\to\infty$$

因此，若 μ_4 是有限的，則樣本變異量估計量是一致的。

8.2.2　求出好的估計量

理想上，我們希望有不偏估計量，它有最小的均方誤差，而且是一致的。不幸的是，我們並不保證不偏估計量或是一致的估計量對所有的參數都存在。而且，也沒有直接的方法可以為任意的參數求出最小均方估計量。幸運的是，我們有一類最大概似估計量，它們相當地容易使用，對於 n 大時有一些理想的特性；而且最大概似估計量常常提供了一些可以被修正成為不偏和最小變異量的估計量。在下一節中我們處理最大概似估計。

8.3　最大概似估計

　　我們現在考慮最大概似方法來為一個未知的參數 θ 求出一個點估計量 $\hat{\Theta}(\mathbf{X}_n)$ 。在本節中我們首先說明該方法是如何進行的。我們然後提出一些特性，就是這些特性讓最大概似估計量在實務上非常的有用。

　　最大概似方法選擇它的估計的方式為：選擇參數值，該參數值可以讓 $\mathbf{X}_n = (X_1, X_2,..., X_n)$ 的發生機率最大化，其中 $\mathbf{X}_n$ 是觀察到的資料。在介紹正式方法之前，讓我們用一個範例來說明基本的概念。

範例 8.9　Poisson 分佈的打字排版錯誤

由 Bob 提交的論文中有一個 Poisson 分佈的打字排版錯誤數,平均值為每頁 1 個錯誤,而由 John 所準備的論文也有一個 Poisson 分佈的打字排版錯誤數,但平均值為每頁 5 個錯誤。假設有一頁文章被提交,可能是由 Bob 或 John 所提交的,發現有 2 個錯誤。那一位作者比較有可能?

在最大概似法中,我們首先為每一個可能的參數值計算可獲得給定觀察的機率,因此:

$$P[X=2|\theta=1] = \frac{1^2}{2!}e^{-1} = \frac{1}{2e} = 0.18394$$

$$P[X=2|\theta=5] = \frac{5^2}{2!}e^{-5} = \frac{25}{2e^5} = 0.084224$$

我們然後選擇對於觀察結果給出較高機率的參數值。在這裡的情況中,$\hat{\theta}(2)=1$ 給出較高的機率,所以估計量選擇 Bob 為較有可能的作者。

令 $\mathbf{x}_n = (x_1, x_2,..., x_n)$ 為隨機變數 X 其一組隨機樣本的觀察值,和令 θ 為想估計的參數。樣本的**概似函數(likelihood function)**是 θ 的一個函數,被如下定義:

$$l(\mathbf{x}_n; \theta) = l(x_1, x_2,..., x_n; \theta)$$
$$= \begin{cases} p_X(x_1, x_2,..., x_n|\theta) & X \text{ 為離散隨機變數} \\ f_X(x_1, x_2,..., x_n|\theta) & X \text{ 為連續隨機變數} \end{cases} \tag{8.21}$$

其中 $p_X(x_1, x_2,..., x_n|\theta)$ 和 $f_X(x_1, x_2,..., x_n|\theta)$ 分別為在參數值是 θ 時,聯合 pmf 和聯合 pdf 以觀察值為引數的函數值。因為樣本 $X_1, X_2,..., X_n$ 為 iid,對於概似函數我們有一個簡單表示式:

$$p_X(x_1, x_2,..., x_n|\theta) = p_X(x_1|\theta) p_X(x_2|\theta).. p_X(x_n|\theta) = \prod_{j=1}^{n} p_X(x_j|\theta) \tag{8.22}$$

和

$$f_X(x_1, x_2,..., x_n|\theta) = f_X(x_1|\theta) f_X(x_2|\theta).. f_X(x_n|\theta) = \prod_{j=1}^{n} f_X(x_j|\theta) \tag{8.23}$$

最大概似法(maximum likelihood method)選擇了估計量值 $\hat{\theta} = \theta^*$,其中 θ^* 是可以最大化概似函數的那個參數值,也就是說,

$$l(x_1, x_2,..., x_n; \theta^*) = \max_{\theta} l(x_1, x_2,..., x_n; \theta) \tag{8.24}$$

其中最大值的搜尋範圍包含所有可能的 θ 值。通常 θ 的值是在一個連續集合中,所以我們可以使用微積分的標準方法來求出概似函數的最大值。

使用**對數概似函數(log likelihood function)**通常會更為方便,因為我們處理的會是和項而不是在式(8.22)和(8.23)中的乘積項:

$$L\left(\mathbf{x}_n|\theta\right)=\ln l\left(\mathbf{x}_n;\ \theta\right)$$

$$=\begin{cases}\displaystyle\sum_{j=1}^{n}\ln p_X\left(x_j|\theta\right)=\sum_{j=1}^{n}L\left(x_j|\theta\right) & X\ \text{爲離散隨機變數}\\[3mm]\displaystyle\sum_{j=1}^{n}\ln f_X\left(x_j|\theta\right)=\sum_{j=1}^{n}L\left(x_j|\theta\right) & X\ \text{爲連續隨機變數}\end{cases}\tag{8.25}$$

最大化對數概似函數的效果等同於最大化概似函數，因爲 $\ln(x)$是 x 的一個遞增函數。我們獲得最大概似估計的方式如下：求出 $\theta*$的值使得

$$\frac{\partial}{\partial\theta}L\left(\mathbf{x}_n|\theta\right)=\frac{\partial}{\partial\theta}\ln l\left(\mathbf{x}_n|\theta\right)=0\tag{8.26}$$

範例 8.10　**估計一個 Bernoulli 隨機變數的 p**

假設我們對一個 Bernoulli 隨機變數執行 n 次獨立的觀察，該隨機變數的成功機率爲 p。求出 p 的最大概似估計。

令 $\mathbf{i}_n=\left(i_1,\ i_2,\ldots,\ i_n\right)$爲 n 次 Bernoulli 測試的觀察結果。某個個別結果的 pmf 可以寫成：

$$p_X\left(i_j|p\right)=p^{i_j}\left(1-p\right)^{1-i_j}=\begin{cases}p & \text{若}\ \ i_j=1\\1-p & \text{若}\ \ i_j=0\end{cases}$$

對數概似函數爲：

$$\ln l\left(i_1,\ i_2,\ldots,\ i_n;\ p\right)=\sum_{j=1}^{n}\ln p_X\left(i_j|p\right)=\sum_{j=1}^{n}\left(i_j\ln p+\left(1-i_j\right)\ln\left(1-p\right)\right)\tag{8.27}$$

我們對 p 做一階微分並把結果設定爲 0：

$$0=\frac{d}{dp}\ln l\left(i_1,\ i_2,\ldots,\ i_n;\ p\right)=\frac{1}{p}\sum_{j=1}^{n}i_j-\frac{1}{1-p}\sum_{j=1}^{n}\left(1-i_j\right)$$

$$=-\frac{n}{1-p}+\left(\frac{1}{p}+\frac{1}{1-p}\right)\sum_{j=1}^{n}i_j=-\frac{n}{1-p}+\frac{1}{p\left(1-p\right)}\sum_{j=1}^{n}i_j\tag{8.28}$$

解出 p，我們得到：

$$p*\ =\frac{1}{n}\sum_{j=1}^{n}i_j$$

因此，p 的最大概似估計量就是成功的相對次數，它是樣本平均值的一個特例。從前一節中，我們知道樣本平均值估計量是不偏和一致的。

範例 8.11 　估計 Poisson 隨機變數的 α

假設我們對一個 Poisson 隨機變數執行 n 次獨立的觀察，該隨機變數的平均值為 α。求出 α 的最大概似估計。

令 n 次獨立的測試中所得的計數值為 $k_1, k_2, ..., k_n$。在第 j 次測試中觀察到 k_j 個事件發生的機率為：

$$p_X\left(k_j | \alpha\right) = \frac{\alpha^{k_j}}{k_j!} e^{-\alpha}$$

對數概似函數為：

$$\ln l\left(k_1, k_2, ..., k_n; \alpha\right) = \sum_{j=1}^n \ln p_X\left(x_j | \alpha\right) = \sum_{j=1}^n \left(k_j \ln \alpha - \alpha - \ln k_j!\right)$$

$$= \ln \alpha \sum_{j=1}^n k_j - n\alpha - \sum_{j=1}^n \ln k_j!$$

我們對 α 做一階微分並把結果設定為 0：

$$0 = \frac{d}{d\alpha} \ln l\left(k_1, k_2, ..., k_n; \alpha\right) = \frac{1}{\alpha} \sum_{j=1}^n k_j - n \tag{8.29}$$

解出 α，我們得到：

$$\alpha^* = \frac{1}{n} \sum_{j=1}^n k_j$$

α 的最大概似估計量就是事件計數值的樣本平均值。

範例 8.12 　估計 Gaussian 隨機變數的平均值和變異量

令 $\mathbf{x}_n = (x_1, x_2, ..., x_n)$ 為一個 Gaussian 隨機變數 X 其一組隨機樣本的觀察值，從那兒我們希望估計出兩個參數：平均值 $\theta_1 = \mu$ 和變異量 $\theta_2 = \sigma_X^2$。概似函數是兩個參數 θ_1 和 θ_2 的一個函數，我們必須同時用這些兩個參數來最大化概似函數。

第 j 次觀察的 pdf 為：

$$f_X\left(x_j | \theta_1, \theta_2\right) = \frac{1}{\sqrt{2\pi\theta_2}} e^{-\left(x_j - \theta_1\right)^2 / 2\theta_2}$$

其中我們已經把平均值和變異量分別換成 θ_1 和 θ_2。對數概似函數為：

$$\ln l\left(x_1,\, x_2,\ldots,\, x_n;\; \theta_1,\, \theta_2\right) = \sum_{j=1}^{n} \ln f_X\left(x_j | \theta_1,\, \theta_2\right)$$

$$= -\frac{n}{2}\ln 2\pi\theta_2 - \sum_{j=1}^{n} \frac{\left(x_j - \theta_1\right)^2}{2\theta_2}$$

我們分別對 θ_1 和 θ_2 微分並把結果設定爲 0：

$$0 = \frac{\partial}{\partial\theta_1}\sum_{j=1}^{n}\ln f_X\left(x_j|\theta_1,\, \theta_2\right) = -2\sum_{j=1}^{n}\frac{\left(x_j - \theta_1\right)}{2\theta_2} = -\frac{1}{\theta_2}\left[\sum_{j=1}^{n}x_j - n\theta_1\right] \tag{8.30}$$

和

$$0 = \frac{\partial}{\partial\theta_2}\sum_{j=1}^{n}\ln f_X\left(x_j|\theta_1,\, \theta_2\right) = -\frac{n}{2\theta_2} + \frac{1}{2\theta_2^2}\sum_{j=1}^{n}\left(x_j - \theta_1\right)^2$$

$$= -\frac{1}{2\theta_2}\left[n - \frac{1}{\theta_2}\sum_{j=1}^{n}\left(x_j - \theta_1\right)^2\right] \tag{8.31}$$

式(8.30)和式(8.31)可以分別被用來解出 θ_1^* 和 θ_2^*，可得：

$$\theta_1^* = \frac{1}{n}\sum_{j=1}^{n}x_j \tag{8.32}$$

和

$$\theta_2^* = \frac{1}{n}\sum_{j=1}^{n}\left(x_j - \theta_1^*\right)^2 \tag{8.33}$$

因此，θ_1^* 爲樣本平均值，而 θ_2^* 爲在範例 8.5 中所討論的有偏的樣本變異量。我們很容易證明當 n 變大時，θ_2^* 會趨近於不偏的 $\hat{\sigma}_n^2$。

最大概似估計量擁有一個重要的**不變特性(invariance property)**，一般而言，其它的估計量沒有該特性。假設不是估計參數 θ 本身，我們感興趣的是估計 θ 的一個函數，我們稱之爲 $h(\theta)$，我們假設它爲可逆的。我們可以證明假如 θ^* 是 θ 的最大概似估計，那麼 $h(\theta^*)$ 是 $h(\theta)$ 的最大概似估計。(參見習題 8.31。)舉一個例子來說，考慮指數型態的隨機變數。假設 λ^* 是一個指數型態隨機變數其到達率 λ 的最大概似估計。假設我們感興趣的是估計 $h(\lambda) = 1/\lambda$，即指數型態隨機變數的平均到達間隔時間。最大概似估計的不變特性意味著其最大概似估計爲 $h(\lambda^*) = 1/\lambda^*$。

*8.3.1 Cramer-Rao 不等式 [1]

一般而言，我們希望求出不偏估計量 $\hat{\Theta}$，且具最小可能的變異量。這個估計量會產生最準確的估計，若我們考量的是聚集在眞的值 θ 附近的緊密程度的話。Cramer-Rao 不等式用兩個步驟來對付這個問題。首先，它爲任何的不偏估計量可達成之最小可能的變異量提供一個下限。這個下限爲評估 θ 之所有的不偏估計量提供了一個基準。第二，假如有一個不偏估計量達到了此一下限，那麼它就有最小可能的變異量和最小可能的均方誤差。而且，這個不偏估計量可以使用最大概似法求出。

因爲隨機樣本 $\mathbf{X}_n$ 是一個向量隨機變數，我們預期估計量 $\hat{\Theta}(\mathbf{X}_n)$ 將會表現出某些無法避免的隨機變動性，因此將會有非零的變異量。有沒有存在一個下限使得這個變異量最小也要比該下限大？這個答案是肯定的，而此一下限是由 **Fisher 資訊(Fisher information)** 的倒數所給定，Fisher 資訊的定義如下：

$$I_n(\theta) = E\left[\left\{\frac{\partial L(\mathbf{X}_n|\theta)}{\partial\theta}\right\}^2\right] = E\left[\left\{\frac{\partial \ln f_{\mathbf{X}}(X_1, X_2,\ldots, X_n|\theta)}{\partial\theta}\right\}^2\right] \tag{8.34}$$

假如 X 是一個離散隨機變數的話，在式(8.34)中的 pdf 要改成一個 pmf。在大括弧中的項被稱爲是 **得分函數(score function)**，它被定義成是對數概似函數對參數 θ 的偏微分。請注意得分函數是向量隨機變數 $\mathbf{X}_n$ 的一個函數。當我們在求最大概似估計量時，我們已經看過這個函數了。得分函數的期望值爲 0，因爲：

$$E\left[\frac{\partial L(\mathbf{X}_n|\theta)}{\partial\theta}\right] = E\left[\frac{\partial \ln f_{\mathbf{X}}(\mathbf{X}_n|\theta)}{\partial\theta}\right] = \int_{\mathbf{x}_n}\frac{1}{f_{\mathbf{X}}(\mathbf{x}_n|\theta)}\frac{\partial f_{\mathbf{X}}(\mathbf{x}_n|\theta)}{\partial\theta}f_{\mathbf{X}}(\mathbf{x}_n|\theta)\,d\mathbf{x}_n$$

$$= \int_{\mathbf{x}_n}\frac{\partial f_{\mathbf{X}}(\mathbf{x}_n|\theta)}{\partial\theta}d\mathbf{x}_n = \frac{\partial}{\partial\theta}\int_{\mathbf{x}_n}f_{\mathbf{X}}(\mathbf{x}_n|\theta)\,d\mathbf{x}_n = \frac{\partial}{\partial\theta}1 = 0 \tag{8.35}$$

其中我們假設偏微分和積分的順序可以互換。因此 $I_n(\theta)$ 等於得分函數的變異量。

當 θ 變化時，得分函數測量對數概似函數的改變率。對於大部分的 $\mathbf{X}_n$ 觀察，假如 $L(\mathbf{X}_n|\theta)$ 傾向於以 θ_0 值爲中心做快速變化，那麼我們可以預期：(1)Fisher 資訊將會傾向變大，因爲在式(8.34)期望值運算中的引數將會變大；(2)在觀察統計值中偏離 θ_0 值的小偏移量將會很容易地被分辨出，因爲潛在的 pdf 正在快速地改變。在另一方面，假如概似函數以 θ_0 值爲中心做緩慢地變化，那麼 Fisher 資訊將會是小的。除此之外，相當不同的 θ_0 值可能有相當類似的概似函數，使得我們難以從觀察資料那邊分辨出不同的參數值。總而言之，大的 $I_n(\theta)$ 值應該會有較佳表現的估計量，因有較小的變異量。

---

[1] 提醒讀者一下，請注意這一節有打星號(其它有打星號的節也一樣)，內容爲進階的課程教材，若不想閱讀的話可以跳過，跳過本節不會影響課程的連續性。

當 pdf $f_{\mathbf{X}}(x_1, x_2,..., x_n|\theta)$ 滿足特定之額外的條件時，Fisher 資訊會有以下之等價的，但更為有用的形式(參見習題 8.32)：

$$I_n(\theta) = -E\left[\frac{\partial^2 \ln f_{\mathbf{X}}(X_1, X_2,..., X_n|\theta)}{\partial^2 \theta}\right] = -E\left[\frac{\partial^2 L(\mathbf{X}_n|\theta)}{\partial^2 \theta}\right] \tag{8.36}$$

範例 8.13 Bernoulli 隨機變數的 Fisher 資訊

對於 Bernoulli 隨機變數而言，從式(8.27)和(8.28)可知得分函數和它的微分為：

$$\frac{\partial}{\partial p}\ln l(i_1, i_2,..., i_n; p) = \frac{1}{p}\sum_{j=1}^{n} i_j - \frac{1}{1-p}\sum_{j=1}^{n}(1-i_j)$$

和

$$\frac{\partial^2}{\partial p^2}\ln l(i_1, i_2,..., i_n; p) = -\frac{1}{p^2}\sum_{j=1}^{n} i_j - \frac{1}{(1-p)^2}\sum_{j=1}^{n}(1-i_j)$$

Fisher 資訊，如式(8.36)所給定，為：

$$\begin{aligned}I_n(p) &= E\left[\frac{1}{p^2}\sum_{j=1}^{n} I_j + \frac{1}{(1-p)^2}\sum_{j=1}^{n}(1-I_j)\right] \\ &= \frac{1}{p^2}E\left[\sum_{j=1}^{n} I_j\right] + \frac{1}{(1-p)^2}E\left[\sum_{j=1}^{n}(1-I_j)\right] \\ &= \frac{np}{p^2} + \frac{n-np}{(1-p)^2} = \frac{n}{p(1-p)}\end{aligned}$$

請注意 $I_n(p)$ 在 $p=1/2$ 附近是最小的，並隨著 p 趨近於 0 或 1 時遞增，所以 p 在它的極值時比較容易被準確地估計。也請注意 Fisher 資訊正比於樣本數，也就是說，更多的樣本會使我們更容易去估計 p。

範例 8.14 一個指數型態隨機變數的 Fisher 資訊

一個指數型態隨機變數的 n 個樣本的對數概似函數為：

$$\ln l(x_1, x_2,..., x_n; \lambda) = \sum_{j=1}^{n} \ln \lambda e^{-\lambda x_j} = \sum_{j=1}^{n}(\ln \lambda - \lambda x_j)$$

一個指數型態隨機變數的 n 個觀察的得分函數和它的微分為：

$$\frac{\partial}{\partial \lambda}\ln l(x_1, x_2,..., x_n; \lambda) = \frac{n}{\lambda} - \sum_{j=1}^{n} x_j$$

和

$$\frac{\partial^2}{\partial \lambda^2} \ln l(x_1, x_2, \dots, x_n; \lambda) = -\frac{n}{\lambda^2}$$

Fisher 資訊為：

$$I_n(\lambda) = E\left[\frac{n}{\lambda^2}\right] = \frac{n}{\lambda^2}$$

請注意 λ 遞增會使 $I_n(\lambda)$ 遞減。

我們現在已經準備好要說明 Cramer-Rao 不等式了。

定理　**Cramer-Rao 不等式**

令 $\hat{\Theta}(\mathbf{X}_n)$ 為 X 的參數 θ 的任意一個不偏估計量，那麼在 pdf $f_{\mathbf{X}}(x_1, x_2, \dots, x_n | \theta)$ 其特定的規律性條件下 [2]，

(a) $\quad \text{VAR}\left[\hat{\Theta}(\mathbf{X}_n)\right] \geq \dfrac{1}{I_n(\theta)}$ (8.37)

(b) 上式等號成立若且唯若

$$\frac{\partial}{\partial \theta} \ln f_{\mathbf{X}}(x_1, x_2, \dots, x_n; \theta) = \left\{\hat{\Theta}(\mathbf{x}) - \theta\right\} k(\theta)$$ (8.38)

Cramer-Rao 下限確認了我們的猜測：不偏估計量的變異量的下限必須是一個非零的值。假如 Fisher 資訊很高，那麼該下限是小的，這暗示了低變異量因此準確的估計量是有可能存在的。對於所有的不偏估計量的變異量，$1/I_n(\theta)$ 這一項會當作是一個參考點，而 $(1/I_n(\theta))/\text{VAR}\left[\hat{\Theta}\right]$ 這個比例值則提供了評估一個不偏估計量其效能優劣的量測方式。我們稱一個不偏估計量是**有效的(efficient)**，假如它達到此一下限。

假設式(8.38)被滿足。因最大概似估計量必須滿足式(8.26)，所以

$$0 = \frac{\partial}{\partial \theta} \ln f_{\mathbf{X}}(x_1, x_2, \dots, x_n; \theta) = \left\{\hat{\Theta}(\mathbf{x}) - \theta^*\right\} k(\theta^*)$$ (8.39)

我們丟棄 $k(\theta^*) = 0$ 的狀況，並得到結論為，一般而言，我們一定有 $\theta^* = \hat{\Theta}(\mathbf{x})$。因此，假如一個有效的估計量存在，那麼它可以使用最大概似法求出。假如一個有效的估計量不存在，那麼在式(8.37)中的下限是不可能被任何的不偏估計量來達到的。

---

[2]　參見[Bickel，p.179]。

在範例 8.10 和 8.11 中，我們為 Bernoulli 和為 Poisson 隨機變數推導過不偏最大概似估計量。請注意在這些範例中，在最大概似方程式(式 8.28 和 8.29)中的得分函數可以被重新整理成如在式(8.39)中所給定的形式。因此，我們判定這些估計量有效的。

範例 8.15   Bernoulli 隨機變數的 Cramer-Rao 下限

從範例 8.13，Bernoulli 隨機變數的 Fisher 資訊為

$$I_n(p) = \frac{n}{p(1-p)}$$

因此，對於 p 的樣本平均值估計量，其變異量的 Cramer-Rao 下限為：

$$\mathrm{VAR}\left[\hat{\Theta}\right] \geq \frac{1}{I_n(p)} = \frac{p(1-p)}{n}$$

p 的相對次數估計量達到這個下限。

8.3.2   Cramer-Rao 不等式的證明

Cramer-Rao 不等式的證明牽涉到 Schwarz 不等式的一個應用。我們假設得分函數存在而且是有限的。考慮 $\hat{\Theta}(\mathbf{X}_n)$ 和得分函數兩者的共變異量：

$$\mathrm{COV}\left(\hat{\Theta}(\mathbf{X}_n),\ \frac{\partial}{\partial\theta}L(\mathbf{X}_n;\theta)\right) = E\left[\hat{\Theta}(\mathbf{X}_n)\frac{\partial}{\partial\theta}L(\mathbf{X}_n;\theta)\right] - E\left[\hat{\Theta}(\mathbf{X}_n)\right]E\left[\frac{\partial}{\partial\theta}L(\mathbf{X}_n;\theta)\right]$$

$$= E\left[\hat{\Theta}(\mathbf{X}_n)\frac{\partial}{\partial\theta}L(\mathbf{X}_n;\theta)\right]$$

其中我們使用了式(5.30)和得分函數的期望值為 0 的事實(式 8.35)。接下來，我們計算上面的期望值：

$$\mathrm{COV}\left(\hat{\Theta}(\mathbf{X}_n),\ \frac{\partial}{\partial\theta}\ln f_{\mathbf{X}}(\mathbf{X}_n;\theta)\right)$$

$$= E\left[\hat{\Theta}(\mathbf{X}_n)\frac{\partial}{\partial\theta}\ln f_{\mathbf{X}}(\mathbf{X}_n;\theta)\right] = E\left[\hat{\Theta}(\mathbf{X}_n)\frac{1}{f_{\mathbf{X}}(\mathbf{X}_n;\theta)}\ \frac{\partial}{\partial\theta}f_{\mathbf{X}}(\mathbf{X}_n;\theta)\right]$$

$$= \int_{\mathbf{x}_n}\left\{\hat{\Theta}(\mathbf{x}_n)\frac{1}{f_{\mathbf{X}}(\mathbf{x}_n;\theta)}\ \frac{\partial}{\partial\theta}f_{\mathbf{X}}(\mathbf{x}_n;\theta)\right\}f_{\mathbf{X}}(\mathbf{x}_n;\theta)\ d\mathbf{x}_n$$

$$= \int_{\mathbf{x}_n}\left\{\hat{\Theta}(\mathbf{x}_n)\frac{\partial}{\partial\theta}f_{\mathbf{X}}(\mathbf{x}_n;\theta)\right\}d\mathbf{x}_n = \frac{\partial}{\partial\theta}\int_{\mathbf{x}_n}\left\{\hat{\Theta}(\mathbf{x}_n)f_{\mathbf{X}}(\mathbf{x}_n;\theta)\right\}d\mathbf{x}_n$$

在最後那一個步驟中，我們假設對 θ 的積分和偏微分的順序可以互換。(在這裡，定理中所要求的規律性條件被需要來保證這個步驟是合法的。)請注意在最後那一個表示式中的積分為 $E\left[\hat{\Theta}(\mathbf{X}_n)\right]=\theta$，所以

$$\text{COV}\left(\hat{\Theta}(\mathbf{X}_n),\ \frac{\partial}{\partial\theta}\ln f_{\mathbf{X}}(\mathbf{X}_n;\ \theta)\right)=\frac{\partial}{\partial\theta}\theta=1$$

接下來我們套用 Schwarz 不等式到共變異量上：

$$1=\text{COV}\left(\hat{\Theta}(\mathbf{X}_n),\ \frac{\partial}{\partial\theta}\ln f_{\mathbf{X}}(\mathbf{X}_n;\ \theta)\right)\le\sqrt{\text{VAR}\left[\hat{\Theta}(\mathbf{X}_n)\right]\text{VAR}\left[\frac{\partial}{\partial\theta}\ln f_{\mathbf{X}}(\mathbf{X}_n;\ \theta)\right]}$$

兩邊都做平方運算，我們有：

$$1\le\text{VAR}\left[\hat{\Theta}(\mathbf{X}_n)\right]\text{VAR}\left[\frac{\partial}{\partial\theta}\ln f_{\mathbf{X}}(\mathbf{X}_n;\ \theta)\right]$$

最後，

$$\text{VAR}\left[\hat{\Theta}(\mathbf{X}_n)\right]\ge 1/\text{VAR}\left[\frac{\partial}{\partial\theta}\ln f_{\mathbf{X}}(\mathbf{X}_n;\ \theta)\right]=1/I_n(\theta)$$

最後那一個步驟使用了 Fisher 資訊是得分函數的變異量的事實。到這裡，我們完成了部份(a)的證明。

在 Schwarz 不等式中，等號成立的條件為：在變異量中隨機變數彼此間互成比例，也就是說：

$$k(\theta)[\hat{\Theta}(\mathbf{X}_n)-E[\hat{\Theta}(\mathbf{X}_n)]=k(\theta)[\hat{\Theta}(\mathbf{X}_n)-\theta]$$
$$=\frac{\partial}{\partial\theta}\ln f_{\mathbf{X}}(\mathbf{X}_n;\ \theta)-E\left[\frac{\partial}{\partial\theta}\ln f_{\mathbf{X}}(\mathbf{X}_n;\ \theta)\right]$$
$$=\frac{\partial}{\partial\theta}\ln f_{\mathbf{X}}(\mathbf{X}_n;\ \theta)$$

其中我們有用到的事實為得分函數的期望值為 0 且估計量 $\hat{\Theta}(\mathbf{X}_n)$ 為不偏的估計量。到這裡，我們完成了部份(b)的證明。

*8.3.3 最大概似估計量的漸近特性

最大概似估計量滿足以下的漸近特性，這使得當樣本數很大時，它們變得非常的有用。

1. 最大概似估計是一致的：

$$\lim_{n\to\infty}\theta_n{}^*=\theta_0\quad\text{其中}\quad\theta_0\ \text{是真實的參數值}$$

2. 對於 n 很大時，最大概似估計 θ_n^* 漸近為 Gaussian 分佈，也就是說，$\sqrt{n}\left(\theta_n^* - \theta_0\right)$ 有一個 Gaussian 分佈具平均值 0 和變異量 $1/I_n(\theta)$。

3. 最大概似估計為漸近有效的：

$$\lim_{n \to \infty} \frac{\mathrm{VAR}\left[\theta_n^*\right]}{1/I_n(\theta_0)} = 1 \tag{8.40}$$

一致性特性：(1)意味著：當 n 很大時，最大概似估計將會接近真的值。漸近有效性(3)意味著：變異量會變得儘可能的小。漸近 Gaussian 分佈特性；(2)是非常的有用的，因為它讓我們可以計算牽涉到最大概似估計量的機率。

| 範例 8.16 | Bernoulli 隨機變數 |

當 n 很大時，求出 p 的樣本平均值估計量的分佈。

假如 p_0 是 Bernoulli 隨機變數的真的值，那麼 $I(p_0) = \left(p_0(1-p_0)\right)^{-1}$。因此，估計誤差 $p^* - p_0$ 有一個 Gaussian pdf 具平均值 0 和變異量 $p_0(1-p_0)$。這個結果吻合在範例 7.14 中的結果，在那兒我們應用中央極限定理來處理 Bernoulli 隨機變數的樣本平均值。

最大概似估計量的漸近特性是從大數法則和中央極限定理那兒來的。在本節剩下的部份，我們將指出這些結果是如何來的。參見[Cramer]，那兒有這些結果的一個證明。考慮隨機變數 X 其 n 個樣本的對數概似函數的算數平均：

$$\frac{1}{n}L(\mathbf{X}_n|\theta) = \frac{1}{n}\sum_{j=1}^{n}L(X_j|\theta) = \frac{1}{n}\sum_{j=1}^{n}\ln f_X(X_j|\theta) \tag{8.41}$$

我們故意地把對數概似寫成是隨機變數 X_1, X_2,..., X_n 的一個函數。很清楚的，這個算數平均是以下的隨機變數其 n 個獨立觀察的樣本平均值：

$$Y = g(X) = L(X|\theta) = \ln f_X(X|\theta)$$

隨機變數 Y 的平均值為：

$$E[Y] = E[g(X)] = E[L(X|\theta)] = E[\ln f_X(X|\theta)] \triangleq L(\theta) \tag{8.42}$$

假設 Y 滿足大數法則的條件，則我們會有：

$$\frac{1}{n}L(\mathbf{X}_n|\theta) = \frac{1}{n}\sum_{j=1}^{n}\ln f_X(X_j|\theta) = \frac{1}{n}\sum_{j=1}^{n}Y_j \to E[Y] = L(\theta) \tag{8.43}$$

函數 $L(\theta)$ 可以被視爲是對數概似函數的一個極限型式。特別的是，使用產生出式(4.109)的步驟，我們可以證明 $L(\theta)$ 的最大值發生在眞的 θ 值；也就是說，假如 θ_0 是參數其眞的值，那麼：

$$L(\theta) \leq L(\theta_0) \quad \text{對所有的 } \theta \tag{8.44}$$

首先考慮一致性特性。令 θ_n^* 爲由最大化 $L(\mathbf{X}_n|\theta)$，或等價地說，最大化 $L(\mathbf{X}_n|\theta)/n$，所獲得的最大概似。根據式(8.43)，$L(\mathbf{X}_n|\theta)/n$ 是 θ 的函數的一個數列，它會收斂到 $L(\theta)$。然後我們有 $L(\mathbf{X}_n|\theta)/n$ 的最大值的數列，即 θ_n^*，它會收斂到 $L(\theta)$ 的最大值，從式(8.43)可知該最大值是眞的 θ_0 值。因此，最大概似估計量是一致的。

接下來我們考慮漸近 Gaussian 特性。爲了描述估計誤差，$\theta_n^* - \theta_0$，我們在區間 $\left[\theta_n^*, \theta_0\right]$ 中套用均值定理(mean value theorem)[3] 到得分函數上：

$$\frac{\partial}{\partial \theta} L(\mathbf{X}_n; \theta)\bigg|_{\theta_0} - \frac{\partial}{\partial \theta} L(\mathbf{X}_n; \theta)\bigg|_{\theta_n^*}$$

$$= \frac{\partial^2}{\partial \theta^2} L(\mathbf{X}_n; \theta)\bigg|_{\overline{\theta}} (\theta_0 - \theta_n^*) \quad \text{對於某 } \overline{\theta}, \theta_n^* < \overline{\theta} < \theta_0$$

請注意在左方的第二個項爲 0，因爲 θ_n^* 爲 $L(\mathbf{X}_n|\theta)$ 的最大概似估計量。估計誤差則爲：

$$\left(\theta_n^* - \theta_0\right) = -\frac{\dfrac{\partial}{\partial \theta} L(\mathbf{X}_n; \theta)\bigg|_{\theta_0}}{\dfrac{\partial^2}{\partial \theta^2} L(\mathbf{X}_n; \theta)\bigg|_{\overline{\theta}}} = -\frac{\dfrac{1}{n} \dfrac{\partial}{\partial \theta} L(\mathbf{X}_n; \theta)\bigg|_{\theta_0}}{\dfrac{1}{n} \dfrac{\partial^2}{\partial \theta^2} L(\mathbf{X}_n; \theta)\bigg|_{\overline{\theta}}} \tag{8.45}$$

考慮分母的算數平均：

$$\frac{1}{n} \frac{\partial^2}{\partial \theta^2} L(\mathbf{X}_n; \theta)\bigg|_{\overline{\theta}} = \frac{1}{n} \sum_{j=1}^{n} \frac{\partial^2}{\partial \theta^2} \ln f_X\left(X_j|\theta\right)$$

$$\rightarrow E\left[\frac{\partial^2}{\partial \theta^2} \ln f_X\left(X_j|\theta\right)\right]_{\overline{\theta}} = -I_1\left(\overline{\theta}\right)$$

其中我們使用了對於單一觀察 Fisher 資訊的另一種表示式。從一致性特性，我們有 $\theta_n^* \rightarrow \theta_0$，因而有，$\overline{\theta} \rightarrow \theta_0$，因爲 $\theta_n^* < \overline{\theta} < \theta_0$。因此分母會趨近於 $-I_1\left(\theta_0\right)$ 而式(8.45)會變成

$$\left(\theta_n^* - \theta_0\right) = -\frac{\dfrac{1}{n} \dfrac{\partial}{\partial \theta} L(\mathbf{X}_n; \theta)\bigg|_{\theta_0}}{-I_1\left(\theta\right)} \tag{8.46}$$

在式(8.46)中的分子是得分函數一個平均，所以

---

[3] 對於某 c，$a<c<b$，$f(b) - f(a) = f'(c)(b-a)$，你可以參考，舉例來說，[Edwards and Penney]。

$$\left(\theta_n^* - \theta_0\right) = -\frac{\frac{1}{n}\left.\frac{\partial}{\partial \theta}L(\mathbf{X}_n;\theta)\right|_{\theta_0}}{-I_1(\theta)} = \frac{\frac{1}{n}\sum_{j=1}^{n}\frac{\partial}{\partial \theta}\ln f_X\left(X_j|\theta\right)}{I_1(\theta)} = \frac{\frac{1}{n}\sum_{j=1}^{n}Y_j}{I_1(\theta)} \tag{8.47}$$

我們知道單一觀察的得分函數 Y_j 有平均值 0 和變異量 $I_1(\theta_0)$。在式(8.47)中的分母把每一個 Y_j 都乘以一個因子 $1/I_1(\theta_0)$,所以式(8.47)會變成隨機變數的樣本平均值,其中那些隨機變數的平均值為 0 且變異量為 $I_1(\theta_0)/I_1^2(\theta_0) = 1/I_1(\theta_0)$。由中央極限定理我們知道

$$\sqrt{n}\frac{\theta_n^* - \theta_0}{\sqrt{1/I_1(\theta)}}$$

會趨近於一個 0 平均值,單一變異量的 Gaussian 隨機變數。因此 $\sqrt{n}\left(\theta_n^* - \theta_0\right)$ 會趨近於一個 0 平均值 Gaussian 隨機變數具變異量 $1/I_1(\theta_0)$。漸近有效性特性也是從這個結果得來的。

8.4　信賴區間

在估計 $E[X] = \mu$ 時,樣本平均估計量 $\overline{X}_n$ 提供我們一個單一的數值,即,

$$\overline{X}_n = \frac{1}{n}\sum_{j=1}^{n}X_j \tag{8.48}$$

這個單一數值並沒有給我們有關於該估計精確度的指標,也沒有告知我們可以放多少信賴在它上面。藉由計算樣本變異量,我們可以獲得精確度的一個指標,它是以 $\overline{X}_n$ 為中心的平均散佈度量:

$$\hat{\sigma}_n^2 = \frac{1}{n-1}\sum_{j=1}^{n}\left(X_j - \overline{X}_n\right)^2 \tag{8.49}$$

假如 $\hat{\sigma}_n^2$ 是小的,那麼觀察值高度聚集在 $\overline{X}_n$ 附近,因而我們可以有信心的說 $\overline{X}_n$ 接近於 $E[X]$。在另一方面,假如 $\hat{\sigma}_n^2$ 很大,那麼樣本是以 $\overline{X}_n$ 為中心做廣泛的散佈,如此一來我們沒有信心說 $\overline{X}_n$ 接近於 $E[X]$。在本節中我們介紹信賴區間(Confidence Intervals)的概念,它可以用一種不同的方式來解決此問題。

現在,不單只是找出單一數值來當作為參數(如,$E[X] = \mu$)的「估計」,我們還嘗試要指出一個區間或集合,該區間或集合有很高的機率包含該參數其真正的值。特別的是,我們可以指定某個高機率,譬如 $1-\alpha$,並丟出以下問題:求出一個區間 $[l(\mathbf{X}), u(\mathbf{X})]$ 使得

$$P\left[l(\mathbf{X}) \leq \mu \leq u(\mathbf{X})\right] = 1 - \alpha \tag{8.50}$$

換句話說，我們使用觀察到的資料來決定一個區間，藉由設計，它包含參數 μ 真的值的機率為 $1-\alpha$。我們稱這樣的一個區間為一個 $(1-\alpha) \times 100\%$ 的**信賴區間(confidence interval)**。

這個方式同時處理精確度的問題和一個估計的可信賴性。機率 $1-\alpha$ 是一致性的一個度量，它反應該區間包含想要參數的可信賴程度的一個度量：假如我們計算信賴區間非常多次，我們會發現大約有 $(1-\alpha) \times 100\%$ 的時間，計算出的區間會包含參數其真正的值。就是由於這個理由，$1-\alpha$ 被稱為是**信賴水準(confidence level)**。一個信賴區間的寬度是精確度的一個測量，使用它我們可以精確地點出一個參數的估計。信賴區間愈窄，我們愈可以準確地指出一個參數的估計。

在式(8.50)中的機率很清楚的取決於 X_j 的 pdf。在本節剩下的部份，我們討論 X_j 為 Gaussian 隨機變數時的信賴區間，或 X_j 可以被近似為 Gaussian 隨機變數時的信賴區間。我們將會使用以下的等價事件：

$$\left\{ -a \leq \frac{\overline{X}_n - \mu}{\sigma_X/\sqrt{n}} \leq a \right\} = \left\{ \frac{-a\sigma_X}{\sqrt{n}} \leq \overline{X}_n - \mu \leq \frac{a\sigma_X}{\sqrt{n}} \right\}$$

$$= \left\{ -\overline{X}_n - \frac{a\sigma_X}{\sqrt{n}} \leq -\mu \leq -\overline{X}_n + \frac{a\sigma_X}{\sqrt{n}} \right\}$$

$$= \left\{ \overline{X}_n - \frac{a\sigma_X}{\sqrt{n}} \leq \mu \leq \overline{X}_n + \frac{a\sigma_X}{\sqrt{n}} \right\}$$

最後那一個事件用觀察到的資料描述一個信賴區間，而第一個事件讓我們可以從取樣分佈計算機率。

8.4.1　情況 1：X_j 是 Gaussian；具未知的平均值和已知的變異量

假設 X_j 為 iid Gaussian 隨機變數，具未知的平均值 μ 和已知的變異量 σ_X^2。從範例 7.3 與式(7.17)和(7.18)可知，$\overline{X}_n$ 是一個 Gaussian 隨機變數具平均值 μ 和變異量 σ_X^2/n，因此

$$1 - 2Q(z) = P\left[-z \leq \frac{\overline{X}_n - \mu}{\sigma/\sqrt{n}} \leq z \right] = P\left[\overline{X}_n - \frac{z\sigma}{\sqrt{n}} \leq \mu \leq \overline{X}_n + \frac{z\sigma}{\sqrt{n}} \right] \tag{8.51}$$

式(8.51)指出了區間 $\left[\overline{X}_n - z\sigma/\sqrt{n}, \overline{X}_n + z\sigma/\sqrt{n} \right]$ 包含 μ 的機率為 $1-2Q(z)$。假如我們令 $z_{\alpha/2}$ 為使得 $\alpha = 2Q(z_{\alpha/2})$ 的臨界值，那麼對於平均值 μ 的 $(1-\alpha)$ 信賴區間為

$$\left[\overline{X}_n - z_{\alpha/2}\sigma/\sqrt{n}, \overline{X}_n + z_{\alpha/2}\sigma/\sqrt{n} \right] \tag{8.52}$$

在式(8.52)中的信賴區間取決於樣本平均值 $\overline{X}_n$，X_j 已知的變異量 σ_X^2，測量數 n，和信賴水準 $1-\alpha$。表 8.1 展示 z_α 值和典型 α 值之間的對應表。我們可以使用 Octave 函數 `normal_inv`$(1-\alpha/2, 0, 1)$ 來求出 $z_{\alpha/2}$。這個函數曾在範例 4.51 中介紹過。

當 X 不是 Gaussian，但是樣本數 n 很大時，假如中央極限定理此時適用的話，樣本平均值 $\overline{X}_n$ 將會近似於 Gaussian。因此假如 n 很大，那麼式(8.52)提供了一個優良的近似信賴區間。

範例 8.17　　估計在雜訊中的信號

一個電壓 X 為

$$X = v + N$$

其中 v 是一個未知的常數電壓值，而 N 是一個隨機雜訊電壓值。該雜訊有一個 Gaussian pdf，其平均值為 0 變異量為 $1\mu V$。求出 v 的 95% 信賴區間，假如電壓 X 被獨立的量測 100 次且樣本平均值被發現為 $5.25\ \mu V$。

從範例 4.17，我們知道電壓 X 是一個 Gaussian 隨機變數具平均值 v 和變異量 1。因此 100 次量測 X_1, X_2,…, X_{100} 為 iid Gaussian 隨機變數具平均值 v 和變異量 1。信賴區間是由式(8.52)所給定的，具 $z_{\alpha/2} = 1.96$：

$$\left[5.25 - \frac{1.96(1)}{10},\ 5.25 + \frac{1.96(1)}{10}\right] = [5.05, 5.45]$$

8.4.2　狀況 2：X_j 為 Gaussian；平均值和變異量均未知

假設 X_j 為 iid Gaussian 隨機變數具未知的平均值 μ 和未知的變異量 σ_x^2，我們希望求出對於平均值 μ 的一個信賴區間。假設我們在式(8.52)所給定的信賴區間中做一個明顯的事情，也就是把變異量 σ^2 換成它的估計，即在式(8.17)所給定的樣本變異量 $\hat{\sigma}_n^2$：

$$\left[\overline{X}_n - \frac{t\hat{\sigma}_n}{\sqrt{n}},\ \overline{X}_n + \frac{t\hat{\sigma}_n}{\sqrt{n}}\right] \tag{8.53}$$

在式(8.53)中區間的機率為

$$P\left[-t \le \frac{\overline{X}_n - \mu}{\hat{\sigma}_n/\sqrt{n}} \le t\right] = P\left[\overline{X}_n - \frac{t\hat{\sigma}_n}{\sqrt{n}} \le \mu \le \overline{X}_n + \frac{t\hat{\sigma}_n}{\sqrt{n}}\right] \tag{8.54}$$

在式(8.54)中所牽涉到的隨機變數為

$$T = \frac{\overline{X}_n - \mu}{\hat{\sigma}_n/\sqrt{n}} \tag{8.55}$$

在本節的末端，我們將證明 T 有一個 Student's t-分佈(Student's t-distribution)[4] 具 $n-1$ 個自由度：

---

[4]　這個分佈的命名是為了紀念 W. S. Gosset，他發表此篇文章的所用的匿名為 "A. Student"。

$$f_{n-1}(y) = \frac{\Gamma(n/2)}{\Gamma((n-1)/2)\sqrt{\pi(n-1)}}\left(1+\frac{y^2}{n-1}\right)^{-n/2} \tag{8.56}$$

令 $F_{n-1}(y)$ 為對應到 $f_{n-1}(y)$ 的 cdf，那麼在式(8.54)中的機率為

$$\begin{aligned}P\left[\overline{X}_n - \frac{t\hat{\sigma}_n}{\sqrt{n}} \le \mu \le \overline{X}_n + \frac{t\hat{\sigma}_n}{\sqrt{n}}\right] &= \int_{-t}^{t} f_{n-1}(y)\,dy = F_{n-1}(t) - F_{n-1}(-t)\\ &= F_{n-1}(t) - (1 - F_{n-1}(t))\\ &= 2F_{n-1}(t) - 1 = 1 - \alpha\end{aligned} \tag{8.57}$$

其中我們使用的事實為 $f_{n-1}(y)$ 對稱於 y = 0。為了要獲得一個具信賴水準 $1-\alpha$ 的信賴區間，我們需要求出臨界值 $t_{\alpha/2, n-1}$ 使得 $1-\alpha = 2F_{n-1}(t_{\alpha/2, n-1}) - 1$，或等價地說，$F_{n-1}(t_{\alpha/2, n-1}) = 1 - \alpha/2$。對於平均值 μ，$(1-\alpha)\times 100\%$ 的信賴區間為

$$\left[\overline{X}_n - t_{\alpha/2, n-1}\hat{\sigma}_n/\sqrt{n},\ \overline{X}_n + t_{\alpha/2, n-1}\hat{\sigma}_n/\sqrt{n}\right] \tag{8.58}$$

在式(8.58)中的信賴區間取決於樣本平均值 $\overline{X}_n$，樣本變異量 $\hat{\sigma}_n^2$，測量數 n，和 α。表 8.2 展示了典型的 α 和 n 值所對應的 $t_{\alpha, n}$ 值。Octave 函數 t_inv$(1-\alpha/2, n-1)$ 可以被使用來求出 $t_{\alpha/2, n-1}$ 的值。

表 8.2　Student's t-分佈的臨界值：$F_n(t_{\alpha, n}) = 1 - \alpha$

n	α				
	0.1	0.05	0.025	0.01	0.005
1	3.0777	6.3137	12.7062	31.8210	63.6559
2	1.8856	2.9200	4.3027	6.9645	9.9250
3	1.6377	2.3534	3.1824	4.5407	5.8408
4	1.5332	2.1318	2.7765	3.7469	4.6041
5	1.4759	2.0150	2.5706	3.3649	4.0321
6	1.4398	1.9432	2.4469	3.1427	3.7074
7	1.4149	1.8946	2.3646	2.9979	3.4995
8	1.3968	1.8595	2.3060	2.8965	3.3554
9	1.3830	1.8331	2.2622	2.8214	3.2498
10	1.3722	1.8125	2.2281	2.7638	3.1693
15	1.3406	1.7531	2.1315	2.6025	2.9467
20	1.3253	1.7247	2.0860	2.5280	2.8453
30	1.3104	1.6973	2.0423	2.4573	2.7500
40	1.3031	1.6839	2.0211	2.4233	2.7045
60	1.2958	1.6706	2.0003	2.3901	2.6603
1000	1.2824	1.6464	1.9623	2.3301	2.5807

對一個給定的 $1-\alpha$，由式(8.58)所給定的信賴區間應該會比由式(8.52)所給定的信賴區間要寬，因為前者假設變異量是未知的。圖 8.2 比較了 Gaussian pdf 和 Student's t pdf。我們可以看到 Student's t pdf 比 Gaussian pdf 更為散開，所以它們真的會導致更寬的信賴區間。在另一方面，因為樣本變異量的精確度會隨 n 變大而遞增，我們可以預期由式(8.58)所給定的信賴區

間應該會趨近於由式(8.52)所給定的信賴區間。從圖 8.2 我們可以看到若遞增 n，Student's t pdf 會更趨近於一個 0 平均值，單一變異量 Gaussian 隨機變數的 pdf。這個確認了式(8.52)和(8.58) 在大 n 時會給出相同的信賴區間。因此表 8.2 的最後一列($n=1000$)產生和表 8.1 相同的信賴區間。

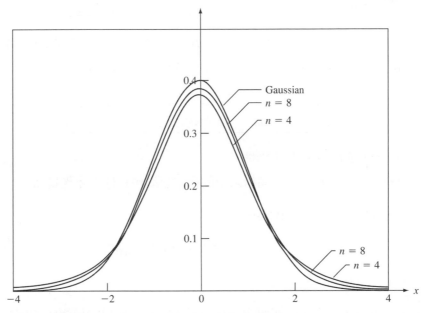

圖 8.2　Gaussian pdf 與 $n=4$ 和 $n=8$ 的 Student's t pdf

範例 8.18　**裝置生命期**

一個特定裝置的生命期已知是一個 Gaussian 分佈。8 個裝置被測試，對於生命期我們獲得的樣本平均值和樣本變異量分別為 10 天和 4 天平方。求出該裝置生命期的平均值其 99% 的信賴區間。

　　對於一個 99% 的信賴區間和 $n-1=7$，查表 8.2 可得 $t_{\alpha/2,7}=3.499$。因此信賴區間為

$$\left[10-\frac{(3.499)(2)}{\sqrt{8}},\ 10+\frac{(3.499)(2)}{\sqrt{8}}\right]=[7.53,\ 12.47]$$

8.4.3　狀況 3：X_j 是非 Gaussian 的；平均值和變異量均未知

在實驗測量和在電腦模擬研究中，式(8.58)可能會被誤用來計算信賴區間。只有在樣本 X_j 為 iid 且近似於 Gaussian 時，使用它才對。

　　假如隨機變數 X_j 不是 Gaussian，上述計算信賴區間的方法可以使用**批次平均法(method of batch means)**來做修正。這個方法牽涉到執行一連串的獨立實驗，在其中我們計算隨機變數的樣本平均值 $\overline{X}$。假如我們假設在每一個實驗中，每一個樣本平均值是從 n 個 iid 觀察那兒計算

出來的，n 是一個大數，那麼由中央極限定理可知樣每一次實驗的樣本平均值近似於 Gaussian。因此，我們可以用式(8.58)計算一個信賴區間，只是現在的 X_j 要改成使用 $\overline{X}$ 的集合，也就是樣本平均值的集合。

範例 8.19　批次平均法

一個電腦模擬程式產生指數型態隨機變數，具未知的平均值。這隨機變數的 200 個樣本被產生，並分成 10 組，每組 20 個樣本。每組的樣本平均值被計算出如下：

1.04190	0.64064	0.80967	0.75852	1.12439
1.30220	0.98478	0.64574	1.39064	1.26890

求出該隨機變數平均值的 90% 的信賴區間。

從以上的資料，用分組樣本平均值所求出的樣本平均值和樣本變異量為

$$\overline{X}_{10} = 0.99674 \qquad \hat{\sigma}_{10}^{2} = 0.07586$$

查表 8.2，可得 $t_{\alpha/2,9} = 1.833$，由式(8.58)所給定的 90% 的信賴區間為：

$$[0.83709, \quad 1.15639]$$

這個信賴區間暗示我們 $E[X] = 1$。事實上，產生以上資料所使用的模擬程式確實是產生平均值為 1 的指數型態隨機變數的程式。

8.4.4　一個 Gaussian 隨機變數變異量的信賴區間

理論上，對於任何參數 θ，只要該參數的估計量的取樣分佈已知，就可以計算出信賴區間。假設我們希望求出一個 Gaussian 隨機變數變異量的信賴區間。假設平均值未知。考慮不偏樣本變異量估計量：

$$\hat{\sigma}_n^{2} = \frac{1}{n-1}\sum_{j=1}^{n}\left(X_j - \overline{X}_n\right)^2$$

在本節的稍後，我們將證明

$$\chi^2 = \frac{(n-1)\hat{\sigma}_n^{2}}{\sigma_X^{2}} = \frac{1}{\sigma_X^{2}}\sum_{j=1}^{n}\left(X_j - \overline{X}_n\right)^2$$

有一個卡方分佈具 $n-1$ 個自由度。我們使用這個來發展一個 Gaussian 隨機變數變異量的信賴區間。

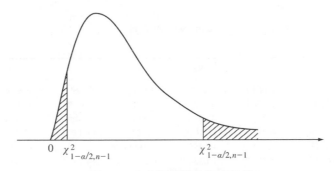

圖 8.3 卡方隨機變數的臨界值

卡方隨機變數曾在範例 4.34 中介紹過。我們很容易證明(參見習題 8.5a)n 個 iid 零平均值，單一變異量 Gaussian 隨機變數的平方和是一個卡方分佈具 n 個自由度。圖 8.3 展示了一個具 10 個自由度的卡方隨機變數的 pdf。我們需要求出一個區間，它包含眞正的 σ_X^2 的機率為 $1-\alpha$。我們選擇兩個區間，一個是給小的 χ^2 值，一個是給大的 χ^2 值，每一個都有機率 $\alpha/2$，如在圖 8.3 所示：

$$1-\alpha = P\left[\chi_{1-\alpha/2,n-1}^2 < \frac{(n-1)}{\sigma_X^2}\hat{\sigma}_n^2 < \chi_{\alpha/2,n-1}^2 \right]$$

$$= 1 - P\left[\chi_n^2 \leq \chi_{1-\alpha/2,n-1}^2 \right] - P\left[\chi_n^2 > \chi_{\alpha/2,n-1}^2 \right]$$

以上的機率等價為：

$$1-\alpha = P\left[\frac{(n-1)\hat{\sigma}_n^2}{\chi_{\alpha/2,n-1}^2} \leq \sigma_X^2 \leq \frac{(n-1)\hat{\sigma}_n^2}{\chi_{1-\alpha/2,n-1}^2} \right]$$

所以，我們得到變異量 σ_X^2 的 $(1-\alpha)$ 的信賴區間：

$$\left[\frac{(n-1)\hat{\sigma}_n^2}{\chi_{\alpha/2,n-1}^2}, \frac{(n-1)\hat{\sigma}_n^2}{\chi_{1-\alpha/2,n-1}^2} \right] \tag{8.59}$$

對於臨界值 $\chi_{\alpha/2,n-1}^2$ 可以使得

$$P\left[\chi_n^2 > \chi_{\alpha/2,n-1}^2 \right] = \alpha/2$$

的表可以在統計值手冊，如[Kokoska]中看到。表 8.3 提供了一小部分的卡方分佈臨界值。這些值也可以使用 Octave 函數 chisquare_inv$(1-\alpha/2, n)$ 求出。

表 8.3 卡方分佈的臨界值，$P\left[\chi_n^2 > \chi_{\alpha,n-1}^2\right] = \alpha$

$n\backslash\alpha$	0.995	0.975	0.95	0.05	0.025	0.01	0.005
1	3.9271E-05	0.0010	0.0039	3.8415	5.0239	6.6349	7.8794
2	0.0100	0.0506	0.1026	5.9915	7.3778	9.2104	10.5965
3	0.0717	0.2158	0.3518	7.8147	9.3484	11.3449	12.8381
4	0.2070	0.4844	0.7107	9.4877	11.1433	13.2767	14.8602
5	0.4118	0.8312	1.1455	11.0705	12.8325	15.0863	16.7496
6	0.6757	1.2373	1.6354	12.5916	14.4494	16.8119	18.5475
7	0.9893	1.6899	2.1673	14.0671	16.0128	18.4753	20.2777
8	1.3444	2.1797	2.7326	15.5073	17.5345	20.0902	21.9549
9	1.7349	2.7004	3.3251	16.9190	19.0228	21.6660	23.5893
10	2.1558	3.2470	3.9403	18.3070	20.4832	23.2093	25.1881
11	2.6032	3.8157	4.5748	19.6752	21.9200	24.7250	26.7569
12	3.0738	4.4038	5.2260	21.0261	23.3367	26.2170	28.2997
13	3.5650	5.0087	5.8919	22.3620	24.7356	27.6882	29.8193
14	4.0747	5.6287	6.5706	23.6848	26.1189	29.1412	31.3194
15	4.6009	6.2621	7.2609	24.9958	27.4884	30.5780	32.8015
16	5.1422	6.9077	7.9616	26.2962	28.8453	31.9999	34.2671
17	5.6973	7.5642	8.6718	27.5871	30.1910	33.4087	35.7184
18	6.2648	8.2307	9.3904	28.8693	31.5264	34.8052	37.1564
19	6.8439	8.9065	10.1170	30.1435	32.8523	36.1908	38.5821
20	7.4338	9.5908	10.8508	31.4104	34.1696	37.5663	39.9969
21	8.0336	10.2829	11.5913	32.6706	35.4789	38.9322	41.4009
22	8.6427	10.9823	12.3380	33.9245	36.7807	40.2894	42.7957
23	9.2604	11.6885	13.0905	35.1725	38.0756	41.6383	44.1814
24	9.8862	12.4011	13.8484	36.4150	39.3641	42.9798	45.5584
25	10.5196	13.1197	14.6114	37.6525	40.6465	44.3140	46.9280
26	11.1602	13.8439	15.3792	38.8851	41.9231	45.6416	48.2898
27	11.8077	14.5734	16.1514	40.1133	43.1945	46.9628	49.6450
28	12.4613	15.3079	16.9279	41.3372	44.4608	48.2782	50.9936
29	13.1211	16.0471	17.7084	42.5569	45.7223	49.5878	52.3355
30	13.7867	16.7908	18.4927	43.7730	46.9792	50.8922	53.6719
40	20.7066	24.4331	26.5093	55.7585	59.3417	63.6908	66.7660
50	27.9908	32.3574	34.7642	67.5048	71.4202	76.1538	79.4898
60	35.5344	40.4817	43.1880	79.0820	83.2977	88.3794	91.9518
70	43.2753	48.7575	51.7393	90.5313	95.0231	100.4251	104.2148
80	51.1719	57.1532	60.3915	101.8795	106.6285	112.3288	116.3209
90	59.1963	65.6466	69.1260	113.1452	118.1359	124.1162	128.2987
100	67.3275	74.2219	77.9294	124.3421	129.5613	135.8069	140.1697

範例 8.20 樣本變異量

一個雜訊電壓在 10 次測量之後所得的樣本變異量爲 5.67 毫伏特。對於變異量求出一個 90% 的信賴區間。我們需要求出 $\alpha/2 = 0.05$ 和 $1 - \alpha/2 = 0.95$ 的臨界值。查表 8.3 或由 Octave 我們可得：

chisquare inv $(.95, 9) = 16.92$ 　　　　　　chisquare_inv $(.05, 9) = 3.33$ 。

對於變異量的信賴區間則爲：

$$\left[\frac{(n-1)\hat{\sigma}_n^2}{\chi_{\alpha/2,n-1}^2} \le \sigma_X^2 \le \frac{(n-1)\hat{\sigma}_n^2}{\chi_{1-\alpha/2,n-1}^2}\right] = \left[\frac{9(5.67)}{16.92} \le \sigma_X^2 \le \frac{9(5.67)}{3.33}\right] = [3.02, 15.32]$$

8.4.5　Gaussian 隨機變數信賴區間的總結

在本節中，我們對 Gaussian 隨機變數的平均值和變異量發展其信賴區間。信賴區間選擇的方式取決於那些參數是已知的，以及樣本數是大的還是小的。中央極限定理使得在這裡所提出的信賴區間可以廣泛地應用在許多不同的情況中。表 8.4 總結了在本節中所發展出的信賴區間。每一種狀況的前提假設和其對應的信賴區間都有列出。

表 8.4　Gaussian 和非 Gaussian 隨機變數信賴區間的總結

參數	狀況	信賴區間
μ	Gaussian 隨機變數，σ^2 已知	$\left[\overline{X}_n - z_{\alpha/2}\sigma/\sqrt{n},\ \overline{X}_n + z_{\alpha/2}\sigma/\sqrt{n}\right]$
μ	非 Gaussian 隨機變數，n 大，σ^2 已知	$\left[\overline{X}_n - z_{\alpha/2}\sigma/\sqrt{n},\ \overline{X}_n + z_{\alpha/2}\sigma/\sqrt{n}\right]$
μ	Gaussian 隨機變數，σ^2 未知	$\left[\overline{X}_n - t_{\alpha/2,n-1}\hat{\sigma}_n/\sqrt{n},\ \overline{X}_n + t_{\alpha/2,n-1}\hat{\sigma}_n/\sqrt{n}\right]$
μ	非 Gaussian 隨機變數，σ^2 未知，批次平均值	$\left[\overline{X}_n - t_{\alpha/2,n-1}\hat{\sigma}_n/\sqrt{n},\ \overline{X}_n + t_{\alpha/2,n-1}\hat{\sigma}_n/\sqrt{n}\right]$
σ^2	Gaussian 隨機變數，μ 未知	$\left[\dfrac{(n-1)\hat{\sigma}_n^2}{\chi^2_{\alpha/2,n-1}},\ \dfrac{(n-1)\hat{\sigma}_n^2}{\chi^2_{1-\alpha/2,n-1}}\right]$

*8.4.6　Gaussian 隨機變數的取樣分佈

在這一節中，我們推導 Gaussian 隨機變數的樣本平均值和樣本變異量的聯合取樣分佈。考慮一個 Gaussian 隨機變數具平均值 μ 和變異量 σ_X^2。令 $\mathbf{X}_n = (X_1, X_2,..., X_n)$ 為它的獨立的，具完全相同分佈的 n 個版本。我們將會發展以下的結果：

1. 樣本平均值 $\overline{X}_n$ 和樣本變異量 $\hat{\sigma}_n^2$ 為獨立的隨機變數：

$$\overline{X}_n = \frac{1}{n}\sum_{j=1}^{n} X_j \quad 和 \quad \hat{\sigma}_n^2 = \frac{1}{n-1}\sum_{j=1}^{n}\left(X_j - \overline{X}_n\right)^2$$

2. 隨機變數 $(n-1)\hat{\sigma}_n^2/\sigma_X^2$ 為一個具 $n-1$ 個自由度的卡方分佈。

3. 統計值

$$W = \frac{\overline{X}_n - \mu}{\hat{\sigma}_n/\sqrt{n}} \tag{8.60}$$

有一個 Student's t-分佈。

對於 Gaussian 分佈觀察值的平均值和變異量，若要發展其信賴區間，這 3 個結果是有需要的。

首先我們證明樣本平均值 $\overline{X}_n$ 和樣本變異量 $\hat{\sigma}_n^2$ 為獨立的隨機變數。對於樣本平均值我們有

$$n\overline{X}_n = \sum_{j=1}^{n} X_j = \sum_{j=1}^{n-1} X_j + X_n$$

它意味著

$$X_n - \overline{X}_n = (n-1)\overline{X}_n - \sum_{j=1}^{n} X_j = -\sum_{j=1}^{n-1}\left(X_j - \overline{X}_n\right)$$

把 $\hat{\sigma}_n^2$ 的總和公式中的最後那一項做替換，我們得到

$$(n-1)\hat{\sigma}_n^2 = \sum_{j=1}^{n}\left(X_j - \overline{X}_n\right)^2 = \sum_{j=1}^{n}\left(X_j - \overline{X}_n\right)^2 + \left\{\sum_{j=1}^{n}\left(X_j - \overline{X}_n\right)\right\}^2 \tag{8.61}$$

因此 $\hat{\sigma}_n^2$ 是由 $Y_i = X_i - \overline{X}_n$，$i=1,\ldots,n-1$ 所決定的。

接下來我們證明 $\overline{X}_n$ 和 $Y_i = X_i - \overline{X}_n$ 是不相關的：

$$\begin{aligned}
E\left[\overline{X}_n\left(X_i - \overline{X}_n\right)\right] &= E\left[\overline{X}_n X_i\right] - E\left[\overline{X}_n^2\right] \\
&= E\left[\frac{1}{n}\sum_{j=1}^{n} E\left[X_j X_i\right]\right] - \frac{1}{n^2}\sum_{j=1}^{n}\sum_{i=1}^{n} E\left[X_j X_i\right] \\
&= \frac{1}{n}\left[(n-1)\mu^2 + E\left[X^2\right] - \frac{1}{n}\left\{n(n-1)\mu^2 + nE\left[X^2\right]\right\}\right] \\
&= 0 \tag{8.62}
\end{aligned}$$

定義 $n-1$ 維向量 $\mathbf{Y} = \left(X_1 - \overline{X}_n, X_2 - \overline{X}_n, \ldots, X_{n-1} - \overline{X}_n\right)$，那麼 $\mathbf{Y}$ 和 $\overline{X}_n$ 為不相關的。而且，$\mathbf{Y}$ 和 $\overline{X}_n$ 是藉由以下的線性轉換來定義的：

$$\begin{aligned}
Y_1 &= X_1 - \overline{X}_n = (1-1/n)X_1 & -X_2 - \cdots & & -X_n \\
Y_2 &= X_2 - \overline{X}_n = & -X_1 + (1-1/n)X_2 - \cdots & & -X_n \\
&\vdots \\
Y_{n-1} &= X_{n-1} - \overline{X}_n = & -X_1 \quad - X_2 - \cdots & +(1-1/n)X_{n-1} & -X_n \\
Y_n &= \overline{X}_n = X_1/n & + X_2/n + \cdots & & + X_n/n
\end{aligned} \tag{8.63}$$

前 $n-1$ 個方程式對應到在 $\mathbf{Y}$ 中的項而最後那一個方程式對應到 $\overline{X}_n$。我們已經證明了 $\mathbf{Y}$ 和 $\overline{X}_n$ 被定義為聯合 Gaussian 隨機變數 $\mathbf{X}_n = (X_1, X_2, \ldots, X_n)$ 的一個線性轉換。所以 $\mathbf{Y}$ 和 $\overline{X}_n$ 也是聯合 Gaussian。接下來的事實為 $\mathbf{Y}$ 的元素和 $\overline{X}_n$ 不相關意味著 $\mathbf{Y}$ 的元素和 $\overline{X}_n$ 為獨立的。從式(8.61) 可知 $\hat{\sigma}_n^2$ 完全由 $\mathbf{Y}$ 的元素來決定，所以我們可以判定 $\hat{\sigma}_n^2$ 和 $\overline{X}_n$ 為獨立的隨機變數。

我們現在證明 $(n-1)\hat{\sigma}_n^2/\sigma_X^2$ 有一個卡方分佈，具 $n-1$ 個自由度。使用式(8.15)，我們可以把 $(n-1)\hat{\sigma}_n^2$ 表示成：

$$(n-1)\hat{\sigma}_n^2 = \sum_{j=1}^{n}\left(X_j - \overline{X}_n\right)^2 = \sum_{j=1}^{n}\left(X_j - \mu\right)^2 - n\left(\overline{X}_n - \mu\right)^2$$

兩邊都除以 $\sigma_X{}^2$，然後可以重新整理如下：

$$\sum_{j=1}^{n}\left(\frac{X_j-\mu}{\sigma_X}\right)^2=\frac{(n-1)\hat{\sigma}_n{}^2}{\sigma_X{}^2}+\left(\frac{\overline{X}_n-\mu}{\sigma_X/\sqrt{n}}\right)^2$$

以上式子的左邊是 n 個 0 平均值，單一變異量獨立的 Gaussian 隨機變數的平方和。從習題 7.6 我們知道這個和是一個卡方隨機變數具 n 個自由度。上式中最右邊的那一項是一個 0 平均值，單一變異量 Gaussian 隨機變數的平方，因此它是一個卡方隨機變數具 1 個自由度。最後，在右手邊的那兩個項是獨立的隨機變數，因爲一個取決於樣本變異量而另外一個取決於樣本平均值。令 $\Phi(\omega)$ 表示樣本變異量那項的特徵函數。使用特徵函數，上式變成：

$$\left(\frac{1}{1-2j\varpi}\right)^{n/2}=\Phi_n(\omega)=\Phi(\omega)\Phi_1(\omega)=\Phi(\omega)\left(\frac{1}{1-2j\varpi}\right)^{1/2}$$

其中我們有使用 n 個自由度卡方隨機變數和 1 個自由度卡方隨機變數的表示式。我們最後可以解出 $(n-1)\hat{\sigma}_n{}^2/\sigma_X{}^2$ 的特徵函數：

$$\Phi(\omega)=\left(\frac{1}{1-2j\varpi}\right)^{(n-1)/2}$$

我們可以總結 $(n-1)\hat{\sigma}_n{}^2/\sigma_X{}^2$ 是一個卡方隨機變數具 $n-1$ 個自由度。

最後，我們考慮如下統計值：

$$T=\frac{\overline{X}_n-\mu}{\hat{\sigma}_n/\sqrt{n}}=\frac{\sqrt{n}\left(\overline{X}_n-\mu\right)/\sigma_X}{\sqrt{\hat{\sigma}_n{}^2/\sigma_X{}^2}}=\frac{\left(\overline{X}_n-\mu\right)/\left(\sigma_X/\sqrt{n}\right)}{\sqrt{\left\{(n-1)\hat{\sigma}_n{}^2/\sigma_X{}^2\right\}/(n-1)}} \tag{8.64}$$

在式(8.64)中的分子是一個 0 平均值，單一變異量 Gaussian 隨機變數。我們剛剛才證明過 $\left\{(n-1)\hat{\sigma}_n{}^2/\sigma_X{}^2\right\}$ 是一個具 $n-1$ 個自由度的卡方。在以上表示式的分母和分子爲獨立的隨機變數，因爲一個取決於樣本變異量而另外一個取決於樣本平均值。在範例 6.14 中，我們曾證明過在給定這些條件下，T 有一個 Student's t-分佈具 $n-1$ 個自由度。

8.5 假設檢定

在某些狀況中，基礎於一組隨機樣本 $\mathbf{X}_n$，我們對檢定有關於一個母體的一個主張感興趣。這個主張是以一種假設的形式來陳述的，該假設和 X 的潛在分佈有關。檢定的目標就是基礎於觀察到的資料 $\mathbf{X}_n$ 來接受(accept)或棄卻(reject)該假設。像這樣的主張的例子有：

- 一個給定的硬幣是公正的。
- 一個新的製造過程產生「新的且改良的」電池，該電池可撐更久的時間。
- 兩個隨機雜訊信號有相同的平均值。

我們首先考慮顯著性檢定(significance testing)，其中的目標為接受或棄卻一個給定的「虛無(null)」假設 H_0。接下來，我們考慮 H_0 的檢定對抗一個對立假設(alternative hypothesis) H_1 的檢定。我們發展判定規則來決定每一個檢定的結果，和介紹一些準則來評估這些判定規則的合適度或品質。

在這一節中，我們使用傳統的方式來做假設檢定，其中我們假設一個分佈其參數是未知的但是並不隨機。在接下來章節中，我們使用 Bayesian 模型，其中分佈的參數為隨機變數，但已事先知道它的機率模型。

8.5.1 顯著性檢定

假設我們希望檢定一個假設，該假設主張某個給定的硬幣是公平的。我們投擲該硬幣 100 次並觀察出現正面的次數 N。基礎於此一 N 值，我們必須判定是否要接受或棄卻該假設。本質上，我們需要把硬幣投擲可能的結果集合 $\{0, 1,..., 100\}$ 分割成 2 個數值的集合，對於其中一個集合我們接受該假設，對於另一個集合我們棄卻該假設。假如硬幣是公平的，我們預期 N 的值會接近 50，所以我們把接近 50 的數包含在接受該假設的集合中。但是到底是要從哪一個數值開始我們要棄卻該假設？把觀察空間分割成兩個區域的方式有很多，很清楚的我們需要某些準則來引導我們做此一分割。

在一般的情況中，我們希望檢定一個假設 H_0，該假設是有關於隨機變數 X 的一個參數 θ。我們稱 H_0 為**虛無假設(null hypothesis)**。**顯著性檢定(siginificance test)** 的目標就是基礎於觀察到的隨機樣本 $\mathbf{X}_n = (X_1, X_2,..., X_n)$ 來接受或棄卻該虛無假設。特別的是，假如虛無假設是真的話，觀察到的資料 $\mathbf{X}_n$ 是否顯著地不同於我們所預期的情況？這點我們特別的感興趣。為了要指定一個判定規則，我們把觀察空間分割成一個**棄卻域(rejection region)** $\widetilde{R}$ [或稱**臨界域(critical region)**] 和一個**接受域(acceptance region)** $\widetilde{R}^c$：其中在前者我們棄卻該假設，而在後者我們接受該假設。**判定規則(decision rule)** 為：

$$接受 H_0 \quad 假如 \quad \mathbf{X}_n \in \widetilde{R}^c$$
$$棄卻 H_0 \quad 假如 \quad \mathbf{X}_n \in \widetilde{R} \tag{8.65}$$

當執行這個判定規則時，兩種型態的誤差可能會發生：

型 I 誤差(Type I error)：當 H_0 為真時，卻棄卻 H_0
型 II 誤差(Type II error)：當 H_0 為假時，卻接受 H_0 $\tag{8.66}$

假如該假設是真的，則我們可以計算型 I 誤差的機率：

$$\alpha \triangleq P[型\ I\ 誤差] = \int_{\mathbf{x}_n \in \widetilde{R}} f_{\mathbf{X}}(\mathbf{x}_n | H_0)\ d\mathbf{x}_n \tag{8.67}$$

假如虛無假設是假的，我們沒有有關於 $\mathbf{X}_n$ 其真正分佈的資訊，因此我們無法計計算型 II 誤差的機率。

我們稱 α 爲一個檢定的顯著水準(significance level)，這個值代表我們對型 I 誤差的容忍度，也就是說，對棄卻 H_0 但事實上它卻是真的這種錯誤的容忍度。一個檢定的顯著水準爲檢定提供了一個重要的設計準則。明白的說，棄卻域的選擇必需使得型 I 誤差的機率不大於一個指定的水準 α。α 的典型值爲 1%和 5%。

<hr>

範例 8.21 **檢定一個公正的硬幣**

考慮 H_0 的顯著性檢定：硬幣是公正的，也就是說，$p = 1/2$。在顯著水準 5%的情況下，求出一個檢定。

投擲該硬幣 100 次後，我們計算出現正面的次數 N。爲了求出棄卻域 $\tilde{R}$，我們需要指定 $S = \{0, 1, \ldots, n\}$ 的一個子集合，當硬幣是公正時，該子集合的機率爲 α。舉例來說，我們可以令 $\tilde{R}$ 爲落在範圍 $50 \pm c$ 之外的整數集合：

$$\alpha = 0.05 = 1 - P\left[50 - c \leq N \leq 50 + c \mid H_0\right]$$

$$= 1 - \sum_{j=50-c}^{50+c} \binom{100}{j}\left(\frac{1}{2}\right)^{100} \approx P\left[\left|\frac{N - 50}{\sqrt{100(1/2)(1/2)}}\right| > c\right] = 2Q\left(\frac{c}{5}\right)$$

其中我們使用 Gaussian 來近似二項 cdf。雙邊臨界值爲 $z_{0.025} = 1.96$，其中 $Q(z_{0.025}) = 0.05/2 = 0.025$。$c$ 的值則爲 $c/5 = 1.96$，它給出了 $c=10$ 所以接受域爲 $\tilde{R}^c = \{40, 41, \ldots, 60\}$，而棄卻域爲 $\tilde{R} = \{k : |k - 50| > 10\}$。

然而，請注意 $\tilde{R}$ 的選擇不是唯一的。若欲滿足想要的顯著水準，我們可以令 $\tilde{R}$ 爲大於 $50+c$ 的整數。

$$0.05 = P\left[N \geq 50 + c \mid H_0\right] \approx P\left[\frac{N - 50}{5} \geq \frac{c}{5}\right] = Q\left(\frac{c}{5}\right)$$

臨界值爲 $z_{0.05} = 1.64$，其中 $Q(z_{0.05}) = 0.05$。c 的值則爲 $c = 5 \times 1.64 \approx 8$，所以接受域爲 $\tilde{R}^c = \{0, 1, \ldots, 58\}$，而棄卻域爲 $\tilde{R} = \{k > 58\}$。

以上的這兩種棄卻域選擇都滿足顯著水準的要求。直覺上，我們有理由去相信棄卻域的雙邊選擇較爲適當，因爲就判斷硬幣的公正性而言，往高端或低端的偏移很明顯指出的都是不公正的狀況。然而，我們需要額外的準則來正當化這個雙邊選擇。

<hr>

在前一個範例中，棄卻域可以用分佈的雙尾(two tails)或單尾(one tail)來定義。我們稱一個檢定是雙尾的或是雙邊的假如它包含兩個尾巴，也就是說，棄卻域是由兩個區間所構成的。類似地，若我們稱一個檢定是單尾或是單邊時，它的棄卻域是由單一區間所構成的。

範例 8.22　檢定一個改良的電池

一個製造商宣稱它新改良的電池有一個較長的生命期。舊的電池已知其生命期為 Gaussian 分佈具平均值 150 小時和變異量 16。我們量測 9 個新電池的生命期，並獲得一個樣本平均值 155 小時。我們假設新電池生命期的變異量沒有改變。在顯著水準 1% 的情況下，求出一個檢定。

令 H_0 為「電池生命期沒有改變」。假如 H_0 是真的，那麼樣本平均值 $\overline{X}_9$ 是 Gaussian，具平均值 150 和變異量 16/9。假如樣本平均值很明顯的大於 150 的話，我們棄卻此一虛無假設。這個導致一個單邊檢定的形式 $\tilde{R}=\left\{\overline{X}_9>150+c\right\}$。我們選擇常數 c 來達到想要的顯著水準：

$$\alpha = 0.01 = P\left[\hat{X}_9>150+c|H_0\right]=P\left[\frac{\overline{X}_9-150}{\sqrt{16/9}}>\frac{c}{\sqrt{16/9}}\right]=Q\left(\frac{c}{4/3}\right)$$

臨界值 $z_{0.01}=2.326$ 對應到 $Q(z_{0.01})=0.01=\alpha$。因此 $3c/4=2.326$，即 $c=3.10$。棄卻域則為 $\overline{X}_9 \geq 150+3.10=153.10$。觀察到的樣本平均值 155 是在棄卻域中，所以我們棄卻虛無假設。所得資料告訴我們生命期確實有改善。

假設檢定的另一種處理方式並不事先設定顯著水準值 α，因此不是用一個棄卻域來做判定的。而是，基礎於觀察到的值，例如 $\overline{X}_n$，我們問以下問題：「假設 H_0 是真的，統計值比起 $\overline{X}_n$ 會和它一樣極端或更為極端的機率為何？」我們稱這個機率為**檢定統計值的 p-值(p-value of the test statistic)**。假如 $p\left(\overline{X}_n\right)$ 接近 1，那麼我們沒有理由棄卻虛無假設，但是假如 $p\left(\overline{X}_n\right)$ 是很小的，那麼我們有理由棄卻虛無假設。

舉例來說，在範例 8.22 中，$n=9$ 個電池的樣本平均值 155 小時所產生的 p-值為：

$$P\left[\hat{X}_9>155|H_0\right]=P\left[\frac{\hat{X}_9-150}{\sqrt{16/9}}>\frac{5}{\sqrt{16/9}}\right]=Q\left(\frac{5}{4/3}\right)=8.84\times10^{-5}$$

請注意前述 153.10 所產生的 p-值為 0.01。155 所產生的 p-值要更小得多，所以很清楚的，在 1% 的水準下，這個觀察要求棄卻虛無假設；甚至在較低的水準下，這個觀察依然要求棄卻虛無假設。

8.5.2　檢定簡單的假設

基礎於觀察到的資料，一個假設檢定會牽涉到 2 個或更多個假設的檢定。我們將會聚焦在二元假設的狀況：其中我們檢定一個虛無假設 H_0 對抗一個**對立假設 (alternative hypothesis)** H_1。檢定的結果為：接受 H_0；或棄卻 H_0 和接受 H_1。一個**簡單的假設(simple hypothesis)**是指我們可詳盡地指出其伴隨的分佈。假如分佈並不能完全地指出(如，一個 Gaussian pdf 具平均值 0 和未知的變異量)，那麼我們稱我們有一個**複合的假設(composite**

hypothesis)。我們首先考慮檢定兩個簡單的假設。這個狀況經常出現在電機工程通訊系統的環境中。

當對立假設是簡單的假設時，我們可以計算型 II 誤差的機率，也就是說，當 H_1 是真的時，接受 H_0 的機率。

$$\beta \triangleq P[\text{型 II 誤差}] = \int_{\mathbf{x}_n \in \tilde{R}^c} f_{\mathbf{X}}\left(\mathbf{X}_n | H_1\right) d\mathbf{X}_n \tag{8.68}$$

在設計一個假設檢定時，型 II 誤差的機率提供我們第二種準則。

範例 8.23　雷達偵測問題

一個雷達系統需要分辨一個目標是出現還是不存在。我們提出以下簡單的二元假設檢定，基礎於接收到的信號 X：

H_0：　無目標出現，X 是 Gaussian，$\mu = 0$ 且 $\sigma_X^2 = 1$

H_1：　有目標出現，X 是 Gaussian，$\mu = 1$ 且 $\sigma_X^2 = 1$

不像顯著性檢定的情況，兩種假設其觀察的 pdf 都給定了：

$$f_X\left(x|H_0\right) = \frac{1}{\sqrt{2\pi}} e^{-x^2/2}$$

$$f_X\left(x|H_1\right) = \frac{1}{\sqrt{2\pi}} e^{-(x-1)^2/2}$$

圖 8.4 展示了在每一個假設下觀察的 pdf。很清楚的，棄卻域應該有 $\{X>\gamma\}$ 的形式，其中 γ 是某合適的常數。判定規則如下：

接受 H_0 若 $X \leq \gamma$

接受 H_1 若 $X > \gamma$ $\tag{8.69}$

型 I 誤差對應到一個**假警報(false alarm)**，給定如下：

$$\alpha = P[X>\gamma|H_0] = \int_\gamma^\infty \frac{1}{\sqrt{2\pi}} e^{-x^2/2} \, dx = Q(\gamma) = P_{FA} \tag{8.70}$$

型 II 誤差對應到一個**誤失(miss)**，給定如下：

$$\beta = P[X\leq\gamma|H_1] = \int_{-\infty}^\gamma \frac{1}{\sqrt{2\pi}} e^{-(x-1)^2/2} \, dx = 1 - Q(\gamma-1) = 1 - P_D \tag{8.71}$$

其中 P_D 是當目標出現並偵測到的命中機率。請注意這兩種型態誤差之間的權衡：當 γ 遞增時，型 I 誤差機率 α 會從 1 到 0 遞減，而型 II 誤差機率 β 會從 0 遞增到 1。γ 的選擇會影響兩種型態誤差之間的一個平衡。

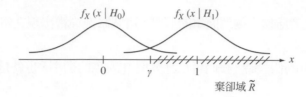

圖 8.4　棄卻域

以下的範例說明了觀察樣本數 n 在設計一個假設檢定時提供一個額外的自由度。

範例 8.24　使用樣本大小來選擇型 I 和型 II 誤差機率

在雷達偵測問題中,選擇樣本數 n 使得假警報的機率為 $\alpha = P_{FA} = 0.05$,和命中的機率為 $P_D = 1 - \beta = 0.99$。

假如 H_0 為真,那麼 n 個獨立的觀察 $\overline{X}_n$ 的樣本平均值是 Gaussian,具平均值 0 和變異量 $1/n$。假如 H_1 為真,那麼 $\overline{X}_n$ 則是具平均值 1 和變異量 $1/n$ 的 Gaussian。假警報機率為:

$$\alpha = P\left[\overline{X}_n > \gamma | H_0\right] = \int_{\gamma}^{\infty} \frac{\sqrt{n}}{\sqrt{2\pi}} e^{-\sqrt{n} x^2 / 2} \, dx = Q\left(\sqrt{n}\,\gamma\right) = P_{FA} \tag{8.72}$$

命中的機率為:

$$P_D = P\left[\overline{X}_n > \gamma\right] = \int_{\gamma}^{\infty} \frac{\sqrt{n}}{\sqrt{2\pi}} e^{-\sqrt{n}(x-1)^2 / 2} \, dx = Q\left(\sqrt{n}\,(\gamma - 1)\right) \tag{8.73}$$

我們選擇 $\sqrt{n}\gamma = Q^{-1}(\alpha) = Q^{-1}(0.05) = 1.64$ 以滿足顯著水準的要求,且我們選擇 $\sqrt{n}(\gamma - 1) = Q^{-1}(0.99) = -2.33$ 以滿足命中機率的要求。我們然後可得到 $\gamma = 0.41$ 和 $n = 16$。

不同的準則可以被使用來選擇用來棄卻虛無假設的棄卻域。一個常用的方式為選擇 γ 值使得型 I 誤差為 α。然而,這種方式並不能唯一地指出棄卻域為何,舉例來說,我們可能有一個在單邊檢定和雙邊檢定之間的選擇。在一個簡單的二元假設檢定中,**Neyman-Pearson 準則**指定棄卻域的方式為:型 I 誤差等於 α 而型 II 誤差 β 被最小化。以下的結果展示如何獲得 Neyman-Pearson 檢定。

定理　Neyman-Pearson 假設檢定

假設 X 是一個連續的隨機變數。判定規則是最小化型 II 誤差機率 β 同時遵守型 I 誤差機率等於 α 的限制,判定規則為:

$$接受 H_0 \ 若 \ \mathbf{x} \in \widetilde{R}^c = \left\{ \mathbf{x} : \Lambda(\mathbf{x}) = \frac{f_{\mathbf{X}}(\mathbf{x}|H_1)}{f_{\mathbf{X}}(\mathbf{x}|H_0)} < \kappa \right\}$$

$$接受 H_1 \ 若 \ \mathbf{x} \in \widetilde{R} = \left\{ \mathbf{x} : \Lambda(\mathbf{x}) = \frac{f_{\mathbf{X}}(\mathbf{x}|H_1)}{f_{\mathbf{X}}(\mathbf{x}|H_0)} \geq \kappa \right\} \tag{8.74}$$

其中 κ 被選擇使得：

$$\alpha = \int_{\Lambda(\mathbf{x}_n) \geq \kappa} f_{\mathbf{X}}(\mathbf{x}_n | H_0) \, d\mathbf{x}_n \tag{8.75}$$

請注意若 $\Lambda(\mathbf{x}) = \kappa$，則指派給 $\widetilde{R}$ 或是 $\widetilde{R}^c$ 都可。我們會在本節末端證明這個定理。$\Lambda(\mathbf{x})$ 被稱為是**概似比函數(likelihood ratio function)**，它被定義為是在給定 H_1 的條件下觀察值 x 的概似除以在給定 H_0 的條件下觀察值 x 的概似。每當概似比等於或超過臨界值 κ，Neyman-Pearson 檢定棄卻虛無假設。寫出此一檢定的一個更為簡潔的形式為：

$$\Lambda(\mathbf{x}) \underset{H_0}{\overset{H_1}{\underset{<}{\gtrless}}} \kappa \tag{8.76}$$

因為對數函數是一個遞增函數，我們可以等價地使用對數概似比：

$$\ln \Lambda(\mathbf{x}) \underset{H_0}{\overset{H_1}{\underset{<}{\gtrless}}} \ln \kappa \tag{8.77}$$

範例 8.25　檢定兩個 Gaussian 隨機變數的平均值

令 $\mathbf{X}_n = (X_1, X_2, ..., X_n)$ 為具已知變異量 σ_X^2 的 Gaussian 隨機變數的 iid 樣本。對於 $m_1 > m_0$ 和以下假設，求出 Neyman-Pearson 檢定：

$H_0 :$　X 是 Gaussian 具 $\mu = m_0$ 和已知的 σ_X^2

$H_1 :$　X 是 Gaussian 具 $\mu = m_1$ 和已知的 σ_X^2

對於觀察向量 x，概似函數為：

$$f_{\mathbf{X}}(\mathbf{x} | H_0) = \frac{1}{\sigma_X^n \sqrt{2\pi}^n} e^{-\left((x_1 - m_0)^2 + (x_2 - m_0)^2 + ... + (x_n - m_0)^2\right)/2\sigma_X^2}$$

$$f_{\mathbf{X}}(\mathbf{x} | H_1) = \frac{1}{\sigma_X^n \sqrt{2\pi}^n} e^{-\left((x_1 - m_1)^2 + (x_2 - m_1)^2 + ... + (x_n - m_1)^2\right)/2\sigma_X^2}$$

所以概似比為：

$$\Lambda(\mathbf{x}) = \frac{f_{\mathbf{X}}(\mathbf{x}|H_1)}{f_{\mathbf{X}}(\mathbf{x}|H_0)} = \exp\left(-\frac{1}{2\sigma^2}\sum_{j=1}^{n}(x_j - m_1)^2 - (x_j - m_0)^2\right)$$

$$= \exp\left(-\frac{1}{2\sigma_X^2}\sum_{j=1}^{n}\left(-2x_j(m_0 - m_1) + m_1^2 - m_0^2\right)\right)$$

$$= \exp\left(-\frac{1}{2\sigma_X^2}\left[-2(m_0 - m_1)n\overline{X}_n - n(m_1^2 - m_0^2)\right]\right)$$

對數概似比檢定則為:

$$\ln \Lambda(\mathbf{x}) = -\frac{1}{2\sigma_X^2}\left[-2(m_0 - m_1)n\overline{X}_n - n(m_1^2 - m_0^2)\right] \overset{H_1}{\underset{H_0}{\overset{>}{<}}} \ln \kappa$$

$$\left[2(m_1 - m_0)n\overline{X}_n - n(m_1^2 - m_0^2)\right] \overset{H_1}{\underset{H_0}{\overset{<}{>}}} -2\sigma_X^2 \ln \kappa$$

$$\overline{X}_n \overset{H_1}{\underset{H_0}{\overset{<}{>}}} \frac{-2\sigma_X^2 \ln \kappa + n(m_1^2 - m_0^2)}{2(m_1 - m_0)n} \triangleq \gamma \tag{8.78}$$

請注意當兩邊都除以負的數 $-2\sigma_X^2$ 時,要改變不等式的方向。臨界值值 γ 被選取使得顯著水準為 α。

$$\alpha = P[\overline{X}_n > \gamma | H_0] = \int_{\gamma}^{\infty}\frac{1}{\sqrt{2\pi\sigma_X^2/n}}e^{-\left((x-m_0)^2\right)/\left((2\sigma_X^2)\right)/n}\,dx = Q\left(\sqrt{n}\frac{\gamma - m_0}{\sigma_X}\right)$$

因此 $\sqrt{n}(\gamma - m_0) = z_\alpha \sigma_X$ 和 $\gamma = m_0 + z_\alpha \sigma_X/\sqrt{n}$。

雷達偵測問題是這個問題的一個特例,在把值代入至適當的變數之後,我們看到 Neyman-Pearson 檢定會產生相同的棄卻域。因此我們知道在範例 8.24 中的檢定也最小化型 II 誤差機率,和最大化命中機率 $P_D = 1 - \beta$。

Neyman-Pearson 檢定也適用在當 X 是一個離散隨機變數時,此時概似函數定義如下:

$$\Lambda(\mathbf{x}) = \frac{p_{\mathbf{X}}(\mathbf{x}|H_1)}{p_{\mathbf{X}}(\mathbf{x}|H_0)} \overset{H_1}{\underset{H_0}{\overset{>}{<}}} \kappa \tag{8.79}$$

其中臨界值 κ 選擇一個最大的值使得

$$\sum_{\Lambda\,(\mathbf{x}_n)\geq\kappa} p_\mathbf{X}\left(\mathbf{x}_n|H_0\right)\leq\alpha \tag{8.80}$$

請注意當處理離散隨機變數時，在上式中的等號不一定可以達成。

對一個簡單的二元假設，在式(8.76)中當 $\kappa=1$ 時的特例就是**最大概似檢定(maximum likelihood test)**。在這個情況中，我們有：

$$\Lambda\left(\mathbf{x}\right)=\frac{f_\mathbf{X}\left(\mathbf{x}|H_1\right)}{f_\mathbf{X}\left(\mathbf{x}|H_0\right)}\underset{H_0}{\overset{H_1}{\underset{<}{>}}}1$$

它等價為

$$f_\mathbf{X}\left(\mathbf{x}|H_1\right)\underset{H_0}{\overset{H_1}{\underset{<}{>}}}f_\mathbf{X}\left(\mathbf{x}|H_0\right) \tag{8.81}$$

此一檢定簡單地選擇具較高概似的那個假設。請注意這個判定規則可以很容易地被一般化來處理檢定多重簡單假設的情況。

我們以證明 Neyman-Pearson 的結果來結束這一節。我們希望最小化由式(8.68)所給定的 β，並遵守型 I 誤差機率是 α 的限制，也就是式(8.75)。我們使用 Lagrange 乘數法(Lagrange multipliers)來執行這個受限制的最小化：

$$G = \int_{\tilde{R}^c} f_\mathbf{X}\left(\mathbf{x}_n|H_1\right)d\mathbf{x}_n + \lambda\left[\int_{\tilde{R}} f_\mathbf{X}\left(\mathbf{x}_n|H_0\right)d\mathbf{x}_n - \alpha\right]$$

$$= \int_{\tilde{R}^c} f_\mathbf{X}\left(\mathbf{x}_n|H_1\right)d\mathbf{x}_n + \lambda\left[1-\int_{\tilde{R}^c} f_\mathbf{X}\left(\mathbf{x}_n|H_0\right)d\mathbf{x}_n - \alpha\right]$$

$$= \lambda(1-\alpha) + \int_{\tilde{R}^c}\left\{f_\mathbf{X}\left(\mathbf{x}_n|H_1\right)-\lambda f_\mathbf{X}\left(\mathbf{x}_n|H_0\right)\right\}d\mathbf{x}.$$

對於任何的 $\lambda>0$，我們最小化 G 的方式是讓包含在 $\tilde{R}$ 中所有的點 $\mathbf{x}_n$ 都會使得在大括弧中的項是負的，也就是說，

$$\tilde{R}^c = \left\{\mathbf{x}_n: f_\mathbf{X}\left(\mathbf{x}_n|H_1\right)-\lambda f_\mathbf{X}\left(\mathbf{x}_n|H_0\right)<0\right\}=\left\{\mathbf{x}_n:\frac{f_\mathbf{X}\left(\mathbf{x}_n|H_1\right)}{f_\mathbf{X}\left(\mathbf{x}_n|H_0\right)}<\lambda\right\}$$

我們選擇 λ 來滿足限制：

$$\alpha = \int_{\left\{\mathbf{x}_n:\frac{f_\mathbf{X}(\mathbf{x}_n|H_1)}{f_\mathbf{X}(\mathbf{x}_n|H_0)}>\lambda\right\}} f_\mathbf{X}\left(\mathbf{x}_n|H_0\right)d\mathbf{x}_n = \int_{\left\{\mathbf{x}_n:\Lambda(\mathbf{x}_n)>\lambda\right\}} f_\mathbf{X}\left(\mathbf{x}_n|H_0\right)d\mathbf{x}_n = \int_\lambda^\infty f_\Lambda\left(y|H_0\right)dy$$

其中 $f_\Lambda(y|H_0)$ 是概似函數 $\Lambda(\mathbf{x})$ 的 pdf。概似函數是兩個 pdf 的比值，所以它一定是正的。因此在右手邊的積分範圍將會在正的 y 值上，λ 的最終選擇將會是正的，正如以上的要求。

8.5.3 檢定複合的假設

在許多實際的狀況中，我們需要檢定一個簡單的虛無假設來對抗一個複合的對立假設。這種情況會發生的原因為：通常有一個假設它陳述的非常的清楚，但是其它的則不是那麼的清楚。這樣的例子並不難發現。在檢定「新的長效」電池中，我們自然會把虛無假設設定為生命期的平均值不變，也就是說 $\mu = \theta_0$，而對立假設為平均值有增加，也就是 $\mu > \theta_0$。再舉一個例子，我們可能希望檢定某一特定的電壓信號是否有一個直流(dc)成分。在這個情況中，虛無假設是 $\mu = 0$ 而對立假設為 $\mu \neq 0$。第三個例子，考慮某一特定系統的回應時間，我們可能希望判定該回應時間其時間變化的狀況是否加劇。虛無假設設定為 $\sigma_X^2 = \theta_0$，而對立假設為 $\sigma_X^2 > \theta_0$。

以上所有的範例檢定一個簡單的虛無假設，$\theta = \theta_0$，對抗一個複合的對立假設，如 $\theta \neq \theta_0$，$\theta > \theta_0$，或 $\theta < \theta_0$。我們現在考慮為這樣的情境設計檢定。正如之前所述，我們需要選取一個棄卻域 $\tilde{R}$ 使得型 I 誤差機率是 α。我們現在感興趣的是**檢定力(power)** $1 - \beta(\theta)$。$\beta(\theta)$ 是當真實的參數是 θ 時一個檢定接受虛無假設的機率。檢定力 $1 - \beta(\theta)$ 那麼就是當真實的參數為 θ 時棄卻虛無假設的機率。因此，當 $\theta \neq \theta_0$ 時，我們希望 $1 - \beta(\theta)$ 接近 1；當 $\theta = \theta_0$ 時，我們希望 $1 - \beta(\theta)$ 很小。

範例 8.26 一個 Gaussian 隨機變數平均值的單邊檢定(已知變異量)

再次考慮範例 8.22，其中我們發展出一個檢定來判定一個新的設計是否產生更為長效的電池。畫出檢定力函數的圖，以真實的平均值 m 當橫軸。假設顯著水準 $\alpha = 0.01$ 和考慮檢定使用 $n=4$，9，25 和 100 個觀察的情況。

這個檢定牽涉到一個簡單的假設，即一個 Gaussian 隨機變數具已知的平均值和已知的變異量，和一個複合的對立假設，即一個 Gaussian 隨機變數具已知的變異量但是平均值未知：

H_0: X 為 Gaussian 具 $\mu = 150$ 和 $\sigma_X^2 = 16$

H_1: X 為 Gaussian 具 $\mu > 150$ 和 $\sigma_X^2 = 16$

棄卻域的形式為 $\tilde{R} = \{\mathbf{x} : \bar{\mathbf{x}}_n - 150 > c\}$ 其中 c 被選擇後：

$$\alpha = P\left[\bar{X}_n - 150 > c | H_0\right] = P\left[\frac{\bar{X}_n - 150}{\sqrt{16/n}} > \frac{c}{\sqrt{16/n}}\right] = 1 - Q\left(\frac{c\sqrt{n}}{4}\right)$$

令 z_α 為 α 的臨界值，那麼 $c = 4z_\alpha / \sqrt{n}$，所以：

$$\tilde{R} = \{\mathbf{x} : \bar{\mathbf{x}}_n - 150 > 4z_\alpha / \sqrt{n}\}$$

型態 II 誤差機率取決於眞實的平均值 μ，給定如下：

$$\beta(\mu) = P\left[\overline{X}_n - 150 \leq 4z_\alpha/\sqrt{n}\,\big|\,\mu\right] = P\left[\frac{\overline{X}_n - 150}{\sqrt{16/n}} \leq z_\alpha\,\big|\,\mu\right]$$

假如 X 眞實的 pdf 有平均值 μ 和變異量 16，那麼樣本平均值 $\overline{X}_n$ 是 Gaussian 具平均值 μ 和變異量 $16/n$。我們需要用標準的 Gaussian 隨機變數 $(\overline{X}_n - \mu)/\sqrt{16/n}$ 重新整理在機率中的表示式：

$$\beta(\mu) = P\left[\frac{\overline{X}_n - 150}{\sqrt{16/n}} \leq z_\alpha\,\big|\,\mu\right] = P\left[\frac{\overline{X}_n - 150 - \mu}{\sqrt{16/n}} \leq z_\alpha - \frac{\mu}{\sqrt{16/n}}\,\big|\,\mu\right]$$

$$= P\left[\frac{\overline{X}_n - \mu}{\sqrt{16/n}} \leq z_\alpha - \frac{\mu - 150}{\sqrt{16/n}}\,\big|\,\mu\right] = 1 - Q\left(z_\alpha - \frac{\mu - 150}{\sqrt{16/n}}\right)$$

對於 $\alpha = 0.01$，$z_\alpha = 2.326$。檢定力函數則爲：

$$1 - \beta(\mu) = Q\left(z_\alpha - \frac{\mu - 150}{\sqrt{16/n}}\right) = Q\left(2.326 - \frac{\mu - 150}{\sqrt{16/n}}\right)$$

在這個狀況中，檢定力函數理想的曲線爲：當 $\mu = 150$ 時檢定力等於 α，意味著虛無假設是眞的；隨著眞實的平均值 μ 遞增超過 150 時，檢定力快速地遞增。圖 8.5 展示了本例的檢定力曲線圖，在接近 $\mu = 150$ 處圖形會下降，隨著觀察數 n 的遞增曲線會趨近於理想的形狀。

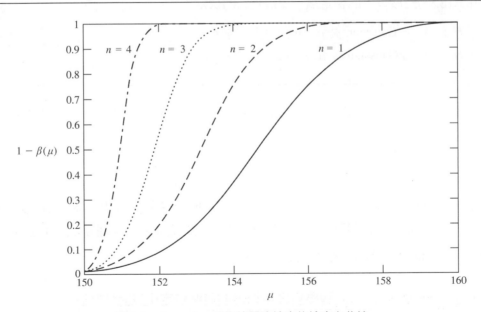

圖 8.5　Gaussian 平均值單邊檢定的檢定力曲線

　　對一個簡單的二元假設檢定，假如我們有兩個檢定都可以達成一個顯著水準 α，在兩個檢定之間做抉擇很簡單。我們可以選擇具有較小的型態 II 誤差機率 β 的那個檢定，這其實就是

挑出具較高檢定力的檢定。但是當我們檢定一個簡單的虛無假設對抗一個複合的對立假設時，在兩個檢定之間做抉擇不是那麼的簡單。一個檢定的檢定力$1-\beta$將會隨著對立假設的真實值θ_a的改變而有所變化。所謂完美的假設檢定就是有一個檢定，它會達成顯著水準α，而且對於每一個對立假設的值它會有最高的檢定力。我們稱這樣的一個檢定為**一律最強力的(uniformly most powerful，UMP)檢定**。以下的範例顯示了在範例 8.25 中所發展的單邊檢定是一律最強力的檢定。

範例 8.27　Gaussian 平均值的單邊檢定是 UMP

在範例 8.25 中，我們對兩個簡單的假設發展一個檢定：

H_0:　X 為 Gaussian 具 $\mu = m_0$ 和已知的 $\sigma_X{}^2$
H_1:　X 為 Gaussian 具 $\mu = m_1$ 和已知的 $\sigma_X{}^2$

比較 H_0: $\mu = m_0$ 和 H_1: $\mu = m_1$，我們使用 Neyman-Pearson 的結果以獲得最強力檢定。檢定的棄卻域為：

$$\overline{X}_n > m_0 + z_\alpha \sigma / \sqrt{n} \tag{8.82}$$

請注意在這個檢定中，棄卻域的形成和對立假設的 m_1 值無關。因此，對於任何的 $m_1 > m_0$，H_0: $\mu = m_0$ 對抗 H_1: $\mu = m_1$ 的 Neyman-Pearson 檢定都將會導致出和式(8.82)相同的檢定。所以，我們可知式(8.82)對於以下的檢定為一律最強力的檢定：

H_0:　X 為 Gaussian 具 $\mu = m_0$ 和已知的 $\sigma_X{}^2$
H_1:　X 為 Gaussian 具 $\mu > m_0$ 和已知的 $\sigma_X{}^2$

藉由使用和前例相同的發展方式，我們可以很容易地證明 H_0: $\mu = m_0$ 對抗 H_1: $\mu < m_0$ 的檢定有棄卻域

$$\overline{X}_n < m_0 - z_\alpha \sigma / \sqrt{n} \tag{8.83}$$

而且也是一律最強力的檢定。但在另一方面，以上的結果並不適用在求出 H_0: $\mu = m_0$ 對抗 H_1: $\mu \neq m_0$ 此一檢定的一律最強力檢定，因為在其中我們需要同時處理 $\mu < m_0$ 和 $\mu > m_0$，因此要處理具有不同的棄卻域的檢定(參見習題 8.59。)

範例 8.28　一個 Gaussian 隨機變數平均值的雙邊檢定(已知變異量)

發展一個檢定來判定一個特定的電壓信號是否有一個 dc 成分。假設信號為 Gaussian 分佈和已知有單一變異量。假設 $\alpha = 0.01$，需要多少樣本才會使得一個 0.25 伏特的 dc 電壓會被棄卻的機率為 0.90？

這個檢定牽涉到一個具已知變異量的 Gaussian 隨機變數的平均值：

H_0: X 為 Gaussian 具 $\mu = 0$ 和 $\sigma_X^2 = 1$

H_1: X 為 Gaussian 具 $\mu \neq 0$ 和 $\sigma_X^2 = 1$

當 H_0 為眞，樣本平均值 $\overline{X}_n$ 為 Gaussian，具平均值 0 和變異量 $1/n$。棄卻域包含有兩個尾巴，形式為 $\widetilde{R} = \{ \mathbf{x} : |\overline{\mathbf{x}}_n| > c \}$，其中 c 被選取後：

$$\alpha = P\left[|\overline{X}_n| > c \mid H_0 \right] = 2P\left[\left| \frac{\overline{X}_n}{1/\sqrt{n}} \right| > \frac{c}{1/\sqrt{n}} \right] = 2Q\left(c\sqrt{n} \right) \tag{8.84}$$

令 $z_{\alpha/2}$ 為 $\alpha/2$ 的臨界值，那麼 $c = z_{\alpha/2}/\sqrt{n}$，而棄卻域為：

$$\widetilde{R} = \left\{ \mathbf{x} : |\overline{\mathbf{x}}_n| > z_{\alpha/2}/\sqrt{n} \right\}$$

當眞實平均值為 μ 時，樣本平均值有平均值 μ 和變異量 $1/n$，所以型 II 誤差機率為：

$$\begin{aligned}
\beta(\mu) &= P\left[|\overline{X}_n| \leq \frac{z_{\alpha/2}}{\sqrt{n}} \bigg| \mu \right] = P\left[-\frac{z_{\alpha/2}}{\sqrt{n}} - \mu \leq \overline{X}_n - \mu \leq \frac{z_{\alpha/2}}{\sqrt{n}} - \mu \bigg| \mu \right] \\
&= P\left[-z_{\alpha/2} - \sqrt{n}\mu \leq \frac{\overline{X}_n - \mu}{1/\sqrt{n}} \leq z_{\alpha/2} - \sqrt{n}\mu \bigg| \mu \right] \\
&= Q\left(-z_{\alpha/2} - \sqrt{n}\mu \right) - Q\left(z_{\alpha/2} - \sqrt{n}\mu \right)
\end{aligned}$$

對於 $\alpha = 0.01$，$z_{\alpha/2} = 2.576$。對於 $\mu = 0.25$ 的型 II 誤差機率則為：

$$\beta(0.25) = Q\left(-2.576 - 0.25\sqrt{n} \right) - Q\left(+2.576 - 0.25\sqrt{n} \right)$$

以上的方程式可以用嘗試錯誤法來解出。因為 $Q(x)$ 是一個遞減函數，並因為這 2 個 Q 函數的兩個引數之間的差異大於 5，我們可以忽略第二項使得

$$\beta(0.25) \approx Q\left(-2.576 - 0.25\sqrt{n} \right)$$

令 z_β 為 β 的臨界值，那麼 $z_\beta = -2.576 - 0.25\sqrt{n}$，因此

$$n = \left(\frac{2.576 + z_\beta}{0.25} \right)^2$$

假如 $\beta = 1 - 0.90 = 0.10$，那麼 $z_\beta = 1.282$，因此所需要的樣本數 $n = 238$。

在範例 8.27 和 8.28 中，我們發展 Gaussian 隨機變數下均值的假設檢定，其中變異量為已知。在這些檢定中棄卻域的定義是根據樣本平均值 $\overline{X}_n$ 也是一個 Gaussian 隨機變數的事實。因

此，這些假設檢定也可以被使用在個別的觀察不是 Gaussian 的情況中，但是前提是其中樣本數 n 要足夠大，大到可以套用中央極限定理把 $\overline{X}_n$ 近似為一個 Gaussian 隨機變數。

範例 8.29　一個 Gaussian 隨機變數平均值的雙邊檢定(變異量未知)

發展一個檢定來判定一個特定的電壓信號是否有一個 dc 成分等於 $m_0 = 1.5$ 伏特。假設信號樣本為 Gaussian，但是變異量是未知的。做 9 次測量，所得樣本平均值為 1.75 伏特，樣本變異量為 2.25 伏特。在一個 5% 水準下套用所得的檢定。

我們現在是考慮兩個複合的假設：

H_0:　X 為 Gaussian 具 $\mu = m_0$ 和未知的 σ_X^2

H_1:　X 為 Gaussian 具 $\mu \neq m_0$ 和未知的 σ_X^2

我們效法變異量為已知的情況先往下做。我們近似統計值 $(\overline{X}_n - m_0)/(\sigma_X/\sqrt{n})$ 如下，其中變異量使用式(8.17)中的樣本變異量：

$$T = \frac{(\overline{X}_n - m_0)}{\hat{\sigma}_n/\sqrt{n}} \tag{8.85}$$

從前一節中(式 8.64)，我們知道 T 有一個 Student's t-分佈。對於棄卻域，我們使用：

$$\tilde{R} = \left\{ \mathbf{x}: \left| \frac{(\mathbf{x} - m_0)}{\hat{\sigma}_n/\sqrt{n}} \right| > c \right\}$$

臨界值 c 被選擇來提供想要的顯著水準：

$$\alpha = 1 - P\left[-c \leq \frac{\overline{X}_n - m_0}{\hat{\sigma}_n/\sqrt{n}} \leq c \right] = 1 - \left(F_{n-1}(c) - F_{n-1}(-c) \right) = 2F_{n-1}(-c)$$

其中 $F_{n-1}(t)$ 是具 $n-1$ 個自由度之 Student's t 隨機變數的 cdf。令 $t_{\alpha/2, n-1}$ 為使得 $\alpha/2 = 1 - F_{n-1}(t_{\alpha/2, n-1}) = F_{n-1}(-t_{\alpha/2, n-1})$ 的值，那麼 $c = t_{\alpha/2, n-1}$。判定規則則為：

$$\text{接受 } H_0 \text{ 若 } \left| \frac{(\mathbf{x} - m_0)}{\hat{\sigma}_n/\sqrt{n}} \right| \leq t_{\alpha/2, n-1}$$

$$\text{接受 } H_1 \text{ 若 } \left| \frac{(\mathbf{x} - m_0)}{\hat{\sigma}_n/\sqrt{n}} \right| > t_{\alpha/2, n-1} \tag{8.86}$$

對於 $\alpha/2 = 0.025$ 和 $n = 9 - 1 = 8$，臨界值為 $t_{0.025, 8} = 2.306$。檢定統計值為 $(1.75 - 1.5)/(2.25/9)1/2 = 0.5$，它小於 2.306。因此，虛無假設被接受；實驗資料支持 dc 電壓是 1.5 伏特的主張。

使用在前一個範例中的方法，我們可以發展出當變異量未知時，檢定 Gaussian 隨機變數平均值的單邊檢定。隨著樣本數的遞增，我們從表 8.2 中可知 Student's t-分佈的臨界值趨近一個 Gaussian 隨機變數的臨界值。因此，只有當我們處理一個小數目的 Gaussian 觀察時，Student's t 假設檢定才會有需要。

範例 8.30　檢定一個 Gaussian 隨機變數的變異量

我們希望判定某特定系統的回應時間其變異量是否有異於過去的值 $\sigma_X^2 = 35 \text{ sec}^2$。我們量測 $n = 30$ 個回應時間，樣本變異量為 37 sec^2。虛無假設設定為 $\sigma_X^2 = 35$，對抗的是對立假設 $\sigma_X^2 \neq 35$。在一個 5% 的顯著水準下，判定虛無假設是否應該被棄卻。

我們現在有：

H_0:　X 為 Gaussian 具 $\sigma_X^2 = \sigma_0^2$ 和未知的 μ

H_1:　X 為 Gaussian 具 $\sigma_X^2 \neq \sigma_0^2$ 和未知的 μ

在前一節中，我們證明過假如 X 有變異量 σ_0^2，統計值 $(n-1)\hat{\sigma}_n^2/\sigma_0^2$ 是一個卡方隨機變數具 $n-1$ 個自由度。我們可以選擇一個棄卻域，若以上相對於 σ_0^2 的比例統計值其值是太大或太小的話，H_0 會被棄卻：

$$\widetilde{R}^c = \left\{ \mathbf{x} : a \leq \frac{(n-1)\hat{\sigma}_n^2}{\sigma_0^2} \leq b \right\}$$

我們選擇臨界值 a 和 b，正如我們在式(8.59)中所做的一般，來達到想要的顯著水準：

$$1 - \alpha = P\left[a \leq \frac{(n-1)\hat{\sigma}_n^2}{\sigma_0^2} \leq b \right] = P\left[\chi_{1-\alpha/2,n-1}^2 < \frac{(n-1)\hat{\sigma}_n^2}{\sigma_0^2} < \chi_{\alpha/2,n-1}^2 \right]$$

其中 $\chi_{\alpha/2,n-1}^2$ 和 $\chi_{1-\alpha/2,n-1}^2$ 為卡方分佈的臨界值。判定規則如下：

接受 H_0，若　$\chi_{1-\alpha/2,n-1}^2 < \dfrac{(n-1)\hat{\sigma}_n^2}{\sigma_0^2} < \chi_{\alpha/2,n-1}^2$

接受 H_1；否則接受 H_1 　　　　　　　　　　　　　　　　　　　　　　　(8.87)

查表 8.3 可得到需要的臨界值 $\chi_{0.025,29}^2 = 45.72$ 和 $\chi_{0.975,29}^2 = 16.04$，所以接受域為：

$$16.04 < \frac{(n-1)\hat{\sigma}_n^2}{\sigma^2} < 45.72$$

樣本變異量為 37 sec^2，所以統計值為 $(n-1)\hat{\sigma}_n^2/\sigma_0^2 = 29(37)/35 = 30.66$。這個統計值在接受域中，所以我們接受虛無假設。實驗資料並不支持回應時間的有顯著的變化情況。

8.5.4 信賴區間和假設檢定

在我們總結這一節之前，我們討論一下信賴區間和假設檢定之間的關係。考慮檢定一個具已知變異量的 Gaussian 隨機變數的平均值(範例 8.29)：$H_0: \mu = m_0$ vs. $H_1: \mu \neq m_0$。若考慮一個雙邊檢定的接受域，在第 8.4 節中，我們發現它等價於以下的事件：

$$\left\{ -z_{\alpha/2} \leq \frac{\overline{X}_n - \mu}{\sigma_X/\sqrt{n}} \leq z_{\alpha/2} \right\} = \left\{ \overline{X}_n - \frac{z_{\alpha/2}\sigma_X}{\sqrt{n}} \leq \mu \leq \overline{X}_n + \frac{z_{\alpha/2}\sigma_X}{\sqrt{n}} \right\}$$

當樣本平均值是落在左邊事件的區間中，虛無假設被接受。該事件其端點被選取的方式為：當 H_0 為真時，事件的機率為 $1-\alpha$。現在，當 H_0 為真，我們有 $\mu = m_0$，所以在右手邊的事件指出了：當 m_0 是在區間 $\left[\overline{X}_n - z_{\alpha/2}\sigma_X/\sqrt{n}, \ \overline{X}_n + z_{\alpha/2}\sigma_X/\sqrt{n} \right]$ 中，我們接受 H_0。因此我們結論為：假如 m_0 是落在 μ 的 $1-\alpha$ 的信賴區間中，假設檢定是不會棄卻 H_0 而偏好 H_1 的。對於單邊假設檢定，和嘗試求出參數其上限或下限的信賴區間，在這兩者之間存在有類似關係。

8.5.5 假設檢定的總結

在這一節中，我們發展了許多使用在實務上最常見的假設檢定。我們在特定範例的情境中發展了檢定。表 8.5 總結了在這節中所發展的基本假設檢定。該表所提出的檢定使用的是一般的檢定統計值和參數。

表 8.5　Gaussian 和非 Gaussian 隨機變數基本的假設檢定總結

假設檢定	情況	統計值	棄卻域
$H_0: \mu = m_0$ vs $H_1: \mu \neq m_0$	Gaussian 隨機變數，σ^2 已知；或非	$Z = \dfrac{\overline{X}_n - m_0}{\sigma/\sqrt{n}}$	$\lvert Z \rvert \geq z_\alpha/2$
$H_0: \mu = m_0$ vs $H_1: \mu > m_0$	Gaussian 隨機變數，n 很大，σ^2 已知		$Z \geq z_\alpha$
$H_0: \mu = m_0$ vs $H_1: \mu < m_0$			$Z \leq -z_\alpha$
$H_0: \mu = m_0$ vs $H_1: \mu \neq m_0$	Gaussian 隨機變數，σ^2 未知	$Z = \dfrac{\overline{X}_n - m_0}{\hat\sigma_n/\sqrt{n}}$	$\lvert T \rvert \geq t_{\alpha/2, n-1}$
$H_0: \mu = m_0$ vs $H_1: \mu > m_0$			$T \geq t_{\alpha, n-1}$
$H_0: \mu = m_0$ vs $H_1: \mu < m_0$			$T \geq -t_{\alpha, n-1}$
$H_0: \sigma^2 = \sigma_0^2$ vs $H_1: \sigma^2 \neq \sigma_0^2$	Gaussian 隨機變數，μ 未知	$X^2 = \dfrac{(n-1)\hat\sigma_n^2}{\sigma_0^2}$	$\chi^2 \leq \chi_{1-\alpha/2, n-1}^2$ 或 $\chi^2 \geq \chi_{\alpha/2, n-1}^2$
$H_0: \sigma^2 = \sigma_0^2$ vs $H_1: \sigma^2 > \sigma_0^2$			$\chi^2 \geq \chi_{\alpha, n-1}^2$
$H_0: \sigma^2 = \sigma_0^2$ vs $H_1: \sigma^2 < \sigma_0^2$			$\chi^2 \leq \chi_{1-\alpha, n-1}^2$

8.6 BAYESIAN 判定方法

在前幾節中，我們發展一些方法來估計一個參數 θ 和對一個參數 θ 做推論，我們假設 θ 雖是未知的，但並不隨機。在這一節中，我們假設 θ 是一個隨機變數，而且我們事先知道它的分佈，在這前提下，我們探索一些方法。這個新的假設會產生新的方法來對付估計問題和假設檢定的問題。

8.6.1 Bayes 假設檢定

考慮一個簡單的二元假設問題，其中我們基礎於一組隨機樣本 $\mathbf{X}_n = (X_1, X_2,..., X_n)$，在兩個假設之間做判定：

$$H_0 : f_\mathbf{X}(\mathbf{x}|H_0)$$
$$H_1 : f_\mathbf{X}(\mathbf{x}|H_1)$$

假設我們知道 H_0 發生的機率爲 p_0，而 H_1 發生的機率爲 $p_1 = 1 - p_0$。有 4 種可能的假設檢定結果，而我們爲每一結果指派一個成本(cost)，此成本可以當作是其相對重要性的一個測量：

1. H_0 爲眞並判定爲 H_0 成本 $= C_{00}$
2. H_0 爲眞並判定爲 H_1 (型 I 誤差)   成本 $= C_{01}$
3. H_1 爲眞並判定爲 H_0 (型 II 誤差)   成本 $= C_{10}$
4. H_1 爲眞並判定爲 H_1 成本 $= C_{11}$

我們可以合理的假設一個正確判定的成本會小於一個錯誤判定的成本，也就是說 $C_{00} < C_{01}$ 和 $C_{11} < C_{10}$。我們的目標爲找出一個判定規則它會最小化平均成本 C：

$$
\begin{aligned}
C = & \, C_{00} P[\text{判定 } H_0|H_0] p_0 + C_{01} P[\text{判定 } H_1|H_0] p_0 \\
& + C_{10} P[\text{判定 } H_0|H_1] p_1 + C_{11} P[\text{判定 } H_1|H_1] p_1
\end{aligned}
\tag{8.88}
$$

每一次我們執行這個假設檢定時，我們可以想像我們在執行以下的隨機實驗。參數 Θ 從集合 $\{0, 1\}$ 中被隨機選出，分別具機率 p_0 和 $p_1 = 1 - p_0$。Θ 的值決定哪一個假設爲眞。我們不能直接觀察 Θ，但是我們可以搜集隨機樣本 $\mathbf{X}_n = (X_1, X_2,..., X_n)$，在其中那些觀察的分佈是根據眞實的假設。令 $\tilde{R}$ 對應到在觀察空間中映射至值 1(判定爲 H_1)的子集合。$\tilde{R}$ 就是在前一節中的棄卻域。類似地，令 $\tilde{R}^c$ 對應到在觀察空間中映射至值 0(判定爲 H_0)的子集合。以下的定理指出了可最小化平均成本的判定規則。

定理   最小成本假設檢定

假如 X 爲一個連續的隨機變數，則可最小化平均成本的判定規則爲：

$$接受 H_0 \ 若 \ \mathbf{x} \in \widetilde{R}^c = \left\{ \mathbf{x} : \Lambda(\mathbf{x}) = \frac{f_{\mathbf{X}}(\mathbf{x}|H_1)}{f_{\mathbf{X}}(\mathbf{x}|H_0)} < \frac{p_0(C_{01} - C_{00})}{p_1(C_{10} - C_{11})} \right\}$$

$$接受 H_1 \ 若 \ \mathbf{x} \in \widetilde{R} = \left\{ \mathbf{x} : \Lambda(\mathbf{x}) = \frac{f_{\mathbf{X}}(\mathbf{x}|H_1)}{f_{\mathbf{X}}(\mathbf{x}|H_0)} \geq \frac{p_0(C_{01} - C_{00})}{p_1(C_{10} - C_{11})} \right\} \tag{8.89}$$

假如 X 是一個離散隨機變數，則可最小化平均成本的判定規則為：

$$接受 H_0 \ 若 \ \mathbf{x} \in \widetilde{R}^c = \left\{ \mathbf{x} : \Lambda(\mathbf{x}) = \frac{p_{\mathbf{X}}(\mathbf{x}|H_1)}{p_{\mathbf{X}}(\mathbf{x}|H_0)} < \frac{p_0(C_{01} - C_{00})}{p_1(C_{10} - C_{11})} \right\}$$

$$接受 H_1 \ 若 \ \mathbf{x} \in \widetilde{R} = \left\{ \mathbf{x} : \Lambda(\mathbf{x}) = \frac{p_{\mathbf{X}}(\mathbf{x}|H_1)}{p_{\mathbf{X}}(\mathbf{x}|H_0)} \geq \frac{p_0(C_{01} - C_{00})}{p_1(C_{10} - C_{11})} \right\} \tag{8.90}$$

我們將會在本節末端證明此一定理。

在討論 Neyman-Pearson 規則的時候，我們已經遇到過 $\Lambda(\mathbf{x})$，即概似比函數。以上的判定是以一個臨界值的比較來做為判定的規則，所以可以使用概似比函數或對數概似比函數：

$$\Lambda(\mathbf{x}) = \frac{f_{\mathbf{X}}(\mathbf{x}|H_1)}{f_{\mathbf{X}}(\mathbf{x}|H_0)} \underset{\substack{< \\ H_0}}{\overset{\substack{H_1 \\ >}}{\kappa}} \kappa \quad 或 \quad \ln \Lambda(\mathbf{x}) = \ln \frac{f_{\mathbf{X}}(\mathbf{x}|H_1)}{f_{\mathbf{X}}(\mathbf{x}|H_0)} \underset{\substack{< \\ H_0}}{\overset{\substack{H_1 \\ >}}{\ln \kappa}} \ln \kappa$$

範例 8.31 二元通訊系統

一個二元傳輸系統從一個資訊源那兒接受一個二元輸入 Θ。根據 $\Theta = 0$ 或 $\Theta = 1$，發射器送出一個 -1 或 $+1$ 的信號。接收到的信號等於該傳送信號加上一個 Gaussian 雜訊電壓，該雜訊有 0 平均值和單一變異量。假設每一資訊位元重複傳送 n 次。為接收端找出一個判定規則，該規則可以最小化誤差機率。

假如 $\Theta = 0$ 而我們判定 1，或假如 $\Theta = 1$ 而我們判定 0，就會發生一個誤差。假如我們令 $C_{00} = C_{11} = 0$ 和 $C_{01} = C_{10} = 1$，那麼平均成本恰為誤差的機率：

$$C = P[判定 \ H_1|H_0]p_0 + P[判定 \ H_0|H_1]p_1 = P[誤差]$$

每一個通道輸出是一個 Gaussian 隨機變數，其平均值為給定的輸入信號，而變異量為 1。每一個輸入信號被傳送 n 次而我們假設雜訊值是獨立的。n 個觀察的 pdf 為：

$$f_{\mathbf{X}}(\mathbf{x}|H_0) = \frac{1}{\sqrt{2\pi}^n} e^{-\left((x_1+1)^2 + (x_2+1)^2 + \cdots + (x_n+1)^2\right)/2}$$

$$f_{\mathbf{X}}(\mathbf{x}|H_1) = \frac{1}{\sqrt{2\pi}^n} e^{-\left((x_1-1)^2 + (x_2-1)^2 + \cdots + (x_n-1)^2\right)/2}$$

概似比為：

$$\Lambda(\mathbf{x}) = \frac{f_{\mathbf{X}}(\mathbf{x}|H_1)}{f_{\mathbf{X}}(\mathbf{x}|H_0)} = \exp\left(-\frac{1}{2}\sum_{j=1}^{n}\left(x_j-1\right)^2 - \left(x_j+1\right)^2\right) = \exp\left(-\frac{1}{2}\sum_{j=1}^{n}-4x_j\right)$$

對數概似比檢定則為：

$$\ln\Lambda(\mathbf{x}) = 2n\overline{X}_n \underset{H_0}{\overset{H_1}{\underset{<}{>}}} \ln\frac{p_0\left(C_{01}-C_{00}\right)}{p_1\left(C_{10}-C_{11}\right)} = \ln\frac{p_0}{p_1}$$

它被簡化為：

$$\overline{X}_n \underset{H_0}{\overset{H_1}{\underset{<}{>}}} \frac{1}{2n}\ln\frac{p_0}{p_1} = \gamma$$

　　這個結果滿有趣的，我們可以看到判定的臨界值 γ 是如何的根據一個事前機率和傳送次數來做變化。假如 2 種輸入是等機率的，那麼 $p_0=p_1$，而臨界值一定為 0。然而，假如我們知道 1 出現的更為頻繁，也就是說，$p_1 \gg p_0$，那麼臨界值 γ 會減少，因而擴張棄卻域 $\tilde{R}=\{\overline{X}_n>\gamma\}$。因此，這個事前的資訊會偏移判定機制去偏好 H_1。當我們遞增傳送次數 n，從觀察那兒來的資訊會變得比既定的事前資訊更為重要的。這個效應很明顯，因為 n 的遞增會遞減 γ 到 0。

範例 8.32　**二元通訊的 MAP 接收器**

最大後驗(Maximum A Posteriori，MAP)接收器的規則為：給定觀察到的輸出為已知的情況下，選擇有較大後驗機率的輸入。MAP 接收器使用以下的判定規則：

若 $f_{\mathbf{X}}(\mathbf{x}|H_1)\,p_1 < f_{\mathbf{X}}(\mathbf{x}|H_0)\,p_0$ ，接受 H_0　　　　　　　　　　(8.91)
否則，接受 H_1 。

在前一個範例中的接收器是 MAP 接收器。要知道為什麼，請注意概似函數和臨界值為：

$$\Lambda(\mathbf{x}) = \frac{f_{\mathbf{X}}(\mathbf{x}|H_1)}{f_{\mathbf{X}}(\mathbf{x}|H_0)} \underset{H_0}{\overset{H_1}{\underset{<}{>}}} \frac{p_0\left(C_{01}-C_{00}\right)}{p_1\left(C_{10}-C_{11}\right)} = \frac{p_0}{p_1}$$

它等價於

$$f_{\mathbf{x}}\left(\mathbf{x}|H_1\right)p_1 \underset{\underset{H_0}{<}}{\overset{\overset{H_1}{>}}{}} f_{\mathbf{x}}\left(\mathbf{x}|H_0\right)p_0$$

在前一個範例中的判定規則最小化誤差機率。因此我們可以說 MAP 接收器最小化誤差機率。

範例 8.33　伺服器配置

工作到達一個服務站的到達率為每分鐘 α_0 個工作,或每分鐘 $\alpha_1 = 2\alpha_0$ 個工作。管理人員計數在第一個分鐘內的到達的工作數來判定是那一種到達率,然後基礎於該計數來決定是要配置一個處理器還是兩個處理器到該服務站。為這個問題求出一個最小成本的判定規則。

我們假設到達數是一個 Poisson 隨機變數,具兩個平均值其中之一的平均值,所以我們是檢定以下的假設:

$$H_0: p_{\mathbf{x}}\left(k|H_0\right) = \frac{\alpha_0^{\,k}}{k!}e^{-\alpha_0}$$

$$H_1: p_{\mathbf{x}}\left(k|H_0\right) = \frac{\alpha_1^{\,k}}{k!}e^{-\alpha_1}$$

令成本給定如下:

$$C_{00} = S - r \quad C_{01} = 2S - r \quad C_{10} = S \quad \text{和} \quad C_{11} = 2S - 2r$$

其中 S 為每一個伺服器的成本,r 為一個單位的收益。C_{10} 那項指出當到達率是 α_1 而只有一台伺服器時,沒有賺取任何收益。

從概似比可以獲得最小成本檢定:

$$\Lambda\left(\mathbf{x}\right) = \frac{p_{\mathbf{x}}\left(k|H_1\right)}{p_{\mathbf{x}}\left(k|H_0\right)} = \frac{\alpha_1^{\,k}e^{-\alpha_1}/k!}{\alpha_0^{\,k}e^{-\alpha_0}/k!} = \left(\frac{\alpha_1}{\alpha_0}\right)^k e^{-(\alpha_1-\alpha_0)}$$

對數概似比則為:

$$\ln \Lambda\left(\mathbf{x}\right) = k\,\ln\frac{\alpha_1}{\alpha_0} - \left(\alpha_1-\alpha_0\right) \underset{\underset{H_0}{<}}{\overset{\overset{H_1}{>}}{}} \ln\frac{p_0 S}{p_1\left(2r-S\right)}$$

$$k \underset{\underset{H_0}{<}}{\overset{\overset{H_1}{>}}{}} \frac{\left(\alpha_1-\alpha_0\right) + \ln\dfrac{p_0 S}{p_1\left(2r-S\right)}}{\ln 2} = \frac{\alpha_0}{\ln 2} + \frac{1}{\ln 2}\ln\frac{p_0 S}{p_1\left(2r-S\right)} = \gamma$$

檢視參數值是如何地影響臨界值的決定，是件滿有趣的事。$p_0 S$ 這一項是當較低的到達率出現時的平均成本，和包含一個由於假警報的額外成本 S。$p_1(2r-S)$ 這一項是當較高的到達率出現時的平均成本，和包含一個由於沒有偵測到較高到達率出現所造成的收益損失。假如假警報的成本比誤失的成本要高，那麼臨界值 γ 會增加，因此擴張了接受域。這很合理，因為我們被誘導要有較少的假警報。反過來說，當誤失成本比較高時，棄卻域會擴張。

8.6.2 最小成本定理的證明

為了要證明最小成本定理，我們在計算式(8.88)中機率的時候，可使用一個機率替換的技巧：舉例來說，$P[$判定 $H_1|H_0]$此一機率為當 H_0 為真時，$\mathbf{X}_n$ 在 $\tilde{R}$ 中的機率。使用這種方式進行下去，我們得到：

$$C = C_{00}\int_{\tilde{R}^c} f_\mathbf{X}(\mathbf{x}|H_0)p_0\,d\mathbf{x} + C_{01}\int_{\tilde{R}} f_\mathbf{X}(\mathbf{x}|H_0)p_0\,d\mathbf{x}$$
$$+ C_{10}\int_{\tilde{R}^c} f_\mathbf{X}(\mathbf{x}|H_1)p_1\,d\mathbf{x} + C_{11}\int_{\tilde{R}} f_\mathbf{X}(\mathbf{x}|H_1)p_1 \tag{8.92}$$

因為 $\tilde{R}$ 和 $\tilde{R}^c$ 涵蓋整個觀察空間，我們有

$$\int_{\tilde{R}^c} f_\mathbf{X}(\mathbf{x}|H_i)d\mathbf{x} = 1 - \int_{\tilde{R}} f_\mathbf{X}(\mathbf{x}|H_i)\,d\mathbf{x}$$

因此

$$C = C_{00}p_0\left\{1 - \int_{\tilde{R}} f_\mathbf{X}(\mathbf{x}|H_0)p_0\,d\mathbf{x}\right\} + C_{01}\int_{\tilde{R}} f_\mathbf{X}(\mathbf{x}|H_0)p_0\,d\mathbf{x}$$
$$+ C_{10}p_1\left\{1 - \int_{\tilde{R}} f_\mathbf{X}(\mathbf{x}|H_1)\,d\mathbf{x}\right\} + C_{11}\int_{\tilde{R}} f_\mathbf{X}(\mathbf{x}|H_1)p_1\,d\mathbf{x}$$
$$= C_{00}p_0 + C_{10}p_1 + \int_{\tilde{R}} \{(C_{01}-C_{00})f_\mathbf{X}(\mathbf{x}|H_0)p_0 - (C_{10}-C_{11})f_\mathbf{X}(\mathbf{x}|H_1)p_1\}\,d\mathbf{x} \tag{8.93}$$

我們可以從式(8.93)推斷出最小成本函數。前兩項為固定成本的成分。在大括弧中的項是兩個正項的差：

$$(C_{01}-C_{00})f_\mathbf{X}(\mathbf{x}|H_0)p_0 - (C_{10}-C_{11})f_\mathbf{X}(\mathbf{x}|H_1)p_1 \tag{8.94}$$

我們聲稱最小成本判定規則總是選擇一個在 $\tilde{R}$ 內的觀察點 $\mathbf{x}$ 使得上式是負的。藉由這麼做，可以最小化整體的成本。因為，若在 $\tilde{R}$ 內的點 $\mathbf{x}$ 使得上式為正，只會增加整體的成本，和我們所謂的最小成本矛盾。因此，最小成本判定函數選擇 H_1 假如

$$(C_{01}-C_{00})f_\mathbf{X}(\mathbf{x}|H_0)p_0 < (C_{10}-C_{11})f_\mathbf{X}(\mathbf{x}|H_1)p_1$$

否則，選擇 H_0。這個敘述等同於在定理中的判定規則。

8.6.3　Bayes 估計

我們以上對假設檢定所描述的整體架構也可以被應用到參數估計上。若要估計一個參數，我們假設以下的狀況。我們假設參數是一個隨機變數 Θ，它具一個已知的事前分佈。一個隨機實驗「自然的」執行以判定所出現之 $\Theta = \theta$ 的值。我們不能直接觀察到 θ，但是我們可以觀察到隨機樣本 $\mathbf{X}_n = (X_1, X_2, ..., X_n)$，它們是根據 θ 其正在發生作用的值來被產出的。我們的目標是獲得一個估計量 $g(\mathbf{X}_n)$，它可最小化一個成本函數，該成本函數取決於 $g(\mathbf{X}_n)$ 和 θ：

$$C = E\Big[C\big(g(\mathbf{X}_n), \Theta\big)\Big] = \int_\theta \int_\mathbf{x} C\big(g(\mathbf{x}), \Theta\big) f_\mathbf{X}(\mathbf{x}|\theta) f_\Theta(\theta)\ d\mathbf{x}\ d\theta \tag{8.95}$$

假如成本函數是誤差平方，$C\big(g(\mathbf{X}), \Theta\big) = \big(g(\mathbf{X}) - \Theta\big)^2$，我們有均方估計問題。在第 6 章我們曾證明過其最佳的估計量是在給定 $\mathbf{X}_n$ 發生的情況下，Θ 的條件期望值：$E(\Theta|\mathbf{X}_n)$。

另一種成本函數為 $C\big(g(\mathbf{X}), \Theta\big) = |g(\mathbf{X}) - \Theta|$，對於這種成本函數我們可以證明其最佳的估計量為一個後驗 pdf $f_\Theta(\theta|\mathbf{X})$ 的中間值(median)。第三種成本函數為：

$$C\big(g(\mathbf{X}), \Theta\big) = \begin{cases} 1 & \text{若 } |g(\mathbf{X}) - \Theta| > \delta \\ 0 & \text{若 } |g(\mathbf{X}) - \Theta| \leq \delta \end{cases} \tag{8.96}$$

這個成本函數類似於在範例 8.31 中的成本函數，此成本總是為 1，除非當估計是落在真實的參數值 θ 其正負 δ 之間。我們可以證明這個成本函數的最佳估計量為 MAP 估計量，它最大化一個後驗機率 $f_\Theta(\theta|\mathbf{X})$。我們會在習題中檢視這些估計量。

我們最後以一個由 Bayes 所發現的估計量來總結這一節，該估計量引導出在這一節中所發展出所有的方法。但這個方法相當的容易引起爭論，因為一個事前分佈資訊的使用會導致出在機率意義上兩種不同的解讀。參見[Bulmer，p.169]，該書在這個爭辯上有一個有趣的討論。在實務上，我們在許多情況中會面臨到我們事先知道參數的分佈資訊。在這樣的情況中，Bayes' 方法已經證明是非常有用的。

範例 8.34　在 n 次 Bernoulli 測試中估計 p

令 $\mathbf{I}_n = (I_1, I_2, ..., I_n)$ 為 n 次 Bernoulli 測試的結果。對於成功機率 p，求出 Bayes 估計量，假設 p 是一個隨機變數均勻分佈在單位區間中。使用平方誤差成本函數。

結果數列 $i_1, i_2, ..., i_n$ 的機率為：

$$P\Big[\mathbf{I}_n = (i_1, i_2, ..., i_n)|p\Big] = p^{i_1}(1-p)^{1-i_1}\ p^{i_2}(1-p)^{1-i_2}..p^{i_n}(1-p)^{1-i_n}$$
$$= p^{\sum_{j=1}^n i_j}(1-p)^{n-\sum_{j=1}^n i_j} = p^k(1-p)^{n-k}$$

其中 k 是在 n 次測試中成功的次數。在所有可能的 p 值上，數列 i_1, i_2,..., i_n 的機率爲：

$$P\left[\mathbf{I}_n = (i_1, i_2,..., i_n)\right] = \int_0^1 P\left[\mathbf{I}_n = (i_1, i_2,..., i_n)|p\right] f_P(p) \, dp = \int_0^1 p^k (1-p)^{n-k} \, dp$$

其中 $f_P(p) = 1$ 是 p 的一個事前 pdf。在習題 8.88 中，我們會證明：

$$\int_0^1 t^k (1-t)^{n-k} \, dt = \frac{k!(n-k)!}{(n+1)!} \tag{8.97}$$

給定觀察 i_1, i_2,..., i_n，p 的一個後驗 pdf 則爲：

$$f_P(p|i_1, i_2,..., i_n) = \frac{p^k (1-p)^{n-k} f_P(p)}{\int_0^1 t^k (1-t)^{n-k} f_P(t) dt} = \frac{(n+1)!}{k!(n-k)!} p^k (1-p)^{n-k}$$

參數 p 的後驗 pdf 只和丟出的正面總數 k 有關。參數 p 的最佳均方估計量爲給定觀察 i_1, i_2,..., i_n，p 的期望值：

$$\hat{g}(p) = \int_0^1 p f_P(p|i_1, i_2,..., i_n) \, dp = \int_0^1 p \frac{(n+1)!}{k!(n-k)!} p^k (1-p)^{n-k} \, dp$$

$$= \frac{(n+1)!}{k!(n-k)!} \int_0^1 p^{k+1} (1-p)^{n-k} \, dp = \frac{(n+1)!}{k!(n-k)!} \frac{(k+1)!(n-k)!}{(n+2)!} = \frac{k+1}{n+2} \tag{8.98}$$

這個估計量和我們在範例 8.10 中所求出由相對次數所給定的最大概似估計量不同。對於大 n，假如 k 也大，則兩個估計量是吻合的。習題 8.88 考慮了更爲一般的情況，其中 p 有一個 beta 的事前分佈。

8.7　資料的分佈配適檢定

模型到底有多麼配適資料？假設你對某個隨機實驗假設一個機率模型，你現在感興趣的是判定該機率模型到底有多麼配適你的實驗資料。如何檢定這個假設？在這一節中，我們提出卡方檢定，它被廣泛地使用來判定一個分佈對一組實驗資料的適合度。

最自然的第一種檢定方式就是「用看的」比較，我們把假設的 pmf、pdf 或 cdf 和一個由實驗所決定的 pmf、pdf 或 cdf 做比較。假如實驗的結果，X，是離散的，那我們可以比較結果的相對次數和由 pmf 所指定的機率，如在圖 8.6 中所示。假如 X 是連續的，那麼我們可以把實數軸分割成 K 個相互互斥的區間，並決定結果落在每一個區間中的相對次數。這些相對次數會和 X 落在那些區間中的機率相比較，如圖 8.7 所示。假如相對次數和對應的機率其吻合的情況不錯，那麼我們就已經爲實驗資料建立了一個好的機率模型配適。

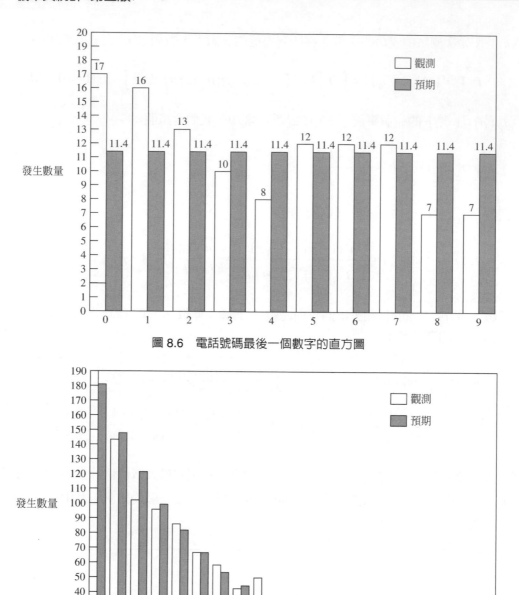

圖 8.6 電話號碼最後一個數字的直方圖

圖 8.7 用電腦模擬指數型態隨機變數所產生的直方圖

我們現在證明：以上說明的這個方法會導致出一個牽涉到多項分佈(multinomial distribution)的檢定。假設有 K 個區間。令 p_i 為 X 落在第 i 個區間中的機率。因為區間的選取就是 X 其值域範圍的一個分割，所以我們有 $p_1 + p_2 + \cdots + p_K = 1$。假設我們獨立執行該實驗 n 次，並令 N_i 為結果落在第 i 個區間中的次數。令 $(N_1, N_2, \ldots, N_K)$ 為區間計數的向量，那麼 $(N_1, N_2, \ldots, N_K)$ 有一個多項的 pmf：

$$P\left[\left(N_1, N_2,\ldots, N_K\right)=\left(n_1, n_2,\ldots, n_K\right)\right] = \frac{n!}{n_1!\, n_2!\ldots n_K!}\, p_1^{\,n_1} p_2^{\,n_2}\ldots p_K^{\,n_K}$$

其中　$n_j \geq 0$ 且 $n_1 + n_2 + \cdots + n_K = n$

　　首先，我們證明區間計數的相對次數是 $K-1$ 個獨立的參數 $p_1, p_2,\ldots, p_{K-1}$ 的一個最大概似估計量。請注意 p_K 是由其它的 $K-1$ 個機率來決定的。假設我們執行該實驗 n 次，並觀察到一個結果數列，計數值分別為 $(n_1, n_2,\ldots, n_K)$。這個數列的概似為：

$$P\left[\mathbf{N}=\left(n_1, n_2,\ldots, n_K\right)\mid p_1, p_2,\ldots, p_{K-1}\right] = p_1^{\,n_1} p_2^{\,n_2}\ldots p_K^{\,n_K}$$

對數概似為：

$$\ln P\left[\mathbf{N}=\left(n_1, n_2,\ldots, n_K\right)\mid p_1, p_2,\ldots, p_{K-1}\right] = \sum_{j=1}^{K} n_j \ln p_j$$

我們對 p_j 微分並把結果設定為 0：

對於 $i=1,\ldots, K-1$：

$$0 = \frac{\partial}{\partial p_i}\sum_{j=1}^{K} n_j \ln p_j = \frac{\partial}{\partial p_i}\left[\sum_{j=1}^{K} n_j \ln p_j\right] = \left[\sum_{j=1}^{K} \frac{n_j}{p_j}\, \frac{\partial p_j}{\partial p_i}\right]$$

$$= \left[\frac{n_i}{p_i}\, \frac{\partial p_i}{\partial p_i} + \frac{n_K}{p_K}\, \frac{\partial p_K}{\partial p_i}\right] = \left[\frac{n_i}{p_i} + \frac{n_K}{p_K}\, \frac{\partial}{\partial p_i}\left\{1-\sum_{j=1}^{K-1} p_j\right\}\right] = \frac{n_i}{p_i} - \frac{n_K}{p_K}$$

其中我們有使用 p_K 是由 p_i 所決定的事實。以上的方程式意味著 $p_i = p_K n_i / n_K$，它接下來意味著最大概似估計必須滿足

$$\hat{p}_K = 1-\sum_{j=1}^{K-1} \hat{p}_i = 1 - \hat{p}_K \sum_{i=1}^{K-1} n_i / n_K = 1 - \hat{p}_K \frac{n-n_K}{n_K}$$

最後這個方程式意味著 $\hat{p}_K = n_K / n$，和 $\hat{p}_i = n_i / n$，$i=1, 2,\ldots, K-1$。因此對於區間機率，計數的相對次數提供了最大概似估計。隨著 n 的遞增，我們預期相對次數估計將會趨近於真實的機率。

　　我們接下來考慮一個檢定統計值，它測量每一個區間的觀察計數和期望計數之間的偏移，也就是說，與每一個區間的 $m_i = np_i$ 之間的偏移。

$$D^2 = \sum_{i=1}^{K-1} c_i \left(N_i - np_i\right)^2$$

在上式中 c_i 那項的目的就是要保證在總和中的項當 n 變大時會有好的漸近特性。選擇 $c_i = 1/np_i$ 的效果為：當 n 變大時，以上的總和趨近一個具 $K-1$ 個自由度的卡方分佈。我們將不會證明這個結果，該證明可以在[Cramer，p. 417]中看到。卡方適合度檢定牽涉到 D^2 的計算和使用一

個伴隨的顯著性檢定。一個臨界值被選取來提供想要的顯著水準。卡方檢定是由以下的步驟來執行的：

1.　分割樣本空間 S_X，分割成 K 個不相交區間的聯集。

2.　在假設 X 有假定分佈的情況下，計算一個結果落在第 k 個區間的機率 p_k。那麼 $m_k = np_k$ 為結果結果落在第 k 個區間中的期望數，n 為重複實驗的次數。(你可以想像正在執行 Bernoulli 測試，在其中所謂的一個「成功」對應到有一個結果落在第 k 個區間中。)

3.　卡方統計值被定義為：落在第 k 個區間中的觀察結果數 n_k 和期望數 m_k 之間的差，加權後的總和：

$$D^2 = \sum_{k=1}^{K} \frac{(n_k - m_k)^2}{m_k} \tag{8.99}$$

4.　假如適合度是好的，那麼 D^2 將會很小。因此，若 D^2 太大，則棄卻該假設，也就是說，假如 $D^2 \geq t_\alpha$，棄卻該假設；其中 t_α 是由檢定的顯著水準所決定的一個臨界值。

　　卡方檢定基礎的事實為：當 n 很大時，隨機變數 D^2 的 pdf 近似於一個具 $K-1$ 個自由度的卡方 pdf。因此，臨界值 t_α 的求法為找出某一點使得

$$P\left[D^2 > \chi^2_{\alpha, K-1} \right] = \alpha$$

其中 D^2 是一個卡方隨機變數具 $K-1$ 個自由度(參見圖 8.8)。在 1% 和 5% 的顯著水準下，各種的自由度的臨界值你可以由查表 8.3 得出。

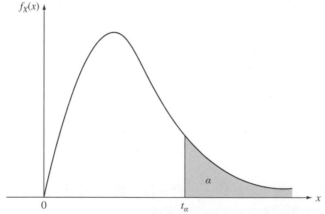

圖 8.8　在卡方檢定中臨界值的選取使得 $P\left[D^2 > \chi^2_{\alpha, K-1} \right] = \alpha$

範例 8.35

圖 8.6 所示在集合 $\{0, 1, 2,\ldots, 9\}$ 上的直方圖是由統計電話簿中 114 個電話號碼的最後那一個數字而獲得的。這些觀察和它們有一個離散均一 pmf 的假設吻合嗎？

　　假如結果是均一分佈的，那麼每一個都有機率 1/10。在 114 個測試中，每一個結果發生的期望數為 114/10 = 11.4。卡方統計值則為

$$D^2 = \frac{(17-11.4)^2}{11.4} + \frac{(16-11.4)^2}{11.4} + \cdots + \frac{(7-11.4)^2}{11.4} = 9.51$$

自由度數為 $K-1=10-1=9$，所以查表 8.3 可以得 1% 顯著水準的臨界值為 21.7。因為 D^2 並不超過臨界值，所以我們可以說觀察到的資料和一個離散均一分佈的隨機變數吻合。

範例 8.36

一個程式被設計來產生參數為 1 的指數型態隨機變數。用該程式產生 1000 個樣本，所獲得的直方圖如圖 8.7 所示。該直方圖把正實數線分割成 20 個具相同長度 0.2 的區間。在每一個區間中的發生數請參見表 8.6。第二個直方圖把正實數線分割成 20 個具相同機率值的區間。這個直方圖的實驗數值請參見表 8.7。

表 8.6　指數型態的隨機變數，等長度區間的卡方檢定

區間	觀測	預期	$(O-E)^2/E$
0	190	181.3	0.417484
1	144	148.4	0.130458
2	102	121.5	3.129629
3	96	99.5	0.123115
4	86	81.44	0.255324
5	67	66.7	0.001349
6	59	54.6	0.354578
7	43	44.7	0.064653
8	51	36.6	5.665573
9	28	30	0.133333
10	28	24.5	0.5
11	19	20.1	0.060199
12	15	16.4	0.119512
13	12	13.5	0.166666
14	11	11	0
15	7	9	0.444444
16	9	7.4	0.345945
17	5	6	0.166666
18	8	5	1.8
>19	20	22.4	0.257142
		卡方值 = 14.13607	

表 8.7 指數型態隨機變數，等機率區間的卡方檢定

區間	觀測	預期	$(O-E)^2/E$
0	49	50	0.02
1	61	50	2.42
2	50	50	0
3	50	50	0
4	40	50	2
5	52	50	0.08
6	48	50	0.08
7	40	50	2
8	45	50	0.5
9	46	50	0.32
10	50	50	0
11	51	50	0.02
12	55	50	0.5
13	49	50	0.02
14	54	50	0.32
15	52	50	0.08
16	62	50	2.88
17	46	50	0.32
18	49	50	0.02
19	51	50	0.02

卡方值 = 11.6

查表 8.3，我們可得一個 5%顯著水準的臨界值為 30.1。對於兩個直方圖的卡方值分別為 14.2 和 11.6。兩個直方圖都通過適合度檢定，但很明顯的是選擇區間的方法會顯著地影響卡方量測的值。

範例 8.36 說明了區間的分割可以有許多種不同的方式，而且會產生不同的結果。我們推薦以下的基本原則。首先，盡可能的把區間分割成具有相同的機率。第二，區間的分割應該使得在每一個區間中的結果期望數會大於等於 5。這改善了用一個卡方 cdf 來近似 D^2 的 cdf 的精確度。

到目前為止，我們所做的討論均假設我們假定的分佈是完全地被清楚指定的。然而，在典型的情況中，該分佈其中的一個或兩個參數，即平均值和變異量，是從資料被估計出的。 我們通常建議假如一個 cdf 其中有 r 個參數是從資料被估計出的，那麼 D^2 最好是以一個具 $K-r-1$個自由度的卡方分佈來近似。參見[Allen，p.308]。在效果上，每一個估計的參數會減少 1 個自由度。

範例 8.37

在表 8.8 中的直方圖出自於由 Rutherford，Chadwick，和 Ellis 在 1920 中所發表的一篇非常有名的論文。在該論文中，它統計一個放射性物質在一個 7.5 秒的時間週期中所放射出的粒子

數，總共觀察了 2608 個週期。假定一個放射性物質所放射出的粒子數是一個隨機變數具一個 Poisson 分佈。執行卡方合適度檢定。

表 8.8 Poisson 隨機變數的卡方檢定

計數	觀測	預期	$(O-E)^2/E$
0	76,757.00	54.40	0.12
1	203.00	210.50	0.27
2	383.00	407.40	1.46
3	525.00	525.50	.00
4	532.00	508.40	1.10
5	408.00	393.50	.053
6	273.00	253.80	1.45
7	139.00	140.30	0.01
8	45.00	67.80	7.67
9	27.00	29.20	0.17
10	10.00	11.30	0.15
>11	6.00	5.80	0.01
			12.94

取材於 [Cramer，p.436].

在這個例子中，Poisson 分佈的平均值是未知的，所以它是從資料被估計出的，為 3.870。12 -1-1=10 個自由度的 D^2 為 12.94。在一個 1%顯著水準下的臨界值為 23.2。D^2 不超過這個值，所以我們可說資料滿吻合 Poisson 分佈的。

▶ 摘要

- 一個統計值是隨機樣本的一個函數，其中隨機樣本是由一個隨機變數的 n 個 iid 觀察所構成。取樣分佈就是統計值的 pdf 或 pmf。一個給定統計值的臨界值就是區間的端點，在那些端點上其互補的 cdf 達成特定的機率。

- 一個點估計量是不偏的假如它的期望值等於欲估參數其真正的值。一個點估計量是一致的假如它漸近為不偏估計量。一個估計量的均方誤差是其精確度的一個測量。樣本平均值和樣本變異量都是一致的估計量。

- 最大概似估計量的獲得是藉由使用概似函數和對數概似函數。最大概似估計量為一致的估計量，它們的估計誤差漸近於 Gaussian，且是有效的估計量。

- Cramer-Rao 不等式提供一個方法來判定一個不偏估計量是否達到最小均方誤差。一個達到下限的估計量被稱為是有效的。

- 信賴區間提供一個由觀察到的資料所決定的區間，我們經設計使得該區間包含一個參數的機率具一個指定的水準。我們為二項，Gaussian，Student's t，和卡方的取樣分佈分別發展信賴區間。

- 當樣本數 n 大時，中央極限定理讓我們可以使用 Gaussian 隨機變數的估計量和信賴區間，就算欲估計的隨機變數並不是 Gaussian 也可以。

- 獨立 Gaussian 隨機變數的樣本平均值和樣本變異量是獨立的隨機變數。卡方和 Student's t 分佈是從牽涉到 Gaussian 隨機變數的統計值所推導出來的。

- 一個顯著性檢定被使用來判定觀察到的資料和一個假設是否吻合。一個檢定的顯著水準是當假設事實上為真但卻棄卻該假設的機率。

- 基礎於觀察到的資料，一個二元假設檢定在一個虛無假設和一個對立假設之間做判定。一個假設是簡單的若其伴隨的分佈是完全清楚被指定的。一個假設是複合的若其伴隨的分佈並沒有完全清楚地被指定。

- 簡單二元假設檢定的評估方式是用它們的顯著水準和它們的型 II 誤差機率，或等價地說，用它們的檢定力來判定。Neyman-Pearson 檢定是一個概似比檢定，它滿足一個型 I 誤差機率同時最大化該檢定的檢定力。

- 使用 Bayesian 模型是假設我們已經知道參數的一個事前分佈，它為估計量和假設檢定提供了另一種方式的評估和推導。

- 對於把觀察資料配適到一個假設的分佈，卡方分佈提供了一個顯著性檢定。

▶ 重要名詞

接受域	均方估計誤差
對立假設	批次平均法
Bayes 判定規則	Neyman-Pearson 檢定
Bayes 估計量	常態隨機變數
卡方合適度檢定	虛無假設
複合的假設	點估計量
信賴區間	母體
信賴水準	檢定力
一致的估計量	命中機率
Cramer-Rao 不等式	隨機樣本
臨界區域	棄卻域
臨界值	取樣分佈
判定規則	得分函數
有效性	顯著水準
假警報機率	顯著性檢定
Fisher 資訊	簡單的假設

不變性特性	統計值
概似函數	強一致性的估計量
概似比函數	型 I 誤差
對數概似函數	型 II 誤差
最大概似法	不偏估計量
最大概似檢定	

▶ 參考文獻

Bulmer[1]是統計入門的一本傳統式的教科書。Ross[2]和 Wackerly[3]對統計提供了極佳的且最新的介紹。Bickel[4]則提供較爲進階的內容。Cramer[5]是一本典型傳統式的教科書，它對許多傳統的統計方法提供仔細的說明。Van Trees[6]在把統計方法應用到現代通訊上有極大的影響。[10]則提供了一個非常有用的線上資源來學習機率和統計。

1. M.G. Bulmer, *Principles of Statistics*, Dover Publications, New York, 1979.

2. S. M. Ross, *Introduction to Probability and Statistics for Engineers and Scientists*, Elsevier Academic Press, Burlington, Mass., 2004.

3. D. M. Wackerly, W. Mendenhall, and R. L. Scheaffer, *Mathematical Statistics with Applications*, Duxbury, Pacific Grove, Calif., 2002.

4. P. J. Bickel and K. A. Doksum, *Mathematical Statistics*, Prentice Hall, Upper Saddle River, N.J., 2007.

5. H. Cramer, *Mathematical Methods of Statistics*, Princeton University Press, Princeton, N.J., 1999.

6. H. L. Van Trees, *Detection, Estimation, and Modulation Theory*, John Wiley & Sons, New York, 1968.

7. A. O. Allen, Probability, *Statistics, and Queueing Theory*, Academic Press, New York, 1978.

8. S. Kokoska and D. Zwillinger, *Standard Probability and Statistics Tables and Formulae*, Chapman & Hall, Boca Raton, Fl., 2000.

9. M. Hardy, "An Illuminating Counter-example," *American Mathematical Monthly*, March 2003, pp.234-238.

10. *Virtual Laboratory in Probability and Statistics*, www.math.uah.edu/stat.

11. C. H. Edwards, Jr., and D. E. Penney, *Calculus and Analytic Geometry*, 4th ed., Prentice Hall, Englewood Cliffs, N.J., 1984.

▶ 習題

注意：統計牽涉到資料的使用。就是因為這個理由，本節的習題有許多需要產生隨機變數的隨機樣本，所使用的方法我們曾在第 3 章、第 4 章、第 5 章和第 6 章介紹過。這些習題你可以跳過，並不會對損及課程的連續性。

第 8.1 節：樣本和取樣分佈

8.1. 令 X 為一個 Gaussian 隨機變數具平均值 10 和變異量 4。16 個樣本被獲得，我們希望計算出樣本的樣本平均值，最小值，和最大值。

    (a) 求出樣本平均值小於 9 的機率。

    (b) 求出最小值大於 9 的機率。

    (c) 求出最大值小於 12 的機率。

    (d) 求出 n 使得樣本平均值在以真實的平均值為中心正負 1 之間的機率為 0.95。

    (e) 產生 100 組大小為 9 的隨機樣本。把在(a)、(b)和(c)中所獲得的機率和觀察的相對次數做比較。

8.2. 一個裝置的生命期是一個指數型態的隨機變數，平均值為 40 個月，25 個樣本被獲得，我們希望計算出樣本的樣本平均值、最小值和最大值。

    (a) 估計出樣本平均值和真實平均值之間的差異大於 1 個月的機率。

    (b) 求出最長壽的樣本其生命期大於 80 個月的機率。

    (c) 求出最短命的樣本其生命期小於 40 個月的的機率。

    (d) 求出 n 使得樣本平均值在以真實的平均值為中心正負 4 個月之間的機率為 0.9。

    (e) 產生 100 組大小為 25 的隨機樣本。把在(a)、(b)和(c)中所獲得的機率和觀察的相對次數做比較。

8.3. 令信號 X 為一個隨機變數均勻分佈在區間$[-3, 3]$中，假設 36 個樣本被獲得。

    (a) 估計樣本平均值在區間$[-0.5, 0.5]$之外的機率。

    (b) 估計最大的樣本小於 2.9 的機率。

    (c) 估計樣本平方的樣本平均值大於 4 的機率。

    (d) 產生 100 組大小為 50 的隨機樣本。把在(a)、(b)和(c)中所獲得的機率和觀察的相對次數做比較。

8.4. 在一個呼叫中心，查詢的到達間隔時間是指數型態的隨機變數，具平均到達間隔時間為 1/3。假設 9 個樣本被獲得。

    (a) 估計量 $\hat{\lambda}_1 = 1/\overline{X}_9$ 被使用來估計到達率。求出估計量和真實的到達率之間的差異大於 1 的機率。

    (b) 假設估計量 $\hat{\lambda}_2 = 1/9 \min(X_1, X_2, ..., X_9)$ 被使用來估計到達率。求出估計量和真實的到達率之間的差異大於 1 的機率。

(c) 產生 100 組大小為 9 的隨機樣本。把在(a)和(b)中所獲得的機率和觀察的相對次數做比較。

8.5. 令樣本 $X_1, X_2,..., X_n$ 是由隨機變數 X 的 iid 版本所構成的。動差法估計 X 的動差如下：

$$\hat{m}_k = \frac{1}{n}\sum_{j=1}^{n} X_j^{\ k}$$

(a) 假設 X 是一個隨機變數均勻分佈在區間 $[0, \theta]$ 中。使用 $\hat{m}_1$ 求出 θ 的一個估計量。

(b) 求出在(a)中估計量的平均值和變異量。

8.6. 令 X 為一個 gamma 隨機變數具參數 α 和 $\beta = 1/\lambda$。

(a) 使用 X 的前兩個動差估計量 $\hat{m}_1$ 和 $\hat{m}_2$ (定義在習題 8.5 中)來估計參數 α 和 β。

(b) 當 n 變大時，描述在(a)中估計量的行為。

8.7. 令 $\mathbf{X} = (X, Y)$ 為一對隨機變數，具已知平均值，μ_1 和 μ_2。考慮以下 X 和 Y 的共變異量估計量：

$$\widehat{C}_{X,Y} = \frac{1}{n}\sum_{j=1}^{n} (X_j - \mu_1)(Y_j - \mu_2)$$

(a) 求出這個估計量的期望值和變異量。

(b) 當 n 變大時，解釋估計量的行為。

8.8. 令 $\mathbf{X} = (X, Y)$ 為一對隨機變數具未知的平均值和共變異量。考慮以下 X 和 Y 的共變異量估計量：

$$\widehat{K}_{X,Y} = \frac{1}{n-1}\sum_{j=1}^{n} (X_j - \overline{X}_n)(Y_j - \overline{Y}_n)$$

(a) 求出這個估計量的期望值。

(b) 解釋為什麼當 n 變大時，這個估計量趨近於在習題 8.7 中的估計量。提示：參見式 (8.15)。

8.9. 令樣本 $X_1, X_2,..., X_n$ 是由隨機變數 X 的 iid 版本所構成的。考慮樣本的最大和最小的統計值：

$$W = \min(X_1,..., X_n) \quad 和 \quad Z = \max(X_1,..., X_n)$$

(a) 證明 Z 的 pdf 為 $f_Z(x) = n\left[F_X(x)\right]^{n-1} f_X(x)$。

(b) 證明 W 的 pdf 為 $f_W(x) = n\left[1 - F_X(x)\right]^{n-1} f_X(x)$。

第 8.2 節：參數估計

8.10. 證明均方估計誤差滿足 $E\left[\left(\hat{\Theta} - \theta\right)^2\right] = \text{VAR}\left[\hat{\Theta}\right] + B\left(\hat{\Theta}\right)^2$。

8.11. 令樣本 X_1, X_2, X_3, X_4 是由一個平均值 $\alpha = 4$ 的 Poisson 隨機變數 X 的 iid 版本所構成的。求出以下估計量的平均值和變異量，和判定它們是有偏的或是不偏的。

(a) $\hat{\alpha}_1 = (X_1 + X_2)/2$。

(b) $\hat{\alpha}_2 = (X_3 + X_4)/2$。

(c) $\hat{\alpha}_3 = (X_1 + 3X_2)/4$。

(d) $\hat{\alpha}_4 = (X_1 + X_2 + X_3 + X_4)/4$。

8.12. (a) 令 $\hat{\Theta}_1$ 和 $\hat{\Theta}_2$ 為參數 θ 的不偏估計量。證明估計量 $\hat{\Theta} = p\hat{\Theta}_1 + (1-p)\hat{\Theta}_2$ 也是參數 θ 的一個不偏估計量，其中 $0 \leq p \leq 1$。

(b) 求出在(a)中可以最小化均方誤差的 p 值。

(c) 假如 $\hat{\Theta}_1$ 和 $\hat{\Theta}_2$ 是在習題 8.11a 和 8.11b 中的估計量，求出可以最小化均方誤差的 p 值。

(d) 對於在習題 8.11a 和 8.11d 中的估計量，重做(c)。

(e) 令 $\hat{\Theta}_1$ 和 $\hat{\Theta}_2$ 為 X 的第一階和第二階動差的不偏估計量。求出 X 變異量的估計量。它是有偏的嗎？

8.13. 一個通訊系統的輸出 $Y = \theta + N$，其中 θ 是一個輸入信號，N 是一個雜訊信號均勻分佈在區間[–2, 1]中。假設信號被傳送 n 次，且雜訊項為 iid 隨機變數。

(a) 證明輸出的樣本平均值是 θ 的一個有偏估計量。

(b) 求出估計量的均方誤差。

8.14. 一個 Web 伺服器的請求數是一個 Poisson 隨機變數 X，它的平均值為每分鐘 $\alpha = 1$ 個請求。假設 n 個 1 分鐘區間被觀察，而其中具 0 個請求的區間數 N_0 被計數。0 個請求的機率被估計為 $\hat{p} = N_0 / n$。為了估計請求率 α，$\hat{p}$ 被設定等於在 1 分鐘內 0 個請求的機率：

$$\hat{p} = N_0 / n = P[X = 0] = \frac{\alpha^0}{0!}e^{-\alpha} = e^{-\alpha}$$

(a) 對以上的方程式解出 $\hat{\alpha}$ 以獲得請求率的一個估計量。

(b) 證明 $\hat{\alpha}$ 是有偏的。

(c) 求出 $\hat{\alpha}$ 的均方誤差。

(d) $\hat{\alpha}$ 是一致的估計量嗎？

8.15. 使用在習題 8.14 中的 Poisson 隨機變數，產生 100 組大小為 20 的隨機樣本。

(a) 使用樣本平均值估計量和習題 8.14 的估計量估計請求率 α。

(b) 比較兩個估計量的偏誤和均方誤差。

8.16. 一個均勻隨機變數均勻分佈在區間$[0, \theta]$ 中，令 X_1, X_2,..., X_n 為它的一組隨機樣本。考慮以下 θ 的估計量：

$$\hat{\theta} = \max \{ X_1, X_2, \ldots, X_n \}$$

(a) 使用習題 8.9 的結果求出 $\hat{\theta}$ 的 pdf。

(b) 證明 $\hat{\theta}$ 是一個有偏估計量。

(c) 求出 $\hat{\theta}$ 的變異量並判定它是否是一個一致的估計量。

(d) 求出一個常數 c 使得 $c\hat{\theta}$ 是一個不偏估計量。

(e) 每一次用 $\theta = 5$ 產生 20 個均勻隨機變數的一組隨機樣本。在 100 次分別測試中,比較由兩個估計量所提供的值。

(f) 產生該均勻隨機變數的 1000 個樣本,每 50 個樣本更新估計量一次。你可以看出估計量的偏誤嗎?

8.17. 令 $X_1, X_2, \ldots, X_n$ 為一個 Pareto 隨機變數的一組隨機樣本:

$$f_X(x) = k \frac{\theta^k}{x^{k+1}} \qquad \theta \le x$$

其中 $k = 2.5$。考慮 θ 的估計量:

$$\hat{\theta} = \min \{ X_1, X_2, \ldots X_n \}$$

(a) 證明 $\hat{\theta}$ 是一個有偏估計量和求出偏誤。

(b) 求出 $\hat{\theta}$ 的均方誤差。

(c) 判定 $\hat{\theta}$ 是否是一個一致的估計量。

(d) 使用 Octave 產生 1000 個該 Pareto 隨機變數的樣本。每 50 個樣本更新估計量一次。你可以看出估計量的偏誤嗎?

(e) 用 $k=1.5$ 重做(d)。什麼改變了?

8.18. 考慮具平均值 1 的指數型態隨機變數。產生 100 組大小為 5、10、20 的樣本。比較由樣本變異量的不偏估計量和有偏估計量所給出的估計的直方圖。

*8.19. 求出在範例 8.8 中樣本變異量估計量的變異量。提示:假設 $\mu = 0$。

8.20. 產生 100 組大小為 20 的樣本對,每一對都是 0 平均值,單一變異量聯合 Gaussian 隨機變數具相關係數 $\rho = 0.50$。對於在習題 8.8 和 8.9 中的樣本共變異量估計量,比較所得估計的直方圖。

8.21. 對於 X 和 Y 兩隨機變數之間的相關係數,考慮以下的估計量:

$$\hat{\rho}_{x,y} = \frac{\displaystyle\sum_{j=1}^{n} \left(X_j - \overline{X_n} \right) \left(Y_j - \overline{Y_n} \right)}{\sqrt{\displaystyle\sum_{j=1}^{n} \left(X_j - \overline{X_n} \right)^2 \sum_{j=1}^{n} \left(Y_j - \overline{Y_n} \right)^2}}$$

重做習題 8.20。

第 8.3 節：最大概似估計

8.22. 令 X 為一個指數型態的隨機變數，具平均值 $1/\lambda$。

    (a) 求出 $\theta = 1/\lambda$ 的最大概似估計量 $\hat{\Theta}_{\mathrm{ML}}$。

    (b) 求出 $\theta = \lambda$ 的最大概似估計量 $\hat{\Theta}_{\mathrm{ML}}$。

    (c) 求出在(a)中估計量的 pdf。

    (d) 在(a)中估計量不偏的嗎？一致的嗎？

    (e) 重複以下的實驗 20 次：用 $\lambda = 1/2$，產生 16 個指數型態隨機變數的樣本，用在(a) 和(b)中的估計量求出估計值。畫出所產生出估計值的直方圖。

8.23. 令 $X = \theta + N$ 為一個受雜訊干擾通道的輸出，其中輸入是參數 θ 而 N 是一個 0 平均值， 單一變異量的 Gaussian 隨機變數。假設輸出被量測 n 次以獲得隨機樣本 $X_i = \theta + N_i$， $i = 1, \ldots, n$。

    (a) 求出 θ 的最大概似估計量 $\hat{\Theta}_{\mathrm{ML}}$。

    (b) 求出 $\hat{\Theta}_{\mathrm{ML}}$ 的 pdf。

    (c) 判定 $\hat{\Theta}_{\mathrm{ML}}$ 是不偏的嗎？是一致的嗎？

8.24. 一個均勻隨機變數分佈在區間 $[0, \theta]$ 中，證明 θ 的最大概似估計量為 $\hat{\Theta} = \max\{X_1, X_2, \ldots, X_n\}$。提示：你需要證明最大值發生在參數值區間的末端。

8.25. 令 X 為一個 Pareto 隨機變數具參數 α 和 x_m。

    (a) 假設 x_m 已知，求出 α 的最大概似估計量。

    (b) 證明 α 和 x_m 的最大概似估計量為：

$$\hat{\alpha}_{\mathrm{ML}} = n\left[\sum_{j=1}^{n} \log\left(\frac{X_j}{\hat{x}_{m,\mathrm{ML}}}\right)\right]^{-1} \quad \text{和} \quad \hat{x}_{m,\mathrm{ML}} = \min(X_1, X_2, \ldots, X_n)$$

    (c) 討論在(a)和(b)中當 n 變大時估計量的行為，和判定它們是否是一致的。

    (d) 以下的實驗重複 5 次：用 $\alpha = 2.5$ 和 $x_m = 1$ 產生 100 個 Pareto 隨機變數樣本，求出在 (b)中估計量所給出的值。用 $\alpha = 1.5$ 和 $x_m = 1$ 重做一次。用 $\alpha = 0.5$ 和 $x_m = 1$ 再重做一 次。

8.26. (a) 證明 $b = 1$ 的 beta 隨機變數其 $\theta = a$ 的最大概似估計量為

$$\hat{a}_{\mathrm{ML}} = \left[\frac{1}{n}\sum_{j=1}^{n} \log X_j\right]^{-1}$$

    (b) 用 $b = 1$ 和 $a = 0.5$ 產生 100 個 beta 隨機變數樣本以獲得 a 的估計。分別對 $a = 1$, $a = 2$ 和 $a = 3$ 重做一次。

8.27. 令 X 為一個 Weibull 隨機變數具參數 α 和 β（參見式(4.102)）。

    (a) 假設 β 已知，證明 $\theta = \alpha$ 的最大概似估計量為：

$$\hat{\alpha}_{\mathrm{ML}} = \frac{1}{\dfrac{1}{n}\sum_{j=1}^{n} X_j^{\ \beta}}$$

(b) 用 $\alpha=1$ 和 $\beta=1$ 產生 100 個 Weibull 隨機變數樣本以獲得 α 的估計。分別用 $\beta=2$ 和 $\beta=4$ 和重做一次。

8.28. 某特定的裝置已知有一個指數型態的生命期。

   (a) 假設 n 個裝置被測試 T 秒鐘，我們計數其間失效裝置的數目。求出該裝置生命期平均值的最大概似估計量。提示：使用不變性特性。

   (b) 以下的實驗重複 10 次：用 $\lambda=1/10$ 產生 16 個指數型態隨機變數的樣本。令 $T=15$。使用在(a)中的方法求生出命時間平均值的估計，把所得的估計和由習題 8.23a 提供估計做個比較。

8.29. 令 X 爲一個 gamma 隨機變數具參數 α 和 λ。

   (a) 假設 α 已知，求出 λ 的最大概似估計量 $\hat{\lambda}_{\mathrm{ML}}$。

   (b) 求出 α 和 λ 的最大概似估計量 $\hat{\alpha}_{\mathrm{ML}}$ 和 $\hat{\lambda}_{\mathrm{ML}}$。假設函數 $\Gamma'(\alpha)/\Gamma(\alpha)$ 已知。

8.30. 令 $\mathbf{X}=(X, Y)$ 爲一個聯合 Gaussian 隨機向量，具 0 平均值，單一變異量，和未知的相關係數 ρ。考慮一組隨機樣本包含 n 個如此的向量。

   (a) 證明 ρ 的 ML 估計量牽涉到一個三次方程式的解。

   (b) 證明若平均值和變異量均未知，則習題 8.21 所得出的是 ML 估計量。

   (c) 以下的實驗重複 5 次：用 0 平均值，單一變異量，以下的相關係數的 Gaussian 隨機變數產生 100 對樣本以估計出 ρ。使用(a)和(b)的估計量。相關係數分別用：$\rho=0.5$、$\rho=0.9$ 和 $\rho=0$。

8.31. (不變性特性。)令 $\hat{\Theta}_{ML}$ 爲 X 的參數 θ 的最大概似估計量對於。假設我們感興趣的是求出 $h(\theta)$ 的最大概似估計量，它是 θ 的一個可逆的函數。解釋爲什麼這個最大概似估計量是由 $h(\hat{\Theta}_{ML})$ 所給定。

8.32. 證明 Fisher 資訊也可以由式(8.36)所給定。假設概似函數的前兩個偏微分存在，而且它們是絕對可積，使得對 θ 的微分和積分順序可以互換。

8.33. 證明以下的隨機變數有給定的 Cramer-Rao 下限，和判定其伴隨的最大概似估計量是否是有效的：

   (a) 二項隨機變數，具參數 n 和未知的 p：$p(1-p)/n^2$。

   (b) Gaussian，具已知變異量 σ^2 和未知的平均值：σ^2/n。

   (c) Gaussian，具未知的變異量：$2\sigma^4/n$。考慮兩個情況：平均值已知；平均值未知。變異量的標準不偏估計量可以達到 Cramer-Rao 下限嗎？請注意 $E\left[(X-\mu)^4\right]=3\sigma^4$。

   (d) Gamma，具已知參數 α 和未知參數 $\beta=1/\lambda$：$\beta^2/n\alpha$。

   (e) Poisson，具未知參數 α：α/n。

8.34. 令 $\hat{\Theta}_{ML}$ 為一個指數型態隨機變數其平均值的最大概似估計量。假設我們使用估計量 $\hat{\Theta}_{ML}^2$ 來估計這個指數型態隨機變數的變異量。$\hat{\Theta}_{ML}^2$ 是在真的變異量上下 5% 之間的機率為何？假設樣本數很大。

第 8.4 節：信賴區間

8.35. 一個電壓的測量是由一個未知的常數電壓和一雜訊電壓的和所構成的，其中雜訊電壓是一個 Gaussian 分佈，平均值為 0，變異量為 $9\ \mu V^2$。做了 25 次獨立的測量，獲得一個樣本平均值為 $50\ \mu V$。求出對應的 95% 信賴區間。

8.36. 令 X_j 為一個 Gaussian 隨機變數具未知的平均值 $E[X]=\mu$ 和變異量 1。

(a) 求出 μ 的 95% 信賴區間的寬度，$n=4, 16, 100$。

(b) 改成 99% 的信賴區間，重做(a)。

8.37. 測量 25 個燈泡的生命期，樣本平均值和樣本變異量分別為 323 hr 和 64 hr。

(a) 求出生命期平均值的一個 95% 的信賴區間。

(b) 求出生命期變異量的一個 95% 的信賴區間。

8.38. 令 X 為一個 Gaussian 隨機變數具未知的平均值和未知的變異量。獨立地測量 X 10 次產生

$$\sum_{j=1}^{10} X_j = 360 \quad 和 \quad \sum_{j=1}^{10} X_j^2 = 16,640$$

(a) 求出 X 的平均值的一個 90% 的信賴區間。

(b) 求出 X 的變異量的一個 90% 的信賴區間。

8.39. 令 X 為一個 Gaussian 隨機變數具未知的平均值和未知的變異量。一組 10 次獨立的測量 X 產生一個樣本平均值 57.3 和一個樣本變異量 23.2。

(a) 求出 X 的平均值的一個 90%、95% 和 99% 的信賴區間。

(b) 假如是一組 20 次測量產生以上的樣本平均值和樣本變異量，重做(a)。

(c) 在(a)和(b)求出變異量的一個 90%、95% 和 99% 的信賴區間。

8.40. 一個電腦模擬程式被使用來產生一個隨機變數的 300 個樣本。樣本被分成 15 批，每批 20 個樣本。批次樣本平均值如下：

0.228	−1.941	0.141	1.979	−0.224
0.501	−5.907	−1.367	−1.615	−1.013
−0.397	−3.360	−3.330	−0.033	−0.976

求出樣本平均值的 90% 的信賴區間。

8.41. 重做習題 8.40。產生 300 個樣本。樣本被分成 15 批，每批 20 個樣本。求出樣本平均值的 90% 的信賴區間，本題的狀況如下：

(a) Beta 隨機變數，具參數 $\alpha=2$ 和 $\beta=3$。

(b) Gamma 隨機變數，具 $\lambda = 1$ 和 $\alpha = 2$。

(c) Pareto 隨機變數，具 $x_m = 1$ 和 $\alpha = 3$；$x_m = 1$ 和 $\alpha = 1.5$。

8.42. 一個硬幣總共被投擲 300 次，分成 10 批，每批 30 次投擲。每批的正面次數如下：

14，17，12，14，15，14，18，16，13，16

(a) 使用批次平均法求出正面機率 p 的 95% 的信賴區間。

(b) 由產生具 $p = 0.25$ 的 Bernoulli 隨機變數來模擬這個實驗；用 $p = 0.01$ 再做一次。

8.43. 這個習題意圖檢查以下敘述：「若我們計算信賴區間很多次，我們會發現大約 $(1-\alpha) \times 100\%$ 的時間，計算出的區間會包含真正的參數值。」

(a) 假設平均值未知，變異量已知，$n = 10$，求出一個 Gaussian 隨機變數其平均值 90% 的信賴區間。

(b) 產生 500 批，每批有 10 個 0 平均值，單一變異量的 Gaussian 隨機變數，並決定其伴隨的信賴區間。求出信賴區間包含真正的平均值(就是 0)的比例。這個吻合信賴水準 $1-\alpha = .90$ 嗎？

(c) 重做(b)，使用具平均值 1 的指數型態隨機變數。區間包含真正的平均值的比例應該為 $1-\alpha$ 嗎？ 請解釋之。

8.44. 產生 160 個 X_i，它們均勻分佈在區間[−1, 1]中。

(a) 假設欲產生平均值的 90% 的信賴區間。使用以下的組合，求出平均值的信賴區間：

4 批，每批有 40 個樣本
8 批，每批有 20 個樣本
16 批，每批有 10 個樣本
32 批，每批有 5 個樣本

(b) 重做(a)中實驗 500 次。在每一次重複實驗中，上述的 4 個批次計算信賴區間。計算以上的 4 種批次其信賴區間包含真正的平均值的時間比例。那一種批次處理較吻合由信賴水準所預測的結果？解釋為什麼。

8.45. 這個習題探索當樣本數遞增時信賴區間的行為。考慮一 Gaussian 隨機變數，具平均值 25 和變異量 36，產生它的 1000 個獨立的樣本。每增加 50 個樣本後，更新和畫出平均值和變異量的信賴區間。

第 8.5 節：假設檢定

8.46. 一種新的網頁設計意圖要增加顧客的下單率。在先前的設計中，在一小時中的下單數是一個 Poisson 隨機變數具平均值 30。用新的設計做 8 次 1 小時測量，我們發現新設計平均每小時完成 31 張單子。

(a) 在一個 5% 的顯著水準，得到的量測資料支持下單率有增加的說法嗎？

(b) 在一個 1% 的顯著水準，重做(a)。

8.47. Carlos 和 Michael 玩一個丟硬幣遊戲，每人丟一次：假如丟出的結果相同，那麼沒人贏；但是假如丟出的結果不同，丟出「正面」的贏。Michael 使用一個公平的硬幣，但是他懷疑 Carlos 使用的是一個不公正的硬幣。

    (a) 在 6 次遊戲中，Carlos 要贏幾次才能判定是否 Carlos 作弊？求出一個 10%的顯著水準檢定。假設玩 $n = 12$ 次遊戲再重做一次。

    (b) 現在設計一個 10%的顯著水準檢定，但基礎的是 Carlos 丟出正面的次數。那一個檢定較為有效？

    (c) 假如 Carlos 使用一個硬幣具 $p = 0.75$，求出命中的機率。用 $p = 0.55$ 重做一次。

8.48. 一個接收端的輸出是輸入電壓和一個 Gaussian 隨機變數的和，後者平均值為 0 變異量為 1 伏特平方。一位科學家懷疑接收端的輸入並沒有被適當地校正，因此就算是沒有輸入信號也會有一個非零的輸入電壓存在。

    (a) 求出一個 1%的顯著水準檢定，包含對輸出做 n 次獨立測量，以檢定科學家的直覺。

    (b) 假如 16 次測量產生一個樣本平均值 -0.75 伏特，檢定結果為何？

    (c) 假如真的有一個輸入電壓 1 伏特，求出型 II 誤差機率；假如真的有一個輸入電壓 10 毫伏特，求出型 II 誤差機率。

8.49. (a) 解釋 p-值和一個檢定的顯著水準 α 之間的關係。

    (b) 比起簡單地陳述假設檢定的結果，解釋為什麼 p-值可以提供有關於檢定統計值更多的資訊。

    (c) 在一單邊檢定中，p-值應該如何計算？

    (d) 在一雙邊檢定中，p-值應該如何計算？

8.50. 一個光偵測器所偵測到的光子數是一個 Poisson 隨機變數。若目標不存在，則該隨機變數具已知的平均值 $\alpha = 2$；若目標存在，則該隨機變數具已知的平均值 $\beta = 7 > \alpha = 2$。令虛無假設對應到「目標不存在」。

    (a) 使用 Neyman-Pearson 法求出一個假設檢定，其中假警報機率被設定為 5%。

    (b) 命中機率為何？

    (c) 假設獨立的測量輸入 n 次。使用嘗試錯誤法求出達到假警報機率 5%和命中機率 90%所需要的 n 值。

8.51. 塑膠袋的承受力是一個 Gaussian 隨機變數。公司 1 的塑膠袋其承受力的平均值為 8 公斤變異量為 $1\,\mathrm{kg}^2$；公司 2 的塑膠袋其承受力的平均值為 9 公斤變異量為 $1\,\mathrm{kg}^2$。我們感興趣的是判定一批塑膠袋是否來自公司 1(虛無假設)。求出一個假設檢定和決定需要被測試的塑膠袋數，使得 α 為 1%且命中機率為 99%。

8.52. 輕度 Internet 使用者的使用時間段為指數型態分佈具平均值 2 小時，重度 Internet 使用者的使用時間段為指數型態分佈具平均值 4 小時。

(a) 使用 Neyman-Pearson 法求出一個假設檢定來判定某位使用者是否是一位輕度使用者。用 $\alpha = 5\%$ 設計檢定。

(b) 命中重度使用者的機率爲何？

8.53. 一般 Internet 使用者的使用時間段爲 Pareto 分佈具平均值 3 小時且 $a = 3$，和重度的 P2P(peer-to-peer)使用者的使用時間段爲 Pareto 分佈具 $a = 8/7$ 且平均值爲 16 小時。

(a) 使用 Neyman-Pearson 法求出一個假設檢定來判定某位使用者是否是一位一般使用者。用 $\alpha = 1\%$ 設計檢定。

(b) 命中重度 P2P 使用者的機率爲何？

8.54. 硬幣工廠 A 和 B 產生硬幣，其中正面機率 p 是一個 beta 分佈的隨機變數。工廠 A 有參數 $a = b = 10$，工廠 B 有 $a = b = 3$。

(a) 用 $\alpha = 5\%$ 設計一個假設檢定，判定某批硬幣是否來自工廠 A。

(b) 命中工廠 B 的硬幣的機率爲何？提示：使用 Octave 函數 beta_inv。假設某批硬幣其正面機率可以被準確地判定。

8.55. 當正確操作時(虛無假設)，由某生產線所產生的線有平均直徑 2 mm，但是在一特定的錯誤條件下，產生的線有平均直徑 1.75 mm。直徑爲 Gaussian 分佈具變異量 0.04 mm^2。一批 10 個樣本的線被選出，樣本平均值爲 1.82mm。

(a) 設計一個檢定來判定產生的線是否是良品。假設一個假警報的機率爲 5%。

(b) 命中不良品的機率爲何？

(c) 以上觀察的 p-值爲何？

8.56. 硬幣 1 是公正的，硬幣 2 其正面機率爲 7/8。一個檢定是有關於重複丟一個硬幣直到第一個正面發生爲止。我們觀察投擲的次數。

(a) 設計一個檢定來判定現在正在使用的硬幣是否是公正的硬幣。假設 $\alpha = 5\%$。命中不公正的硬幣的機率爲何？

(b) 重做(a)，假如不公正的硬幣其正面機率爲 1/8。

8.57. 一個信號偵測系統的輸出是一個輸入電壓和一個 0 平均值，單一變異量 Gaussian 隨機變數的和。

(a) 設計一個假設檢定，在一個顯著水準 $\alpha = 10\%$ 下，判定是否有一個非零的輸入。假設對接收端輸出做 n 次獨立的測量(所以雜訊項爲 iid 隨機變數)。

(b) 求出型 II 誤差機率的表示式，和在(a)中檢定的檢定力表示式。

(c) 畫出在(a)中檢定的檢定力，橫軸爲輸入電壓，從 $-\infty$ 到 $+\infty$ 做變化，n 用 4，16，64，256。

8.58. (a) 在習題 8.57 中，設計一個假設檢定，在一個顯著水準 α 下，判定是否有一個正的輸入。假設對接收端輸出做 n 次獨立的測量。

(b) 求出型 II 誤差機率的表示式，和在(a)中檢定的檢定力表示式。

(c) 畫出在(a)中檢定的檢定力，橫軸爲輸入電壓，從 $-\infty$ 到 $+\infty$ 做變化，n 用 4，16，64，256。

8.59. 比較在習題 8.57 和 8.58 中的檢定力曲線。解釋爲什麼在習題 8.58 中的檢定是一律最強力檢定，而在習題 8.57 中的檢定則不是。

8.60. 考慮範例 8.27，其中我們考慮

H_0 : X 爲 Gaussian 具 $\mu = 0$ 和 $\sigma_X^2 = 1$

H_1 : X 爲 Gaussian 具 $\mu > 0$ 和 $\sigma_X^2 = 1$

令 $n=25$，$\alpha = 5\%$。對於 $\mu = k/2$，$k = 0, 1, 2,..., 5$ 執行以下的實驗：產生 500 批，每批 25 個 Gaussian 隨機變數，具平均值 μ 和單一變異量。對每一批資料判定是要接受或是棄卻虛無假設。計數型 I 誤差和和型 II 誤差。畫出由實驗獲得的檢定力函數，橫軸爲 μ。

8.61. 對於以下的假設檢定，重做習題 8.60：

H_0 : X 爲 Gaussian 具 $\mu = 0$ 和 $\sigma_X^2 = 1$

H_1 : X 爲 Gaussian 具 $\mu \neq 0$ 和 $\sigma_X^2 = 1$

令 $n=25$，$\alpha = 5\%$。對於 $\mu = \pm k/2$，$k = 0, 1, 2,..., 5$ 執行實驗。

8.62. 對一個公正的硬幣，考慮以下的 3 個檢定：

(i)　H_0 : $p = 0.5$ vs. H_1 : $p \neq 0.5$

(ii)　H_0 : $p = 0.5$ vs. H_1 : $p > 0.5$

(iii)　H_0 : $p = 0.5$ vs. H_1 : $p < 0.5$。

假設在每一檢定硬幣投擲 $n = 100$ 次。以上檢定的棄卻域選擇爲 $\alpha = 1\%$。

(a) 求出 3 個檢定的檢定力曲線，自變數爲 p。

(b) 解釋單邊檢定的檢定力曲線和雙邊檢定的檢定力曲線的比較。

8.63. (a) 考慮習題 8.62 的假設檢定(i)，用 $\alpha = 5\%$。對於 $p = k/10$，$k = 1, 2,..., 9$ 執行以下的實驗：產生 500 批，每批投擲一個具正面機率 p 的硬幣 100 次。對每一批，判定假設檢定是要接受或是棄卻虛無假設。計數型 I 誤差和和型 II 誤差的數目。畫出由實驗獲得的檢定力函數，橫軸爲 μ。

(b) 考慮習題 8.62 的假設檢定(ii)，重做(a)。

8.64. 在範例 8.26 中我們發展出一個假設檢定來判定 H_0 : $m = \mu$ vs. H_1 : $m > \mu$。假設我們對於以下的假設檢定問題也使用相同的檢定，也就是說，使用和範例 8.26 中相同的棄卻域和接受域來做檢定：

H_0 : X 爲 Gaussian 具平均值 $m \leq \mu$ 和已知的變異量 σ^2

H_1 : X 爲 Gaussian 具平均值 $m > \mu$ 和已知的變異量 σ^2

證明該檢定可達到顯著水準 α 或更佳。提示：考慮在範例 8.26 中的檢定力函數。

8.65. 一台機器產生碟片的平均厚度為 2 mm。在做定期維護時，10 個樣本碟片被選取，計算出的樣本平均平均厚度為 2.1 mm，樣本變異量為 0.09 mm^2。

    (a) 求出一個檢定來判定該機器是否正常運作，分別用 $\alpha = 1\%$; $\alpha = 5\%$。

    (b) 求出觀察的 p-值。

8.66. 一製造商宣稱它新改善的輪胎設計會增加輪胎的生命期，從 50,000 km 到 55,000 km。測試 8 個輪胎，樣本平均生命期為 52,500 km，樣本標準差為 3000 km。

    (a) 求出一個檢定來判定該宣稱是否可以被觀察資料支持，顯著水準分別用 $\alpha = 1\%$; $\alpha = 5\%$。

    (b) 求出觀察的 p-值。

8.67. 一班 100 位工程系新鮮人都發給新的筆記型電腦。製造商宣稱電腦電池將會持續 4 小時。新鮮人全班執行一次測試和求出一個樣本平均值 3.75 小時和一個樣本標準差 1 小時。

    (a) 求出一個檢定以判定製造商的宣稱可以以一個顯著水準被支持，水準分別用 $\alpha = 1\%$; $\alpha = 5\%$。

    (b) 求出觀察的 p-值。

8.68. 考慮在範例 8.29 中的假設檢定：

    H_0: X 為 Gaussian 具平均值 μ=0 和未知的變異量 σ_X^2

    H_1: X 為 Gaussian 具平均值 $\mu \neq 0$ 和未知的變異量 σ_X^2

    令 n=9，$\alpha = 5\%$，$\sigma_X = 1$。對於 $\mu = \pm k/2$，k = 0, 1, 2,..., 5 執行以下的實驗：產生 500 批，每批 9 個 Gaussian 隨機變數，具平均值 μ 和單一變異量。對每一批資料判定是要接受或是棄卻虛無假設。計數型 I 誤差和和型 II 誤差的數目。畫出由實驗獲得的檢定力函數，橫軸為 μ。把它和預期結果做比較。

8.69. 重做習題 8.68，本題有以下的假設檢定：

    H_0: X 為 Gaussian 具平均值 μ=0 和未知的變異量 σ_X^2

    H_1: X 為 Gaussian 具平均值 μ>0 和未知的變異量 σ_X^2

    令 n=9，$\alpha = 5\%$，$\sigma_X = 1$，$\mu = k/2$，k = 0, 1, 2,..., 5。

8.70. 當隨機變數不是 Gaussian 時，考慮使用在範例 8.29 中的假設檢定。為 $\alpha = 5\%$，$n = 9$，和 $n = 25$ 設計檢定。執行以下的實驗：令 X 為均勻分佈在[−1/2, 1/2]中的隨機變數。產生 500 批，每批 n 個均勻隨機變數 X。對每一批資料判定是要接受或是棄卻虛無假設。計數型 I 誤差和和型 II 誤差的數目。求出由實驗所獲得的檢定力。把實驗資料和 Gaussian 隨機變數所預期的數值做比較。

8.71. 一個防盜警鈴系統的工作就是送出雜訊信號：一個「狀態正常」信號就是傳送出具平均值 0 和變異量 4 之 Gaussian iid 隨機電壓；一個「警報」信號就是傳送出具平均值 0 和變異量小於 4 之 iid Gaussian 電壓。

   (a) 求出一個 1%水準的假設檢定以判定狀態是否正常(虛無假設)，基礎於從 n 個電壓樣本計算出樣本變異量。

   (b) 當警報信號的變異量改變時，求出該假設檢定的檢定力，n 分別用 8，64，256 做一次。

8.72. 重做習題 8.71，假如警報信號使用的是變異量大於 4 的 iid Gaussian 電壓。

8.73. 一個防盜系統召喚特工 00111 的方式為送出 71 個 Gaussian iid 隨機變數，具平均值 0 和變異量 $\mu_0 = 7$。在一個 1%的水準下，求出一個假設檢定(安裝在特工 00111 的手錶中)來判定她是否正在被召喚。畫出型 II 誤差的機率。

8.74. 考慮在範例 8.30 的假設檢定來檢定變異量：

   H_0：X 為 Gaussian 具變異量 $\sigma_X^2 = 1$和未知的平均值 μ

   H_1：X 為 Gaussian 具變異量 $\sigma_X^2 \neq 1$和未知的平均值 μ

   令 $n = 16$，$\alpha = 5\%$，$\mu = 0$。對於 $\sigma_X^2 = k/3$, $k = 1, 2, ..., 6$ 執行以下的實驗：產生 500 批，每批 16 個具 0 平均值和 σ_X^2 變異量的 Gaussian 隨機變數。對每一批資料判定是要接受或是棄卻虛無假設。計數型 I 誤差和和型 II 誤差的數目。畫出由實驗獲得的檢定力函數，橫軸為 σ_X^2。把它和預期結果做比較。

8.75. 當隨機變數是一個均勻隨機變數時，考慮使用在習題 8.74 中的假設檢定。重做該實驗，其中 X 現在是一個均勻隨機變數在區間[$-1/2$, $1/2$]中。把實驗資料和 Gaussian 隨機變數所預期的數值做比較。用 $n = 9$ 和 $n = 36$ 各做一次。

8.76. 這個習題探索信賴區間和假設檢定之間的關係。考慮在範例 8.28 中的假設檢定，但是水準用 $\alpha = 5\%$。

   (a) 以下的實驗執行 200 次： 給定 H_0 為真的情況下，產生 X 的 10 個樣本；決定信賴區間；判定該區間是否包含 0；判定虛無假設是否要被接受。

   (b) 型 I 誤差的相對次數和預期的相同嗎？

第 8.6 節：BAYESIAN 判定方法

8.77. Premium 筆工廠在每一批 100 支筆中測試一支筆。因為墨水填充機器是雙模式的，所以筆可以連續寫的時間是一個指數型態的隨機變數，具平均值 1/2 小時或 5 小時。有 10% 的時間，機器是處於短生命期模式。一批短生命筆如果當成長生命筆賣出，會損失$5，而一批長生命筆如果當成短生命筆賣出，會損失$3。基礎於被測試筆所測量到的生命期，求出 Bayes 判定規則來判定一批筆是長生命筆還是短生命筆。

8.78. 假設我們在一個抹去式的通道上傳送二元的資訊。假如輸入到通道的是「0」，那麼輸出等機率地爲爲「0」或爲「e」，後者代表「被抹去」；假如輸入爲「1」，那麼輸出等機率地爲爲「1」或爲「e」。假設 $P[\Theta=1]=1/4=1-P[\Theta=0]$，成本函數爲：$C_{00}=C_{11}=0$ 和 $C_{01}=bC_{10}$。

 (a) 對於 $b=1/6$、1 和 6，分別求出最大概似判定規則，它挑出的輸入可以最大化被觀察到輸出的概似機率。求出每一個情況的平均成本。

 (b) 對於在(a)中的 3 種情況，求出 Bayes 判定規則，它可以最小化平均成本。求出每一個情況的平均成本。

8.79. 對於在習題 8.78 中的通道，假設我們傳送每一個輸入兩次。接收端基礎於觀察到的輸出對來做它的判定。求出和比較最大概似和 Bayes 判定規則。

8.80. 當 Bob 擲出一個飛鏢時，落點的座標是一對獨立的 Gaussian 隨機變數(X, Y)具平均值 0 和變異量 1。當 Rick 擲出一個飛鏢時，落點的座標是一對獨立的 Gaussian 隨機變數，但是具平均值 0 和變異量 2。Bob 和 Rick 都被要求要畫一個圓，中心點都位於原點，內部圓盤屬於 Bob，外部的環屬於 Rick。

 (a) 每當玩家擲出的飛鏢落入到別人的區域時，他必須付出\$1 給老闆。求出可以最小化玩家平均成本的圓盤半徑。

 (b) 重做(a)，假如當 Bob 射入到 Rick 的區域時，Bob 必須要付出\$2。

8.81. 一個二元的通訊系統接受 Θ，它爲「0」或「1」，當作輸入；並輸出 X，它爲「0」或「1」，具誤差機率 $P[\Theta\neq X]=p=10^{-3}$。假設傳送者使用一個重複碼，其中每一個「0」或「1」都被獨立的傳送 n 次，接收端基礎於 $n=8$ 個對應的輸出做它的判定。假設 $1/5=P[\Theta=1]=1-P[\Theta=0]$。

 (a) 求出最大概似判定規則，對於給定的 n 輸出而言，它選擇較爲可能的輸入。求出型 I 誤差機率和型 II 誤差機率，以及整體的誤差機率 P_e。

 (b) 求出 Bayes 判定規則，它最小化誤差機率。求出型 I 誤差機率和型 II 誤差機率，以及整體的誤差機率 P_e。

 (c) 對於在(a)和(b)中的判定規則，求出 n 使得 $P_e=10^{-9}$。

8.82. 一個二元的通訊系統接受 Θ，它爲「+1」或「-1」，當作輸入；和輸出 $X=\Theta+N$，其中 N 是一個 0 平均值 Gaussian 隨機變數，具變異量 σ^2。傳送者使用一個重複碼，其中每一個「+1」或「-1」都被獨立的傳送 n 次，接收端基礎於 n 個對應的輸出做它的判定。假設 $P[\Theta=1]=\alpha=1-P[\Theta=0]$。

 (a) 求出最大概似判定規則，和計算出型 I 誤差機率和型 II 誤差機率，以及整體的誤差機率。

 (b) 求出 Bayes 判定規則，和(a)比較它的誤差機率。

 (c) 假設 σ 可使得 $P[N>1]=10^{-3}$。求出在(b)中 n 的值，使得 $P_e=10^{-9}$。

8.83. 一個廣泛使用的數位傳輸系統傳送位元對。系統輸入是一對 (Θ_1, Θ_2)，其中 Θ_i 可以是 +1 或 −1。通道輸出是一對獨立的 Gaussian 隨機變數 (X, Y)，變異量均為 σ^2，但平均值分別為 Θ_1 和 Θ_2。假設 $P[\Theta_i = 1] = \alpha = 1 - P[\Theta_i = 0]$，且輸入位元是彼此獨立的。接收端觀察到 (X, Y)，並基礎於它們的值來判定輸入對 (Θ_1, Θ_2)。

(a) 對於 4 種可能的輸入對，畫出 $f_{X,Y}(x, y | \Theta_1, \Theta_2)$。

(b) 若接收端正確的判定出輸入對，則成本為 0；否則，成本為 1。證明 Bayes 判定規則選擇的輸入對 (θ_1, θ_2) 可以最大化：

$$f_{X,Y}(x, y | \theta_1, \theta_2) P[\Theta_1 = \theta_1, \Theta_2 = \theta_2]$$

(c) 當輸入具相同可能性時，求出在平面上的 4 個判定區域。證明這個對應到最大概似判定規則。

8.84. 對於成本函數 $C(g(\mathbf{X}), \Theta) = |g(\mathbf{X}) - \Theta|$，證明 Bayes 估計量是由一個後驗 pdf $f_\Theta(\theta | \mathbf{X})$ 的中間值所給定。提示：把平均成本的積分寫成兩個積分的和，一個在區域 $g(\mathbf{X}) > \theta$，另一個在區域 $g(\mathbf{X}) < \theta$，然後再對 $g(\mathbf{X})$ 微分。

8.85. 對於在式 (8.96) 中的成本函數，證明 Bayes 估計量是由 θ 的 MAP 估計量所給定的。

8.86. 令觀察 $X_1, X_2, \ldots, X_n$ 為 iid Gaussian 隨機變數具單一變異量和未知的平均值 Θ。假設 Θ 本身是一個 Gaussian 隨機變數具平均值 0 和變異量 σ^2。求出以下 Θ 的估計量：

(a) 最小均方估計量。

(b) 最小平均絕對誤差估計量。

(c) MAP 估計量。

8.87. 令 X 為一個隨機變數均勻分佈在區間 $(0, \Theta)$ 中，其中 Θ 有一個 gamma 分佈 $f_\Theta(\theta) = \theta e^{-\theta}$，$\theta > 0$。

(a) 求出最小平均絕對誤差估計量。

(b) 求出最小均方估計量。

8.88. 令 X 為一個二項隨機變數具參數 n 和 Θ。假設 Θ 有一個 beta 分佈具參數 α 和 β。

(a) 證明 $f_\Theta(\theta | X = k)$ 是一個 beta pdf 具參數 $a + k$ 和 $\beta + n - k$。

(b) 證明最小均方估計量那麼為 $(\alpha + k) / (\alpha + \beta + n)$。

8.89. 令 X 為一個二項隨機變數具參數 n 和 Θ。假設 Θ 均勻分佈在區間 $[0, 1]$ 中。考慮以下的成本函數，它強調在 θ 的極值的誤差：

$$C(g(X), \theta) = \frac{(\theta - g(X))^2}{\theta(1 - \theta)}$$

證明 Bayes 估計量為

$$g(k) = \frac{\Gamma(n)}{\Gamma(k)\Gamma(n-k)} \frac{k}{n}$$

第 8.7 節：資料的分佈配適檢定

8.90. 藉由觀察一本電話簿中某一欄的電話號碼的第一個數字，可得以下的直方圖：

數字	0	1	2	3	4	5	6	7	8	9
觀察	0	0	24	2	25	3	32	15	2	2

在 1%的顯著水準下，把這個資料用一個均一分佈在集合 {0, 1,…, 9} 中的隨機變數來做配適。用集合 {2, 3,…, 9} 重做一次。

8.91. 一骰子被投擲 96 次，每一個面發生的次數如下：

k	1	2	3	4	5	6
n_k	25	8	17	20	13	13

(a) 在一個 5%的顯著水準下，把這個資料用一個公正骰子的 pmf 做適合度檢定。

(b) 以下的實驗執行 100 次：用離散 pmf {1/6, 1/6, 1/6, 1/6, 3/24, 5/24} 產生 50 個 iid 隨機變數。把所得資料用一個公正骰子的 pmf 做適合度檢定。虛無假設被棄卻的相對次數為何？

(c) 使用樣本大小為 100 的 iid 隨機變數，重做(b)。

8.92. (a) 證明 D^2 統計值當 $K = 2$ 為：

$$D^2 = \frac{(n_1 - np_1)^2}{np_1(1-p_1)} = \left[\frac{(n_1 - np_1)}{\sqrt{np_1(1-p_1)}}\right]^2$$

(b) 解釋當 n 變大時為什麼 D^2 趨近於一個具 1 個自由度的卡方隨機變數。

8.93. (a) 重複以下的實驗 500 次：X 是 10 個 iid 均勻分佈在單位區間中隨機變數的和。產生 100 個 X 的樣本。把 X 的隨機樣本和具相同平均值和變異量的 Gaussian 隨機變數做適合度檢定。在一個 5%的水準，虛無假設被棄卻的相對次數為何？

(b) 重做(a)，X 改成是 20 個 iid 均勻隨機變數的和。

8.94. 對於平均值為 1 的指數型態隨機變數的和，重做習題 8.93。

8.95. 一個電腦模擬程式產生出(X,Y)數字對，假設均勻分佈在單位平方中。使用卡方檢定來評估電腦輸出的適合度檢定。

8.96. 使用在習題 8.95 的方法來發展出一個檢定，檢定兩個隨機變數 X 和 Y 之間的獨立性。

進階習題

8.97. 我們被要求要描述一個新的二元通訊系統的行為，在其中輸入為 {0, 1} 而輸出為 {0, 1}。設計一連串的檢定以描述使用該系統在傳送中所引入的誤差。如何估計誤差機率 p？如何判定 p 是固定還是它會變化？如何判定此系統在傳送中所引入的誤差彼此獨立？如何判定此系統在傳送中所引入的誤差和輸入相依？

8.98. 我們被要求要描述一個新的二元通訊系統的行為，在其中輸入為 {0, 1} 而輸出假設為一連續的實數值。習題 8.97 中的那些檢定要改變？那些檢定要保留？

8.99. 你的暑期工作就是坐在一個繁忙的十字路口紀錄好幾條路線其公車實際的到達時間，但你已有一張表，上面有它們的已排定的到達時間。你如何描述公車的到達時間的行為？

8.100. 你的朋友 Khash 的暑期工作是在一個 Internet 存取提供者那兒，分析封包傳到各式各樣的關鍵 Internet 網站的傳送時間。你的朋友使用了某些時髦的硬體來產生測試封包，包含 GPS 系統，以提供準確的時間戳記。你的朋友要如何描述這些傳送時間？

8.101. Leigh 的暑期工作是測試一個新的光學裝置。Leigh 在這些裝置上執行一個標準的檢定以判定它們的失效率和失效起源原因。他檢視和供應者失效間的相依性，檢視在裝置上的雜質，和用不同的方式來準備裝置。Leigh 應該如何描述失效率行為？應該如何指出失效起源原因？

原著 9 至 12 章
未於此次中譯本翻譯

常用數學運算式

A. 三角恆等式

$$\sin^2\alpha + \cos^2\alpha = 1$$

$$\sin(\alpha + \beta) = \sin\alpha\cos\beta + \cos\alpha\sin\beta$$

$$\sin(\alpha - \beta) = \sin\alpha\cos\beta - \cos\alpha\sin\beta$$

$$\cos(\alpha + \beta) = \cos\alpha\cos\beta - \sin\alpha\sin\beta$$

$$\cos(\alpha - \beta) = \cos\alpha\cos\beta + \sin\alpha\sin\beta$$

$$\sin 2\alpha = 2\sin\alpha\cos\alpha$$

$$\cos 2\alpha = \cos^2\alpha - \sin^2\alpha = 2\cos^2\alpha - 1 = 1 - 2\sin^2\alpha$$

$$\sin\alpha\sin\beta = \frac{1}{2}\cos(\alpha - \beta) - \frac{1}{2}\cos(\alpha + \beta)$$

$$\cos\alpha\cos\beta = \frac{1}{2}\cos(\alpha - \beta) - \frac{1}{2}\cos(\alpha + \beta)$$

$$\sin\alpha\cos\beta = \frac{1}{2}\sin(\alpha + \beta) + \frac{1}{2}\sin(\alpha - \beta)$$

$$\cos\alpha\sin\beta = \frac{1}{2}\sin(\alpha + \beta) - \frac{1}{2}\cos(\alpha - \beta)$$

$$\sin^2\alpha = \frac{1}{2}(1 - \cos 2\alpha)$$

$$\cos^2\alpha = \frac{1}{2}(1 + \cos 2\alpha)$$

$$e^{j\alpha} = \cos\alpha + j\sin\alpha$$

$$\cos\alpha = (e^{j\alpha} + e^{-j\alpha})/2$$

$$\sin\alpha = (e^{j\alpha} - e^{-j\alpha})/2j$$

$$\sin\alpha = \cos(\alpha - \pi/2)$$

B. 不定積分

$$\int u\,dv = uv - \int v\,du \qquad \text{其中 } u \text{ 和 } v \text{ 是 } x \text{ 的函數}$$

$$\int x^n\,dx = x^{n+1}/(n+1) \quad \text{但 } n = -1 \text{ 不適用}$$

$$\int x^{-1}\,dx = \ln x$$

$$\int e^{ax}\,dx = e^{ax}/a$$

$$\int \ln x\,dx = x\ln x - x$$

$$\int (a^2 + x^2)^{-1}\,dx = (1/a)\tan^{-1}(x/a)$$

$$\int (\ln x)^n / x\,dx = (1/(n+1))(\ln x)^{n+1}$$

$$\int x^n \ln ax\,dx = (x^{n+1}/(n+1))\ln ax - x^{n+1}/(n+1)^2$$

$$\int xe^{ax}\,dx = e^{ax}(ax-1)/a^2$$

$$\int x^2 e^{ax}\,dx = e^{ax}(a^2 x^2 - 2ax + 2)/a^3$$

$$\int \sin ax\,dx = -(1/a)\cos ax$$

$$\int \cos ax\,dx = (1/a)\sin ax$$

$$\int \sin^2 ax\,dx = x/2 - \sin(2ax)/4a$$

$$\int x\sin ax\,dx = (1/a^2)(\sin ax - ax\cos ax)$$

$$\int x^2 \sin ax\,dx = \{2ax\sin ax + 2\cos ax - a^2 x^2 \sin ax\}/a^3$$

$$\int \cos^2 ax\,dx = x/2 + \sin(2ax)/4a$$

$$\int x\cos ax\,dx = (1/a^2)(\cos ax + ax\sin ax)$$

$$\int x^2 \cos ax\,dx = (1/a^3)\{2ax\cos ax - 2\sin ax + a^2 x^2 \sin ax\}$$

C.　定積分

$$\int_0^\infty t^{n-1} e^{-(a+1)t}\, dt = \frac{\Gamma(n)}{(a+1)^n} \qquad\qquad n>0, \quad n>-1$$

$$\Gamma(n) = (n-1)! \qquad\qquad\qquad 若\ n\ 為整數，n>0$$

$$\Gamma\left(\frac{1}{2}\right) = \sqrt{\pi}$$

$$\Gamma\left(n+\frac{1}{2}\right) = \frac{1\cdot 3\cdot 5\cdots(2n-1)}{2^n}\sqrt{\pi} \qquad n=1, 2, 3, \cdots$$

$$\int_0^\infty e^{-\alpha^2 x^2}\, dx = \sqrt{\pi}\,/\,2\alpha$$

$$\int_0^\infty x e^{-\alpha^2 x^2}\, dx = 1/\,2\alpha^2$$

$$\int_0^\infty x^2 e^{-\alpha^2 x^2}\, dx = \sqrt{\pi}\,/\,4\alpha^3$$

$$\int_0^\infty x^n e^{-\alpha^2 x^2}\, dx = \Gamma((n-1)/2)/(2\alpha^{n+1})$$

$$\int_0^\infty a/(a^2+x^2)\, dx = \pi/2 \qquad a>0$$

$$\int_0^\infty \frac{\sin^2 ax}{x^2}\, dx = |a|\,\pi/2 \qquad a>0$$

$$\int_0^1 x^{a-1}(1-x)^{b-1}\, dx = B(a, b) = \frac{\Gamma(a)\Gamma(b)}{\Gamma(a+b)}$$

傅立葉轉換公式表

A. 傅立葉轉換定義

$$G(f) = \mathscr{F}\{g(t)\} = \int_{-\infty}^{\infty} g(t)e^{-j2\pi ft}\, dt$$

$$g(t) = \mathscr{F}^{-1}\{G(f)\} = \int_{-\infty}^{\infty} G(f)e^{j2\pi ft}\, df$$

B. 特性

線性特性： $\mathscr{F}\{ag_1(t) + bg_2(t)\} = aG_1(f) + bG_2(f)$

時軸縮放特性： $\mathscr{F}\{g(at)\} = G(f/a)/|a|$

對偶性： $\mathscr{F}\{g(t)\} = G(f)$ ，但 $\mathscr{F}\{G(t)\} = g(-f)$

時間位移特性： $\mathscr{F}\{g(t - t_0)\} = G(f)e^{-j2\pi ft_0}$

頻率位移特性： $\mathscr{F}\{g(t)e^{j2\pi f_0 t}\} = G(f - f_0)$

微分特性： $\mathscr{F}\{g'(t)\} = j2\pi fG(f)$

積分特性： $\mathscr{F}\left\{\int_{-\infty}^{t} g(s)ds\right\} = G(f)/(j2\pi f) + (G(0)/2)\delta(f)$

時域相乘： $\mathscr{F}\{g_1(t)g_2(t)\} = G_1(f) * G_2(f)$

時域摺積： $\mathscr{F}\{g_1(t) * g_2(t)\} = G_1(f)G_2(f)$

C. 傅立葉轉換對

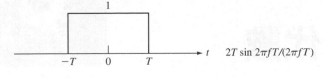

$2T \sin 2\pi fT/(2\pi fT)$

$2W \sin(2\pi Wt)/2\pi Wt$

$T(\sin(\pi fT)/\pi fT)^2$

$e^{-at}u(t), \quad a > 0$	$1/(a + j2\pi f)$
$e^{-a|t|}, \qquad a > 0$	$2a/(a^2 + (2\pi f)^2)$
e^{-at2}	$e^{-\pi f^2}$
$\delta(t)$	1
1	$\delta(f)$
$\delta(t - t_0)$	$e^{-j2\pi ft_0}$
$e^{j2\pi ft_0}$	$\delta(f - f_0)$
$\cos(2\pi f_0 t)$	$\frac{1}{2}\delta(f - f_0) + \frac{1}{2}\delta(f + f_0)$
$\cos(2\pi f_0 t)$	$(1/2j)\{\delta(f - f_0) - \delta(f + f_0)\}$
$u(t)$	$\frac{1}{2}\delta(f) + 1/(j2\pi f)$

矩陣和線性代數

A.　基本的定義

令 $\mathbf{A} = \begin{bmatrix} a_{ij} \end{bmatrix}$ 爲一個 m 列 n 行的矩陣,其位於第 i 列第 j 行的元素爲 a_{ij}。若 $m = n$,我們稱該矩陣爲**方陣**。

$\mathbf{A}$ 的**轉置**爲 n 列 m 行的矩陣 $\mathbf{A}^{\mathrm{T}} = \begin{bmatrix} a_{ij} \end{bmatrix}^{\mathrm{T}}$,它在第 j 列第 i 行的元素爲 a_{ij},而且它是由互換 $\mathbf{A}$ 的列和行所獲得。矩陣乘積的轉置等於矩陣轉置後以相反順序做乘積:

$$(\mathbf{AB})^{\mathrm{T}} = \mathbf{B}^{\mathrm{T}}\mathbf{A}^{\mathrm{T}} \qquad (\mathbf{ABC})^{\mathrm{T}} = \mathbf{C}^{\mathrm{T}}\mathbf{B}^{\mathrm{T}}\mathbf{A}^{\mathrm{T}}$$

單位矩陣 I 是一個方陣,其對角元素均爲 1,而且非對角元素均爲 0。對於任何方陣 $\mathbf{A}$:
$$\mathbf{AI} = \mathbf{IA} = \mathbf{A}$$

方陣 $\mathbf{A}$ 的**陣反矩** $\mathbf{A}^{-1}$ 是一個方陣,使得

$$\mathbf{AA}^{-1} = \mathbf{A}^{-1}\mathbf{A} = \mathbf{I}$$

若 $\mathbf{A}^{-1}$ 存在,則我們稱 $\mathbf{A}$ 是**可逆的**;否則,我們稱 $\mathbf{A}$ 是**奇異的(singular)**。

B.　對角化

一個非零向量 $\mathbf{e} = (\mathbf{e}_1, \mathbf{e}_2, ..., \mathbf{e}_n)^{\mathrm{T}}$ 是一個 $n \times n$ 矩陣的**特徵向量**,若它滿足:

$$\mathbf{Ae} = \lambda\mathbf{e}$$

對於某純量 λ。λ 稱爲是 $\mathbf{A}$ 的一個**特徵值**,而 $\mathbf{e}$ 稱爲是 $\mathbf{A}$ 對應於 λ 的一個特徵向量。

$\mathbf{A}$ 的特徵值的求法爲求出以下多項式方程式的根:

$$\det(\lambda\,\mathbf{I} - \mathbf{A}) = 0$$

一個 $n \times n$ 矩陣 $\mathbf{A}$ 稱爲是**可對角化的**,若存在一個可逆矩陣 $\mathbf{P}$,使得 $\mathbf{P}^{-1}\mathbf{AP} = \mathbf{D}$ 爲一個對角矩陣,也可以寫成 $\mathbf{AP} = \mathbf{P}\,\mathbf{D}$。

> **定理**

A 為可對角化的若且唯若 A 有 n 個線性獨立的特徵向量。

$$\text{方陣 } \mathbf{P} \text{ 為正交若 } \mathbf{P}^{-1} = \mathbf{P}^{T} \text{，即 } \mathbf{PP}^{T} = \mathbf{P}^{T}\mathbf{P} = \mathbf{I}$$

一組向量 $\{\mathbf{e}_1, \mathbf{e}_2, ..., \mathbf{e}_n\}$ 稱為是**正規正交**，若不同的向量正交，也就是說，對於 $i \neq j$，$\mathbf{e}_i{}^{T}\mathbf{e}_j = 0$，且對於 $i = 1, ..., n$，$\mathbf{e}_i{}^{T}\mathbf{e}_i = 1$。

> **定理**

若一組向量 $\{\mathbf{e}_1, \mathbf{e}_2, ..., \mathbf{e}_n\}$ 非零且正交，則它們也線性獨立。

一個 $n \times n$ 矩陣 $\mathbf{A}$ 稱為是**可正交對角化的**，若存在一個正交矩陣 $\mathbf{P}$，使得 $\mathbf{P}^{T}\mathbf{AP} = \mathbf{D}$ 為一個對角矩陣，也可以寫成 $\mathbf{AP} = \mathbf{P}\,\mathbf{D}$。

一個 $n \times n$ 矩陣 $\mathbf{A}$ 是**對稱的**若 $\mathbf{A} = \mathbf{A}^{T}$。

> **定理**

對稱矩陣 $\mathbf{A}$ 僅有實數特徵值。

> **定理**

以下的條件是等價的：
   a. $\mathbf{A}$ 是可正交對角化的，
   b. $\mathbf{A}$ 有一組 n 個正規正交的特徵向量，
   c. $\mathbf{A}$ 是一個對稱矩陣。

C.　二次式

$n \times n$ 的實數對稱矩陣 $\mathbf{A}$ 和 $n \times 1$ 的行向量 $\mathbf{x} = (x_1,\ x_2, ..., \ x_n)^{\mathrm{T}}$ 有以下的二次式：

$$\mathbf{x}^{\mathrm{T}}\mathbf{A}\mathbf{x} = \sum_{i=1}^{n} \sum_{j=1}^{n} a_{ij} x_i x_j$$

若對於所有的 $\mathbf{x}$，$\mathbf{x}^{\mathrm{T}}\mathbf{A}\mathbf{x} \geq 0$，則 $\mathbf{A}$ 為非負定；若對於所有的非零 $\mathbf{x}$，$\mathbf{x}^{\mathrm{T}}\mathbf{A}\mathbf{x} > 0$，則 $\mathbf{A}$ 為正定。

令 $\mathbf{A} = \left[a_{ij} \right]$ 為一個 $n \times n$ 矩陣，則 $\mathbf{A}$ 的第 k 個主要子矩陣為 $k \times k$ 矩陣 $\mathbf{A}_k = \left[a_{ij} \right]$，它在第 i 列第 j 行的元素為 a_{ij}。

定理

一個對稱矩陣矩陣 $\mathbf{A}$ 為正定(非負定)若且唯若

a. 所有的特徵值都是正的(非負的)而且

b. 所有主要子矩陣的行列式都是正的(非負的)。

若 $\mathbf{A}$ 為一個正定矩陣，則 $\mathbf{x}^{\mathrm{T}}\mathbf{A}^{-1}\mathbf{x} = 1$ 是一個橢圓的方程式，其中心點位於原點。該橢圓的第 k 個半軸為 $\mathbf{e}_k / \sqrt{\lambda_k}$，也就是說，特徵向量決定該半軸的方向，而特徵值決定對應的長度。

PROBABILITY AND STATISTICS
FOR ELECTRICAL ENGINEERING 3rd Edition

國家圖書館出版品預行編目資料

機率與統計 / Alberto Leon-Garcia 原著; 陳常侃
　編譯. -- 初版.-- 臺北市：台灣培生教育出
　版；臺北縣土城市：全華圖書發行, 2009.09
　　　面；　公分
　譯自：Probability, statistics, and random
processes for electrical engineering, 3rd ed.
　ISBN 978-986-154-883-8(平裝)

1.機率
　　　　319.1　　　　　　　　　　98012357

機率與統計－第三版
PROBABILITY AND STATISTICS
FOR ELECTRICAL ENGINEERING, 3rd Edition

原著 / Alberto Leon-Garcia

編譯 / 陳常侃

執行編輯 / 江昆翰

出版者 / 全華圖書股份有限公司

發行人 / 陳本源

郵政帳號 / 0100836-1 號

印刷者 / 宏懋打字印刷股份有限公司

圖書編號 / 06093

初版五刷 / 2022 年 02 月

定價 / 新台幣 620 元

ISBN / 978-986-154-883-8(平裝)

全華圖書 / www.chwa.com.tw

全華網路書店 Open Tech / www.opentech.com.tw
若您對本書有任何問題，歡迎來信指導 book@chwa.com.tw

臺北總公司(北區營業處)
地址：23671 新北市土城區忠義路 21 號
電話：(02) 2262-5666
傳真：(02) 6637-3695、6637-3696

南區營業處
地址：80769 高雄市三民區應安街 12 號
電話：(07) 381-1377
傳真：(07) 862-5562

中區營業處
地址：40256 臺中市南區樹義一巷 26 號
電話：(04) 2261-8485
傳真：(04) 3600-9806(高中職)
　　　(04) 3601-8600(大專)

有著作權 · 侵害必究